序　言

随着时代的发展，新材料对人类社会的进步起着越来越重要的作用。20 世纪中叶以来，碳科学领域不断出现重大发现和突破。1985 年富勒烯的发现使“在自然界中碳只以石墨和金刚石这两种形态存在”的传统认识发生了改变，1991 年又引导了世界范围内对碳纳米管的研究和开发，使之成为最重要的纳米材料之一。1996 年瑞典诺贝尔委员会将该年度化学奖授予了发现富勒烯的英国和美国的三位科学家，2010 年度的诺贝尔物理学奖又授予了发现石墨烯的两位英国科学家，而石墨烯的发现再次推动了碳科学领域的快速发展。

碳质中间相是 20 世纪 60 年代由澳大利亚科学家发现的一种重要炭材料前躯体。碳质中间相虽然不像碳纳米管、石墨烯那样引人注目，但由此而得的中间相炭材料，如中间相沥青炭纤维、中间相炭微球、针状焦等，已经在工业界获得了广泛应用，具有不可取代的地位。同时，上述新材料的性能和技术水平一直在不断提高，碳质中间相的基础研究也在不断深化。天津大学王成扬教授及其研究团队自 20 世纪 80 年代起一直对碳质中间相的形成机理和中间相炭材料的制备方法进行系统研究，尤其是提出了碳质中间相的“颗粒基本单元构筑”新理论，并开展了系统的实践验证。该书就是在王成扬教授多年研究与开发碳质中间相所取得的一系列成果的基础上撰写而成的。

该书系统讨论了稠环芳烃化学、碳质中间相形成机理及其各种中间相炭材料的结构和性能等一系列基础科学和应用技术问题。全书体现了理论联系实际的写作风格，注重对材料结构的深度剖析，有助于从事炭材料研究、生产和应用的科技工作者、生产技术人员和相关专业的本科生、研究生认识和了解碳质中间相形成的本质过程，掌握各类中间相炭材料制备和生产时对原料组成和结构的要求以及各种内在和外在因素对材料结构和性能的影响。该书将对碳质中间相及其炭材料的研究、生产和应用提供重要的基础数据和理论指导，是炭材料领域一本难得的专业性书籍和具有参考价值的工具书。

成会明

2015 年 4 月

前言

碳元素作为与人类最密切相关、最重要的元素之一，一直是各国学者研究的热点。随着科学技术的日益发展，炭材料以其优良的耐热性能、高导热系数、良好的化学惰性、高电导率等优点，在航空航天、能源、环保、医疗、电子、化工、机械、冶金等诸多领域越来越显现出广阔的应用前景。

碳质中间相是20世纪中叶澳大利亚学者在研究煤炭热解时发现的新型液晶相物质。"中间相转化"现象的出现引起各国学者的高度关注，成为近几十年人造石墨和新型炭材料领域的科学前沿和研究热点问题之一，并由此带来了炭材料工业领域的较大发展，产生了包括针状焦、中间相沥青炭纤维、中间相炭微球、中间相泡沫炭、高导热石墨等一批性能优异的新产品和相关技术，推动了电炉炼钢、高性能复合材料、锂离子电池等应用领域的技术进步。

碳质中间相是一类重要的炭材料前驱体，其结构和后处理条件决定了所形成的中间相炭材料的内部结构。而中间相炭材料的结构则联系着它几乎所有的性质，是影响其具体性能和最终应用的关键因素之一。因此，控制碳质中间相的形成及其向炭材料转化过程中的结构发展具有十分重要的理论和现实意义。

基于著者及其研究团队从事炭材料科学研究三十多年来在国家863计划项目、国家自然科学基金项目、天津市自然科学基金重点项目、天津市应用基础及前沿技术研究计划重点项目、天津市重点科技攻关项目、天津市科技支撑计划重点项目以及与中国石化和中国海油的合作项目等研究课题取得的科研成果，本书从稠环芳烃液相炭化的物理化学角度系统阐述均相成核和非均相成核碳质中间相的形成和形态发展规律，提出碳质中间相形成和形态发展的"颗粒基本单元构筑"理论。这一理论融合了胶体化学的基础理论，能够更好地解释由缩聚多环芳烃形成中间相的机理及其形变过程。

利用碳质中间相"颗粒基本单元构筑"理论可以预测典型结构和复杂结构中间相球体的形成、固体颗粒在碳质中间相形成过程中的成核和构筑作用，以及最终形成的中间相炭微球的结构。通过实验室研究和已经开展的产业化应用，证明碳质中间相"颗粒基本单元构筑"理论对可控制备高质量和高性能的碳质中间相产品，如中间相炭微球、中间相沥青炭纤维、中间相泡沫炭、针状焦等，具有重要的指导作用。

著者及其研究团队在碳质中间相理论与应用方面取得了大量的研究成果，由此完成了多篇博士及硕士学位论文，并发表了一系列相关研究论文，同时也水到渠成、顺理成章地形成了本书。本书就是这些研究工作的部分总结。

本书主要内容包括：稠环芳烃的液相炭化理论、碳质中间相的形成机理、中间相沥青炭材料的可控制备等。书中提出的碳质中间相形成和形态发展的“颗粒基本单元构筑”理论，完善了沿用已久的由国外学者提出的传统理论对中间相结构形成过程的解释，旨在为推动碳质中间相应用领域的进一步发展起到积极的作用。

中国科学院山西煤炭化学研究所钱树安研究员、王茂章研究员有关烃类液相炭化过程的物理化学和有机化合物的液相炭化化学的相关论文给本书撰写提供了重要的参考依据，在此对两位炭材料研究前辈表示深深的敬意。

感谢天津大学化工学院及郭崇涛教授、郑嘉明副教授、陈明鸣副教授、李明高级工程师、李同起博士、刘秀军博士、李明伟博士、吴贤贤硕士、王姝先博士和研究团队的全体成员对书中研究工作所作贡献和大力支持！

中国科学院院士成会明研究员对本书的研究工作给予了长期指导和大力支持，并在百忙之中为本书作序，在此表示深深的谢意！

本书的出版得到了中国科学院科学出版基金的资助和科学出版社的大力支持，并列入“十二五”国家重点图书出版规划项目，在此一并表示衷心的感谢！

由于著者水平有限，书中难免存在不足之处，恳请读者批评指正！

王成扬

2014 年 12 月

目　录

第1章 绪　论

炭是人类最早利用的能源之一，作为主要燃料，自人类发明了取火后就与炭结下了不解之缘。碳元素作为与人类最密切相关、最重要的元素之一，一直是各国学者研究的热点。随着科学的发展，人们发现了炭材料的许多新奇特性，如优良的耐热性能、高导热系数、良好的化学惰性、高电导率等，使其在航空航天、能源、环保、医疗、电子、化工、冶金、机械等诸多领域体现出越来越重要的作用。

碳质中间相是一类重要的炭材料前驱体，其结构决定了所制备中间相炭材料的几乎所有性质，是影响其具体性能和最终应用的关键因素之一。因此，控制碳质中间相形成和形态发展及其向炭材料转化过程中的结构发展具有十分重要的科学意义。

1.1 碳质中间相的定义

国际理论和应用化学联合会（IUPAC）在 *Compendium of Chemical Terminology*（第二版）中对碳质中间相作了如下描述：

碳质中间相是沥青的一种液晶状态，呈现盘状向列型液晶的双折射特性。它可以由各向同性的沥青热解生成，也可以通过沉降选择性萃取的沥青分级获得。一般说来，从热解沥青中沉淀出来的球形中间相具有 Brooks-Taylor 型结构。通过持续热处理，碳质中间相融并成体中间相，然后随着氢和低相对分子质量物质的进一步逸出，形成生焦。

由 IUPAC 对碳质中间相的描述，可以得出有关碳质中间相的以下信息：

(1) 碳质中间相是一种由盘状分子构成的向列型液晶物质；

(2) 碳质中间相可以通过热处理从沥青中获得；

(3) 根据碳质中间相的形态可以分为球形中间相和体中间相；

(4) 球形中间相一般具有 Brooks-Taylor 型结构。

随着碳质中间相研究的深入，IUPAC 的描述已不能准确地定义碳质中间相，其原因如下：

(1) 制备碳质中间相的原料已不限于沥青，还可以为重质油，甚至是化合物，如萘、甲基萘、喹啉、异喹啉等[1-5]。

(2) 通过调整原料组分、添加固体物质或控制反应条件，球形碳质中间相的结构也可以为“洋葱”型[6]、“同心圆”型[7]、“第四种结构”型[8]和“非定义”复杂结构[9-12]等。

(3) 构成碳质中间相的分子也可以不是圆盘状,如萘系中间相沥青分子为棒状分子[13]。

(4) 此描述没有把碳质中间相和其他液晶区分开来。

结合碳质中间相的各种性质,可以把它大致描述为:碳质中间相是重质芳香烃类物质在热处理过程中生成的一种由圆盘状或棒状分子构成的向列型液晶物质,虽然在一些特殊的情况下中间相可以具有某种程度的热可逆性质,但由于中间相分子热缩聚的不可逆性,形成的碳质中间相往往不具有热可逆性质(即不是热致液晶);虽然在沥青形成过程中不同大小的芳香分子之间的相互溶解造成了碳质中间相在一定程度上具有溶致性质,但它也不是传统意义上的溶致液晶物质。碳质中间相的形态可以分为可具有多种结构的球形中间相、体中间相和介于它们中间的过渡状态。

1.2 原　　料

由于碳质中间相基本上由大芳香平面分子堆积而成,这就要求其制备原料含有或易于生成相当数量的芳香平面大分子。按照液相炭化理论,各种烃类化合物按照液相炭化的难易程度从难到易的顺序依次为烷烃、烯烃、芳烃和多环芳烃。因此,制备碳质中间相的原料多为含有多环芳烃重质成分的烃类,如煤系或石油系沥青、重质油等。目前,已用于制备碳质中间相的工业或实验原料主要有煤沥青、石油沥青、萘沥青、重质油、焦油或它们的组合等。

1.2.1　沥青

1. 煤焦油沥青

煤焦油沥青简称煤沥青,是煤焦油蒸馏提取馏分(如轻油、酚油、萘油、洗油和蒽油等)后的残留物。亦即,煤沥青是焦油蒸馏后残留在蒸馏釜内的黑色物质,与煤焦油同属炼焦的副产品。

煤沥青常温下为黑色固体,呈玻璃相,无固定的熔点,只有从固态转化为过渡态的温度范围,通常用软化点表示。根据软化点的高低,煤沥青分为低温煤沥青(软沥青)、中温煤沥青(普通沥青)、高温煤沥青(硬沥青)。各种煤沥青因软化点等的差异,以致其性质不同、用途各异。

低温煤沥青主要用作筑路材料、加工防水油毡纸、建筑用防水涂料、生产沥青漆(如沥青环氧树脂漆)、干电池的密封材料等;也是生产沥青焦的原料,经过特殊处理后可作为生产针状焦、沥青基炭纤维等的原料。

中温煤沥青是制备碳质中间相及其系列新型炭材料(如中间相炭微球、针状焦、沥青炭纤维、泡沫炭等)的主要原料之一;并可作为炭材料生产用黏结剂和浸渍剂,如生产石墨电极、冶金炉用和铝电解槽用炭块、电解铝用预焙阳极和阳极糊以及冶炼铁合金、电石所需电极糊等。

高温沥青可作为生产沥青焦或活性炭的原料,并用作各种高性能炭材料,如高功率和超高功率石墨电极、优质预焙阳极和炭块、高密高强石墨、耐磨炭材料、高温模压炭砖以及微孔炭砖等的黏结剂。

煤沥青的性质及组成与原料煤的性质、炼焦的工艺条件、焦油蒸馏条件及沥青的生产工艺等有关[13-16]。

组成煤沥青的主要化学元素是碳和氢,其中碳的质量分数大于 90%,氢的质量分数一般不超过 5%。C/H 原子比高于 1.6。煤沥青中碳和氢的组分比例直接影响其物理性能和化学性质。

表 1-1 是我国、苏联和日本煤沥青的质量指标。

表 1-1　煤沥青的质量指标[13]

序号	指标名称	中国					苏联			日本
		低温沥青		中温沥青		高温沥青	A	Б	B	
		一类	二类	电极用	一般用					
1	软化点* t/℃	30～45	>45～75	>75～95	>75～95	>95～120	65～70**	67～73**	85～90**	78～85***
2	甲苯不溶物 w/%			15～25	<25		24～28	25～31	≥31	16～27
3	喹啉不溶物 w/%			≤10			≤6	≤8	≤12	1～5
4	灰分 w/%			≤0.3	≤0.5		≤0.3	≤0.3	≤0.3	≤0.3
5	水分 w/%			≤5.0	≤5.0	≤5.0				
6	挥发分 w/%			60～70	55～75		59～63	58～62	53～57	

* 环球法测定。

** 水银法测定。

*** 空气立方法测定。

表 1-2 列出了几个国家煤沥青的元素组成。

表 1-2　煤沥青的元素组成[13]

国家	软化点 t/℃	元素组成 w/%					C/H 原子比
		C	H	S	N	O	
中国	90.0	93.27	4.37		1.05	1.31*	1.78
	94.5	91.24	4.33		2.09	2.34*	1.76
苏联	79	91.94	4.66	0.82	1.43	1.16	1.64
法国	71	92.50	4.56	0.79	0.79	1.66	1.69
美国	81	93.30	4.20	0.80	0.80	0.90	1.85

续表

国家	软化点 t/℃	元素组成 w/%					C/H 原子比
		C	H	S	N	O	
英国	88	93.15	4.60	0.80	1.35	0.10	1.69
波兰	71	92.03	4.67	0.46	0.94	1.90	1.64

* 该数据为 O+S。

煤沥青的组成极为复杂，大多数为三环以上的多环芳烃，还含有 O、N、S 等元素的杂环化合物和少量直径很小的炭粒[13-16]。表 1-3 是中温煤沥青的化学组成和结构。

表 1-3 中温煤沥青的化学组成和结构[13]

物质名称	分子式（相对分子质量）	结构式	C/H 原子比	w^*/%	
				1	2
茚	C_9H_8(116)	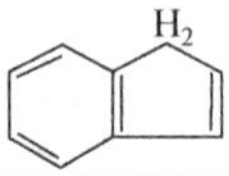	1.125	0.1	0.1
萘	$C_{10}H_8$(128)	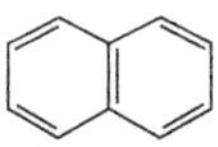	1.250	0.8	0.9
苊，联苯	$C_{12}H_{10}$(154)	苊 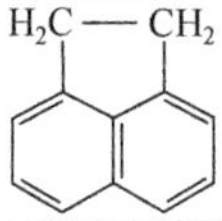，联苯 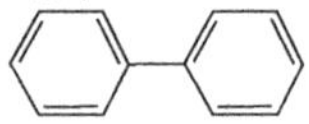	1.200	1.8	2.2
苊烯	$C_{12}H_{10}$(152)	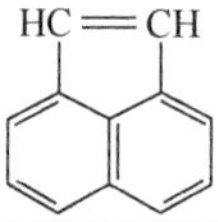	1.500	1.3	0.8
蒽，菲	$C_{14}H_{10}$(178)	蒽 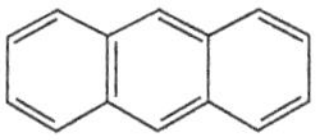，菲 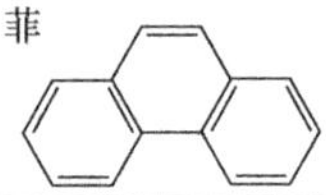	1.400	5.5	4.6
甲基菲	$C_{15}H_{12}$(192)	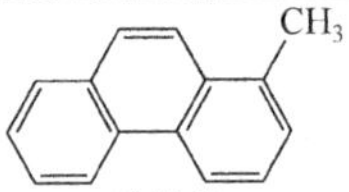 1-甲基菲，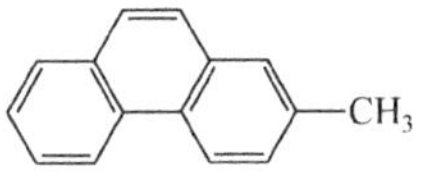 2-甲基菲；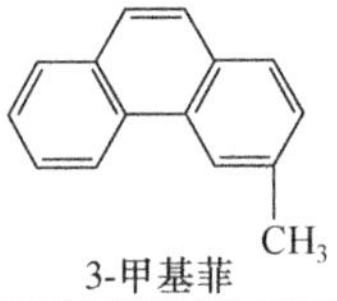 3-甲基菲，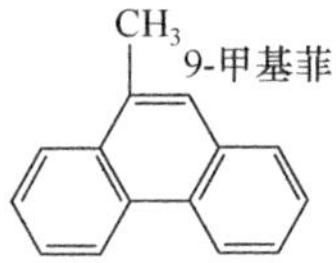 9-甲基菲	1.250	3.4	2.5
苯基萘	$C_{16}H_{12}$(204)	1-苯基萘 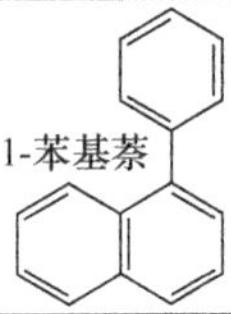，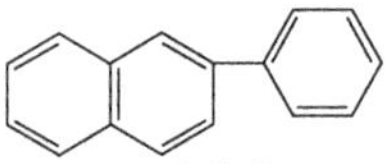 2-苯基萘	1.333		

续表

<table>
<tr><th rowspan="2">物质名称</th><th rowspan="2">分子式
（相对分子质量）</th><th rowspan="2">结构式</th><th rowspan="2">C/H
原子比</th><th colspan="2">w*/%</th></tr>
<tr><th>1</th><th>2</th></tr>
<tr><td colspan="6">四环芳香剂</td></tr>
<tr><td>迫位聚合</td><td>$C_{16}H_{10}$(202)</td><td>芘
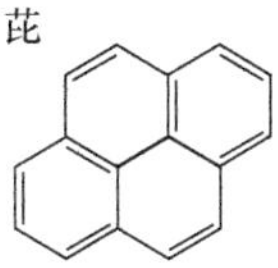，
荧蒽
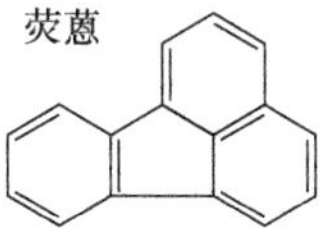</td><td>1.600</td><td>9.6</td><td>8.4</td></tr>
<tr><td>渺位聚合</td><td>$C_{18}H_{12}$(228)</td><td>䓛
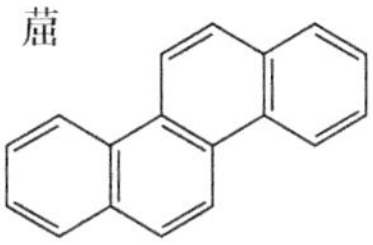，
苯并(a)蒽
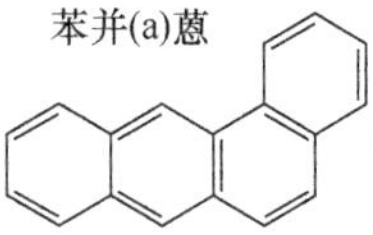，
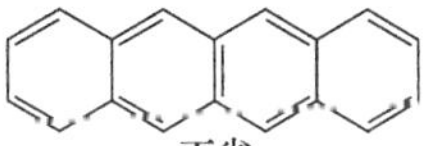
丁省</td><td>1.500</td><td>6.9</td><td>5.0</td></tr>
<tr><td>甲基䓛</td><td>$C_{19}H_{14}$(242)</td><td>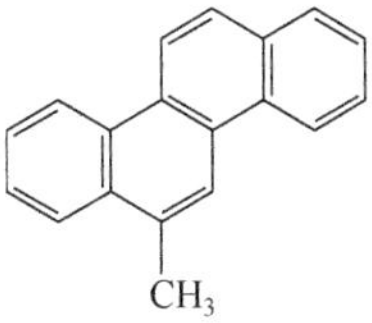</td><td>1.360</td><td rowspan="2">2.1</td><td rowspan="2">1.3</td></tr>
<tr><td>苯基蒽</td><td>$C_{20}H_{14}$(254)</td><td>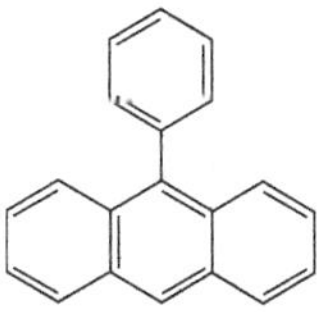</td><td>1.429</td></tr>
</table>

续表

物质名称	分子式（相对分子质量）	结构式	C/H 原子比	w^*/%	
				1	2
五环芳香剂					
迫位聚合	$C_{20}H_{12}$(252)	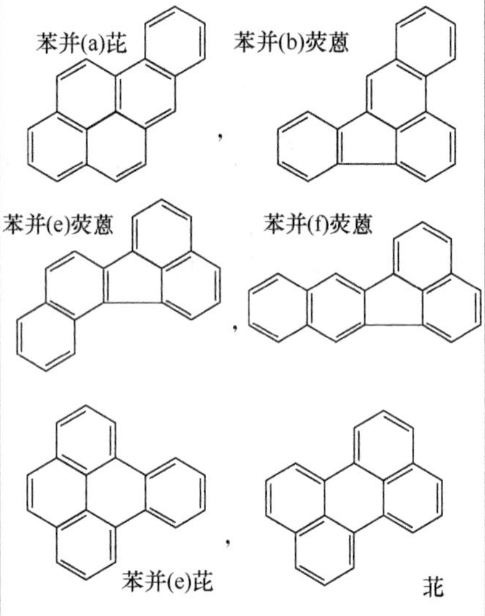	1.667	9.8	8.4
渺位聚合	$C_{21}H_{14}$(266)	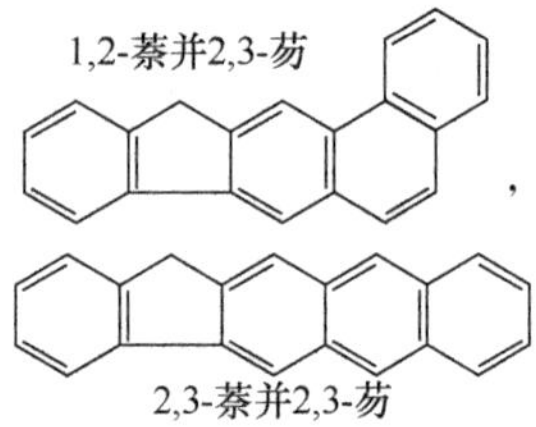	1.500	2.3	1.8
六环芳香剂					
苯并苝	$C_{22}H_{12}$(276)	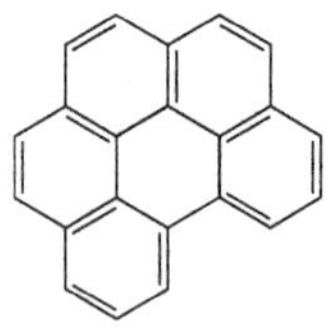	1.833	3.7	3.4
迫位聚合	$C_{24}H_{14}$(302)	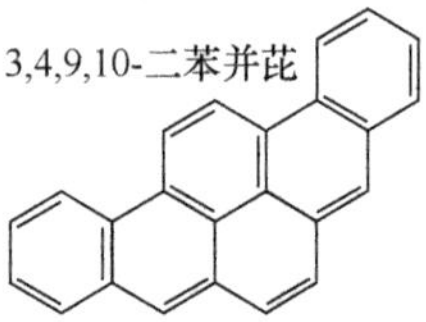	1.714	1.4	1.0

续表

物质名称	分子式（相对分子质量）	结构式	C/H 原子比	w^*/%	
				1	2
六环芳香剂					
渺位聚合	$C_{26}H_{16}$(328)	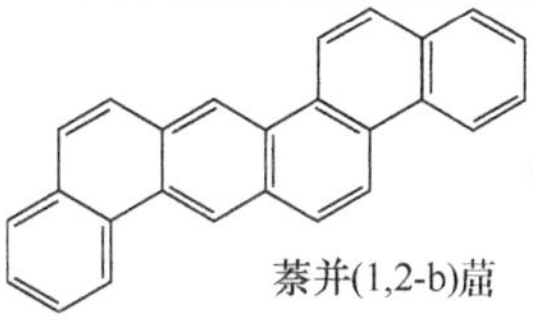 ，萘并(1,2-b)菌 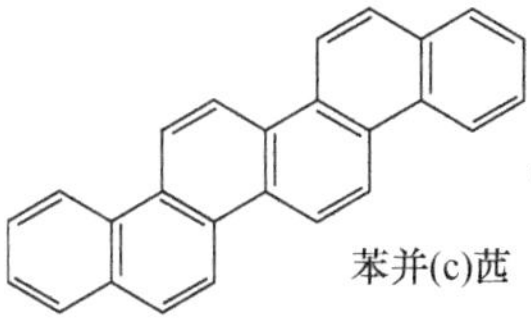 ，苯并(c)菲 苯并(a)戊省 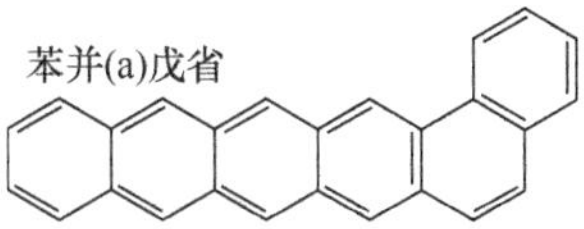	1.625	0.2	0.1
七环芳香剂					
晕苯	$C_{24}H_{12}$(300)	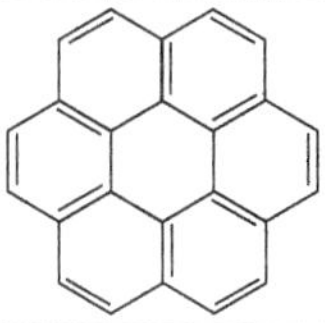	2.000	0.2	0.2
二苯并芘（3,4-;9,10-）	$C_{26}H_{14}$(326)	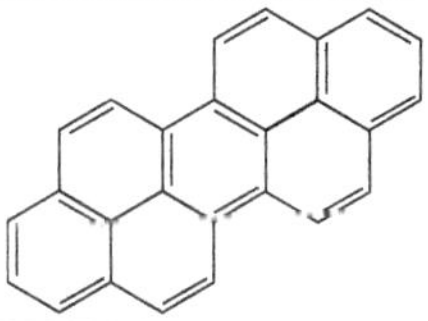	1.857	0.2	0.2
二苯并芘（7,8-;11,12-）	$C_{28}H_{16}$(352)	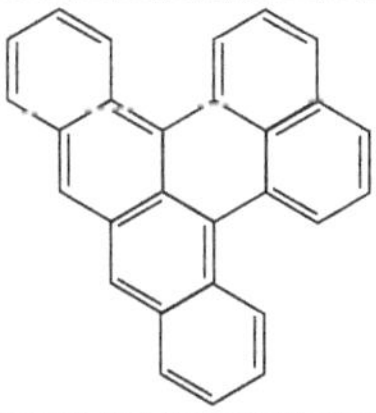	1.750	痕量	痕量
杂原子化合物					
氮				18.2	12.9
硫				2.1	1.5
氧				1.4	1.1
未蒸发的残渣				29.0	43.6

* 两个中温煤沥青试样的测试数据。

煤沥青的族组成是指在一定条件下，对沥青的分子结构没有破坏的情况下，进行分子分割后得到的组成。煤沥青族组成的分割手段通常采用溶剂萃取，即通过一系列不同溶解能力的有机溶剂对沥青进行分级处理，得到组成不同的组分。虽然同一溶剂萃取得到的组分结构类似，但也不是纯净组分，仍然是异族的混合物。显然，沥青的族组成取决于溶剂的性质。

对煤沥青族组成进行分割的有机溶剂通常采用正己烷（或正戊烷，或正庚烷）、甲苯（或苯）和喹啉（或吡啶），分割后的族组成分别为：正己烷（或正戊烷，或正庚烷）可溶物、正己烷（或正戊烷，或正庚烷）不溶-甲苯（或苯）可溶物、甲苯（或苯）不溶-喹啉（或吡啶）可溶物和喹啉不溶物。

著者研究团队在煤沥青族组成的分割过程中采用的有机溶剂为正己烷、甲苯和喹啉，分割后的族组成是：正己烷可溶物（HS）、正己烷不溶-甲苯可溶物（HI-TS）、甲苯不溶-喹啉可溶物（TI-QS）、喹啉不溶物（QI）。拟定的分割条件是：正己烷不溶物（HI），在常温下搅拌后，静置 30min 获得；甲苯不溶物（TI），在 60℃±5℃下热溶 30min 获得；QI，在 75℃±5℃下热溶 30min 获得。所有溶剂不溶物均用相应溶剂洗涤 4 次，然后用高速离心机（800 型）去除上层液体。为了在干燥后不因溶剂的残存而使结果偏大，在每次干燥不溶物前，先把不溶物用丙酮冲洗一次。干燥过程在 60℃的鼓风干燥箱中进行，干燥时间大于 20h。

煤沥青族组成的分割流程如图 1-1 所示。

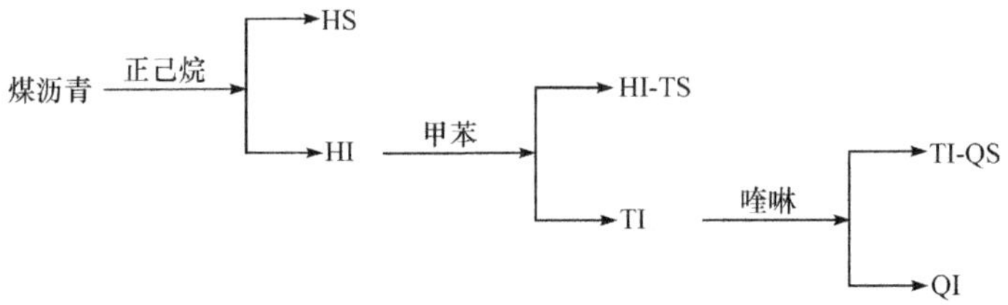

图 1-1　沥青族组成分割流程图

表 1-4 中列出了著者研究团队在进行碳质中间相生成理论及其应用研究中所采用的原料之一——中温煤沥青（天津市铁中煤化工有限公司）的族组成。

表 1-4　中温煤沥青的软化点和族组成[17]

软化点 t/℃	族组成 w/%			
	HS	HI-TS	TI-QS	QI
78	19.6	58.8	16.9	4.70

我国典型石墨电极黏结剂 LS 中温煤沥青的族组成、族组分的元素组成及其分子式分别如表 1-5 和表 1-6 所示。图 1-2 是 LS 中温煤沥青各族组分的平均分子模型。

表1-5 LS中温煤沥青的族组成[18]

族组成	HS	HI-BS	BI-PS	PI
w/%	27.8	25.6	31.1	15.4

注：HS，正庚烷可溶物；HI-BS，正庚烷不溶-苯可溶物；BI-PS，苯不溶-吡啶可溶物；PI，吡啶不溶物。

表1-6 LS中温煤沥青族组分的元素组成与分子式[18]

LS中温煤沥青	元素组成 w/%					C/H原子比	平均相对分子质量	分子式
	C	H	N	O*	S			
HS	91.85	5.30	0.85	1.57	0.43	1.46	299.0	$C_{22.90}H_{15.70}N_{0.18}S_{0.04}O_{0.29}$
HI-BS	91.98	4.76	1.01	1.75	0.50	1.62	339.3	$C_{25.98}H_{18.02}N_{0.25}S_{0.05}O_{0.37}$
BI-PS	89.85	4.42	0.00	5.32	0.41	1.71	402.0	$C_{30.08}H_{17.63}S_{0.05}O_{1.34}$

* 差减法。

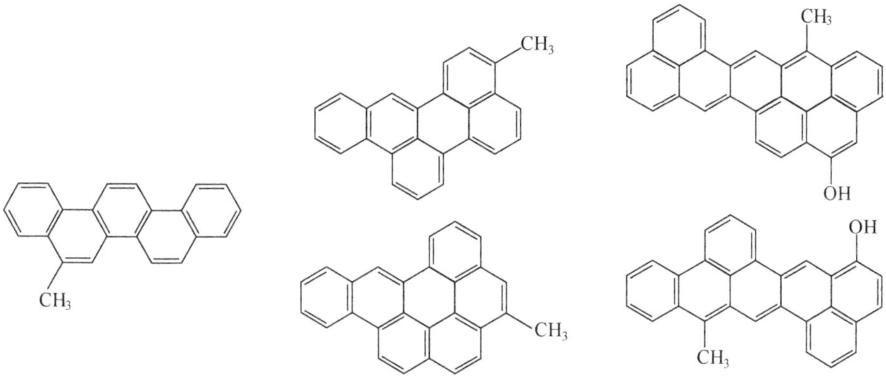

(a) 正庚烷可溶物(HS)　(b) 正庚烷不溶物-苯可溶物(HI-BS)　(c) 苯不溶物-吡啶可溶物(BI-PS)

图1-2 LS中温煤沥青各族组分的平均分子模型[18]

2. 石油沥青

石油沥青是原油常压或减压蒸馏的渣油，直接或经过调和、氧化、热处理等过程加工后得到的暗黑色或黑色的半固体或固体物质，主要由多种极其复杂的高分子烃类及其衍生物组成的混合物[19]。

石油沥青的生产方法主要有蒸馏法、溶剂脱沥青法、氧化法、调和法以及这四种工艺的组合。石油沥青的产量占原油加工量的2%～4%[20]。

石油沥青是原油中相对分子质量最大、组成及结构最复杂的部分，其组成与结构随原油种类和加工条件不同而差异显著，因此很难用单质、化合物或采用研究石油低沸点馏分化学组成的方法将其按化学结构进行分类研究，只能采用按元素组成、族组成、平均相对分子质量的分布等说明其化学组成与结构。

石油沥青的构成元素以碳和氢为主体，还有少量的硫、氮及氧元素等杂原子。

石油沥青还含有其他微量元素，如铁、镍、钒、钠、钙、铜等，但因其数量甚微，一般为μg/g级，不予考虑。

由不同石油生产的沥青，其元素组成范围（质量分数）为：碳 82%～88%，氢 8%～13%，硫 0～8%，氧 0～1.5%，氮 0～1%[21]。与煤焦油沥青相比，石油沥青的含碳量低、含氢量高、C/H 原子比低；亦即，石油沥青稠环芳烃的芳香度低于煤焦油沥青，而脂肪族侧链则长于煤焦油沥青、且其数目也多于煤焦油沥青。

石油沥青族组成的分割手段与煤沥青相同。表 1-7 列出了国内几种典型石油沥青的软化点与族组成。

表 1-7 几种石油沥青的软化点与族组成[22-24]

石油沥青	软化点 t/℃	TS w/%	TI-QS w/%	QI w/%	C/H 原子比
乙烯焦油沥青 1	210	64.16	34.48	1.36	1.19
乙烯焦油沥青 2	235	62.54	34.86	2.60	1.23
大庆催化裂化渣油沥青	65	96.09	3.76	0.15	
辽河催化裂化渣油沥青	64	96.28	3.55	0.17	

A-240 石油沥青是美国 Ashland 石油公司于 20 世纪 60 年代中后期从石油系高芳香度重质渣油出发，研制成功的一种高性能沥青。这种沥青作为黏结剂、浸渍剂和基质材料，其性能远优于一般煤沥青，从而以其优异的流变性能和几乎不含喹啉不溶物的宏观均一性，在制备高应变石墨、高性能沥青基炭纤维、沥青基炭/炭复合材料等新型炭材料方面，发挥了重要作用。目前，A-240 石油沥青及其系列产品，已被国际炭素界公认为适于制备以液相炭化为主要工艺过程的高质量炭素材料。

A-240 石油沥青的族组成及其分割流程分别如表 1-8 和图 1-3 所示。表 1-9 列出了 A-240 石油沥青的元素组成及其分子式，A-240 石油沥青正庚烷不溶-苯可溶物（HI-BS）组分的平均分子模型[18]如图 1-4 所示。

表 1-8 A-240 石油沥青的族组成[18]

族组成	HS	HI-BS	BI-QS	QI
w/%	37.00	56.80	6.20	0

注：HS，正庚烷可溶物；HI-BS，正庚烷不溶-苯可溶物；BI-QS，苯不溶-喹啉可溶物；QI，喹啉不溶物。

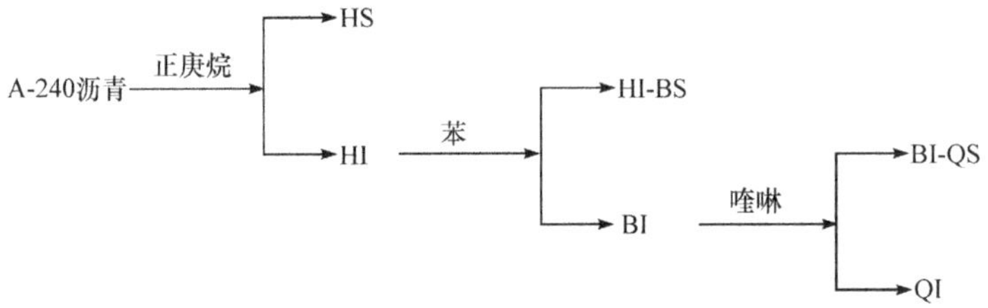

图 1-3 A-240 石油沥青族组成的分割流程[18]

表 1-9 A-240 石油沥青的元素组成与分子式[18]

石油沥青	元素组成 w/%					C/H 原子比	灰分 w/%	平均相对分子质量	分子式
	C	H	N	O*	S				
A-240	92.11	5.60	0.10	0.13	1.85	1.37	0.17		
A-240(HI-BS)	91.45	5.55	0.53	0.97	1.50	1.38		581.9	$C_{44.31}H_{32.04}N_{0.22}S_{0.27}O_{0.35}$

* 差减法。

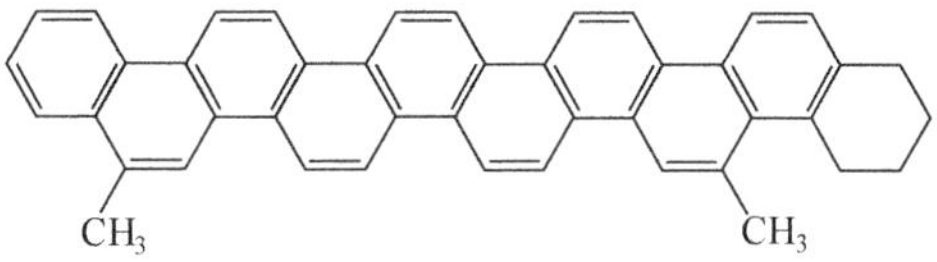

图 1-4 A-240 石油沥青 HI-BS 组分的平均分子模型[18]

3. 萘沥青

从纯化合物出发制备沥青是优化沥青结构的一种有效方法。萘作为常用的工业原料受到人们的广泛重视。但因萘的反应性较差，直接热聚合需要很高的温度和压力[25]。尽管在 $AlCl_3$ 催化剂作用下，萘可以在较低温度下发生聚合反应[26,27]，但由于 $AlCl_3$ 在沥青中有一定溶解度，导致催化剂与产物难以分离[28]。此后，持田勋等又发展了 HF/BF_3 超酸催化剂代替 $AlCl_3$ 获得满意的结果[29]。刘朗等为了避免使用超酸给操作、设备以及环境等带来的一系列问题，利用萘与硫在较低温度下交联聚合，制备了可溶性好、残炭值高、软化点较低、流动性良好的交联萘沥青[30]。结构分析表明，该沥青相对分子质量分布较窄，主要由 3 或 4 个萘分子交联而成。推测其反应机理，萘分子主要经 β 位—SH 基取代、硫醚化，再进一步脱氢成硫杂环结构而完成交联。

著者研究团队[31]采用催化缩聚法，以精萘（萘的质量分数为 99%以上）为原料、HF/BF_3 为催化剂，在较低温度下进行了萘沥青的合成；并通过^{1}H NMR 和 IR 联合解析法[32,33]得到萘沥青平均分子结构参数，进而设计出其结构模型。结果表明，所制备的萘沥青中具有较多的环烷结构和脂肪侧链，可作为优良的中间相沥青前驱体，这种结构萘沥青经热缩聚可制备出低软化点并具有良好可纺性的中间相沥青。

下面以著者研究团队催化缩聚法合成萘沥青的研究为例，阐述缩聚工艺条件以及 HF/BF_3 催化剂中 BF_3 的配比对合成萘沥青基本性质及其分子结构的影响，旨在为可控合成萘沥青提供一定的理论依据。

1）反应釜设计与催化剂配制

由于催化剂 HF/BF_3 为超强酸，有强力的腐蚀作用，首先特别设计了以 Monel 合金为材质的高压反应釜，以避免精萘催化缩聚过程中催化剂 HF/BF_3 对设备的腐蚀，保证合成萘沥青的品质。

研究所用 HF/BF_3 催化剂的配制：以 BF_3 乙醚络合物作为 BF_3 来源（络合物内 BF_3 的质量分数为 46%～48%），催化剂中 BF_3 的添加量按其净含量计算，HF 的纯度（质量分数）为 99%。

2）不同工艺条件合成萘沥青的基本性质

在萘：BF_3：HF（物质的量之比）=1：0.5：3，反应温度 140～180℃，反应时间 3～7h，反应压力 1.2～2.7MPa 条件下合成萘沥青的基本性质列入表 1-10。

表 1-10　不同工艺条件合成萘沥青的基本性质[31]

萘沥青	温度 t/℃	时间 t/h	压力 σ/MPa	软化点* t/℃	收率 w/%	溶解性	
						BS	BI
2#	140	5	1.2	73	93	100	0
3#	140	7	1.2	77	97	100	0
4#	160	3	1.7	78	90	100	0
5#	160	5	1.7	78	97	100	0
6#	160	7	1.7	84	100	100	0
7#	180	3	2.7	79	90	94	6
8#	180	5	2.7	85	98	81	19

* 环球法。

从表 1-10 看出，在反应温度和压力相同的条件下，合成沥青的软化点和收率均随反应时间的延长而增加；在反应温度在 180℃时合成的萘沥青中出现苯不溶物（BI），说明在该温度下合成的萘沥青中开始出现较大缩合程度的大分子，这些分子在进一步热缩聚形成中间相的过程中会过早地形成高度聚合的大分子，在反应基质中呈不溶解状态，进而影响中间相沥青的质量。

3）催化剂中 BF_3 含量对合成萘沥青基本性质的影响

改变 HF/BF_3 催化剂中 BF_3 配比合成萘沥青的基本性质列入表 1-11。由表中数据可知，在相同的合成工艺条件下，随着 HF/BF_3 催化剂中 BF_3 配比的增加，合成萘沥青的收率上升，C/H 原子比下降。

表 1-11　不同 BF_3 配比 HF/BF_3 催化剂合成萘沥青的基本性质[31]

萘沥青	萘 n/mol	BF_3 n/mol	HF n/mol	软化点* t/℃	收率 w/%	C/H 原子比	合成工艺
2#	1	0.500	3	73	93	1.020	140℃-5h，1.2MPa
10#	1	0.125	3	86	85	1.153	
11#	1	0	3	71	84	1.271	
12#	1	0.250	3	70	82	1.120	110℃-5h，1.2MPa

* 环球法。

4）合成萘沥青的元素组成、平均相对分子质量和平均分子式

表1-12列出了采用不同工艺条件或不同BF_3配比HF/BF_3催化剂合成萘沥青的元素组成、平均相对分子质量和平均分子式。其中，萘沥青的元素组成与平均相对分子质量分别用P-E240c元素分析仪和VPO平均相对分子质量测定仪测得。

表1-12 萘沥青元素组成、平均相对分子质量和平均分子式[31]

萘沥青	元素组成 w/%		C/H原子比	平均相对分子质量	平均分子式
	C	H			
2#	93.96	7.65	1.020	491	$C_{38}H_{38}$
5#	92.32	7.68	1.002	496	$C_{38}H_{38}$
8#	92.71	7.29	1.060	513	$C_{40}H_{37}$
10#	93.26	6.74	1.153	494	$C_{38}H_{33}$
11#	93.83	6.17	1.271	412	$C_{32}H_{25}$
12#	93.09	6.91	1.120	507	$C_{39}H_{35}$

由表1-12可知，所有合成的萘沥青中均不含氧原子，说明催化剂BF_3乙醚络合物中的氧原子在催化反应过程中没有与沥青分子键合，而乙醚中的乙基却有可能在催化反应过程中与体系中的芳香分子键合。因为萘的C/H原子比为1.25，合成的萘沥青除11#样品外，其余样品的C/H原子比均小于1.25。显然，在没有添加任何供氢溶剂的催化反应中，催化剂BF_3乙醚络合物中的乙基为萘沥青的芳香结构增加了脂肪性侧链。这种由催化剂引入的脂烃侧链在中间相形成的热缩聚反应中会起某种调节作用，并有助于优质中间相形成。至于11#萘沥青的C/H原子比大于萘，则可认为是因催化剂中无BF_3（乙醚络合物）组分（表1-11），反应体系中没有外加的乙基，所得萘沥青中脂肪性侧链较少所致。

5）合成萘沥青的分子结构解析与分子模型的建立

采用Nicolet 5DX型红外光谱仪测得合成萘沥青的红外谱图分别如图1-5和图1-6所示。图1-5中位于波数$3050cm^{-1}$处的特征吸收峰为芳环C—H伸缩振动；图1-6中位于波数$1600cm^{-1}$处的特征吸收峰归属于芳环骨架伸缩振动，$1450cm^{-1}$处的特征吸收峰对应于甲基C—H键（包括环烷烃C—H键）的弯曲振动。可见，合成的萘沥青是一种具有较多的环烷结构和脂肪侧链的芳香烃类化合物。

比较三种采用不同BF_3配比催化剂制备的萘沥青的红外谱图，11#萘沥青［萘∶BF_3∶HF（物质的量之比）＝1∶0∶3］有相对高的芳香结构含量，10#萘沥

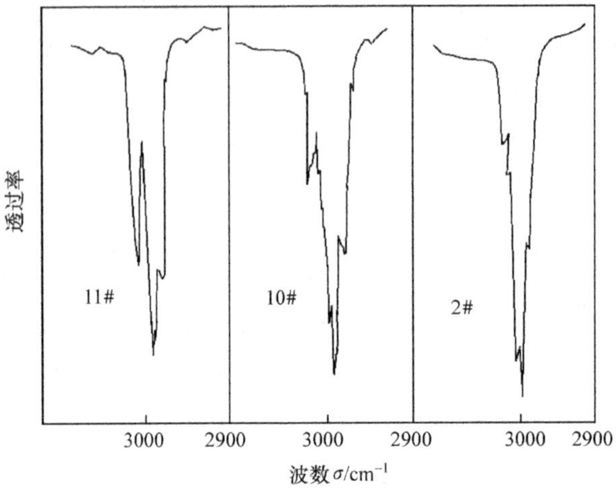

图 1-5　萘沥青在波数为 2900～3100cm^{-1}的红外谱图[31]

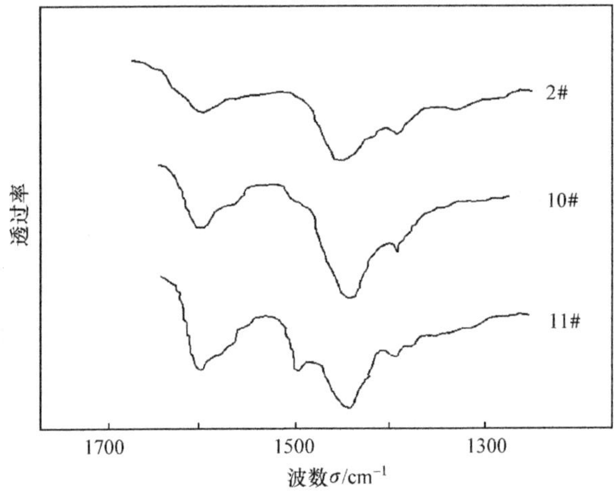

图 1-6　萘沥青在波数为 1300～1700cm^{-1}的红外谱图[31]

青[萘：BF_3：HF(物质的量之比)=1：0.125：3]的芳香结构含量居中，2＃萘沥青[萘：BF_3：HF(物质的量之比)=1：0.5：3]的芳香结构最少；亦即，随催化剂中 BF_3 含量的增加，所制萘沥青的芳香结构含量减少，表明催化剂中 BF_3 的配比对合成的萘沥青结构有很大影响。

不同制备条件下合成萘沥青的^{1}H-NMR 和 IR 分析结果列于表 1-13。其中，^{1}H-NMR 用 BRUKER AC-D200 型波谱仪测定，工作频率为 200MHz，以 TMS 作内标，溶剂为 C_6D_6，图谱的氢分布归属参照 Ramsey[32] 定义，各吸收峰的面积由谱图积分求得。

表 1-13 萘沥青的^{1}H-NMR 和 IR 分析结果[31]

萘沥青	^{1}H-NMR 氢分布				IR
	H_A	H_α	H_β	H_γ	E_{2920}/E_{1380}
2#	0.248	0.260	0.385	0.102	7.28
5#	0.271	0.307	0.307	0.115	2.52
8#	0.264	0.342	0.281	0.113	10.78
10#	0.371	0.270	0.261	0.098	15.38
11#	0.652	0.170	0.168	0.010	5.63
12#	0.478	0.207	0.241	0.074	9.55

注：8#样品为苯可溶物的氢分布。

关联表 1-11 和表 1-13 即可发现，在相同的工艺条件下，合成萘沥青中的芳香氢的摩尔分数，随着 HF/BF_3 催化剂中 BF_3 配比的增加而下降。这表明，HF/BF_3 催化聚合可使萘沥青中发生大量氢转移，出现大量脂肪氢；而催化剂中 BF_3 组分的增加又可加大氢转移的数量。例如，11#萘沥青的芳香氢（H_A）摩尔分数高达 65.2%，10#萘沥青的 H_A 摩尔分数降低为 37.1%，2#萘沥青的 H_A 摩尔分数最低为 24.8%。同时，再次佐证催化剂中 BF_3 配比直接影响合成萘沥青的结构，BF_3 乙醚络合物中的乙基在催化缩合反应中和萘沥青中的芳香分子发生了键合。

用^{1}H-NMR 和 IR 联合解析法计算出的萘沥青平均分子结构参数如表 1-14 所示。

表 1-14 萘沥青的平均分子结构参数[31]

萘沥青	X	f_A	σ	C_p/C_a	C_a	C_p	R_A	R	R_N	n	L	C
2#	2.081	0.648	0.335	0.564	24.5	13.8	5.3	8.0	2.7	4.7	2.9	37.8
5#	2.152	0.662	0.345	0.624	25.3	15.8	4.1	8.0	3.9	5.4	2.2	38.2
8#	2.225	0.668	0.425	0.629	25.9	16.3	4.8	9.0	4.2	5.7	2.2	39.6
10#	2.045	0.733	0.263	0.603	27.9	16.8	5.6	8.8	3.2	4.4	2.3	38.4
11#	2.021	0.864	0.115	0.672	27.8	18.7	5.6	6.6	1.0	2.1	2.0	32.2
12#	2.082	0.776	0.178	0.667	30.1	20.4	4.9	7.7	2.8	3.5	2.5	39.3

注[18]：X，芳核上烷基取代基的氢碳原子比；f_A，芳香度，平均分子中的芳碳数与总碳数之比；σ，取代度，平均分子中的芳核实际取代数与可能取代数之比；C_p/C_a，缩合度，平均分子中的芳核外周碳数与总芳碳数之比；C_a，平均分子中的总芳碳数；C_p，平均分子中的芳核外周碳总数；R_A，平均分子的芳环总数；R，平均分子的总环数；R_N，平均分子的环烷环总数；n，平均分子的取代基总数；L，取代基的平均链长参数；C，总碳数。

关联表 1-10，比较表 1-14 中 2#、5#和 8#萘沥青的平均分子结构参数，三者的原料和催化剂的比例相同，反应时间均为 5h，随着反应温度的提高（140℃→160℃→180℃），芳香度 f_A 变化不大，取代度 σ 由 0.335 增加到 0.425，分子侧

链的数目 n 由 4.7 增加到 5.7，总环数 R 从 8 增加至 9，环烷环数 R_N 也由 2.7 增加到 4.2。这种平均分子结构的变化说明反应温度对萘沥青的结构有很大影响；随着反应温度的提高，分子不断增大，分子中环烷环数和脂烃侧链也随之增加。这表明在非脱氢聚合过程中，芳香氢的转移可使分子中形成较多的环烷结构和脂烃侧链。

由于 11＃萘沥青在催化缩聚过程中的催化剂只有 HF(表 1-11)，其芳香度 f_A 最高，取代度 σ 最低，环烷环数 R_N 和总碳数 C 也最少。这说明单独使用 HF 作为催化剂可以增加萘的缩聚度，减少氢转移形成环烷结构。

依据表 1-13 中 2＃、10＃和 11＃萘沥青平均分子结构参数设计出的各自相应的平均分子模型如图 1-7 所示。

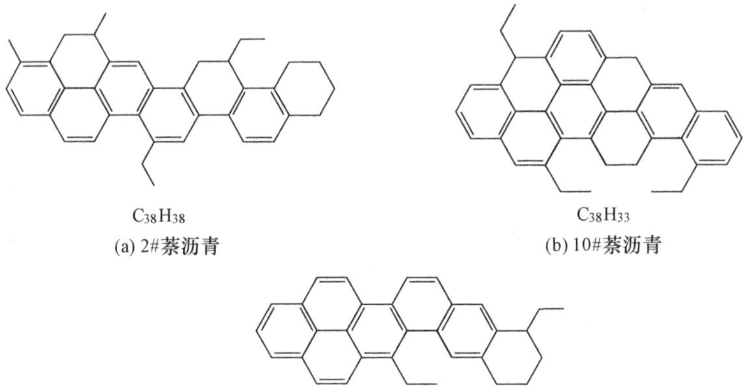

$C_{38}H_{38}$
(a) 2#萘沥青

$C_{38}H_{33}$
(b) 10#萘沥青

$C_{32}H_{25}$
(c) 11#萘沥青

图 1-7　萘沥青的平均分子模型[31]

由图 1-7 可以看出，合成的萘沥青中具有较多的环烷结构和脂肪侧链。这种结构的萘沥青，在进一步热缩聚制备中间相沥青过程中黏度小，产生的中间相球体较大，有利于中间相球体层片间借范德华力相互插入的物理重排，而形成杂质含量和缺陷都比较小的粗流线状或广域流线状的中间相结构[17]，获得软化点低并具有良好可纺性的中间相沥青。

1.2.2　重质油

重质油也称“稠油”，主要包括石油原油中的常压渣油和减压渣油，是原油蒸馏塔底的残余油。鉴于减压渣油相对分子质量、组成与结构的复杂性均高于常压渣油，这里主要介绍减压渣油。

重质油主要由碳、氢、硫、氮、氧 5 种元素组成，此外还含有微量的镍、钒、铁、铜等金属元素。重质油中碳的质量分数一般为 83%～87%，氢的质量分数在 10%～12%。表 1-15 列出了一些典型减压渣油的元素组成[34-37]。

表 1-15 减压渣油的元素组成[34-37]

渣油名称	元素组成 w/%					H/C 原子比	S/C 原子比	N/C 原子比
	C	H	S	N	O			
大庆	86.7	12.3	0.15	0.53	0.60	1.70	0.00065	0.00524
胜利	84.4	11.6	1.95	0.92	0.73	1.63	0.00864	0.00934
孤岛	85.2	10.5	2.86	1.18	1.05	1.47	0.01255	0.01187
单家寺	86.0	10.8	0.87	1.42		1.50	0.00378	0.01415
临盘	87.2	11.8	0.60	0.80		1.61	0.00257	0.00786
高升	85.8	11.4	0.77	1.19		1.58	0.00336	0.01188
欢喜岭	86.3	10.7	0.57	0.88		1.48	0.00247	0.00874
任丘	86.2	11.6	0.76	1.08		1.60	0.00330	0.01074
中原	85.6	11.6	1.18	0.60		1.61	0.00516	0.00601
新疆九区	86.7	11.7	0.45	0.79		1.61	0.00194	0.00781
井楼	86.5	11.6	0.65	1.18		1.60	0.00281	0.01169
阿曼	85.8	12.2	1.68	0.45		1.69	0.00732	0.00450
阿拉伯(轻)	84.9	10.4	3.99	0.45		1.46	0.01758	0.00455
阿拉伯(重)	83.5	10.9	5.50	0.46		1.57	0.02472	0.00473
伊朗(轻)	85.0	10.3	3.20	0.66		1.44	0.01414	0.00905
伊朗(重)	85.0	10.2	3.60	0.70		1.43	0.01591	0.00960
科威特	84.0	10.1	5.05	0.31		1.43	0.02248	0.00316
卡夫奇	84.1	9.84	5.40	0.36		1.39	0.02401	0.00367
米纳斯	87.1	12.0	0.16	0.47		1.64	0.00069	0.00462
阿萨巴斯卡	82.9	10.5	4.89	0.44		1.51	0.02206	0.00455
阿拉斯加北坡	85.6	10.5	2.77	0.68		1.47	0.01224	0.00681

减压渣油的平均分子结构参数的计算以核磁共振氢谱、红外光谱、元素组成和相对分子质量为原始数据，在计算时按纯碳氢结构处理，并设饱和部分氢碳比为 2，且结构中不存在季碳。表 1-16 列出了计算所得 12 种典型减压渣油的平均分子结构参数。

表 1-16　减压渣油的平均分子结构参数[34,38]

渣油名称	M	f_A	f_N	f_P	R_T	R_A	R_N	R_A/R_N	H_{Au}/C_A	σ	L
大庆	1120	0.16	0.11	0.73	5.3	3.0	2.3	1.3	0.69	0.52	6.6
胜利	1080	0.22	0.17	0.61	6.3	3.2	3.1	1.0	0.74	0.50	4.7
孤岛	1030	0.29	0.23	0.48	9.2	4.9	4.3	1.1	0.57	0.35	3.7
临盘	1000	0.23	0.18	0.59	6.7	3.5	3.2	1.1	0.70	0.55	4.3
欢喜岭	1300	0.30	0.22	0.48	9.2	5.1	4.1	1.2	0.67	0.45	3.7
新疆九区	1340	0.23	0.14	0.63	9.0	5.6	3.4	1.7	0.58	0.53	3.9
中原	1100	0.23	0.16	0.61	7.1	4.0	3.1	1.3	0.62	0.44	
任丘	1140	0.23	0.18	0.59	7.8	4.2	3.6	1.2	0.57	0.29	5.1
大港	1080	0.23	0.20	0.57	7.9	4.0	3.9	1.0	0.68		
涠洲	860	0.20	0.14	0.66	4.8	2.6	2.2	1.2	0.64	0.52	6.1
阿拉伯(轻)	810	0.31	0.23	0.46	7.3	4.0	3.3	1.2	0.74		
阿曼	980	0.24	0.16	0.60	6.5	3.7	2.8	1.3	0.72		

注：M，VPO平均相对分子质量；f_A，平均分子中的芳碳数与总碳数之比，简称芳碳率，又称芳香度；f_N，平均分子中的环烷碳数与总碳数之比，简称环烷碳率；f_P，平均分子中的烷基碳数与总碳数之比，简称烷基碳率；R_T，平均分子的总环数；R_A，平均分子的芳环总数；R_N，平均分子的环烷环总数；H_{Au}/C_A，芳香环系未被取代时的氢碳比，称为芳香环系的缩合度参数；σ，平均分子中的芳香环系周边碳的取代率，又称取代度；L，平均分子的链长参数。

由表1-16中数据可以看出：

(1) 减压渣油的芳碳率 f_A 的范围为0.16～0.31，环烷碳率 f_N 的变化幅度为0.11～0.23，而烷基碳率 f_P 在0.46～0.73。比较大庆减压渣油与欢喜岭减压渣油，前者的芳碳率(f_A=0.16)与环烷碳率(f_N=0.11)明显低于后者(f_A=0.30，f_N=0.22)，而前者的烷基碳率(f_P=0.73)则比后者(f_P=0.48)大得多，这清楚地表明大庆减压渣油为石蜡基型，欢喜岭减压渣油为环烷基型。

(2) 各减压渣油的平均链长参数 L=3.7～6.6，其中石蜡基大庆减压渣油的 L=6.6最大，环烷基欢喜岭减压渣油 L=3.7最小，中间基减压渣油如胜利减压渣油的 L=4.7居中。

(3) 减压渣油平均分子的环数 R_T=5～9，其中芳环数 R_A 略高于环烷环数 R_N，R_A/R_N 大多在1.0～1.3。

(4) 平均分子中的芳香环系周边碳的取代率 σ=0.3～0.6，大多为0.5左右。

依据表1-16中数据计算出各减压渣油平均分子式，结果如表1-17所示。

表1-17 减压渣油的平均分子式[34,38]

渣油名称	平均分子式	渣油名称	平均分子式
大庆	$C_{81}H_{141}S_{0.06}N_{0.42}$	中原	$C_{78}H_{127}S_{0.40}N_{0.47}$
胜利	$C_{76}H_{126}S_{0.66}N_{0.71}$	任丘	$C_{86}H_{144}S_{0.27}N_{0.68}$
孤岛	$C_{74}H_{116}S_{0.92}N_{0.87}$	大港	$C_{79}H_{125}S_{0.10}N_{0.91}$
临盘	$C_{73}H_{117}S_{0.18}N_{0.57}$	涠洲	$C_{62}H_{105}S_{0.07}N_{0.25}$
欢喜岭	$C_{74}H_{106}S_{0.18}N_{0.65}$	阿拉伯(轻)	$C_{57}H_{84}S_{1.01}N_{0.26}$
新疆九区	$C_{97}H_{156}S_{0.19}N_{0.76}$	阿曼	$C_{70}H_{113}S_{0.51}N_{0.32}$

由表1-17可知，减压渣油平均分子中的碳数大多在70～90，而所含硫和氮等杂原子数为1左右。

1.2.3 焦油

焦油是有机物经过加热干馏的产物，是一种黑色的黏稠液体。通常是指煤炼焦产生的煤焦油和石油分馏产生的重油。

另外，木材干馏、泥炭等干馏也会产生焦油。

作为制备中间相沥青的原料焦油主要为煤焦油和乙烯焦油[39-41]。

1. 煤焦油

煤焦油是煤在干馏过程中获得的液体产品。

根据干馏温度和方法的不同可以得到：

(1) 低温(450～650℃)干馏焦油；

(2) 中温(650～900℃)干馏焦油；

(3) 高温(1000℃)干馏。

无论哪种焦油，都是具有刺激性臭味的黑色或黑褐色黏稠状液体。用于调制中间相沥青的原料通常采用高温(1000℃)炼焦焦油，下面提及的煤焦油性质均系高温炼焦焦油。

煤焦油主要由碳、氢、氧、氮、硫5种元素及痕量的金属元素组成，各组成元素的质量分数分别为：碳88.8%～91.1%，氢5.6%～6.1%，氧1.6%～3.6%，氮1.0%～1.3%，硫0.4%～0.8%。

表1-18是我国、苏联和日本煤焦油的质量标准。

表 1-18　煤焦油的质量标准[13]

指标	中国 GB 3701—1983*		苏联 TY14-6-171-80**				苏联 ГОТС-1462-80***	日本 JISK2439-83****		
	一级	二级	牌号 A		牌号 B			一级	二级	三级
			一级	二级	一级	二级				
密度 $\rho/(g/cm^3)$	1.15～1.21	1.13～1.22	1.20	1.22	1.22	1.24	<1.22	1.10～1.25	1.10～1.25	1.10～1.30
水分 $w/\%$	<4.0	<4.0	<3.0	<4.0	<3.0	<4.0	<4.0	<1.0	<2.0	<2.0
灰分 $w/\%$	<0.13	<0.13	<0.08	<0.10	<0.08	<0.10	<0.2			
TI $w/\%$	3.5～7.0	<10.0	<8.0	<11.0			<9.0	<15.0	<25.0	<25.0
QI $w/\%$			<3.0	<4.0						
恩氏黏度 E_{80}	5.0					2.5～4.2				
萘 $w/\%$	>7.0					<10.0				
蒸馏实验										
230℃前挥发分 $w/\%$								>5.0	>5.0	>5.0
300℃前挥发分 $w/\%$								>20.0	>20.0	>20.0

* 中华人民共和国国家标准。

** 苏联有关加工利用的煤焦油指标。

*** 苏联有关作为成品消费的煤焦油指标。

**** 日本标准，其中三级是供制造耐火砖用的煤焦油指标；TI，甲苯不溶物；QI，喹啉不溶物。

煤焦油几乎全部是由芳香族化合物组成的一种复杂混合物，其组分的总数约为 10000，已认定的单种化合物约 500 种，占煤焦油总量的 55%左右。在煤焦油中质量分数超过 1%和接近 1%的化合物仅有十余种，其量约占总量的 30%。煤焦油的主要组成列于表 1-19。

表 1-19　煤焦油的主要组成[13]

化合物名称	分子式及相对分子质量	结构式	C/H 原子比	$w/\%$
碳氢化合物				
苯	C_6H_6(78)		1.000	0.12～0.25
甲苯	C_7H_8(92)	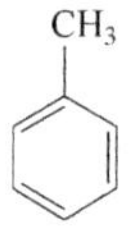	0.875	0.18～0.25

续表

化合物名称	分子式及相对分子质量	结构式	C/H 原子比	w/%
碳氢化合物				
二甲苯	C_8H_{10}(106)	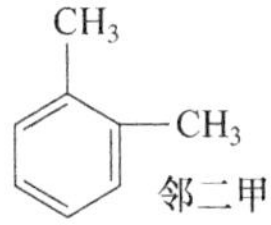 邻二甲苯 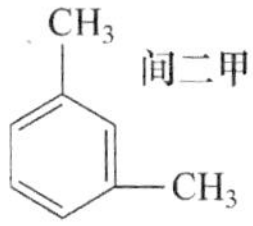 间二甲苯  对二甲苯	0.800	0.08～0.12
茚	C_9H_8(116)	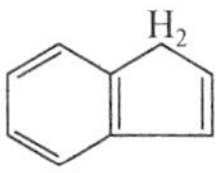	1.125	0.25～0.30
苯的高沸点同系物				0.80～0.90
四氢化萘	$C_{10}H_{12}$(132)	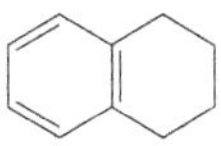	0.833	0.20～0.30
萘	$C_{10}H_8$(128)	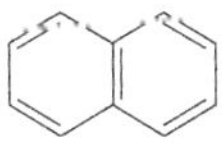	1.250	8.00～12.00
1-甲基萘	$C_{11}H_{10}$(142)	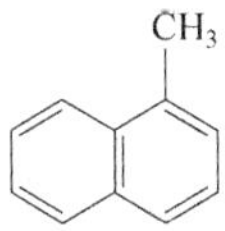	1.100	0.80～1.20
2-甲基萘	$C_{11}H_{10}$(142)	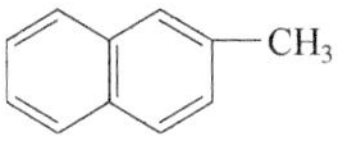	1.100	1.00～1.80
联苯	$C_{12}H_{10}$(154)	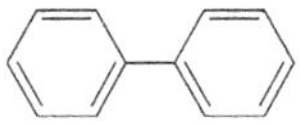	1.200	0.20～0.40

续表

化合物名称	分子式及相对分子质量	结构式	C/H 原子比	w/%
		碳氢化合物		
二甲基萘	$C_{12}H_{12}$(156)	1,2-二甲基萘 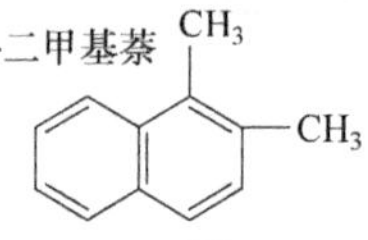 1,3-二甲基萘 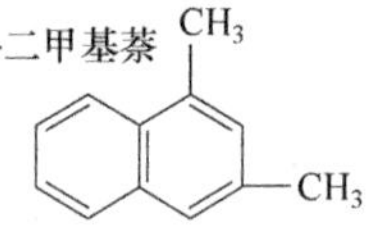 1,4-二甲基萘 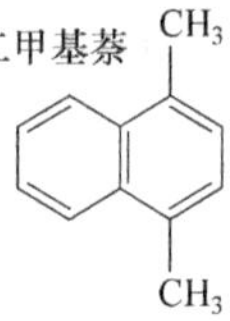 1,5-二甲基萘 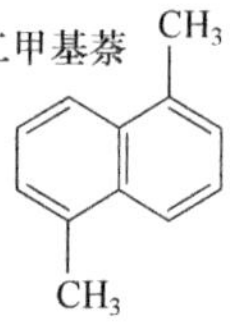 1,6-二甲基萘  1,7-二甲基萘 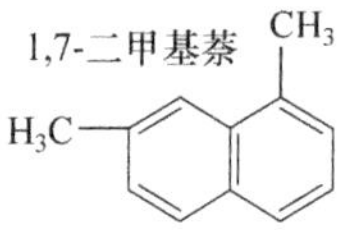 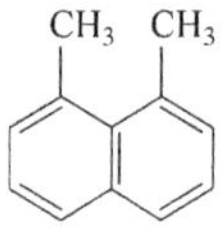 1,8-二甲基萘 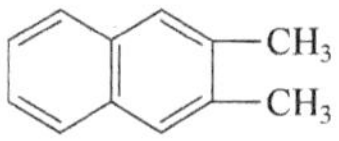 2,3-二甲基萘 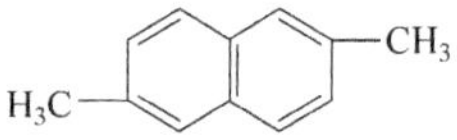 2,6-二甲基萘 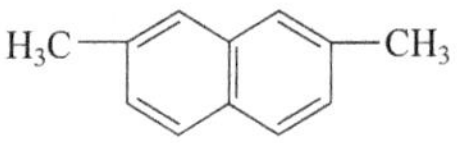 2,7-二甲基萘	1.000	1.00～1.20

续表

化合物名称	分子式及相对分子质量	结构式	C/H 原子比	w/%
碳氢化合物				
苊	$C_{12}H_{10}$(154)	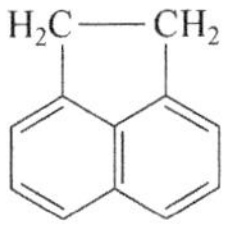		1.20～2.50
芴	$C_{13}H_{10}$(166)	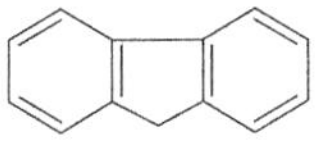	1.300	1.00～2.00
蒽	$C_{14}H_{10}$(178)	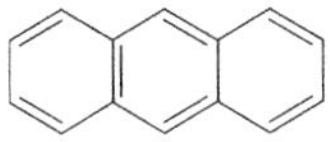	1.400	1.50～1.80
菲	$C_{14}H_{10}$(178)	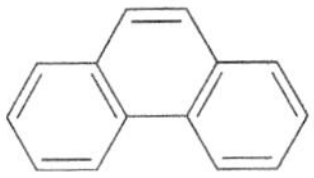	1.400	4.00～6.00
甲基菲	$C_{15}H_{12}$(192)	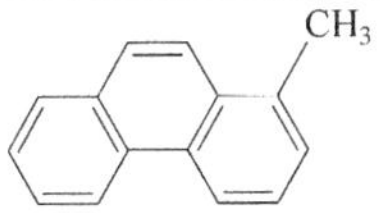 1-甲基菲 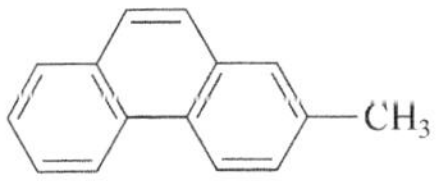 2-甲基菲 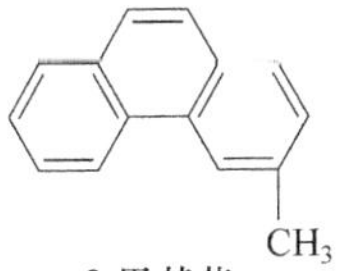 3-甲基菲 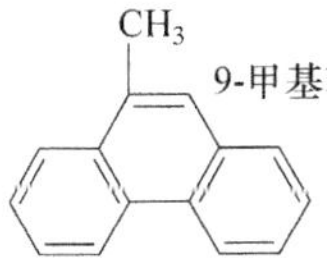 9-甲基菲	1.250	0.90～1.10
荧蒽	$C_{16}H_{10}$(202)	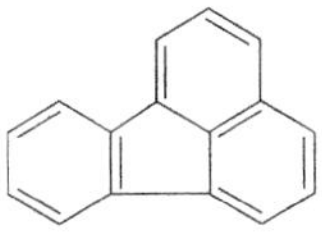	1.600	1.80～2.50

续表

化合物名称	分子式及相对分子质量	结构式	C/H 原子比	w/%
碳氢化合物				
芘	$C_{16}H_{10}$(202)	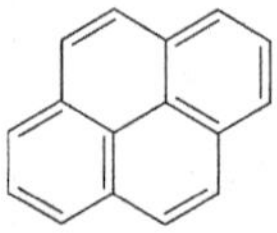	1.600	1.20～2.00
苯并芴	$C_{17}H_{12}$(216)	1,2-苯并芴 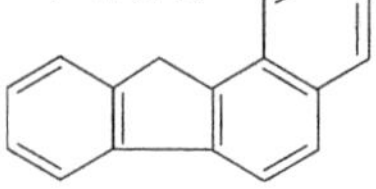 2,3-苯并芴 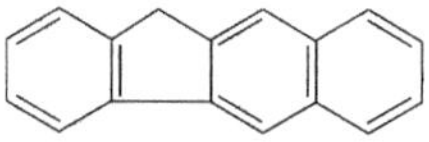 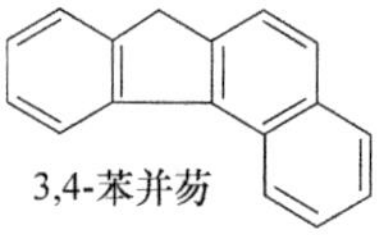 3,4-苯并芴	1.417	1.00～1.10
䓛	$C_{18}H_{12}$(228)	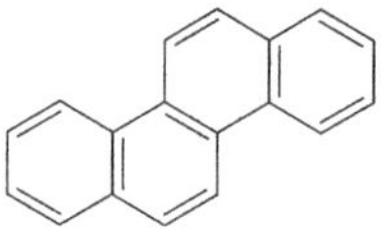	1.500	0.65～1.00
含氮化合物				
吡啶	C_5H_5N(79)	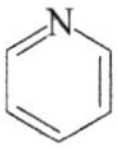	1.000	0.03
2-甲基吡啶	C_6H_7N(93)	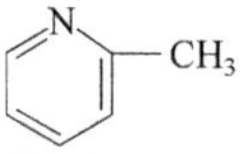	0.857	0.02
喹啉	C_9H_7N(129)	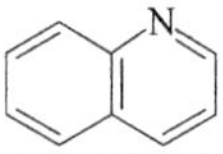	1.286	0.18～0.30
异喹啉	C_9H_7N(129)	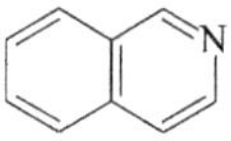	1.286	0.10
2-甲基喹啉	$C_{10}H_9N$(143)	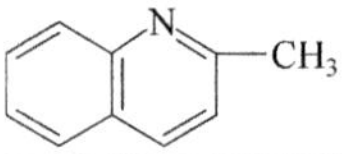	1.111	0.10
菲啶	$C_{13}H_9N$(179)	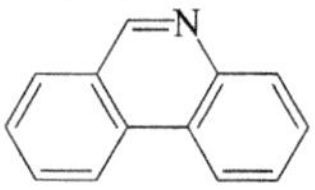	1.444	0.10

续表

化合物名称	分子式及相对分子质量	结构式	C/H 原子比	w/%
含氮化合物				
7,8-苯并喹啉	$C_{13}H_9N$(179)	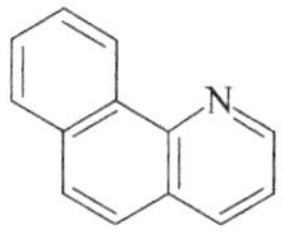	1.444	0.20
2,3-苯并喹啉	$C_{13}H_9N$(179)	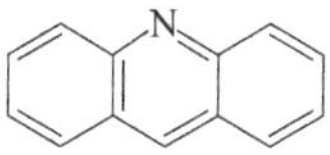	1.444	0.20
吲哚	C_8H_7N(117)	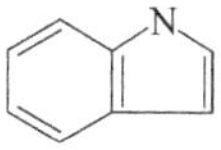	1.143	0.10～0.20
咔唑	$C_{12}H_9N$(167)	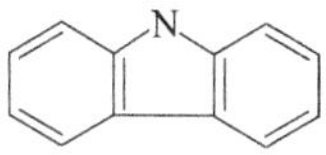	1.333	0.90～2.00
吖啶	$C_{13}H_9N$(179)	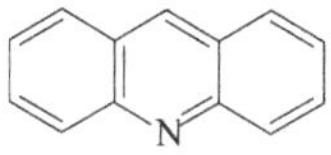	1.444	0.10～0.60
含氧化合物				
苯酚	C_6H_6O(94)	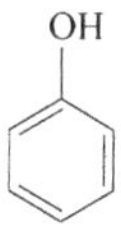	1.000	0.20～0.50
邻甲酚	C_7H_8O(108)	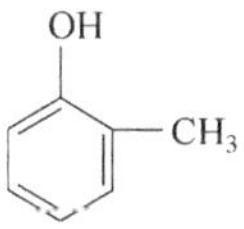	0.875	0.20
间甲酚	C_7H_8O(108)	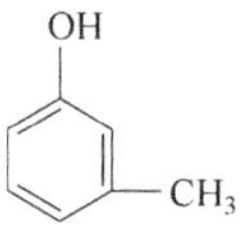	0.875	0.40
对甲酚	C_7H_8O(108)		0.875	0.20

续表

化合物名称	分子式及相对分子质量	结构式	C/H 原子比	w/%
含氧化合物				
二甲酚	$C_8H_{10}O$(122)	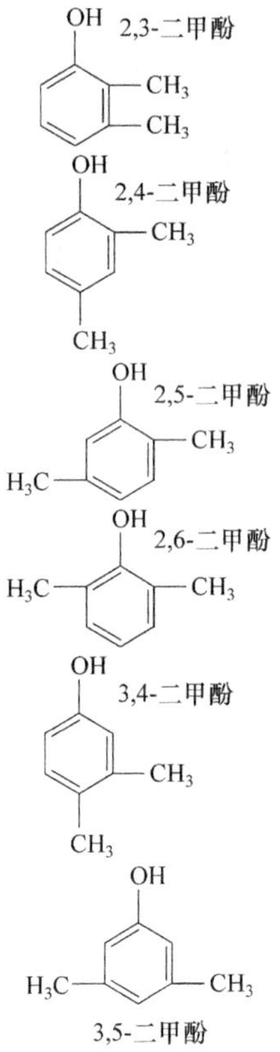	0.800	0.30～0.50
高级酚				0.75～0.95
苯并呋喃	C_8H_6O(118)	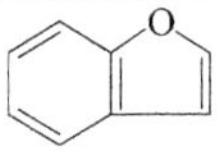	1.333	0.04
二苯并呋喃	$C_{12}H_8O$(168)	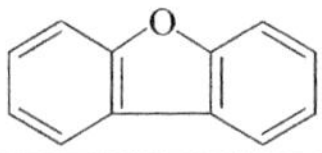	1.500	0.50～1.30
含硫化合物				
硫茚	C_8H_6S(134)	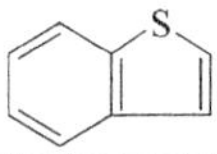	1.333	0.30～0.40
硫芴	$C_{12}H_8S$(184)	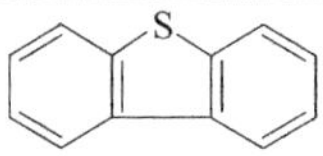	1.500	0.40

由表 1-19 可以看出，煤焦油主要由多环芳香族化合物组成，烷基芳烃含量较少，高沸点组分较多，热稳定性好。其组分萘含量较多，其余相对含量较少，主要有 1-甲基萘、2-甲基萘、苊、芴、氧芴、蒽、菲、咔唑、荧蒽、喹啉、芘等。

2. 乙烯焦油

乙烯焦油是重芳烃馏分油，也是烃类裂解生产乙烯得到的副产品，在常温下为黑褐色黏稠可燃性液体。乙烯焦油的产率一般为裂解原料的 10%，也有个别的高达 20%[42]。

乙烯焦油主要由各种烷烃、C8～C15 的芳烃、芳烯烃及含 N、S、O 等元素的杂环化合物等组成[43]，灰分含量很低，几乎不含有重金属等杂原子。裂解的原料不同，得到乙烯焦油的组成与性质也不同。

乙烯焦油的馏程范围一般为 200℃以上，其中小于 360℃的馏分含有茚、萘、甲基萘、联苯、吲哚、喹啉等，大于 360℃的馏分含碳量高，分子结构紧密，杂质含量少，是制备中间相沥青、活性炭纤维、优质针状焦的理想原料[44]。

乙烯焦油的基本性质与组成分别列于表 1-20 和表 1-21。

表 1-20 乙烯焦油的基本性质[42]

元素组成 w/%			C/H 原子比	残炭率 w/%	灰分 w/%	甲苯不溶物 w/%
C	H	N+O+S				
91.1	6.5	2.4	1.168	21.38	0.03	0.19

表 1-21 乙烯焦油的组成[42]

芳烃 w/%						胶质 w/%
单环	双环	三环	四环	五环	六环以上	
14.5	26.5	15.4	11.4	5.0	18.0	9.2

表 1-22 是乙烯焦油各馏分段的收率及组成。从表中可以看出，乙烯焦油在 210～300℃的各馏段收率较高，其次是大于 360℃的重质馏分。其中，210～230℃馏分含有大量萘，230～250℃馏分含有大量甲基萘，从中提取萘、甲基萘有着重要的开发价值；而大于 360℃的乙烯焦油则是制备炭材料的可选原料。

表 1-22 乙烯焦油各馏分段的收率及组成[44]

馏分段 t/℃	初馏～205	205～225	225～245	245～300	300～360	>360	损失
收率 w/%	2.02	22.25	13.73	17.64	10.32	33.34	0.70
萘 w/%	3～5	50～80	3～6				
甲基萘 w/%		1.5～2.0	65～80	8～15			

1.3 热解反应

热解反应泛指有机化合物在受热时所发生的分解或分解和聚合而生成最终产品的过程[45,46]。

热解反应可以在低达200℃以下的液相中进行，如烷基丙二酸的分解：

$$\underset{\text{(烷基丙二酸)}}{HOOCCHRCOOH} \xrightarrow[\text{回流}]{180℃} \underset{\text{(烷基乙酸)}}{RCH_2COOH} + CO_2$$

也可以在350℃左右的中温下进行，如：

$$\underset{\text{(对位甲基二苯甲酮)}}{CH_3C_6H_4COC_6H_5} \xrightarrow{350℃} \underset{\text{(蒽)}}{C_{14}H_{10}} + H_2O$$

还可以在600～1000℃的高温下实现此过程，如丁烷在600℃的石英管中生成低分子烯和烷烃，或在Monel合金管中生成碳和氢。

由此可见，“热解”这一概念不仅是指一个大分子经热分解生成小分子的一次反应，而且包括一次分解产物的进一步缩合或聚合成大分子的二次反应。因此，可以将热解反应分为两个阶段：前期的热分解反应和后期的热缩聚反应。但在实际上往往由于反应原料组成的复杂性，这两类反应经常重叠或交叉地进行，以致出现多样的产物。

而就“热解”这个术语来讲，在有机化学、石油化学和固体燃料化学中称之为“热解”，而在炭素学科中则均被称作炭化。按照惯例，前一个术语着重于反应的初期，而后一个术语则着重于过程的中后期。

图1-8是Добрянский[47]关于有机物热解反应过程的分类。

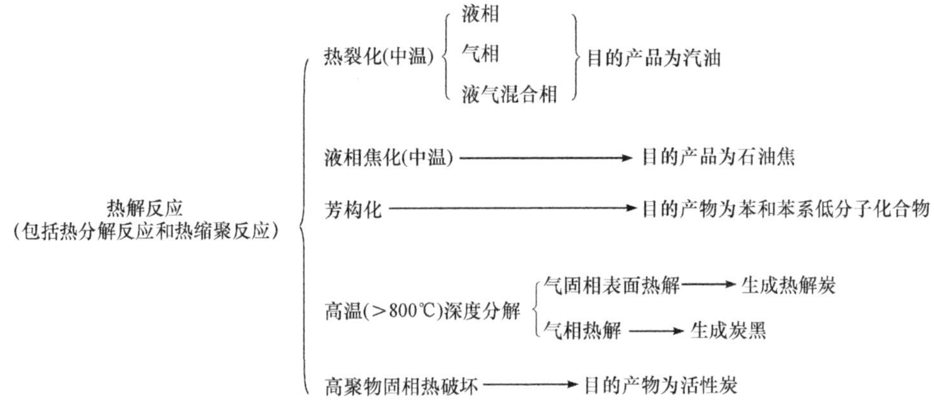

图1-8　热解反应过程的分类[45,47]

由图1-8可以看出，基于反应物的相对分子质量大小和反应温度等条件的差别，热解反应可以独立进行于气相、液相、固相或非均相（液气混合相和液固混合相）中；而由于不同的内外因素（内在因素如反应分子结构等，外在因素如温度、压力等），反应体系将经历各自的路径达到不同结构和性能的产物。

依据图1-8可以认为，在制备碳质中间相的过程中，中温液相热解和中温液相炭化这两个过程是相互连接的。因此，作为炭材料科学的工作者，不仅应将注意力着眼于400～600℃的烃类中温液相热解和中温液相炭化，还应以同样的注意力跟踪于固定炭在高温（>3000℃）下的结构转化机理。这就是碳质中间相理论研究的特点：源于化学，归于物理。

1.3.1 稠环芳烃的化学结构本性

碳质中间相理论也可称为稠环芳烃热解的化学，原因有二：其一，几乎所有用于制备碳质中间相的原料，如煤沥青、石油沥青、萘沥青、煤焦油、重质油和乙烯焦油等均为各种类型的稠环芳烃的混合物；其二，稠环芳烃在炭化早期乃是所有液相、气相甚至固相炭化过程的中间必经产物。可以说，原料的稠环芳烃结构决定了生成的碳质中间相及其炭材料的结构特征。因此，了解一些稠环芳烃结构的基本概念对研究碳质中间相理论十分重要。

1. 稠环芳烃的命名与标位

在稠环芳烃中，由于大量的稠环烃稠合构型不规则，往往采用不同的命名法，使得同一种化合物经常有几种名称。为此，简要介绍稠环芳烃的各种命名与标位法的一般原则[45,48]：如几种多环烃由同一单元芳烃经几次重复稠合而成者，可以给出一个总的名称和相应各具体物质的名称。

（1）由苯环线状稠合而成的烃类总称为省类，除萘和蒽外，还有丁省、戊省等，这类多环烃的标位如下：

丁省

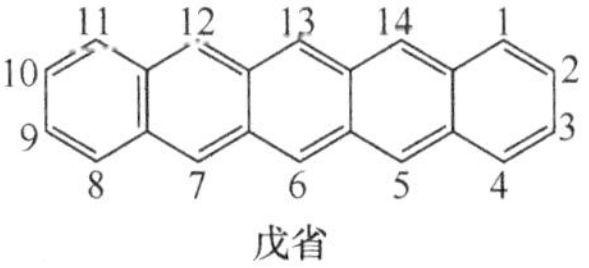
戊省

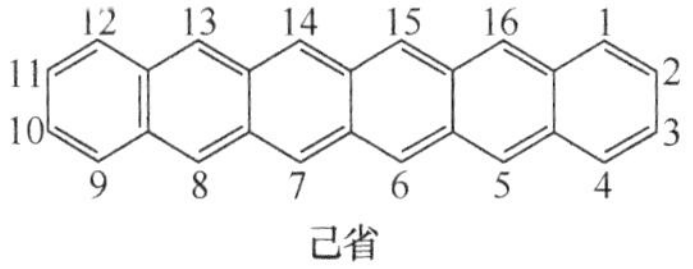
己省

（2）角型稠合的稠环烃由菲导得，称为芬系列，标位法如下：

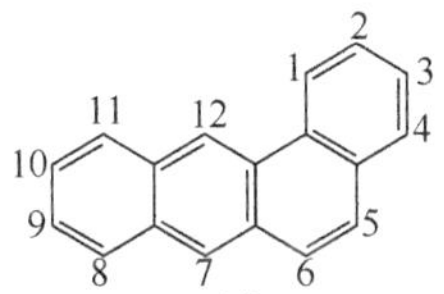
丁芬

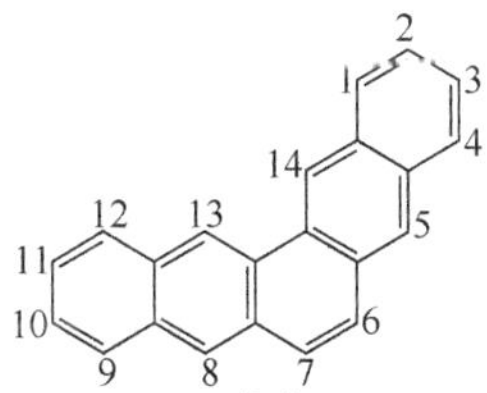
戊芬

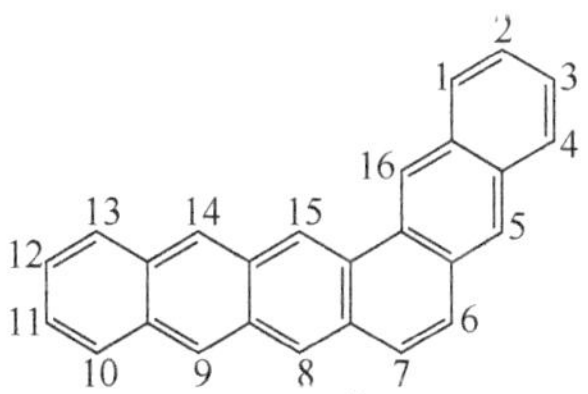
己芬

(3) 苝及其同系物是由萘核经苯核中介重复稠合而成，这类多环烃总称为 Polyrylenes，该系列各同系物的名称和标位如下：

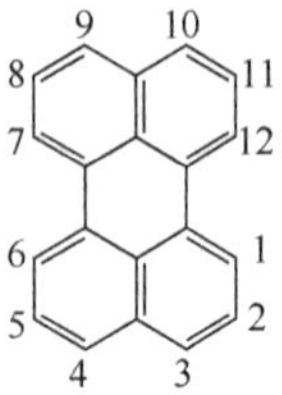
苝

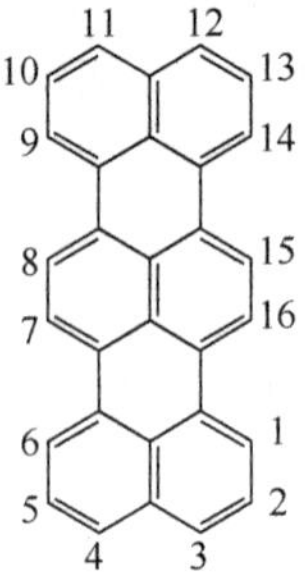
特锐烯

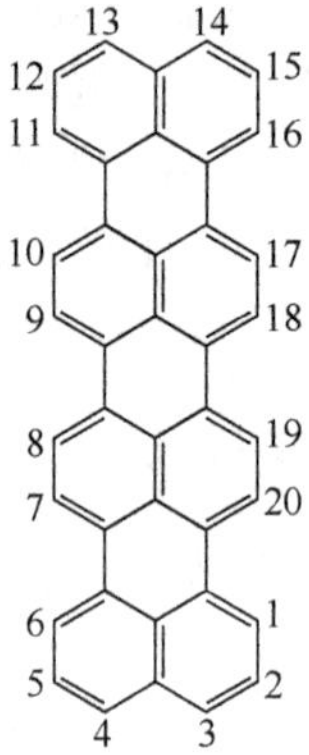
夸特锐烯

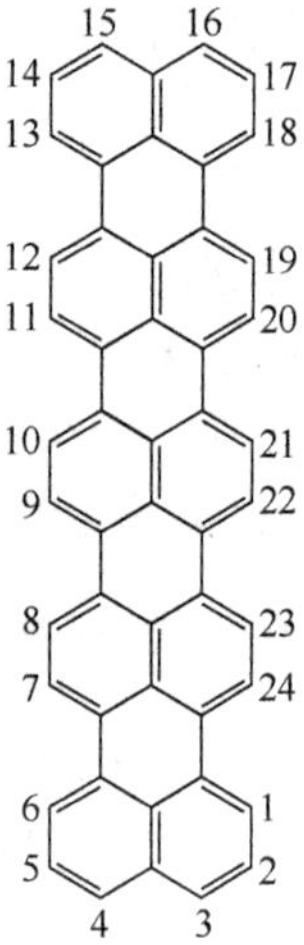
Quinquerylene

(4) 荧蒽和苊的标位与苝类多环烃相同，如：

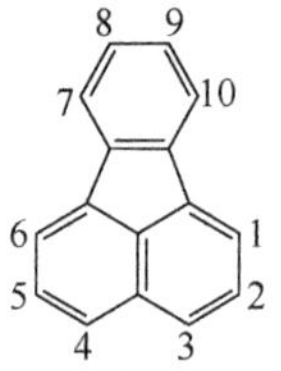
荧蒽

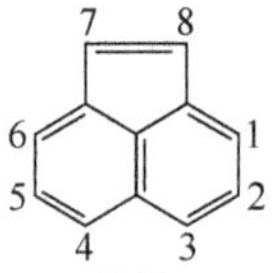
苊烯

(5) 由蒽核通过萘核作中介稠合而成的多环烃称为 Anthenes，其同类多环烃的命名和标位与 Polyrylenes 相同，如：

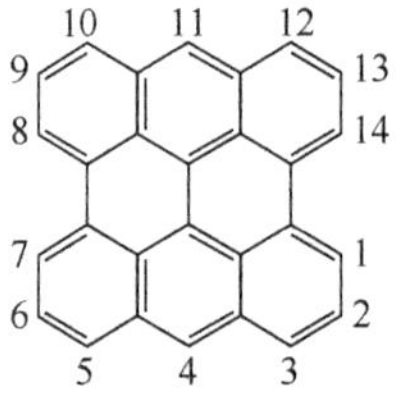
Bisanthene

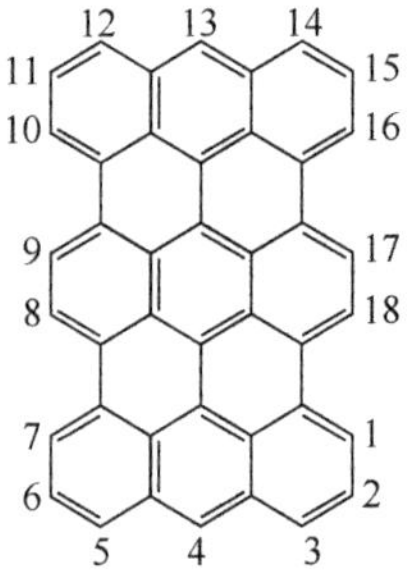
Teranthene

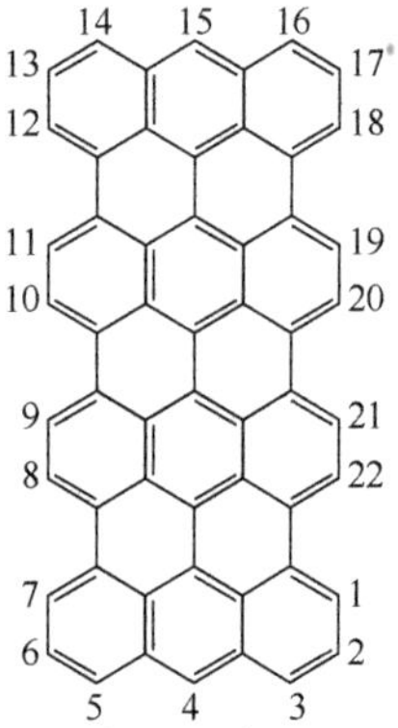
Quateranthene

(6) "Z"形状的稠环烃，它的第一个成员成为 Zethrene，随后的成员按环数在

Zethrene 前冠以数字字头即可，如：

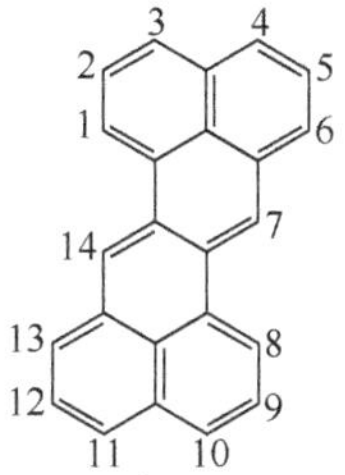
Zethrene

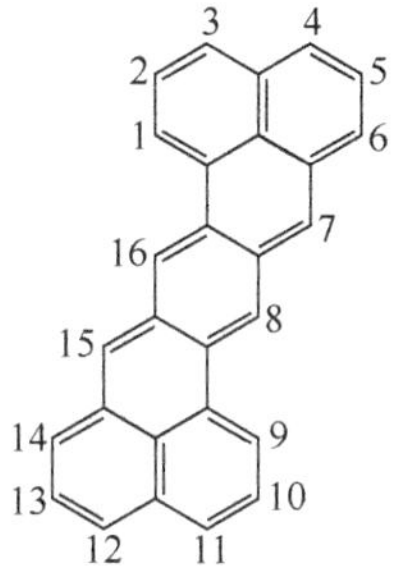
Heptazethrene

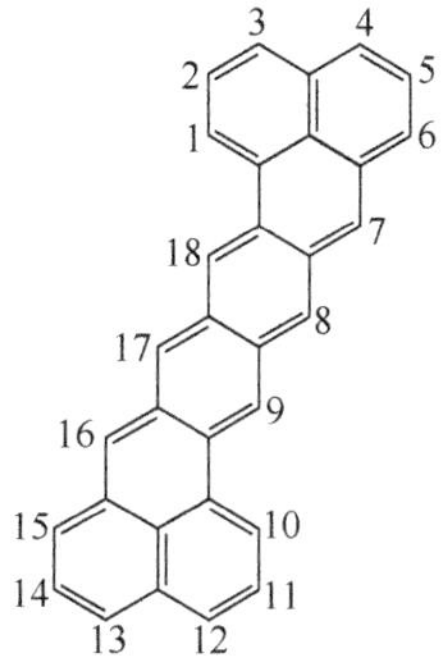
Octazethrene

（7）源于分子结构的形状命名的稠环烃，如三角烯、晕苯、卵苯、循环蒽、循环菲、循环二联苯、循环芘等。亦即：

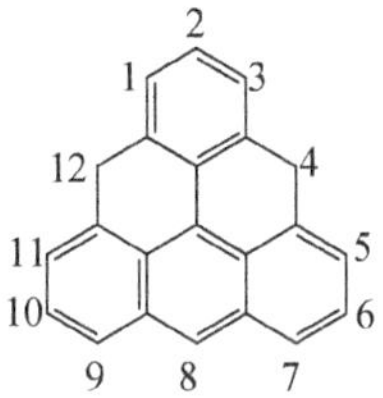
三角烯

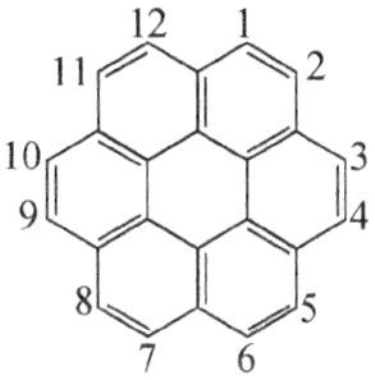
晕苯

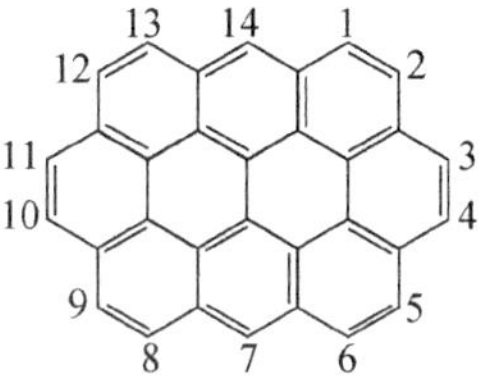
卵苯

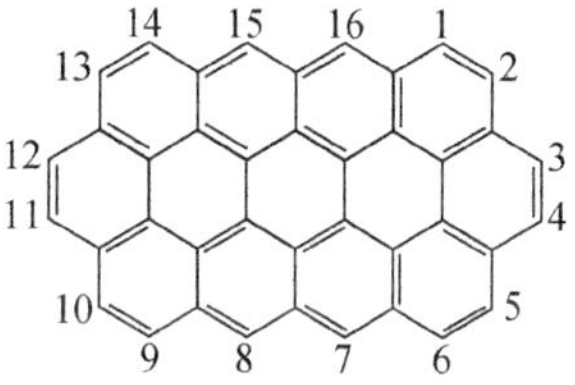
循环蒽

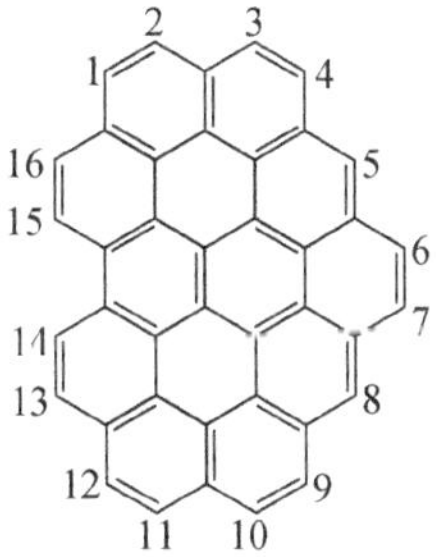
循环菲

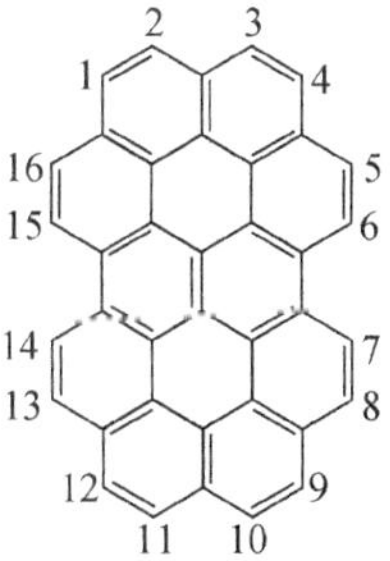
循环二联苯

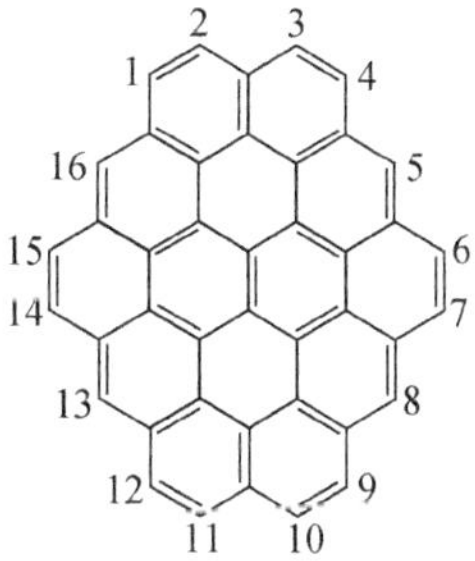
循环芘

（8）稠环烃芘的标位有两种方式：

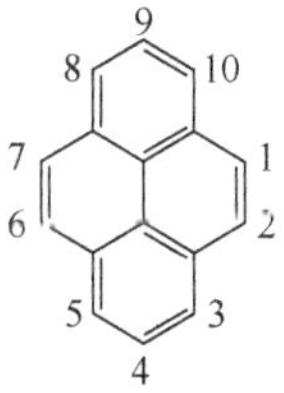

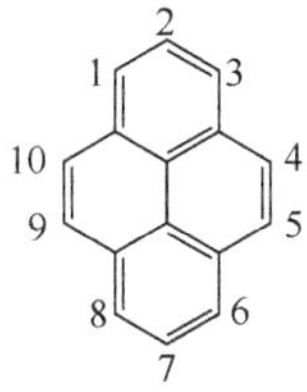

芘

（旧标位法）　　（新标位法）

(9) 靴二蒽的标位比较特殊,如:

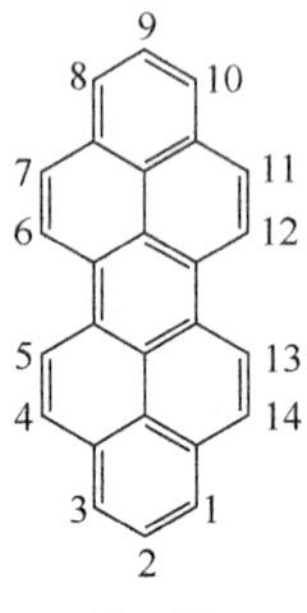

靴二蒽

总之,对于稠合构型复杂的稠环烃的命名,通常采用环数多的、已知名称的芳烃作为“核”——基本名,将稠合于此“核”上的另一稠环烃的名称冠于前,中间加“并”字隔开。这种多环烃的标位原则一般为:①以环数最多的芳烃“核”方向作为主轴位,以水平线排列;②将次多环数的稠环烃作为支轴位于主轴的右上方,而将环数最少的支轴位于左下方。如:

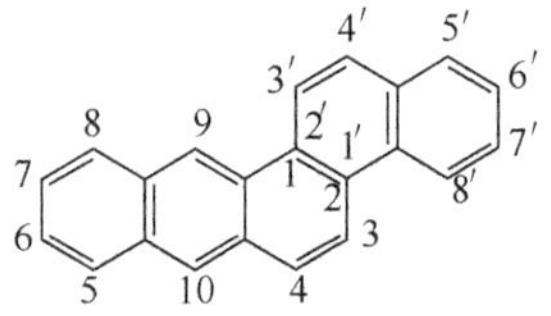

萘并(2′,1′:1,2)蒽

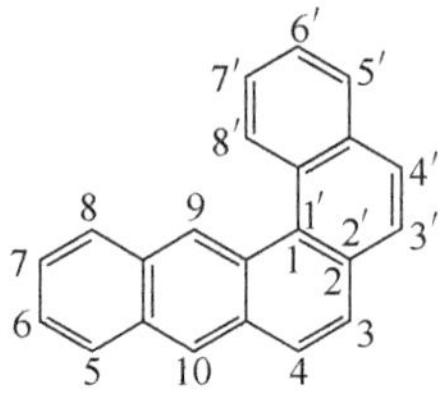

萘并(1′,2′:1,2)蒽

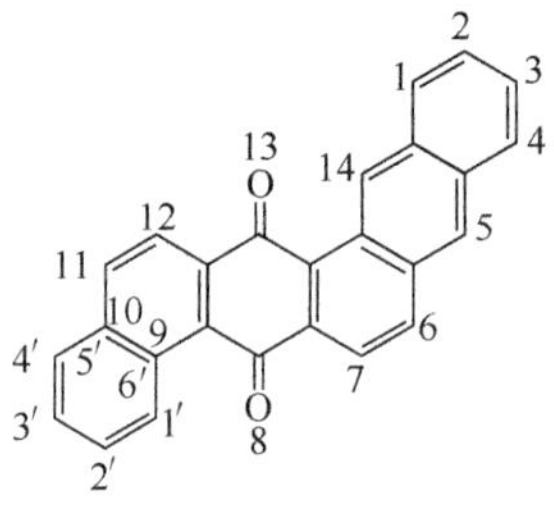

9,10-苯并戊芬-8,13-醌

对于两个芳核的稠合位置的标注,近年来多数学者采用了国际理论和应用化学联合会(IUPAC,1957)建议的方法:用英文字母标位两个芳核的稠合位置,如:

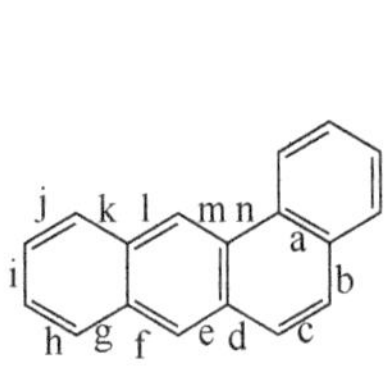

苯并(a)蒽

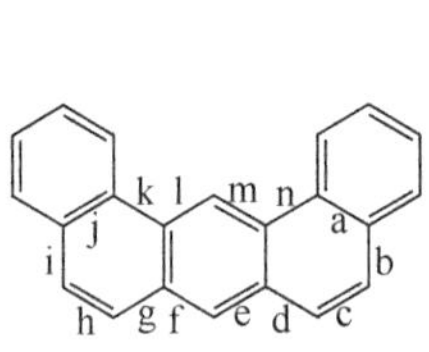

二苯并(a,j)蒽

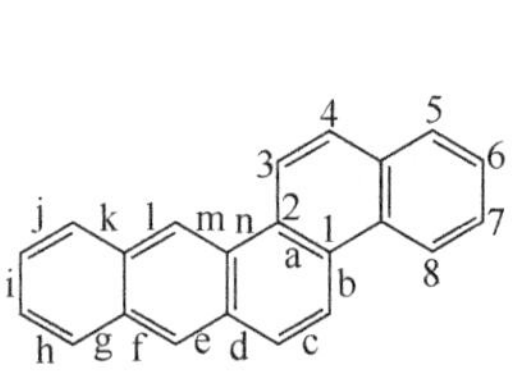

萘并(2,1-a)蒽

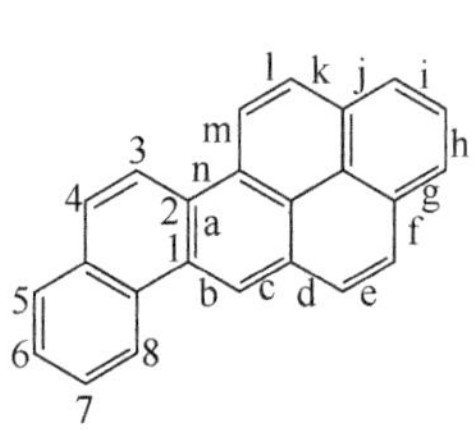

萘并(2,1-a)芘

2. 稠环芳烃的价键结构本性——芳香六音律

芳香族烃的第一个成员苯的最初结构模型是“凯库勒(Kekule)式”——凯库

勒双键摆动模型。它是由德国化学家弗里德里克·奥古斯特·凯库勒(Friedrich August Kekule)于1865年提出,Kekule认为:苯中六个碳原子组成三根双键和三根单键交替的正六边形结构,苯分子这种封闭式但双键交替形成的结构,既能满足碳原子是4价的要求,又符合分子式C_6H_6的要求。按照Kekule模型,苯只有三向对称性。但事实上苯具有六向对称性,而且它并不形成邻位取代衍生物的异构体。

在苯结构的研究过程中,英国物理学家、化学家詹姆斯·杜瓦(James Dewar)于1867年提出了苯的结构是平面型的双环结构。

现代理论有机化学的经典方法——共振论推定苯的价键结构有五种模型,即两种Kekule结构和三种Dewar结构:

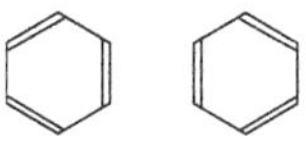

Kekule结构

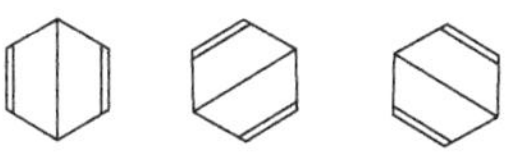

Dewar结构

分子轨道法则确认苯环上的六个π电子处于两条被占领的轨道:低阶轨道被两个自旋方向相反的π电子所占,而高阶轨道则被另外两对可以彼此沿相反方向自由运动的π电子所占。事实上,苯的价键结构并不存在烯烃的双键本性。X射线衍射结构分析证明,在苯的分子结构中并无键长为0.154nm的单键和键长为0.133nm的双键存在。苯环中的键长不是50%单键与双键之和0.144nm,而是0.139nm。这种特殊短的苯环C—C键长,来源于其中π电子的离域能。

苯的高稳定性源于其六元单环体系中6个π电子组成的一个集体(即大π键),这也是它不同于烯属烃的反应性之原因所在。现代有机化学中把此种结构称之为芳香六音律[48],在图案表示上可采用1947年诺贝尔化学奖得主罗伯特·鲁宾逊(Robert Robinson)于1925年所建议的模型:

利用芳香六音律可以对稠环芳烃的结构本性作出很好的判断。例如,按照芳香六音律可以把习惯画法的蒽和菲模型:

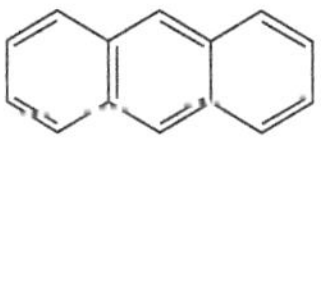

或

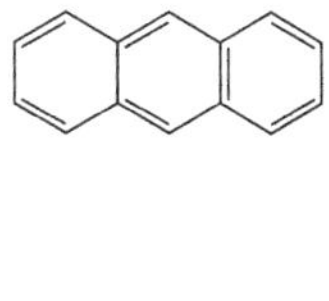

蒽

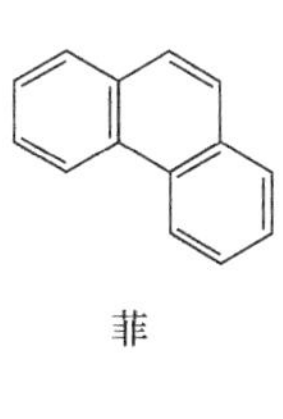

菲

改为

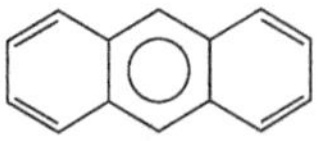

或

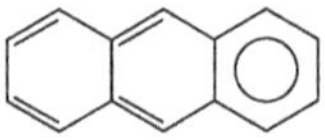

蒽

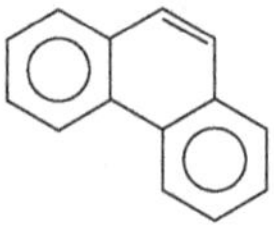

菲

蒽质量分数分子上只有一个苯型环，而菲分子上有两个苯型环。由此可推测，蒽分子上有两对双烯键，因此它具有很大的化学反应性。由于菲分子有两个苯型环，其稳定性大增，但是在 9，10 位存在着一固定的双键，所以菲常常表现出某些烯烃的本性，即在双键处常易起加成反应，如和 Br_2 加成生成稳定的二溴化物：

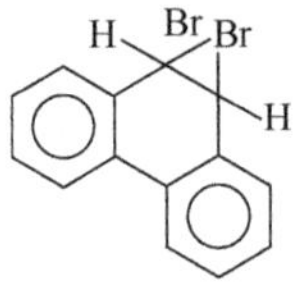

从以上对蒽、菲分子结构本性的分析可以推广到同等环数诸异构体的芳香六音律和化学稳定性的相关规律性，如对七环体系的六个异构体：

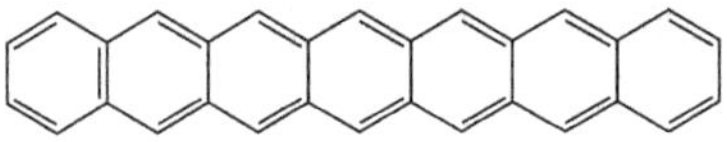

(a)

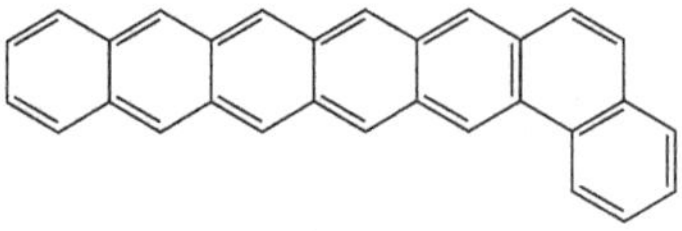

(b)

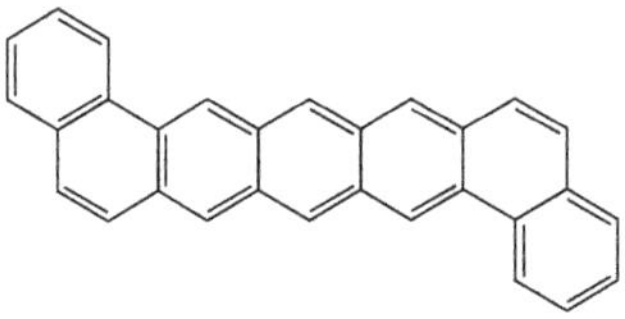

(c)

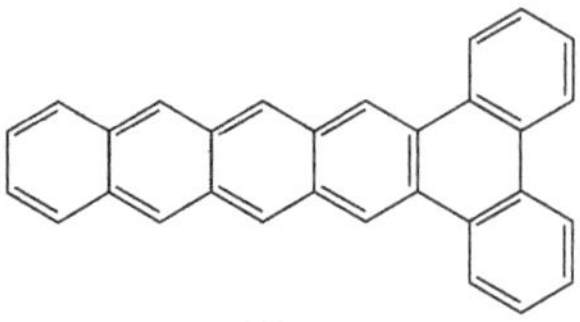

(d)

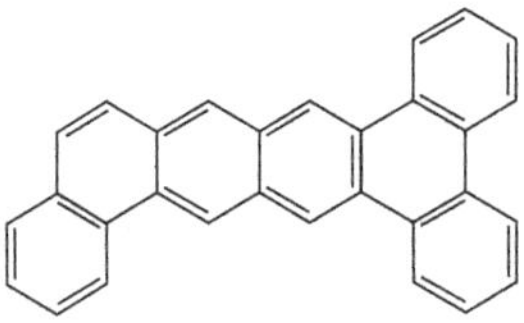

(e)

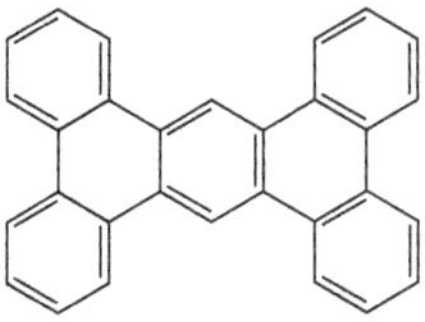

(f)

可画出如下模型：

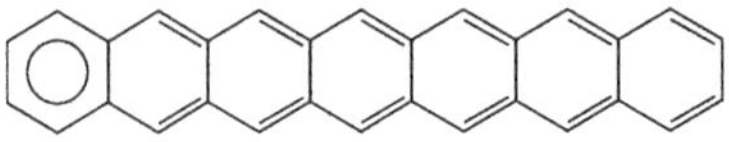

(a)

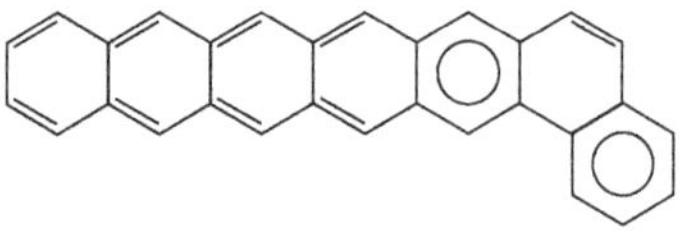

(b)

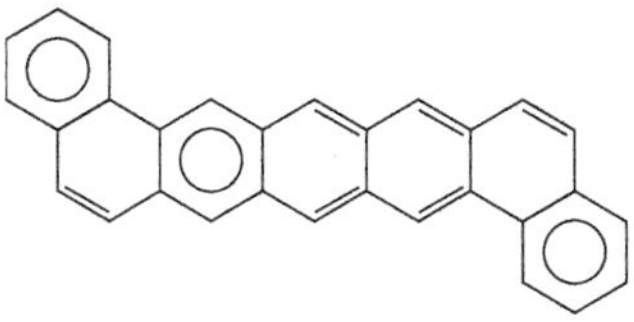

(c)

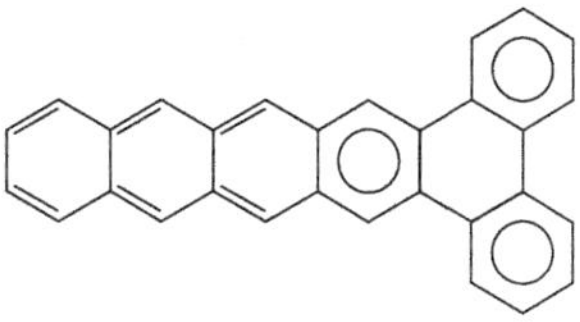

(d)

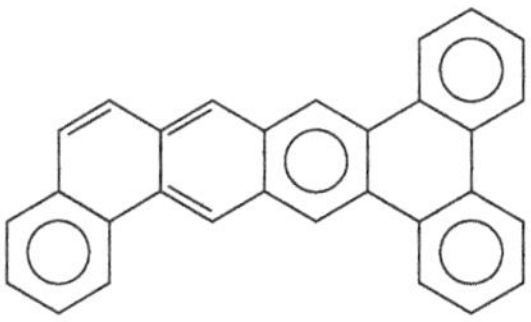

(e)

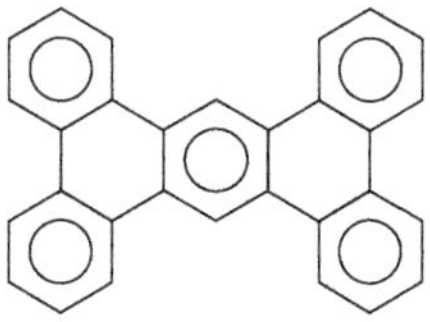

(f)

对比这 6 种模型，庚省只含有一个苯型六音律，芳香性已经非常弱，它实际上是一个典型的环多烯烃，由此可以推测其具有很大的化学活泼性。在七环异构体中，芳香六音律规律预言七环体系模型七：1,2;3,4;5,6;7,8-四苯并蒽具有最高的化学稳定性，因为它有五个苯型六音律。

依据芳香六音律可以推测那些完全自芳香六音律环组成的烃类在其同环数的异构体中应该具备最大的稳定性，如联苯、三亚苯、二苯并芘、三苯并花、四苯并蒽、六苯并晕苯。

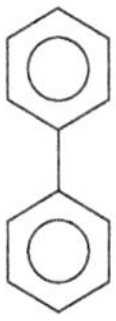

联苯

三亚苯

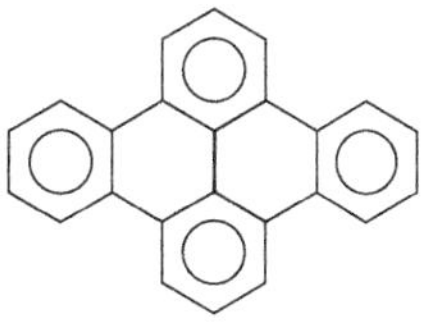

二苯并芘

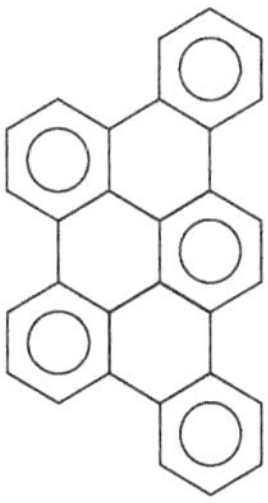

三苯并花

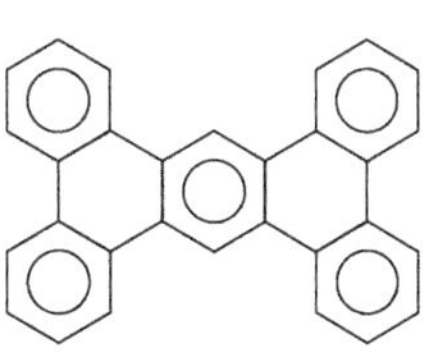

四苯并蒽

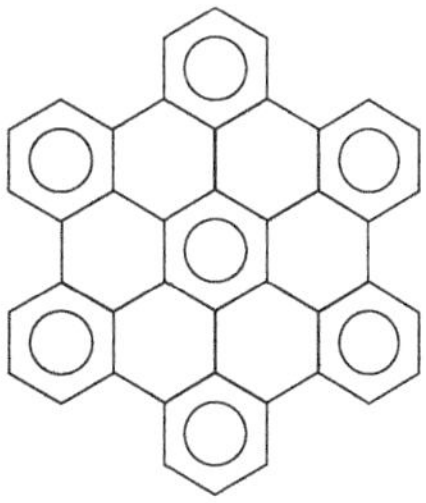

六苯并晕苯

其中六苯并晕苯在低于 700℃时并不熔融，而其省系异构体癸省甚至在室温下都不存在[48]。

完全苯型的稠环烃可以看作缩合聚苯撑，而其稠合原则却不限于紧装型。有时直线状的稠合也会生成很稳定的烃类。例如，四苯并蒽、四苯并戊省、四苯并庚省均不显示出省类芳烃的性质，如与马来酸酐的加成反应，它们在性质上接近于完全苯型环烃类。

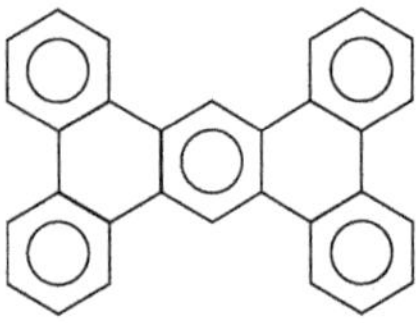
四苯并蒽

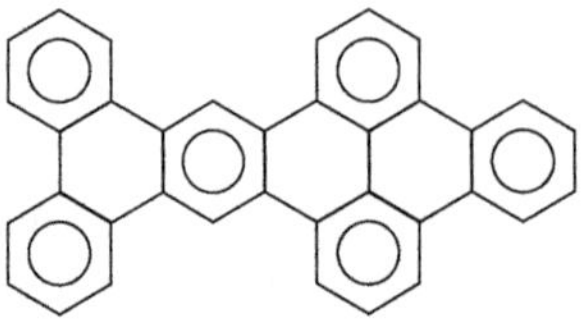
四苯并戊省

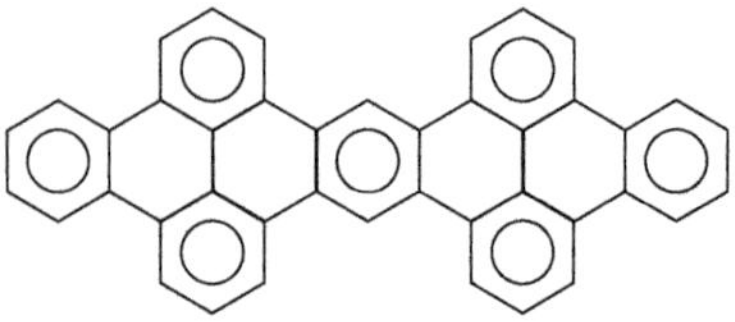
四苯并庚省

由以上各环的稠合位置和苯型环的分布可以看出，当环数一定时，环的配置能够产生出最多共轭苯型环单元者最为稳定。换言之，用最少的环数，排出最多的共轭苯型单元稠合形式的烃类最为稳定。需要说明的是，这里所述各种完全苯型的稠环烃，都是其普遍稠合式的特例，如多缩合环普遍稠合式模型(习惯画法)：

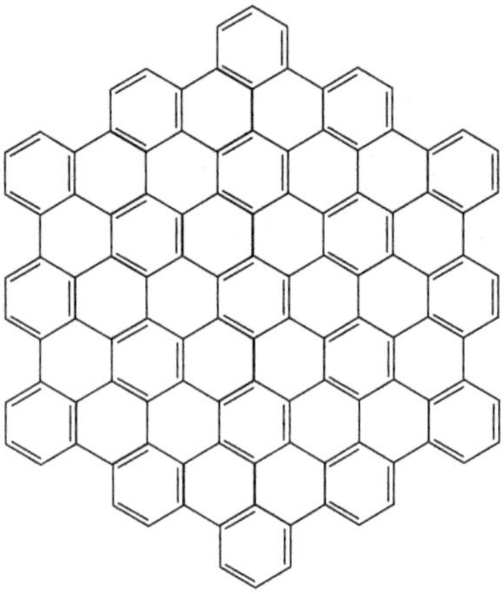

可画为(芳香六音律画法)

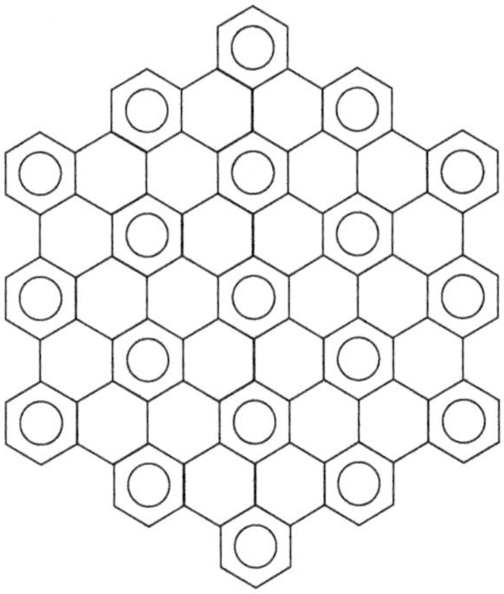

由多缩合环普遍稠合式芳香六音律模型可以看出，多缩合环的圆盘型稠合乃是其最稳定的类型。而直线型稠合缩合环，其链越长，越不稳定，因为只有一个苯型环要和更多的非苯型环共享，使其不稳定性越加增长。

显然，源于稠环芳烃的价键结构本质——芳香六音律得出的结论：多缩合环的圆盘形稠合结构最稳定，正是本书的核心部分——中间相微球生成的理论基础。

3. 稠环芳烃的自由价

稠环芳烃的热解反应可以看作生成自由基中间产物的缩合反应。按照Miyazawa等[49]的观点，一个反应物分子的最大自由价 $F_r(\max)$ 值可以衡量生成自由基的难易程度，$F_r(\max)$ 越高，越易生成自由基。根据该观点，Miyazawa等把各种稠环芳烃的 $F_r(\max)$ 值和Lewis等[50]所计算的相应分子的离子化电位值(eV)进行对比，发现 $F_r(\max)$ 大于0.53的一般都是热活性分子，随着 $F_r(\max)$ 远离0.53，其热活性逐渐减小。

图1-9给出了部分典型稠环芳烃和杂环烃的最大自由价 $F_r(\max)$ 及其所处的位置。据此可初步判断这些分子发生热解反应的难易和这些分子进入化学反应时，分子上首先发生断键的位置。

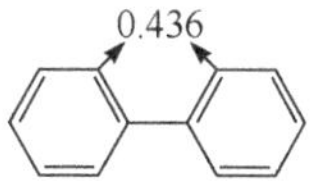

① 联苯

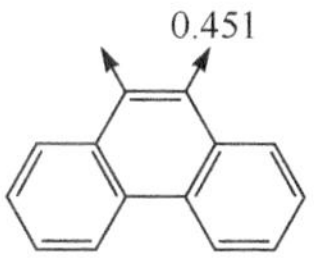

② 菲

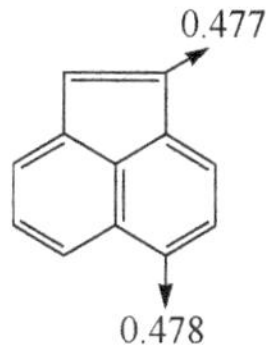

③ 苊烯

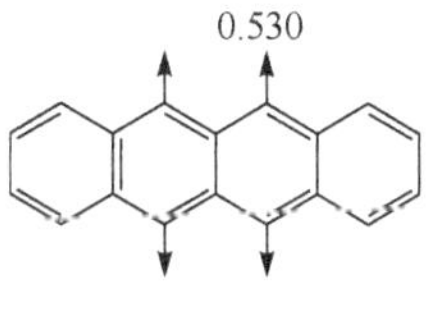

④ 丁省

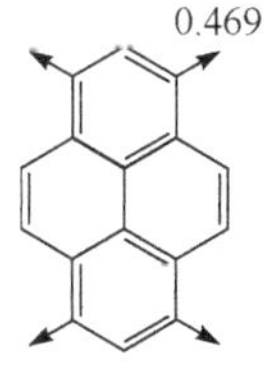

⑤ 芘

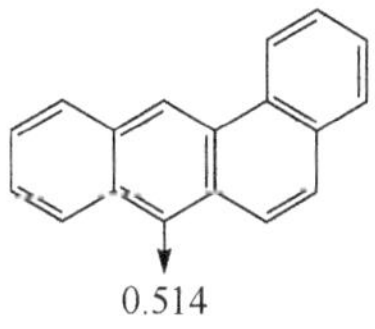

⑥ 丁芬

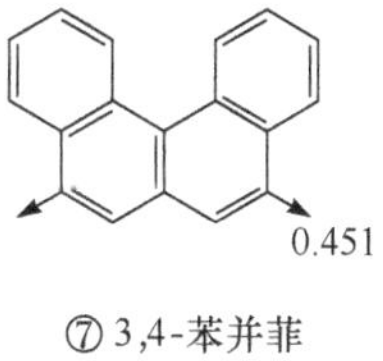

⑦ 3,4-苯并菲

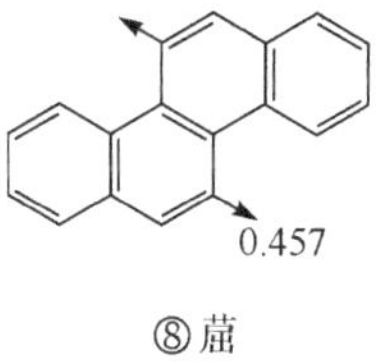

⑧ 䓛

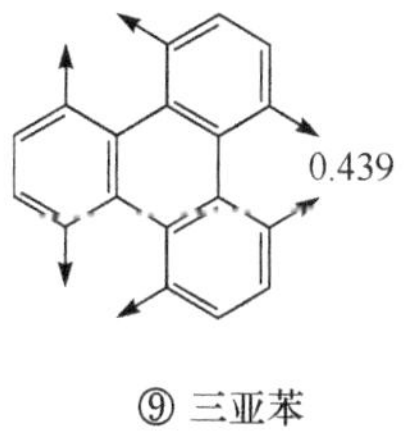

⑨ 三亚苯

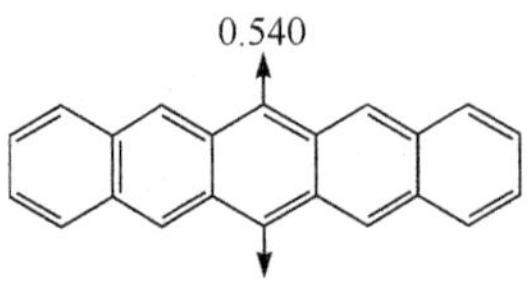

⑩ 戊省

⑪ 苝

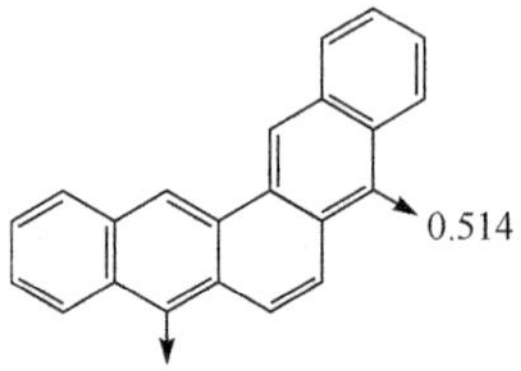

⑫ 戊芬

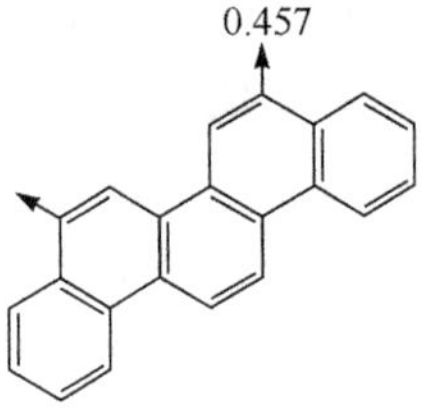

⑬ 苉

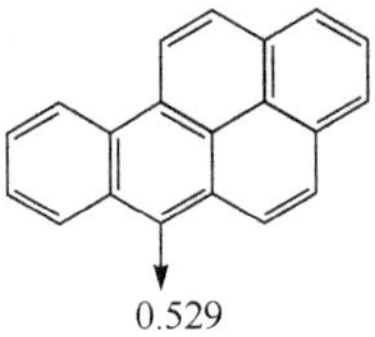

⑭ 3,4-苯并芘

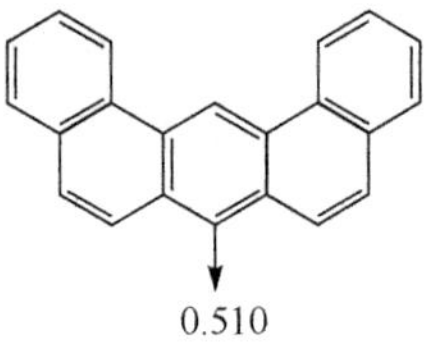

⑮ 二苯并(a,j)蒽

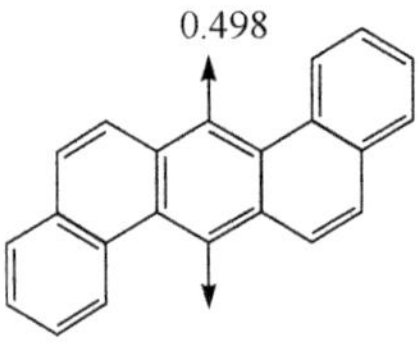

⑯ 1,2-7,8-二苯并蒽

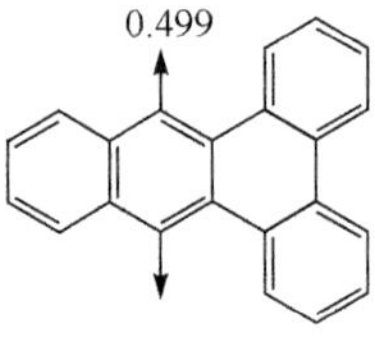

⑰ 1,2-3,4-二苯并蒽

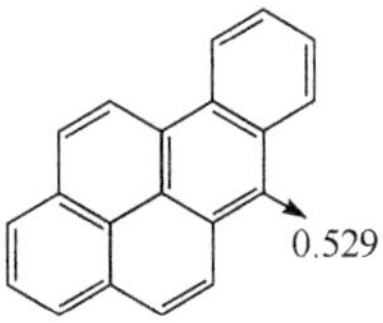

⑱ 苯并(a)芘

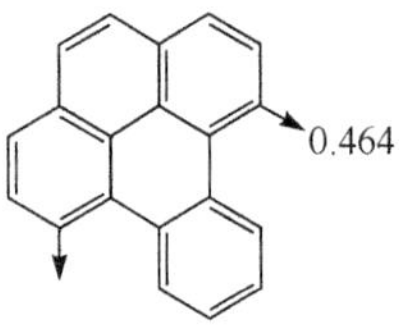

⑲ 苯并(e)芘

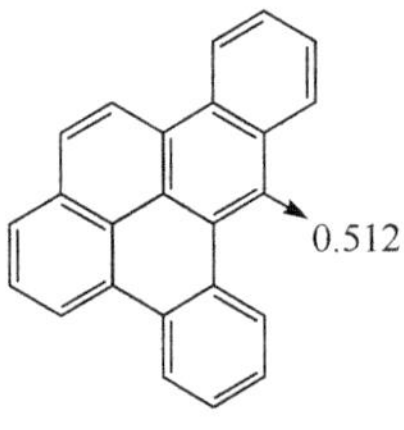

⑳ 二苯并(a,e)芘

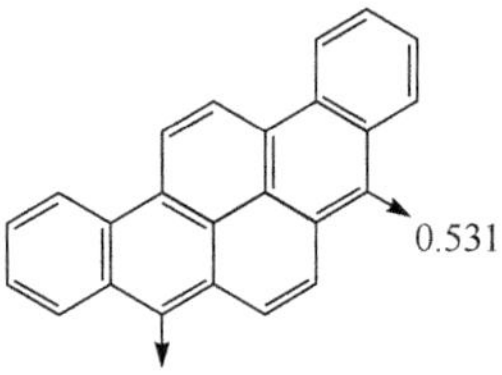

㉑ 二苯并(a,i)芘

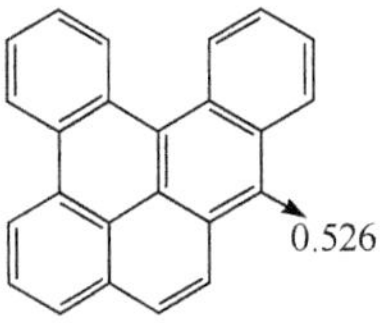

㉒ 二苯并(a,l)芘

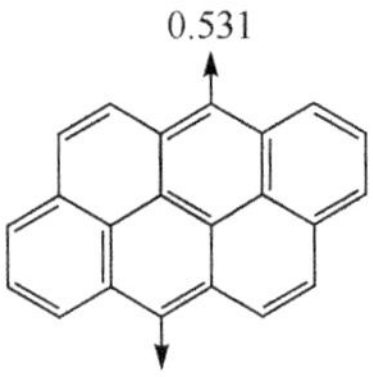

㉓ 二苯并(def,mno)䓛

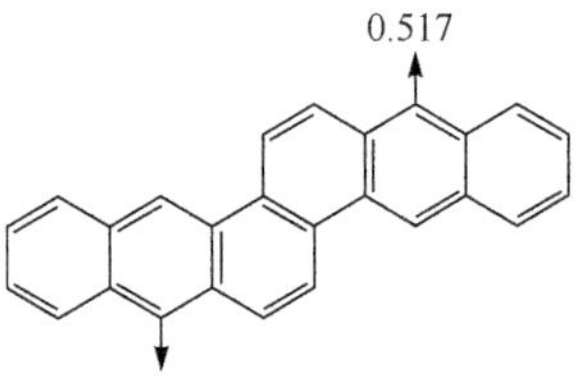

㉔ 二苯并(b,k)䓛

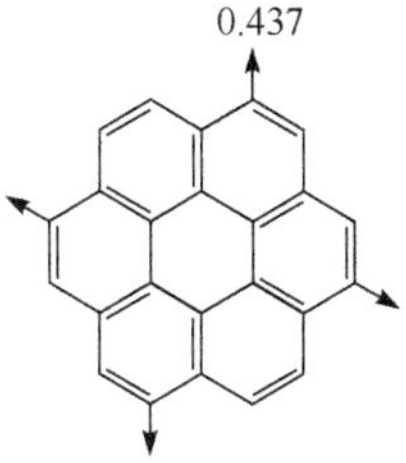

㉕ 晕苯

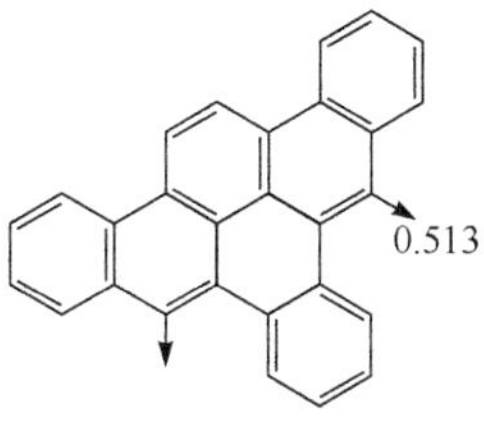

㉖ 三苯并(a,e,i)芘

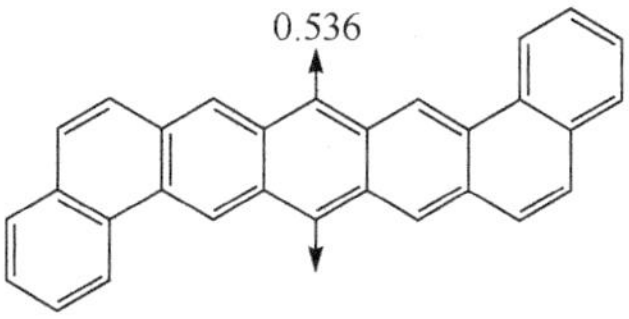

㉗ 二苯并(a,l)戊省

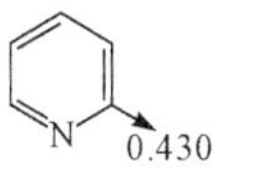

㉘ 吡啶

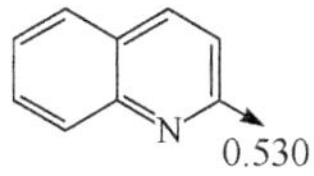

㉙ 喹啉

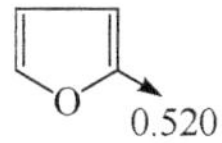

㉚ 呋喃

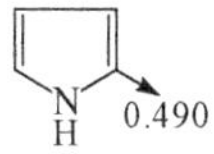

㉛ 吡咯

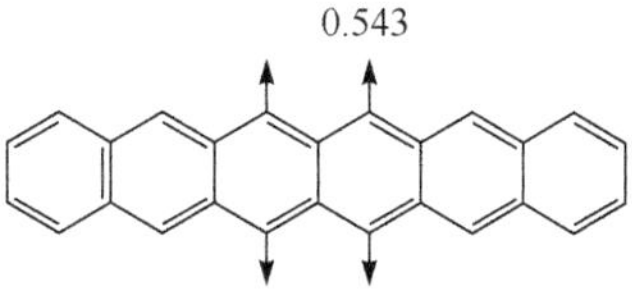

㉜ 己省

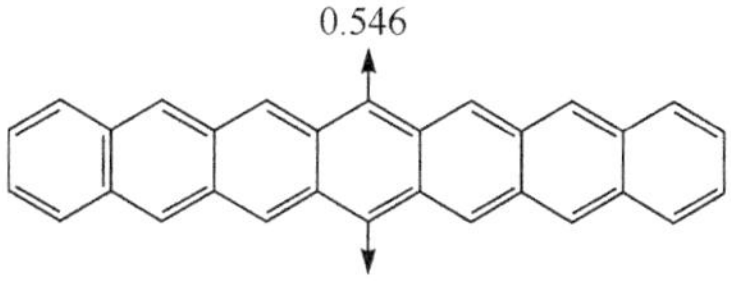

㉝ 庚省

图 1-9　部分典型稠环芳烃和杂环烃的最大自由价及其所处的位置[45,49,51,52]

分析图 1-9 中各种稠环芳烃和杂环烃的最大自由价及其所处的位置可以发现：

(1) 凡分子上具有蒽核者，一般此分子的F_r(max)值都大于 0.5，且具有 F_r(max)的位置都在蒽核之 9 位。

(2) 凡分子上具有萘核者，一般此分子的 F_r(max)值都小于 0.5，即比分子上具蒽核者小，且此 F_r(max)值的位置都在萘核的 α 位。

(3) 凡分子上具有菲核者，其 F_r(max)位置都在菲核的 9 位。

(4) 在杂环烃分子上，最大 F_r(max)的位置一般都位于环上杂原子之紧邻。这是由于杂原子一般都是负电性很大的原子，它强烈地自邻原子侧吸引电子对，从而减弱了紧邻碳原子上 C—H 键，使氢原子易于脱去。

显然，对于多数稠环芳烃的取代反应，特别是自由基取代反应，其反应位相应于 F_r(max)的碳原子处。

根据最大共轭定律：稠环芳烃中位于 F_r(max)值越大的碳原子，其取代基和芳核的共轭相互作用越大，生成的取代烃热稳定性越好。例如，α-乙烯基萘的共振能为 310.52kJ/mol，而 β-乙烯基萘的共振能则为 309.12kJ/mol；1-乙烯基蒽的共振能为 432.62kJ/mol，2-乙烯蒽的共振能为 431.12kJ/mol，而 9-乙烯基蒽的共振能则为 436.39kJ/mol[45]。

取代芳烃的进一步取代反应往往发生在邻位，并不依于取代基的本性。例如，

氯化苯邻位的 F_r 值为 0.410，间位的 F_r 值为 0.400，而对位的 F_r 值则为 0.404[45]。这一规律与杂环烃的 F_r(max)值规律吻合。

4. 稠环芳烃的构象要素——平面度

原料反应物分子的平面度[53,54]，尤其是反应中间产物的分子或自由基的平面度对最终形成类石墨结构的炭非常重要[55,56]。中间相微球组分的分子结构研究表明，球体中及其前驱体层面分子的平面度优劣是能否形成典型 Brooks-Taylor 小球体的关键所在[57]。因此，了解作为碳质中间相前驱体的各类稠环芳烃的分子平面度及其影响因素十分必要。

这里需要指出的是，原始反应物分子是否具有高的平面度并非一定决定了最终生成炭的石墨质结构的良莠，还要看其反应所经历的中间产物是否保持高的平面度；某些非平面型的稠环分子有时也能生成高度平面型的中间产物分子，进而形成石墨质的炭。显然，除了解稠环芳烃分子的平面度以外，还必须考察它们在热解反应过程中的反应历程。

一般情况下，稠环芳烃分子偏离平面型的构象，是由分子中原子空间出现过度拥挤现象所致。例如[45]，在下列五种稠环芳烃分子中，3，4-苯并菲分子的空间过挤现象最严重，因而该分子的非平面度最大；荧蒽分子空间的过挤现象最弱，所以其分子基本上保持一种平面型构象。

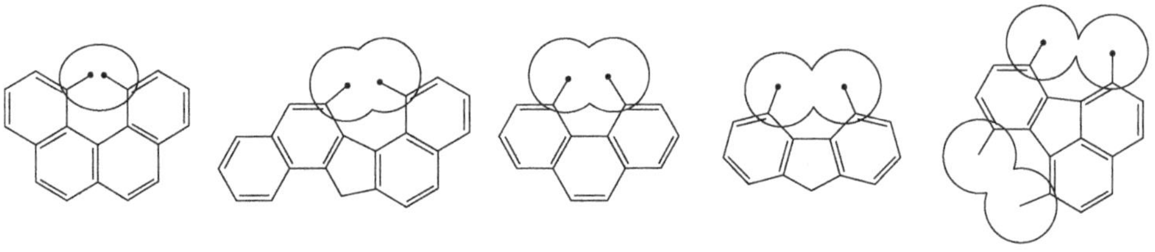

3,4-苯并菲　　二苯并(c,i)芴　　菲　　芴　　荧蒽

在原子空间过挤的稠环芳烃分子中，摆脱过挤的应变有四种方式：①键长的改变；②价键夹角的改变；③相邻拥挤原子的纵向位移，以使分子的其余部分仍然处于平面型的状态；④分子作为一个整体变弯，使应变扩展到分子的全部区域而并不限制于一个小区域。

研究表明，分子整体的弯曲变形比变形局限于拥挤原子处所消耗的能量要小得多，而键长的改变需要大得多的能量，实际上不可能发生。因此，一般分子的变形以键角的改变、拥挤原子的纵向位移和分子整体变弯这三种机理作为摆脱分子中原子空间过挤现象的主要途径。

稠环芳烃的基本单元苯分子中的六碳环具有很好的平面度，碳原子最大偏离六碳环平面的距离为 0.00013nm。C—C 键长为 0.1397nm±0.0001nm。萘和蒽

的分子在气态下都具有很高的平面度，但在晶态下则都不同程度地偏离平均分子平面，即[45]

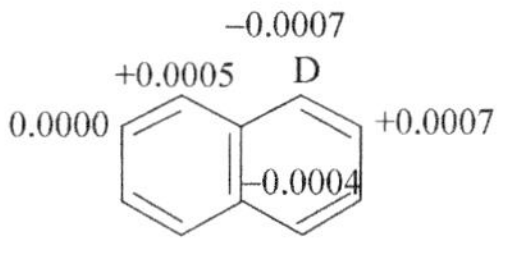

萘(单位:nm)

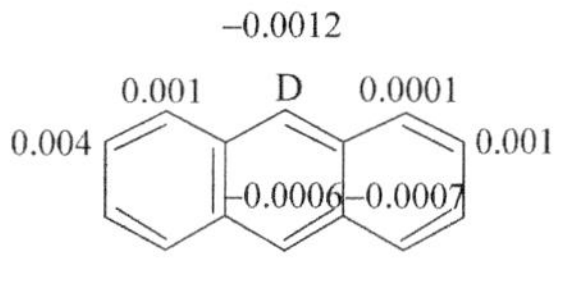

蒽(单位:nm)

萘、蒽分子在晶态下产生偏离分子平面现象，是由其D位碳原子被相邻分子的氢原子贴近所致。

从理论预测气态丁省和戊省分子均应是严格的平面型，晶态下会有一定程度的非平面性。实际测得，丁省中碳原子最大偏离平均分子平面值为0.0036nm(原子位置的标准偏差为0.002nm)，戊省相应的最大偏离平均分子平面值为0.0079nm(原子位置的标准偏差为0.003nm)[45]。由此可推测，由苯环线状稠合的多环芳烃——省系稠环烃，在气相状态下都具有很好的平面度，但在晶态下其平面度则稍有偏离，但量很小。

圆盘状稠环烃分子，如芘、晕苯、卵苯和循环蒽等的平面度，钱树安[45]曾用X射线二维傅里叶法通过完全平面型的假定所得键长值和分子轨道法计算所得值完全一致，从而证明了它们具有高的平面度。也有学者指出，这类分子几乎是平面型的[54]。晶态下，这些圆盘状稠环烃分子的层面间距为0.340nm，几乎等同于半焦炭的分子层面间距。可以推测，这两类物质的分子层面间的作用力的本性几乎是一样的。

1.3.2 稠环芳烃的中温液相热解

人们熟知，具有石墨晶体结构的炭材料在高温下具有非凡的高强度(在2700℃下的强度约为室温下的2倍[58])，这种优异的性能来源于石墨微晶中层面状六角形网原子排列的大分子的价键结构。

根据分子轨道理论的计算[45]，苯分子中每个碳原子的共振能为24.87kJ，石墨中每个碳原子的共振能则为35.59kJ。亦即，随着芳香环数的增加，稠环分子中每个碳原子的共振能规则地上升，直到石墨单晶的层面分子时达到最大值。

随着芳环的稠合数和稠合程度的增加，其稳定性增强，这正是石墨晶体结构的炭材料高温稳定性的根基。同时，这种石墨晶体结构高键能分子体系所表现出来的力学性能也十分惊人，如晶须状石墨单晶层面分子的拉伸强度高限达21GPa，杨氏模量为1000GPa[59]。

由于炭和石墨中二维大层面分子的存在主要通过稠环芳烃分子经历缩聚反应以及在固相中大平面自由基的相邻边缘键合而生成，所以理解掌握各类稠环芳烃的中温(450℃左右)液相热解的机理，是阐明碳质中间相形成理论及其性能的理论基础。

1. 稠环芳烃的热反应性

现代炭素化学定义芳香烃的热反应性[60,61]为:一个芳烃原料在常压下加热时,在其完全挥发以前能部分或全部进入缩聚反应而生成一定数量炭化产物者,称为热反应性芳烃。反之,如在发生缩合反应以前完全挥发者,称为热惰性芳烃,也称热稳定性芳烃。

根据芳香烃的热反应性定义,Lewis 等[50]以差热分析法(DTA)为基本手段对80种芳烃作了热谱实验,发现有57种芳香烃的热谱曲线上只有两个吸热峰(熔化和蒸发),且未留下热解缩聚反应后的炭化残渣;而另23种芳烃的DTA曲线在熔化吸热峰以后均出现放热峰,这是缩合反应的标志,而且留下炭化残渣。

图1-10和图1-11分别列出了几种典型热稳定芳烃和热反应性芳烃的DTA曲线。

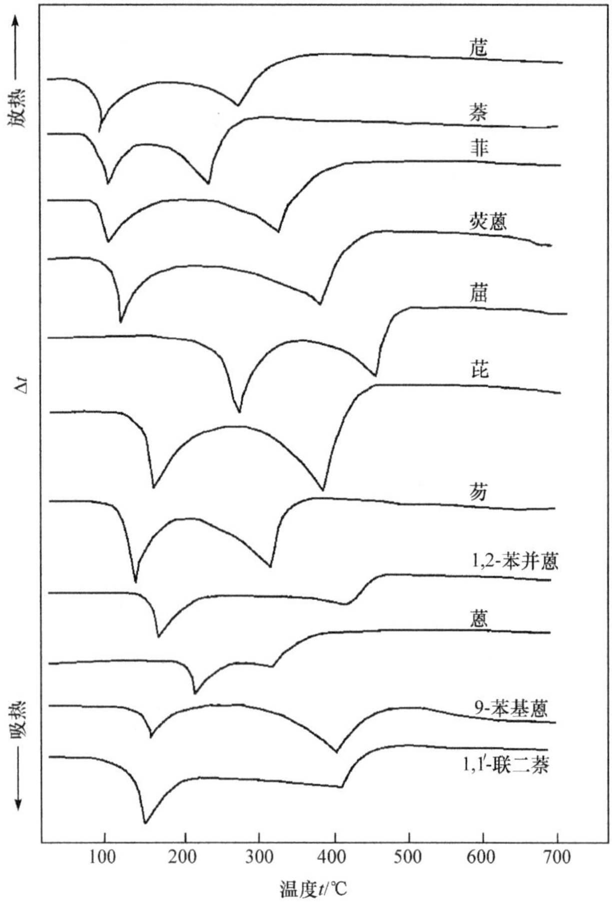

图1-10　热稳定性芳烃的DTA曲线[45]

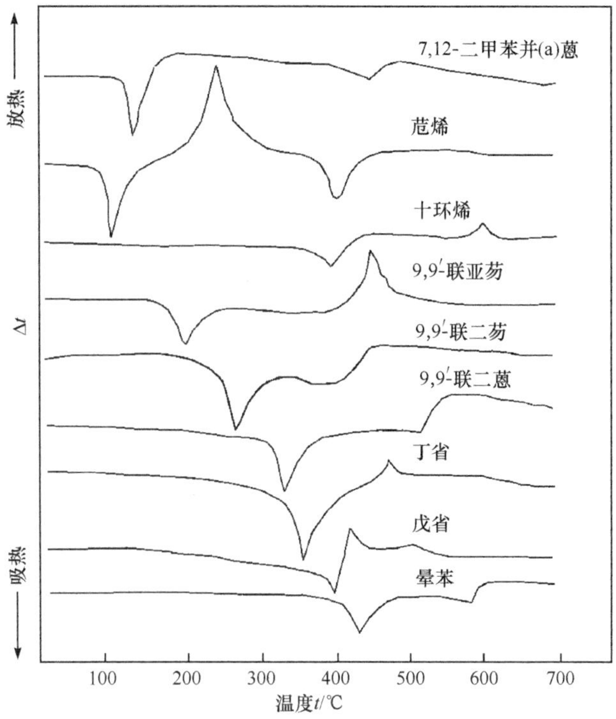

图 1-11 热反应性芳烃的 DTA 曲线[45]

1）稠环芳烃的热反应性指标

热反应性和热稳定性两类芳香烃的炭化行为和各自的离子化电位（ionization potential,IP）值有关，即热反应性芳烃的 IP 值都小于 7.1eV，而热稳定芳烃的 IP 值都大于 7.1eV。

表 1-23 和表 1-24 分别列出了热反应性芳烃和热稳定性芳烃的 IP 值和最大自由价。

表 1-23 热反应性芳烃的反应性指标[50,62]

芳烃名称	开始反应温度 t/℃	离子化电位 E_{IP}/eV	F_r(max)	750℃残炭率 w/%
4-乙烯基联苯		8.21		
α-三苄基苯	570	7.96		32.9
1-乙烯基萘	200	7.94		4.2
苊烯	245	7.53	0.478	25.2
9,9′-联二芴		7.31		5.8
苯并(a)晕苯	637	7.24		30.9

续表

芳烃名称	开始反应温度 t/℃	离子化电位 E_{IP}/eV	F_r(max)	750℃残炭率 w/%
9-肉桂叉芴		7.22		
7,12-二甲苯并(a)蒽	400	7.18		4.7
三苯并(a,e,i)芘	525	7.16	0.513	13.7
二苯并(a,i)芘	560	7.07	0.531	9.8
9,10-二苄基蒽	445	7.06		8.9
二苯并(b,k)䓛	371	6.95	0.517	22.3
二苯并(def,mno)䓛	571	6.86	0.531	22.3
夸特锐烯		6.82		
1-甲基二苯并(b,i)芘	548	6.72		22.7
皮蒽	600	6.71		60.0
9,9′-联亚芴	456	6.70		31.5
1,6-二甲基-,二苯并(b,i)芘		6.68		
丁省	480	6.64	0.530	13.9
5,6,11,12-四苯基丁省		6.52		43.9
玉红省	551	6.42		9.0
二苯并(a,l)戊省	505	6.40	0.536	53.2
戊省	426	6.23	0.540	42.8
十环烯				65.5

表 1-24　热稳定性芳烃的反应性指标[50,62]

芳烃名称	离子化电位 E_{IP}/eV	F_r(max)
苯	>10	0.399
联苯	8.69	0.436
丙烯基苯	8.47	
乙烯基均三甲苯	8.47	
乙烯基均四(1245)甲苯		
芴	8.46	
9,10-二氢化蒽	8.31	

续表

芳烃名称	离子化电位 E_{IP}/eV	F_r(max)
2-甲基芴	8.21	
苯并(1)菲	8.14	0.439
萘	8.12	0.452
乙烯基二甲苯	8.10	
菲	8.03	0.451
p-四联苯	8.03	
乙烯基甲苯	7.96	
4,5-次甲基菲	7.95	
3-甲基菲	7.88	
5,12-二氢化丁省	7.86	
m-五联苯	7.84	
1,1′-联二萘	7.78	
四苯基乙烯	7.77	
1-丙烯基萘	7.77	
芘	7.72	
䓛	7.72	0.457
9-苯亚甲基芴	7.66	
芘	7.62	0.457
二苯并(c,g)菲	7.62	
苯并(e)芘	7.60	0.464
芘	7.56	0.469
4,5,9,10-四氢化芘	7.94	
4-甲基芘	7.54	
苯并(a)芴	7.52	
苯并(b)芴	7.52	
晕苯	7.50	0.437
1,1,4,4,-甲苯基丁二烯	7.48	
1-甲基芘	7.48	
二苯并(a,c)蒽	7.43	0.499

续表

芳烃名称	离子化电位 E_{IP}/eV	F_r(max)
苯并(b)荧蒽	7.42	
二苯并(a,h)蒽	7.42	0.498
四苯并萘	7.42	
荧蒽	7.35	
苯并(a)蒽	7.35	0.514
二苯并(a,h)菲	7.32	
苯并(a)芘	7.31	0.529
二苯并(a,e)芘	7.23	0.512
蒽	7.22	0.520
2-苯基蒽	7.17	
9-苯基蒽	7.17	
苯并(g,h,i)苝	7.17	
9-甲基蒽	7.14	
1,10-次苯基芘	7.14	
9,9′-联二蒽	7.12	
9,10-二苯基蒽	7.10	
9,10-二甲基蒽	7.06	
苯并(j)荧蒽	7.05	
二苯并(a,l)芘	7.05	0.526
苝	6.84	0.474

从表 1-23 和表 1-24 可以看出,热反应性芳烃可划为两个等级。第一个等级,也是主要的一个等级,其芳烃的 IP 值小于 7.1eV,它们均具有高度的反应性;第二个等级的芳烃,IP 值大于 7.2eV,在一般情况下都应属于热稳定芳烃之一类,但由于在这些化合物的分子结构中都具有一个易于聚合的乙烯双键,在反应一开始均能发生烯型聚合,产生大的聚合分子,然后在更高温度下发生分解与缩合而成高度稳定的稠环芳烃。热稳定性芳烃的 IP 值大多大于 7.1eV,少数小于 7.1eV,也属边界情况,在某些情况下稍改变反应条件也可产生热缩聚反应。

2) 不同构型稠环芳烃的相对分子质量与其 750℃时焦收率的关系

对直线状构型的稠环烃和圆盘状构型的稠环烃研究发现,两种构型稠环烃的相对分子质量与其各自在750℃的焦收率存在大致的线性关系[61]，如图1-12所示，相应的结果列入表1-25。

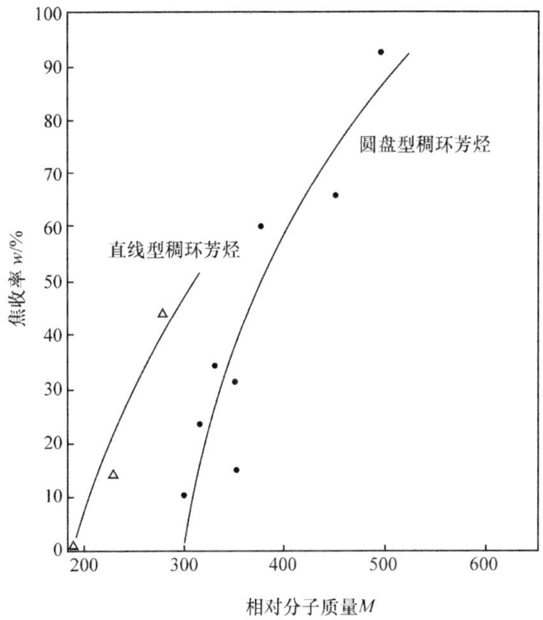

图1-12 两种构型的稠环芳烃相对分子质量和焦收率的关系[45]

表1-25 几种典型稠环芳烃的相对分子质量和焦收率[45]

芳烃名称	相对分子质量	750℃焦收率 w/%
晕苯	300	0.0
苯并(a)晕苯	350	30.9
三苯并(a,e,i)芘	352	14.0
丁省	228	14.0
1-甲基,二苯并(b,i)芘	316	23.0
二苯并(a,i)芘	302	10.0
皮蒽	376	60.0
1,16-二甲基,二苯并(b,i)芘	330	34.0
二苯并(a,i)戊省	378	53.0
夸特锐稀	500	92.0
戊省	278	43.0
蒽	178	0.0
十环稀	450	65.5
四苯基丁省	532	43.9
4,5-,10,11-二苯并菎	328	22.3

从图 1-12 和表 1-25 可知，对圆盘型稠环芳烃分子，相对分子质量小于或等于 300 时，焦收率为零，其原因在于 750℃下分子的挥发速度大于聚合速度；随相对分子质量的增加，焦收率很快上升，显然相对分子质量增加有利于热缩合反应的进行。而直线型稠合的芳烃更富反应性，相对分子质量小于 200 时，焦收率为零；随相对分子质量的增加，焦收率以同样趋势上升。

2. 稠环芳烃的热反应性和分子结构的关系

1）未取代的芳烃

表 1-26 列出了几种典型未取代的稠环芳烃的反应性。由表 1-26 可以发现，含有蒽核的稠环芳烃具有明显高的反应性[63,64]。

表 1-26　未取代稠环芳烃的反应性[45,63]

芳烃名称	反应物生成气体物质的量之比	F_r(max)
丁省	0.4140*	0.530
蒽	0.0370	0.520
苯并(a)蒽	0.0220	0.514
二苯并(a,h)蒽	0.0150	0.498
苯并(a)芘	0.0100	0.529
联苯	0.0015	0.436
芘	0.0011	0.469
菲	0.0029**	0.451
苯	0.0020**	0.452

* 500℃，90min。

** 500℃，30min；除注明者外，其余芳烃的反应条件均为 475℃、60min。

由表 1-26 还可看出，在前 5 个稠环芳烃反应物中，第 1～4 个的实验反应性和理论反应性指标是一致的；而第 5 个稠环芳烃即苯并(a)芘的实验值和理论值之间出现分歧。这可能是由于前 4 个稠环芳烃的双烯型结构，易于在蒽核的 9，10 位起加成反应；而苯并(a)芘只能在 5 位引起断键所致。即

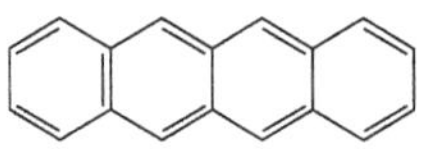
丁省

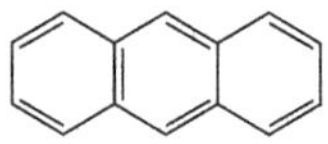
蒽

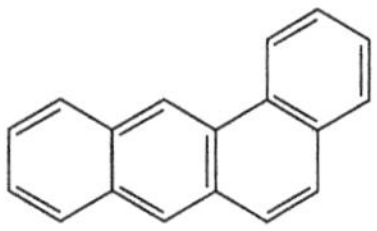
苯并(a)蒽

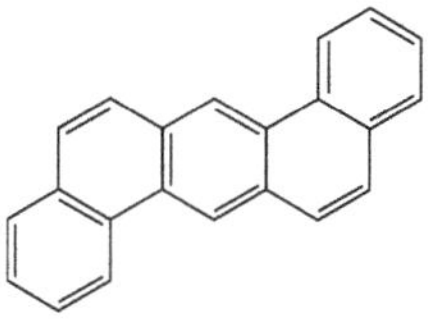

二苯并(a,h)蒽

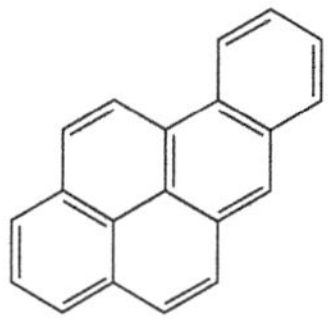

苯并(a)芘

2）取代基芳烃

对于取代基芳烃的反应性存在以下规律：

取代苯，反应性随脂肪取代基的尺寸加长而增长。其原因在于取代基 C—C 键的键能随脂肪链的加长而下降。显然，异构取代基苯比正构者具有较大的反应性。

甲基萘，在 α-碳原子上的甲基取代可导致较大的反应性。由于 1-萘甲基自由基($C_{10}H_7 \cdot CH_2$—)比 2-萘甲基自由基具有较大的量子力学稳定性，所以 1-甲基萘上的脂肪 C—H 键断裂能低，反应性高。例如，1-甲萘在 450℃下热解速度常数为 $3.3 \times 10^{-5} s^{-1}$，而 2-甲萘在相同条件之热解速度常数为 $0.89 \times 10^{-5} s^{-1}$[65]。

异构二甲基萘：2,3-二甲基萘和 2,6-二甲基萘，虽然二者都有一个甲基处于 β 位，但邻位的二甲基萘比对位的二甲萘更富反应性；而 1,6-二甲萘和 2,6-二甲基萘相比时，在 450℃下前者的热解速度常数为 $2.2 \times 10^{-5} s^{-1}$，而后者则为 $0.65 \times 10^{-5} s^{-1}$[65]。该现象类似于甲基萘，居于 1 位的甲基，其上的氢易于断裂。

2-另戊基萘的热解和缩合速度比甲基萘快，二另戊基萘的热解速度又较 2-另戊基萘快。亦即，增加脂肪取代基的尺寸和数量，可加大烷基萘的反应性，这与烷基苯的反应性趋势一致。

三四个环的烷基取代芳烃的反应性趋势和苯系萘系相同，即对蒽系稠环烃的缩合反应速：1-甲基蒽＞2-甲基蒽＞蒽；它们在 475℃下反应 30min 的残炭率分别为 28.3%、14.3%和 14%。在相同的热解条件下，7,12-二甲基苯并(a)蒽和 3-甲基胆蒽二者的缩合速度比苯并蒽快几十倍。

表 1-27 和表 1-28 分别列出了取代苯、取代萘和取代蒽的热解条件以及热解速度。

表 1-27　取代苯和甲基萘、二甲基萘的热解反应速度[45]

芳烃名称	反应温度 t/℃	反应时间 t/min	出气率 $n/n_{反应物}$
六甲基苯	476	60	0.028
六乙基苯	476	60	0.720
1,2,4,5-四异丙基苯	476	30	1.210
1-甲基萘	475	60	0.059
2-甲基萘	475	60	0.019

续表

芳烃名称	反应温度 t/℃	反应时间 t/min	出气率 $n/n_{反应物}$
2,3-二甲基萘	475	60	0.067
2,6-二甲基萘	476	60	0.036

表 1-28　戊基萘及三环、四环取代芳烃的热解反应速度[45]

芳烃名称	反应温度 t/℃	反应时间 t/min	残炭率 w/%
2-另戊基萘	450	30	0.4
二另戊基萘	450	30	5.6
1-甲基蒽	475	30	28.3
2-甲基蒽	475	30	14.3
1-甲基-7-异丙基菲	475	60	12.4
7,12-二甲基苯(a)并蒽	476	30	41.8
甲基胆蒽	476	30	57.6

3）次甲基架桥芳烃

若在稠环芳烃结构中存在次甲基架桥结构，则会使该稠环烃产生一定数量的弱键（表 1-29），进而增加其反应性（表 1-30）。

表 1-29　苯系衍生物的脂键以及少数杂原子芳烃的断键能[62,66]

芳烃结构式	断键能 E/(kJ/mol)	芳烃结构式	断键能 E/(kJ/mol)
$C_6H_5—H$	427	$C_6H_5CH_2—nC_4H_9$	(243)
$C_6H_5CH_2—H$	327～348	$C_6H_5CH_2CH_2—CH_3$	322
$C_6H_5CH_2CH_2—H$	394	$C_6H_5—CH=CH_2$	(423)
$C_6H_5—CH_3$	381	$C_6H_5CH_2—CH_2CH=CH_2$	167
$C_6H_5—C_2H_5$	368	$C_6H_5CH_2—CH=CH_2$	301
$C_6H_5—nC_3H_7$	360(356)	$C_6H_5—CH_2CH=CH_2$	285
$C_6H_5—isoC_3H_7$	(348)	$(C_6H_5)_2CH—H$	310(322)
$C_6H_5—tert.C_4H_9$	(327)	$C_6H_5CH_2—CH_2C_6H_5$	197
$C_6H_5CH_2—CH_3$	264	$(C_6H_5)_2CH—CH_2C_6H_5$	159
$C_6H_5CH_2—C_2H_5$	(243)	$(C_6H_5)_2CH—CH(C_6H_5)_2$	105
$C_6H_5CH_2—nC_3H_7$	272(247)	$(C_6H_5)_3C—C(C_6H_5)_3$	46

续表

芳烃结构式	断键能 E/(kJ/mol)	芳烃结构式	断键能 E/(kJ/mol)
$C_6H_5—C_6H_5$	414(394)	$C_6H_5—O—C_6H_5$	377
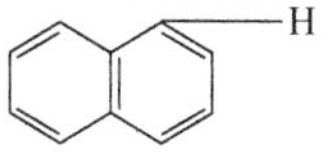	423	$C_6H_5CO—C_6H_5$	356
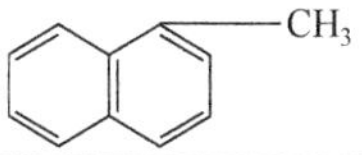	364	$C_6H_5CH_2—SCH_3$	214
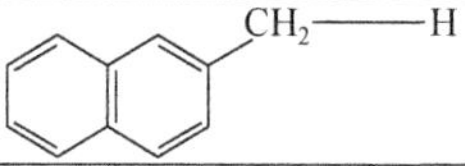	318	$C_6H_5NH—NH_2$	201
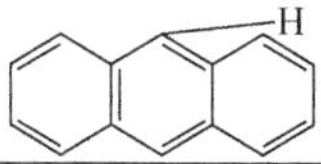	406	$C_6H_5CH_2—NH_2$	247
$C_6H_5—OH$	448	$C_6H_5CH_2—SH$	222
$C_6H_5—NH_2$	394	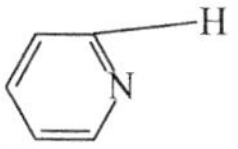	429
$C_6H_5—NO_2$	260	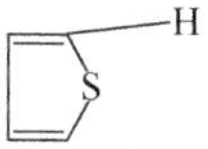	417
$C_6H_5—OCH_3$	360		

注:(1)括号中的值为另一来源;(2)“—”为键断裂的位置。

表 1-30 几种典型次甲基架桥结构芳烃的热解反应速度[45]

芳烃名称	反应温度 t/℃	反应时间 t/min	残炭率 w/%
二苯基甲烷	476	60	1.5
芴	475	60	0.2
11-H-苯并(b)芴	476	30	4.7
联二苯甲基	475	30	3.6
9,10-二氢化蒽	476	30	3.4
苊	476	30	15.3

从表 1-30 可以看出,11-H-苯并(b)芴具有较高的反应性,这是由于萘核的作用;联二苯甲基(即联苄)和二氢化蒽的残炭率差不多,但其中联二苯甲基热解可获得人量甲苯。这说明脂肪链—CH_2—CH_2—的中央键断裂占主要地位;苊的残炭率最大,可能是热解生成了十环烯。

一般情况下,无取代芳烃热解速度最慢,单取代或双取代甲基芳烃热解速度居中,异构烷基芳烃和长侧链芳烃热解热速度最快。

各种芳烃在压力下中温 500℃热解的反应速度常数[67]可大致分为三大类:

第一类:苯 0.17,联苯 0.16,萘 0.008,菲 0.76。

第二类:甲苯 1.0,二苯基甲烷 1.7,三苯基甲烷 2.8,芴 5.4,α-甲萘 7.8,β-甲萘 2.1,1,6-二甲基萘 5.1,2,6-二甲基萘 1.4。

第三类:甲基异丙基苯 15,异戊基甲苯 29,十六烷基苯 190,芘 21,联二苯甲基>130。

4) 杂环芳烃

杂环芳烃稳定性与其分子的构型、杂原子的位置、取代基的本性直接相关。表 1-31列出了几种典型杂环芳烃的热解反应速度。

表 1-31 几种典型杂环芳烃的热解反应速度[45,63]

芳烃名称	芳烃结构模型	反应温度 t/℃	反应时间 t/min	残炭率 w/%
喹啉	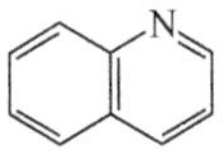	470	30	0.0
异构喹啉	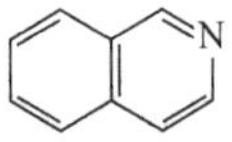	475	30	0.2
吖啶	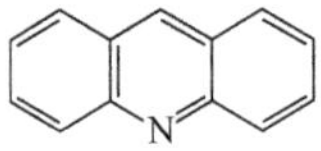	475	30	56.2
氮杂茚	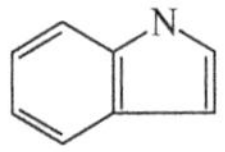	477	30	3.3
咔唑	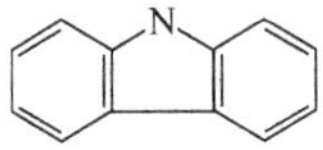	474	60	0.0
硫茚	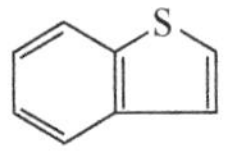	476	60	0.2
二苯并噻吩	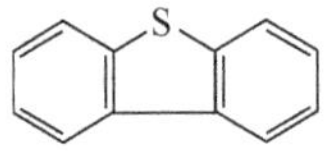	474	60	0.0
二苯并呋喃	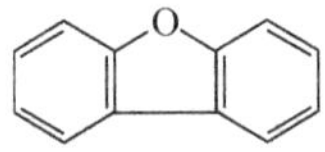	475	60	0.0

从表 1-31 可以看出,在 470℃左右,喹啉、咔唑、二苯并噻吩和二苯并呋喃[21]很稳定。在氮杂芳烃中,异构喹啉的反应性高于正构喹啉,氮杂茚反应性又高于异构喹啉。吖啶的热解速度远高于异构喹啉,反应性居其余氮杂芳烃之首,这是因蒽核的存在所致。显然,由于氮的掺杂,吖啶又比蒽更富反应性。硫茚比氮杂茚热解速度稍慢。

3. 稠环芳烃的热解反应特征

这里采用 DTA 分析法揭示稠环芳烃热解反应的特征[50,60]。表 1-32 列出了几种典型热反应性芳烃在 DTA 实验过程中检出的挥发物。图 1-13 是苊烯 DTA 曲线。表 1-33 描述了不同热解终温条件下苊烯 DTA 实验所得凝聚相残留物的性质。

表 1-32　几种典型热反应性芳烃在 DTA 实验过程中检出的挥发物[45]

热反应性芳烃	挥发物
苊烯	苊
十环烯	苊烯，苊
联亚芴	芴，大量未知芳烃
联二芴	芴，联亚芴，未知芳烃
9,9-联二蒽	蒽
丁省	5,12-二氢化丁省
戊省	二氢化戊省的各种异构物
晕苯	部分氢化晕苯
苯并(a)晕苯	少量氢化衍生物
三苯并(a,e,i)芘	结构相似的氢化衍生物
二苯并(a,i)芘	大部分产物为氢化衍生物
玉红省	少量氢化衍生物
二苯并(b,k)䓛	无挥发产物
二苯并(def,mno)䓛	无挥发产物
皮蒽	无挥发产物
夸特锐烯	未知的氢化衍生物

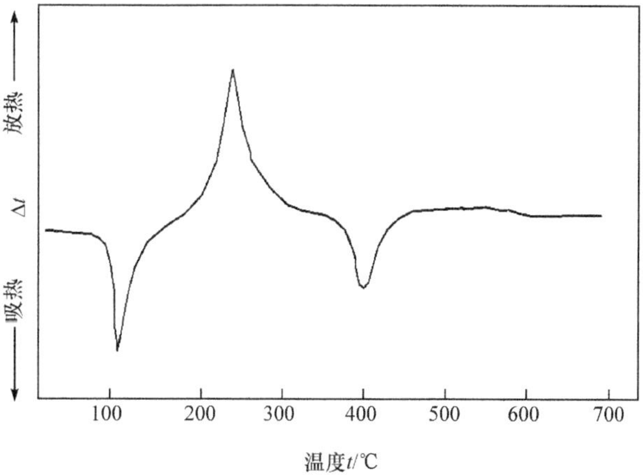

图 1-13　苊烯 DTA 曲线[50]

表 1-33　不同热解终温条件下苊烯 DTA 实验所得凝聚相残留物的性质[45]

温度 t/℃	残留物外貌	熔点 t/℃	产率 w/%	相对分子质量	自由基
25	黄色固体	92	100	152	无
300	橙色晶体	315	92	1890	无
360	红色晶体	325～355	90	950	有
410	棕色无定形固体	210,340	42	1360	有
440	棕色无定形固体	215,320	37	2025	有
750	黑色炭	不熔	21		

解析表 1-32、图 1-13 和表 1-33 中数据可以推断，稠环芳烃的热解过程基本为脱除氢原子的反应，但此处脱除氢原子的反应不是一个简单的分解，然后马上放出气态氢，而实际上是一个发生在芳香分子之间的氢转移反应。该氢转移反应的发生（在反应位脱氢，或侧链的断裂，或分子重排列）可以导致生成瞬间自由基或生成不稳定的双键，进而诱导发生热缩合反应；与此同时，也有副产物生成。氢转移反应的副产物通常是氢化衍生物，一般具有更高的热稳定性，有时可能被蒸出；有时也可能会进一步芳香化并进入缩合反应，如此重复地进行，以使氢化衍生物的含量逐渐下降，残炭率增加。

氢转移反应的整个过程是氢自一个芳香性给予体转向另一个芳香性接受体，在 DTA 检测仪上显示出一个热效应相抵消的等温效应。而聚合、缩合以及其他的新键生成则表现为放热反应。由此可知，稠环芳烃脱除氢原子反应始于热解或炭化之初，早于 DTA 曲线上显示出的放热缩合反应温度。

4. 稠环芳烃的热解反应历程

一般情况下，稠环芳烃中温液相热解反应的历程分为两个阶段：前期的热分解反应和后期的热聚合反应。其中，缩聚反应是稠环芳烃在中温液相热解反应条件下化学转变的一个总方向。根据反应分子的结构，大致可分为三种不同类型的缩聚反应[68]：①分子内部的缩合；②相邻分子之间的缩合，只涉及烷基侧链；③相邻分子之间的热缩聚，仅涉及芳核。

第一类型缩聚反应——分子内部缩合。典型代表，由正丁基苯转化成萘以及由对位双正丁基苯转化为菲，反应式如下：

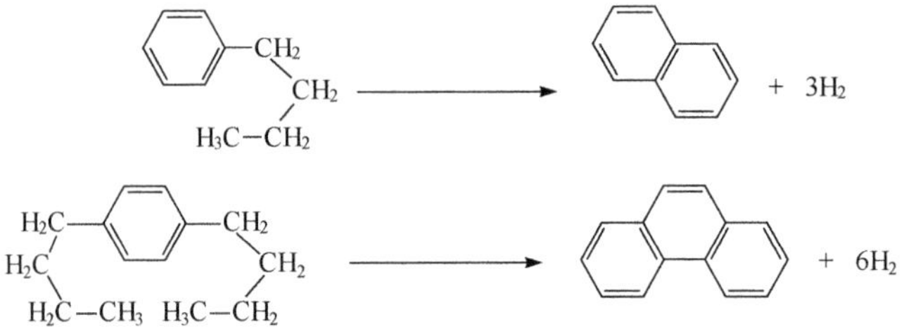

著名的 Elbs 反应也属于该类型反应：

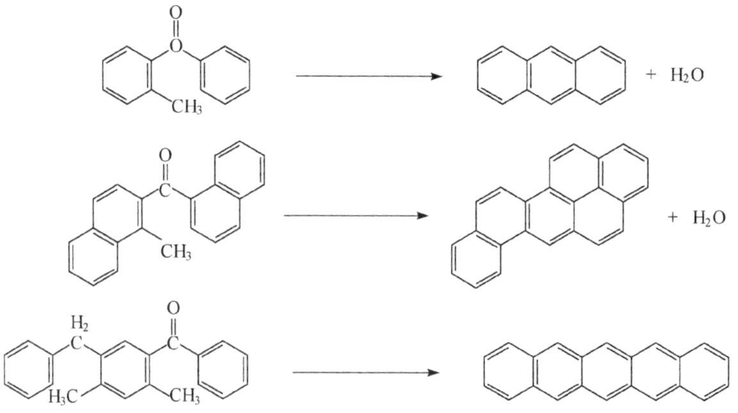

此外，两个芳核之间以—CH_2—CH_2—链相连的分子在受热时，也易于反应成稠环烃。例如：

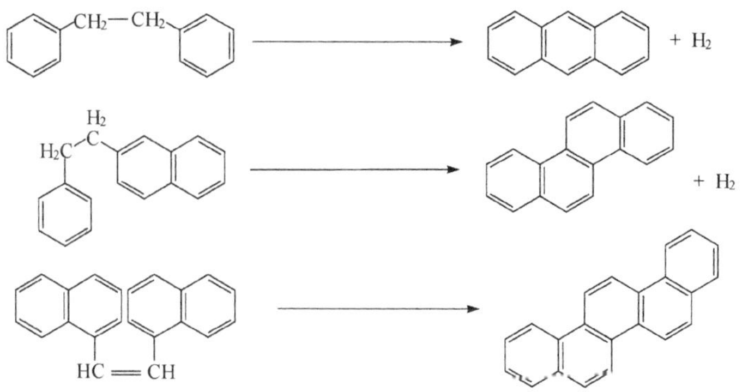

第二类型缩聚反应——相邻分子之间，只涉及烷基侧链的缩合。例如：

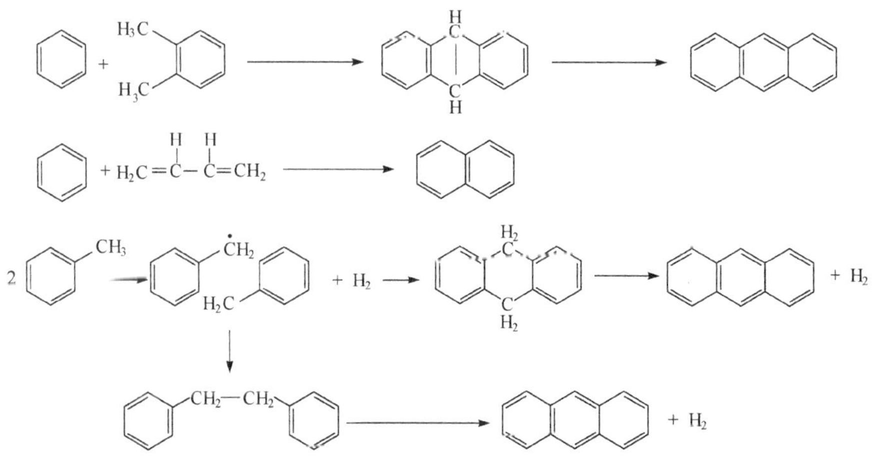

第三类型缩聚反应——相邻分子之间，仅涉及芳核的热缩聚，是最简单也是炭素研究者最熟知的“芳核脱氢缩聚反应”。例如：

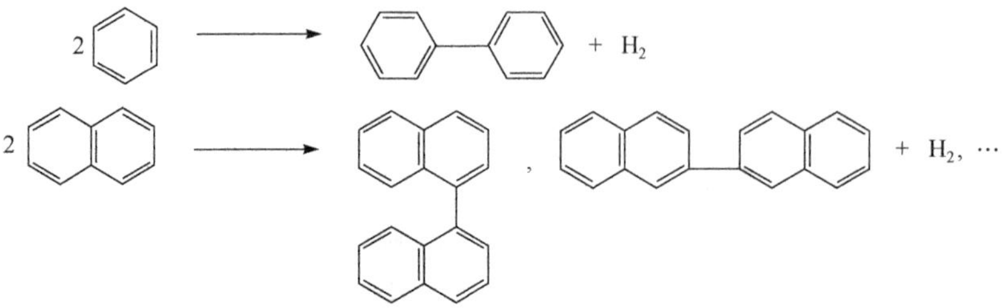

由于稠环芳烃中温(450℃左右)液相炭化的温度与其开始分解的温度相距很近，且进入反应的分子又是首先在最弱键处断键，虽然此时凝聚相中稠环芳烃分子的浓度高于气相中的浓度，但其分子的移动自由度(一般稠环芳烃分子的尺寸较大，在液相中的扩散系数低)远低于气相中分子移动的自由度，分子间的碰撞概率极少，以使反应速度非常缓慢，最终将导致热解(炭化)产品种类的单纯化。换言之，稠环芳烃分子在中温(450℃左右)凝聚相条件下，处于激化态的化学键只有一两个，并仅与相邻分子有一定角度的碰撞，这就决定了中温液相反应方向的单一性和作为液相高度缩合产物——稠环芳烃大平面分子结构的相对均一性。为下一步向列型液晶——中间相小球体的出现奠定了理论基础。

1.4　中间相现象

稠环芳烃在中温(450℃左右)液相热解(炭化)过程中主要特征之一是生成平面层片状芳香稠环大分子。随着反应体系中层片状稠环碳质大分子的增多，相邻稠环芳片将会以共轭键相连的方式形成双层稠环芳片或多层稠环芳片，同时进行规则排列取向，此时的多层稠环芳片既具有晶体中分子的整齐排列，呈现出晶体特有的各向异性，又保持了液相的流动性，这种介于固相与液相之间的一种特殊相——液态晶体(简称液晶)就是碳质中间相。因此可以说：正是这种稠环芳片层积体开启了碳质中间相发现、发展和应用的新纪元。

1.4.1　中间相现象的发现

中间相现象(mesomorphism)的发现可以追溯到 1888 年，澳大利亚植物学家 Reinitzer 将胆甾醇苯酸酯($C_6H_5CO_2C_{27}H_{45}$)加热到 146℃时，出现光学各向异性，外表上呈现为一种混浊流体，而液体内部的结构却具有规则性[69]。但当时，液晶学术界一致认为出现液晶的必备条件为分子应具备棒状并且有足够高的刚性，液晶分子上含有苯环和强极性基团。并且对于片状稠环芳烃分子生成液晶的报道也甚少。直到1961年，Taylor[70]在研究煤焦化时发现在镜煤质中有一些光学各向异性的小球体生成、长大进而融并的现象。这一"液晶态中间相产生于稠环芳烃中温液相热解(炭化)过程"的发现，打开了碳科学的新大门，引导出一系列丰硕的碳质中间相理论与应用的成果。

中间相开拓性的研究归功于1965年Brooks和Taylor[71]对沥青热解过程中生成球体结构的解析，证明了该球体具有向列相液晶的本性，但其不溶于喹啉等溶剂中。这时人们对中间相炭微球的认识还很不足，在相当长的一段时期内，炭素学术界一直认为这是一种不可逆的化学变型液晶。随着电子衍射技术和各种类型电子显微镜的应用快速发展，人们对中间相小球内部各个层次结构特征的认识达到了一个新阶段。20世纪70年代初期，Ban及其合作者[72-74]用相对比高分辨电子显微镜技术对芳烃大层片分子群的排布特征的研究获得了崭新的结果。1977年，Lewis等在光学显微镜上又发现了溶剂可溶中间相，并认为中间相可以包括溶剂不溶的高相对分子质量组分及溶剂可溶的低相对分子质量组分[75,76]。从而证明了片状芳烃分子向列相液晶的多样性。

1.4.2 中间相现象的分类

20世纪60～70年代，人们对于"沥青热解过程中生成向列相液晶"这个特例都认为是由于化学缩聚反应所致，并且是伴随热解反应的不可逆现象。因此，把它与作为一个大体系的物理液晶加以区分。国际炭素表征和术语委员会(International Committee for Characterization and Terminology of Carbon)于1978年提出了关于液晶类型的补充[45]，完善了原有物理液晶的分类，形成一个完整的液晶分类法(图1-14)。

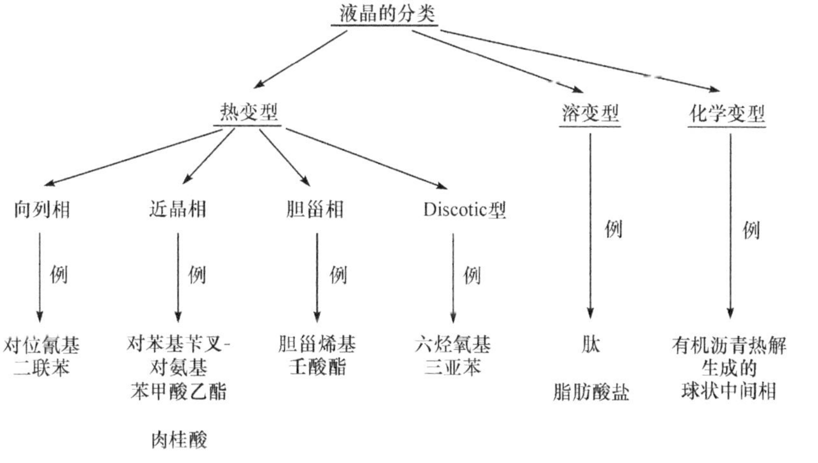

图1-14 国际炭素表征和术语委员会建议液晶的分类[45]

1982 年,钱树安[45]总结了 20 世纪 60 年代以后炭素化学学科的重要进展,提出了关于层片状碳质高聚稠环层片状大分子体系液晶类型的分类,并称之为新分类法,如图 1-15 所示。

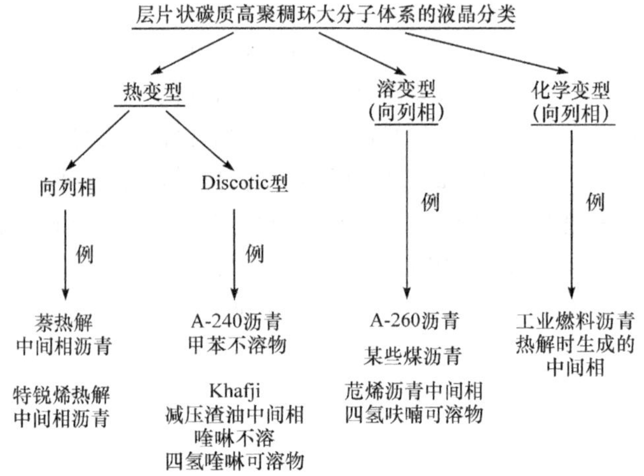

图 1-15 层片状碳质高聚稠环层片状大分子体系液晶类型的分类[45]

1. 热变型

热变型液晶是指液晶相和同性相的转变均基于温度的变化。热变型液晶通常分为低温热变型向列相液晶、中温热变型向列相液晶和 Discotic 型(相)结构液晶。

1) 低温热变型向列相液晶

低温热变型向列相液晶的液晶相和同性相的转变温度均小于 400℃。Gasparoux 等[77]研究表明:片状芳香分子能形成低温热变型向列相液晶的只有三亚苯和三苄基苯衍生物两个体系:

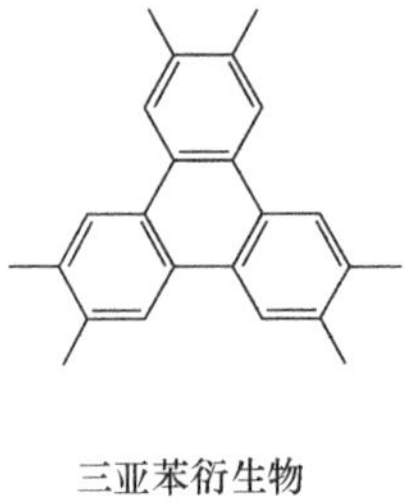

三亚苯衍生物

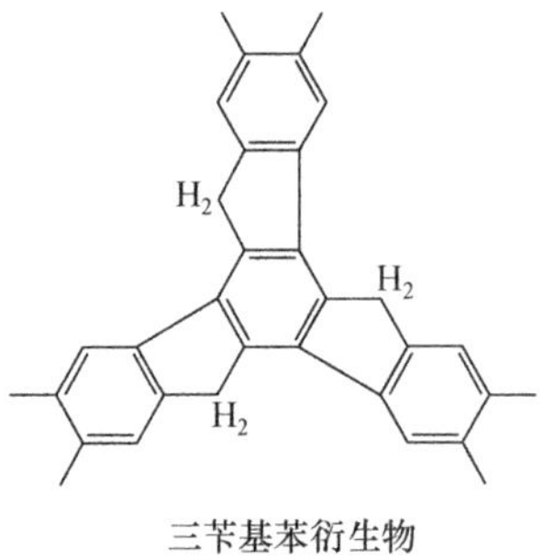

三苄基苯衍生物

三亚苯衍生物中,正构六烃氧基三亚苯和正构六烷基苯甲酸基三亚苯形成的热变型向列相液晶与热变型碳质中间相类似。其原因在于三亚苯核上的取代基具有高度空间过挤现象可以导致出现热变型的向列中间相：

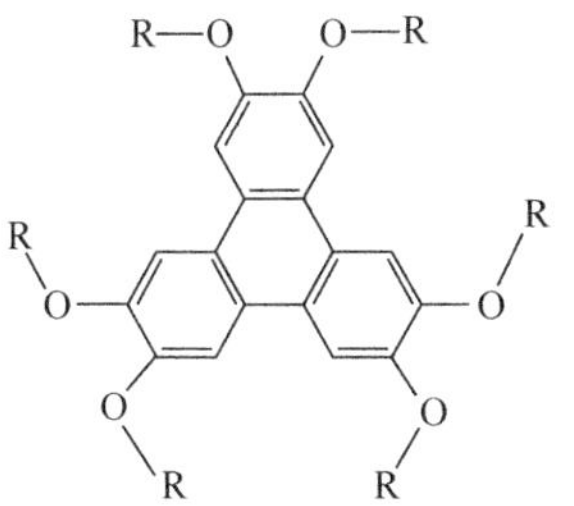

正构六烃氧基三亚苯

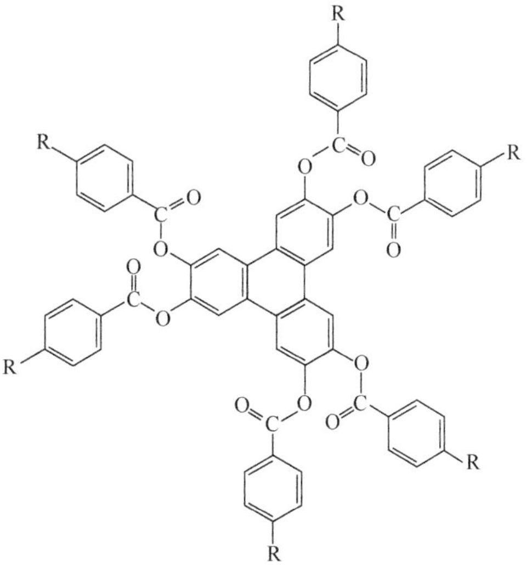

正构六烷基苯甲酸三亚苯

表 1-34 列出了三亚苯系列衍生物的液晶相转变温度。

表 1-34　三亚苯系列衍生物的液晶相转变温度[45]

三亚苯系列衍生物	晶体$\xrightarrow{t/℃}$圆盘状向列相$\xrightarrow{t/℃}$各向同性体	
	n-烷氧基	
C_4H_9O—	257	>300
$C_6H_{13}O$—	186	274
$C_8H_{17}O$	152	244
$C_9H_{19}O$—	154	227
$C_{10}H_{21}O$—	142	212
$C_{11}H_{23}O$—	145	185
	n-烷基	
C_8H_{17}—	208	210
C_9H_{19}—	175	192

另外，一些具有三度对称轴的纯芳烃分子，如间位取代齐聚苯也能形成低温热变型向列相液晶[45,78]。例如：

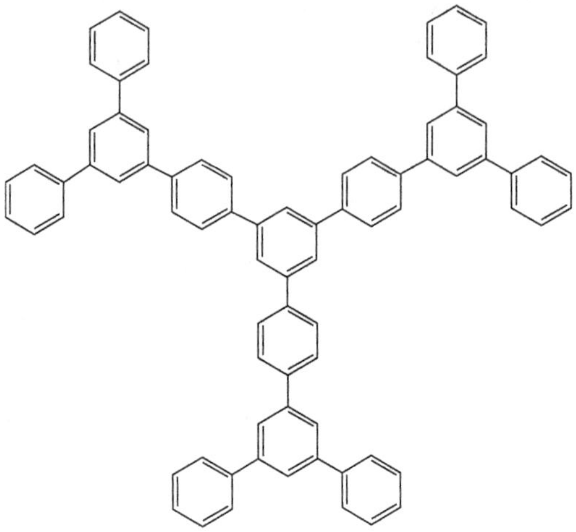

该齐聚苯液晶相的特征为可逆弹性变形，在 297～317℃处于液晶态，当高于 317℃时，从高弹液晶态转往流动液体态，这可能和分子间相似位置的“黏结”有关，而当温度高于 317℃时分子间的黏结状态被打乱。

此外，一些呈链状的低分子齐聚苯，如 p-五联苯、p-六联苯及其和四联苯或相互间的混合物也表现出中间相现象，其液晶转化温度见表 1-35。

表 1-35　一些齐聚苯及其混合物的液晶相转变温度[45]

齐聚苯及其混合物	熔点 t/℃	液晶转化点 t/℃
五联苯	395	431
六联苯	435	465
四、五联苯混合物	250	329
五、六联苯混合物	317	435
六联苯及六联苯以上齐聚物的混合物	372	550

尽管稠环芳烃分子为典型的层片状，并具有高度的形状各向异性和一系列性能上的各向异性，如顺磁各向异性和抗磁各向异性，但在此类型分子中发现的低温液晶和中温液晶仅有少数[45]，其原因在于这些化合物具有低的分解点和高的熔点，如卵苯[79]，有 10 个环，在 466℃时熔化，而在固相时就会以显著速度进行脱氢缩合反应。

2) 中温热变型向列相液晶

中温热变型向列相液晶由向列相转变为各向同性体的温度位于中温范围(450℃左右)[45]。

第一个发现合成沥青中存在热变型向列相液晶的是美国学者 Lewis。1978

年，他在热台显微镜下观察萘的热解过程时发现[80]：在 350℃下，体系包含有大区域的融并中间相和单球。当温度上升时，中间相逐步转化成各向同性相，且在 475℃时完全转化成各向同性相。当体系冷却到 410℃时，中间相又重现。这些观察表明，萘沥青热解生成的中间相是一种真正的热变型向列相液晶。Lewis 认为，从纯萘出发经热解制得的中间相沥青之所以具有普遍性的热变型向列相-同性相转变的特点，其根源在于体系低而均匀的平均相对分子质量。亦即，萘在热解过程中，由于没有侧链的存在，体系中分子进一步的缩聚反应速很慢，以至于可逆的同性-向列-同性的相转变的发生早于不可逆炭化反应开始之前。

3) Discotic 型(相)结构液晶

Discotic 型(相)结构液晶在转往液相的过程中具有同质多晶型的特征，即在不同的温度范围呈现不同的液晶形态。例如，正构六烃氧基三亚苯就属于这种类型，它在熔化后向列相出现以前的温度范围(168～183℃)内，首先转变为柱状的结构[78]。

1981 年，Zimmer[81]在 A-240 沥青的甲苯不溶部分热解过程中观察到：温度升至 320℃时，甲苯不溶部分仍以各向同性固体存在，其中的片状芳烃分子定向杂乱；但将温度上升为 340℃时，瞬间全部变成微细粒状结构中间相，其中片状芳烃分子平行堆砌可达 100 层；继续升温至 360℃时，出现了部分微细结构的变粗，而另一部分则转成各向同性液体；当温度升至 400℃时，微细结构变粗的粒状中间相部分数量上增多，并在各向同性基质中出现了典型的“地球仪”型结构(Brooks-Taylor 型)小球体；Brooks-Taylor 型小球体的转化于 460℃完成，于是整个体系呈现两种形态：340℃生成的微细粒状结构以及后来生成的粗变形微结构。值得一提的是，此时失重仅为 6%。

由 Zimmer 的观察可以推断，甲苯不溶部分体系中间相的转化依赖于体系分子的构型和相对分子质量的分布。在 340℃所完成的转化属于物理行为，源于体系内部分子的走向平行化[图 1-16(a)]，此时体系失重仅为 3%；继续反应(提高温度)，这些分子上的不稳定脂链发生断裂和进一步缩聚，表现为微粒状结构的增长。另一些分子则可能在温度上升后先转成同性液相，而后脱去脂链发生第二次聚合

(a) 体系内部分子的走向平行化　　　(b) 平面大分子平行堆砌

图 1-16　两种不同结构形态中间相中分子排列示意图[45]

形成大的平面分子，这些平面分子在分子间范德华力的作用下进行平行堆砌，于是就出现了典型的 Brooks-Taylor 型中间相[图 1-16(b)]。显然，在甲苯不溶部分体系中间相的转化中，不同温度下出现了各种不同结构类型的液晶态。亦即，甲苯不溶部分碳质中间相是典型的 Discotic 向列相液晶。

与 Zimmer 同期，Yamada 等[82]也报道了 Khafji 减压渣油在 420℃下处理 1h 后，用喹啉萃取，再用四氢喹啉将此喹啉不溶物（形成的中间相）进行溶解，其溶解部分在重新加热时也呈现出 Discotic 液晶相，即首先生成长条形液晶，继续加热后则转化成 Brooks-Taylor 型液晶。

2. 溶变型

溶变型液晶是指液晶相和同性相的转变来源于浓度或温度变化或者二者同时变化（以浓度为主变数，温度为辅变数）[83]。

1975 年，Lewis[84]发现沥青中液晶成球初期的小球隐现带有可逆的性质，认为这效应归因于溶解-析出现象，而非真正的相转变。因为在常温下中间相分子的浓度已超过了此温度所允许的临界浓度，而在 400℃下，由于中间相分子的溶解度大大提高了，所以在此条件下允许临界浓度也大大地提高，此时中间相也就消失。现在看来，那时 Lewis 实际上已经发现了中间相沥青的溶变型本性。

决定一个特定溶质在一确定溶剂中之溶解度的有两个因素：一个是温度，另一个是溶质、溶剂二者各自和对方的亲和力（亲和能密度）。一般要求溶剂和溶质有相等的亲和能密度。与沥青母液相比，中间相分子具有比较高的亲和能密度值，因此一定温度下它在母液中的溶解度比非中间相分子低。依据这一观点，采用蒸出非中间相分子和热缩合反应可以增加中间相分子的浓度，导致中间相分子在母液中的浓度达到过饱和，从而析出。

1980 年，Riggs 等[85]报道，在 425℃下去除炭黑油中的可挥发组分饱和烃和环烷-芳烃后，以沥青烯和极性芳烃为主要成分的重渣油中就开始缓慢地形成中间相。在中间相出现之前沥青烯组分的平均分子结构图如图 1-17 所示，其相对分子质量为 1328，C/H 原子比为 1.3，芳香度 $f_A=79\%$。

依据该研究结果推测，溶变型液晶中同相的生成条件之一是必须去除所用原料中的非中间相组分——可挥发组分饱和烃和环烷-芳烃，使剩下的分子结构更加相似于刚性的芳香片状分子，于是在一定的条件下就可形成溶变型液晶中间相。

富集中间相分子以使它达到过饱和浓度而析出的另一个方法是用溶剂去除沥青中非中间相分子的母液组分。Riggs 等[85]以 Ashland 石油沥青为原料，先用溶剂去除质量分数 75%的可溶组分，而后将剩余的 25%残留物加热到 320℃后马上冷却，结果在沥青中很快就出现了中间相；如果将该残留物加热到 420℃后马上冷

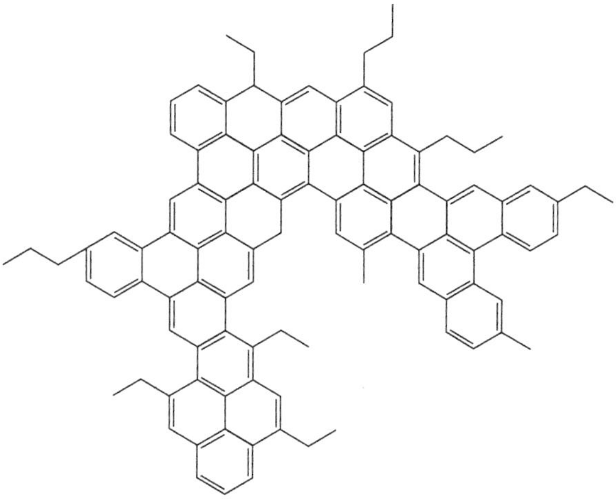

图 1-17 中间相生成前沥青烯组分的平均分子结构模型[85]

却,则全部沥青都转化成了中间相。若以一煤沥青为原料,在室温下溶剂法去除其中低沸点组分,然后加热到 350℃后马上冷却,则可在显微镜下观察到中间相的生成。若在此样品中按质量比 1∶1 混入原料沥青,再加热到 400℃然后冷却,将会发现中间相隐没了,换言之,中间相又溶入了低分子母液中。另一个实例便是用溶剂萃取 A-260 石油沥青,并将其不溶物加热到 420℃后体系呈现 100%的中间相,但当向此中间相中加入质量分数 27.5%的 A-260 原料沥青后,再次加热时发现体系中中间相的形态和面积缩小为"满天星斗"状。

几乎与此同时,Fitzer 等[86]用四氢呋喃萃取苊烯热转化生成的中间相沥青,结果有一部分中间相溶解于四氢呋喃;但当经蒸馏去除四氢呋喃后,剩下的中间相则又析出成球状;如果在析出的中间相中加入苊烯单体,则中间相又隐没。

研究表明,由燃料系和纯芳烃化合物合成的中间相沥青具有溶变型液晶的特征。可以将该类合成沥青看作由生成的中间相分子和母液非中间相分子组成的溶液,通过调节溶液的浓度和温度,可以使得中间相液晶体时现时隐。因此,片状稠环芳烃分子为结构单元的碳质中间相也应属于溶变型液晶的一个类型。

3. 化学变型

用工业沥青中温热解制备的中间相液晶具有化学变型不可逆性,在其制备过程中看不到向列相-同性相转变。其原因在于工业沥青热解体系具有高的平均相对分子质量,发生相转变需要很高的温度,加之工业沥青高的反应性,在这一相转变达到以前,不可逆的缩聚反应已导致中间相结构不熔化生成半焦。

1.4.3 中间相现象的本性

有关碳质中间相(液晶)体系中片状稠环芳烃大分子之间相互作用的问题。Marsh 等[87]认为,这种作用力属于范德华物理力,还有分子间因偶极矩而产生的相互作用。同时,他又认为液晶中片状稠环芳烃大分子之间的相互作用类似于气固相之间的物理吸附作用。持类似观点的还有 Mochida 等[88]。

人们开始怀疑,不含杂原子基团的稠环芳烃分子应该具有极小的偶极矩,像晕苯那样的对称型盘状分子,应该没有偶极矩。因此,在类似的大层片稠环分子之间的相互吸引力的问题,值得进一步研究。于是 Lewis 等[89]通过热台显微镜观察了一系列低分子稠环烃和较多环数稠环烃的熔融行为,发现了一些不转化为液晶态的稠环烃,如表 1-36 所示。

表 1-36 一些不转化为液晶态的稠环烃[89]

稠环烃名称	熔点 t/℃	稠环烃名称	熔点 t/℃
蒽 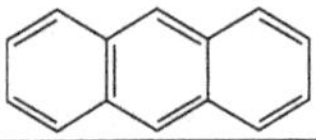	218	9,9′-联二蒽 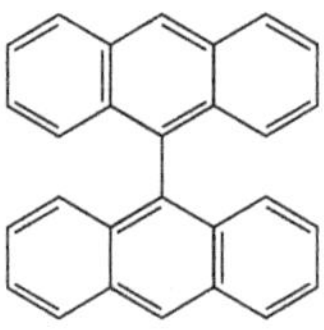	300
联苯 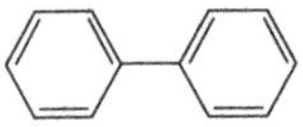	70		
芘 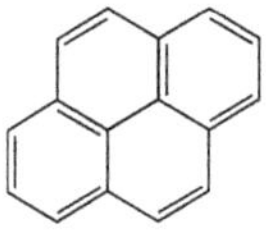	156	蒽(2′,1′;1,2)并蒽 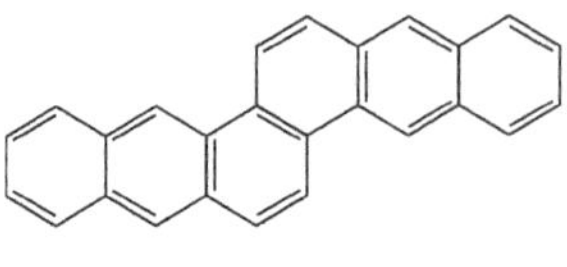	413~421
2,2′-联二萘 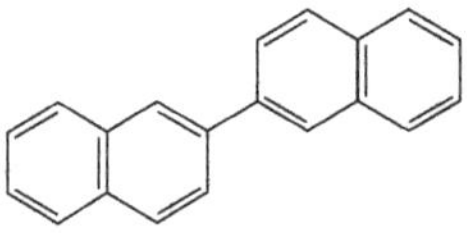	187~191	1,14;7,8-二苯并靴二蒽 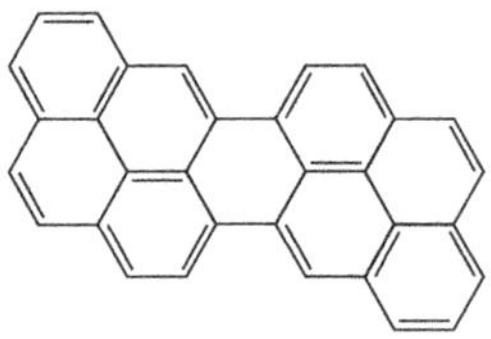	400~440
9,9′-联亚芴 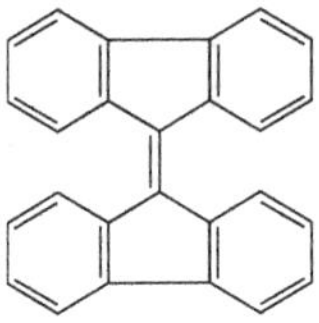	180~195	1,2,8,9-二苯并戊省 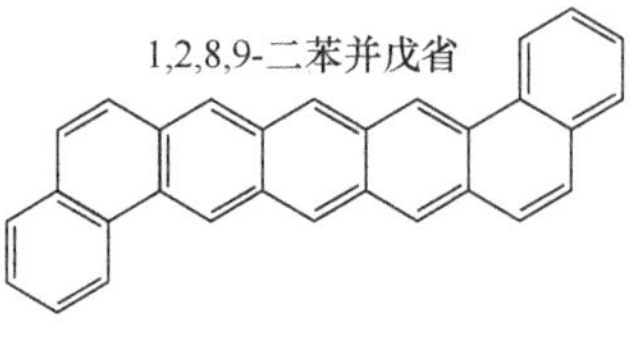	435

续表

稠环烃名称	熔点 t/℃	稠环烃名称	熔点 t/℃
13,13′-二联苯并蒽酮 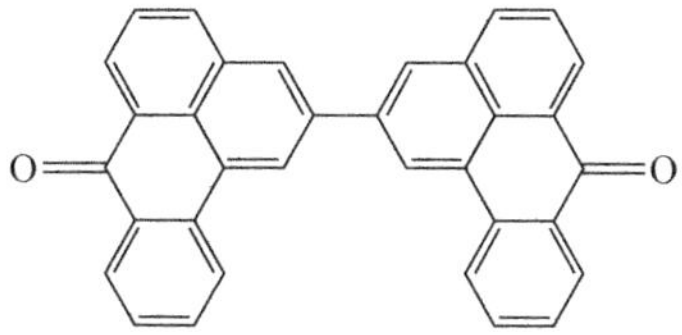	355	十环烯 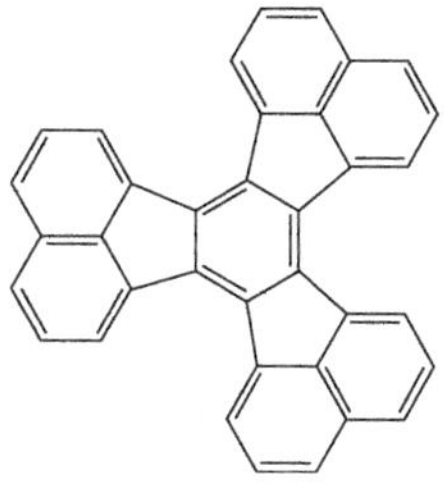	391～401
晕苯 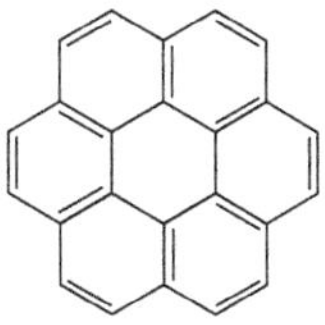	415～427	特锐烯 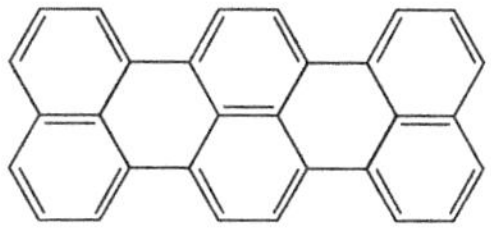	155～210

此外，Lewis 等[89]还用热台显微镜观察了十环烯、1,2-苯并晕苯和卵苯三组分的等量混合物，在 295～435℃温度范围内未发现液晶相的转变。

为了考察自由基的存在对于液晶生成的影响，Lewis 等[89]采用在环数多的稠环烃中添加易在低温下生成稳定自由基的物质的方法。例如，添加易于在低温下生成稳定自由基的奇数偶轭稠环烃苯并萘和萘并蒽：

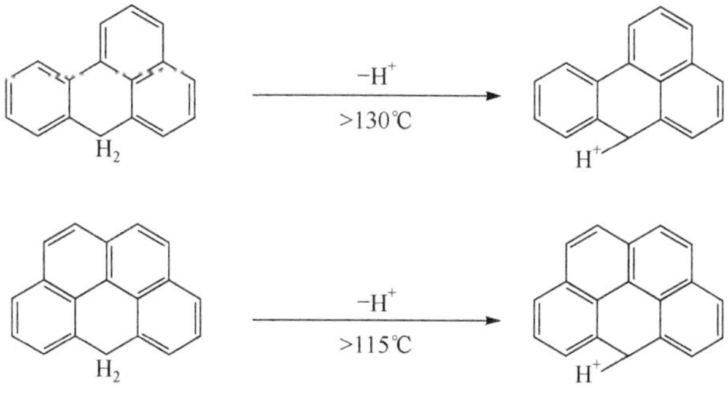

将这种奇数偶轭稠环烃分别加入特锐烯和二苯并靴二蒽中，当温度超过它们开始生成稳定自由基的温度时，仍未发现有液晶相的生成。但是当纯特锐烯在 350℃下恒温 0.5h 后，体系则开始了脱氢缩合反应并出现了典型的中间相。而在特锐烯中添加少量易生成稳定自由基的奇数偶轭稠环烃后，反而使特锐烯的中间相生成温度高于 350℃。实验证明，稳定自由基的加入不仅不促进生成液晶相，而且还对反应分子的缩聚起了制约作用。亦即，稳定自由基的加入在一定程度上冲淡了反

应体系本身产生的自由基浓度,以使液晶相生成的温度提高。

Lewis 等的实验结果表明[89]:环数达到 10 的稠环芳烃分子还不足以生成中间相(液晶);亦即,生成液晶的稠环芳烃分子环数应大于 10。例如,特锐稀在 350℃下恒温 0.5h 后,由于缩聚反应的发生形成了特锐烯的二聚物,所以体系中可以观察到中间相的出现。亦即,特锐烯二聚物的环数为 16,当此 16 个环的稠环烃处于特锐烯的溶剂基质中时就可形成热变型稳定的向列相液晶。

依据 Lewis 等的实验结果可以推论:生成中间相(液晶)的片状稠环芳烃分子的尺寸是形成热变型稳定中间(液晶)相的先决条件。换言之,热变型中间相现象的本性源于片状稠环芳烃分子结构单元的尺寸。如将尺寸适宜的片状稠环芳烃分子(如特锐烯二聚物)和低分子的稠环烃(如特锐烯)组成溶液时,即可降低体系的熔点,并在较低的温度下形成热变型向列相液晶。

与此同期,Lewis[80]从萘合成沥青的实验中发现,从纯萘出发经热解制得的中间相沥青具有普遍性的热变型向列相-同性相转变的特点;并认为出现这种可逆相转变的根源在于体系低而均匀的平均相对分子质量(详见 1.2.1 节中萘沥青部分)。这也从另一角度佐证了“热变型中间相现象的本性源于片状稠环芳烃分子结构单元的尺寸”这一推论。

Lewis[80]所实现的萘热解(合成)沥青的可逆性相转变实验,给了人们新的启迪[45]:从适宜尺寸的片状稠环芳烃分子可以导得热变型向列相液晶,为了克服向列相-同性相转变到来之前体系产生热分解,可以采取向高相对分子质量的稠环芳烃中添加低相对分子质量稠环芳烃的办法,以降低整个(混合)体系的熔点,避免体系产生过早的热分解。这种方法实际上也是获得溶变型液晶的途径之一;亦即,以片状稠环芳烃分子为结构单元的碳质中间相也是溶变型液晶的一个类型。

随后,Zimmer[81]在研究 A-240 沥青甲苯不溶部分的热解过程时发现,A-240 沥青甲苯不溶部分体系中间相(Discotic 液晶相)的转化不仅依赖于体系分子的相对分子质量的分布,而且与其构型相关。由此可以看出,Zimmer 的研究结果在佐证“热变型中间相现象的本性源于片状稠环芳烃分子结构单元的尺寸”这一推论的同时,还可将该推论进一步完善为“热变型中间相现象的本性源于片状稠环芳烃分子结构单元的构型和尺寸”。

与 Zimmer 同期,Yamada 等[82]在重新加热 Khafji 减压渣油系中间相的四氢喹啉可溶物也发现了 Discotic 液晶相,再次佐证了“热变型中间相现象的本性源于片状稠环芳烃分子结构单元的构型和尺寸”这一推论的成立。

“热变型中间相现象的本性源于片状稠环芳烃分子结构单元的构型和尺寸”的发现[45,77,89],使得可控制备热变型液晶成为可能。亦即,人们可以根据目标热变型液晶的要求,通过可控调制其片状稠环芳烃分子结构单元的构型和尺寸,获得目标热变型液晶的类型。

1.5 中间相的科学意义和应用领域

碳元素是自然界中存在的与人类关系最密切、最重要的元素之一，它不仅具有sp、sp^2、sp^3 杂化的多样电子轨道特性，还具有因 sp^2 的异向性导致的晶体各向异性及其排列的各向异性，所以以单一碳元素构成的炭材料具有各式各样的性质。可以说，炭材料几乎包括了地球上所有物质所具有的性质，如最硬—最软、绝缘体—半导体—良导体、绝热—良导热、全吸光—全透光等。

随着科学技术的日益发展，炭材料以其优良的耐热性能、高导热系数、良好的化学惰性、高电导率等优点，在航空航天、能源、环保、医疗、电子、化工、机械、冶金等诸多领域越来越体现出广阔的应用前景。

碳质中间相是炭材料家族的一个重要成员。碳质中间相作为一类重要的炭材料前驱体，其结构和后处理条件决定了形成的中间相炭材料的内部结构。而中间相炭材料的结构则联系着它的几乎所有性质，是影响其具体性能和最终应用的关键因素之一。自 1961 年 Tayler[70]发现碳质中间相以来历时 50 余年的发展历程中，其一直是学者研究的热点。因此，研究碳质中间相的形成及其向炭材料转化过程中的结构发展具有十分重要的科学意义。

1.5.1 碳质中间相的特殊性

1. 碳质中间相的复杂性

碳质中间相在芳香烃类物质的热缩聚过程中形成，所用原料通常为沥青、重质油和一些化合物(和它们的缩聚体)。仅就沥青原料而言，就可以分为煤系沥青和石油系沥青，而且每种系别的沥青根据其产地、生成方法、组分含量的不同又可以分成多种。每种原料沥青中具有多种结构的芳香分子，包括脂肪族、芳香族以及由它们共同构成的复杂分子，这些分子在热处理过程中分别发生着不同的化学反应，包括断键、脱氢、缩合、聚合等[90-93]。在各向异性的碳质中间相形成过程中，各向同性的母体沥青相逐渐减少，同时中间相和各向同性的母体沥青之间也存在着互溶的现象，即一些不具有各向异性的小分子物质夹杂到各向异性的中间相分子中间，而也有一部分各向异性的中间相分子被各向同性的小分子物质所溶解，而不呈现各向异性。加之所用原料和制备工艺(温度、时间、氛围等)的不同，生成的碳质中间相也将具有不同的结构形态，如马赛克型、流线型、广域型等[94,95]。

显然，碳质中间相的复杂性主要源于所用原料的复杂性。亦即，原料(碳源)的复杂性诱发了化学反应的复杂性与相变的复杂性(可以具有溶致和热致性质)，进而导致了碳质中间相结构(包括织构)的复杂性。当然，不同的制备工艺也会引起碳质中间相的复杂性。

2. 碳质中间相的廉价性

碳质中间相不同于一般液晶物质的另一个特殊性是可以大规模工业生产。因为制备碳质中间相的原料往往是价格低廉的沥青、重质油等，且制备碳质中间相的设备一般没有特殊的要求，可以较低廉地生产碳质中间相产品。目前可以大规模生产的中间相产品有超高功率电极用针状焦[96-98]、高性能中间相沥青基炭纤维[99-101]、锂离子二次电池负极用中间相炭微球[102,103]等。

1.5.2 碳质中间相的研究方向

正是碳质中间相的两个特殊性质，使得研究碳质中间相的方向不同于一般液晶物质。由于它的复杂性质，研究过程中往往不涉及详细的化学反应过程和分子结构特征，而是从唯象学角度对中间相的形成、发展过程和后续结构的形成、控制等方面进行研究。即使少数研究涉及了碳质中间相形成过程中的分子变化情况，其研究也仅限于对所有分子统计的平均结果[104]。源于碳质中间相的廉价性，较多的研究工作围绕着如何获取具有特定结构性能的中间相产品展开。亦即，碳质中间相的特殊性决定了它的主要研究方向为应用或应用基础研究。

1.5.3 碳质中间相的研究历程

自 1961 年 Taylor[70] 发现碳质中间相至今的 50 多年来，学者对其结构性能、形成机理、球晶分离技术、应用等领域进行了广泛研究，并在针状焦、中间相沥青基炭纤维、中间相炭微球等领域实现了工业化生产，同时对碳质中间相的形成理论方面也逐步深入[70,71,105-107]。近年来，碳质中间相的研究主要围绕碳质中间相产品的应用展开，如中间相炭微球用作锂离子二次电池负极材料[108-110]、中间相炭材料基高比表面积活性炭[111,112]和高导热中间相沥青基泡沫炭[113-117]等。

我国的碳质中间相研究起步较晚，自 20 世纪 80 年代开始，中国科学院山西煤炭化学研究所（钱树安等）研究了烃类液相炭化的物理化学，中钢集团鞍山热能研究院有限公司（钱湛芬）将中间相理论应用于冶金焦的制造，中国石油化工股份有限公司石油化工科学研究院（谢继玄等）研究了一些原油的中间相热转化过程，天津大学（王成扬等）研究了碳质中间相的形成理论和中间相沥青基炭纤维与中间相炭微球的制备及其应用等问题。其中，中间相炭微球已实现了商业化生产：上海杉杉集团采用中钢集团鞍山热能研究院有限公司的技术、天津贝特瑞新能源有限公司（原天津市铁中煤化工有限公司）利用天津大学著者研究团队的研究成果，分别建起中间相炭微球的生产装置，大规模生产出锂离子二次电池负极材料用中间相炭微球产品，其性能已达到国际用于制备锂离子电池电极所要求的商业标准。其中天津贝特瑞新能源有限公司 2004 年完成中间相炭微球产业化，现产能为国内最大，已经达到5000t/a的规模。

在针状焦方面，我国虽有锦州石化、鞍山沿海化工有限公司、山东兖矿科蓝煤焦化有限公司（原山东济宁煤化工公司）、安徽安庆石化公司、山西宏特煤化工有限公司、中钢集团鞍山热能研究院有限公司、上海宝钢化工有限公司、山东海化集团、山东枣矿集团（利用著者研究团队成果）等单位具备了一定的针状焦生产能力，但所生产的针状焦在一些性能指标上仍不及进口针状焦[118]。因此，我国炭素行业生产超高功率电极所需的优质针状焦仍然依赖进口。对于目前世界上已实现了工业化的另一种重要中间相产品——中间相沥青基炭纤维，我国仍处在积极的研发阶段，其性能仍达不到国外中等产品性能的水平。

1.5.4 碳质中间相的结构与其产品性能的关联

炭材料的具体应用由其本身的性质决定，这些性质包括炭材料的结构、形状（纤维状、球状、不规则形状等）、表面性质（极性强弱、官能团种类和数量、粗糙程度等）、导电导热性能、力学性能等。而在这些性质中对炭材料应用起决定性影响的性质是其结构特征。因为炭材料的结构类型不仅决定了炭材料的导电导热性能和力学性能，还在一定程度上影响着它的表面性质。例如，在制备特种形状炭材料（如炭纤维）的过程中，其结构也随之定型。因此，炭材料的结构是联系其几乎所有性质的一个重要参数。而碳质中间相作为重要的炭材料前驱体，其结构和后处理条件决定了所形成的中间相炭材料的内部结构。显然，碳质中间相的结构与其产品的应用息息相关。就中间相沥青基炭纤维而言，它明显优于其他纤维的高性能（高模量和高强度）就来源于它内部碳层在纤维轴方向的择优取向。石墨结构的炭材料在片层方向具有比在垂直于碳层方向上高出几十倍的强度和模量[119]，这就是中间相沥青基炭纤维具有高性能的原因。此外，中间相炭微球用于锂离子二次电池负极材料时之所以能够具有良好的电化学性能（低的不可逆容量、高的循环寿命和高的比容量），其原因是中间相炭微球具有良好的片层结构，且碳层的端部开口几乎都在球体的表面，为锂离子的快速插入和脱除提供了有利的条件。中间相沥青基泡沫炭具有较高的导热导电系数，也与这种泡沫材料具有高度碳层取向的孔壁结构密切相关[115]。可以预测，中间相炭材料经过化学活化后之所以可以制成具有超高比表面积的活性炭，也与它们的内部特殊的结构有关。

正是碳质中间相的结构本性——稠环芳片层积体所表现出的性质，决定了其产品的应用领域。

1.5.5 碳质中间相的应用领域

由于碳质中间相具有性能优异、价格低廉、碳产率高和可加工性强等优点，被公认为许多先进功能材料的优秀母体，由它可低成本制备出许多高性能炭材料，如中间相沥青基炭纤维、针状焦、中间相炭微球、中间相沥青基泡沫炭、高密高强炭材料等产品(图 1-18),这些功能材料将在国防工业、航空航天、尖端科技、日常生活等领域发挥巨大的作用。其中,在用于超高功率石墨电极骨料的针状焦、二次锂离子电池负极材料的中间相炭微球和高性能复合材料增强体中间相沥青基炭纤维等方面已成功实现了工业化生产。

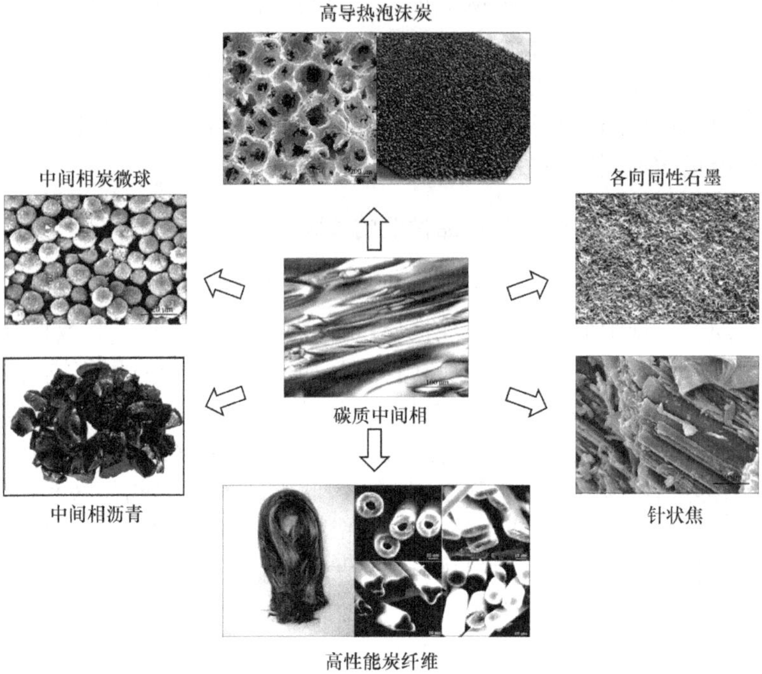

图 1-18 碳质中间相的应用领域

1. 中间相沥青基炭纤维

碳质中间相沥青经过纺丝后可以形成纤维。由于中间相沥青在经过喷丝板的过程中沥青分子发生择优取向,使得分子取向排列方向平行于纤维轴,这种纤维再经过氧化、炭化或石墨化后可以制成具有高模量(>800GPa)和高强度(>4GPa)的纤维炭材料[120-123]。中间相沥青基炭纤维的高模量和高强度特性使其可以广泛应用到多种复合材料中,近年来,中间相沥青基炭纤维的复合材料已经被成功应用于高速飞行器等要求十分苛刻的场合,如火箭的推进喷嘴、航天飞机的机翼等[124]。另外,在体育器材方面,中间相沥青基炭纤维也显示了其优越性,利用其质量轻、高强度、高模量等优点开发出了高档的体育器材,如钓鱼竿、高尔夫球杆、网球拍等[95]。此外,中间相沥青基炭纤维石墨化后在纤维轴方向具有很高的石墨化度,又赋予了该炭材料在纤维轴方向高的导电和导热性能,从而可能在微米导线(如石墨炸弹)等领域获得进一步的应用。

2. 针状焦

利用煤焦油或芳烃含量较高、胶质和沥青质含量较低的低硫低灰分优质渣油经过中间相调制，延迟焦化可以得到针状焦[97,98]。由于针状焦的真实密度高（2.12～2.15g/cm^3）、热膨胀系数低（≤1×10^{-6}℃$^{-1}$），它是生产超高功率石墨电极的重要骨料。由针状焦制备的石墨电极具有电阻率低、热膨胀系数小、抗热振荡性能高等优点，从而使炼钢过程的能耗大大降低。

3. 中间相炭微球

中间相炭微球作为一类特殊的炭材料，除具有炭材料的一般性能外，还具有因其球体形状、片层结构等一些特殊的形态和结构导致的许多独特性质，利用这些性质可以把它应用于不同的领域，如高密度高强度炭材料、高性能液相色谱柱填料、高比表面积活性炭、催化剂载体、阳离子交换剂等领域。近年来，随着对锂离子二次电池应用研究的广泛展开，中间相炭微球作为一种重要的负极材料越来越受到众多学者的关注。

1）高密度高强度炭材料

由于中间相炭微球颗粒本身含有适量的黏结成分而具有良好的自烧结性，可直接作为压粉使用而不需加入黏结剂，这样不仅可以制出优质的高密度材料，在制备石墨制品时还简化了工序。另外，调整中间相炭微球的制备条件还可以控制其粒度分布和黏结成分含量，以适应不同块体材料的要求。中间相炭微球采用模压或等静压成型得到的致密坯体在1000℃热处理后，可以获得体积密度为1.76g/cm^3的碳质制品，进一步石墨化后，体积密度可达1.8～1.9g/cm^3（而一般石墨制品的体积密度为1.55～1.71g/cm^3），抗折强度达50～100MPa，约为一般炭材料的2倍[125]。因此，中间相炭微球也是制备高密度高强度各向同性炭材料的优质原料。用中间相炭微球制取的高密度高强度各向同性炭材料可应用于航空航天、机械密封、电火花加工、冶金模具、半导体制造容器及核石墨等方面[126,127]。

2）高性能液相色谱柱填料

中间相炭微球具有相对较窄的粒径分布，对化学试剂表现出高的稳定性，并且由溶剂造成的膨胀收缩比小。因此，中间相炭微球进行表面改性处理后可作为高性能液相色谱柱填料，如Honda[128]报道的采用十八烷基化中间相炭微球作为高性能液相色谱柱填料分离二硝基苯的异构体取得了很好的效果。

3）高比表面积活性炭

中间相炭微球是大芳香分子片层堆积体，表面基本上是分子片层的端部，具有很高的活性，通过等离子体处理或化学处理后可在表面引入一些极性功能团，从而显示出很高的吸附能力，可作为吸附剂使用。用KOH在高温下活化中间相炭微球,可以制成比表面积高达 3000～5000m^2/g(远远超过活性炭纤维和沥青基球状活性炭的比表面积)的超高比表面积活性炭[129,130]。这种活性炭的所有碳原子几乎都在表面上,因此也有学者把它称为表面固体[131]。用中间相炭微球活化制备活性炭时,可以通过控制中间相炭微球大小的方式控制活性炭球的粒径分布;也可通过改变制造条件得到不同孔径的活性炭。随着储能材料研究的深入,这种具有超高比表面积的活性炭将会得到广泛的应用,如用作双电层电容器的极化电极材料[111,112]。

4) 锂离子二次电池电极

中间相炭微球本身具有球状结构,堆积密度比较高,单位体积嵌锂容量比较大;而且球体具有片层状结构,有利于锂离子的嵌入和脱嵌[132]。另外,由于中间相炭微球的外表面积比较小,在充放电过程中发生的边界反应少,锂的消耗量小。因此,中间相炭微球可用于制作锂离子二次电池的电极。700℃热处理的中间相炭微球充电容量可达 1190mA · h/g,放电容量可达 750mA · h/g,远超过了石墨的理论放电容量 372mA · h/g[133]。高石墨化程度中间相炭微球用于锂二次电池具有很好的特性,经 2800℃石墨化处理的中间相炭微球做负极材料($LiCoO_2$ 做正极材料)试制的圆柱形卷式电池具有 500mA · h 的容量,能在 1h 内完成(快速)充电[134,135]。以中间相炭微球为电极材料制成的锂二次电池工作电压高达 3.6V,为普通电池的 3 倍,并且循环寿命高(约 3000 次),可以在－20～60℃温度范围内使用。此外,这种电池还具有质量轻、无污染、比能量大(120W · h/kg)、安全可靠、无记忆性等优点。锂离子电池在数量和市值上正以年均 9%的速度增长,已经向二次电池市场发起冲击,将会占据 MH/Ni 电池的传统第 4C(Cordless tools)市场。因此,中间相炭微球作为锂离子二次电池的电极具有广阔的前景。

5) 催化剂载体

中间相炭微球可吸附某些催化剂而成为催化剂载体,若对其进行等离子体预处理,可增大催化剂吸附量。例如,煤焦油沥青中间相炭微球负载超细铂颗粒可形成催化剂,用等离子体预处理后催化剂的吸附量从 1.6～3.6mg/g 提高到 3.6～6.2mg/g[136]。由于中间相炭微球具有相对较大的导电性,也可用于电极的催化剂载体,Nozaki 等[137]于 1989 年首次采用中间相炭微球作为载体制得了催化剂。Liu 等[131]研究了中间相炭微球载铂后用于甲醇的电化学氧化反应,发现中间相炭微球是一种很好的催化剂载体,当载铂的中间相炭微球在 KOH 中煮沸 1h 后催化剂表现出了更好的催化性能;当中间相炭微球作为 Pt-Ru 催化剂的载体用于直接甲醇燃料电池的电极中时,这种载体的催化剂表现出了比炭黑载体小的极化特征[138]。

6) 其他用途

中间相炭微球可用作填充材料、导电材料、阳离子交换剂、功能复合材料以及表面修饰炭材料等[135]。

4. 中间相沥青基泡沫炭

中间沥青基泡沫炭是由中间相沥青发泡制得的一种新型多孔炭材料。由于中间沥青基泡沫炭可以同时具有低密度、高强度、高导热、高导电、耐火、抗冲击、吸波、降噪、低热膨胀系数、耐化学腐蚀等优异性能[113-117]，使其可应用在诸如航空航天器和卫星的热转移系统、火箭的抗冲击和减噪发射平台、化工厂的大型热交换器和计算机器件的小型排热器件、快速运行机动工具的端部防护层，以及飞机、轮船等的耐火门窗等领域。因此，中间相沥青基泡沫炭具有广阔的应用前景。

5. 其他中间相沥青基炭材料

由于中间相炭微球、中间相沥青基炭纤维、中间相沥青基泡沫炭、针状焦等中间相炭材料都是在碳质中间相沥青基础上经过进一步处理获得的，其成本无疑高于中间相沥青前驱体。因此，近年来研究者开展了直接以中间相沥青为前驱体制备炭材料的研究。例如，以中间相沥青为自黏结骨料，经过压制获得高密高强炭材料[139-141]；将中间相沥青经过炭化处理用作二次锂离子电池负极材料[142]；活化中间相沥青炭制备高比表面积活性炭，用作双电层电容器的电极材料等[111,112]。

参考文献

[1] Mochida I, Shimizu K, Korai Y, et al. Mesophase pitch catalytically prepared from anthracene with HF/BF_3[J]. Carbon, 1992, 30(1): 55-61.

[2] Stadelhofer J W. Examination of the influence of natural quinoline-insoluble material on the kinetics of mesophase formation[J]. Fuel, 1980, 59(5): 360-361.

[3] Korai Y, Yoon S H, Oka H, et al. The properties of co-oligomerized mesophase pitch from methylnaphthalene and naphthalene catalyzed by HF/BF_3[J]. Carbon, 1998, 36(4): 369-375.

[4] Korai Y, Nakamura M, Mochida I, et al. Mesophase pitches prepared from methylnaphthalene by the aid of HF/BF_3[J]. Carbon, 1991, 29(4-5): 561-567.

[5] Mochida I, Shimizu K, Korai Y, et al. Preparation of mesophase pitch from aromatic hydrocarbons by the aid of HF/BF_3[J]. Carbon, 1990, 28(2): 311-319.

[6] Imamura T, Yamada Y, Oi S, et al. Orientation behavior of carbonaceous mesophase spherules having a new molecular arrangement in a magnetic field[J]. Carbon, 1978, 16: 481-486.

[7] Imamura T, Nakamizo M. Mesophase formation from decacyclene[J]. Carbon, 1979, 17: 507-508.

[8] Imamura T, Nakamizo M, Honda H. Formation of carbonaceous mesophase at lower temperature[J]. Carbon, 1978, 16: 487-490.

[9] 李同起，王成扬，刘秀军，等. 鳞片石墨对中间相炭微球织构的影响[J]. 新型炭材料，2002，17

(4):1-6.

[10] Li T Q, Wang C Y, Liu X J, et al. SEM analysis of the changes of carbon layer structure of mesocarbon microbeads heat-treated at different temperatures[J]. Chinese Science Bulletin, 2004, 49(11): 1105-1110.

[11] 李同起,王成扬,郑嘉明,等. 非均相成核中间相炭微球的形成过程及其结构演变[J]. 新型炭材料,2004,19(4):281-288.

[12] Li T Q, Wang C Y, Liu X J. Application of SEM to detect the structure of mesocarbon microbeads [J]. Journal of Materials Science, 2005, 40: 2055-2057.

[13] 肖瑞华. 煤焦油化工学[M]. 北京:冶金工业出版社,2009.

[14] 张昌鸣,杨建丽,薛永兵,等. 柱液体色谱分析沥青类产品的烃族组成[J]. 分析测试技术与仪器,2006,12(3):136-142.

[15] 常宏宏,魏文珑,王志忠,等. 煤沥青的性质及应用[J]. 山西焦煤科技,2007,(2):39-46.

[16] 刘军,王少青. 我国煤焦油加工业发展状况及煤沥青应用[J]. 内蒙古石油化工,2009,(11):60-61.

[17] 李同起. 碳质中间相结构的形成及其相关材料的应用研究[D]. 天津:天津大学博士学位论文,2005.

[18] 钱树安. 从液相碳化理论看 A-240 石油沥青和 LS 中温煤沥青组成结构的差别——兼论高性能沥青碳纤维的原料路线[J]. 碳素,1984(3):1-11.

[19] 柳永行,范耀华,张昌祥. 石油沥青[M]. 北京:石油工业出版社,1984.

[20] 张德勤,范耀华,师洪俊. 石油沥青的生产与应用[M]. 北京:中国石化出版社,2001.

[21]《沥青生产与应用技术手册》编委会. 沥青生产与应用技术手册[M]. 北京:中国石化出版社,2010.

[22] 张永刚,王成扬. 石油沥青基球形活性炭的制备[J]. 天津大学学报,2003,36(1):9-13.

[23] 张永刚,王成扬,闫裴. 添加炭黑对石油沥青基球形活性炭孔结构的影响[J]. 天津大学学报,2003,36(2):201-204.

[24] 杨小军,查庆芳,郭燕生,等. 石油沥青合成低软化点、高残炭沥青树脂[J]. 炭素,2003,(4):23-27.

[25] Lewis I C. Kinetics of the deposition of pyrolytic carbon on nickel[J]. Carbon, 1975, 18: 189-192.

[26] Mochida I, Kudo K, Fukida N, et al. Carbonization of pitches—Ⅳ[J]. Carbon, 1975, 13: 135-139.

[27] 真壁正孝,片山优久雄,伊腾博德,等. 无水盐化アルミニウム触媒によるナフタレソの重组合[J]. 日本化学会志,1974,(4):742-746.

[28] 持田勋,锻冶惠孝,叶山泰弘,等. ピッテの炭化に关する研究-触媒を用いたピッテの炭化[J]. 石油学会志,1976,19(9):750-757.

[29] Mochida I, Shimiza K, Korai Y, et al. Mesophase pitch prepared from aromatic hydrocarbons with the use of HF/BF_3[J]. High Temperature, High Pressure, 1990, 22: 671-683.

[30] 智林杰,史景利,宋进仁,等. 交联萘沥青的组成与结构特征[J]. 燃料化学学报,2000,28(6):546-549.

[31] 郑嘉明,王成扬,阮湘泉,等. 催化缩聚法制备萘沥青和中间相沥青[J]. 天津大学学报,1995,28(2):215-220.

[32] Ramsey J W, McDonald F R, Petersen J C. Structural study of asphalts by nuclear magnetic resonance[J]. Industrial and Engineering Chemistry Product Research and Development, 1967,6(4):231-236.

[33] 李春锋,张蓬洲,钱树安. 用^{1}H-NMR 结合 IR 光谱解析法对我国若干重质油组成结构的研究[J]. 燃料化学学报,1982,10(4):353.

[34] 梁文杰. 重质油化学[M]. 2 版. 东营:石油大学出版社,2003.

[35] 梁文杰,阙国和,陈永珠. 我国原油减压渣油的化学组成与结构,I. 减压渣油的化学组成[J]. 石油学报(石油加工),1991,7(3):1-7.

[36] 小口胜也,若林孟茂,中山哲男,等. 各种原油常压残油及减压残油の性状[J]. 石油學會志,1981,24(4):260-264.

[37] Wallace D. A Review of Analytical Methods for Bitumens and Heavy Oils[M]. Edmonton: AOSTRA Technical Publication,1988.

[38] 梁文杰,阙国和,陈永珠. 我国原油减压渣油的化学组成与结构,II. 减压渣油及其各组分的平均结构[J]. 石油学报(石油加工),1991,7(4):1-11.

[39] 吕永根,凌立成,吴东,等. 煤焦油热解制备中间相炭微球[J]. 燃料化学学报,1998,26(5):463-467.

[40] 张怀平,吕春祥,李开喜,等. 煤焦油与石油焦油热缩聚的比较研究[J]. 煤炭转化,2001,24(2):80-83.

[41] 李艳芳,牟庆平,栾波,等. 乙烯焦油的研究利用进展[J]. 广州化工,2011,39(10):36-40.

[42] 李金妍. 乙烯焦油沥青树脂的制备及其应用性能初探[D]. 东营:中国石油大学硕士学位论文,2010.

[43] 李锐,丁宗禹,祖德光. 乙烯装置渣油综合利用技术[J]. 炼油设计,1998,28(4):16-21.

[44] 王成扬,阮湘泉,郑嘉明,等. 乙烯焦油经 $AlCl_3$ 催化改质制备高可熔性中间相沥青[J]. 碳素,1992,(1):24-29.

[45] 钱树安. 烃类液相炭化过程的物理化学[R]. 太原:中国科学院山西煤炭化学研究所,1982.

[46] Kirk-Othmer. Kirk-Othmer Encyclopedia of Chemical Technology[M]. New York: Wiley-Interscience,1953.

[47] Добрянский А Ф. Научные Основы Крекига Нефтм[M]. Москва:ОНТИ,1935.

[48] Clar E. Polycyclic Hydrocarbons[M]. New York: Academic Press,1964.

[49] Miyazawa K, Yokono T, Sanada Y, et al. Relations between spin-lattice relaxation time (coal) and optical texture (coke)[J]. Fuel,1979,58(9):691-692.

[50] Lewis I C, Edstrom T. Thermal reactivity of polynuclear aromatic hydrocarbons[J]. Journal of Organic Chemistry,1963,28:2050-2057.

[51] Pullman B, Pullman A. Progress in Organic Chemistry[M]. London: Butterworths Scientific Publications, 1958.

[52] Higasi K, Baba H, Rembaum A. Quantum Organic Chemistry[M]. New York: Interscience Publishers, 1965.

[53] Ferguson G, Robertson J M. Advances in Physical Organic Chemistry[M]. London: Academic Press, 1963.

[54] Speakman J C. Progress in Stereochemistry[M]. London: Butterworths Scientific Publications, 1958.

[55] Lewis I C, Singer L S. Electron spin resonance of stable aromatic radical intermediates in pyrolysis[J]. Carbon, 1969, 7(1): 93-99.

[56] Edstrom T, Lewis I C. Chemical structure and graphitization: X-ray diffraction studies of graphites derived from polynuclear aromatics[J]. Carbon, 1969, 7(1): 85-91.

[57] Marsh H, Cornford C. Petroleum derived carbons[M]//ACS Symposium, 1976, 21: 266-281.

[58] 谢有赞. 炭石墨材料工艺[M]. 长沙:湖南大学出版社, 1988.

[59] Bacon R. Growth, structure, and properties of graphite whiskers[J]. Journal of Applied Physics, 1960, 31(2): 283-290.

[60] Lewis I C, Edstrom T. Studies of the thermal behavior of some polynuclear aromatics[C]//Proceedings of the Fifth Conference on Carbon, New York: Pergamon Press, 1963: 413-430.

[61] Riggs D M, Diefvendorf R J. Thermal stability of aromatic compounds[C]//Extended Abstracts of the 14th Biennial Conference on Carbon, New York: Rensselaer Polytechnic Institute, 1979: 350-351.

[62] 大谷杉郎, 真田雄三. 炭素化工学の基础[M]. 日本:株式会社オ-ム社, 1980.

[63] Madison J J, Roberts R M. Pyrolysis of aromatics and related heterocyclics[J]. Industrial & Engineering Chemistry Research, 1958, 50(2): 237-250.

[64] Johns I B, McElhill E A, Smithy J O. Thermal stability of some organic compounds[J]. Journal of Chemical and Engineering Data, 1962, 7(2): 277-280.

[65] Магарил Р З. Образование Yглерода при Термических Превращенях Индивидуалъных Yглеволоролов и Пефтепродуктов[M]. Москва: Химия, 1973.

[66] Магарил Р З. Механиэм и Кинетика Гомогенных Термических Превращений Yглеволоролов [M]. Москва: Химия, 1970.

[67] Тиличеев М Д. Кинетика крекинга углеводородов под давлением Ⅲ. Крекинг ароматических углеводородов[J]. Журнал Прикладнои Химии, 1939, 12(5): 741-758.

[68] Kinney C R. The Chemistry of Petroleum Hydrocarbons[M]. New York: Reinhold Publishing Corporation, 1955.

[69] Hatshorne N H. The Microscopy of Liquid Crystals, Monographs in Microscopic Series [M]. London: Microscope Publications, 1974.

[70] Taylor G H. Development of optical properties of coke during carbonization[J]. Fuel, 1961,

40:465-472.

[71] Brooks J D, Taylor G H. The formation of graphitizing carbons from the liquid phase[J]. Carbon, 1965, 3: 185-193.

[72] Heidenreich R D, Hess W M, Ban L L. A test object and criteria for high resolution electron microscopy[J]. Journal of Applied Crystallography, 1968, 1(1): 1-19.

[73] Ban L L, Hess W M. A high-resolution electron microscopy study[C]//Summary of Papers for 10th Biennial conference on Carbon, 1971: 98-99.

[74] Ban L L, Hess W M. Microstructure and morphology of carbon blacks[C]//Petroleum Derived Carbons, ACS Symposium Series, 1976, 21: 358-377.

[75] Chwastiak S, Lewis I C. Solubility of mesophase pitch[J]. Carbon, 1978, 16: 156-157.

[76] 钱树安. 略论炭素科学的形成和进展Ⅰ. 总论[J]. 炭素, 1995, (2): 1-3.

[77] Gasparoux H, Destrade C, Nguyen H T. Nematic disc-like liquid crystal: A model for the carbonaceous mesophase[C]//Extended Abstracts for 15th Biennial Conference on Carbon, 1981: 176.

[78] Судтанов Т Л, Америк Ю Б, Батурин А А, et al. Типы мезоморфизма высших yгjieбодородов [J]. Нефтехимия, 1979, 19(3): 352-362.

[79] 大谷杉郎. 炭素化反応[J]. 石油學會志, 1975, 18(7): 606-610.

[80] Lewis I C. Thermotropic mesophase pitch[J]. Carbon, 1978, 16(6): 503.

[81] Zimmer J E. Mesophase transformation in a solvent-extracted pitch[C]//Extended Abstracts for 15th Biennial Conference on Carbon, 1981: 146.

[82] Yamada Y, Matsumoto S, Fukuda K, et al. Optically anisotropic texture in tetrahydroquinoline soluble matter of carbonaceous mesophase[J]. Tanso, 1981, 107(4): 144-146.

[83] 刘铸晋. 液晶的性能及应用[M]. 上海: 上海科技文献出版社, 1981.

[84] Lewis R T. Hot stage microscopy of mesophase pitches[C]//Extended Abstracts for the 12th Biennial Conference on Carbon Pittsburgh, 1975: 215-216.

[85] Riggs D M, Diefendorf R J. A phase diagram for pitches[C]//Preprints Carbon, Baden Baden, 1980: 326-333.

[86] Busch R, Fitzer E, Trendelenburg T. Solubility investigation on mesophase of some pyrolysed aromatic compounds[C]//Extended Abstracts for 15th Biennial Conference on Carbon, 1981: 164.

[87] Marsh H, Cornford C. Mesophase: The precursor to graphitizable carbon[C]//Petroleum Derived Carbons, ACS Symposium Series, 1976, 21: 266-281.

[88] Mochida I, Maeda K, Takeshita K. Structure of anisotropic spheres obtained in the course of needle coke formation[J]. Carbon, 1977, 15(1): 17-23.

[89] Lewis I C, Kovac C A. The role of free radicals and molecular size in mesophase pitch[J]. Carbon, 1978, 16(6): 425-429.

[90] 王茂章. 有机化合物的液相炭化化学[J]. 化学通报, 1990, 12: 22-28, 44.

[91] Ehrburger P, Raymond C, Saint-Romain J L. Physico-chemical change in a petroleum pitch during mesophase formation[C]//Extended Abstracts for 20th Biennial Conference on Carbon, 1991: 144-145.

[92] Greinke R A. Quantitative influence of dealkylation and polymerization reactions on mesophase formation[J]. Carbon, 1990, 28(5): 701-706.

[93] Lewis I C. Chemistry of pitch carbonization[J]. Fuel, 1987, 66(11): 1527-1531.

[94] 大谷杉郎，真田雄三. 炭化工学基础[M]. 张名大，杨俊英，译. 沈阳：中国科学院金属研究所；兰州：兰州炭素厂研究所，1985.

[95] 日本炭素材料学会. 新・炭材料入门[M]. 中国金属学会炭素材料专业委员会，编译. 1999.

[96] 丁宗禹，申海平. 石油针状焦生产技术[J]. 炼油设计，1997，27(1)：10-13.

[97] Goval S K, Kolstad J J, Hauschildt F W, et al. Process for producing needle coke[P]: US, 5286371. 1994.

[98] Eguchi J, Miyasaka H, Kinouchi M, et al. Process for producing petroleum needle coke[P]: US, 5695631. 1997.

[99] Mochida I, Ku C H, Yoon S H, et al. Anodic performances of anisotropic carbon derived from isotropic quinoline pitch[J]. Carbon, 1999, 37(2): 323-327.

[100] 王成扬，李明伟，郑嘉明，等. 中间相沥青熔融纺制异性纤维的研究[J]. 新型炭材料，2003，18(1)：10-14.

[101] Chen J D, Ju C P. Low energy tribological behavior of carbon-carbon composites[J]. Carbon, 1995, 33(1): 57-62.

[102] 王成扬，刘埃林，孙曙光，等. 中间相炭微球的共缩聚制备方法[P]：中国，CN1116386C. 2003.

[103] Alcántara R, Fernández Madrigal F J, Lavela P, et al. Characterisation of mesocarbon microbeads (composite) as active electrode material in lithium and sodium cells[J]. Carbon, 2000, 38(7): 1031-1041.

[104] Lewis I C. Thermal polymerization of aromatic hydrocarbons[J]. Carbon, 1980, 18(3): 191-196.

[105] Yoon S H, Korai Y, Mochida I. Axial nano-scale micro-structures in graphitized fibers inherited from liquid crystal mesophase pitch[J]. Carbon, 1996, 34(1): 83-88.

[106] 李生华，梁文杰，朱亚杰. 碳质中间相研究的进展Ⅱ. 向列相液晶与碳质中间相[J]. 碳素，1993，(3)：7-12.

[107] 李同起，王成扬. 碳质中间相形成机理研究[J]. 新型炭材料，2005，20(3)：278-285.

[108] Yao J, Wang G X, Ahn J H, et al. Electrochemical studies of graphitized mesocarbon microbeads as an anode in lithium-ion cells[J]. Journal of Power Sources, 2003, 114(2): 292-297.

[109] Lee S B, Pyun S I. Mechanism of lithium transport through a composite heat-treated at 800-1200℃[J]. Electrochimica Acta, 2002, 48(4): 419-430.

[110] Umeda M, Dokko K, Fujita Y, et al. Electrochemical impedance study of Li-ion insertion

into mesocarbon microbead single particle electrode: Part I. Graphitized carbon[J]. Electrochimica Acta, 2002, 47(6): 885-890.
[111] Kim Y J, Horie Y, Matsuzawa Y, et al. Structural features necessary to obtain a high specific capacitance in electric double layer capacitors[J]. Carbon, 2003, 42(12-13): 2423-2432.
[112] Endo M, Kim Y J, Maeda T, et al. Morphological effect on the electrochemical behavior of electric double-layer capacitors[J]. Journal of Materials Research, 2001, 16(12): 3402-3410.
[113] Mehta R, Anderson D P, Hager J W. Graphitic open-celled carbon foams: processing and characterization[J]. Carbon, 2003, 41: 2174-2176.
[114] Klett J W, McMillan A D, Gallego N C, et al. Effects of heat treatment conditions on the thermal properties of mesophase pitch-derived graphitic foams[J]. Carbon, 2004, 42: 1849-1852.
[115] Gallego N C, Klett J W. Carbon foams for thermal management[J]. Carbon, 2003, 41: 1461-1466.
[116] Klett J W, Hardy R, Romine E, et al. High-thermal-conductivity, mesophase-pitch-derived carbon foams: Effect of precursor on structure and properties[J]. Carbon, 2000, 38: 953-973.
[117] Umemoto K, Saito S, Berber S, et al. Carbon foam: Spanning the phase space between graphite and diamond[J]. Physical Review B, 2001, 64: 193409-1-3.
[118] 李玉财，魏继渊，王强. 我国针状焦生产现状及发展趋势[J]. 炭素技术，2012，31(1)：B1-B4.
[119] 张家埭. 碳材料工程基础[M]. 北京：冶金工业出版社，1992.
[120] Singer L S. The mesophase and high modulus carbon fibers from pitch[J]. Carbon, 1978, 16(6): 409-415.
[121] Hamaguchi M, Suzuki T, Nishizawa T, et al. Mesophase pitch for high-performance carbon fiber[J]. Kobelco Technology Review, 1990, 7: 39-42.
[122] Townsend H N. High-modulus, high-performance carbon fiber from pitch precursor[J]. Economic Computation and Economic Cybernetics Studies and Research, 1980, 1: 453-460.
[123] Barr J B, Chwastiak S, Didchenko R, et al. High modulus carbon fibers from pitch precursor[J]. Applied Polymer Symposia, 1975, 25: 161-173.
[124] 西安拓飞复合材料有限公司. 成功研制碳纤维复合材料飞行器机身[EB/OL]. http://www.xatfc.com/newsbrow.asp? cid=397. [2012-11-07].
[125] Wang Y G, Korai Y, Mochida I. Carbon disc of high density and strength prepared from synthetic pitch-derived mesocarbon microbeads[J]. Carbon, 1999, 37: 1049-1057.
[126] 吕永根，凌立成，刘朗，等. 由中间相炭微球制备高密度各向同性炭[J]. 炭素，1998，(4)：9-14.

[127] 卢秀荣,王成扬,范启明. MCMB超细粉末特性及其成型工艺对烧结体性能的影响[J]. 新型炭材料,2004,19(2):109-113.

[128] Honda H. Mesophase pitch and meso-carbon microbeads[J]. Molecular Crystals and Liquid Crystals,1983,94:97-108.

[129] Shen Z M,Xue R S. Preparation of activated mesocarbon microbeads with high mesopore content[J]. Fuel Processing Technology,2003,84(1-3):95-103.

[130] Ishii C,Kaneko K. Surface and physical properties of microporous carbon spheres[J]. Progress in Organic Coatings,1997,31(1-2):147-152.

[131] Liu Y C,Qiu X P,Huang Y Q,et al. Methanol electro-oxidation on mesocarbon microbead supported Pt catalysts[J]. Carbon,2002,40:2375-2380.

[132] 李宝华,吕永根,凌立成,等. 中间相炭微球用作锂离子电池阳极的充放电性能研究[J]. 新型炭材料,1999,14(4):28-33.

[133] Tokumitsu K,Fujimoto H,Mabuchi A,et al. High capacity carbon anode for Li-ion battery:A theoretical explanation[J]. Carbon,1999,37:1599-1605.

[134] 李同起,王成扬. 中间相炭微球研究进展[J]. 炭素技术,2002,(3):24-29.

[135] 许斌,陈鹏. 中间相炭微珠(MCMB)的开发、性质和应用[J]. 新型碳材料,1996,11(3):4-8.

[136] 盛英,李克键,朱晓苏. 中间相沥青的研究及利用[J]. 洁净煤技术,2008,14(6):32-35.

[137] Nozaki H,Kodama M,Esumi K,et al. Fixation of ultra-fine platinum particles on mesocarbon microbeads[J]. Tanso,1989,140:222-226.

[138] Liu Y C,Qiu X P,Huang Y Q,et al. Mesocarbon microbeads supported Pt-Ru catalysts for electrochemical oxidation of methanol[J]. Journal of Power Sources,2002,111:160-164.

[139] Fujiura R,Kojima T,Komatsu M. Mechanical properties of binderless carbon mould prepared from heat-treated mesophase pitch of controlled grain size[J]. Carbon,1995,33(8):1061-1068.

[140] Mochida I,Fujiura R,Kojima T,et al. Carbon disc of high density and strength prepared from heat-treated mesophase pitch grains[J]. Carbon,1995,33(3):265-274.

[141] Kanno K,Koike N,Korai Y,et al. Densification of carbons prepared from mesophase pitch and phenolic resin blend[J]. Carbon,1998,36(7-8):869-874.

[142] Mochida I,Ku C H,Yoon S H,et al,Anodic performance and mechanism of mesophase-pitch-derived carbons in lithium ion batteries[J]. Journal of Power Sources,1998,75(2):214-222.

第2章　碳质中间相生成理论

稠环芳烃在中温液相热解(炭化)过程中经历热分解、芳构化、缩聚等反应,生成了从液相向固相过渡的中间态液晶体——缩合稠环芳烃平面分子构成的层积体。这种层积体在表面自由能的作用下,使其取最小表面积而呈球状(有时也有棒状、蝌蚪状等)[1,2]。这种球状层积体就是初生态的中间相炭微球,其稠环芳烃层积体筑构过程,也是碳质中间相(中间相炭微球和体形中间相)生成理论的基础。

2.1　中间相炭微球

2.1.1　中间相炭微球的研究发展

最早发现中间相炭微球(mesocarbon microbeads,MCMBs)的是澳大利亚学者 Taylor。1961 年,他在研究煤焦化时发现在镜煤质中有一些光学各向异性的小球体生成、长大进而融并的现象,最终生成了镶嵌结构[3]。

中间相炭微球的球体结构当推 Brooks-Taylor 结构。1965 年,Brooks 和 Taylor[4]发现在沥青液相炭化初期有液晶状各向异性的小球体生成,此小球体不溶于喹啉等溶剂中,在反射偏光显微镜下观察呈现光学各向异性;并发现中间相小球体是由平面缩合多环芳烃分子形成的片层结构,这就是现在人们熟知的 Brooks-Taylor 结构。这一开拓性的发现为碳质中间相研究奠定了理论基础。但这时人们对中间相炭微球的认识还很不足。直到 1973 年,从液相炭化沥青中分离出中间相炭微球后[5],碳质中间相的研究才快速发展起来。

由于 Brooks-Taylor 结构类似于“地球仪结构”,人们又称其为“地球仪”结构。

1977 年,Lewis 在光学显微镜上发现了溶剂可溶中间相[6-8],1985 年,Mochida 等发表的题为“溶剂可溶中间相和溶剂不溶中间相”的文章,为进一步研究中间相炭微球提供了有力的理论指导[9]。自此以后,分离中间相炭微球的方法也开始引入其他非溶剂分离方法,如高温离心分离法或过滤法等[10-12]。

随着碳质中间相理论研究的深入,研究者发现中间相炭微球 Brooks-Taylor 结构形成过程的传统解释中存有的不合理地方,1996 年,日本学者 Mochida 等[13]提出了“微域构筑”理论,认为中间相炭微球的形成过程是先形成具有规则形状的片状分子堆积单元,然后由片状分子堆积单元构成球形微域,再由微域堆积成中间相球体的过程。2003 年,天津大学化工学院王成扬教授等在研究中针对中间相炭微球形成过程传统解释中的不足之处,提出了非均相体系成核中间相形成的“球形基本单元构筑”理论[14-16]，认为中间相形成和发展过程为三级构筑。亦即，先由小芳香分子缩聚形成大平面片层分子，再由大平面片层分子层积形成球形的中间相构筑单元，最后由这些构筑单元直接堆积形成中间相球体。为使该理论更好地适用于具有不同分子构型的其他原料，2005 年又将其修正完善为“颗粒基本单元构筑”理论[16,17]。即构成碳质中间相的基本单元不局限于球形体，可以为其他形状的颗粒。

2.1.2　中间相炭微球的制备方法

中间相炭微球制备方法较多，常用的方法主要有缩聚法、乳化法和悬浮法等。

1. 缩聚法

缩聚法包括热缩聚法和催化缩聚法。缩聚法制备中间相炭微球的工艺过程如图 2-1 所示。

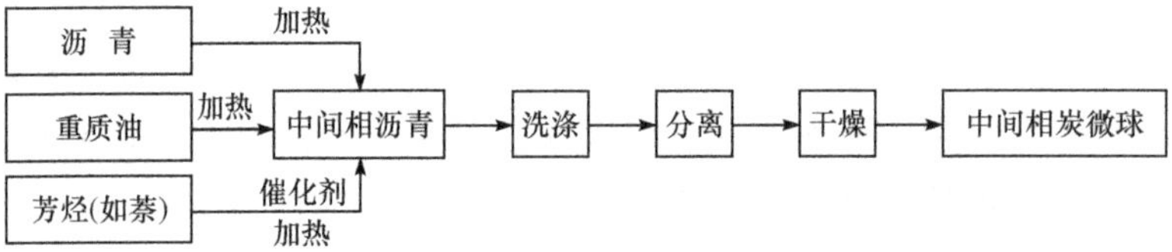

图 2-1　缩聚法制备中间相炭微球

1）热缩聚法

热缩聚法是将沥青或重质油在中温(350～550℃)下进行液相炭化，使其中的稠环芳烃分子发生热解缩聚反应生成稠环芳烃大平面分子，随着反应的进行，稠环芳烃分子平面越来越大，在母相中产生了中间相炭微球。通过分离、洗涤、干燥即可得到中间相炭微球。

2）催化缩聚法

催化缩聚法是在一定温度和压力条件下，将纯烃类(萘、环烯等)在 Lewis 酸催化剂(如 $AlCl_3$、HF/BF_3 等)作用下制备中间相炭微球的方法[18,19]。

3）缩聚法制备中间相炭微球的理论基础

热缩聚法和催化缩聚法制备中间相炭微球均开始于具有各向同性的煤焦油沥青、石油沥青或纯芳烃，由小分子发生缩聚反应生成盘状大分子进而在母相中产生中间相小球体的过程。因此，缩聚法制备中间相炭微球是以稠环芳烃的液相炭化理论为指导。

解析稠环芳烃液相炭化制备中间相炭微球的过程[1,2,13,14,16,20]：从化学角度来看，是液相反应体系(重质芳香烃类化合物或混合物)内不断进行热分解和热缩聚反应的过程；从物相学角度来看，是反应体系内各向同性液相逐渐变成各向异性的中间相小球体，而且随着中间相的各向异性程度逐渐提高，中间相小球体成长、融并、长大、解体的过程。可以认为，缩聚法制备中间相炭微球的过程是反应体系内发生化学变化和物理变化的过程，其中物理变化在中间相炭微球形成过程中起到不可忽视的作用，并且有可能起到决定性的作用。

热缩聚法和催化缩聚法制备中间相炭微球的不同之处是：在反应历程上，热缩聚是自由基聚合；而催化缩聚是离子型聚合，催化缩聚中氢质子的转移使反应中产生了较多的环烷基，可增加中间相的溶解性。

缩聚法中间相炭微球的可控制备就是通过控制多环芳烃反应体系的液相炭化反应，使生成中间相炭小球的数量、大小以及结构符合要求或达到最优化的过程。其中，原料来源、组成以及反应体系氛围（热处理温度、热处理时间、搅拌情况、系统压力、环境气氛、添加剂、外加场等）都将影响中间相炭微球形成发展。

2. 乳化法

乳化法制备中间相炭微球的流程如图 2-2 所示。

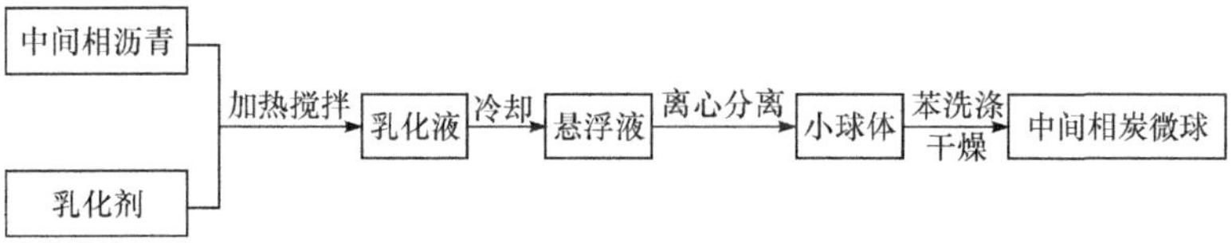

图 2-2　乳化法制备中间相炭微球流程

Kodama 等[21]采用乳化法进行了中间相炭微球的制备。他们以软化点约为 300℃的高喹啉可溶性中间相沥青为原料，粉碎过筛（200 目或 325 目）后溶于一定量的热稳定介质（乳化剂，如硅油）中，在 N_2 吹扫下用超声波搅拌分散，并在搅拌的同时加热至高于软化点的温度（300～400℃），乳化形成低黏度分散液；这时由于表面张力的作用，分散在硅油中的中间相沥青颗粒呈现球形，然后冷却以保持小球的形状。冷却到室温后，用离心分离机分离，并用苯或丙酮冲洗干净，干燥后即可得到直径为 20～30μm 的中间相炭微球，收率为所加入中间相沥青的 65%～90%。

之后，他们又分别利用催化裂化渣油、煤焦油、萘（沥青）系列中间相沥青进行乳化实验[22]，发现由催化裂化渣油、煤焦油系中间相沥青乳化形成微球的喹啉不溶物含量高于原料中间相沥青。红外光谱分析表明，在乳化过程中，乳化剂硅油的化学渗透作用可使形成微球中的片层结构产生形变和膨胀。红外与核磁碳谱分析发现，煤焦油系中间相沥青乳化所得微球具有最好的芳香性，而萘（沥青）系中间相沥青乳化获得的微球中含有最多的甲基、亚甲基、脂环基团。

1997 年，Korai 等[23]将中间相沥青在中温沥青中进行乳化制备中间相炭微球，并认为以沥青作为乳化剂可以避免异类物质的污染，简化工艺，省去对乳化剂硅油等的洗涤和分离步骤。

显然，乳化法制备中间相炭微球的主要影响因素为：原料中间相沥青的性质（如软化点、相对分子量质量分布、乳化剂中的溶解度等）、乳化剂的性质（黏度、界面张力等）、乳化温度、乳化时间等。

3．悬浮法

悬浮法（或称 Yoon 法）制备中间相炭微球的流程如图 2-3 所示。

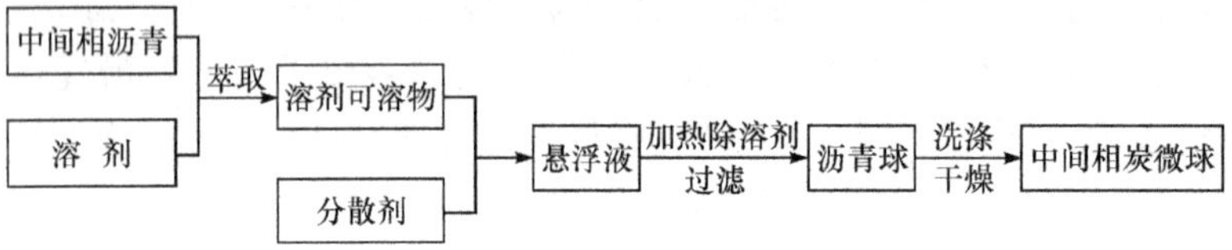

图 2-3　悬浮法（Yoon 法）制备中间相炭微球流程

Yoon 等[24]以催化裂化渣油所制石油基中间相沥青和煤焦油沥青所制各向同性沥青为原料，首先分别用四氢呋喃和喹啉做溶剂进行抽提，得到四氢呋喃可溶组分和喹啉可溶组分。将四氢呋喃可溶组分溶解在四氢呋喃中，向其中加入聚乙烯醇（分散剂）水溶液，以 1500r/min 的速度搅拌 30min，然后加热至 85℃除去水中的四氢呋喃，接着将悬浮的沥青球用 G4 玻璃砂漏斗过滤，再用甲醇冲洗并干燥，即可获得中间相炭微球。同样，将喹啉可溶组分溶于喹啉中，用蒸馏水、甲醇或水-甲醇混合物作分散剂，这些分散剂中均含有质量分数 0.5%的三硝基甲苯，搅拌 30min 后，进行过滤、洗涤、干燥，也可获得中间相炭微球。或直接将原料（不进行溶剂萃取）在 300℃左右及高压下（3MPa）下悬浮于质量分数 1%的甘油中，搅拌 30min，将球过滤，而后进行氧化、炭化，也可获得中间相炭微球。

韩国学者 Park 等[25]将商品沥青在真空下炭化，通过冷却使其溶解能力下降产生沉淀，由此在沥青中引入许多形成小球体的核，再向沥青中添加不良溶剂使小球体数目增加，进一步促进其沉降。

几乎与此同时，日本学者 Yamada 等[10]使用带有沉降区的新装置，利用中间相和各向同性相的密度差异，通过控制温度，使形成的中间相炭微球脱离反应区，在沉降区富集，而使微球的收率提高，融并减少，微球的大小分布更为均匀。

比较三种中间相炭微球的制备方法，热缩聚法制备中间相炭微球工艺包含两个主要步骤：中温液相炭化稠环芳烃化合物（或混合物）生成中间相小球体（这些小球体富含于缩聚产物的母液中），而后利用适当的方法将中间相小球体从母液中分离出来。乳化法制备中间相炭微球，首先通过中温液相炭化稠环芳烃化合物得到体形中间相沥青，然后把体形中间相沥青乳化成中间相小球体。悬浮法实质上是乳化法的改进。

相比之下，热缩聚法工艺简单，成本较低而被普遍使用。

2.1.3 影响中间相炭微球形成的因素

中间相炭微球的制备方法主要采用热缩聚法，即以稠环芳烃为原料通过中温液相炭化形成中间相炭微球。在热缩聚法制备中间相炭微球的过程中，影响中间相炭微球的形成和发展的因素主要有：原料的类型和族组成、热缩聚温度、热缩聚时间、体系压力、环境气氛、外加场、添加剂等。

1. 原料

制备中间相炭微球的原料主要为具有一定芳香度的稠环芳香烃混合物，如煤焦油沥青、石油系沥青和萘系沥青等。煤焦油沥青以稠环芳烃为主，碳的质量分数大于 90%[26]，脂肪族侧链较少且短，化学活性较差；石油系沥青，稠环芳烃的芳香度比煤焦油沥青低，碳的质量分数只有 83%～87%[27]，脂肪族侧链较长且多，化学活性较高；萘系沥青包括萘和甲基萘等利用超强酸(HF/BF_3)催化获得的沥青，相对分子质量分布窄、纯度高、不含或含有较少的杂原子和固体颗粒等，是制备中间相炭微球的优质原料[18,28,29]。

采用两种或多种沥青(或重质油)混合共炭化也可以制备中间相炭微球。例如，煤焦油沥青和石油系乙烯焦油混合制备中间相炭微球[30,31]，石油沥青和煤沥青混合制备中间相炭微球[32]等。采用混合共炭化的目的在于相互弥补两种不同芳烃混合物的缺点，如把石油系重质油加入煤系沥青中可以在增加体系反应性的同时降低体系的黏度。但由于两种不同体系重质芳香烃类物质在组成和性质上存在着较多的差异，它们之间的混合势必会造成组分在一定程度上相互排斥，当这种排斥作用较大时就会产生分相而不利于中间相的形成。因此，共炭化制备中间相炭微球的研究还需进一步深入。

原料沥青中的喹啉不溶物(QI)在中间相形成和发展过程中起着降低生成活化能的作用[33]，其含量多少在很大程度上决定着中间相发展的形态[34]。

如图 2-4 所示，不含 QI 的原料沥青(均相成核)制备的中间相炭微球尺寸分布宽，球体表面光滑，且其结构基本上为标准的 Brooks-Taylor 结构[35,36][图 2-4(a)]，这种结构的中间相炭微球进一步发展可以获得广域型体中间相[图 2-4(b)]，而具有广域型结构的体中间相往往是制备中间相沥青基炭纤维和针状焦的优质原料。而以含有较多 QI 的原料沥青(非均相成核)制备的中间相炭微球的尺寸比较均匀[图 2-4(c)]，球体表面被一层球状微粒所覆盖，且其结构往往是复杂的非定义结构[15,36-38]，这种结构的中间相继续发展往往不能形成广域型，甚至不能形成流线型的体中间相(与 QI 的具体含量有关)，而只能形成马赛克型结构的体中间相[39,40][图 2-4(d)]。由此，一些学者认为原料中的 QI 物质对碳质中间相的发展具有阻

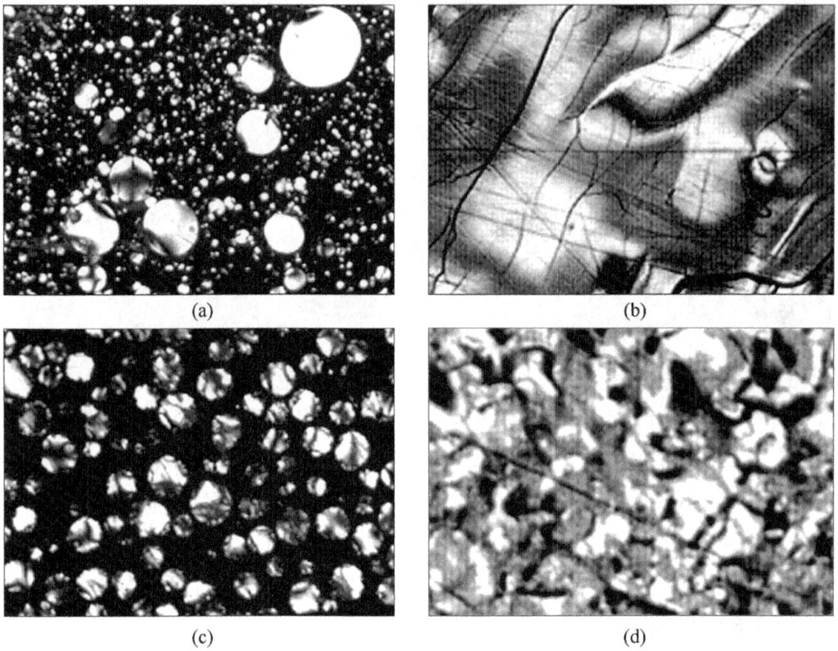

图 2-4 均相成核(a,b)和非均相成核(c,d)碳质中间相的形态[17]
(a,c)中间相炭微球;(b,d)体形碳质中间相

碍作用[40,41]。但沥青中 QI 的存在易于诱导中间相形成初期微球的均匀化这一点已得到公认,因此可以把含有 QI 的沥青作为制备中间相炭微球的优良原料。

煤焦油沥青、石油沥青、萘系沥青中 QI 含量排序大致为:煤焦油沥青>石油沥青>萘系沥青。当然,也可根据特殊需要获得比较纯净的煤焦油沥青或石油沥青。另外,原料的加入方式也会对中间相的形成产生一定的影响[42]。

2. 热缩聚温度/时间

温度是热缩聚反应的首要影响因素。亦即,在采用热缩聚法制备中间相炭微球的过程中,热缩聚温度对中间相炭微球形成的影响最大。依据稠环芳烃液相炭化理论,制备中间相炭微球的温度通常为 350～450℃,而反应时间则可以从几分钟到几十小时。具体的热缩聚温度和反应时间由原料的反应性、目标中间相产品及反应过程中轻组分的逸出速度等确定。

稠环芳烃在热缩聚过程中,反应温度低,形成中间相晶核的时间长,生成中间相炭微球的速度慢、所需的时间长,球形度较好;随反应温度的升高,中间相炭微球的收率增加,但球体融并的概率增大。过低的反应温度对形成中间相炭微球不利,有可能只生成相对分子质量较高的沥青而没有中间相炭微球;但如果时间足够长,也能得到中间相炭微球[43]。尽管高温短时间和低温长时间都可以获得一定尺寸的中间相炭微球，但研究表明这两种条件下获得的中间相结构存在差异[44]。

White 和 Price[45]在研究不同原料在不同温度下形成的中间相特征时发现，在高于 430℃的条件下，获得的中间相易于变形，可以作为生产针状焦的原料；而在低于 430℃的条件下，获得的中间相为杂乱的马赛克结构，且其变形能力较差。

升温速度对中间相炭微球的生成也有一定的影响。如升温速度过快，可造成生成的小分子物质难以脱离反应体系，形成的大稠环芳烃分子的构象来不及调整，导致微球内部形成较大的残余应力，进而使所得到的中间相炭微球在炭化或石墨化时易形成裂缝，影响了其在高密材料和其他领域的应用。

同样，冷却速度也影响中间相炭微球的形成过程。Moriyama 等[46]以煤焦油沥青为原料研究了冷却速度的影响，发现随着冷却速率的增加，球径显著变小，而球的数量却增多；反之，随着冷却速率的降低，形成的中间相球体的尺寸变大。需要指出的是，他们认为中间相球体在冷却过程中生成这一观点值得商榷。因为，碳质中间相往往需经过一个诱导期才能够形成[47]，而诱导期的长短则是根据原料和热缩聚条件的不同而发生变化。降低冷却速率，其实质就相当于延长了沥青在高温段的停留时间。所以，Moriyama 等对冷却速率的研究结果应归因于停留时间的延长，而不是冷却速度本身。

显然，在热缩聚法制备中间相炭微球的过程中，选择制定适宜的升温/冷却速度很有必要。

3. 体系压力

由勒沙特列原理可知，在有气体参加或生成的可逆反应中，增大体系压力时，平衡向体积缩小的方向移动。即在一般的可逆反应过程中，压力对反应的影响主要是化学平衡的要求。在热缩聚法制备中间相炭微球的过程中，由于原料为复杂的芳香烃类混合物，在制备条件下体系内会发生多种物理变化和化学反应，包括轻组分的逸出、大芳香烃平面分子的形成以及取向与排列、脱氢、分子间断键、热缩聚[48-51]等。同时，由于反应过程中碳质中间相分子逐渐长大，且和各向同性母体相混合在一起，所以无法根据具体的化学反应选择反应压力。加之研究者在制备碳质中间相过程中施加或减小压力，其直接目的往往不是控制生成碳质中间相的化学反应，而是通过压力的变化抑制或促进轻组分的挥发，通过改变反应体系内的轻组分含量来调整体系的黏度，进而控制构筑单元的生成和碳质中间相的进一步形成和发展。

碳质中间相制备过程中，体系压力的产生主要通过两种方式：一种是把反应体系封闭，靠原料中的轻组分和热裂解逸出的小分子物质的气化实现，这种产生压力的方式往往不能恒压,而是压力不断地增大,即为自升压过程;另一种是向反应体系通入一定压力的惰性气体,这种加压方式可以实现恒压操作。研究表明,不管采用哪种加压方式,原料中的小分子或热裂解逸出的轻组分均可在压力作用下溶解于液相中,减小体系的黏度,使中间相炭微球更易于长大,且生成的中间相球体易于融并形成体状中间相。显然,加压体系对中间相炭微球的结构调整具有一定的好处。而减压体系的产生通常靠抽真空实现,在减压体系中,往往会因轻组分从反应体系过分逸出,以使体系黏度增大,而不利于中间相炭微球结构的发育。

Santamaría-Ramírez 等[44]利用石油渣油为原料,在高纯氮气加压下研究碳质中间相形成时发现:中间相球体的大小不超过某一尺寸便形成了体中间相,即中间相球体的融并速度高于球体的生长速度;而在减压体系中,由于轻组分的快速逸出,反应体系的黏度迅速增加,导致中间相的流动性降低,使球体有更多的机会长大,却阻止了球体间的相互融并,形成的体中间相往往为马赛克型结构[52]。Santamaría-Ramírez 等[44]又研究了中间相生成过程中采用先加压后减压的方式,结果也发现减压利于中间相球体的长大。

不同轻组分含量的原料在加压或减压体系中形成碳质中间相规律不同。对于轻组分含量特别高的原料,加压限制了其轻组分的逸出,往往会因中间相构筑单元的浓度不能在短时间内达到足以形成光学可见的程度,而使中间相形成的诱导期增长,导致形成融并中间相所需的反应时间增加。而对于轻组分含量特别少的原料,减压则会造成其含有的少量轻组分过早逸出,使得大分子之间快速交联而形不成中间相。因此,对于含有较多轻组分的原料,适当减压以除去一部分小分子物质;而对于含有较少轻组分的原料,适当加压以降低轻组分的逸出速度来保持体系的适宜黏度,这对快速制备优质碳质中间相有一定的益处。

4. 环境气氛

在封闭体系中,采用热缩聚法制备中间相炭微球时,反应气氛往往是加热过程中原料自身逸出的小分子或热裂解逸出的轻组分。由于这些气相物质对生成碳质中间相的反应几乎无关,所以它们一直保留在气相中,并且随着反应的深入,这些物质越聚越多,就会造成体系压力的升高,即自升压过程。但这些气相物质在终止反应体系冷却后,开启反应釜取出碳质中间相之前被放空了。

在敞开体系中,热缩聚法制备中间相炭微球时,为了防止空气对芳烃物质的氧化,通常向体系中不断通入一定量的惰性气体,如高纯氮气或氩气。研究发现,这些惰性气体的存在对碳质中间相的形成和发展有一定的影响,如 Rahimi 等[53]发现,在氮气氛围中碳质中间相的形成较晚,且形成的中间相球体较小;García 等[54]发现,在氩气加压体系中,形成的球形中间相有较早聚集和融并的特征。

与氮气氛围相比，在氢气氛围中碳质中间相的形成较快，且易形成广域型体中间相[53]。这是因为氢气的存在会造成大芳香环状分子发生加氢反应，使得一些苯环变为脂环，甚至开环形成支链，从而降低了体系的黏度、增加了体系的流动性所致。

5. 外加场

碳质中间相是一种向列型液晶物质，在形成和发展过程中具有一定的流动和变形能力。加之碳质中间相形成初期的球晶具有抗磁性和磁学各向异性，因此在外加场（如力场、磁场、电场等）的作用下中间相炭微球的形成和生长方式无疑会受到一定的影响。

1）力场

力场的存在会对中间相构筑单元在中间相球核和小球体上的堆积方式产生影响。在制备碳质中间相过程中外加力场的产生主要有两种方式，一种为机械搅拌，另一种为气流鼓吹。其目的均为保持中间相形成过程中反应体系传热、传质的均匀性，使生成的中间相结构比较均匀，同时抑制中间相形成初期球体的过早融并，并促进中间相发展后期体中间相的形成。

Collett 等[55]研究了低剪切速率条件下中间相的特性，发现剪切变形作用使生成的中间相球体为椭球形。他们认为，中间相形成过程中固状中间相颗粒缓慢聚集形成弱连接体，而这些弱连接结构在低剪切速率下较易发生断裂，从而造成中间相球体的变形。但剪切速率影响中间相形成和发展的系统研究较少，仍需开展进一步的工作。

搅拌速度也会影响中间相炭微球的形成过程[56]。搅拌速度过慢，形成的中间相炭微球由于重力作用而下沉，易造成球体之间的粘连和融并；而搅拌速度太快，又会使反应体系中物料流动加剧，在一定程度上抑制了中间相炭微球生长，同时由于形成的中间相炭微球的密度较大，机械桨搅拌的离心作用往往会使其向容器四壁聚集。

气流鼓吹通常为氮气鼓泡，该方法不仅有搅拌作用还有一定的抽提作用。气流鼓吹可加速原料中小分子的快速逸出，使中间相构筑单元有更多的机会接触，因而可缩短中间相形成的时间。

相比之下，快速无序的机械搅动往往会对液相反应体系产生不定向扰动，以使形成的中间相构筑单元之间长时间接触和有序堆积的几率大大降低，从而会在一定程度上抑制中间相大球体的形成，并使形成的球体内部结构混乱；同时机械桨搅拌的离心作用往往会将密度较大的中间相炭微球甩向容器四壁聚集。而有序搅拌的定向气流鼓吹不仅可以加快体系中小分子的逸出，使得有序体中间相快速生成；同时定向气流鼓吹还有益于大芳香分子产生均一的取向，进而使生成的中间相构筑单元内部分子片层具有近似相同的排列取向；这对促进构筑单元在堆积到球核或小球体之后快速和球核或先堆积到球体上的构筑单元发生分子间键合，进而形成大中间相球体有利，也为进一步形成具有流线型的体中间相创造了条件。

2）磁场

碳质中间相具有抗磁性和磁学各向异性，在磁场作用下，尤其是当磁场和中间相体系作相对转动时，其分子可以发生定向排列而平行于磁场方向[57,58]。

当碳质中间相处于球形中间相阶段时，外加磁场可以使这些球体内部分子片层均一取向，从而为光学显微镜研究其结构提供了一个有效的辅助方法：在光学显微镜下可以一次研究较多的中间相球体的结构，从而统计出中间相球体的典型结构。例如，Kovac 和 Lewis[58]借助磁场对中间相分子的取向作用研究了萘和蒽在催化剂 $AlCl_3$ 存在下生成中间相球体的特征，认为 10kG 磁场下获得的中间相球体结构为"洋葱"型。另外，Honda 等也利用磁场研究了喹啉可溶沥青中加入炭黑后生成中间相的特征，也认为形成的球形中间相为"洋葱"型[59]。

当外加磁场的强度较大时，磁场还可以改变中间相形成的结构。例如，Honda 等研究喹啉可溶沥青中加入炭黑制备中间相时发现，生成的"洋葱"型中间相在磁场强度大于 3kG 时转变成了更稳定的"地球仪"型结构[60]。可以推测，中间相构筑单元也具有抗磁性，磁场对中间相形成和发展的取向作用可能主要源于对其构筑单元的取向和排列堆积作用。

3）电场

Miyake 等[61]研究了熔融中间相沥青在直流电场中的行为，发现中间相球体迁移到了阴极一侧，并且发生融并形成了广域型中间相。他们根据阴极侧融并中间相的干涉色进行判断后认为直流电场的存在使得广域型中间相中的分子沿电场方向排列；而即使是很小的交流电场，也不能使中间相分子取向。这表明高频交流电场下中间相球体甚至其构筑单元可能充当了发射电子的角色，而使得构筑单元和形成的中间相球体不具有一致的取向。

6. 添加剂

在研究碳质中间相的形成机理或具体应用的过程中，研究者经常向反应体系中添加一些外来物质，以期增加中间相的生成速率和收率、改变中间相炭材料的结构或改善碳质中间相产品的力学、电化学等性能。

根据对反应体系作用机理的不同，添加剂大致分为两类：物理添加剂和化学添加剂。其中，物理添加剂主要指那些靠其外观形貌——几何形状和尺寸大小对碳质中间相的形成和发展产生影响的外加物质。在中间相形成过程中，物理添加剂分子不与芳香烃类分子发生化学作用，或即使发生了化学作用也不能对中间相的形成产生主要影响；而化学添加剂是指那些主要靠添加剂的化学性质来影响中间相形成和发展的物质。在中间相形成过程中，化学添加剂分子与芳香烃分子发生化学反应，起着加速或抑制中间相分子的形成和生长的作用，进而影响中间相的形成和发展。因此，化学添加剂在参与中间相形成的过程中往往不能保持其固有的几何外形，而是在分子尺度上与原料混合或反应。

1）物理添加剂

物理添加剂按照其颗粒的形状可以分为片状（如石墨、云母等）、球状（如炭黑、中间相炭微球等）、无规则形状（如氧化铝颗粒、黏土等）添加剂；根据颗粒的大小还可以分为微米级颗粒（如鳞片石墨、中间相炭微球、石油焦等）和纳米级颗粒（如炭黑、纳米无机物等）。

在热缩聚法制备中间相炭微球的过程中，物理添加剂的存在往往会诱导球形中间相炭微球尺寸的均匀化，并在一定程度上延缓中间相炭微球的生长[62]。片状物理添加剂，如鳞片石墨，可诱导碳质中间相在添加剂表面生长的择优取向[4,37]。不同尺寸的添加剂还会对碳质中间相的成核方式产生影响，甚至改变球形中间相的最终结构[63]。另外，在物理添加剂与中间相分子产生作用的过程中，其比表面积大小也是决定它们之间作用力大小的一个重要因素[64]。

尽管物理添加剂是靠颗粒自身的形状、尺寸影响碳质中间相的形成和发展，但是添加剂颗粒的表面性质和颗粒与碳质中间相分子的作用形式势必会对中间相的形成和发展产生重要影响，而添加剂的这些性质与其本身材料的性质密切相关。

按照物理添加剂材料的性质可以将其归为两类：一类为碳质添加剂（如石墨、中间相炭微球等）；另一类为非碳质添加剂（如纳米二氧化硅、纳米碳酸钙、高岭土等）。

美国 Brown 大学的 Hurt 课题组[55,65,66]研究了不同固体材料表面形成碳质中间相分子的取向状态。他们发现碳质中间相分子在不同固体材料表面有两种“固定”状态：一种为边接触形式，另一种为面接触形式，如图 2-5 所示。

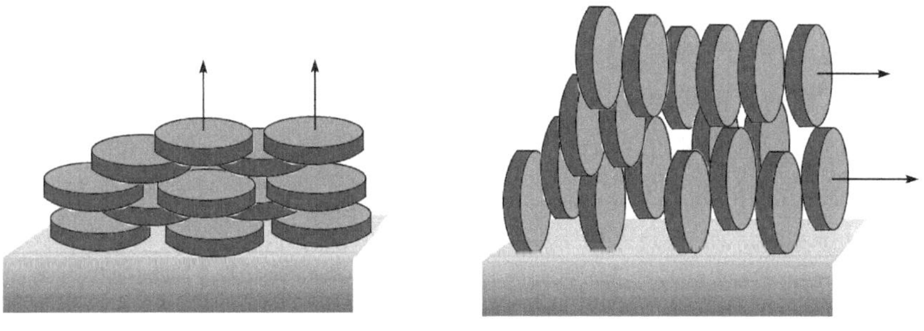

(a) 面接触式　　(b) 边接触式

图 2-5　碳质中间相分子在固体表面上的两种“固定”形式

在氧化铝、硅酸盐玻璃、磨面硼化玻璃、碘锡氧化物、聚四氟乙烯、石英、刚玉以及一些金属(如锌、铁、钴、铜、铝等)固体材料表面碳质中间相分子以边接触的形式进行“固定”;而在石墨、玻璃炭、云母和金属镍、银、铂等少数材料表面碳质中间相分子的“固定”形式则为面接触。他们认为接触界面的几何不匹配性抑制了色散力的作用,使大盘状芳香分子在多种固体材料表面表现出很弱的非共价键力,进而导致其与较多固体材料表面作用时呈现出边接触形式。Hurt 等的研究结果为探讨物理添加剂对碳质中间相形成和发展的影响具有积极的指导意义。

在一定程度上,不同材质、不同尺寸、不同表面性质的物理添加剂都会对中间相炭微球的成核、长大和后续的融并发展形成体中间相产生影响。从碳质中间相的形成过程[14]可以推断,影响碳质中间相成核的物理添加剂尺寸需与中间相球体核物质的尺寸相差不大,对于太大尺寸的物理添加剂颗粒,其存在只会充当“墙壁”的阻碍作用,就像大尺寸鳞片石墨那样[37];而对于太小的物理添加剂颗粒,其存在可能不会对球核和构筑的形成(中间相分子的层积)以及后续的堆积产生太大影响。

物理添加剂的材质及其表面性质是决定它们和碳质中间相分子、球核与构筑单元之间接触概率(时间和次数)大小及具体排列形式的关键因素,也是决定其对中间相演变产生影响大小的关键因素。物理添加剂在影响中间相形成和发展的过程中一般不发生变化,因此添加剂的形状、大小和添加量将是导致碳质中间相最终形成结构的重要影响因素。

2) 化学添加剂

化学添加剂主要用于提高中间相炭微球形成和生长的速度,或制备含有特定元素(如硼)的碳质中间相。常用的化学添加剂有:$AlCl_3$、HF/BF_3 两类重要的添加剂(催化剂),含硼化合物,铁、钴、镍系添加剂(催化剂)以及其他化学添加剂。

$AlCl_3$ 和 HF/BF_3 添加剂(催化剂):在研究可纺碳质中间相的过程中,Mochida 等[67]以萘和乙烯焦油为原料、$AlCl_3$ 为催化剂,获得了具有低软化点和高溶解性的中间相沥青。但由于在酸洗去除 $AlCl_3$ 的过程中产生了氢氧化物而很难被彻底除去,使得中间相沥青的纯度降低,进而影响了其纺丝性能。为此,Mochida 等[18]改用 HF/BF_3 催化剂,制得了具有纯度高、软化点低、流动性好的中间相沥青,该中间相沥青是制备中间相沥青基炭纤维的优质原料。但由于这类催化剂涉及腐蚀性极强的 HF/BF_3,加之 HF 和 BF_3 的低沸点而不得不在反应过程中加压,使得这种催化剂的应用受到了一定限制。这两类添加剂(催化剂)的共同特点就是能够催化较小相对分子质量的芳香分子,使它们发生热缩聚反应,并长大形成中间相分子。显然,$AlCl_3$ 和 HF/BF_3 添加剂对中间相的成核和球体长大均起到了重要的作用。

含硼化合物:由于硼原子与碳原子的半径相近,硼原子能够以取代形式进入碳结构中;加之硼的缺电子特性,还可使硼掺杂炭材料具有较好的导电特性[68]。另外,碳结构中硼的存在不仅能在其石墨化过程中促进结晶化,而且能够保护炭材料在高温时不被氧化[69]。碳质中间相是制备优质炭材料的前驱体,硼的这些性质无疑会促进研究者开展硼化物掺杂中间相形成的研究。Hüttinger 等[70]以乙烯焦油为原料、吡啶硼烷为催化剂(添加剂)制备了含硼中间相,并考察了不同含量吡啶硼烷存在时中间相的生成特性。他们认为少量硼烷的存在加速了中间相的形成,而当硼的含量较多时却不能形成各向异性结构。刘朗等研究了吡啶硼烷存在下煤焦油沥青中形成中间相的特性[71],结果表明,随着硼添加量的增加,形成的中间相炭微球的球径减小,但收率提高。Kim 和 Lim[72]研究了吡啶硼烷混合物对澄清油中形成中间相的特征,发现吡啶硼烷阻碍了中间相炭微球的生长和融并,却提高了生成中间相的结晶度。含硼化合物对中间相形成和发展的影响体现在它们能够以分子交联的形式提高芳香分子的反应性,进而促进中间相的发展。正是由于含硼化合物存在可以促进中间相的快速发展,致使形成的体中间相往往为马赛克型[73]。

铁、钴、镍系添加剂(催化剂):Furdin 等研究了 $FeCl_3$ 存在下煤焦油沥青的热解特性,发现这种路易斯酸可加速中间相炭微球的形成和生长,形成的中间相沥青焦活化后可以制成具有特定性能的活性炭[74,75]。Hüttinger 等[76]研究了二茂铁存在下石油沥青中形成中间相的过程,发现二茂铁对中间相炭微球的形成和生长均具有较大的催化活性,并有阻碍中间相球体融并的作用,可获得球径均匀的中间相炭微球。尚尔超等[77]对铁、钴、镍的卤化物添加剂(催化剂)进行了研究,发现这些添加剂(催化剂)均可以加速中间相球体的形成和生长,提高中间相炭微球的收率。

其他化学添加剂:García 等[78]研究了煤焦油沥青中添加甲醛时中间相的形成,发现甲醛易于和沥青中的含酚化合物反应,加速 β 树脂的形成,从而促进中间相炭微球的快速形成和发展;还发现甲醛在促进沥青的热反应性会导致体系黏度增大,致使甲醛的存在一定程度上降低了体中间相的形成。

著者研究团队[35,79]研究了硫、酚醛树脂等化学添加剂对碳质中间相形成和发展的影响,认为硫在中间相形成和长大过程中起到了交联剂的作用,加速了中间相炭微球的生长。在相同的热缩聚条件下,随着硫添加量的增大,中间相炭微球的尺寸增大;当硫的含量较多时,不生成中间相炭微球,可直接获得具有较好流线型的体中间相[79]。酚醛树脂的存在也可使中间相加速生长,但形成的中间相球体的内部结构复杂,往往为多球的复合结构[35]。

从化学添加剂的作用机理来看,各种化学添加物质都是通过在热缩聚过程中与大芳香分子的化学结合作用影响中间相分子的形成和发展,进而影响中间相炭微球的形成和发展的。因此,化学添加剂的化学活性及其与原料沥青的反应性在很大程度上决定着它们对中间相炭微球形成和发展的影响程度。可以推断，当添加剂的活性较高时，原料中的芳香分子被快速地催化长大。一方面，可造成形成的大片层芳香分子来不及层积形成中间相球核或构筑单元就继续长大成为体中间相，如硫的添加量较多时中间相的形成过程[79]；另一方面，芳香分子的快速生长不利于其二维长大，可使芳香分子发生立体交联，形成各向同性的焦，而不是形成各向异性的中间相，如含硼化合物较多时就会出现这种情况[70]。化学添加剂不仅影响碳质中间相形成和发展，还可改变碳质中间相的形成过程，即可以不经过成核、球体形成、长大和融并过程而直接形成体中间相。

分析影响中间相炭微球形成和发展的诸多因素，显然原料是首要因素，因为原料的种类及其族组成在很大程度上决定着热缩聚条件，如热缩聚温度、反应时间、体系压力、环境气氛、外加场和添加剂等。就热缩聚条件而言，热缩聚温度和反应时间则是生成中间相炭微球结构和形态的关键因素。添加剂的存在可以在很大程度上影响碳质中间相炭微球的形成和发展，但由于添加剂的存在会在一定程度上“污染”形成的中间相炭微球，所以在制备特定的中间相炭微球时应根据要求确定是否采用添加剂。外加力场(机械搅拌、气流鼓吹)对中间相炭微球形成过程和最终结构能产生重要影响，且在制备大量的中间相炭微球时容易实现；与磁场和电场的作用相比，在制备中间相炭微球过程中使用力场也易于为人们接受。虽然热缩聚过程中体系的压力、气氛的不同会在一定程度上改变中间相炭微球的形成和生长速度，但它们的影响程度相对较小。

总而言之，利用热聚法制备特定结构的中间相炭微球时，应首先选择合适的原料，然后依据原料的特性和目标中间相炭微球的结构性质要求制定合理的热缩聚条件，并选择适宜的添加剂。

2.1.4 中间相炭微球结构的表征方法

研究中间相炭微球结构的主要手段有：反射偏光显微镜(OM)技术、透射电子显微镜(TEM)技术、扫描电子显微镜(SEM)技术、X射线电子衍射(XRD)分析、拉曼(Raman)光谱分析等。

1. 反射偏光显微镜技术

中间相炭微球是由重质芳香烃类化合物或混合物经中温液相炭化制备的一类液晶物质，这种液晶物质在反射正交偏振光下可以呈现出明暗的消光纹。基于含有中间相炭微球的中间相沥青固化以后，中间相炭微球的消光特性依然保留，因此可以根据中间相炭微球在偏振光下消光纹的类型和随反射偏光显微镜载物台旋转时消光纹的变化判断中间相炭微球的结构。

图 2-6 为 Brooks-Taylor 型中间相炭微球在正交反射偏光下呈现的消光纹。

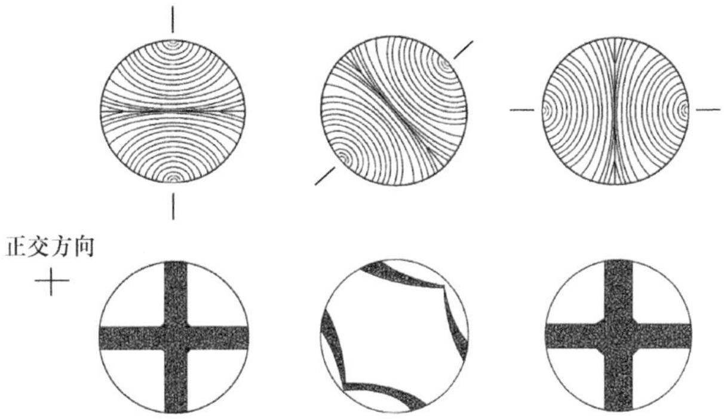

图 2-6　Brooks-Taylor 型中间相炭微球的消光纹[57]

当 OM 载物台旋转不同角度时，具有 Brooks-Taylor 结构的不同断面中间相炭微球的消光纹随载物台旋转时的变化如图 2-7 所示[80]。

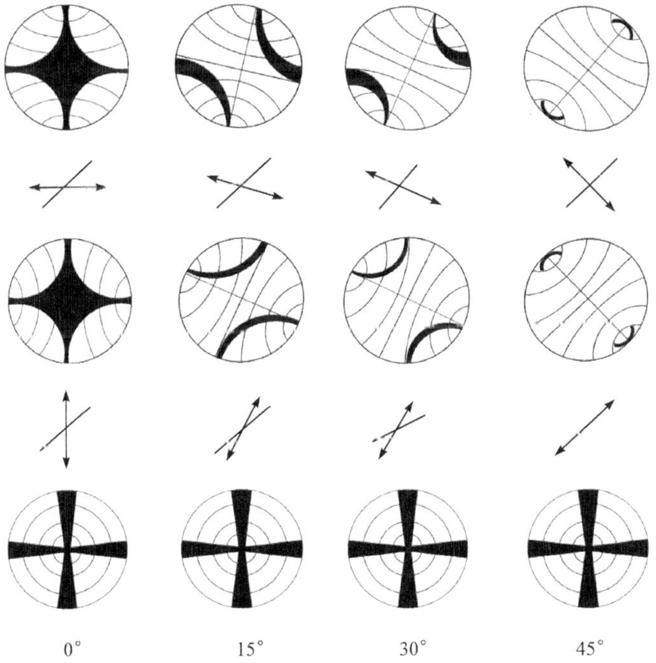

图 2-7　Brooks-Taylor 型中间相炭微球的消光纹随载物台旋转时的变化[80]

不同结构的中间相炭微球具有不同的消光纹，如同心圆结构的中间相炭微球（图 2-8），由于其结构的对称性，消光纹花样并不随 OM 物台旋转角度变化。

如果在正交偏振光镜的光路中加入光敏板，则可使中间相炭微球的不同区域

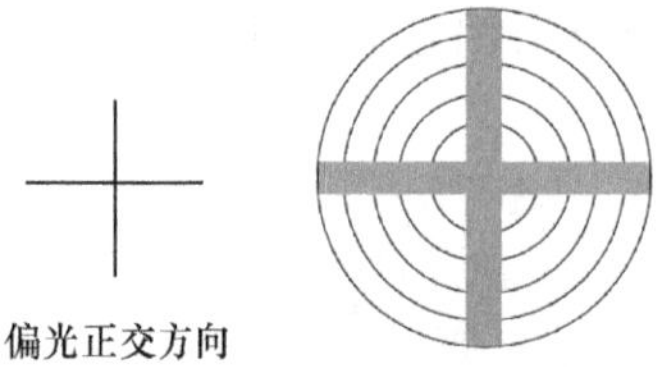

图 2-8　同心圆结构的中间相炭微球的消光纹

在偏振光下呈现不同的颜色(一般为黄、蓝、红三种颜色),这些颜色是中间相炭微球内部结构的反应,根据这些颜色和这些颜色随 OM 载物台旋转时的变化可以判断中间相炭微球的结构[3,43,60,80]。图 2-9 给出了具有 Brooks-Taylor 结构(“地球仪”结构)和 Honda 结构(“洋葱”结构)的中间相炭微球在偏振光下随载物台旋转时的消光纹和多色性变化示意图。

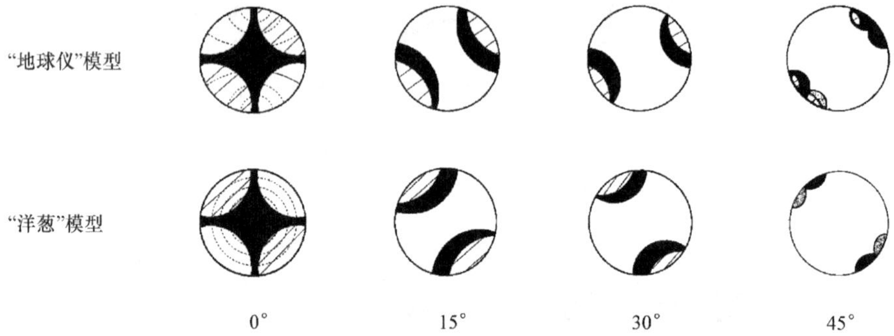

图 2-9　中间相炭微球的消光纹和多色性随载物台旋转的变化[59]

○代表黄色;◎代表蓝色;●代表红色;●代表黑色

光学显微技术是最早应用于中间相炭微球分析的手段之一,是用于判断碳质中间相生成与否、含量多少及中间相类型的主要手段。尽管光学显微技术在分析中间相炭微球的结构方面有一定的应用价值,但这种分析手段在应用过程中比较复杂,且对分析人员的要求也较高。同时,光学显微技术不能用于分析中间相沥青内中间相炭微球的大小和大小分布[81]。

2. 透射电子显微镜技术

透射电子显微镜主要用于材料微观结构的分析,可以成明场像、暗场像和晶格像[82,83]。当使用高分辨电镜成晶格像时,可以把材料的纳米级结构表现出来。图 2-10为乙炔黑 TEM 的晶格像[84]。显然,透射电子显微镜可以更直接地反映材料的结构。

当把 TEM 分析技术应用于碳质中间相的结构分析时,由于碳质中间相材料的尺寸一般都在微米级以上,首先需要对分析试样进行超薄切片处理,制取厚度约几十纳米的超薄切片。Brooks 和 Taylor[4] 利用 TEM 的电子衍射成像功能分析了中间相炭微球不同位置切片的结构,得出了中间相炭微球具有类地球仪的结构,如图 2-11 所示。后来，Auguie 等[85]也采用 TEM 对中间相炭微球的结构系统地进行研究，研究结果佐证了中间相炭微球“地球仪”结构的存在。

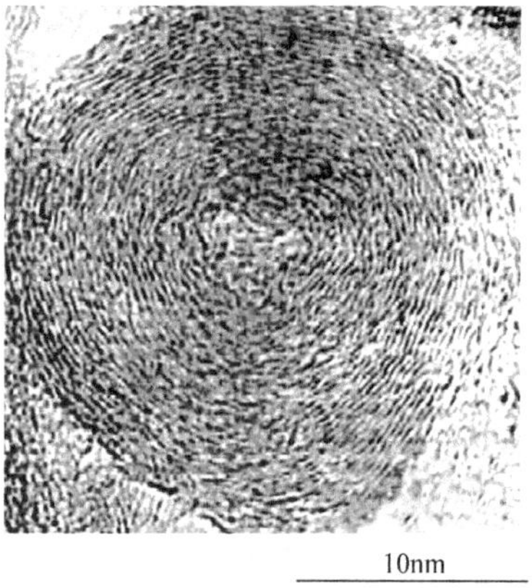

图 2-10　乙炔黑 TEM 的晶格像[84]

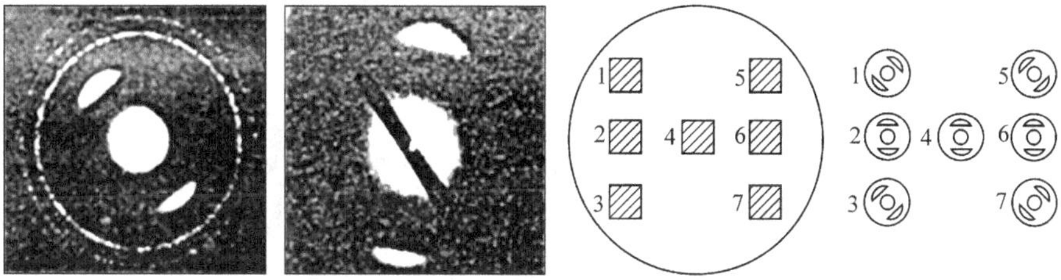

(a) 分子片层平行于光束　(b) 分子片层倾斜于光束　(c) 中间相炭微球不同部位的超薄切片的电子衍射示意图

图 2-11　TEM 的电子衍射图分析中间相炭微球的结构[4]

3. 扫描电子显微镜技术

中间相炭微球的结构通常采用反射偏光显微镜或透射电子显微镜分析，但由于分析过程复杂往往使得结构难以分析判断。

为了能够借助扫描电子显微镜观察中间相炭微球的表面及断面，著者研究团队研究并开发出了用于扫描电子显微镜观察的独特制样技术[15,36-38]。即在使用扫描电子显微镜观察中间相炭微球表面之前，把粉末样(用于中间相炭微球形貌分析)浸泡在乙醇中，并利用超声波进行分散后涂于载玻片上，然后在真空下镀金。在观察中间相炭微球以及炭材料内部结构时，先对样品进行压片和炭化，然后用手术刀进行切削，获得颗粒的断面[38]。在分析前，这种刀削处理的样品也需进行真空镀金处理。利用该方法可以直观地表现具有微米尺寸的中间相炭微球的内部结构。图 2-12 为具有 Brook-Taylor 结构中间相炭微球的 SEM 照片。图 2-13 为中间相炭微球形貌的 SEM 照片。

图 2-12　Brooks-Taylor 结构中间相炭微球的 SEM 照片[86]

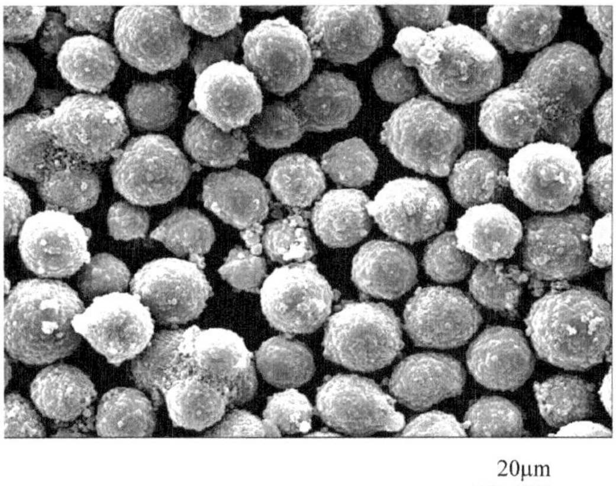

图 2-13　中间相炭微球形貌的 SEM 照片[17]

4. X 射线电子衍射分析

X 射线电子衍射也是一种材料微结构分析手段，但这种分析手段仅适用于具有周期性晶格结构的样品，通常对炭材料的分析主要用于石墨化或炭化样品；因为未炭化样品的结构一般不具有有序的结构，无法用 XRD 进行有效的分析。中间相炭微球属于易石墨化炭材料，炭化和石墨化后易于形成规则的结构，如图 2-14 所示，因此可以用 XRD 对其进行结构分析。

首先，依据炭材料的 XRD 谱图[87]（图 2-15）上 $2\theta \approx 26°$ 处出现（002）峰的衍射角，按照 Bragg 方程计算出炭材料中石墨状微晶片层的平均层间距。

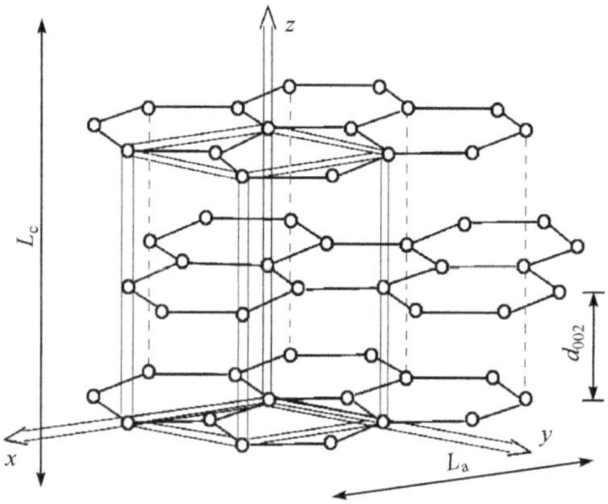

图 2-14　理想石墨的片层结构

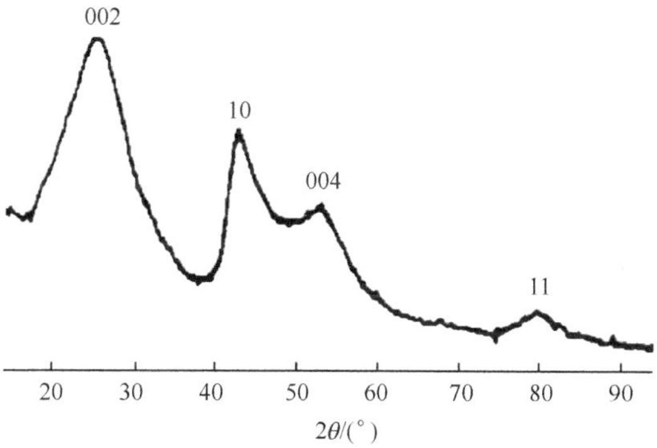

(a) 1000℃处理的焦炭

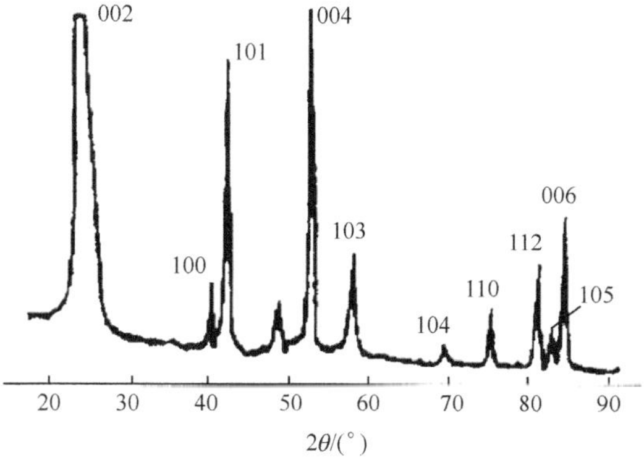

(b) 天然石墨

图 2-15　炭材料的 XRD 谱图[87]

Bragg 方程如下：

$$d_{002}=\frac{\lambda}{2\sin\theta_{002}} \tag{2-1}$$

式中，d_{002} 为石墨状微晶片层的平均层间距；λ 为入射 X 射线的波长(nm)，对于 Cu 靶，$\lambda=0.15418$nm；θ_{002} 为(002)峰的衍射角(°)。

而后，由半峰宽 β_{002} 及其对应的衍射角由 Scherrer 方程计算出石墨微晶沿 z 轴方向的有序堆积平均高度 L_c。根据(100)峰和(101)峰的半峰宽 β_{100} 和 β_{101} 及其所对应的衍射角由 Scherrer 方程计算出(100)面和(101)面的微晶尺寸 L_{100} 和 L_{101}(石墨微晶的平均宽度 L_a)。

Scherrer 方程[88]如下：

$$L_{hkl}=\frac{K\lambda}{\beta\cos\theta}$$

式中，hkl 为不同晶面的晶面指数，如(002)面对应 $h=0,k=0,l=2$；λ 为入射 X 射线的波长(nm)，对于 Cu 靶，$\lambda=0.15418$nm；K 为晶体形状因子，0.89～1.84；β 为半峰宽(rad)，1rad=57.3°；θ 为布拉格衍射角(rad)。

微晶大小 L_c、L_a 的计算：

$$L_c=\frac{0.89\lambda}{\beta_{002}\cos\theta_{002}} \tag{2-2}$$

$$L_{a(101)}=\frac{1.84\lambda}{\beta_{101}\cos\theta_{101}} \tag{2-3}$$

$$L_{a(100)}=\frac{1.84\lambda}{\beta_{100}\cos\theta_{100}} \tag{2-4}$$

微晶中的碳层堆积数 N 的计算：

$$N=\frac{L_c}{d_{002}}+1 \tag{2-5}$$

根据 XRD 谱图还可以计算炭材料的石墨化度 G，其计算公式为

$$G=\frac{0.3440-d_{002}}{0.3440-0.3354}\times 100\% \tag{2-6}$$

式中，0.3440 为未石墨化炭材料中石墨状微晶的平均层间距(nm)；0.3354 为理想石墨晶体的平均层间距(nm)；d_{002} 为炭材料中石墨状微晶的平均层间距(nm)。

需要说明的是，由于 XRD 获得中间相炭微球(炭材料)的结构信息是对测试样品整体结构统计平均的微观反映，是建立在把中间相炭微球(炭材料)内部的片层排列看作石墨微晶单元的堆积排列的基础之上的，如图 2-16 所示，所以其中结构单元的确认还需其他表征手段佐证。

图 2-16 中，软炭是指易石墨化炭，硬炭是指难石墨化炭。亦即，软炭材料石墨化后其中石墨微晶单元的堆积排列有序度好，而硬炭材料石墨化后其中石墨微晶

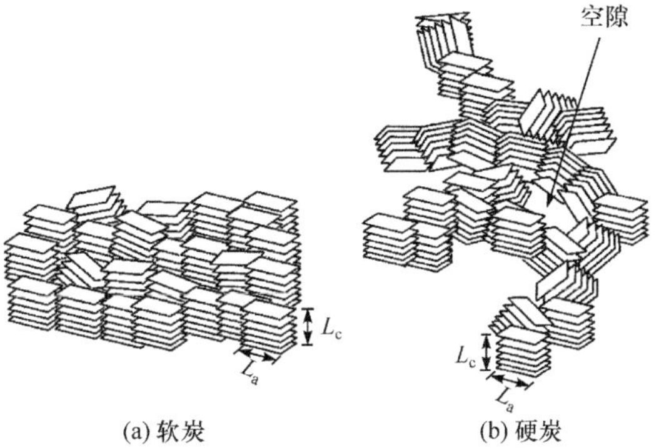

图 2-16　软炭和硬炭中的石墨微晶单元的堆积排列模型[89]

单元的堆积排列杂乱无序。常见的软炭有石油焦、针状焦、炭纤维、炭微球等,常见的硬炭有树脂(酚醛树脂、环氧树脂、聚糠醛等)炭、有机聚合物(聚丙烯腈、聚乙烯醇、聚氯乙烯等)热解炭、炭黑(乙炔黑)等。

5. 拉曼光谱分析

拉曼光谱是一种研究炭材料微结构的非常有效技术。研究表明[90,91]:单晶石墨的一级拉曼光谱仅有 1580cm^{-1}附近的一个谱峰,而除石墨单晶外所有炭材料都在 1580cm^{-1}和 1360cm^{-1}附近呈现出两个拉曼散射峰。前者为石墨峰,由石墨的芳香分子层平面上碳-碳键的振动所引起;而后者则是由炭材料中的无序结构和缺陷所致。这两个峰的相对强度(I_{1580}/I_{1360})的大小反映了炭材料中石墨结构和无序结构的相对多少,因此常用 I_{1580}/I_{1360} 表征炭材料的石墨化程度。该比值越大说明石墨结晶越完善,则炭材料石墨化程度越高。

图 2-17 是各向同性沥青和天然石墨的拉曼光谱图,从图中可以看出其 I_{1580}/I_{1360} 差别很大。

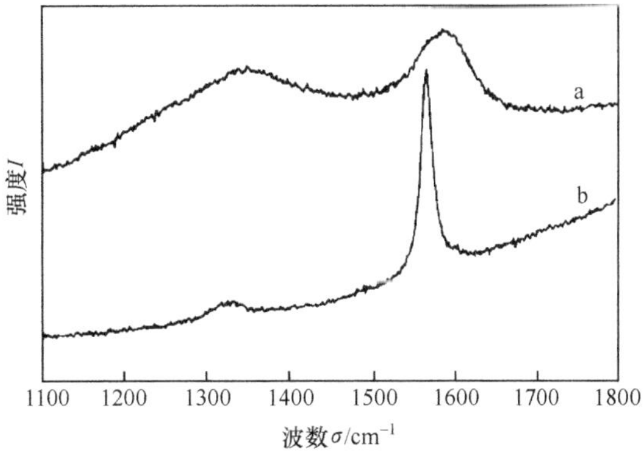

图 2-17　不同炭材料的拉曼光谱图[92]

a-各向同性沥青;b-天然石墨

由于拉曼光谱反映的结构信息仅为材料表层约为几十个纳米深度的结构，而不能反映材料的整体结构，所以在解析碳质中间相炭微球的结构时，应将表征材料表层结构的拉曼光谱法和表征材料整体结构的 XRD 法互补使用。

6. 其他间接辅助分析手段

可以用核磁共振谱仪(NMR，包括^{1}H-NMR 和^{13}C-NMR 两种)法[46,93,94]、红外光谱(IR)法[95,96]表征中间相分子结构特征；另外，还可以通过检测碳质中间相和中间相炭材料在不同处理过程中的软化点变化、相对分子质量分布变化、族组成变化、导电导热性能的变化等，间接获得中间相炭微球或中间相炭材料内部结构变化的信息[97,98]。

2.1.5 中间相炭微球的形成过程

按照热缩聚法制备中间相炭微球时所用原料体系中是否含有固相(异相)物质，可以把碳质中间相的形成过程分为均相成核和非均相成核过程。其中，均相成核碳质中间相的形成过程是指：在热缩聚开始时，原料体系中不含有固态物质，体系是均匀的液相；而非均相成核碳质中间相的形成过程则是指：在热缩聚开始时，原料体系中含有固态物质，这些固态物质可以为原料中固有的、在热缩聚温度下不熔融的喹啉不溶物，或加入体系的其他固体颗粒物质。

著者研究团队选用两种族组成差别较大的煤焦油沥青(低温煤焦油沥青、中温煤焦油沥青)为原料，分别采用均相成核和非均相成核过程制备碳质中间相，系统考察了中间相炭微球的形成过程。

1. 中间相炭微球的制备工艺与表征手段

1) 原料的性质

原料煤焦油沥青的软化点和族组成列入表 2-1。

表 2-1 原料煤焦油沥青的软化点和族组成

原料	软化点 t/℃	HS w/%	HI-TS w/%	TI-QS w/%	QI w/%
低温煤焦油沥青	27	20.6	67.0	12.1	0.30
中温煤焦油沥青	78	19.6	58.8	16.9	4.70

注：低温煤焦油沥青，山东济宁煤化工公司生产；中温煤焦油沥青，天津市铁中煤化工有限公司生产。软化点的测试采用环球法。

需要说明的是，实验所制中间相沥青软化点的测试采用自制软化点测定装置，如图 2-18 所示。整个装置由电炉、烧杯、温度计、插针、玻璃软化点测定管和加热油(硅油)组成,软化点的测定在氮气保护下进行,升温速度约 5℃/min。重复实验结果证明只要升温速度相同,所测得软化点几乎一样。因此,该方法可以用来快速测定沥青的软化点。

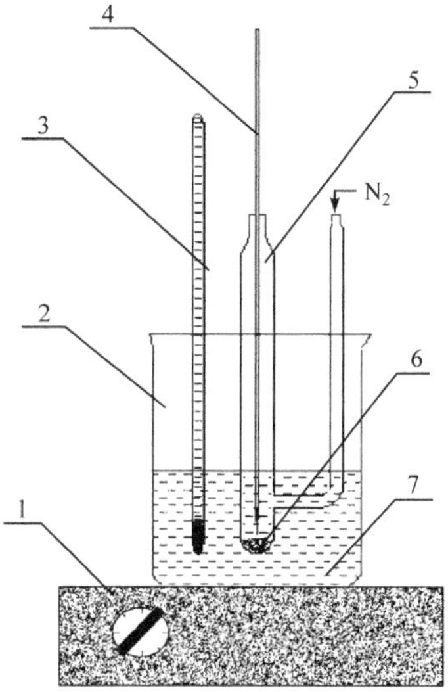

图 2-18　软化点测定装置
1-电炉;2-烧杯;3-温度计;4-插针;5-玻璃软化点测定管;6-样品;7-硅油

原料煤焦油沥青的族组成测定使用正己烷、甲苯和喹啉三种溶剂,在标准型 500mL 索氏抽提器中在规定的条件下把煤焦油沥青分割为四个组分:正己烷可溶物(HS)、正己烷不溶-甲苯可溶物(HI-TS)、甲苯不溶-喹啉可溶物(TI-QS)和喹啉不溶物(QI)。煤焦油沥青的族组成分割工艺及流程如图 2-19 所示,族组成分割结果列入表 2-1。

表 2-2 列出了原料沥青的元素组成和灰分含量。从表中可以看出,中温煤焦油沥青的 C/H 原子比较高,说明其中的重质芳烃含量较高,但该沥青的灰分含量较多。

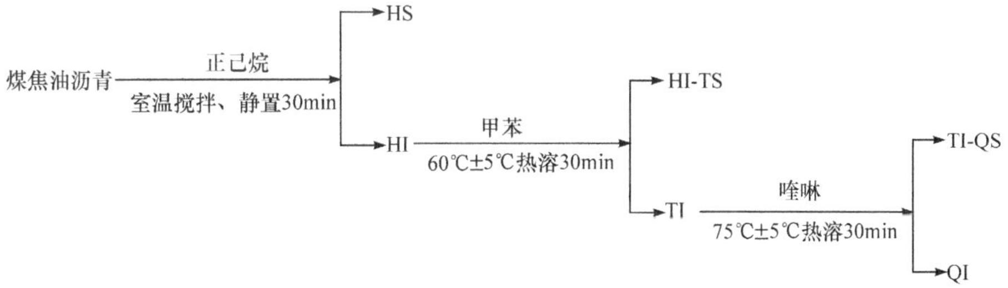

图 2-19　原料煤焦油沥青的族组成分割工艺及流程示意图

表 2-2　原料沥青的元素组成和灰分含量

原料	元素组成和灰分 w/%						C/H 原子比
	C	H	N	S	O*	灰分	
低温煤焦油沥青	91.78	4.91	1.02	1.14	1.15	<0.01	1.56
中温煤焦油沥青	93.65	4.63	1.00	0.66	0.06	0.81	1.69

* 差减法。

这里两种煤焦油沥青的元素组成采用德国 Heraeus Venio EL 型元素分析仪分析;灰分测定参考国标 GB/T 1429—1985 在马弗炉中进行,测定温度为 815℃±5℃。

2）反应器装置及热缩聚条件

碳质中间相的制备在两种类型的反应器中进行：一种为管式耐热玻璃反应器，其装置如图 2-20(a)所示。管式耐热玻璃反应器的容积较小，每次装沥青原料约50g，该反应器可实现快速升温和轻组分的快速逸出。另一种为不锈钢反应器，如图 2-20(b)所示。不锈钢反应器的容积为 2L，可实现加压操作，能有效限制轻组分的逸出。实验中根据获得碳质中间相的类型和处理量的大小选用反应器。

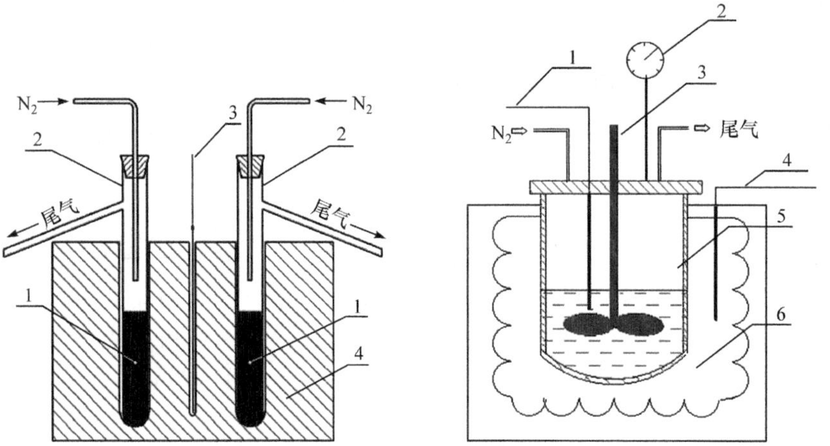

(a) 管式耐热玻璃反应器
1-沥青;2-反应器;3-热电偶;4-加热炉

(b) 不锈钢反应器
1,4-热电偶;2-压力表;3-搅拌浆;5-反应器;6-加热炉

图 2-20　两种不同类型的反应器系统示意图

反应温度与反应时间根据原料沥青的性质和目标碳质中间相的类型确定，实验选取低温煤焦油沥青和中温煤焦油沥青的反应温度分别为 440℃和 410℃；反应时间为 1～13h；升温速度：管式耐热玻璃反应器约为 3℃/min，不锈钢反应器约为1.5℃/min。热缩聚过程中反应系统采用高纯氮气保护，其中管式耐热玻璃反应器氮气流量为 30mL/min，不锈钢反应器为 1L/min。

3）表征手段

碳质中间相的结构特征采用 Eclipse E600 POL 型偏光显微镜表征。试样制备：将具有典型特征的碳质中间相块状样品用环氧树脂包埋，制成样品/树脂复合体；接着将该复合体用不同粒度的砂纸磨平，然后在 P-1 型金相试样抛光机上进行抛光处理。将抛光后的样品置于偏光显微镜载物台上进行观察，获得碳质中间相的形态和结构信息。具有典型形态和结构特征的光学照片用在线 Nikon DXM1200 数码相机采集。

中间相炭微球的微观结构参数在 Rigaku D/MAX 2500V/PC 型 X 射线衍射仪上进行测定。测试条件：管电压为 40kV，管电流为 100mA。扫描范围 2θ 区间为 10°～100°，步长为 0.04°。其平均微晶高度(L_c)、平均微晶大小($L_{a(100)}$)、石墨化度(G)和微晶中的碳层堆积数(N)分别按式(2-2)～式(2-6)计算获取。

中间相炭微球的形态、表面特征及其断面结构利用 Philip XL-30 型扫描电子显微镜(SEM)表征。首先按照自行建立的 SEM 制样法(见 2.1.4 节相关内容)制样，然后用 SEM 观察。观察过程中 SEM 的加速电压设为 20kV。另外，根据 SEM 获得的中间相炭微球的形貌照片可以统计其粒度分布。

中间相炭微球的表层结构表征在英国 Renishaw MKI-2000 型显微共焦拉曼光谱仪上进行。实验中所用拉曼光谱仪的激光器为氦氖激光器，光源波长为 632.8nm，功率为 30mW，放大倍数为 500。

采用荷兰 FEI 的 Tecnai G2F-20 型透射电子显微镜表征中间相炭微球的微观结构。样品制备：将中间相炭微球样品置于无水乙醇中，在超声波下充分振荡分散，然后用涂有炭膜的小铜网捞起一些颗粒样品。观察过程中，TEM 的加速电压为 200kV。

2. 均相成核中间相炭微球的形成过程及其特征

由于低温煤焦油沥青的喹啉不溶物(QI)含量很少(表 2-1)、灰分极低(表 2-2)，所以将低温煤焦油沥青形成中间相炭微球的过程看作均相成核过程。

1) 均相成核中间相炭微球的形成过程

称取低温煤焦油沥青 50g 置于管式耐热玻璃反应器中，在 440℃ 下热缩聚一定时间(1h，3h)，冷却。在反应器内不同部位取样，并在偏光显微照片下观察。

图 2-21 是均相成核碳质中间相在不同发展阶段的偏光显微照片。

从图 2-21 可以看出，均相成核碳质中间相形成过程中球体成核、生长和融并过程同时进行，且在反应器内不同高度位置上的形态不同。

在 440℃ 热缩聚 1h 获得的样品[图 2-21(a)]，靠近反应器底部，球体融并形成了广域型织构的体形中间相；球形中间相只能在中上部才能得到。这是由于碳质中间相本身的密度高于各向同性的沥青相而逐渐沉淀造成的[10]。当延长热缩聚时间时(由 1h 延长到 3h)，反应器中部的球形中间相也融并成体中间相，球形中间相只存在于反应器的上部[图 2-21(b)]。

从图 2-21 还可看到，中间相炭微球的尺寸分布很宽，几个微米到几十个微米都有；它们内部的消光纹比较规整，或为双曲线型，或为十字交叉型。

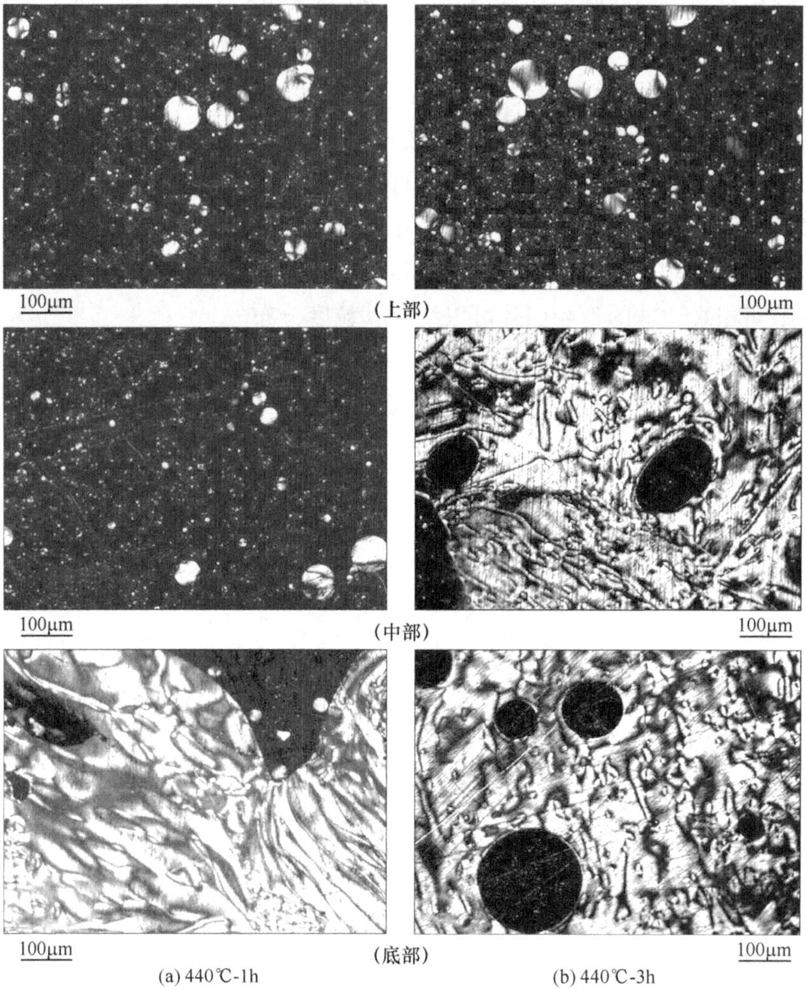

图 2-21　均相成核碳质中间相在不同发展阶段的偏光显微照片[17]

为了更好地研究均相成核碳质中间相球体的内部结构，对 440℃热缩聚 1h 获得中间相沥青样品中选定的一个球体进行分析[图 2-22(a)]。图 2-22(c)是均相成核中间相炭微球的消光纹随载物台旋转时的变化和内部结构模型。从图 2-22(c)可以看出，随着偏光显微镜载物台的逆时针旋转，球体内部的消光纹呈现出有规律的变化，这些变化可以证明球体内部的结构为 Brooks-Taylor 结构，即"地球仪"型结构[4]，如图 2-22(b)所示。

值得一提的是，由于偏振光学显微镜法分析中间相炭微球的内部结构是基于其消光纹变化的间接获取，需要事先对中间相炭微球的内部结构以及消光纹的类型和变化特征有所了解。

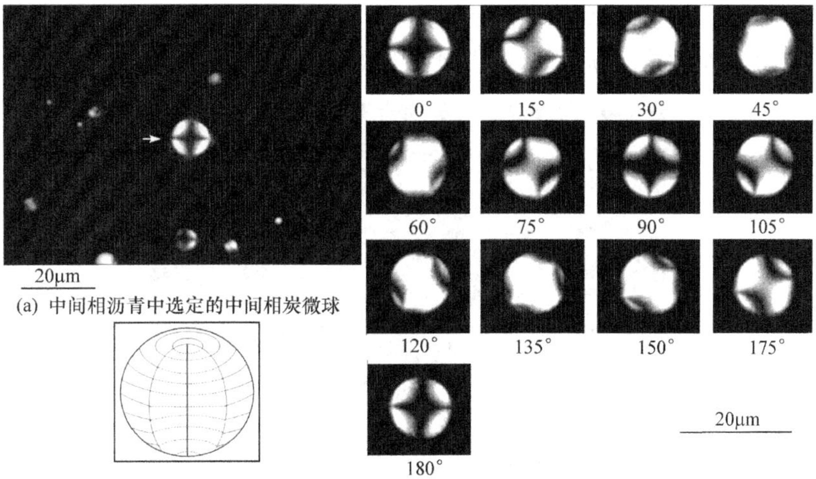

(a) 中间相沥青中选定的中间相炭微球

(b) 中间相炭微球的内部结构模型

(c) 中间相炭微球随载物台旋转时的消光纹变化

图 2-22　均相成核中间相炭微球的消光纹随载物台旋转时的变化和内部结构模型[17]

2）均相成核中间相炭微球的形态和结构特征

用溶剂分离法从 440℃热缩聚 1h 获得的均相成核中间相沥青中分离出中间相炭微球，然后采用扫描电子显微镜观察得到中间相炭微球的形貌，如图 2-23 所示。

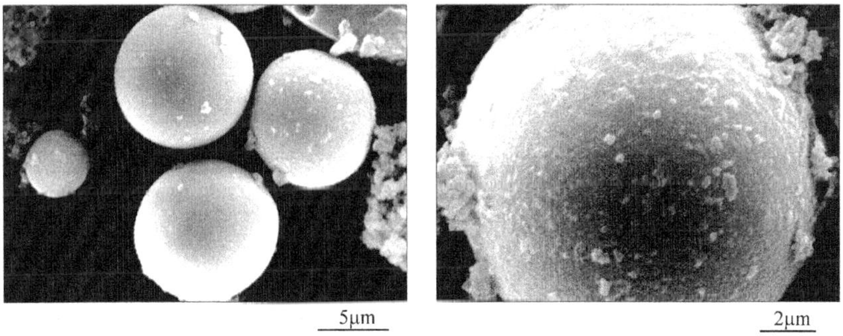

(a) 整体形貌

(b) 球体的表面

图 2-23　均相成核中间相炭微球的 SEM 照片[17]

由图 2-23 可以看出，均相成核中间相炭微球的尺寸分布较宽，和光学显微（偏光显微镜）照片（图 2-21）分析的结果一致。从球体的整体形貌来看，球体的表面似乎很光滑[图 2-23(a)]，但从其放大的表面 SEM 照片[图 2-23(b)]可发现，实际上球体表面粗糙不平，被一些小于 0.8μm 的小颗粒所覆盖[17]。这些小颗粒的存在经常被研究者忽视，而著者却对这些颗粒产生了兴趣，并探索了这些小颗粒在碳质中间相的形成过程中所起的作用，详见 2.1.7 节内容。

利用自行建立的 SEM 制样法制备表征试样[15,36-38]，即将 440℃热缩聚 1h 获得均相成核中间相炭微球样品，经压片、1000℃炭化、刀削断开等处理后，获得的均相成核中间相炭微球的断面织构SEM照片如图2-24所示。

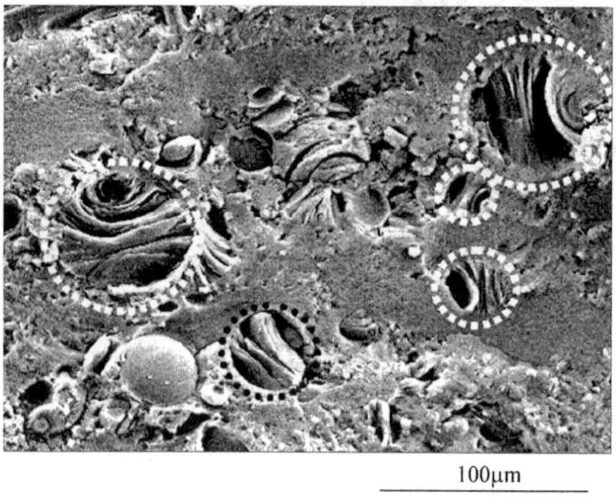

图2-24　均相成核中间相炭微球的断面织构SEM照片[17]

由图2-24可以清楚地看到，均相成核中间相球体的内部结构为Brooks和Taylor所定义的“地球仪”型结构(图中的白虚线圈所示)，即碳层在球体内部平行取向，在边缘处近似垂直于球体表面，致使所有的织构碳层的边缘都位于球体表面；还可发现均相成核中间相球体中也有极少量的非“地球仪”型结构的球体，如图2-24中的黑虚线圈所示；可以认为，这些结构的存在与原料中含有极少量的喹啉不溶物有关。

3. 非均相成核中间相炭微球的形成过程及其特征

1）喹啉不溶物

从表2-2可知，实验所用中温煤焦油沥青中喹啉不溶物(QI)的质量分数为4.7%，经SEM表征得知，QI基本上是小于0.8μm的球形颗粒，少数颗粒之间有粘连或融并现象，如图2-25所示。

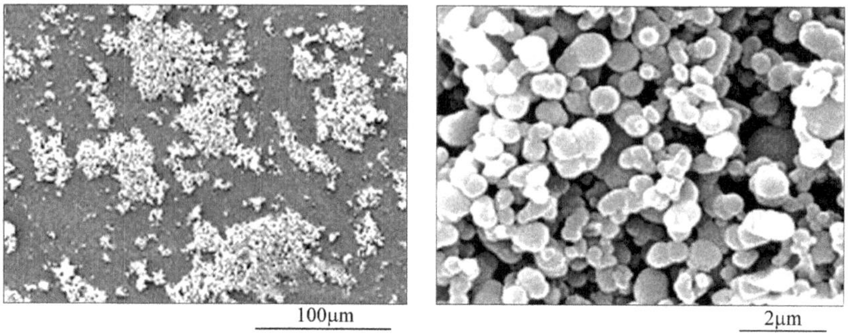

图2-25　中温煤焦油沥青中QI形貌的SEM照片[14]

表 2-3 列出了中温煤焦油沥青中 QI 的 C、H、N 元素含量(仪器分析法,误差小于 0.3%)。

表 2-3　中温煤焦油沥青中 QI 的 C、H、N 元素含量

QI	C、H、N 元素 w/%			
	C	H	N	C+H+N
1#	26.51	2.73	0.85	30.09
2#	72.79	3.15	1.43	77.37
3#	18.77	1.69	1.02	21.48

从表 2-3 中可以看出,所用原料中温煤焦油沥青中 QI 的成分很不均匀,有的部分以 C 元素为主(C 的质量分数高达 72.79%),有的则以不燃烧的无机物质为主,可燃烧部分只占 21.48%。同时也说明该沥青中除含有一部分有机 QI 外还含有一部分无机 QI。

中温煤焦油沥青中灰分的形貌如图 2-26 所示。

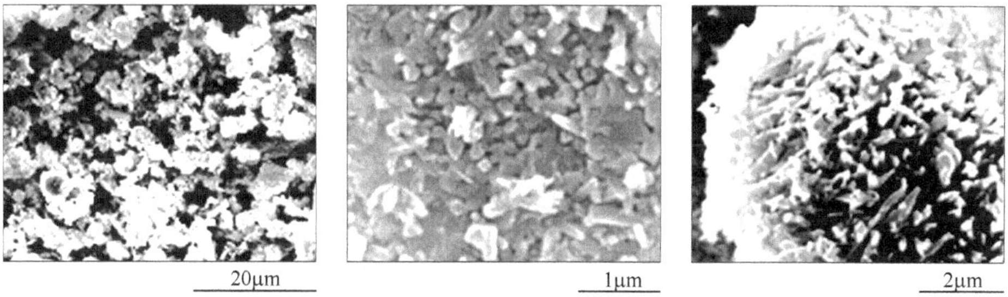

(a) 松散的灰分　(b) 颗粒状灰分　(c) 针状灰分

图 2-26　中温煤焦油沥青灰分形貌的 SEM 照片[14]

由图 2-26 可以看出,沥青灰分为松散的无规则状物质[图 2-26(a)]。其微观形态大致可分为两类:一类为 0.2μm 左右的颗粒状[图 2-26(b)];另一类具有针状结构[图 2-26(c)]。灰分形态的差异可能是其成分不同的具体表现。

采用日本岛津 VF-320 X 射线荧光光谱仪,以金属铑为射线靶分析原料中温煤焦油沥青中无机 QI 中的成分,通过对从 11 号钠元素到 92 号铀元素范围内所有元素的扫描,发现无机 QI 中主要金属元素为铝(Al),其次为铁(Fe),另外也存在一些其他微量元素,如钙(Ca)、氯(Cl)、硫(S)、硅(Si)、锌(Zn)等。

2) 非均相成核中间相炭微球的形成过程

中温煤焦油沥青在不锈钢反应器中 410℃下热缩聚 1～13h 后获得中间相沥青的偏光显微照片如图 2-27 所示。

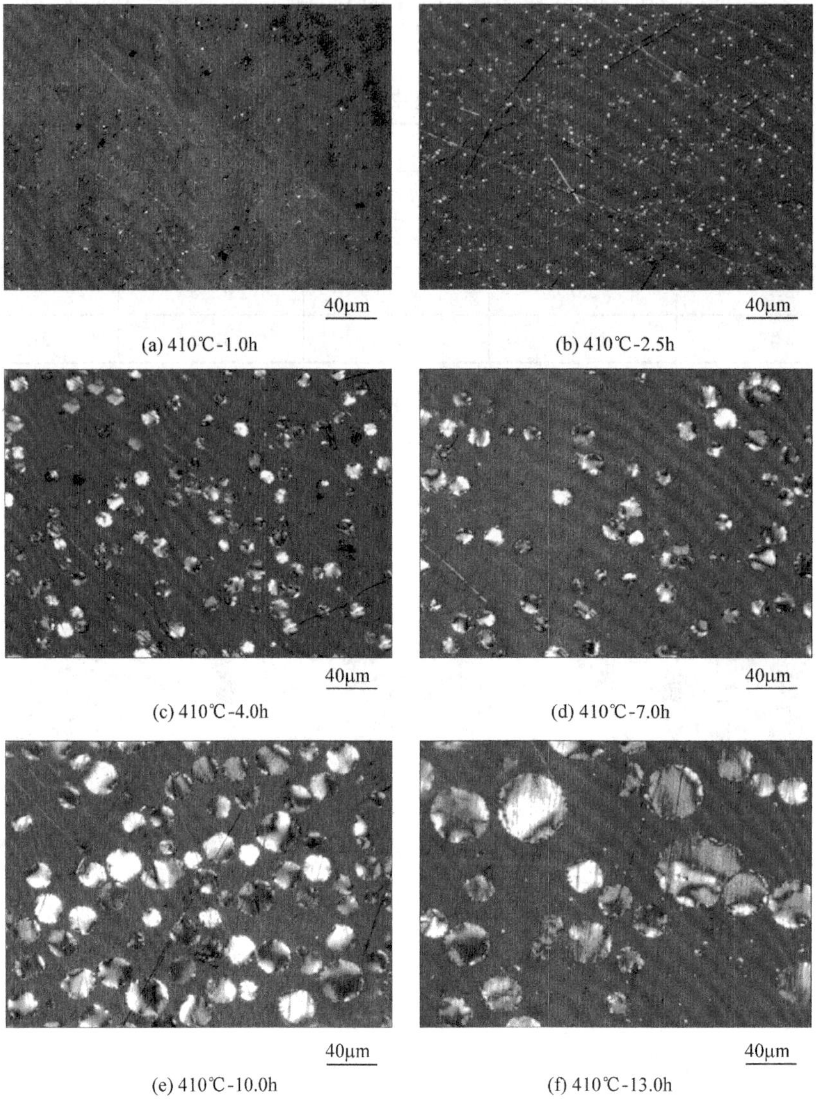

图 2-27　非均相成核碳质中间相在不同发展阶段的偏光显微照片[17]

从图 2-27 可以看到，中温煤焦油沥青在 410℃下热缩聚 1h 的过程为碳质中间相的成核过程，在这个过程中只有液晶核物质的形成；在 1h 到 2.5h 的过程中，中间相小球体开始出现；随着反应时间的继续延长，中间相球体长大。在中间相球体长大过程中，观察不到球核的继续生成和球体之间的融并现象。由此可以认为，非均相成核碳质中间相的形成过程是在开始阶段完成的，在后续的生长阶段只有中间相球体的长大，而没有球体间的融并生长[15]。这种现象表明，传统碳质中间相形成理论中有关中间相球体的长大为融并生长的解释[9,20]并不全面。

从图 2-27 还可以看出，只有在 410℃下热缩聚 13h 所获样品中呈现出中间相球体的融并现象[图 2-27(f)]，并且伴随着球体融并现象的发生，中间相球体开始解体[15]。可以认为，这种在中间相球体长大到一定程度后出现的球体融并现象不是中间相球体长大的原因，而是其长大的结果。即球体长大到一定程度时，由于球体间相互接触的概率增大，以致球体间发生键合，随着接触时间的延长，中间相球体解体，最终形成体中间相沥青。

3) 非均相成核中间相炭微球的形态和结构特征

由图 2-27 可知，偏振光下非均相成核中间相球体呈现出复杂消光纹，明显不同于均相成核中间相球体，表明非均相成核中间相球体的结构与均相成核中间相球体的结构也不相同，即不是 Brooks-Taylor 结构。

图 2-28 是中温煤焦油沥青在 410℃下热缩聚 7h 所获中间相沥青中的中间相炭微球在偏振光下随载物台逆时针旋转(档位间隔为 15°)时消光纹的变化。

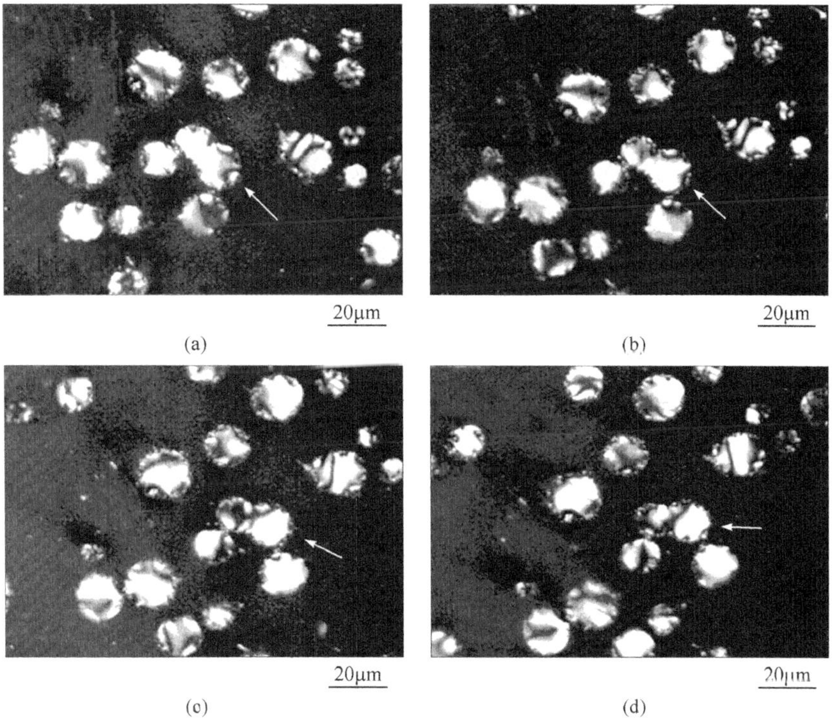

(a)　(b)　(c)　(d)

图 2-28　非均相成核中间相炭微球随载物台逆时针旋转时内部消光纹的变化[17]

从图 2-28 中箭头所指两个球体相互接触后的消光纹变化可以看出，它们之间只是简单的接触而没有发生内部结构的“融并”。与图 2-27 的结果相一致，即在非均相成核和长大过程中不存在“融并”。同时，从图 2-28 中球体内部消光纹的变化也可以看出，球体内部结构复杂，且每个球体的结构也各不相同。显然，利用非均相成核中间相炭微球的消光纹很难判断其内部结构。亦即，由光学显微技术分析非均相成核中间相球体内部结构的难度很大。

非均相成核中间相炭微球（中温煤焦油沥青，410℃-7h）形貌的 SEM 照片如图 2-29 所示。

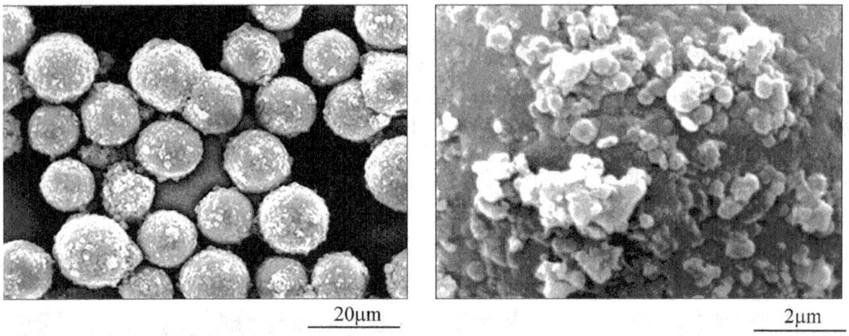

(a) 整体形貌　　(b) 球体表面

图 2-29　非均相成核中间相炭微球形貌的 SEM 照片[17]

由图 2-29 可以看出，非均相成核中间相炭微球的球体大小比较均匀，球体表面比均相成核的球体表面粗糙，也被一些小于或等于 0.5μm 的小颗粒所覆盖[14]。尽管在图 2-29 中也可以看到连接在一起的双球体，但从它们之间的连接处的清晰界线可以判断球体间只是简单的粘连，而不是融并，与从光学分析（偏光显微镜）得出的结论一致。

通过 SEM 观察大量 410℃热缩聚 7h 获得非均相成核中间相炭微球样品的断面结构后，发现非均相成核中间相炭微球的内部结构和其在偏光显微镜下消光纹一样，十分复杂；球体断面的结构也各不相同。

根据非均相成核中间相炭微球内部碳层的排列形式可以把它们的内部结构大致分为两类：一类为碳层近似平行的“平行层”结构，如图 2-30(a)所示；另一类为碳层在球体的一端或两端收缩的“弯曲层”结构，如图 2-30(b)所示。

4. 均相成核和非均相成核中间相炭微球的异同

1）形成过程的异同

不论是均相成核还是非均相成核，中间相炭微球的形成过程都包括成核、成球、球体长大和融并几个过程。溶剂分离法获得的中间相炭微球的球体表面都被一层近球形颗粒所覆盖。两种成核方式形成中间相炭微球的相似特征表明它们具有类似的形成机理。

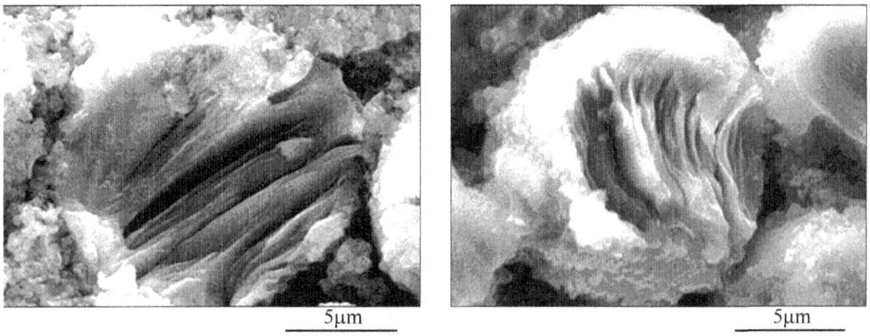

(a)“平行层”结构

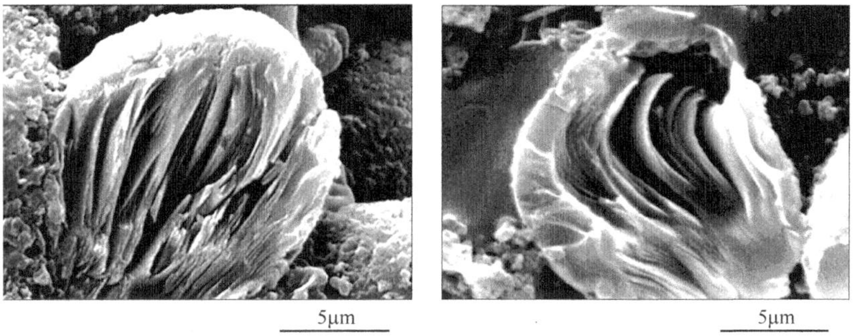

(b)“弯曲层”结构

图 2-30　非均相成核炭微球断面 SEM 照片[17]

比较两种成核方式形成中间相炭微球的过程，显然均相成核过程中球核的出现、球体的形成、长大和球体的融并同时出现(图 2-21)；而非均相成核过程中球核的出现在中间相形成初期就基本完成，在球体长大过程中几乎没有球核的出现，且球体的融并只有在球体长大到一定程度后才开始(图 2-28)。就形成的中间相球体而言，均相成核的球体尺寸分布宽[图 2-23(a)]，球体基本上呈现标准的 Brooks-Taylor 型织构(图 2-24)；而非均相成核的球体尺寸分布窄[图 2-29(a)]，球体内部织构复杂(图 2-30)。

分析两种成核方式形成中间相炭微球的差异，是基于原料中喹啉不溶物(QI)的数量和中间相炭微球形成过程体系的黏度[15]。与低温煤焦油沥青相比，中温煤焦油沥青中含有较多的喹啉不溶物物质和甲苯不溶-喹啉可溶物(TI-QS)物质(表 2-1)，这就意味着中温煤焦油沥青中的芳香分子的平均尺寸较大、反应过程中体系的黏度较高。无疑较多的 QI 物质和体系的高黏度对中间相炭微球的成核、球体的长大和融并均会产生很大程度的影响。

2）中间相沥青组分的差异

分别以低温煤焦油沥青和中温煤焦油沥青为原料，在相同的反应条件下(管式耐热玻璃反应器、温度为 440℃、反应时间为 1h 和 4h)获得两种成核方式不同发展阶段的中间相沥青，然后采用甲苯和喹啉为溶剂分割其族组成，结果列入表 2-4。

表 2-4　两种成核方式形成中间相沥青的族组成

原料	成核方式	反应条件	中间相沥青的族组成 w/%		
			TI	TI-QS	QI
低温煤焦油沥青	均相成核	440℃-1h	45.36	34.02	11.34
		440℃-4h	82.72	20.94	61.78
中温煤焦油沥青	非均相成核	440℃-1h	59.14	28.79	30.35
		440℃-4h	90.63	16.93	73.70

由表 2-4 中的数据可以看出，对同种原料而言，随着反应时间的延长，获得中间相沥青中的甲苯不溶物（TI）和喹啉不溶物（QI）质量分数的增加，而 TI-QS 组分的质量分数却有所降低。这表明随着反应时间的延长，体系中的轻组分不断逸出，芳香分子持续缩合长大，体系的黏度不断增高。比较两种沥青在相同反应条件下形成中间相沥青的族组成数据，中温煤焦油沥青体系中的溶剂不溶物（TI 和 QI）质量分数均大于低温煤焦油沥青体系，表明前者反应体系的黏度大于后者；但由于低温煤焦油沥青体系中含有较多的 TI-QS 组分，无疑随反应时间的延长，QI 增加的幅度将大于中温煤焦油沥青体系。

显然，相同反应条件下，从两个体系所获中间相沥青的族组成（或黏度）特征与两种成核方式形成中间相炭微球过程中的一些异同有关。由于低温煤焦油沥青体系中的黏度较小，中间相分子、构筑单元和中间相球体的可移动性均比中温煤焦油沥青体系好，可使形成的中间相球体的变形能力较大，在球体间接触后易于发生内部分子的键合和重排，呈现出融并行为；同时因体系中含有较多相对较小的芳香分子，在中间相球体的形成过程中构筑单元内部和球体内部构筑单元之间将会包含较多的小分子物质，正是这些较多的小分子物质能够使得均相成核中间相球体中的稠环芳烃片层分子得到很好的调整取向，使之呈现出标准的 Brooks-Taylor 型织构。并且在使用溶剂分离球体后，表面的小分子物质不能被彻底洗去，从而使得球体表面（图 2-23）比从中温煤焦油沥青体系中获得的中间相炭微球的表面（图 2-29）光滑。对于非均相中温煤焦油沥青体系而言，较高黏度造成了中间相分子、构筑单元和形成的中间相球体的可移动性能较差，使得球体在生长过程中没有融并，并且球体内部稠环芳烃片层分子的取向也是凌乱复杂（图 2-30）。

3）中间相炭微球微结构的异同

在相同反应条件（管式耐热玻璃反应器、温度为 440℃、反应时间为 1h）下，采用两种成核方式形成中间相炭微球的 XRD 谱图如图 2-31 所示。从图中可以看出，均相成核和非均相成核中间相炭微球均在 26°附近出现了强度较高的（002）衍射峰、在 44°附近出现了比较弥散的(10)衍射峰[(100)峰和(101)峰的弥散],表明采用热缩聚方法获得的两种成核方式形成的中间相炭微球在没有经过进一步的热处理的情况下,其内部的大芳香片层分子已经具有一定程度的排列和取向。

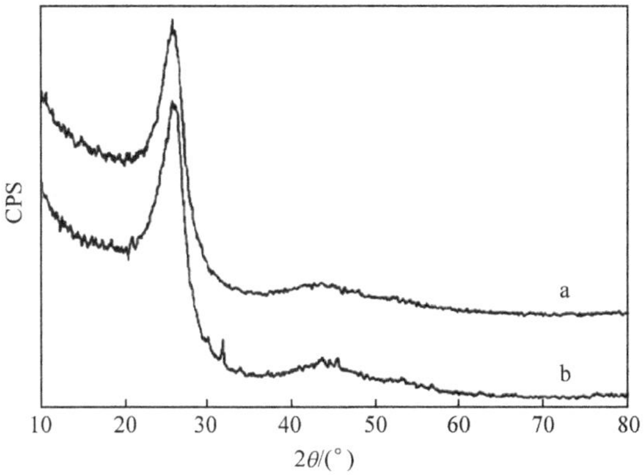

图 2-31　相同制备条件下获得的均相成核和非均相成核中间相炭微球的 XRD 谱图[17]
a-非均相成核;b-均相成核

根据图 2-31 中衍射峰的位置、半高宽计算得到中间相炭微球的微结构参数(表 2-5)。

表 2-5　均相成核和非均相成核中间相炭微球的微结构参数

原料	反应条件	成核方式	d_{002}/nm	L_c/nm	L_a/nm	N
中温煤焦油沥青	440℃-1h	非均相成核	0.3499	5.2	2.0	15.8
低温煤焦油沥青		均相成核	0.3495	5.4	2.2	16.3

由表 2-5 可知,均相成核中间相炭微球的微晶堆积高度和微晶尺寸均略大于非均相成核,再次佐证非均相成核中间相炭微球中芳香片层分子的整体排列比均相成核中间相炭微球差,这与前者反应体系中含有较少能起到“润滑”作用的小分子物质有关。同时,这些数据说明均相成核和非均相成核中间相炭微球内部的微结构只是稍有不同;亦即,尽管非均相成核中间相炭微球的织构层比较复杂,存在多种不同的弯曲碳层结构(图 2-30),但其微结构和均相成核中间相炭微球相差不大。

2.1.6　添加剂对中间相炭微球形成过程的影响

通过在反应体系中加入一定的添加剂,对中间相炭微球的晶核的形成、晶核的生长或长大以及融并过程进行干预,进而改变原中间相炭微球的球径分布、形貌和微观结构或织构,是可控制备中间相炭微球的特定性质的有效方法。

本节主要论述鳞片石墨、粒状氧化铝粉、沉降硫、酚醛树脂等添加剂对中温煤焦油沥青体系中间相炭微球形成过程的影响。这里，鳞片石墨和粒状氧化铝粉为物理添加剂，沉降硫和酚醛树脂为化学添加剂。同时对乙烯-醋酸乙烯共聚物(EVA)、纳米碳酸钙、二茂铁化学添加剂在中间相炭微球形成过程中的作用也作了初步探索。

1. 添加鳞片石墨对中间相炭微球形成过程的影响

由于中间相炭微球具有“有序堆积”的片层分子结构，在其形成和生长过程中势必会受到片状外来物质的影响。为了探讨片状物质对中间相炭微球形成过程的影响，选择天然鳞片石墨为添加剂进行中间相炭微球的制备。

1）鳞片石墨添加剂的形貌

实验中采用两种不同粒径的天然鳞片石墨 GH1 和 GH2 为添加剂，其形貌如图 2-32 所示。

(a) GH1

(b) GH2

图 2-32　天然鳞片石墨添加剂形貌的 SEM 照片[37]

由图 2-32 可以看出，这两种天然鳞片石墨均具有较好的片层结构，但它们的片层大小不同，GH1 的尺寸大部分为 10μm 左右，并含有少量较小的鳞片；而 GH2 的尺寸基本上小于 0.5μm。

2）鳞片石墨存在下中间相炭微球的形成过程

将天然鳞片石墨添加剂 GH1 和 GH2 分别与中温煤焦油沥青充分混合，其中添加 GH1 和 GH2 的质量分数为 1%～5%，然后在不锈钢反应器中 410℃下热缩聚 4h、7h，获得中间相沥青的偏光显微照片如图 2-33 所示 。

从图 2-33 可以看出，不论是以 GH1 还是以 GH2 为添加剂，经热缩聚反应均可获得具有各向异性的中间相炭微球(正交偏振光下呈现亮域和不规则消光纹)，只是在部分反应条件下形成中间相炭微球的球形度不太好[图 2-33(h)和(i)]。随着鳞片石墨添加量的增加，中间相炭微球有变小且变得不规则的趋势，其中以

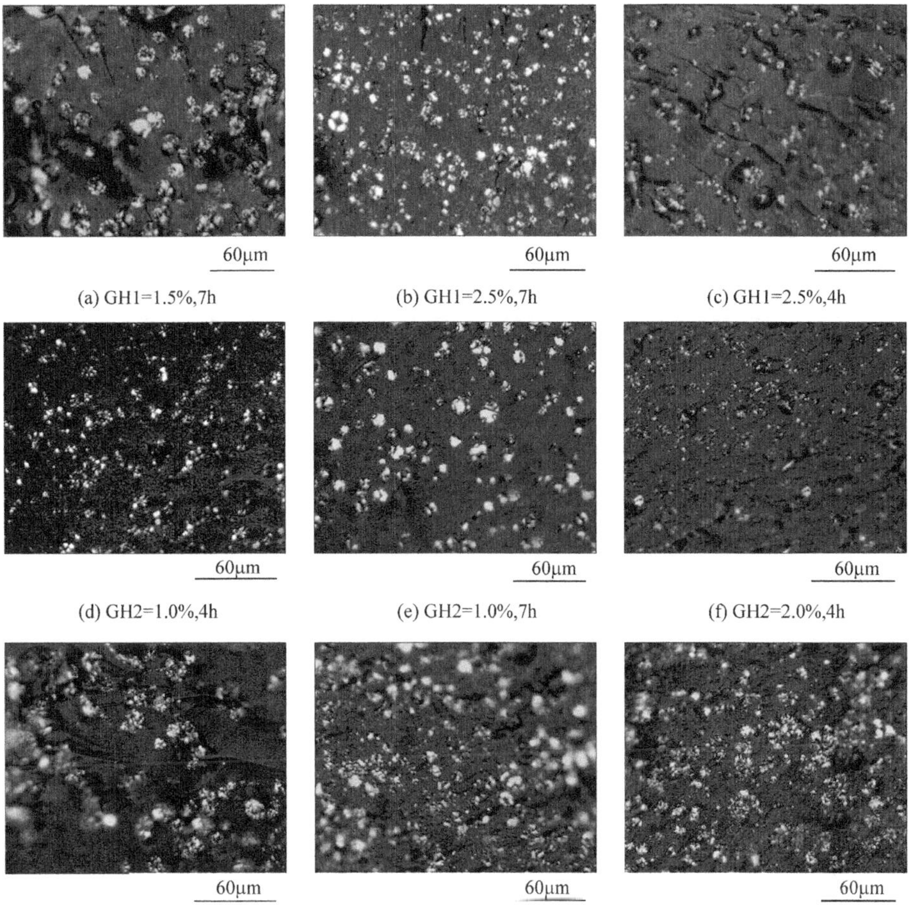

(a) GH1=1.5%,7h　(b) GH1=2.5%,7h　(c) GH1=2.5%,4h

(d) GH2=1.0%,4h　(e) GH2=1.0%,7h　(f) GH2=2.0%,4h

(g) GH2=2.0%,7h　(h) GH2=3.0%,7h　(i) GH2=5.0%,7h

图 2-33　鳞片石墨存在下碳质中间相形成过程[14]

GH2 为添加剂获得中间相炭微球的大小和球形度受其添加量的影响更大。这表明两种不同尺寸的鳞片石墨对中间相炭微球的生长均有一定的影响，但各自的影响机理可能不同。

另外，从图 2-33 还可发现，随着鳞片石墨添加量的增加，单位面积中间相炭微球的数量密度增加，说明鳞片石墨对中间相炭微球的成核也有影响。

纵观图 2-33，鳞片石墨存在下形成的中间相炭微球在中间相沥青中的分布基本分散，但当石墨添加量较多时，则会发生中间相炭微球的聚集，如 GH2 质量分数为 3%和 5%时[图 2-33(h)和(i)]，严重影响中间相炭微球的生长。

3）鳞片石墨存在下形成中间相炭微球的形态和结构特征

鳞片石墨存在下形成中间相炭微球形貌的 SEM 照片如图 2-34 所示。

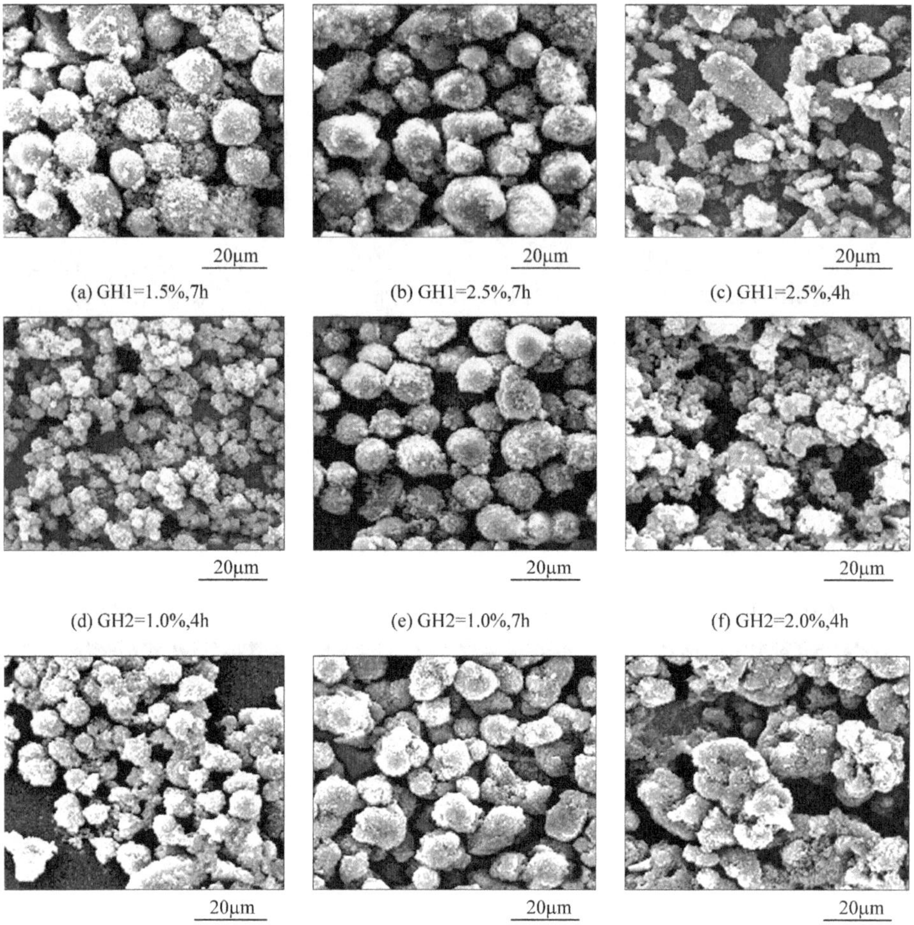

(a) GH1=1.5%,7h　(b) GH1=2.5%,7h　(c) GH1=2.5%,4h

(d) GH2=1.0%,4h　(e) GH2=1.0%,7h　(f) GH2=2.0%,4h

(g) GH2=2.0%,7h　(h) GH2=3.0%,7h　(i) GH2=5.0%,7h

图 2-34　鳞片石墨存在下形成中间相炭微球的形貌[14,37]

从图 2-34 可以看出，在相同热缩聚时间（如 7h）条件下，鳞片石墨的类型及其添加量均对形成的中间相炭微球形态有影响。对于以 GH1 为添加剂形成的中间相炭微球，GH1 添加量的增加（质量分数由 1.5%增加到 2.5%）对中间相炭微球大小的影响较小，而对其球形度影响则较大，可使其球体变得不规则[图 2-34(a)和(b)]。而以 GH2 为添加剂形成的中间相炭微球，在 GH2 添加量较低时（GH2 质量分数为 1%）形成中间相炭微球的球形度较好且球径较大[图 2-34(e)]；在 GH2 添加量较高时（GH2 质量分数为 3%和 5%）形成中间相炭微球的球形度较差且球径较小[图 2-34(h)和(i)]。与偏光显微照片（图 2-33）表征的结果一致，说明两种鳞片石墨的添加均对中间相炭微球的形成过程产生了不同影响。

纵观图 2-34 还可发现，在热缩聚时间 7h 条件下，GH1 添加量为质量分数 1.5% 和 GH2 添加量为质量分数 1.0% 时形成中间相炭微球的球形度较好[图 2-34(a)和(e)]；而 GH2 添加量为质量分数 5.0% 时形成的中间相炭微球大部分都团聚在一起[图 2-34(i)]。在热缩聚时间为 4h 时形成的中间相炭微球[图 2-34(c)、(d)和(f)]，反映了其生长的中间阶段，球形度均较差；其中在添加 GH1 的质量分数为 2.5% 条件下形成中间相炭微球的球形度最差[图 2-34(c)]，这是由于加入的 GH1 具有较大的石墨片层，在该石墨片上形成和生长的碳质中间相形成球形需要较长的时间。在所有实验条件下获得中间相炭微球的球体间均未发现独立的石墨鳞片(图 2-34)，说明大部分(甚至全部)添加的鳞片石墨都已进入中间相炭微球中。

鳞片石墨存在下形成中间相炭微球表面形貌的 SEM 照片如图 2-35 所示。

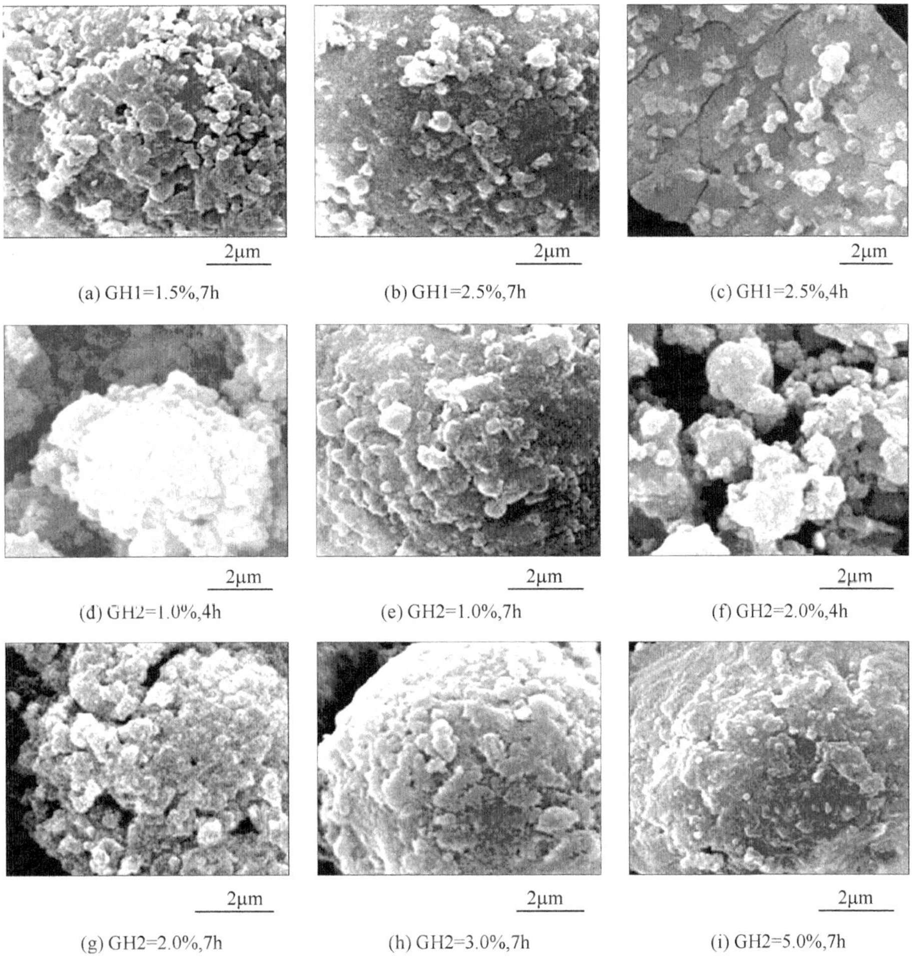

图 2-35　鳞片石墨存在下形成中间相炭微球的球体表面形貌[11,37]

由图 2-35 可以发现，所有中间相炭微球表面均被小于 0.5μm 的颗粒覆盖[14]，而且这些颗粒的尺寸随着鳞片石墨添加量的增加略有减小，如在添加剂 GH2 的质量分数分别 1%、2%、3%和 5%时，热缩聚 7h 条件下形成中间相炭微球表面覆盖的颗粒尺寸逐渐减小[图 2-35(e)、(g)～(i)]。

图 2-36 是鳞片石墨存在下形成中间相炭微球断面织构的 SEM 照片。

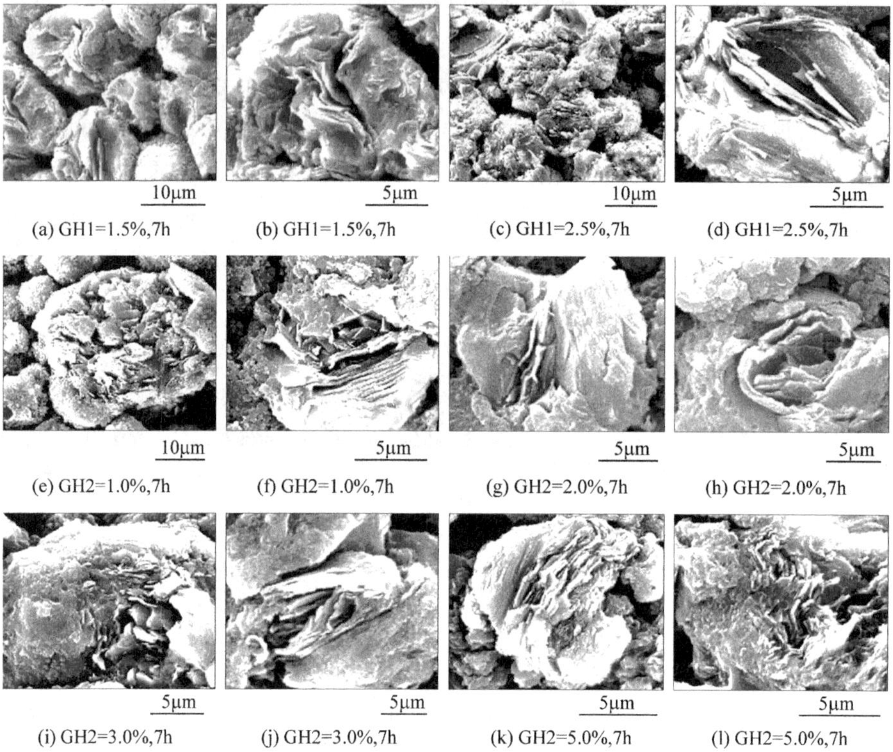

(a) GH1=1.5%,7h (b) GH1=1.5%,7h (c) GH1=2.5%,7h (d) GH1=2.5%,7h

(e) GH2=1.0%,7h (f) GH2=1.0%,7h (g) GH2=2.0%,7h (h) GH2=2.0%,7h

(i) GH2=3.0%,7h (j) GH2=3.0%,7h (k) GH2=5.0%,7h (l) GH2=5.0%,7h

图 2-36 鳞片石墨存在下形成中间相炭微球的断面织构[14,37]

由图 2-36 可以看到，在添加剂 GH1 质量分数为 1.5%的条件下形成中间相炭微球的中间部位呈现一些近似平行的大石墨鳞片，可以说明石墨鳞片在中间相炭微球的形成过程中起到了“核”的作用；亦即，中间相炭微球的生长是以这些石墨或它们的聚集体构成的“核”为中心的，著者将这种具有石墨核的中间相炭微球织构称为“三明治”型结构[图 2-36(b)]。在添加剂 GH1 质量分数为 2.5%的条件下形成中间相炭微球的断面照片中，除了能在球体中心发现大石墨鳞片外，在靠近球体边缘处也发现了石墨鳞片，且所有的石墨鳞片基本上也是平行的[图 2-36(d)]；可以认为在高含量大鳞片石墨存在下，石墨鳞片及其聚集体不仅可以起到“核”的作用，而且过多的石墨鳞片在中间相炭微球的生长过程中也参与了球体的长大。也正是由于在反应初期体系内含有较多的石墨片，使得中间相炭微球的成核不能一次完成，以致小球的生长不能很均匀地进行，导致在反应停止后中间相炭微球[图 2-36(c)]中含有类似图 2-34(b)中所示的不规则球体。

在小片层鳞片石墨添加剂 GH2 存在下形成的中间相炭微球织构比较复杂，其中在低添加量(质量分数 1%)条件下形成中间相炭微球内部的小石墨鳞片基本上是杂乱的，没有一定的取向[图 2-36(e)和(f)]。在高石墨鳞片添加量(分别为质量分数 2%、3%、5%)条件下形成中间相炭微球中的石墨鳞片虽具有一定的取向，但各不相同。有的石墨鳞片以中间相炭微球"核"的形式出现，如图 2-36(g)、(h)和(k)、(l)所示；而有的则以包围中间相炭微球的形式出现，如图 2-36(i)和(j)所示。不管石墨鳞片以何种形式出现，均由于石墨片层较小，而使形成的石墨层聚集体呈现波浪型或弯曲型。从这些现象可以推测，若在反应体系中存有较少的小石墨鳞片，在形成中间相炭微球时，这些石墨鳞片均会分散在球体中，且没有统一的取向。反之，若在反应体系中存在较多的小石墨鳞片，在形成中间相炭微球时，这些小石墨片通常易于先聚集到一起形成中间相炭微球的"核"，然后中间相炭微球就在这些"核"上生长；但因石墨鳞片较小，以使形成的"核"一般不是大石墨鳞片形成的较平直的"核"，而是由小石墨鳞片堆积而成的、具有一定弯曲的"核"；正是这些弯曲的"核"影响了中间相炭微球的最终形状。对于那些未能形成"核"的小石墨鳞片在中间相炭微球的长大过程中则往往会以包覆的形式进入球体，形成包覆型的中间相炭微球。

4) 鳞片石墨存在下形成中间相炭微球的微结构

鳞片石墨存在下 410℃热缩聚 7h 形成中间相炭微球的红外谱图如图 2-37 和图 2-38 所示。其中，添加小鳞片石墨 GH2 体系形成中间相炭微球的红外谱图在高波数段的图谱很差，不能用于分析鉴定官能团。因此，这里只给出了波数 2000～400cm^{-1}范围的谱线。

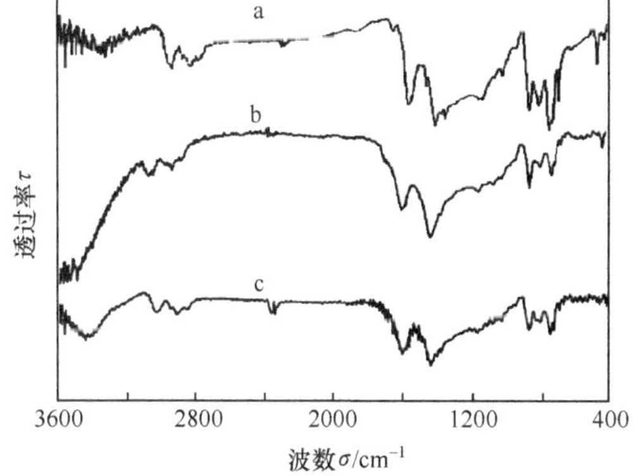

图 2-37　大鳞片石墨添加前后形成中间相炭微球的红外谱图[14]

a-GH1=0%；b-GH1=1.5%；c-GH1=2.5%

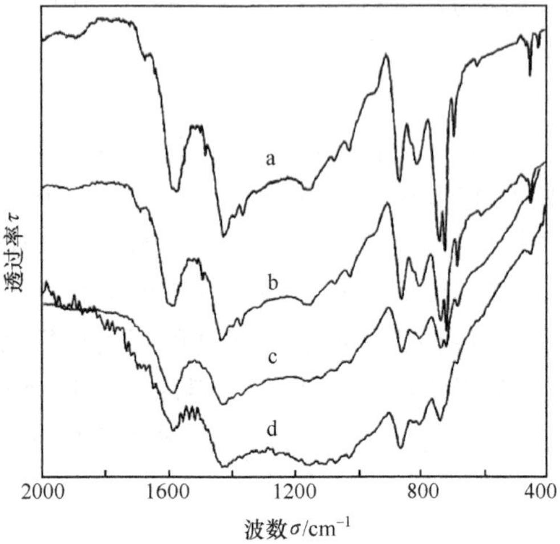

图 2-38 小鳞片石墨添加前后形成中间相炭微球的红外谱图[14]

a-GH2=0%;b-GH2=1%;c-GH2=3%;d-GH2=5%

从图 2-37 可以看到,在不同大鳞片石墨 GH1 添加量条件下形成中间相炭微球的红外谱图上,标识芳环多取代基特征峰 727cm^{-1}处的强度均比未加鳞片石墨体系中形成的中间相炭微球的弱(图 2-37 中谱线 a)。这说明 GH1 的加入减少了中间相炭微球内分子间的连接,减缓了大分子的进一步生长。这与 SEM 表征结果相符,即体系中添加 GH1 后,GH1 与其聚集体不仅可以起到“核”的作用,而且也参与了球体的长大,在一定程度上造成了小球的不均匀生长,其影响程度随 GH1 添加量的增加而增加,如图 2-37 中谱线 c(GH1=2.5%)上位于 727cm^{-1}处的峰强度明显弱于谱线 b(GH1=1.5%)的峰强度,最终导致形成的中间相炭微球中含有不规则球体存在[图 2-34(b)]。

从图 2-38 可以看出,体系添加 GH2 后,标识芳环单取代的 729cm^{-1}、694cm^{-1}和 464cm^{-1}处的峰强度均较未添加 GH2 时减弱,其减弱的幅度随石墨添加量的增加而降低,但就整体而言这些特征峰的强度还是比较大;同时还可看出,体系引入 GH2 后,标识双取代峰 813cm^{-1}、746cm^{-1}处的强度增加。这表明引入的 GH2 造成了体系中分子端基的增加,以使分子间的连接主要靠双取代,连接效果不好,进而导致在小片层鳞片石墨添加剂 GH2 存在下形成的中间相炭微球织构比较复杂(图 2-36)。

鳞片石墨添加前后,在 410℃热缩聚 7h 形成中间相炭微球的 XRD 谱图如图 2-39 所示。比较鳞片石墨添加前后形成中间相炭微球的 XRD 谱图,可以发现添加两种尺寸鳞片石墨后形成中间相炭微球的 XRD 谱图(图 2-39 中谱线 a～c)在衍射角为 26°附近的谱峰均很有特征,都为一个弥散的低强峰顶着一个尖锐的强峰,而且这两个峰之间的过渡形式随石墨类型和添加量的不同而略有不同，其中大鳞片石墨 GH1 存在下形成中间相炭微球的峰过渡（图 2-39 中谱线 a 和 b）是台阶式的，即尖峰和宽峰之间存在明显的过渡界面；而以小鳞片石墨 GH2 为添加剂获得中间相炭微球的峰过渡（图 2-39 中谱线 c）却是渐变的，即尖峰和宽峰之间不存在明显的过渡界面。这就说明大鳞片石墨和小鳞片石墨在中间相炭微球生长过程中的影响方式不同，这种峰的叠加可以用石墨结构和乱层结构的随机混合模型解释[99]。另外，还可看到：在两种尺寸鳞片石墨存在下形成中间相炭微球的 XRD 谱图中 26°附近的宽峰（图 2-39 中谱线 a～c）和未加鳞片石墨体系制得中间相炭微球在此处的峰谱（图 2-39 中谱线 d）相似，表明体系中形成了具有一定取向和排列的碳质中间相。而尖峰谱的出现则是由于体系中加入的石墨引起的，再次说明体系形成的中间相炭微球中确实存在石墨鳞片，即石墨鳞片的引入会对中间相炭微球的整体微观结构形成产生有利的影响。

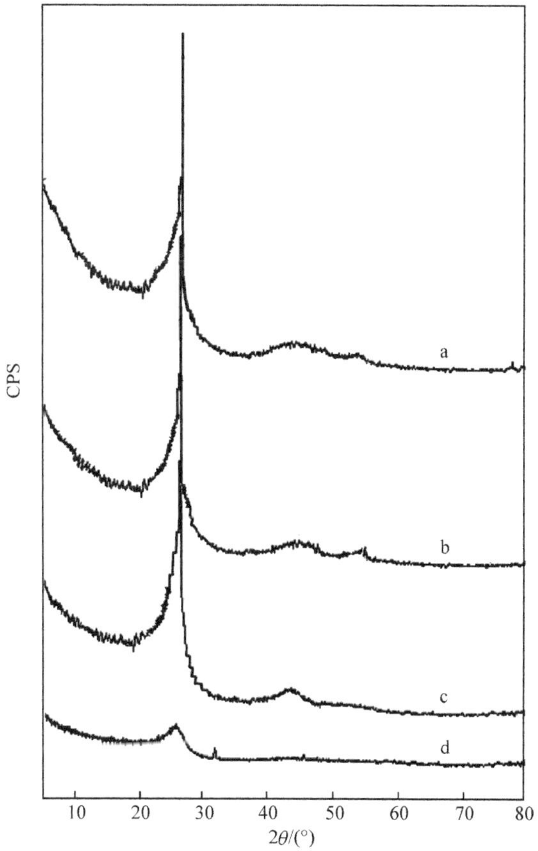

图 2-39　鳞片石墨添加前后形成中间相炭微球的 XRD 谱图[14]

a-GH1=1.5%；b-GH1=2.5%；c-GH2=1.0%；d-无鳞片石墨

图 2-40 是鳞片石墨添加前后形成的中间相炭微球经 2800℃石墨化 1h 的 XRD 谱图。

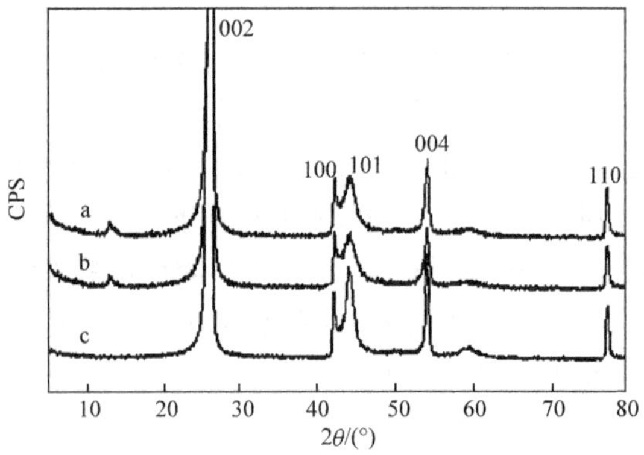

图 2-40 鳞片石墨添加前后形成的中间相炭微球石墨化后的 XRD 谱图[14]
a-GH1=1.5%；b-GH2=1.0%；c-无鳞片石墨

由图 2-40 可以看出，体系中加入两种尺寸的鳞片石墨后形成的中间相炭微球仍为易石墨化炭材料，在石墨化后可以获得具有良好片层排列的石墨化炭。由图 2-40计算的石墨化中间相炭微球的微结构参数列入表 2-6。

表 2-6 鳞片石墨添加前后形成的中间相炭微球石墨化后的微结构参数[14]

中间相炭微球	鳞片石墨 w/%	G/%	d_{002}/nm	L_c/nm	$L_{a(100)}$/nm	N
a	GH1=1.5	77.70	0.3373	21.46	52.9	64.0
b	GH2=1.0	71.70	0.3378	21.50	53.0	64.0
c	0	83.49	0.3368	23.00	38.80	68.3

比较表 2-6 中三种石墨化中间相炭微球的微结构数据，可以发现：两种鳞片石墨存在下形成中间相炭微球的 d_{002} 均比未添加鳞片石墨形成中间相炭微球的 d_{002} 有所增大，其中小鳞片石墨 GH2 存在下形成中间相炭微球的 d_{002} 最大，即 $d_{002(b)} > d_{002(a)} > d_{002(c)}$；同时其石墨化度显著降低，顺序依然为 $G_{(b)} < G_{(a)} < G_{(c)}$；平均分子片层尺寸 L_a 显著增大，即 $L_{a(b)} \approx L_{a(a)} > L_{a(c)}$；$z$ 轴方向的有序堆积高度 L_c 和平均碳层堆积数 N 略有降低，即 $L_{c(b)} \approx L_{c(a)} < L_{c(c)}$、$N_{(b)} \approx N_{(a)} < N_{(c)}$。这种特殊微结构的形成可能源于体系引入的鳞片石墨，一方面，石墨的存在影响了反应体系内大芳香分子的有序排列，使形成的中间相炭微球无论在 z 轴方向还是在 x-y 平面上的排列和堆积都变差，导致石墨化时分子片层间的间距不能有效地减小，片层间也不能很好地连接；另一方面，石墨本身具有良好的片层结构，即 d_{002} 很小、L_c 和 L_a 很大。这两种混合结构的平均结果使得最终形成的中间相炭微球具有以上的特征。

2. 添加氧化铝对中间相炭微球形成过程的影响

这里选择具有多个棱边和棱角的无规则块体细粒状氧化铝粉为添加剂，旨在考察不规则颗粒对中间相炭微球生成和长大的影响。

1）添加剂氧化铝的形貌

实验选用两种不同尺寸的氧化铝粉为添加剂，这两种氧化铝粉均为磨料用氧化铝粉，购于磨料店，其形貌见图 2-41。

(a) Al_2O_3-1　(b) Al_2O_3-2

图 2-41　两种添加剂氧化铝（Al_2O_3）粉的形貌[14]

由图 2-41 可以看出，Al_2O_3 颗粒为具有多个棱边和棱角的无规则块体，两种 Al_2O_3 粉具有明显不同的粒径分布，Al_2O_3-1 的粒径大部分小于 1μm，而 Al_2O_3-2 的粒径大部分在 2～6μm。

2）氧化铝粉存在下中间相炭微球的形成过程

将氧化铝粉添加剂 Al_2O_3-1 和 Al_2O_3-2 分别与中温煤焦油沥青充分混合，其中 Al_2O_3-1 和 Al_2O_3-2 的质量分数为 1.5%～4.0%，然后在不锈钢反应器中 410℃下热缩聚 5h、7h，获得中间相沥青的偏光显微照片如图 2-42 所示。

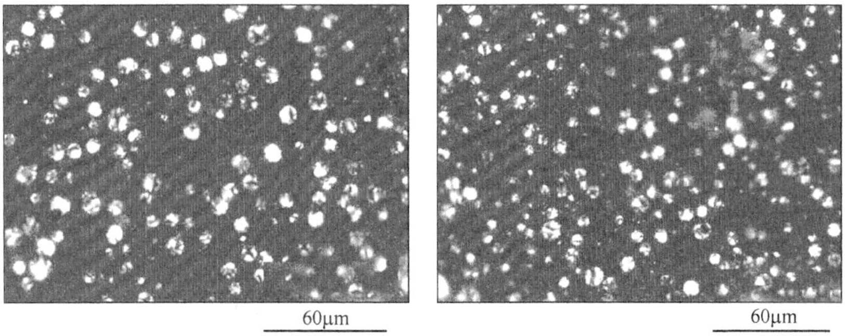

(a) Al_2O_3-1=1.5%,7h　(b) Al_2O_3-1=2.5%,7h

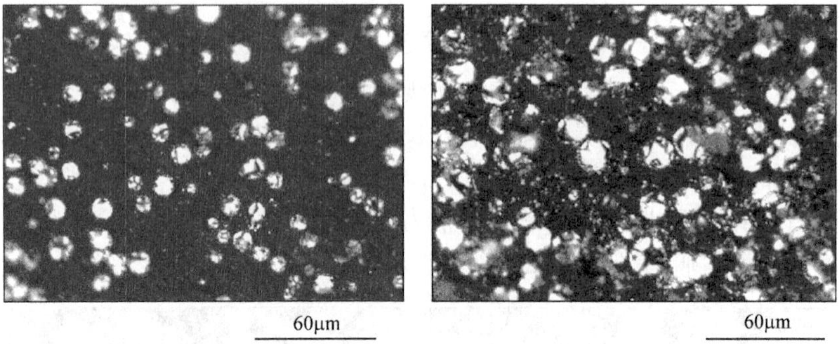

(c) Al_2O_3-2=4.0%,5h　　(d) Al_2O_3-2=4.0%,7h

图 2-42　添加氧化铝粉后形成碳质中间相的偏光显微照片[14]

为了进行比较研究，图 2-43 给出了未添加氧化铝粉的中温煤焦油沥青在不锈钢反应器中 410℃下热缩聚 7h，获得碳质中间相的偏光显微照片。

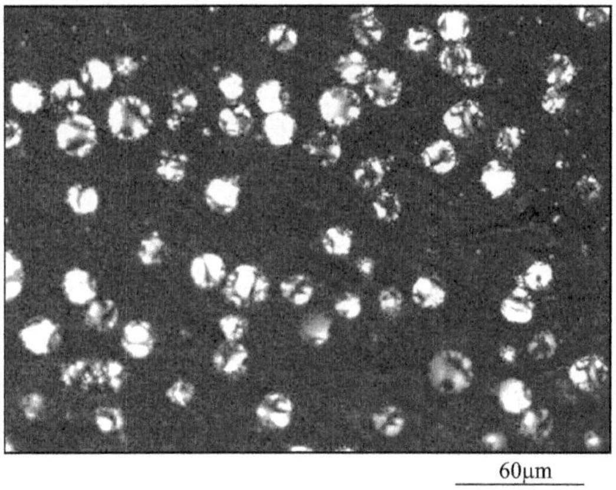

图 2-43　未添加氧化铝粉条件下形成碳质中间相的偏光显微照片[14]

首先比较未添加氧化铝粉(图 2-43)与添加质量分数分别为 1.5%[图 2-42(a)]和 2.5%[图 2-42(b)]的 Al_2O_3-1 后形成中间相炭微球的球径。可以看出，$D_{(Al_2O_3\text{-}1)=0} > D_{(Al_2O_3\text{-}1)=1.5\%} > D_{(Al_2O_3\text{-}1)=2.5\%}$，这就说明粒径小于 1μm 的 Al_2O_3-1 颗粒加入会阻碍中间相炭微球的生长，加入量越多阻碍作用越明显。观察相同制备条件下加入粒径 2～6μm 的 Al_2O_3-2 前(图 2-43)后[图 2-42(d)]形成中间相炭微球的球径，可以发现在粒径 2～6μm 的 Al_2O_3-2 存在下形成中间相炭微球的球径明显大于未加入前。亦即，大颗粒 Al_2O_3-2 的加入不仅没有阻碍中间相炭微球的生长，而且对微球的生长起着一定的促进作用。这也说明大颗粒 Al_2O_3 和小颗粒 Al_2O_3 对中间相炭微球的生长具有不同的影响机理。

3）氧化铝粉存在下形成中间相炭微球的形态和结构特征

添加氧化铝粉前后形成中间相炭微球整体形貌的 SEM 照片分别如图 2-44 和图 2-45 所示。

纵观图 2-44 和图 2-45 可以发现，体系中添加粒径小于 1μm 的 Al_2O_3-1 后，形成中间相炭微球的球径减小[图 2-44(a)，图 2-45(a)]，且随着 Al_2O_3-1 添加量的增加，减小的幅度增大[图 2-45(a)和(c)]；而加入粒径 2～6μm 的 Al_2O_3-2 后，形成

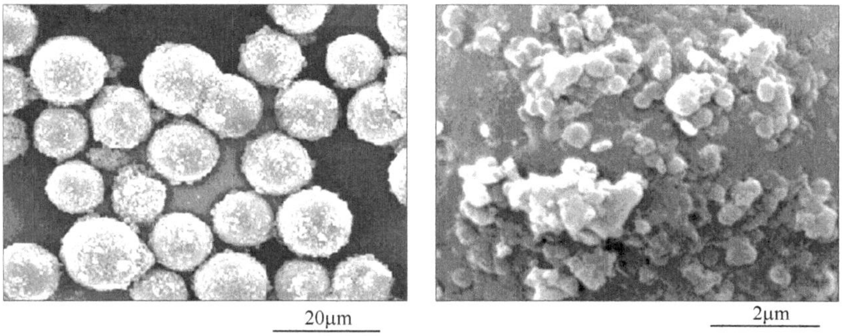

(a) 整体形貌　　(b) 表面形貌

图 2-44　未添加氧化铝粉条件下形成中间相炭微球的 SEM 照片[14]

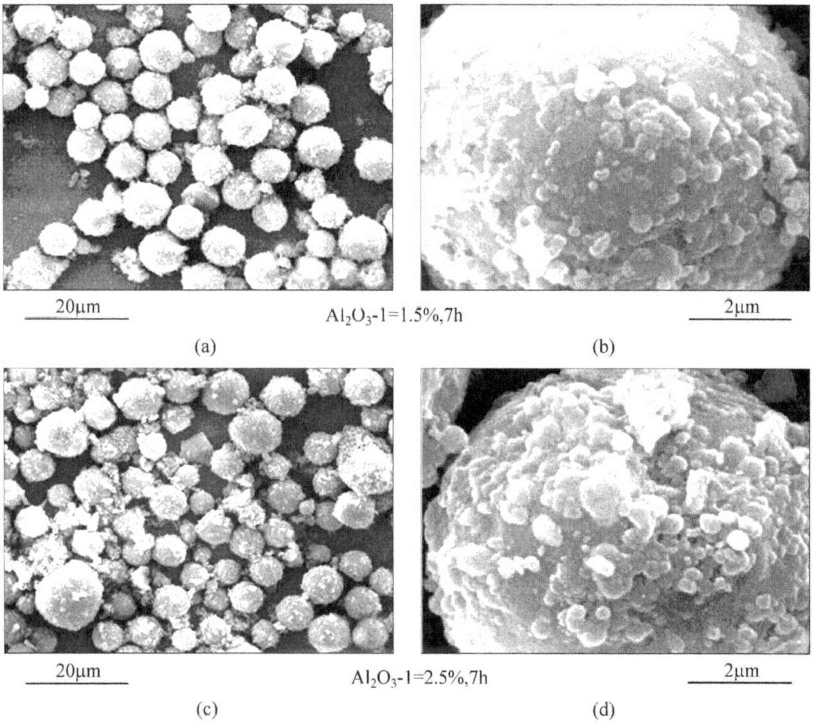

图 2-45　添加氧化铝粉条件下形成中间相微球形貌的 SEM 照片[14]
(a)、(c)、(e)、(g)整体形貌；(b)、(d)、(f)、(h)表面形貌

中间相炭微球的球径大于未加入前[图 2-44(a)，图 2-45(h)]，并随反应时间的延长，球径增大[图 2-45(e)和(g)]，与偏光显微镜分析的结果一致。

比较体系添加 Al_2O_3-1 颗粒前[图 2-44(a)]后[图 2-45(a)和(c)]形成中间相炭微球的整体形貌，添加 Al_2O_3-1 后，形成中间相炭微球的球径分布变宽；且随 Al_2O_3-1 添加量的增加，球径变宽的幅度呈上升趋势。这是因为小于 1μm 的 Al_2O_3 颗粒在中间相炭微球形成过程中的阻碍作用使一部分球体生长变慢，添加量增加，阻碍作用增强；而未受影响的中间相炭微球仍以原生长速度增长，结果导致球体尺寸分布的变宽。而对于添加 Al_2O_3-1 颗粒前后形成中间相炭微球的表面形貌却非常相似，均为被小于 0.5μm 颗粒所覆盖的粗糙表面[图 2-44(b)，图 2-45(b)和(d)]。

同样，加入粒径 2～6μm 的 Al_2O_3-2 后形成中间相炭微球的球径分布[图 2-45(e)和(g)]与未添加时[图 2-44(a)]相比也有变宽的趋势。可以认为，加入粒径 2～6μm 的 Al_2O_3 后，体系中受到 Al_2O_3 中小颗粒阻碍作用形成的中间相炭微球较小，而在大的 Al_2O_3 颗粒促进作用下的生长的中间相炭微球则较大，二者协同作用的结果最终导致整体中间相炭微球的球径分布变宽。

比较相同制备条件下，体系添加 Al_2O_3-2 前后形成中间相炭微球表面覆盖的小颗粒，可以发现后者稍小于前者[图 2-44(b)，图 2-45(h)]。同时发现，在 Al_2O_3-2 添加量相同的条件下，随着反应时间的延长，形成中间相炭微球表面覆盖的小颗粒出现变小的趋势[图 2-45(f)和(h)]。引发这种小颗粒变化的原因详见 2.1.7 节小颗粒在碳质中间相的形成过程中所起的作用。

图 2-46 是体系中加入 Al_2O_3-1 后形成中间相炭微球断面织构的 SEM 照片。

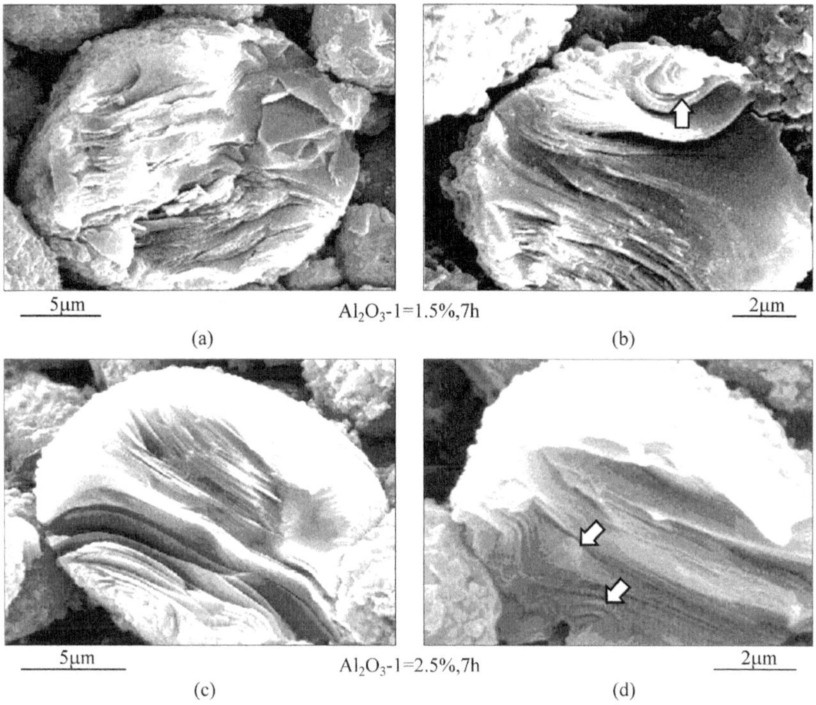

图 2-46　Al_2O_3-1 存在下形成中间相炭微球断面织构的 SEM 照片[14]

从图 2-46 可以看到，体系中加入粒径小于 1μm 氧化铝粉 Al_2O_3-1 后形成中间相炭微球断面织构比较复杂，不再是未加入 Al_2O_3-1 前较平直的碳层织构(图 2-30)，而是呈现波浪状，在织构层弯曲较大的地方还可以观察到一些不规则的颗粒物质[图 2-46(b)和(d)中的箭头所指]。经 EDS 测定，这些颗粒物质是反应体系中加入的 Al_2O_3-1 颗粒，表明体系中加入的 Al_2O_3-1 添加剂颗粒可在中间相炭微球的形成过程中进入球体内部，并对中间相炭微球的织构产生较大的影响。

体系中加入粒径 2～6μm 氧化铝粉 Al_2O_3-2 后形成中间相炭微球断面织构的 SEM 照片如图 2-47 所示。仔细观察图中各微球的断面织构，在微球内部没有发现较大的氧化铝颗粒，但有部分中间相炭微球的织构比较规整，如图 2-47(a)所示。

这说明较大的氧化铝颗粒在中间相炭微球的形成过程中不易进入球体内部，尽管它们对中间相炭微球的生长具有促进作用，但这种促进作用是间接的[14]。

图 2-47　Al_2O_3-2 存在下形成中间相炭微球断面织构的 SEM 照片[14]

4）氧化铝粉存在下形成中间相炭微球的微结构

基于体系中加入粒径为 2～6μm 的较大颗粒氧化铝粉 Al_2O_3-2 后形成中间相炭微球的内部没有发现较大的氧化铝颗粒[图 2-47(a)]，所以这里仅考察体系中引入粒径小于 1μm 的较小颗粒氧化铝粉 Al_2O_3-1 后形成中间相炭微球的微结构。

在热缩聚条件 410℃-7h 下，体系添加氧化铝粉 Al_2O_3-1 前后形成中间相炭微球的红外谱图如图 2-48 所示。

从图 2-48 可以看出，不同 Al_2O_3-1 添加量体系形成中间相炭微球的红外谱图（图 2-48 中谱线 b 和 c）十分相似，但体系添加氧化铝粉 Al_2O_3-1 前后形成中间相炭微球的红外谱图（图 2-48 中谱线 a～c）差别较大，尤其是 900～400cm^{-1}范围内的特征峰。对于标识芳烃取代基类型的特征峰，如位于 870cm^{-1}、809cm^{-1}、748cm^{-1}、727cm^{-1}和 693cm^{-1}附近的衍射峰，体系添加 Al_2O_3-1 前后基本类似；只有 458cm^{-1}处标识单取代和 1,3-双取代的特征峰强度在体系添加 Al_2O_3-1 后变得较大。这说明体系添加氧化铝粉 Al_2O_3-1 后形成中间相炭微球中的这种取代基的数量较多，分子之间的连接不是很好。另外，体系中添加氧化铝粉 Al_2O_3-1 后形成

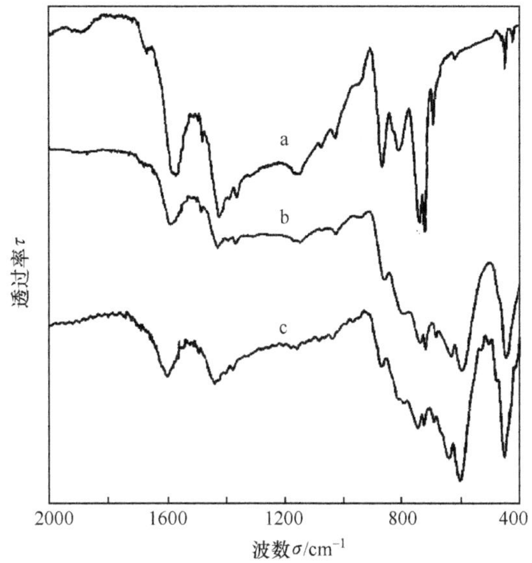

图 2-48　氧化铝粉 Al_2O_3-1 添加前后形成中间相炭微球的红外谱图[14]

a-Al_2O_3-1=0%；b-Al_2O_3-1=1.5%；c-Al_2O_3-1=2.5%

中间相炭微球的红外谱图，在 643cm^{-1}和 607cm^{-1}处出现了新的特征峰，这些峰的类型较难确定，根据文献[100]推断，这些特征峰可能是 Al 和 C 结合后形成的有机金属化合物，这就意味着引入体系的氧化铝粉 Al_2O_3-1 可能和碳质体之间发生了弱化学作用，但确定这一点还需进一步研究。

图 2-49 是体系添加氧化铝粉 Al_2O_3-1 前后形成中间相炭微球的 XRD 谱图。

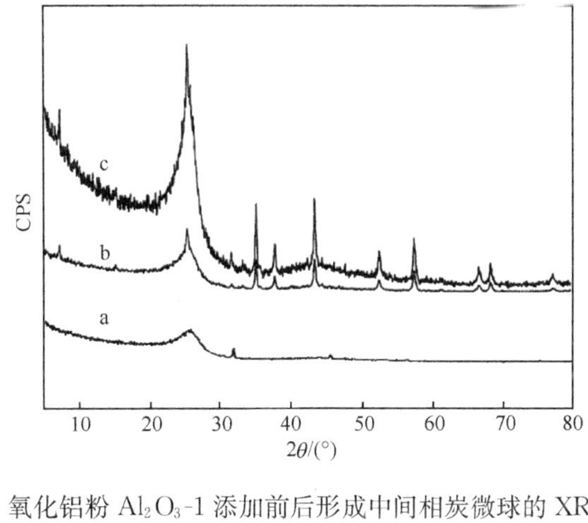

图 2-49　氧化铝粉 Al_2O_3-1 添加前后形成中间相炭微球的 XRD 谱图[14]

a-Al_2O_3-1=0%；b-Al_2O_3-1=2.5%；c-Al_2O_3-1=1.5%

从图 2-49 中可以发现，体系添加氧化铝粉 Al_2O_3-1 后形成中间相炭微球的 XRD 谱图具有许多尖峰，这些尖峰由 PDF 卡片鉴定为 α-Al_2O_3 的峰。比较 Al_2O_3-1 的添加量分别为质量分数 1.5%和 2.5%时形成的中间相炭微球在 26°衍射角附近的峰强度，前者远高于后者，且前者峰形的尖锐度也高于后者；在 43°附近的衍射峰前者也较后者明显。这就说明体系中 Al_2O_3-1 的添加量为质量分数 1.5%时形成中间相炭微球内部片层分子的排列比添加量为质量分数 2.5%时形成中间相炭微球内部片层分子的排列更有序，再次佐证小于 1μm 的氧化铝颗粒在中间相炭微球的形成过程中可进入球体内部，并对中间相炭微球的织构产生较大的影响。

氧化铝粉 Al_2O_3-1 添加前后形成的中间相炭微球，经 2800℃石墨化后的 XRD 谱图如图 2-50 所示。从图 2-50 中看到，在两个 Al_2O_3-1 不同添加量体系中形成的中间相炭微球，经石墨化后所获 XRD 谱图中不存在氧化铝峰，表明中间相炭微球中的氧化铝在 2800℃的石墨化过程中已经气化溢出。由此可以认为，尽管小于 1μm 的氧化铝颗粒在中间相炭微球形成过程中对芳香片层分子的长大起着阻碍作用，但最终形成的中间相炭微球仍为易石墨化炭，并具有良好的石墨化性能。

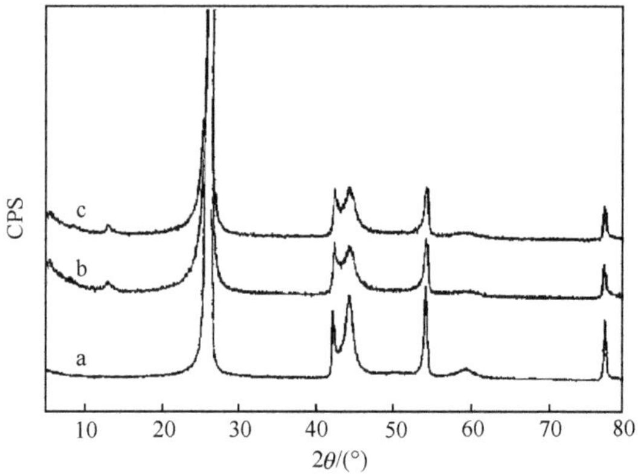

图 2-50 氧化铝粉 Al_2O_3-1 添加前后形成中间相炭微球石墨化后的 XRD 谱图[14]

a-Al_2O_3-1=0%；b-Al_2O_3-1=2.5%；c-Al_2O_3-1=1.5%

依据图 2-50 计算获得添加氧化铝粉 Al_2O_3-1 前后形成的中间相炭微球石墨化后的微结构参数列入表 2-7。

表 2-7 添加氧化铝粉 Al_2O_3-1 前后形成中间相炭微球石墨化后的微结构参数[14]

中间相炭微球	Al_2O_3-1 w/%	G/%	d_{002}/nm	L_c/nm	$L_{a(100)}$/nm	N
a	0	83.49	0.3368	23.0	38.0	68.3
b	2.5	77.70	0.3373	20.2	24.8	60.0
c	1.5	71.70	0.3378	23.0	23.2	60.0

由表 2-7 可知，中间相炭微球中引入粒径小于 1μm 的氧化铝颗粒会造成其石墨化度 G 的降低、分子片层间距 d_{002} 的增大、微晶尺寸（L_c 和 L_a）的减小和单晶内片层分子堆积数 N 的降低。亦即，在中间相炭微球中引入粒径小于 1μm 的氧化铝颗粒，对其在高温石墨化过程中结构的发展具有不利的影响。

3. 添加硫对中间相炭微球形成过程的影响

硫在橡胶行业因其优异的改性作用被广泛应用，在炭材料领域也有研究者将其作为改质剂[101-104]。将硫引入中间相炭微球的成球体系，考察硫对稠环芳烃的热缩聚及其形成中间相炭微球形貌的影响，对丰富中间相炭微球的形成理论，具有一定的学术意义和实用价值。

1）非均相成核体系中硫的存在对形成中间相炭微球形貌和织构的影响

分别将质量分数为 1.0%、5.0%、10.0%的沉降硫与中温煤焦油沥青一起粉碎、混合均匀，在不锈钢反应器中 420℃下热缩聚 7h；同时进行体系中未加入沉降硫的对比实验，获得碳质中间相的形貌如图 2-51 所示。

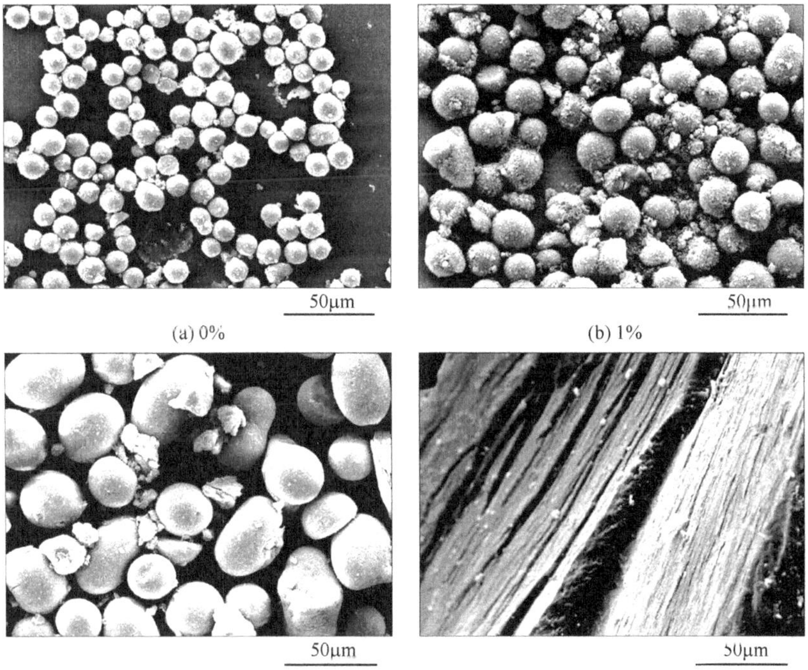

(a) 0%　(b) 1%　(c) 5%　(d) 10%

图 2-51　非均相成核体系中硫存在下形成的碳质中间相形貌[79,86]

从图 2-51 看到，体系中硫的添加量为质量分数 1%时形成的中间相炭微球[图 2-51(b)]明显大于未添加硫时形成的中间相炭微球[图 2-51(a)]，并随着体系中硫添加量的增加形成中间相炭微球的球径快速增大，且球体出现多样形态，如在硫的质量分数为5％时不仅形成的中间相炭微球很大，而且还出现了蚕蛹状、哑铃形、棒状等形态的中间相。当硫的质量分数增加至10％时，体系中不再形成小球，而直接形成流线型体中间相，如图2-51(d)所示。

采用自行编写的SEM图像管理及测距软件[86]对图2-51中的中间相炭微球进行计数统计，获得硫存在下形成中间相炭微球的球径分布，如图2-52所示。

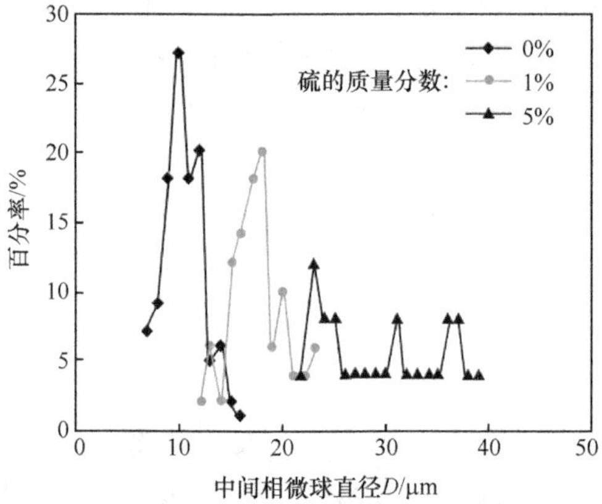

图2-52　非均相成核体系中硫存在下形成中间相炭微球的球径分布[86]

从图2-52可以看出，当硫的质量分数为5％时，形成中间相炭微球的球径分布曲线欠佳，这是由于在该条件下形成的中间相炭微球较大，在一定尺寸范围的SEM照片中呈现的微球数量少所致[图2-51(c)]。通过统计得出，未添加硫时体系形成的中间相炭微球，平均粒径为10.95μm[图2-51(a)]；在硫的质量分数为1％时，获得中间相炭微球的平均粒径为17.94μm[图2-51(b)]；当硫的质量分数增加至5％时，形成中间相炭微球的长短径平均值高达29.85μm[图2-51(c)]。

图2-53是体系添加硫前后形成中间相炭微球的织构。

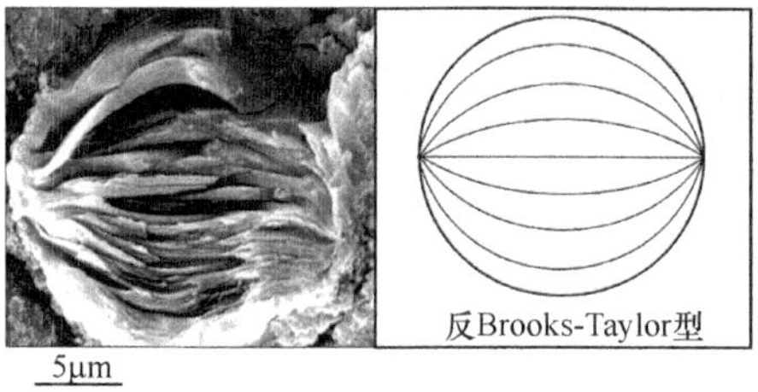

(a) 硫的质量分数为0%

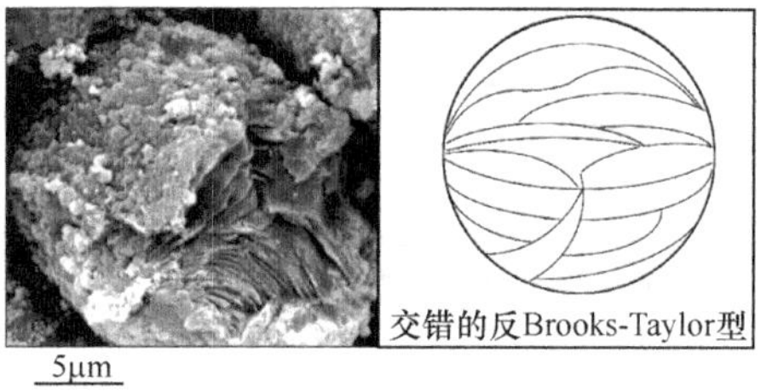

(b) 硫的质量分数为1%

图2-53　非均相成核体系中添加硫前后形成中间相炭微球的织构[79,86]

从图2-53可以看出，在体系中未加入沉降硫前，即没有硫参与的条件下，形成中间相炭微球的织构为典型的反 Brooks-Taylor 型[图 2-53(a)]。在体系中加入沉降硫以后，形成中间相炭微球的织构变得复杂。在加入沉降硫的质量分数为 1% 时，原来的片层间发生位错，形成交错的反 Brooks-Taylor 型如图 2-53(b)所示。

提高沉降硫的添加量至质量分数 5%时，形成的中间相炭微球织构更为复杂，由于此时形成的中间相炭微球多为异形结构，加之中间相炭微球之间的融并与粘连，以致球体长轴两端的织构多是扭曲的，如图 2-54 所示。

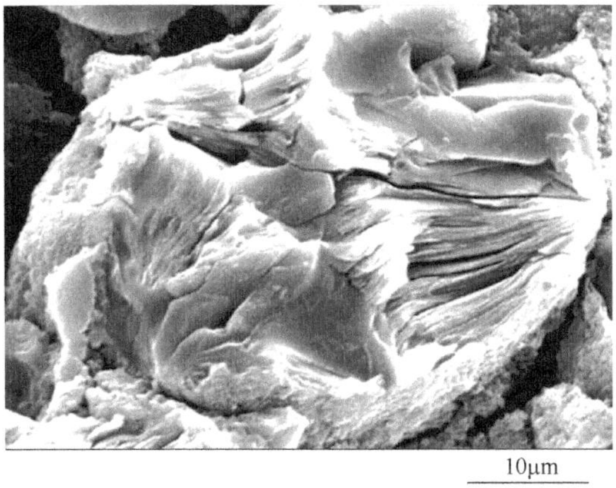

图 2-54　非均相成核体系中形成的复杂织构中间相炭微球(硫的质量分数为 5%)[79,86]

2）均相成核体系中硫的存在对形成中间相炭微球形貌和织构的影响

分别以低温煤焦油沥青以及添加沉降硫质量分数为 1.0%、5.0%的低温煤焦油沥青为原料，在不锈钢反应器中 440℃下热缩聚 1h，获得系列碳质中间相。

图 2-55 是以低温煤焦油沥青为原料，在 440℃-1h 热缩聚条件下，均相成核获得碳质中间相的偏光显微照片。

图 2-55　均相成核体系中形成碳质中间相的偏光显微照片[86]

从图 2-55 可看出，在 440℃-1h 热缩聚条件下，低温煤焦油沥青均相成核体系形成了少量大尺寸的中间相球体和大量小尺寸的中间相球体，而中间尺寸的球体相对较少。

同时在图 2-55 中还发现有许多特别小的亮点，因受光学显微镜分辨率的制约很难看清楚，所以采用扫描电镜进行表征，低温煤焦油沥青均相成核体系形成的碳质中间相形貌如图 2-56 所示。

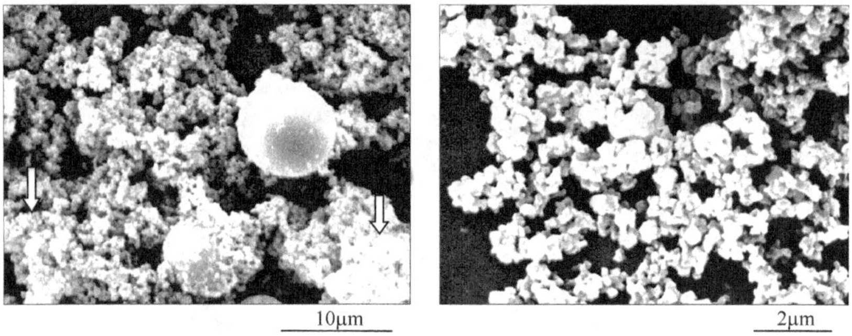

(a) 碳质中间相的形貌　　(b) 细小中间相团聚体散开后的形貌

图 2-56　均相成核体系中形成的碳质中间相形貌[86]

由图 2-56(a)可知，低温煤焦油沥青均相成核体系中形成的中间相炭微球表面光滑清晰，同时含有大量的细小中间相颗粒及其团聚体(箭头所指)；从图 2-56(b)可看到，这些细小中间相颗粒多为不规则的形状。这些小颗粒在碳质中间相的形成及其在中间相炭微球形成过程中所起的作用，详见 2.1.7 节内容。

图 2-57 是低温煤焦油沥青中分别添加质量分数 1%和 5%的沉降硫后，在 440℃-1h 热缩聚条件下形成碳质中间相的形貌。

(a) 硫的质量分数为1%　　(b) 硫的质量分数为5%

图 2-57　均相成核体系中硫存在下形成的碳质中间相形貌[79,86]

由图 2-57 看到，在低温煤焦油沥青均相成核体系中添加质量分数 1%或 5%

的沉降硫后形成的碳质中间相与未添加沉降硫时形成的碳质中间相特征相似，即中间相炭微球表面光滑，同样含有大量不规则的细小微粒，且大部分已形成团块，中间相炭微球的球径分布宽。其中，在硫的质量分数为 1%时形成中间相炭微球的平均球径为 6.2μm；增加硫的质量分数至 5%时形成中间相炭微球的球径为 9.8μm。从图 2-57 中可以看到由双球融并的中间相[图 2-57(a)中箭头 A 所指]以及所形成的块状中间相[图 2-57(a)中箭头 B 所指和(b)中箭头 C 所指]。

低温煤焦油沥青均相成核体系中硫的存在还会形成一些异型的中间相，如图 2-58所示类似树根的中间相(当硫的质量分数为 1%和 5%时，均会形成类似形貌的中间相)。

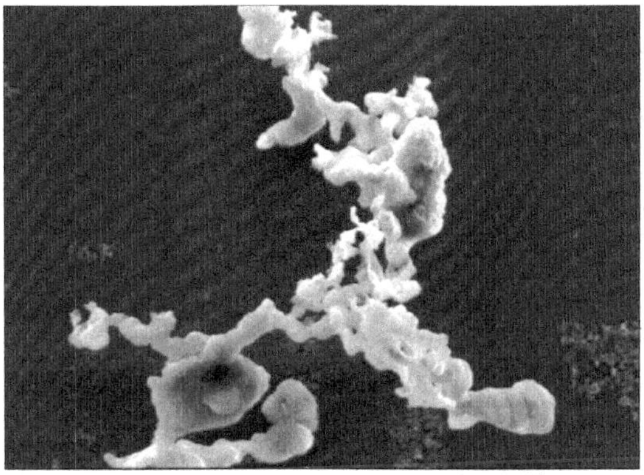

图 2-58　树根状的中间相的 SEM 照片[79,86]

图 2-59 为低温煤焦油沥青均相成核体系中添加沉降硫后所获中间相沥青不同位置的 SEM 照片。分别观察图 2-59 中四张 SEM 照片即可发现：图 2-59(a)呈现出均相成核体系中形成的中间相炭微球多具有 Brooks-Taylor 结构(图中箭头 A 所指)。图 2-59(b)中箭头 B 所指部分为均相成核体系中形成树根状中间相中的部分织构(图 2-58 所示树根状中间相中的部分织构)。图 2-59(c)为均相成核体系中三球融并时的织构图，上方的微球(图中箭头 C 所指)刚开始接触，织构还未完全调整；下方是已经过织构调整的两个微球(图中箭头 D、E 所指)。图 2-59(d)中箭头 F 所指之处说明在均相成核体系中还形成同心圆结构的中间相炭微球。

图 2-60 来自图 2-59(d)试样不同位置。观察图 2-60 中的中间相炭微球，它并不是 Brooks-Taylor 中间相炭微球赤道一侧的半球，而是同心圆结构。

3) 硫存在下非均相成核形成中间相炭微球的微结构

利用红外光谱分析，可以获得中间相炭微球的官能团、碳骨架等结构特征。在对中间相炭微球、中间相炭微球母相以及中间相沥青(含有中间相炭微球的沥青)进行红外光谱分析的过程中发现，三者的红外谱图差别不大。因此，研究中只对原

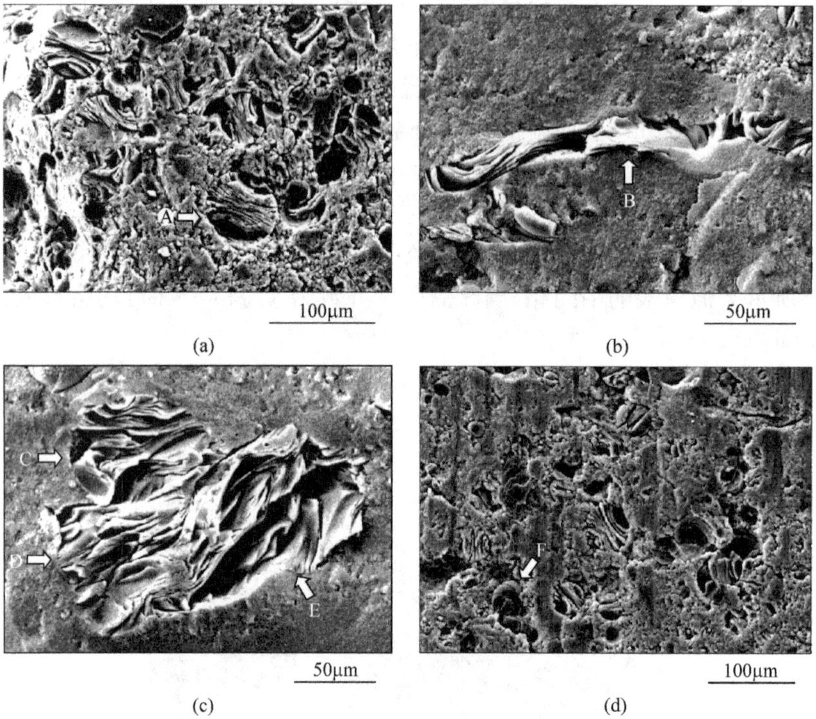

图 2-59　均相成核体系中硫存在下形成碳质中间相的织构[79,86]

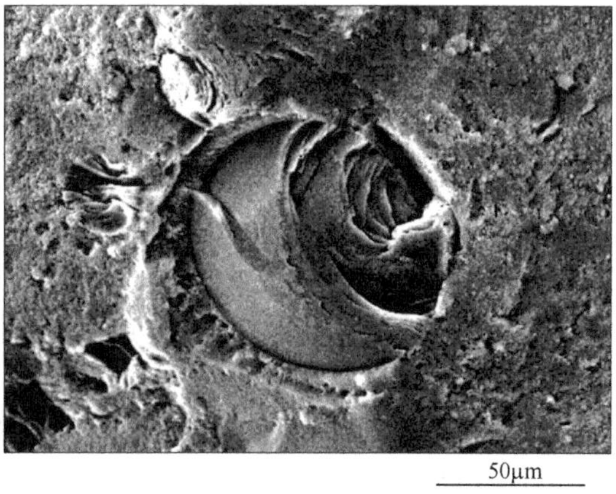

图 2-60　同心圆结构中间相炭微球的 SEM 照片[86]

料沥青和中间相沥青进行红外光谱分析。

图 2-61 是中温煤焦油沥青及其添加不同量沉降硫条件下形成中间相沥青的红外谱图。

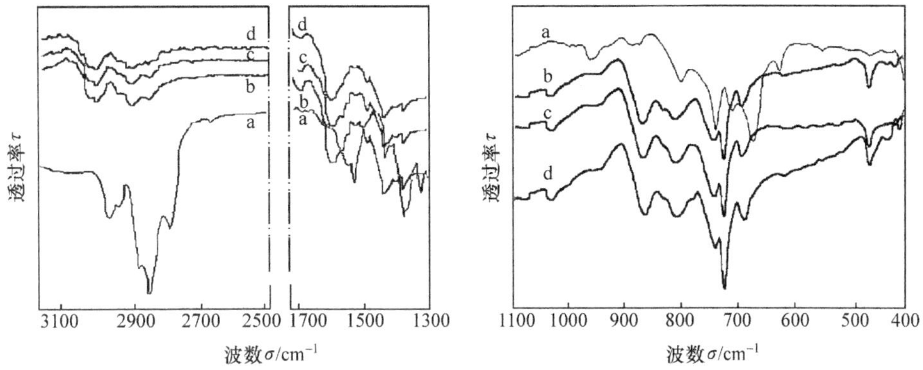

图 2-61 中温煤焦油沥青及其添加不同量沉降硫条件下形成中间相沥青的红外谱图[86]

a-中温煤焦油沥青；b～d-中间相沥青，添加沉降硫的质量分数：b-0%，c-2.5%，d-5.0%

如图 2-61 所示，中温煤焦油沥青的红外谱图与体系添加不同量沉降硫条件下形成中间相沥青的红外谱图存在较大差异。中温煤焦油沥青位于波数 $3050cm^{-1}$ 处吸收峰（芳烃 C—H 伸缩振动）明显低于波数 2860～$2960cm^{-1}$ 处的吸收峰（脂肪族 CH_2 及 CH_3 的 C—H 伸缩振动）；而中间相沥青在波数 $3050cm^{-1}$ 处的吸收峰却较高，即两吸收峰的强度比（$3050cm^{-1}$ 与 $2930cm^{-1}$ 或 $2960cm^{-1}$）较高。这表明中间相沥青的芳构化程度高于原料中温煤焦油沥青，并随着体系中沉降硫添加量的增加而升高。另外，中温煤焦油沥青在波数 $1386cm^{-1}$、$1450cm^{-1}$ 处的脂肪 C—H键的吸收峰强度明显高于中间相沥青，同样表明原料中温煤焦油沥青的芳构化程度低于中间相沥青。

中间相沥青的红外谱图在 $870cm^{-1}$ 附近的吸收峰强度（1，3，4，5 取代芳烃的 C—H 面外弯曲振动）较原料中温煤焦油沥青高，也随着体系中沉降硫添加量的增加而提高，进一步证实体系的芳构化缩合程度随沉降硫的添加量增加而加深。比较图谱中 $750cm^{-1}$、$810cm^{-1}$ 附近表示单取代芳烃和直线缩合多环芳烃的吸收峰[105,106]，中温煤焦油沥青和添加不同量沉降硫后形成中间相沥青的吸收峰强度均较大；对于三种中间相沥青而言，吸收峰的强度也随体系中沉降硫添加量的增加而增强，即其顺序为谱线 b＜c＜d。这表明原料中温煤焦油沥青中的单取代芳烃和线性缩合多环芳烃的含量相对较高，而沉降硫的加入也会使直线缩合多环芳烃增多，这可能是由于硫的加入生成了更多的 C—C、C—S—C 等 σ 键所致。同时，图谱中 1030～$1090cm^{-1}$ 处表示 C—S—C 键的吸收峰[107]强度顺序也是谱线 a＜b＜c＜d，说明硫已存在于中间相炭微球的芳烃分子之中，并与硫的添加量成比例。另外，通过 EDS 与 XPS 分别对添加质量分数 5%和 10%沉降硫体系中形成的中间相炭微球进行表征，结果表明前者含硫原子的个数占总原子的 0.16%，而后者为 0.32%，也证明了 S 在中间相炭微球中的含量与原料中的沉降硫的添加量成比例。

炭材料的结构在低温炭化时(<600℃)就已确定,尽管通过高温处理可以进一步促进其结构的调整,但这种调整是局部而且有限的[99]。因此,可以说对炭化乃至石墨化碳质材料结构的分析实际上就是对未炭化材料结构的间接分析。

为了考察硫存在下形成的中间相炭微球中微晶结构参数和石墨化倾向,分别对经1000℃炭化和2800℃石墨化后的中间相炭微球进行了XRD表征,旨在确定中间相炭微球中的微晶在z轴方向的平均层间距d_{002}、z轴方向的有序堆积高度(石墨微晶沿c轴方向层面堆积的平均厚度)L_c、石墨片层堆积数N和微晶沿a轴方向的平均宽度L_a,以及硫存在下的微观结构状况。

图2-62是硫存在下非均相成核中间相炭微球1000℃炭化后的XRD谱图,图中衍射角$2\theta \approx 26°$处的峰为(002)峰,40°~46°为(10)峰[(100)峰和(101)峰的弥散]。

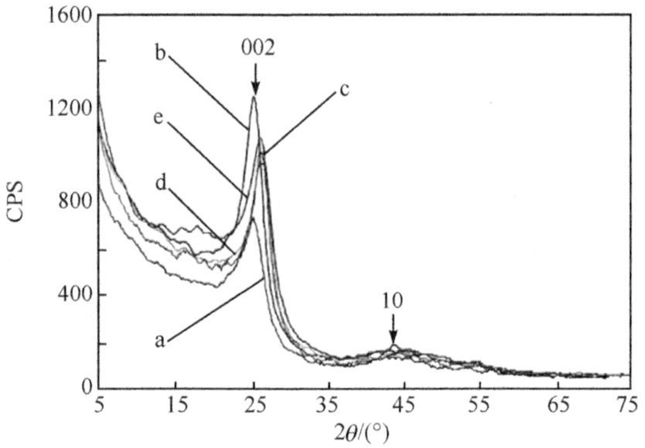

图2-62　硫存在下非均相成核中间相炭微球炭化后的XRD谱图[86]

硫的质量分数:a-0%;b-1.0%;c-2.5%;d-5.0%;e-10.0%

依据图2-62计算获得硫存在下非均相成核中间相炭微球炭化后的微结构参数列入表2-8。需要说明的是,由于图2-62中XRD谱图的(100)峰和(101)峰合为一个(10)峰,且峰宽高达20°左右,所以这里不进行讨论。

表2-8　硫存在下非均相成核中间相炭微球炭化后的微结构参数[86]

中间相炭微球	沉降硫 w/%	2θ/(°)	β_{002}/(°)	d_{002}/nm	L_c/nm	N
a	0	25.39	3.590	0.3508	2.245	6.4
b	1.0	25.68	2.564	0.3469	3.145	9.1
c	2.5	26.53	2.650	0.3360	3.050	9.1
d	5.0	26.53	2.820	0.3360	2.865	8.5
e	10.0	26.41	3.418	0.3374	2.363	7.0

从表 2-8 中可以看到，硫存在下非均相成核形成中间相炭微球的 XRD 衍射角 2θ 略大于添加沉降硫前形成中间相炭微球的 2θ，而半峰宽 β_{002} 和 d_{002} 却均小于未添加沉降硫时形成的中间相炭微球；对于微晶厚度 L_c 和微晶碳层片数 N，添加沉降硫后形成的中间相炭微球则全部高于添加沉降硫前。因此，体系中硫的存在可以使中间相炭微球的微晶排列更为有序。

比较表 2-8 中沉降硫添加量对中间相炭微球微晶参数的影响，可以看出：当沉降硫添加量的质量分数为 1%时，微晶的平均层间距 d_{002} 略小于未添加沉降硫时，但半峰宽 β_{002} 最小，微晶厚度 L_c 和碳层片数 N 则最高，表明硫的添加在中间相炭微球的形成过程中起着调整大芳烃环构象的作用。增加沉降硫的质量分数至 2.5%时，虽然 d_{002} 减小，但 β_{002} 有所升高，而 L_c 降低，N 不变，这是由于硫添加量的增加强化了芳烃分子的交联作用，使稠环芳烃分子平面中的 C—S、C—C 等 σ 单键增多，导致大分子芳环的平面度降低，微晶厚度 L_c 减少。继续增大沉降硫的质量分数至 5%、10%时，d_{002} 变化不大，β_{002} 仍在增加，L_c 和 N 均随沉降硫质量分数的提高明显下降，这也是由于中间相炭微球中硫与芳烃分子的交联作用进一步强化所致。

图 2-63 是硫存在下非均相成核中间相炭微球经 2800℃石墨化后的 XRD 谱图，图中衍射角 2θ 在 26°、42°、44°、54°、60°、77°附近存在的衍射峰分别对应石墨的(002)、(100)、(101)、(004)、(103)、(110)峰，其中(002)衍射峰的强度最高。

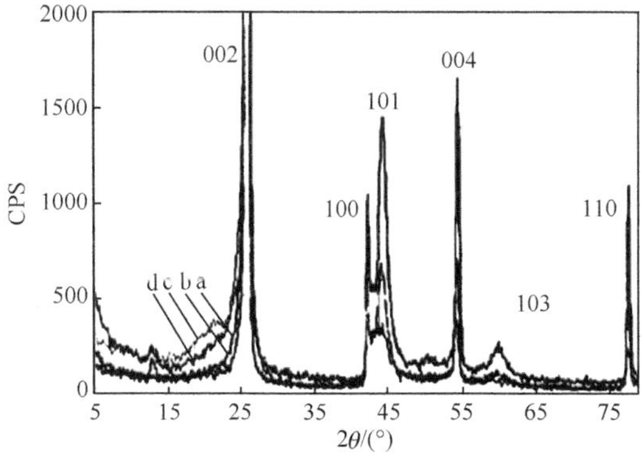

图 2-63　硫存在下非均相成核中间相炭微球石墨化后的 XRD 谱图[86]

硫的质量分数.a-0%，b 1.0%；c-5.0%；d-10.0%

表 2-9 列出了图 2-63 中各石墨化中间相炭微球的 XRD 衍射峰数据，经计算获得各石墨化中间相炭微球的微结构参数列入表 2-10。

表 2-9　硫存在下非均相成核中间相炭微球石墨化后的 XRD 衍射峰数据[86]

衍射峰	衍射角/(°)	石墨化中间相炭微球*			
		a	b	c	d
002	$2\theta_{002}$	26.42	26.36	26.40	26.28
	β_{002}	0.361	0.315	0.352	0.444
100	$2\theta_{100}$	42.36	42.36	42.36	42.36
	β_{100}	0.610	0.500	0.580	0.690
101	$2\theta_{101}$	44.49	44.32	44.56	44.32
	β_{101}	1.059	1.340	1.240	1.930
004	$2\theta_{004}$	54.53	54.35	54.44	54.28
	β_{004}	0.470	0.518	0.445	0.670
103	$2\theta_{103}$	59.86	59.84	59.80	59.12
	β_{103}	2.000	2.300	2.600	3.300
110	$2\theta_{110}$	77.47	77.44	77.44	77.40
	β_{110}	0.406	0.475	0.455	0.576

* 硫的质量分数：a-0%；b-1.0%；c-5.0%；d-10.0%。

表 2-10　硫存在下非均相成核中间相炭微球石墨化后的微结构参数[86]

石墨化中间相炭微球	沉降硫 w/%	d_{002}/nm	L_c/nm	$L_{a(100)}$/nm	$L_{a(101)}$/nm	N	G/%
a	0	0.3373	22.37	28.62	16.57	66	77.9
b	1.0	0.3378	24.91	35.00	13.10	74	72.1
c	5.0	0.3373	23.82	30.06	14.17	71	77.9
d	10.0	0.3388	18.69	25.27	9.08	55	60.5

中间相炭微球石墨化后的微晶参数反映了中间相炭微球的石墨化难易程度。表 2-10 中数据显示，在原料中温煤焦油沥青中分别添加质量分数 1%或 5%沉降硫后，形成的中间相炭微球微晶中石墨片层的堆积数 N 均高于未加入沉降硫前，且石墨片层沿水平方向发育良好；而当沉降硫的添加量增加至质量分数 10%后，形成的体中间相微晶中石墨片层的堆积数 N 却低于添加沉降硫前，同时微晶中的石墨片层沿水平方向发育也较差。但从石墨化程度参数 G 来看，未加入沉降硫的原料沥青体系形成的中间相炭微球却最高，说明硫的加入会造成石墨化程度的降低。

另外，由于在未炭化及低温炭化中间相炭微球 XRD 谱图中的(002)衍射峰均为不对称峰形(图 2-31，图 2-62)。在这种情况下，可以利用分峰法将不对称的(002)衍射峰分解成一个对称的(002)峰和一个 γ 峰，其中对称的(002)峰源于芳族层面产生的衍射，γ 峰则由芳族分子中的脂肪成分所引起的。而后采用对称(002)峰面积与 γ 峰面积比表征中间相炭微球的微观结构，也可以得到以上表 2-8 中类似的结果[108,109]。

也可用经验参数 R 值表征法解析炭材料的微观结构[110,111]。这里 R 值定义为：在相同条件下，位于零点以上的(002)峰强度 H 与基线位于零点以上的强度 h 之比，即 $R=H/h$。显然，R 与样品中单层芳环有序区域所占的比例有关。当 $R=1$ 时，不存在(002)峰，样品仅由单层芳环有序的区域组成；随着 R 的增加，由几个平行石墨片层构成的有序区域比例增加；例如，当 $R=2$ 时，表明样品中只有 30%的碳原子位于单层石墨所构成的有序区域中，而其他碳原子则存在于由多个石墨片层(微晶)构成的有序区域中。

图 2-64 是图 2-62 中不对称(002)峰谱的放大图。

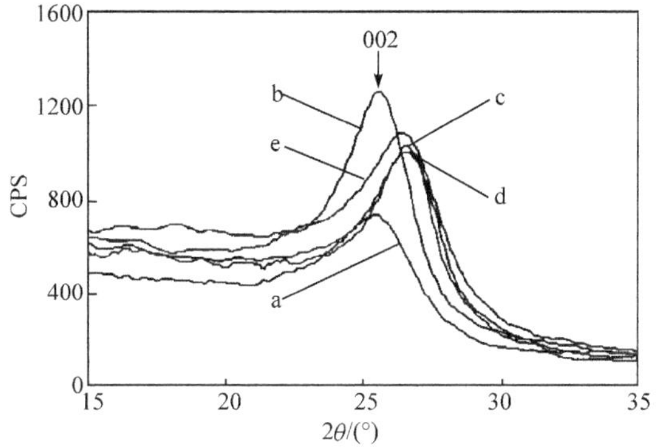

图 2-64　硫存在下非均相成核中间相炭微球炭化后 XRD 谱图中的不对称(002)峰[86]

硫的质量分数：a 0%，b 1.0%；c-2.5%；d-5.0%；e-10.0%

首先通过 Origin 等软件对图 2-64 中的(002)峰谱线进行光滑处理，而后画出各样品(002)峰的基线，再从峰点向横坐标引垂线与基线相交，在交点处将垂线分为两部分，定义从横坐标到交点的值为 h，从交点到峰顶点的值为 H，计算出相应的比值 R，所得结果列入表 2-11。

表 2-11　硫存在下非均相成核中间相炭微球炭化后的 *R* 值[86]

中间相炭微球	沉降硫 w/%	H/CPS	h/CPS	R/CPS
a	0	624	101	6.18
b	1.0	1105	138	8.01
c	2.5	885	124	7.14
d	5.0	853	138	6.18
e	10.0	917	156	5.88

由表 2-11 可知，在沉降硫的添加量为质量分数 1%时，形成中间相炭微球的 R 值最高，说明在此条件下形成中间相炭微球的微晶中，由数个平行石墨片层构成的有序区域比例最高；而在沉降硫的添加量为质量分数 10%时形成中间相的 R 值最低，表明在该条件下形成的体中间相中单片石墨片层的比例较高。

严格地讲，中间相炭微球石墨化后的衍射峰也是不对称的，但因其(002)峰不对称性很小，可以忽略。如果也使用 R 值表征，由于 h 相对 H 非常小，R 值则很大，单片层石墨存在的比例非常少，已失去了比较结构的意义。因此，R 值表征法主要用于比较中间相炭微球炭化后的结构差异。

4. 添加酚醛树脂对中间相炭微球形成过程的影响

酚醛树脂结构的主体为大比例的苯环，组成元素中以碳元素为主，热解后具有高残炭率，是制备炭材料较理想的先驱体。酚醛树脂热解炭和酚醛树脂包覆石墨均可作为锂离子二次电池的负极材料[112,113]。基于酚醛树脂在适宜的条件下会发生自聚合或与多环芳烃分子共聚合的特性[114]，选用酚醛树脂作为均相成核制备中间相炭微球的添加剂，旨在通过考察酚醛树脂对均相成核中间相炭微球生成的作用，进一步丰富中间相炭微球的形成理论。

1）酚醛树脂存在下中间相炭微球的形成过程

以低温煤焦油沥青为原料，按照表 2-12 中的物料配比称取添加剂酚醛树脂和交联剂六次甲基四胺，混合均匀，而后分别在 2L 的不锈钢反应釜中，在氮气保护搅拌状态下，按一定的速率升温至 440℃恒温 1h，获得中间相沥青，再经洗涤、抽提与干燥获得酚醛树脂存在下形成的中间相炭微球。

表 2-12 原料沥青与添加剂的配比[86]

编号	低温煤焦油沥青 m/g	酚醛树脂 m/g	六次甲基四胺 m/g
a	400		
b	400	40	
c	400	40	2

实验所用酚醛树脂的软化点为 85℃，20℃时的乙醇溶液黏度为 125mPa·s，属热塑性线性分子，结构式如下：

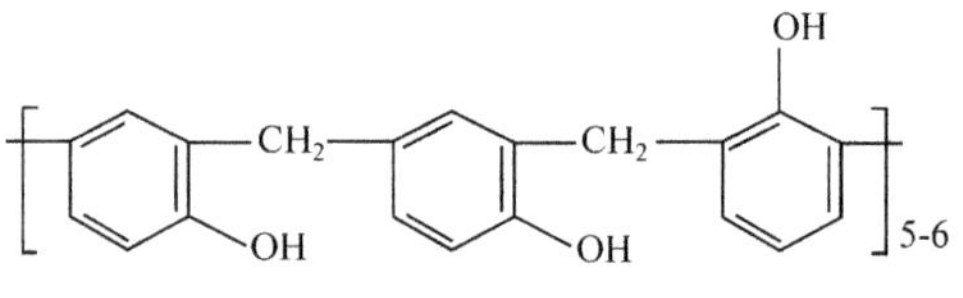

300℃以前，酚醛树脂处于固化阶段，主要发生官能团的缩合，释放出缩合水等，这些水与交联剂六次甲基四胺作用产生甲醛，即

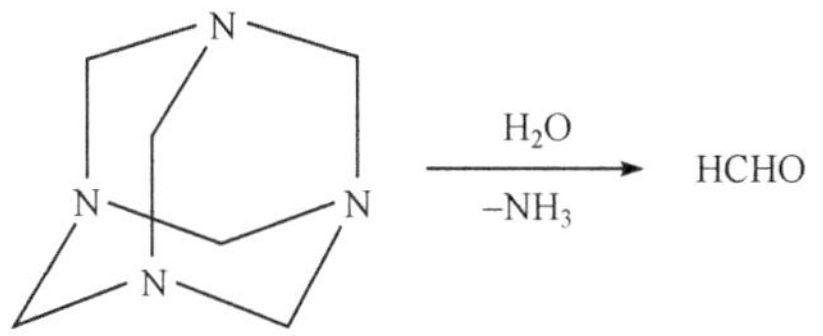

可加速酚醛树脂的交联。

为了将交联反应控制于只形成网状片层分子：

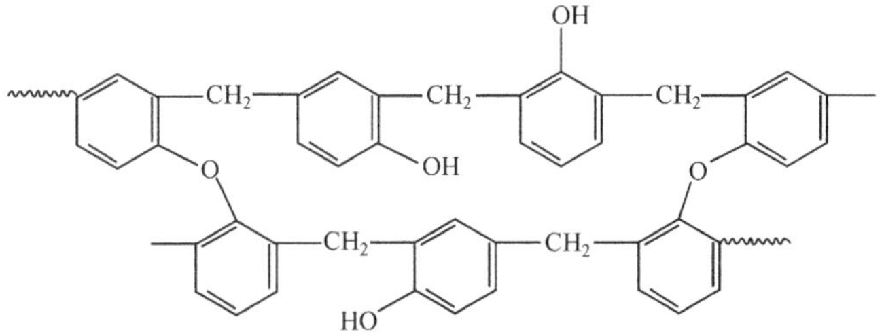

而不生成体型分子：

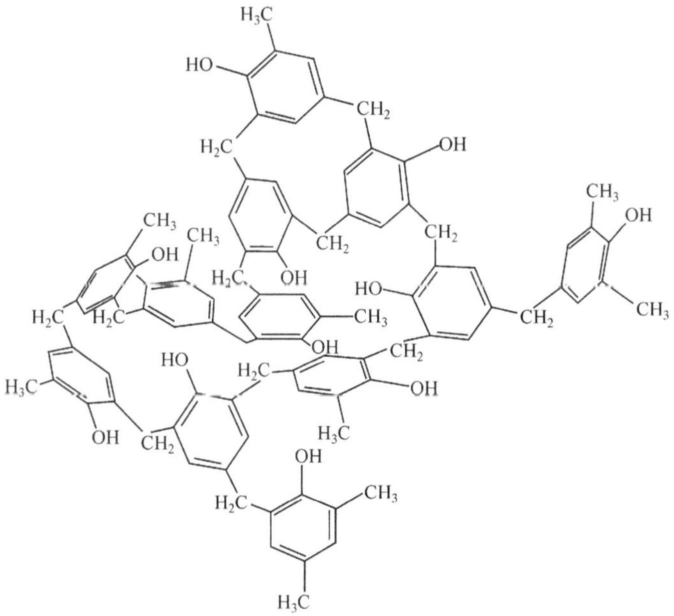

因此在体系中加入的六次甲基四胺较少。

300℃以上，形成的酚醛树脂网状片层分子发生热解释放出大量的小分子，芳环数量增多[115]，同时，酚醛树脂与沥青中的稠环芳烃分子发生共聚合反应[114]，使得沥青中的稠环芳烃分子间进一步缩合，以致稠环芳烃分子继续长大[116]，这一切无疑会对中间相炭微球的形成过程产生影响。

2）酚醛树脂存在下形成中间相炭微球的形貌

图 2-65 为添加酚醛树脂前后形成中间相炭微球的形貌。从图 2-65 中可以看出，在未添加酚醛树脂的成球体系中，低温煤焦油沥青形成的碳质中间相中除了细小的中间相微粒及其团聚体外，均为较大的、球形度很好的中间相炭微球[图 2-65(a)]，几乎没有其他形态的中间相；而且那些球形度好的中间相炭微球的平均球径远大于细小的中间相微粒。在低温煤焦油沥青中加入酚醛树脂后，形成中间相炭微球的球形度相对较好，并出现了少量双球融并的现象[图 2-65(b)]。当在低温煤焦油沥青中添加酚醛树脂和交联剂六次甲基四胺后，不仅体系中形成了相当比例的双球融并，同时还出现了在非均相成核体系中(图 2-51)非常罕见的多球融并以及连接现象，同时生成多种非球形的中间相[图 2-65(c)]。

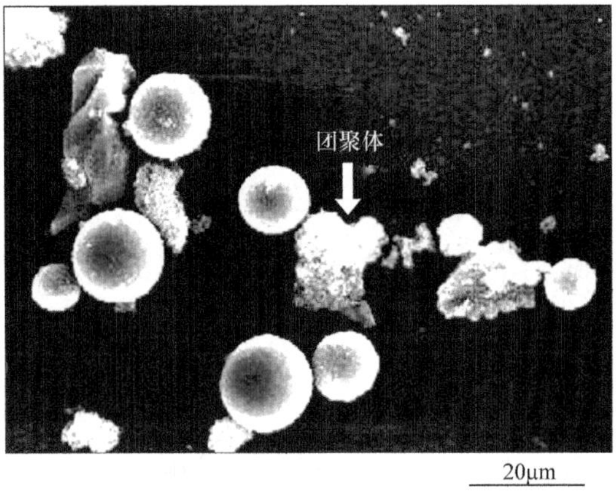

(a) 低温煤焦油沥青

(b) 低温煤焦油沥青+酚醛树脂

(c) 低温煤焦油沥青+酚醛树脂+六次甲基四胺

图 2-65　添加酚醛树脂前后形成中间相炭微球的形貌[35,86]

采用自行编写的 SEM 图像管理及测距软件[86]对添加酚醛树脂前后形成中间相炭微球的光学显微图像及扫描电镜图像进行统计分析，得到各自相应中间相炭微球的球径分布，如图 2-66 所示。

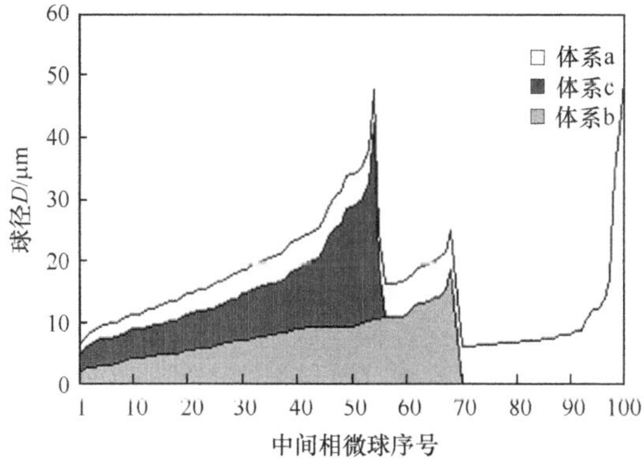

图 2-66　添加酚醛树脂前后形成中间相炭微球的球径分布[86]

a-低温煤焦油沥青；b-低温煤焦油沥青＋酚醛树脂；c-低温煤焦油沥青＋酚醛树脂＋六次甲基四胺

经计算得出：低温煤焦油沥青体系 a 中形成中间相炭微球的平均球径为 6.4μm；低温煤焦油沥青＋酚醛树脂体系 b 中形成中间相炭微球的平均球径大于低温煤焦油沥青体系，球径增大至 7.9μm；低温煤焦油沥青＋酚醛树脂＋六次甲基四胺体系 c 中形成的中间相炭微球平均球径最大，达到 8.7μm。这里进行统计的中间相炭微球只是球形或球融并体数据，不包括在图像中难以分辨的存在于碳质中间相中的超细微粒。

三种体系形成中间相炭微球的最大球径与最小球径之比分别如下：体系 a 为 28.5、体系 b 为 9.4、体系 c 为 10.9，这一数值大大高于非均相成核体系中形成中间相炭微球的最大球径与最小球径之比(图 2-52)。

另外，从图 2-65 中还可以看到，在可计数的中间相炭微球中，球径特别大的很少，而它们所占的质量分数却是相当大的，如在低温煤焦油沥青体系形成的中间相炭微球中最大球是最小球体积的 800 倍以上，换句话说，一个最大球质量可抵 800 个以上小球。

在未添加酚醛树脂的低温煤焦油沥青体系中形成中间相炭微球的数量较少，大小差异大，分布范围宽[图 2-65(a)，图 2-66 中体系 a]，同时在反应釜底部可发现有少量的中间相融并体。添加酚醛树脂后形成的中间相炭微球大小差异也较大，但相对分布范围较未添加酚醛树脂体系的窄[图 2-65(b)和(c)，图 2-66 中体系 b 和 c]，在反应釜底部呈现有多处块状的中间相融并体，同时在反应釜的内壁也形成了 1～2mm 的中间相层。这是由于中间相炭微球较母相的密度大，在重力作用下向下运动形成了底部的融并体；在反应釜的内壁中间相层则是由搅拌桨的离心力作用所致。显然，酚醛树脂的加入可使中间相炭微球的融并加剧，尤其是加入少量六次甲基四胺后。

需要说明的是，由于添加酚醛树脂后形成中间相炭微球的实验分别在“有、无”交联剂六次甲基四胺存在的两个体系中进行，如表 2-12 中列出的低温煤焦油沥青＋酚醛树脂(体系 b)，低温煤焦油沥青＋酚醛树脂＋六次甲基四胺(体系 c)；同时由图 2-65可知，在体系 c 中形成的中间相炭微球既有规整的中间相炭微球，也存在双球融并及多球融并或桥接，即图 2-65(c)中呈现的中间相炭微球形貌包括了添加酚醛树脂前体系 a 形成的中间相炭微球形貌和只添加酚醛树脂体系 b 中形成中间相炭微球的各种形貌，所以实验主要考察体系 c 中形成中间相炭微球的各种微观织构。

3) 酚醛树脂存在下形成中间相炭微球的织构

添加酚醛树脂前后形成中间相炭微球的偏光显微照片如图 2-67 所示。

从图中 2-67 可以看出，添加酚醛树脂前形成的中间相炭微球[图 2-67(a)]很规整，并呈现出典型 Brooks-Taylor 型织构的消光纹(图 2-68)；而在酚醛树脂存在下形成的中间相炭微球[图 2-67(b)和(c)]中既有规整的微球，也存在双球融并及多球融并或桥接，与图 2-65(b)和(c)添加酚醛树脂后形成中间相炭微球形貌的 SEM 照片相符，同时呈现出复杂的消光纹。

图 2-68 是消光纹与 Brooks-Taylor 结构的中间相炭微球倾角关系。

关联图 2-67 和图 2-68，即可发现：图 2-67(b)和(c)中的 B、C、D、F 中间相炭微球均具有 Brooks-Taylor 结构，其中 B、C、F 中间相炭微球的断面都垂直于赤道圆并通过两极。它们的两极轴的方向与“十字丝”方向所成的角度不同，消光纹不同。

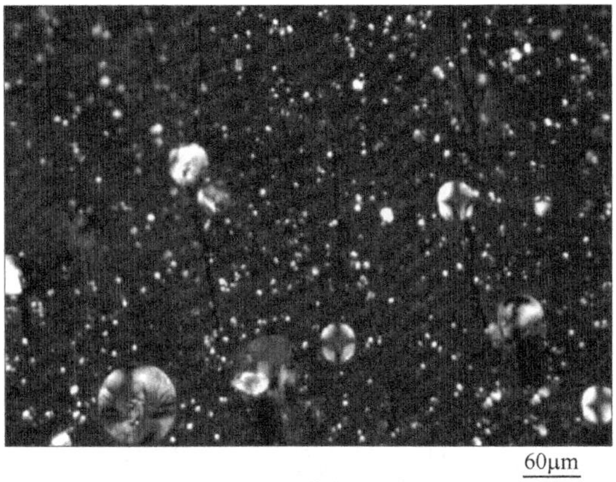

(a) 低温煤焦油沥青

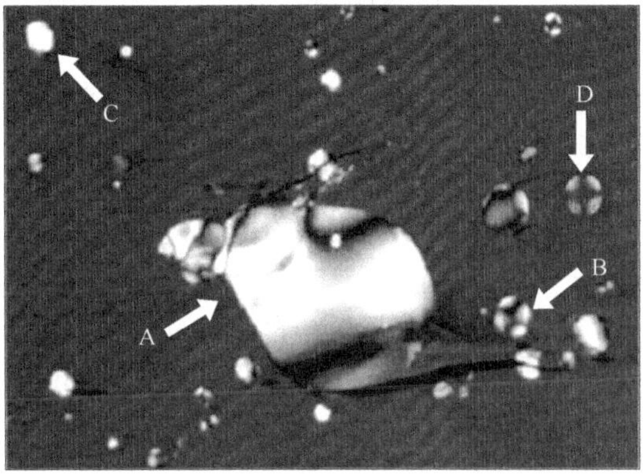

(b) 低温煤焦油沥青+酚醛树脂+六次甲基四胺

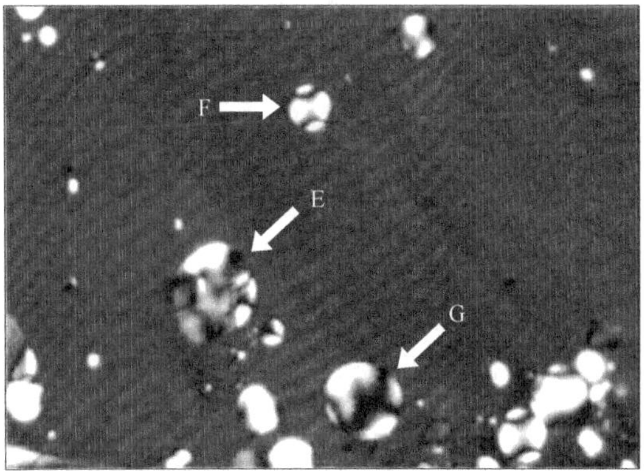

(c) 低温煤焦油沥青+酚醛树脂+六次甲基四胺

图 2-67　添加酚醛树脂前后形成中间相炭微球的偏光显微照片[35,86]

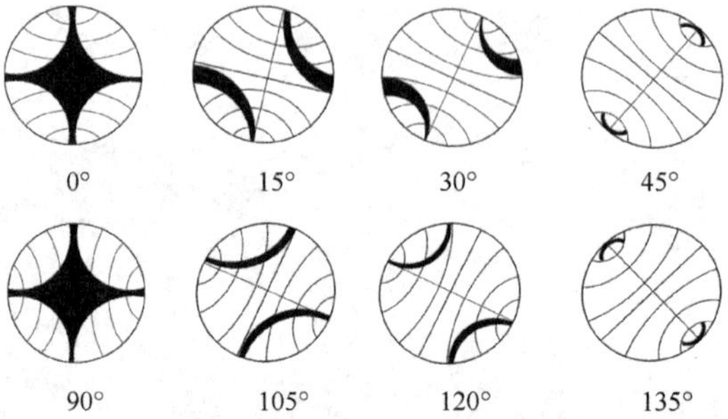

图 2-68　消光纹与 Brooks-Taylor 结构中间相炭微球的倾角关系[80]

通过比较可以确定中间相炭微球 B 是刚偏离 90°的黑十字向 105°发展，微球 C 为 45°，而微球 F 为 120°左右，微球 D 的倾角是 0°。图 2-67(b)和(c)中的 A、E、G 中间相球体是处于融并过程中的微球，其中球体 A 表现为两个已融并微球且与第三个微球刚接触时的情形，球体 E 则呈现出四个微球融并的形态。

依据图 2-68 中 Brooks-Taylor 型中间相炭微球在各种倾角的消光纹解析球体 A 和 E，得到其各自的消光纹与片层结构示意图如图 2-69 所示；同理，解析球体 G，得出的消光纹及片层结构的示意图，也一并列入图 2-69。

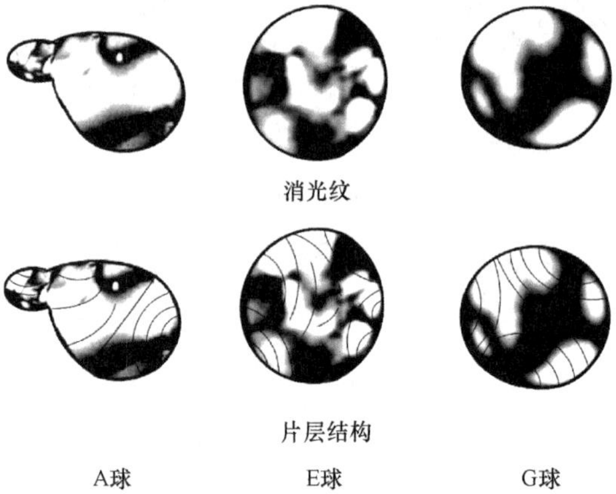

图 2-69　酚醛树脂存在下(低温煤焦油沥青＋酚醛树脂＋六次甲基四胺体系)
中间相炭微球融并过程中的消光纹与片层结构[86]

通过 SEM 照片可以直观地看到中间相炭微球的结构。添加酚醛树脂前低温煤焦油沥青体系中形成中间相炭微球织构 SEM 照片如图 2-70 所示。

从图 2-70 中可以清晰地看到，未添加酚醛树脂的低温煤焦油沥青体系形成的中间相炭微球呈现出典型的 Brooks-Taylor 地球仪层状结构。其中，图 2-70(a)为中间相炭微球垂直剖面的 SEM 照片，图 2-70(b)为中间相炭微球切去一角的 SEM

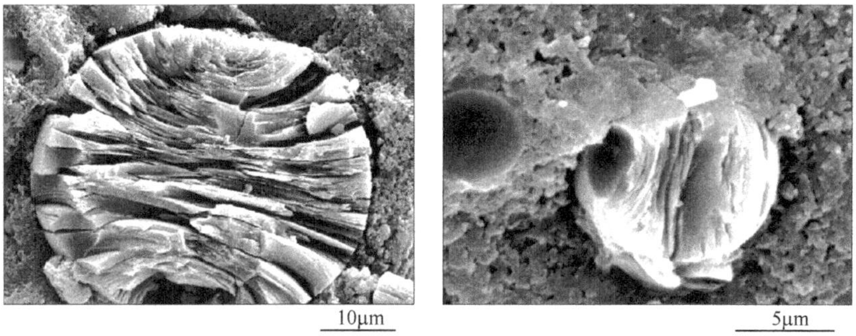

(a)　(b)

图 2-70　添加酚醛树脂前低温煤焦油沥青体系形成中间相炭微球的织构[35,86]

照片。这两张 SEM 照片给出了一个地球仪的完整形象，即中间的微晶形成的片层堆积体是一个水平圆盘，向两极方向的片层是弯曲程度不同的圆盘，在两极的圆盘弯曲程度最大，而相应圆盘片层则最小。为保持 Brooks-Taylor 结构，形成的微晶进一步长大势必受到较大程度的限制，因此两极附近层片微晶的有序排列较差。这种影响对球径小的中间相炭微球较大，由于球径越小，曲率越大，两极微晶层片占整个微球的体积分率越高。

图 2-71 为添加酚醛树脂后（低温煤焦油沥青＋酚醛树脂＋六次甲基四胺体系）形成各种形态中间相炭微球织构的 SEM 照片。

(a)　(b)

图 2-71　添加酚醛树脂后（低温煤焦油沥青＋酚醛树脂＋六次甲基四胺体系）形成中间相炭微球的织构[35,86]

可以看到，图 2-71(a)中左侧呈现出类似图 2-67(b)中微球 A 的内部织构图像，在微球 A 右侧还有规整的地球仪状结构的中间相炭微球。图 2-71(b)可以认为是图 2-67(c)中微球 E 类似的织构，即由四个较小的微球在酚醛树脂的作用下桥接而形成的较大的球体。显然，加入酚醛树脂及交联剂后形成的中间相炭微球织构比较复杂。

4）酚醛树脂存在下形成中间相炭微球的微结构

图 2-72 给出了酚醛树脂和其作为添加剂引入反应体系前后形成中间相炭微球的红外谱图。

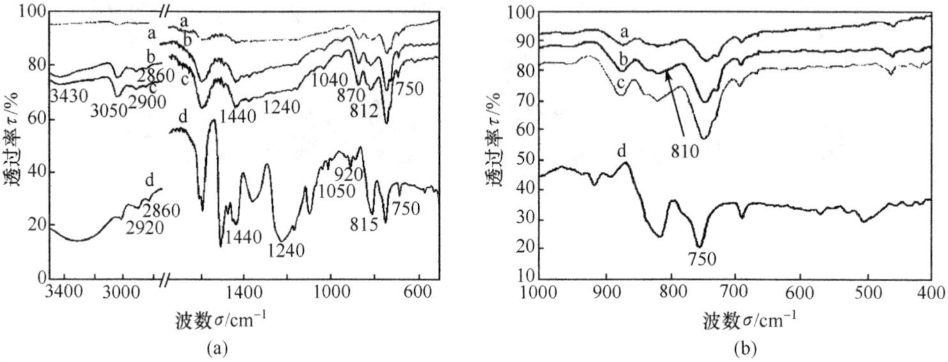

图 2-72　酚醛树脂及其作为添加剂引入反应体系前后形成中间相炭微球的红外谱图[86]

a-低温煤焦油沥青；b-低温煤焦油沥青＋酚醛树脂；

c-低温煤焦油沥青＋酚醛树脂＋六次甲基四胺；d-酚醛树脂

仔细观察图 2-72（a）中各样品的红外谱图可以发现，酚醛树脂在波数约为 $870cm^{-1}$处没有出现表示 1，3，4，5 取代芳烃的 CH 面外弯曲振动红外特征吸收峰，而在其他几种中间相炭微球的图谱上均呈现有该吸收峰。其中，由未添加酚醛树脂的体系（低温煤焦油沥青）形成中间相炭微球的吸收峰最小，体系添加酚醛树脂后（低温煤焦油沥青＋酚醛树脂）形成中间相炭微球的吸收峰居中，而在体系添加酚醛树脂和六次甲基四胺后（低温煤焦油沥青＋酚醛树脂＋六次甲基四胺）形成中间相炭微球的吸收峰最强。这表明在原料低温煤焦油沥青中添加酚醛树脂可以加深其热缩聚芳构化的程度，而进一步引入交联剂六次甲基四胺，不仅可以加深沥青的热缩聚芳构化程度，还可以加强芳环分子间的交联。

对比图 2-72（a）中酚醛树脂（谱线 d）、体系添加酚醛树脂（谱线 b）和体系添加酚醛树脂与六次甲基四胺（谱线 c）形成中间相炭微球的红外谱图，也可发现体系添加酚醛树脂与体系添加酚醛树脂及六次甲基四胺后形成中间相炭微球的谱图中：①波数 $1050cm^{-1}$处出现了表征酚醛树脂的亚甲基醚键—CH_2O—的特征吸收峰[117]；②$1440cm^{-1}$处呈现有表征酚醛树脂的亚甲基—CH_2—桥键特征吸收峰[118]；③$3430cm^{-1}$、$1240cm^{-1}$处表征酚羟基的吸收带也在图谱中出现。这一切都表明酚醛树脂参与了中间相炭微球的形成，并存在于中间相炭微球的微结构中。

图 2-72(b)是图 2-72(a)中波数小于 $1000cm^{-1}$图谱的放大，对比各样品中表示直线缩合多环芳烃在波数 $810cm^{-1}$附近和单取代芳烃在波数 $750cm^{-1}$附近的吸收峰，酚醛树脂（谱线 d）吸收峰明显，低温煤焦油沥青体系（谱线 a）和低温煤焦油沥

青＋酚醛树脂体系(谱线 b)形成的中间相炭微球只有一个小肩峰,而低温煤焦油沥青＋酚醛树脂＋六次甲基四胺体系(谱线 c)形成的中间相炭微球却未出现。可以说明由低温煤焦油沥青＋酚醛树脂体系形成的中间相炭微球中还留存少量的线性分子。

图 2-73 是未添加酚醛树脂体系(原料低温煤焦油沥青)和添加酚醛树脂与六次甲基四胺体系(低温煤焦油沥青＋酚醛树脂＋六次甲基四胺)形成的中间相炭微球经 1000℃炭化后的 XRD 谱图。

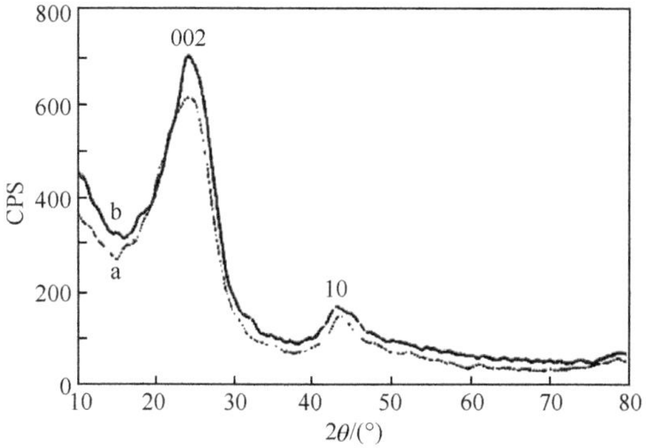

图 2-73　添加酚醛树脂前后形成中间相炭微球的 XRD 谱图[86]
a-低温煤焦油沥青；b-低温煤焦油沥青＋酚醛树脂＋六次甲基四胺

从图 2-73 可看出,体系添加酚醛树脂前后形成的中间相炭微球均在衍射角 2θ 为 26°附近(24.5°)出现了(002)峰,在 42°～44°附近(43.5°)呈现出(10)峰,该峰为(101)、(100)晶面的弥散峰。

依据图 2-73 中(002)、(10)峰的有关测量数据,计算得到炭化后中间相炭微球的微结构参数列入表 2-13。

表 2-13　添加酚醛树脂前后形成中间相炭微球炭化后的微结构参数[86]

中间相炭微球	成球体系	β_{002}/(°)	L_c/nm	R	β_{10}/(°)	L_a/nm
a	低温煤焦油沥青	5.39	1.493	8.72	3.70	4.700
b	低温煤焦油沥青＋酚醛树脂＋六次甲基四胺	6.74	1.194	7.26	5.10	3.400

从表 2-13 中可以看到,未添加酚醛树脂的低温煤焦油沥青体系中形成的中间相炭微球炭化后,其微晶在水平方向的微晶尺寸 L_a 和 c 轴方向上的堆积厚度 L_c 均大于添加酚醛树脂＋六次甲基四胺后形成的中间相炭微球。同时从二者的 R 值也可以得出,未添加酚醛树脂体系形成的中间相炭微球中微晶的多石墨片层堆积比例高,单石墨片层堆积的比例低,微晶规整程度好。而体系加入酚醛树脂与交联剂六次甲基四胺后形成的中间相炭微球的微球结构杂乱,规整性差,说明酚醛树

脂存在于中间相炭微球中，即酚醛树脂参与了炭微球的形成。

5. 其他化学添加剂对中间相炭微球形成过程的影响

1）乙烯-醋酸乙烯共聚物添加剂

在沥青热缩聚制备中间相炭微球的过程中，中间相炭微球的长大依赖于体系中大环芳烃聚集体的长大与聚集体间彼此的相互作用。由于乙烯-醋酸乙烯共聚物(EVA)分子中存在对烃有较强作用的乙烯链段，也有与烃结构差异较大的乙酸乙烯酯链段：

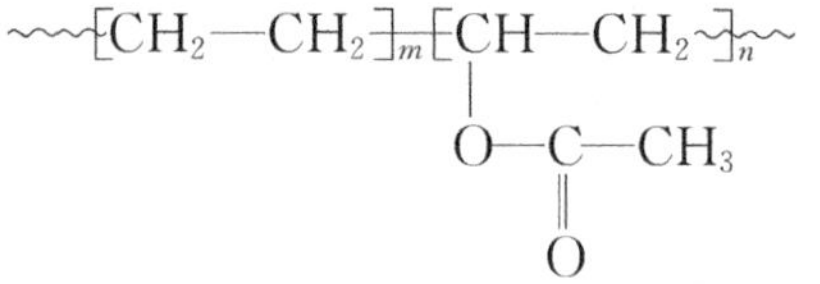

所以在共缩聚过程中，分布于大环芳烃聚集体中、中间相核或中间相炭微球表面的乙烯-醋酸乙烯共聚物分子，在一定程度上改变了其表面的亲和特性，进而影响了形成中间相炭微球的形貌和织构。

图 2-74 为均相成核低温煤焦油沥青体系中添加质量分数 8%的乙烯-醋酸乙烯共聚物后，在 2L 不锈钢反应釜中 440℃恒温 1h 热缩聚条件下形成中间相炭微球的形貌 SEM 照片。

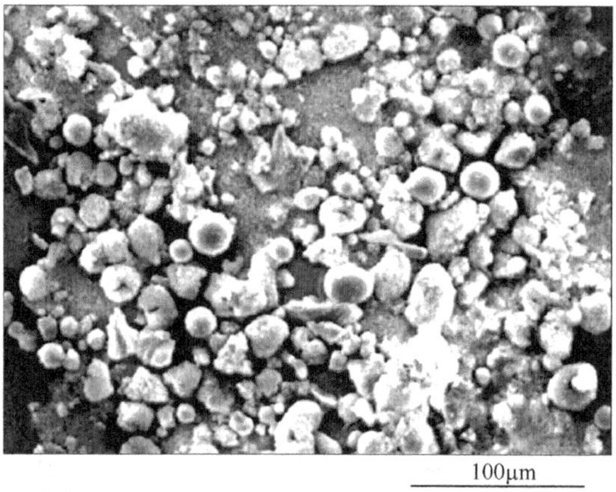

图 2-74　均相成核体系添加乙烯-醋酸乙烯共聚物后形成中间相炭微球的形貌[86]

从图 2-74 中可以看出，中间相炭微球的表面光滑，分离后得到的细小中间相颗粒较多，并有团聚体存在，处于融并状态的中间相炭微球极少。

通过测距软件[86]对图 2-74 中的中间相炭微球进行统计，得到其平均球径为 8.5μm，大小球径之比为 9.8，相对于均相成核体系，这一比值说明微球粒径分布相对较窄(未对细小中间相颗粒进行统计)。

均相成核低温煤焦油沥青体系添加乙烯-醋酸乙烯共聚物后在不同位置形成中间相炭微球的断面织构如图 2-75 所示。

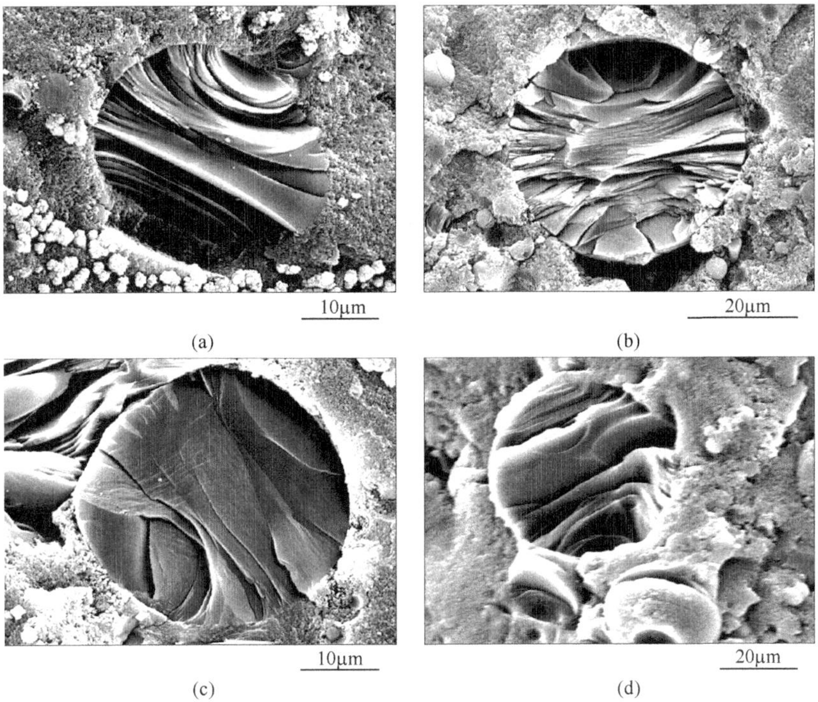

图 2-75　均相成核体系添加乙烯-醋酸乙烯共聚物后形成中间相炭微球的断面织构[86]

观察图 2-75 可以发现，每个中间相球体织构的片层纹理很宽，且片层表面相对平整。这是在中间相炭微球沿剖面断开时，微球内部产生的解理面造成的。该解理面的产生源于芳环片层表面形成的乙烯-醋酸乙烯共聚物隔离层，即由于添加剂乙烯-醋酸乙烯共聚物本身的特殊结构，在中间相炭微球的形成过程中，乙烯链段与中间相核或微球相互作用，而与烃类物质结构差异较大的醋酸乙烯链段则在其表面起到包裹作用，当体系中形成的中间相炭微球碰撞融并后，分布于多环芳烃片层表面的乙烯-醋酸乙烯共聚物分子随多环芳烃片层一起进入中间相炭微球的结构中，在其中堆积的多环芳烃片层表面形成一隔离层，减小了片层间的范德华力，进而形成了片层间的包裹织构。因此，当中间相炭微球沿剖面断开时，在微球断面上就呈现出解理面。

可以推断，在形成中间相炭微球的过程中，添加的乙烯-醋酸乙烯共聚物分子分布于中间相核或构筑单元表面形成的液膜中，其中乙烯-醋酸乙烯共聚物分子的烃基部分插入芳环片层中，而分子的乙酸乙烯酯链段向液膜伸展。由于乙酸乙烯酯链段对烃基的亲和性较差，对中间相核或构筑单元的长大不利，在一定程度上减缓了中间相炭微球的融并，但同时又会造成更多中间相核的产生与长大，二者协同作用的结果最终使得中间相炭微球的球径分布变窄。

2）纳米碳酸钙添加剂

通常认为，喹啉不溶物（QI）或吡啶不溶物（PI）不同于原料沥青主体，可能是炭灰、高相对分子质量的稠环芳烃、热解炭、沥青焦以及在原料调制、运输和储存过程中引入的诸如碳酸钙、铁等的杂质。为此，实验选择可能存在于 QI 中的纳米碳酸钙为添加剂，将其引入无 QI 的低温煤焦油沥青体系，考察纳米碳酸钙存在下形成中间相炭微球的形貌和结构特征。

图 2-76 是实验所用纳米碳酸钙形貌的 SEM 照片，其粒径为 20～100nm，表面经过改性，对油有一定的亲和性。

图 2-76　纳米碳酸钙形貌的 SEM 照片[86]

在低温煤焦油沥青中加入质量分数 4%的纳米碳酸钙，在 2L 不锈钢反应釜中 440℃下反应 1h，形成的中间相炭微球形貌如图 2-77 所示。

由图 2-77 中可以看到，在纳米碳酸钙存在下，形成中间相炭微球的球体均匀、粒径分布窄，表面相对粗糙，分离洗涤后有絮状细小微粒混杂在中间相炭微球中。

仔细观察图 2-77(a)即可发现，这些分布于中间相炭微球表面的颗粒稍大于纳米碳酸钙粒子，多为 50～200nm；这是纳米碳酸钙表面吸附的芳烃生成的中间相微粒。同理，图 2-77(b)中的絮状细小微粒也是表面包覆中间相的纳米碳酸钙，在其微粒间相连的丝絮也是中间相。图 2-77(c)和(d)为纳米碳酸钙存在下形成中间相炭微球的粒径分布概貌。不难看出，体系中纳米碳酸钙的加入，在一定程度上起到了 QI 的作用。

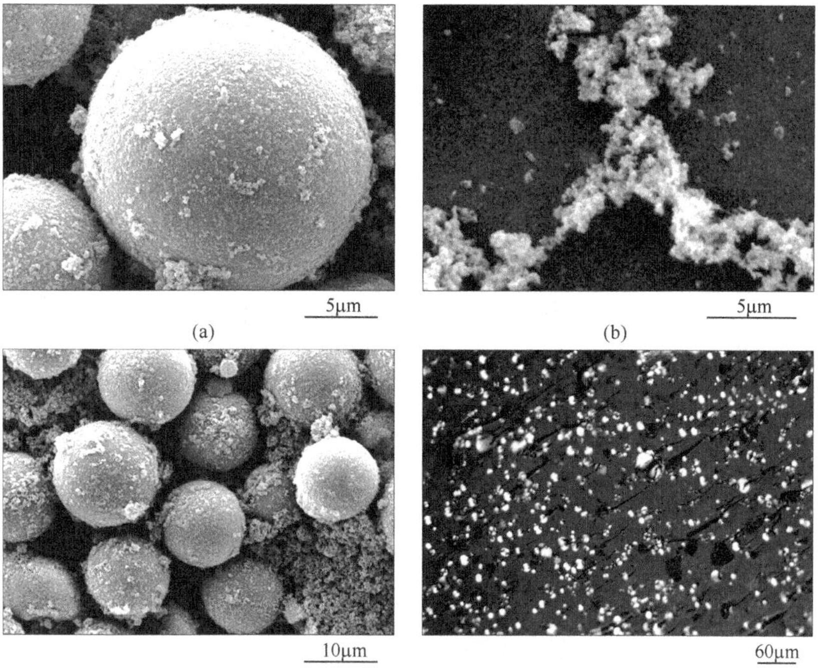

(a)　(b)　(c)　(d)

图 2-77　纳米碳酸钙存在下形成中间相炭微球的形貌[86]

图 2-78 是纳米碳酸钙存在下形成的中间相炭微球经 1000℃炭化后的断面织构。可以看到，在中间相炭微球的表面及片层间都存在碳酸钙、氧化钙等，并且中间相炭微球表面存在的微粒变大。这是由于在炭化过程中，中间相炭微球中的微晶尺寸增大，且沿稠环芳香片层水平方向发展的结果。在添加纳米碳酸钙体系中形成中间相炭微球的织构，多数具有 Brooks-Taylor 型织构[图 2-78(a)]，少量为反 Brooks-Taylor 型织构[图 2-78(b)]。

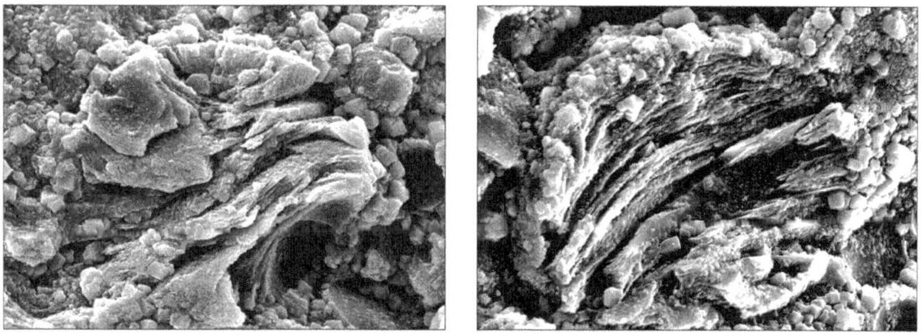

(a) Brooks-Taylor型　(b) 反Brooks-Taylor型

图 2-78　纳米碳酸钙存在下形成中间相炭微球的断面织构[86]

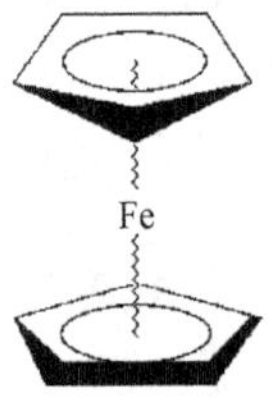
图 2-79　二茂铁结构模型示意图

3）二茂铁添加剂

二茂铁又称二环戊二烯合铁或环戊二烯基铁，其分子式为 $Fe(C_5H_5)_2$，结构模型为上下两个环戊二烯基与中间的铁原子共同构成夹芯式金属茂基配合物（图 2-79）；二茂铁的乙烯基衍生物能发生烯键聚合，得到碳链骨架的含金属高聚物。基于二茂铁容易升华的特性常被作为催化剂用于制备特定的富勒烯或碳纳米管。

在中温煤焦油沥青中分别添加质量分数 1%、5%、10%的二茂铁，在 2L 不锈钢反应釜中，420℃下反应 7h，非均相成核形成中间相炭微球形貌如图 2-80 所示。

观察图 2-80 中呈现的中间相炭微球形貌即可发现：①球径分布窄，属典型的非均相成核中间相炭微球；②随着沥青中二茂铁添加量的增加，形成中间相炭微球的平均球径增大。

(a) 1%

(b) 5%

(c) 10%

图 2-80　二茂铁存在下非均相成核形成中间相炭微球形貌的 SEM 照片[86]

通过测距软件[86]分别对图 2-80(a)、(b)和(c)中呈现的中间相炭微球进行统计分析，得出：体系中二茂铁添加量分别为质量分数 1%、5%和 10%时，形成中间相炭微球的平均球径分别为 12.4μm、15.16μm 和 18.85μm。

图 2-81 为二茂铁存在下非均相成核形成中间相炭微球织构的 SEM 照片。

(a) 1%　(b) 10%

图 2-81　二茂铁存在下非均相成核形成中间相炭微球的织构[86]

由图 2-81(a)可知，添加二茂铁后形成中间相炭微球的织构主要呈现反 Brooks-Taylor 结构，在添加二茂铁的质量分数高达 10%时，一些中间相炭微球的织构变得复杂，如图 2-81(b)所示，说明二茂铁的加入加强了中间相炭微球的融并能力。

不同二茂铁添加量条件下形成中间相炭微球的 XRD 谱图如图 2-82 所示，相应中间相炭微球的微晶参数列入表 2-14。

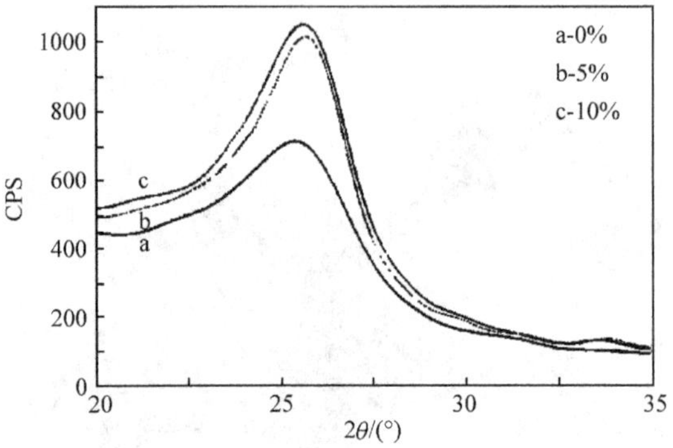

图 2-82　不同二茂铁添加量条件下非均相成核形成中间相炭微球的 XRD 谱图[86]

表 2-14　二茂铁存在下形成中间相炭微球的微晶参数[86]

中间相炭微球	二茂铁 w/%	2θ/(°)	d_{002}/nm	β_{002}/(°)	L_c/nm	N
a	0	25.35	0.3513	3.560	2.264	6.4
b	5	25.64	0.3474	2.926	2.756	7.9
c	10	25.66	0.3471	2.734	2.950	8.5

从图 2-82 和表 2-14 可以看到，添加二茂铁后(002)峰的衍射角 2θ 略有升高，半峰宽 β_{002} 变窄。随着二茂铁添加量的增加，衍射角升高与半峰宽变窄的幅度渐趋明显，同时石墨微晶的平均层间距 d_{002} 降低，c 轴上的堆积厚度 L_c 增加，堆积层数 N 增大。这表明二茂铁在反应过程中产生了活性高的铁原子，促进了稠环芳烃的热缩聚反应，对中间相炭微球的构筑单元或中间相核的形成过程起着催化作用。

2.1.7　中间相炭微球形成过程中的超细碳质颗粒

在研究碳质中间相形成过程时，通常只注重正交偏振光下中间相沥青中(原位分析或离线分析)碳质中间相的发展形态，而忽略了在光学显微镜下无法解析的一些物质。

由于光学显微镜的有效解析尺度为微米级别，而中间相分子和中间相核物质的尺寸在纳米或亚微米级别，小于或临界于光学显微镜的分辨率，所以碳质中间相的成核和中间相小球体的形成过程一般无法用光学显微镜有效地进行表征。

著者在利用 SEM 表征不同体系中形成的中间相炭微球表面形貌时发现，不论是均相成核还是非均相成核，不管是否有添加剂存在，形成的中间相炭微球表面总是存在着一些小于 1μm 超细颗粒，如图 2-83 所示。

另外，从含有中间相炭微球的中间相沥青(均相成核和非均相成核)中分离中间相炭微球时，也获得了大量小于 1μm 的超细碳质颗粒，如图 2-84 所示。其中，

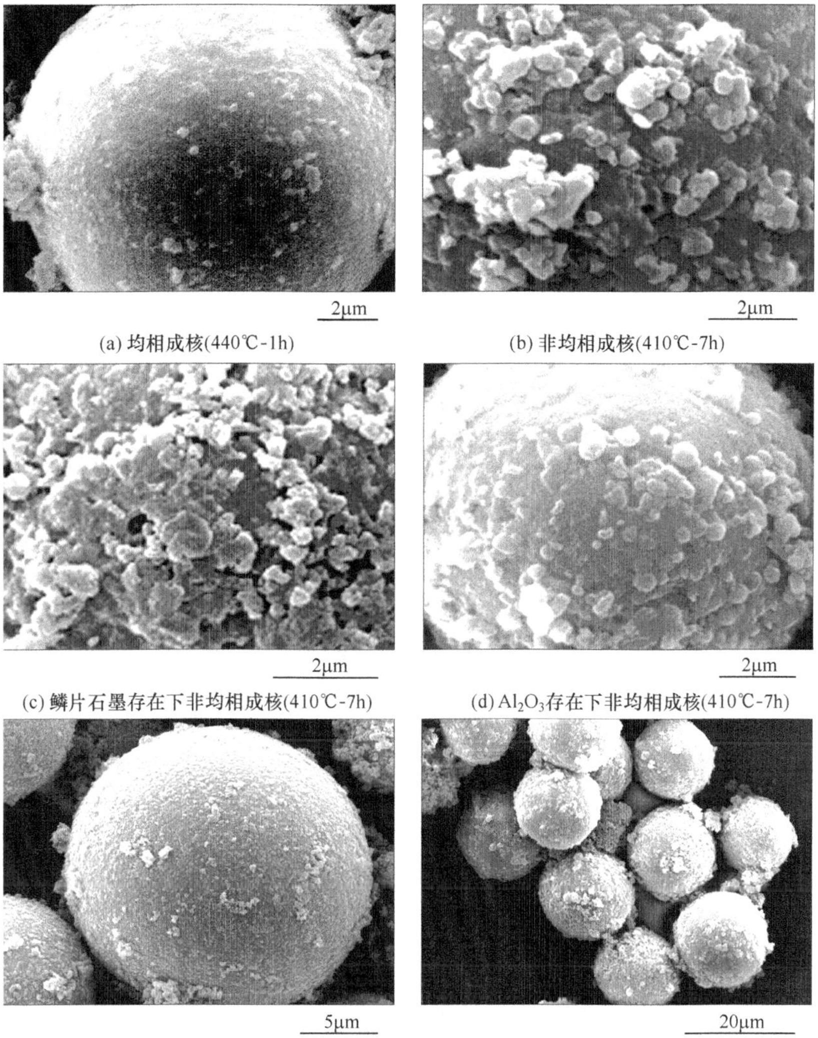

(a) 均相成核(440℃-1h)　(b) 非均相成核(410℃-7h)

(c) 鳞片石墨存在下非均相成核(410℃-7h)　(d) Al_2O_3存在下非均相成核(410℃-7h)

(e) 碳酸钙存在下均相成核(440℃-1h)　(f) 二茂铁存在下非均相成核(420℃-7h)

图 2-83　中间相炭微球表面超细颗粒的形貌[14,17,86]

图 2-84(a)为低温煤焦油沥青在 440℃下热缩聚 1h,均相成核中间相沥青中分离所得超细碳质颗粒的形貌;图 2-84(b)是中温煤焦油沥青在 410℃下热缩聚 1h,非均相成核中间相沥青中分离得到超细碳质颗粒的形貌。

关联图 2-84 中的超细碳质颗粒和图 2-83 中所示中间相炭微球表面存在的类似超细颗粒物质,可以发现这些超细碳质颗粒的形貌与尺寸大小与中间相炭微球表面存在颗粒物质极其相似,并类似于原料沥青中的喹啉不溶物(图 2-25)。但从它们的量来看,这些超细碳质颗粒不是或至少大部分不是由原料沥青引入的喹啉

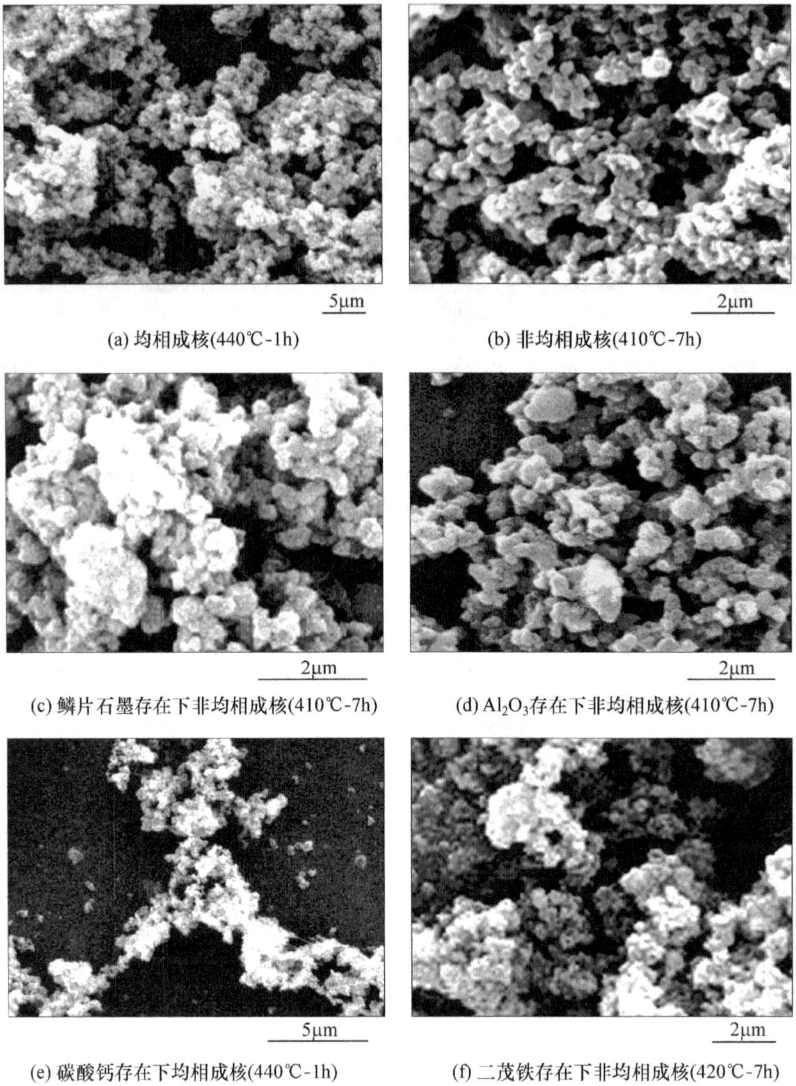

(a) 均相成核(440℃-1h)　(b) 非均相成核(410℃-7h)

(c) 鳞片石墨存在下非均相成核(410℃-7h)　(d) Al_2O_3存在下非均相成核(410℃-7h)

(e) 碳酸钙存在下均相成核(440℃-1h)　(f) 二茂铁存在下非均相成核(420℃-7h)

图 2-84　超细碳质颗粒的形貌[14,17,86]

不溶物或加入体系的固体颗粒添加剂，如鳞片石墨、氧化铝粉（Al_2O_3）以及碳酸钙等，而是原料沥青在热缩聚过程中生成的喹啉不溶物。由此，著者认为这些超细碳质颗粒是中间相炭微球形成和长大的构筑单元[14,15,17,63]。

图 2-85 为中温煤焦油沥青非均相成核体系在 410℃下形成中间相炭微球、超细碳质颗粒及其总收率随反应时间变化。

由图 2-85 可以看出：①中间相炭微球的收率随反应时间变化。当反应时间为 2.5h 以前，中间相炭微球的收率随反应时间的增加缓慢增加；而当反应时间为

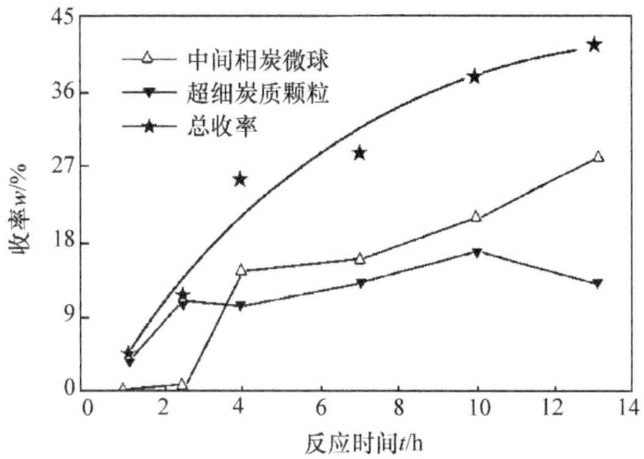

图 2-85　中间相炭微球、超细碳质颗粒和总收率随反应时间的变化[14,15]

2.5～4.0h 时，其收率随反应时间延长快速增加；当反应时间为 4～7h 时，中间相炭微球的收率基本保持不变；但在反应时间大于 7h 后，中间相炭微球收率又以较快速度增加。②对于超细碳质颗粒而言，其收率随反应时间的增加呈现出复杂的变化。在 2.5h 以前，随反应时间的增加收率增加较快；而当反应时间为 2.5～4.0h 时，反应时间增加收率却变小；当反应时间为 4～10h 时，收率又随反应时间延长而增加，但增加速度明显低于 2.5h 以前；继续延长反应时间至 13h，即大于 10h 后，收率呈现下降趋势。③在整体实验区间（反应时间为 1～13h）内，中间相炭微球和超细碳质颗粒的总收率随反应时间的延长而逐渐增加，但增加率逐渐变小。

仔细观察图 2-85 中超细碳质颗粒和中间相炭微球的收率分别随反应时间的变化，可以发现：在超细碳质颗粒和中间相炭微球的收率-反应时间曲线上分别存在一个生长平台，其中超细碳质颗粒生长平台位于 2.5～4.0h，而中间相炭微球的平台则稍后，位于 4.0～7.0h。超细碳质颗粒的生长平台在中间相炭微球前面，也说明了超细碳质颗粒和中间相炭微球之间的关系，即超细碳质颗粒是中间相炭微球的构筑单元。反应时间为 4.0～7.0h 时，中间相炭微球的收率增加很小，其原因在于，此区间内中间相炭微球主要进行内部稠环芳香片层分子的方向调整而不是长大，分子调整的方向为片层分子之间趋于平行，即在此区间中间相炭微球变为“平行层”织构。

图 2-86 是中间相炭微球收率与超细碳质颗粒收率之比随反应时间变化。

从图 2-86 可知，在整体实验区间（反应时间为 1～13h）内，中间相炭微球收率与超细碳质颗粒收率的比值（R）随反应时间的延长先增大后减小，最后又增大。关联图 2-86 和图 2-85 可以推测：当反应时间小于 2.5h 时，R 较小，且随反应时间的增加缓慢增大，说明反应初期体系中以形成超细碳质颗粒为主，而中间相炭微球形成速度非常缓慢。延长反应时间至 2.5～4.0h，R 快速增加，显然该阶段中间相

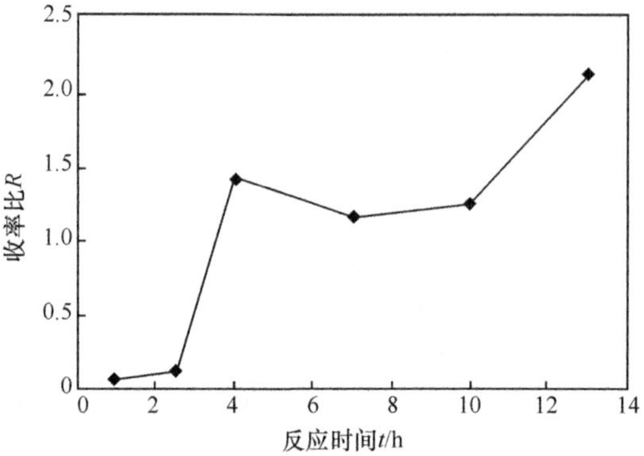

图 2-86　中间相炭微球收率与超细碳质颗粒收率之比随反应时间变化[14]

R=中间相炭微球收率/超细碳质颗粒收率

炭微球形成和增长的速度快于超细碳质颗粒，即中间相炭微球处于生长加速阶段。继续延长反应时间至 4～10h 时，R 随反应时间的延长呈现先减小而后又缓慢增加的趋势，这是由于中间相炭微球在此区间处于结构调整期[15]生长速度减缓，而超细碳质颗粒一如既往继续生成。反应时间大于 10h 后，中间相炭微球又以较快的速度长大，超细碳质颗粒的消耗量较大，加之该阶段超细碳质颗粒的生成速率随反应时间的延长逐渐降低，结果导致 R 随反应时间增加而迅速增大。

显然，图 2-86 中的 R-t 曲线不仅反映了中温煤焦油沥青非均相成核体系在反应温度为 410℃时反应不同时间所形成中间相炭微球和超细碳质颗粒的相对含量，而且可以了解碳质中间相形成过程中超细碳质颗粒的形成及消耗与中间相炭微球的形成、生长和情况。再次佐证了超细碳质颗粒收率的减少体现在中间相炭微球收率的增加上，即超细碳质颗粒参与了中间相炭微球长大，换言之，超细碳质颗粒就是中间相炭微球的构筑单元。

依据液相炭化理论，在碳质中间相形成过程中，中间相炭微球、超细碳质颗粒及其总收率随反应时间的变化均由体系中的反应速度决定。由此可以推断，在热缩聚反应初期(0～2.5h)，体系黏度较小，原料沥青分子活性较高，体系以生成中间相炭微球的构筑单元——超细碳质颗粒为主；同时由于体系(原料沥青引入)中存在 QI 物质，引发非均相成核生成中间相炭微球的液晶核。在反应中期(2.5～10h)，体系黏度依然较低，但这时体系中大分子组分的数量较多，活性分子的含量相对较少，体系以中间相炭微球的长大为主，并伴有新的超细碳质颗粒生成。反应后期(>10h)，体系中的大分子数量很多，中间相炭微球持续长大，体系黏度变大，这无疑会造成超细碳质颗粒生成速率的下降。因此，在反应后期，体系主要为超细碳质颗粒的消耗和中间相炭微球的持续长大。

图 2-87 是中温煤焦油沥青及其 410℃反应 7h 所获中间相沥青、超细碳质颗粒

和中间相炭微球的红外谱图。

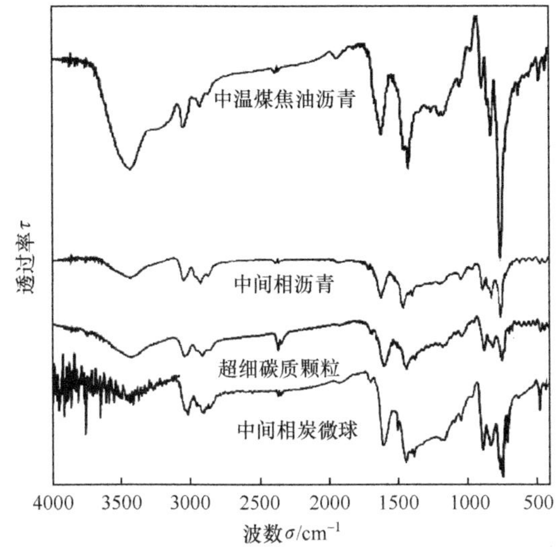

图 2-87　中温煤焦油沥青、中间相沥青、超细碳质颗粒和中间相炭微球的红外谱图[14]

由图 2-87 可以看出，中温煤焦油沥青在波数为 $3040cm^{-1}$、$1910cm^{-1}$、$1650\sim1450cm^{-1}$ 和 $900\sim650cm^{-1}$ 等处出现了特征峰，说明沥青中存在芳环，且芳环上含有一定量的取代基。其中，$740cm^{-1}$ 处出现的强峰表明单取代和双取代含量较高；$3420cm^{-1}$、$3220cm^{-1}$、$1650\sim1590cm^{-1}$ 和 $900\sim650cm^{-1}$ 处的特征峰显示沥青中含有一定数量的胺类(伯胺和仲胺)取代基；$2959cm^{-1}$、$1440cm^{-1}$ 和 $1385\sim1375cm^{-1}$ 处的特征峰对应于—CH_3 基，$2920cm^{-1}$、$2855cm^{-1}$ 和 $1480\sim1440cm^{-1}$ 处的特征峰对应于—CH_2—基团，意味着沥青中芳环上含有一定数量的脂肪族侧链；$1480\sim1450cm^{-1}$ 和 $1400\sim1350cm^{-1}$ 处的强峰又说明—CH_3 和—CH_2—与 N 原子相结合。因此，实验所用中温煤焦油沥青是一种由具有一定量含氮取代基和脂肪族侧链的芳香烃类化合物构成的混合物。

中间相沥青的红外谱图和原料中温煤焦油沥青相似，只是 $740cm^{-1}$ 和 $3440cm^{-1}$ 处的峰强度减小，并在 $1374cm^{-1}$ 处有新峰出现，表明中间相沥青形成过程中体系内官能团的变化主要为芳环单取代和含氮基团的减少，以及多取代基团的增加。这说明体系中分子之间主要发生了缩合和脱除杂原子的反应。

比较超细碳质颗粒与原料沥青及中间相沥青的红外谱图，超细碳质颗粒红外谱图中 $3045cm^{-1}$、$1596cm^{-1}$ 处峰强度增加，$1480cm^{-1}$ 及 $2000\sim1660cm^{-1}$ 范围内芳烃合频峰和泛频峰的出现，表明超细碳质颗粒的芳香性比原料沥青和中间相沥青大得多，即其内分子的缩合度也增大。$729cm^{-1}$ 处峰的出现表明芳环上形成了三取代基团，说明超细碳质颗粒中分子之间的连接增多。

对比中间相炭微球和超细碳质颗粒的红外谱图可以看到，在 727cm^{-1} 和 3440cm^{-1} 处的峰强度均有所增加，说明中间相炭微球内部分子芳环上多取代和含氮取代基比超细碳质颗粒有所增加。再次佐证了超细碳质颗粒就是中间相炭微球的构筑单元。

从图 2-87 中的红外光谱数据可知，中间相炭微球内部分子具有最多的芳环多取代，分子间的连接最牢固，说明中间相炭微球内部分子比超细碳质颗粒和中间相沥青中分子的反应程度深，这与依据图 2-85 和图 2-86 推测得到的中间相炭微球形成过程相一致。中间相炭微球内部的含氮官能团较多，可能是这些官能团在中间相炭微球生长过程中起着一定的作用，有待进一步研究。中间相沥青中的含氮官能团比原料中少，说明中间相炭微球在形成过程中体系中的杂原子（N、O 等非碳、氢原子）不断排出。

图 2-88 为两种不同成核方式形成超细碳质颗粒的典型 TEM 照片。

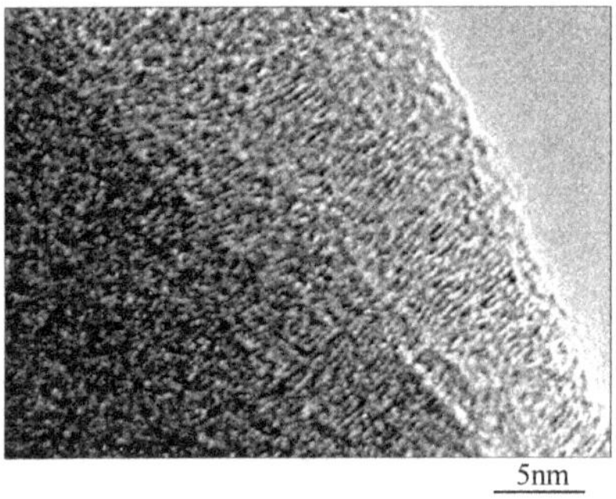

(a) 均相成核

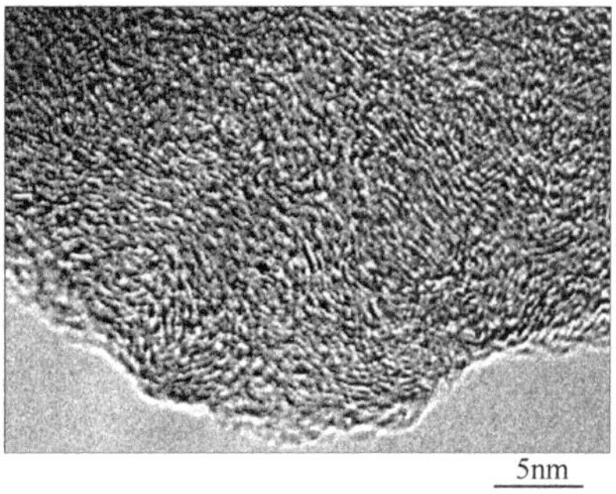

(b) 非均相成核

图 2-88 均相成核和非均相成核超细碳质颗粒的 TEM 照片[17]

从图 2-88 可以看出，均相成核方式生成的超细碳质颗粒中碳层的排列十分有序，基本上平行排列且垂直于颗粒表面，如图 2-88(a)所示；而非均相成核方式生成的超细碳质颗粒中的碳层仅在局部有序，总体看来，碳层呈现局部弯曲排列，且较多的碳层平行于颗粒表面，而不是垂直[图 2-88(b)]。这表明均相成核和非均相成核过程从基本构筑单元——超细碳质颗粒起就呈现出不同的织构特征。正是这些构筑单元内部结构的差异造成了两种成核方式中间相炭微球织构的差异，即均相成核中间相炭微球呈现 Brooks 和 Taylor 所定义的“地球仪”型结构，而非均相成核中间相炭微球内部碳层的排列形式大致分为两类：一类为碳层近似平行的“平行层”结构[图 2-30(a)]；另一类为碳层在球体的一端或两端收缩的“弯曲层”结构[图 2-30(b)]。

2.2 体形碳质中间相(中间相沥青)

2.2.1 体形中间相的研究现状

不论是均相成核还是非均相成核，当中间相炭微球长大到一定程度后都要发生融并而形成体形中间相(详见2.1.5节)，因此可以说，体形中间相与球形中间相一样，也是碳质中间相的一种形态，只是它们的存在形式不同而已。

体形中间相通常被称为中间相沥青，可以将其简洁地描述为由重质芳烃类物质(煤焦油沥青、石油沥青和纯芳烃类物质及其混合物等)，在热处理过程中生成的一种较大区域范围内各向异性的物质(碳质中间相)[20,28,119-123]。其结构形态(织构)通常呈现为马赛克型、流线型、广域型等。

中间相沥青的性质与其原料重质芳烃类物质性质密切相关，100%碳质中间相沥青的H/C原子比为0.35～0.50。中间相沥青的物性参数均随原料沥青及其后处理方式与条件的变化而改变。中间相沥青具有光学各向异性，和中间相炭微球一样，在偏光显微镜下观察时，随着载物台的转动，中间相沥青的表面会呈现出黄色、蓝色、红色等变化。此外，它还具有磁学各向异性。在磁场中，中间相沥青中的平面状大分子沿磁场方向平行排列(球轴垂直于磁场)，具有显著的抗磁各向异性。

在碳质中间相发展50余年[3]的历程中，由于中间相沥青的制备工艺较中间相炭微球简易且收率远大于中间相炭微球，成本较低，加之其各种优异性能，已被公认是制备多种先进功能炭材料的优质前驱体，并在高新材料领域得到越来越多的重视。例如，中间相沥青基炭纤维[124-131]、中间相沥青基泡沫炭[132-139]、针状焦[140,141]、高密度高强度炭材料[142-145]、锂离子二次电池负极材料[146-149]、双电层电容器的电极材料[150,151]、中间相沥青基复合材料[152-155]等。

著者研究团队在研究热聚法中间相炭微球的形成及其结构特征的基础上，考察了体形中间相的形成及其结构特征，并探讨了不同后处理方式体形中间相沥青的性能和结构特征[14,17,86]。

2.2.2 体形中间相织构的分类

体形中间相织构的分类是依据其中各向异性物质在正交偏振光下呈现的单色区域大小而确定的。根据不同的初始原料，研究者提出了多种分类命名方法，其中典型的分类法有：White 法[45]、真田法[156]、Patrick 法[157]和 Grint & Marsh 法[158]等。表2-15～表2-18列出了这几种典型分类法对体形中间相织构分类。

表 2-15　重质油系体形碳质中间相织构的 White 法分类[159]

织构名称	光学特征	定向程度
非均质微粒状	各向异性单元尺寸在 1～3μm	无序
微粒状	各向异性单元尺寸在 10μm 以下	无序
粗粒状	各向异性单元尺寸在 10μm 以上	稍定向
粗流线状	纤维状宽度在 10μm 以上	稍定向
细流线状	纤维状宽度在 10μm 以下	强定向
瘤状	融并前固化的球体集团	无

表 2-16　重质油系体形碳质中间相织构的真田法分类[159]

织构名称	光学特征
各向同性	没有光学活性(光学各向异性液相炭化的一部分,固相炭化全部)
微粒镶嵌	各向异性单元尺寸在 10μm 以下的镶嵌花样
粗粒镶嵌	各向异性单元尺寸在 10μm 以上的镶嵌花样,无定向
粗纤维状	纤维状组织在垂直方向上消光纹花样的重复,尺寸在 10μm 以上,顺纤维轴排列
细纤维状	受大形变的纤维状组织,消光纹花样尺寸* 在 10μm 以下
瘤状	融并前固化的中间相球体集团

* 相邻消光纹的间距。

表 2-17　煤系体形碳质中间相织构的 Patrick 法分类[159]

织构名称	光学特征
微粒镶嵌	各向异性单元尺寸在 0.3～0.7μm
中粒状镶嵌	各向异性单元尺寸在 0.7～1.3μm
粗粒镶嵌	各向异性单元尺寸在 1.3μm 以上
流线结构	流线宽度尺寸在 1.3μm 以下
粗粒流线结构	流线宽度尺寸在 1.3μm 以上

表 2-18　煤系体形碳质中间相织构的 Grint & Marsh 法分类[159]

织构名称	光学特征
各向同性	没有光学活性*
微粒镶嵌	各向异性单元尺寸在 1.2μm 以下的粒径
中间粒状镶嵌	各向异性单元尺寸在 5.0μm 以下的粒径
粗粒镶嵌	各向异性单元尺寸在 5.0μm 以上的粒径
粗流线结构	各向异性单元尺寸在 5.0μm 以上的延长型
广域流线结构	各向异性单元尺寸在 60μm 以上的延长型
广域	各向异性单元尺寸在 60μm 以上的延长型
惰性体	各向同性**

* 经由液相。

** 固相原态。

综观表 2-15～表 2-18 可以看出，尽管几种分类法对碳质中间相织构的分类各不相同，但是每种分类法的基点都非常相似。依据这些相似特征和现在人们的习惯看法，著者将碳质中间相织构分为各向同性、马赛克型（或镶嵌）、流线型（或纤维状）和广域型四大类，其中马赛克型又分为细粒马赛克型、中等粒度马赛克型、粗粒马赛克型，流线型细分为中等流线型、粗流线型、广域流线型。表 2-19 列出了碳质中间相织构的类别及其相应的各向异性特征。

表 2-19　碳质中间相织构的分类[17]

织构名称		光学特征
各向同性		没有光学活性（存在于中间相含量＜100％的体形中间相沥青中）
马赛克型（或镶嵌）	细粒马赛克型	各向异性半径＜1.5μm
	中等粒度马赛克型	各向异性半径在 1.5～5.0μm
	粗粒马赛克型	各向异性半径在 5.0～10.0μm
流线型（或纤维状）	中等流线型	各向异性长度＜30μm，宽度＜5μm
	粗流线型	各向异性长度在 30～60μm，宽度在 5～10μm
	广域流线型	各向异性长度＞60μm，宽度＞10μm
广域型		各向异性半径＞60μm

2.2.3　体形中间相的结构特征

1. 均相成核体形中间相

称取低温煤焦油沥青 50g 置于管式耐热玻璃反应器中，在 440℃下热缩聚 4h 后获得具有 100％体形中间相沥青，其在偏振光下的特征如图 2-89 所示。由图可以看出，均相成核体形中间相沥青的各向异性区域较大（宽度＞50μm，长度＞200μm）为

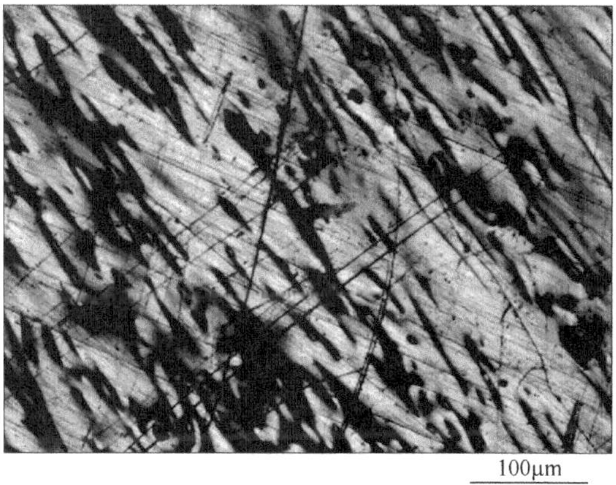

图 2-89　均相成核体形中间相断面的偏光显微照片[17]

广域流线型体形中间相。这说明均相成核中间相炭微球极易融并解体，进而形成碳层排列一致的体形中间相结构。

2. 非均相成核体形中间相

研究发现，中温煤焦油沥青在不锈钢反应器中 410℃下热缩聚 13h 后，非均相成核中间相炭微球的融并现象也较少[图 2-27(f)]。为研究非均相成核体形中间相的特征，实验改用轻组分快速逸出的管式耐热玻璃反应器，置原料中温煤焦油沥青于反应器中在 440℃下反应 4h，获得了中间相质量分数＞90％的体形中间相沥青，其断面光学显微特征如图 2-90 所示。

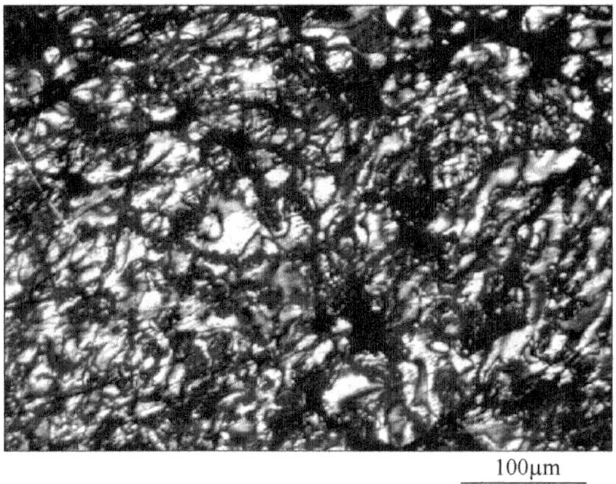

图 2-90　非均相成核体形中间相断面的偏光显微照片[17]

比较图 2-90 与图 2-89 可以看出，非均相成核体形中间相的结构完全不同于均相成核体形中间相，其光学各向异性同色区域(亮域)较小，且不具有明显的方向性，沥青中分子的总体取向不一致，呈现出马赛克型织构。这种结构的形成说明非均相成核中间相炭微球中分子的流动性和变形能力比均相成核中间相炭微球中的分子差，即体系中的黏度和中间相分子的尺寸都较大，详见 2. 1. 5 节。

3. 硫存在下非均相成核体形中间相

实验表明，将质量分数为 10. 0％的沉降硫与中温煤焦油沥青一起粉碎、混合均匀，在不锈钢反应器中 420℃下热缩聚 7h，体系中不再形成小球[图 2-51(d)]，而是形成呈广域特性织构的体形中间相，如图 2-91 所示。这表明在该条件下体系中的硫与原料片层稠环芳烃分子不仅在层平面的交联，在层间也进行大量交联，使得难以生成中间相炭微球而只能形成体形中间相(详见 2. 1. 6 节)。

20μm

图 2-91　硫存在下非均相成核体形中间相断面的 SEM 照片[86]

4. 酚醛树脂存在下均相成核体形中间相

在研究酚醛树脂存在下均相成核形成中间相炭微球的过程中(详见 2.1.6 节)发现,在添加酚醛树脂及六次甲基四胺体系中均相成核制备中间相炭微球的过程中,在反应容器的底部及器壁观察到了大范围的中间相炭微球的聚沉与融并,有数毫米之厚,如图 2-92 所示。

60μm

图 2-92　酚醛树存在下均相成核中间相炭微球的聚沉与融并偏光显微照片[86]

由图 2-92 可以看到,偏光图中的亮点大小不一,小微球的消光纹多为正交或双曲线,大球则呈现出多个小球融并后的消光纹(图中箭头所指)。在重力场或剪切力场中,由于具有高密度中间相的大球沿力场方向的运动速率要高于小球的运动速率,加之较大的球体与小球在运动过程中容易发生碰撞,进而融并形成更大的球体，这些大的球体最终聚沉至容器底部或器壁，形成粗粒嵌镶形貌的体形中间相。

图 2-93 为添加酚醛树脂及六次甲基四胺体系中均相成核形成体形中间相的偏光显微照片。图中显示酚醛树脂存在下均相成核体形中间相呈现粗流线状或粗纤维状织构。究其缘由可以认为：由于该体形中间相是反应早期形成的较大中间相炭微球沉降聚并后形成，且紧靠反应器边缘，加之这些早期形成的中间相炭微球本身具有较强的变形能力及内部织构的调整能力，以致在多球融并后，形成粗流线状或粗纤维状织构。

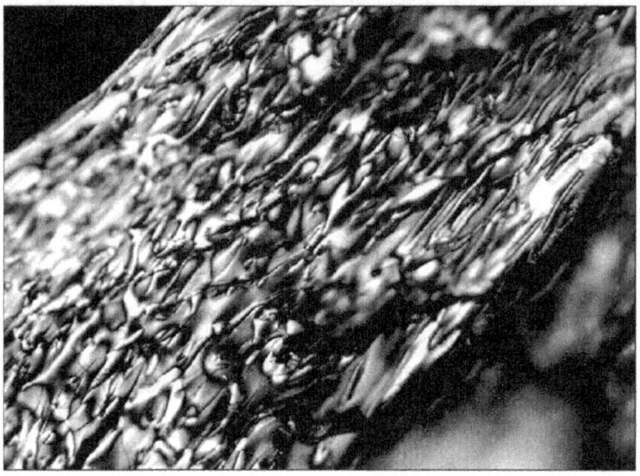

图 2-93　酚醛树脂存在下均相成核体形中间相炭微球织构[86]

2.2.4　不同后处理方式体形中间相沥青的结构特征

本节以一种催化裂化油浆和两种煤焦油沥青为原料，制备出三种具有典型结构的体形中间相（中间相沥青），然后将它们分别进行三种不同方式的后处理（直接炭化、先氧化再炭化和用溶剂去除轻组分后炭化），获得 9 种不同的中间相沥青基炭材料，研究它们的结构特征，并分析三种后处理方式对结构形成的影响机制。

1. 体形中间相沥青的制备

选用大港催化裂化油浆、低温煤焦油沥青和中温煤焦油沥青作为制备体形中间相沥青的原料。其中，大港催化裂化油浆各馏分的质量分数分别为：芳香分 60%，饱和分 33.3%，沥青质 1.7%，胶质 4%；两种煤焦油沥青的基本性能见表 2-1。

将一定量的催化裂化油浆置于 50L 反应釜中，在 430℃下热缩聚 10h，获得体形中间相沥青Ⅰ。将约 400g 的低温煤焦油沥青或中温煤焦油沥青置于 2L 反应器内，在 440℃下反应 10h，得到体形中间相沥青Ⅱ和Ⅲ。

2. 体形中间相沥青的性质

1) 光学特征和热变形能力

选取具有典型织构的上述三种体形中间相沥青块体，用环氧树脂包埋后进行抛光处理，获得它们的断面。将获得的沥青断面在正交偏振光显微镜下观察其织构，如图 2-94 所示。

(a) 催化裂化油浆　(b) 低温煤焦油沥青　(c) 中温煤焦油沥青

图 2-94　三种不同原料体形中间相沥青的断面偏光显微照片[17]

由图 2-94 可以看出，催化裂化油浆系体形中间相沥青Ⅰ，在偏振光下的同色区域较大，其织构为广域型；而低温煤焦油沥青系体形中间相沥青Ⅱ，在偏振光下的同色区域较小，且呈流线型分布，其织构为细流线型；中温煤焦油沥青系体形中间相沥青Ⅲ，在偏振光下的同色区域比较复杂，同时具有广域型、细流线型和马赛克型织构，因此可以认为，体形中间相沥青Ⅲ的织构介于体形中间相沥青Ⅰ和体形中间相沥青Ⅱ之间。

将三种体形中间相沥青粉(过 180 目标准筛)分别置于不锈钢反应器中，用纯氮气置换反应器中的空气后封闭反应器，然后将反应器加热至高于沥青软化点 50～80℃的温度，停留 0.5h 后停止加热，自然冷却至室温。取出热处理后的沥青，根据它们熔融变形的程度定性判断它们的热变形能力，发现三种体形中间相沥青的热变形能力顺序为：Ⅱ＜Ⅲ＜Ⅰ。

2) 族组成和软化点

以甲苯和喹啉为溶剂分别在 60℃和 75℃对三种体形中间相沥青进行热溶，而后经过离心和丙酮洗涤、干燥等处理，获得体形中间相沥青的甲苯不溶物(TI)和喹啉不溶物(QI)。根据溶剂不溶物和所使用的沥青的质量按差值法获得 TI-QS 的含量。软化点的测试参照 2.1.5 节。族组成和软化点的分析结果汇总于表 2-20。

表 2-20 三种体形中间相沥青的族组成和软化点[17]

体形中间相沥青	TI w/%	QI w/%	TI-QS w/%	软化点 t/℃
Ⅰ	98.3	85.7	12.6	305
Ⅱ	79.3	65.2	14.1	265*
Ⅲ	80.8	65.4	15.4	250*

*近似值。

由表 2-20 中数据可知，三种体形中间相沥青中催化裂化油浆系体形中间相沥青Ⅰ的溶剂不溶物含量和软化点最高，TI-QS 组分最少；而中温煤焦油沥青系体形中间相沥青Ⅲ的溶剂不溶物含量和 TI-QS 组分均稍大于低温煤焦油沥青系体形中间相沥青Ⅱ，而软化点却最低。与体形中间相沥青Ⅰ相比，体形中间相沥青Ⅱ和Ⅲ的溶剂不溶物含量和软化点都较低，但它们均含有较高的 TI-QS 组分。这表明催化裂化油浆系体形中间相沥青Ⅰ中的轻组分物质最少，而中温煤焦油沥青系体形中间相沥青Ⅲ和低温煤焦油沥青系体形中间相沥青Ⅱ均含有较多的轻组分物质。需要指出的是，在测试体形中间相沥青Ⅱ和Ⅲ的软化点过程中发现，它们的软化温度不是很明确，此处给出的数值是一个大致的温度。该现象的出现可能源于它们中的轻组分物质的相对分子质量分布较宽所致。

3）热重分析

图 2-95 是三种体形中间相沥青的热重曲线。由图 2-95(a)中三种体形中间相沥青的 TG 曲线可以看出，催化裂化油浆系体形中间相沥青Ⅰ的明显热失重开始最晚(约 440℃)、结束最早(约 600℃)，即明显失重温度区间最窄。而低温煤焦油沥青系体形中间相沥青Ⅱ和中温煤焦油沥青系体形中间相沥青Ⅲ的热失重曲线与体形中间相沥青Ⅰ不同，它们的明显热失重开始较早，分别为 165℃和 220℃，且它们在整个温度测试区间内失重速率均较大。对三种体形中间相沥青的残炭率而言，体形中间相沥青Ⅰ最大，Ⅱ其次，Ⅲ最小。

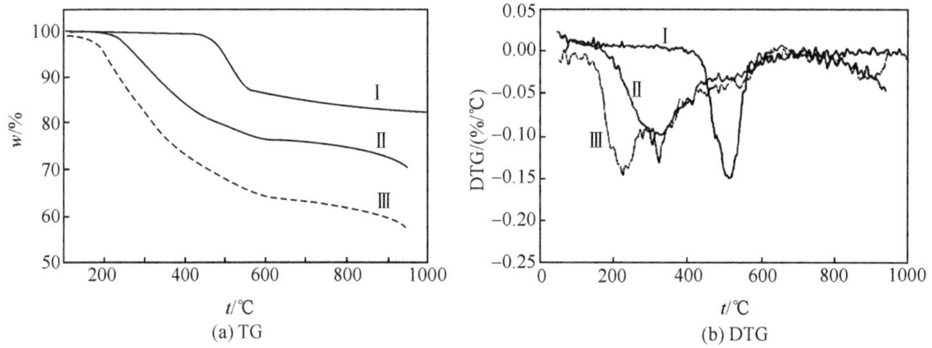

图 2-95 三种不同原料体形中间相沥青的热重曲线[17]

从图 2-95(b)中三种体形中间相沥青的 DTG 曲线可知，体形中间相沥青Ⅰ仅在较高的温度范围内存在一个最大失重速率峰，且峰形较窄，对应于其 TG 曲线上的明显失重段，说明体形中间相沥青Ⅰ中的轻组分相对分子质量分布窄，且平均相对分子质量大于体形中间相沥青Ⅱ和Ⅲ。而体形中间相沥青Ⅱ和Ⅲ的 DTG 曲线在较宽的温度范围内存在多个热失重速率峰，表明这两种沥青中轻组分相对分子质量分布呈现多分散性，即具有多段相对分子质量分布，且较小相对分子质量的轻组分较多；同时佐证了上述有关体形中间相沥青Ⅱ和Ⅲ中均含有较多的轻组分物质的推测。与体形中间相沥青Ⅱ相比，体形中间相沥青Ⅲ的热失重速率峰更多，且位置更靠近低温区，这与体形中间相沥青Ⅲ中的结构复杂(存在多种织构形式)和具有最低的软化点有关。

3. 体形中间相沥青的后处理与中间相沥青基炭材料的获得

采用不同方式分别对粉粒状催化裂化油浆系体形中间相沥青Ⅰ、低温煤焦油沥青系体形中间相沥青Ⅱ、中温煤焦油沥青系体形中间相沥青Ⅲ进行后处理，获得炭化中间相沥青，即中间相沥青基炭材料。

1) 体形中间相沥青的后处理方式

方法一：直接炭化法(或自由炭化)。

体形中间相沥青粉粒不经过任何预处理而直接炭化，工艺流程如图 2-96 所示。

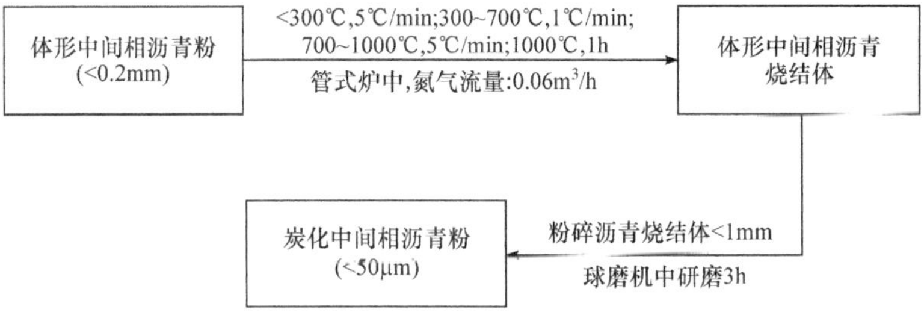

图 2-96　直接炭化法制备中间相沥青基炭材料工艺流程图[17]

方法二：氧化-炭化法。

将体形中间相沥青粉粒先在氧化性环境中进行氧化交联处理，使沥青中易发生熔融变形的小分子物质反应形成炭化过程中不熔化的大分子物质，然后将氧化后的沥青颗粒进行炭化处理，氧化-炭化法工艺流程如图 2-97 所示。

方法三：溶剂不溶物炭化法。

先用溶剂吡啶去除体形中间相沥青中的溶剂可溶成分，然后对其溶剂不溶物进行炭化处理。图 2-98 列出了该法的工艺流程。

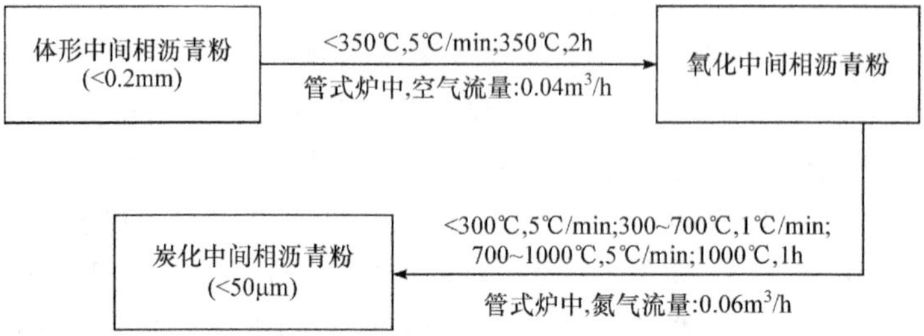

图 2-97　氧化-炭化法制备中间相沥青基炭材料工艺流程图[17]

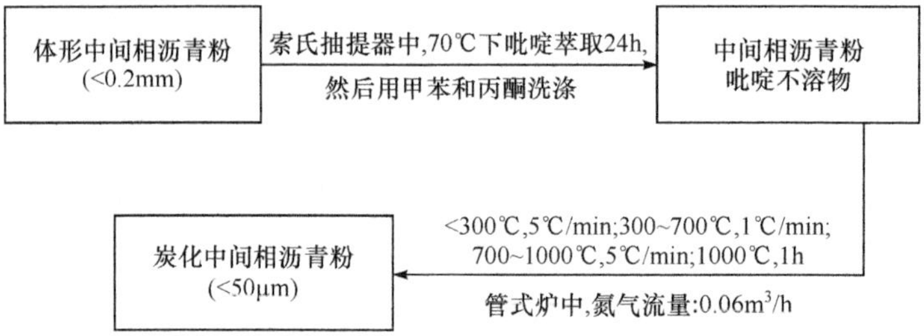

图 2-98　溶剂不溶物炭化法制备中间相沥青基炭材料工艺流程图[17]

2）体形中间相沥青的炭化收率

分别以催化裂化油浆系体形中间相沥青Ⅰ、低温煤焦油沥青系体形中间相沥青Ⅱ和中温煤焦油沥青系体形中间相沥青Ⅲ为原料，通过直接炭化法、氧化-炭化法和溶剂不溶物炭化法制备了 9 种炭化中间相沥青（中间相沥青基炭材料），各自相应的炭化收率列入表 2-21。

表 2-21　三种体形中间相沥青的炭化收率[17]

体形中间相沥青	炭化收率 w/%		
	直接炭化法	氧化-炭化法*	溶剂不溶物炭化法
Ⅰ	85.5	(104.9)**　87.6	89.6
Ⅱ	75.0	(98.7)**　87.2	89.6
Ⅲ	74.3	(98.4)**　85.2	88.3

* 炭化收率以原料体形中间相沥青为基准计算。

** 括号中数据为氧化收率，以原料体形中间相沥青为基准计算。

从表 2-21 中数据可以看出，三种体形中间相沥青直接炭化后的收率与其 TG 曲线所示的残炭率类似[图 2-95(a)]，均按体形中间相沥青Ⅰ>Ⅱ>Ⅲ顺序依次减小，只是体形中间相沥青Ⅲ收率减小的幅度低于 TG 测试过程中的减小幅度，这可能是由于两种炭化过程中体形中间相沥青的用量和惰性气体的流量不同所致。对于氧化-炭化法，体形中间相沥青Ⅰ经空气氧化后，质量非但没有减少反而增加；而体形中间相沥青Ⅱ和Ⅲ的氧化后的质量均减小。这是由于体形中间相沥青在氧化过程中同时发生轻组分的逸出和氧化交联的反应，前者会造成收率的降低，后者则因交联反应引入氧原子可导致收率增加。

由图 2-95 可知，体形中间相沥青Ⅰ中轻组分物质的沸点主要在 440～600℃的范围内，显然其在最高温度为 350℃的氧化过程中逸出的轻组分很少，主要是进行氧化交联反应，必然导致质量增加。对于体形中间相沥青Ⅱ和Ⅲ，由于它们均含有较多的能够在 350℃的氧化过程中气化逸出的轻组分，即使氧化交联反应能引入少量氧原子，但二者协同作用的结果仍旧使得它们氧化后的质量小于原料体形中间相沥青。还因氧化-炭化法中间相沥青的收率计算与直接炭化法相同，均是以原料体形中间相沥青为基准计算，所以该方法中间相沥青的收率高于直接炭化法，尤其是含有轻组分较多的体形中间相沥青Ⅱ和Ⅲ，收率增加的幅度更大。中间相沥青的吡啶不溶物炭化后可以获得较高的收率，但如果考虑不溶物含量，该方法的炭化收率最低。因此，仅就获取高收率的中间相沥青基炭材料而言，氧化-炭化法最理想，直接炭化法次之，而溶剂不溶物炭化法最差。

4. 中间相沥青基炭材料(炭化中间相沥青)的结构特征

1) SEM 显微结构

三种体形中间相沥青直接炭化后形成块状物断面的显微特征 SEM 照片如图 2-99 所示。

从图 2-99(a)可以看出，在直接炭化过程中催化裂化油浆系体形中间相沥青Ⅰ粉体发生了熔融、发泡等，以使炭化后的体形中间相沥青Ⅰ粉体变成了开孔率近似为 100%的泡沫型块状物。由图 2-99(b)泡沫孔壁结构即可发现，体形中间相沥青Ⅰ在发泡过程中，沿孔壁方向形成了具有高度取向的碳结构。这种碳结构的形成可归因于中间相沥青Ⅰ在炭化过程中气泡尺寸变大时沿气泡表面切线方向的微区剪切作用。

低温煤焦油沥青系体形中间相沥青Ⅱ粉体经直接炭化后形成了具有多孔的块状固体，其中孔洞大小不一，且多为不规则的闭孔，如图 2-99(c)和(d)所示。可以认为，在直接炭化过程中虽然体形中间相沥青Ⅱ粉体也发生了熔融且其中轻组分的气化也产生了孔洞，但由于轻组分的相对分子质量分布宽，形成气泡的温度不集中，加之体系的变形能力较差，所以造成了少量孔径大小不一孔洞的产生。同时，从图 2-99(d)可知，中间相沥青Ⅱ炭化后，其碳层虽然也有一定的取向，但取向性远低于中间相沥青Ⅰ炭化后。

与体形中间相沥青Ⅰ和Ⅱ相比，中温煤焦油沥青系体形中间相沥青Ⅲ直接炭化后形成的块体结构较致密，观察不到明显的气泡孔，如图 2-99(e)和(f)所示。中

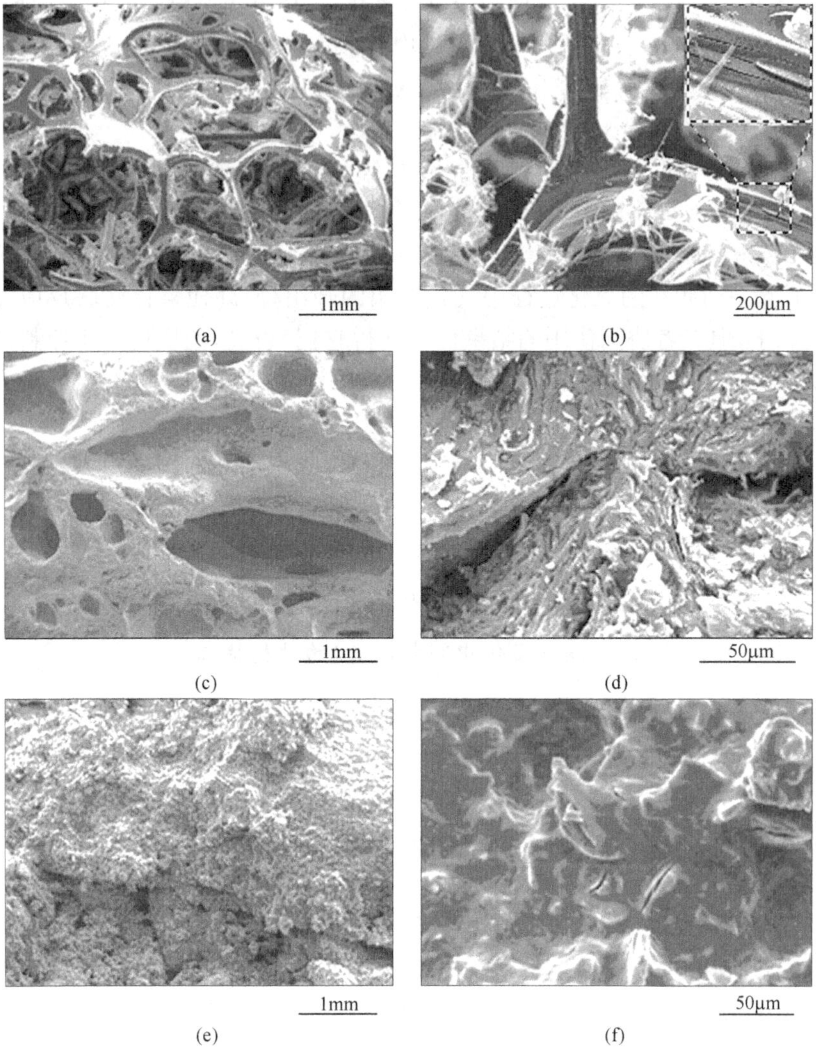

图 2-99　三种体形中间相沥青(<0.2mm)直接炭化后形成块状物断面的 SEM 照片[17]

(a)、(b)体形中间相沥青Ⅰ;(c)、(d)体形中间相沥青Ⅱ;(e)、(f)体形中间相沥青Ⅲ

间相沥青Ⅲ炭化后形成块体致密化的原因与其轻组分具有最小相对分子质量和沥青具有最低的软化点有关,由于在沥青熔融体固化前轻组分均已缓慢释放,所以没有形成明显的气泡。

解析三种体形中间相沥青的直接炭化过程,其共性为三种沥青粉体(<0.2mm微小颗粒)均发生了熔融,使得颗粒内部的芳香分子发生了重排,形成了具有连续织构碳层结构的块体。从三种体形中间相沥青直接炭化后形成块状物体的结构:泡沫型、多孔型和致密型,可以推测出它们的强度高低顺序:中间相沥青Ⅲ致密型

炭化块体＞中间相沥青Ⅱ多孔型炭化块体＞中间相沥青Ⅰ泡沫型炭化块体。另外,从三种前驱体沥青中具有黏结性 TI-QS 组分含量(质量分数)的高低:体形中间相沥青Ⅲ(15.4%)＞体形中间相沥青Ⅱ(14.1%)＞体形中间相沥青Ⅰ(12.6%),也可以推测出同样的结果,即材料中 TI-QS 组分越多,内部单元分子的黏结力越强,材料的强度就越高。

催化裂化油浆系体形中间相沥青Ⅰ粉体分别采用直接炭化法、氧化-炭化法和溶剂不溶物炭化法所获块状炭化物的 SEM 照片,如图 2-100 所示。

图 2-100(a)是体形中间相沥青Ⅰ通过直接炭化法获得泡沫块体粉碎后颗粒的 SEM 照片,图中呈现出如图 2-99(b)所示泡沫体的高度取向织构碳层。值得一提的是,直接炭化法获得的炭材料即使粉碎后也观察不到类似于中间相炭微球表面的构筑单元,再次佐证体中间相沥青中的构筑单元在其自由炭化过程中发生了完全的"融合",形成了具有连续织构层的碳结构。

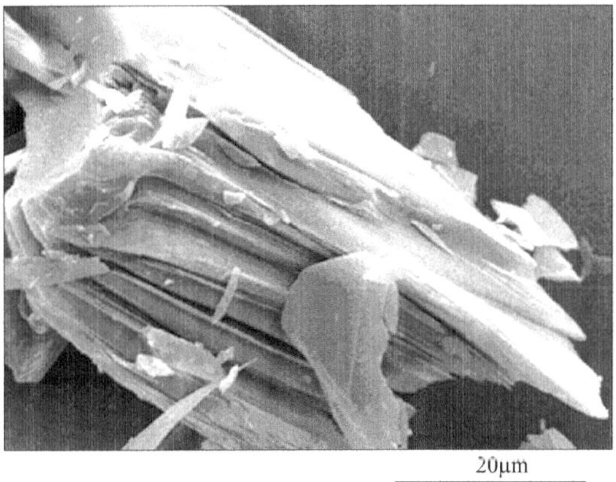

(a) 直接炭化法

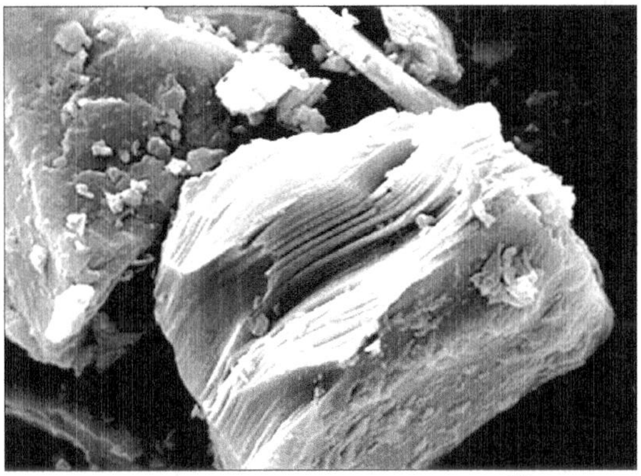

(b) 氧化-炭化法

(c) 溶剂不溶物炭化法

图 2-100　催化裂化油浆系体形中间相沥青Ⅰ块状炭化物的 SEM 照片[17]

体形中间相沥青Ⅰ经氧化-炭化法获得粒状炭化物的形貌和断面结构如图 2-100(b)所示。可以看出,经过空气氧化处理后,体形中间相沥青Ⅰ粉体颗粒间没有熔结的迹象,在颗粒表面可以观察到一些类似于中间相炭微球表面的球形颗粒物质,内部也呈现出类同于相同条件下炭化所获中间相炭微球的织构层[15,36-38],而观察不到小颗粒物质。可以认为,由构筑单元构成的体中间相沥青颗粒在进一步的炭化处理过程中,颗粒内部的构筑单元之间发生"融合"形成了连续的大碳层结构,而表面的构筑单元由于没有与其他构筑单元接触而未能融合,仍保留小颗粒的特征。

图 2-100(c)为采用溶剂不溶物炭化法由体形中间相沥青Ⅰ获得粒状炭化物的 SEM 照片。可以看出,用吡啶去除轻组分的沥青颗粒在炭化过程中也保持了颗粒原有的形状,颗粒表面和经过氧化处理的沥青颗粒表面类似,存在一些小颗粒物质,但颗粒内部观察不到明显的大织构碳层。这表明直接去除沥青颗粒中的小分子物质,不利于大织构碳层的形成和发展。

比较获取中间相沥青基炭材料的三种方式:直接炭化法、氧化-炭化法和溶剂不溶物炭化法,显然,在氧化-炭化法和溶剂不溶物炭化法中,体形中间相沥青经过氧化处理或溶剂去除轻组分后,沥青颗粒的形状在进一步的炭化过程中均得到了保持,说明这两种处理方式都可以"固化"中间相沥青中的芳香分子,而形成不熔融的固体结构。

2) 微结构分析

图 2-101 给出了三种体形中间相沥青采用不同方式炭化后的 XRD 谱图,根据图中各自 XRD 谱线计算得到相应炭材料的微结构参数,结果列入表 2-22。

从图 2-101 和表 2-22 中数据可以看出,对同种前驱体的体形中间相沥青而言，三种不同方式的炭化处理将获得三种不同微结构的炭材料；而每种炭化方式对炭材料结构变化所产生的影响却随前驱体原料沥青的不同而变化。

对于具有高热变形能力的催化裂化油浆系体形中间相沥青Ⅰ，采用直接炭化法时产生的大量气泡[图 2-99(a)和(b)]，造成了形成的炭材料比其他两种方法获取的炭材料具有最小的碳层间距(d_{002}＝0.3546nm)以及最大的微晶堆积高度

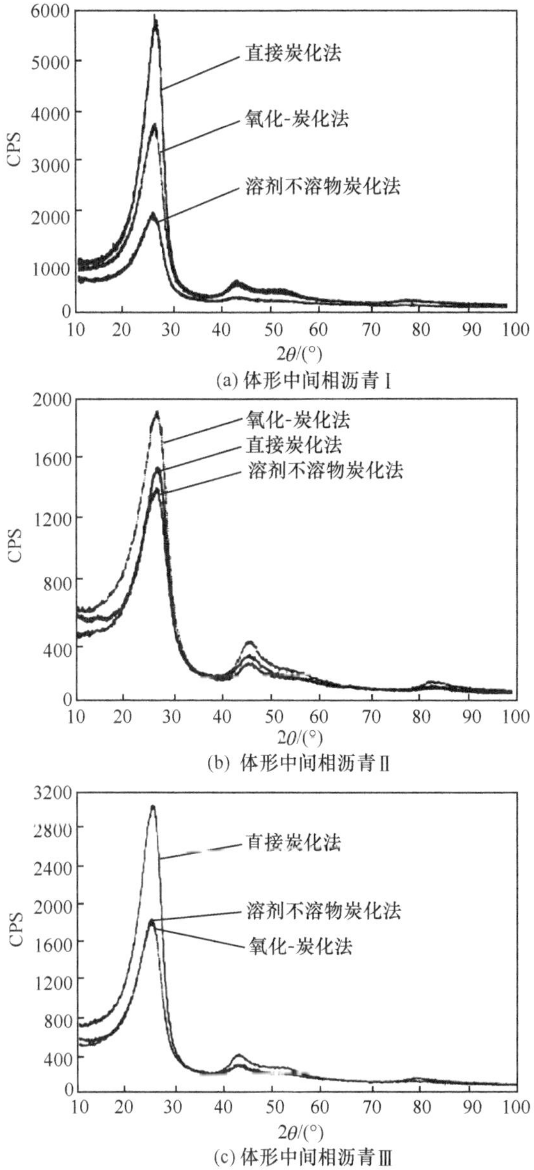

图 2-101　三种体形中间相沥青采用不同方式炭化后的 XRD 谱图[17]

表 2-22　不同炭化法获得中间相沥青基炭材料的微结构参数[17]

前驱体	炭化方式	d_{002}/nm	L_c/nm	N	$L_{a(100)}$/nm
催化裂化油浆系体形中间相沥青Ⅰ	直接炭化法	0.3546	3.23	10.1	2.87
	氧化-炭化法	0.3575	2.96	9.3	2.67
	溶剂不溶物炭化法	0.3577	2.85	9.0	2.01
低温煤焦油沥青体形中间相沥青Ⅱ	直接炭化法	0.3564	2.95	9.3	2.53
	氧化-炭化法	0.3599	2.73	8.6	2.84
	溶剂不溶物炭化法	0.3592	2.73	8.6	2.39
中温煤焦油沥青体形中间相沥青Ⅲ	直接炭化法	0.3549	3.05	9.6	2.26
	氧化-炭化法	0.3563	2.88	9.1	2.41
	溶剂不溶物炭化法	0.3573	2.82	8.9	2.77

(L_c=3.23nm)、微晶尺寸($L_{a(100)}$=2.87nm)和微晶内平均碳层数(N=10.1);氧化-炭化法中的氧化处理使得沥青Ⅰ中部分芳香分子间发生了交联反应,减少了沥青Ⅰ中的轻组分物质,虽然在炭化过程中维持了沥青Ⅰ颗粒的形状,但在一定程度上限制了大芳香碳层分子的自调节作用;采用吡啶不溶物炭化法,则因吡啶去除了沥青Ⅰ的轻组分,减少了可在炭化过程中起润滑作用的小分子,以使大芳香碳层的可移动性受到更严重的影响,导致形成的炭材料内部结构最差。

中温煤焦油沥青系体形中间相沥青Ⅲ的直接炭化过程类似于体形中间相沥青Ⅰ的行为,即直接炭化法获得的炭材料具有最小的碳层间距、最大的微晶堆积高度和微晶内平均碳层数;溶剂不溶物炭化法获得的碳层间距最大,微晶堆积高度和微晶内平均碳层数最小。而不同于体形中间相沥青Ⅰ之处表现在其微晶尺寸的反常变化上,如氧化-炭化法和溶剂不溶物炭化法获得炭材料的微晶尺寸 $L_{a(100)}$ 均比直接炭化法有所增大,且后者增加的幅度更大。可以认为,这两种处理方式都造成了中间相沥青Ⅲ中芳烃分子沿分子片面方向交联的变强,但因形成的大分子平面度较差而表现出了堆积有序性变差(L_c 和 N 变小)的现象。

低温煤焦油沥青系体形中间相沥青Ⅱ采用氧化-炭化法获得中间相沥青基炭材料的微晶尺寸与中间相沥青Ⅲ类似,与直接炭化法相比,也呈现出微晶尺寸 $L_{a(100)}$ 变大的情况,而其他微晶参数(d_{002}、L_c 和 N)的变化则与中间相沥青Ⅰ类似,即氧化和溶剂去除轻组分的处理均会造成 d_{002} 的增大、L_c 和 N 的减小。值得注意的是,中间相沥青Ⅱ采用溶剂不溶物炭化法时获得炭材料的微晶尺寸 $L_{a(100)}$ 非但没有增加,反而减小。

图 2-102 是三种体形中间相沥青经相同工艺炭化后的 XRD 谱图。

比较图 2-102 中三种体形中间相沥青的 XRD 谱线,同时结合图 2-101 和表 2-22可以得出:直接炭化法、氧化-炭化法和溶剂不溶物炭化法获得中间相沥青

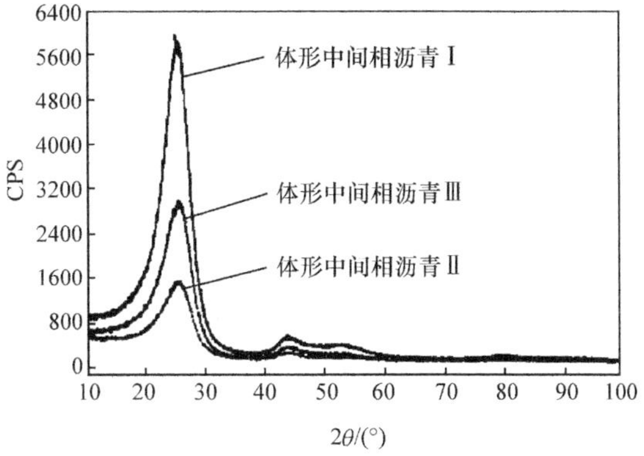

(a) 直接炭化法

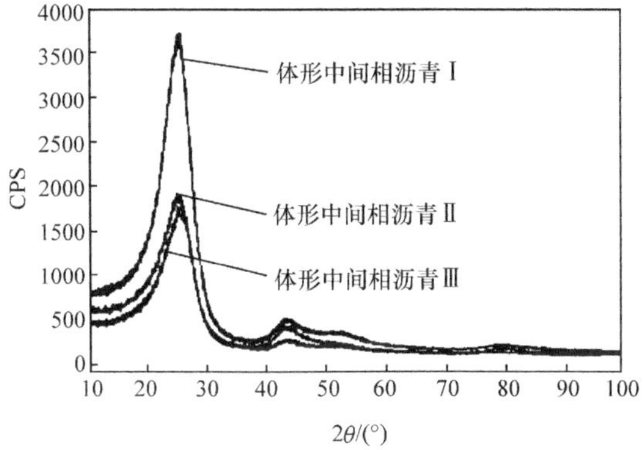

(b) 氧化-炭化法

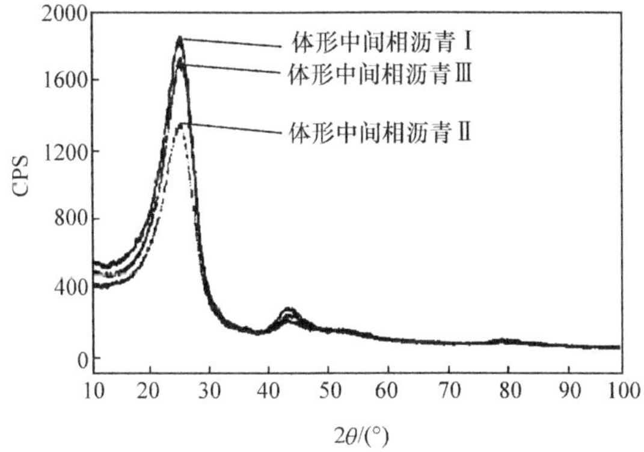

(c) 溶剂不溶物炭化法

图 2-102　三种体形中间相沥青经相同工艺炭化后的 XRD 谱图[17]

基炭材料的微结构均与沥青前驱体中广域型织构的含量密切相关，即含有的广域型织构越多，形成的炭材料的碳层排列越有序。直接炭化法和氧化-炭化法形成炭材料的微晶尺寸和前驱体沥青中织构单元的长度呈现弱相关性，即偏振光下同色区域的长度越大，形成的微晶尺寸也越大；而不溶物炭化形成的炭材料的微晶尺寸和前驱体沥青中的轻组分含量呈现弱相关性，即轻组分含量越大，形成的微晶尺寸也越大。

研究表明，预氧化处理和溶剂去除轻组分处理均可改变中间相沥青在后续炭化过程中碳层的发展，而形成不同结构的中间相沥青基炭材料。虽然预处理对中间相沥青中形成的炭结构微晶尺寸的改变表现出明显的前驱体依赖性，但它们对炭结构中碳层的排列几乎表现出了一致的影响特征，即均造成碳层间距变大，排列有序性减小（L_c 和 N 减小），其中溶剂去除轻组分炭化法产生的影响更大。这些影响的产生与预处理造成前驱体沥青中轻组分减少、后续炭化过程中大分子间缺乏足够的润滑作用，进而导致调整分子的取向能力降低有关。同时，预氧化过程中交联作用形成的分子立体结构也是影响大分子取向的一个因素。对于含有细流线型织构的体形中间相沥青Ⅱ和Ⅲ，氧化预处理均会导致炭化后形成炭材料的微晶尺寸变大，且含有该织构越多，微晶尺寸增大的越多；而对于只含有广域型织构的体形中间相沥青Ⅰ，氧化预处理却会造成微晶尺寸的减小。这表明预氧化处理对后续炭化过程中炭结构形成的影响与原料中间相沥青的织构密切相关。至于溶剂去除轻组分的预处理造成炭结构的复杂变化还需要进一步的研究。

3）TEM 结构特征

直接炭化法获得三种中间相沥青基炭材料的 TEM 照片如图 2-103 所示。

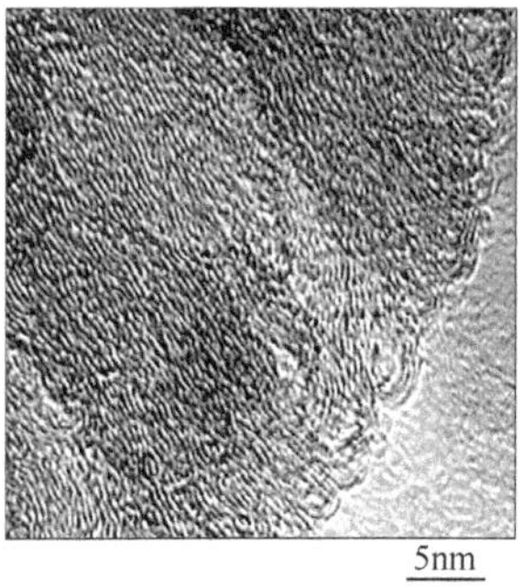

(a) 体形中间相沥青Ⅰ

(b) 体形中间相沥青Ⅱ

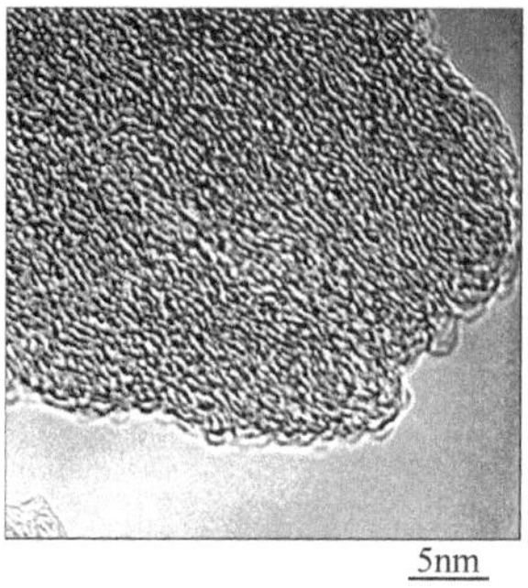

(c) 体形中间相沥青Ⅲ

图 2-103　直接炭化法获得的三种中间相沥青基炭材料的 TEM 照片[17]

由图 2-103(a) 可以看出，具有高热变形能力的催化裂化油浆系体形中间相沥青Ⅰ经过直接炭化后形成炭材料内部的碳层有序度较高，碳层的尺寸很大，且比较平直。而低温煤焦油沥青系体形中间相沥青Ⅱ直接炭化形成中间相沥青基炭材料内部的碳层紊乱，碳层的尺寸很小，且没有一致的取向。高温煤焦油沥青系体形中间相沥青Ⅲ直接炭化后形成炭材料内部的碳层和中间相沥青Ⅰ类似，不同之处为碳层的尺寸、平直度和排列的有序度比中间相沥青Ⅰ差，而碳层层间距则比中间相沥青Ⅰ大。

仔细观察图 2-103 可以发现，三种中间相沥青基炭粉粒的碳层在颗粒边缘都发生了封闭性弯曲，使得其边缘碳减小到最少，这种情况的发生可能与中间相沥青基炭块球磨获取粉粒的过程有关。

图 2-104 是中间相沥青Ⅰ分别通过氧化-炭化法和溶剂不溶物炭化法获得炭材料的 TEM 照片。与图 2-103(a)中直接炭化法所获炭化中间相沥青相比，氧化-炭化法和溶剂不溶物炭化法获得炭化中间相沥青中的碳层尺寸明显减小，分子的弯曲程度增大、排列变差。其原因在于，在这两种炭化法中，经过氧化和溶剂(吡啶)去除轻组分前期预处理的体形中间相沥青Ⅰ粉粒，在炭化过程中沥青颗粒没有变形，获得的炭化中间相沥青仍呈粉状，不需要进行球磨处理，因此中间相沥青基炭粉粒的碳层在颗粒边缘未明显发生类似于直接炭化法形成中间相沥青基炭材料中的弯曲封闭情况。这种氧化和溶剂(吡啶)去除轻组分预处理造成的炭化后材料内部结构的变化，再次说明中间相沥青中的小分子物质对大芳香分子的取向和排列至关重要。

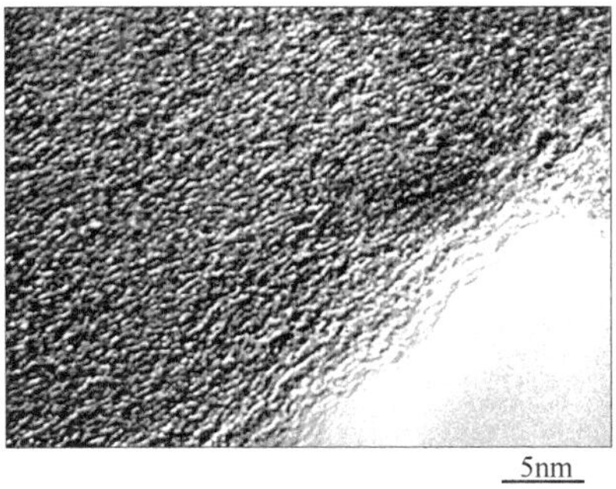

(a) 氧化-炭化法

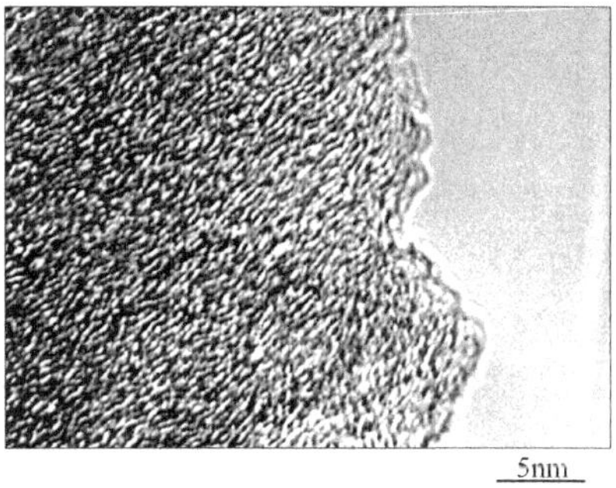

(b) 溶剂不溶物炭化法

图 2-104　体形中间相沥青Ⅰ采用不同方式炭化后的 TEM 照片[17]

需要说明的是：尽管从 TEM 照片获得中间相沥青基炭材料的结构信息和 XRD 分析大致相同，但 XRD 分析得到的数据和 TEM 实际观察到的结构差别较大，因此 XRD 分析方法可以研究炭材料结构的大致变化趋势和粗略的结构特征，而不能准确地反应材料内部的碳层大小、排列等情况，这也是由炭材料内部结构的不均匀性造成的。

2.2.5　中间相沥青基炭材料的结构调控

碳质中间相是一类重要的炭材料前驱体，其性能、结构和后处理条件决定了形成中间相基炭材料的内部结构。而中间相基炭材料的结构联系着它的几乎所有性质，是影响其具体性能和最终应用的关键因素之一。因此，控制碳质中间相的形成及其向炭材料转化过程中的结构发展具有十分重要的理论和现实意义。

1. 影响中间相沥青基炭材料结构的因素

中间相沥青基炭材料的结构特征与其体形中间相沥青前驱体结构及后处理方式密切相关。

1）体形中间相沥青的织构

由于炭材料的结构是低温炭化过程所决定的[99]，体形中间相沥青前驱体的织构是影响所获炭材料内部结构的一个重要因素，对最终的炭材料结构起着决定性的作用。例如，具有广域型织构的体形中间相前驱体——催化裂化油浆系体形中间相沥青Ⅰ[图 2-94(a)]所制炭材料内部碳层的排列[图 2-103(a)]优于具有细流线型织构的体形中间相前驱体——低温煤焦油沥青系体形中间相沥青Ⅱ[图 2-94(b)]形成的炭材料[图 2-103(b)]。亦即，体形中间相沥青前驱体中的广域型织构越多，形成炭材料内部碳层的排列越有序；中间相沥青织构单元的长度越大，形成炭材料内部的微晶尺寸也越大(表 2-22)。

2）体形中间相沥青的轻组分

对体形中间相沥青中的轻组分而言，由于其在进行炭化的过程中部分处于液态，可以对沥青中大芳香分子片层的调整和取向起到润滑剂的作用，有助于芳香分子的缩合长大和有序排列[2]，使得含有较多轻组分的体形中间相沥青在炭化后具有较大微晶尺寸和较好的碳层排列结构。换言之，体形中间相沥青中的轻组分对其在炭化过程中形成有序的碳层排列结构具有积极的作用。当采用氧化-炭化法或溶剂不溶物炭化法时，经过氧化或溶剂预处理降低了体形中间相沥青中的轻组分含量，虽然可以有效地抑制体形中间相沥青的形貌(颗粒或纤维等)在炭化过程中的熔融变形，但会造成形成炭材料内部碳层排列有序度的降低。例如，催化裂化油浆系体形中间相沥青Ⅰ采用直接炭化法获得中间相基炭材料的碳层有序度、微晶的尺寸及其碳层平直度均优于其利用氧化-炭化法和溶剂不溶物炭化法所获中间相基炭材料(图 2-100，表 2-22)。因此，可以认为前驱体中间相沥青中的轻组分是影响所获炭材料内部结构的关键因素。

3）体形中间相沥青的热变形能力

中间相沥青的热变形能力是影响其形成炭材料结构的又一个因素。当沥青分子的热变形能力较好时，在炭化过程中易于被体系轻组分气化逸出的气体拉伸或气体形成气泡不断扩大的表面微区剪切，正是这种气体拉伸或表面微区剪切的作用，使沥青分子产生取向，进而形成高取向碳层结构。例如，高热变形能力的催化裂化油浆系体形中间相沥青Ⅰ，就是因其在炭化过程中受到体系(中间相沥青)逸出轻组分气体生成的大量气泡长大时，在泡体表面微区的剪切作用而产生了取向[图 2-99(a)和(b)]，形成了碳层间距 d_{002}=0.3546nm、微晶堆积高度 L_c=3.23nm、微

晶尺寸 $L_{a(100)}=2.87\text{nm}$ 和微晶内平均碳层数 $N=10.1$ 的高取向碳层结构。

4）体形中间相沥青的后处理方式

就三种体形中间相沥青的后处理方式而言，氧化-炭化法获得中间相沥青基炭材料的收率最高，直接炭化法次之，溶剂不溶物炭化法的综合炭化收率最低(表 2-21)。

与直接炭化法相比，氧化-炭化法和溶剂不溶物炭化法的特点在于：预成型的中间相沥青经过氧化处理或溶剂去除轻组分后，可以“固化”预成型体中间相沥青中的芳香分子，使之形成在炭化过程中不熔融的固体结构，进而获得预定形貌的中间相基炭材料，如中间相沥青炭粉粒、中间相沥青炭纤维等。由于用于不同领域的炭材料往往要求一定规格的形貌，采用氧化-炭化法和溶剂不溶物炭化法就可满足这一需求。而采用直接炭化法时，预成型的中间相沥青则会在炭化过程中发生熔融现象，得不到预定形貌的中间相沥青基炭材料。

从中间相沥青基炭材料的织构角度分析，在氧化-炭化法中，由于沥青分子氧化交联反应产生的立体分子会使形成的大芳香分子平面度变差，以致炭化后获得炭材料内部碳层的排列较直接炭化法差。如果采用溶剂不溶物炭化法，也会因溶剂去除沥青中的轻组分后，剩余的溶剂不溶大芳香分子物质在炭化过程中由于缺少小分子的润滑作用而较难发生调整和重新取向，结果与氧化-炭化法类似，同样在炭化后获得的炭材料内部碳层取向比直接炭化法差。

2. 中间相沥青基炭材料结构的调控手段

通过解析影响中间相沥青基炭材料结构的四种因素：前驱体中间相沥青的织构、轻组分含量、热变形能力和后处理方式，发现前驱体中间相沥青的织构是影响形成炭材料结构的主要因素，而在前驱体确定以后，前驱体中间相沥青中的轻组分含量则是影响形成炭材料结构的关键所在，由此可以认为调控中间相沥青基炭材料结构的手段主要有以下两种：

1）前驱体中间相沥青的选择

根据目的炭材料的织构，选择中间相沥青前驱体。如目的炭材料为泡沫炭，则其优质前驱体无疑应首选催化裂化油浆系体形中间相沥青，因为其具有窄相对分子质量分布和高热变性能；在炭化过程中易熔融并产生发泡现象，而在炭化后形成泡沫状炭材料。若制备高密高强炭材料，那么具有低软化点、小相对分子质量轻组分的中温煤焦油沥青系体形中间相沥青就是优质的自烧结原料，由于轻组分在沥青固化前就已逸出，所以在炭化过程中基本不形成气泡，炭化后即可获得结构较致密的炭材料。

2）预成型体中间相沥青的预处理

按照目的炭材料织构与形貌的要求，采用氧化法或溶剂去除轻组分法对预成型中间相沥青进行预处理，通过改变预成型中间相沥青中的轻组分含量进行炭材料内部结构的调控。例如，预成型中间相沥青（颗粒、纤维等）经空气适度的氧化预处理后，预成型体沥青中的小分子物质在氧的交联作用下长大，形成了在炭化过程中不熔融的碳层，进而获得目的织构与形状（颗粒、纤维等）的炭材料。同理，对溶剂去除轻组分法而言，通过溶剂吡啶适度去除沥青中的轻组分，以使在后续的炭化过程中既能保持沥青预成型体的形貌，又能使沥青分子在原有状态的基础上得到一定的优化排列，获得理想的目的炭材料。

2.3 碳质中间相形成理论

碳质中间相是重质芳香烃类物质（主要为一些混合物，如沥青、重质油等）在热处理过程中生成的一种向列型液晶物质，按照碳质中间相的形态可以分为球形中间相和体形中间相。

碳质中间相是一类重要的炭材料前驱体，已在中间相炭微球、中间相沥青基炭纤维、针状焦等方面获得了较好的工业化应用[14-17,125-131,140,141,160]。近年来，又在制备具有可控导热性能和导电性能的中间相沥青基泡沫炭方面获得了突破，制备出了在许多领域都具有良好适用性、兼具优良抗冲击和耐火特性的中间相沥青基泡沫炭[132-139]。同时，基于炭材料本身的耐化学腐蚀性、较小的热膨胀系数等特点，使得这种中间相沥青基泡沫炭材料表现出了其他材料无法比拟的优点，从而受到了人们的高度重视[161-166]。

碳质中间相产品的形态多样，可以为球状、纤维状、泡沫状或无定形等；同时，其内部织构也有多种，就中间相沥青基炭纤维而言，就可以有多种不同的断面织构，如辐射状、同心圆状、皮芯状、无规则状等[167-171]。为了合理调控碳质中间相产品的形态和结构，就需要了解碳质中间相的分子结构、中间相的形成过程和外界条件对中间相形成过程的影响。亦即，需要对碳质中间相的形成机理进行充分的认识。

碳质中间相形成机理的研究历程，基本上可以分为三个阶段：第一阶段主要为人们对碳质中间相形成的唯象学解释，以 Brooks & Taylor 理论为代表，这个阶段跨越了碳质中间相研究的大部分时期（1961～1996 年），因此又常将 Brooks & Taylor 理论称为碳质中间相的传统形成理论；第二个阶段为日本学者 Mochida 等对传统形成机理的改进，提出了碳质中间相的形成和发展是不同结构之间的连续构筑，而不是小球体之间插入融并的结果，著者称之为“微域构筑”理论；第三阶段为著者对碳质中间相形成过程的最新解释，摒弃了第二阶段解释中的不合理成分，提出了“颗粒基本单元构筑”理论。下面将对碳质中间相形成和发展这三个阶段的解释给予较详细的讨论，同时也对“颗粒基本单元构筑”理论的一些应用进行探讨。

2.3.1 碳质中间相分子的结构特征

碳质中间相分子是多环芳香烃分子热缩聚的产物，依据稠环芳烃的价键结构本质——芳香六音律，其应具有片层盘状的外形。但由于碳质中间相多数不溶于通常的有机溶剂，所以很难确定其准确的分子结构。

1. 碳质中间相分子模型

碳质中间相分子模型主要有两种：一种是 Zimmer-White 平面分子模型[172]，见图 2-105(a)；另一种是 Mochida 提出的"蜘蛛网"模型[173]，见图 2-105(b)。

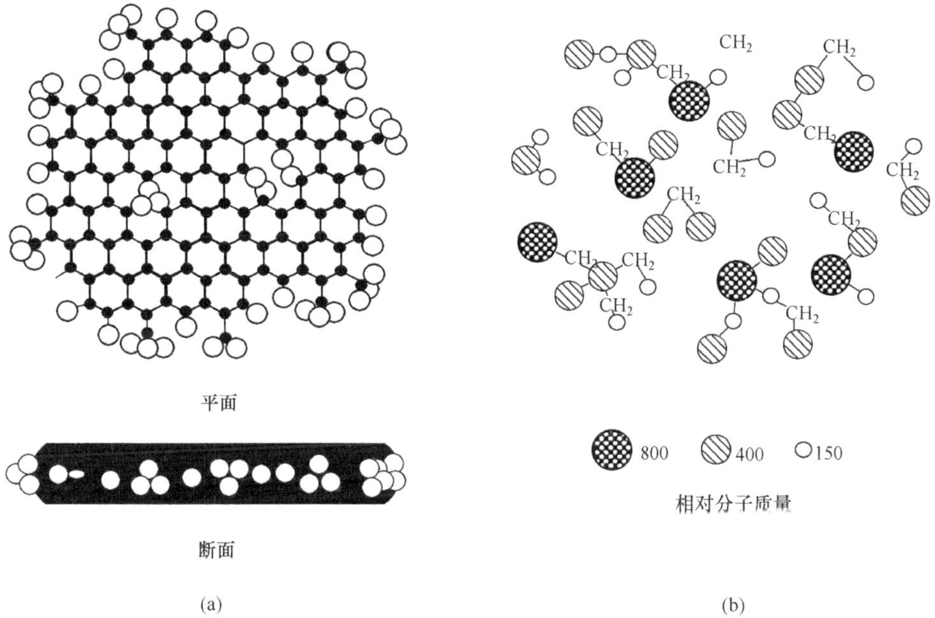

图 2-105　碳质中间相的分子模型[172,173]

由图 2-105 中的两种分子模型可以看出，碳质中间相分子为含有一定端基的稠环芳烃平面盘状分子，分子平面内部不是完整的芳环结构，而是含有一些扰乱其分子平面度的甲基和缺碳原子的空位及断键等，分子通过苯-苯或亚甲基连接起来，其相对分子质量为 400～4000[159]。

2. 碳质中间相分子的相似性

中间相分子的形状是其形成向列型碳质中间相的一个重要因素。对于一种特定的碳质中间相，尽管含有各种不同的分子，但其中各种分子的形状总是具有一定的相似性，只是分子大小存在着较宽的分布。

对于在强有机溶剂(如喹啉、吡啶等)中具有不同溶解能力的碳质中间相,它们中间相分子的形状和大小也不同;如难溶的中间相,其相对分子质量分布靠近大相对分子质量一端,且含有的支链往往较少;以含有一定喹啉不溶物的沥青为原料制备的碳质中间相具有这些特征。例如,煤系中间相沥青分子的支链和侧链较少且短,使得分子接近圆盘状,且平面度较好[172]。

而对于在强有机溶剂中具有较大溶解能力的中间相,其相对分子质量分布则主要集中在中小相对分子质量附近,且支链的存在更促进了它们在溶剂中的溶解;以不含喹啉不溶物的石油沥青、重质油为原料获得的中间相沥青具有这些特征。例如,石油系中间相沥青分子因具有较多的支链和侧链[174],以致分子平面度较差,同时偏离圆盘形[174]。

另外,萘系中间相沥青分子呈条形[18],原因在于其前驱体为纯萘,而不是稠环芳烃混合物。至于煤系和石油系中间相沥青分子呈圆盘状,则是因为多缩合环的圆盘形稠合结构最稳定[2]。

2.3.2 碳质中间相微球的结构特征

1. 典型中间相炭微球的结构模型

Brooks 和 Taylor 根据单个中间相炭微球(相当于晶体中的单晶)薄片试料的限定区电子衍射图像的解析结果确认,中间相炭微球并非纤维状结构而是层状结构,于是提出了中间相炭微球的"地球仪"型结构模型,即 Brooks-Taylor 模型[4][图 2-106(a)]。之后,研究者又发现了几种不同结构的中间相炭微球,如"洋葱"型[43,59,60][图 2-106(b)]、"同心圆"型[175]结构[图 2-106(c)]和类似于 Brooks-Taylor

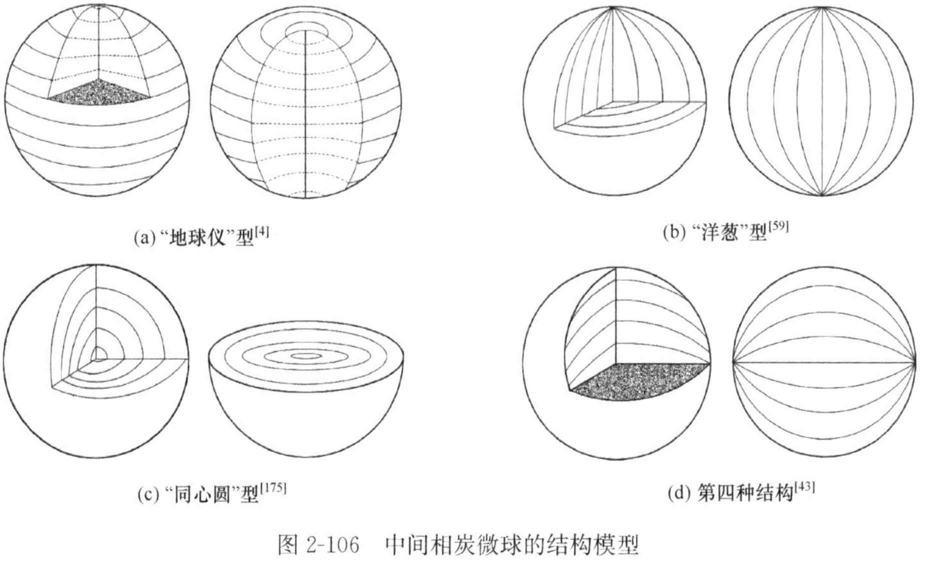

(a) "地球仪"型[4]　(b) "洋葱"型[59]

(c) "同心圆"型[175]　(d) 第四种结构[43]

图 2-106　中间相炭微球的结构模型

型的“第四种结构”[43][图 2-106(d)]，也称反 Brooks-Taylor 型。这些均指理想状态下中间相炭微球的层叠结构，实际上中间相炭微球中还含有许多由于晶格缺陷所形成的有位错的结构[80,176]。

2. 中间相炭微球中的层叠缺陷

一般认为中间相炭微球融并后易于产生缺陷结构，根据融并球体在偏光显微镜下呈现的消光纹花样(图 2-107)，把中间相炭微球中的叠层缺陷分为 X 型交叉、O 型交叉、Y 型节点和 U 型节点四种类型[159,177]，其结构如图 2-108 所示。

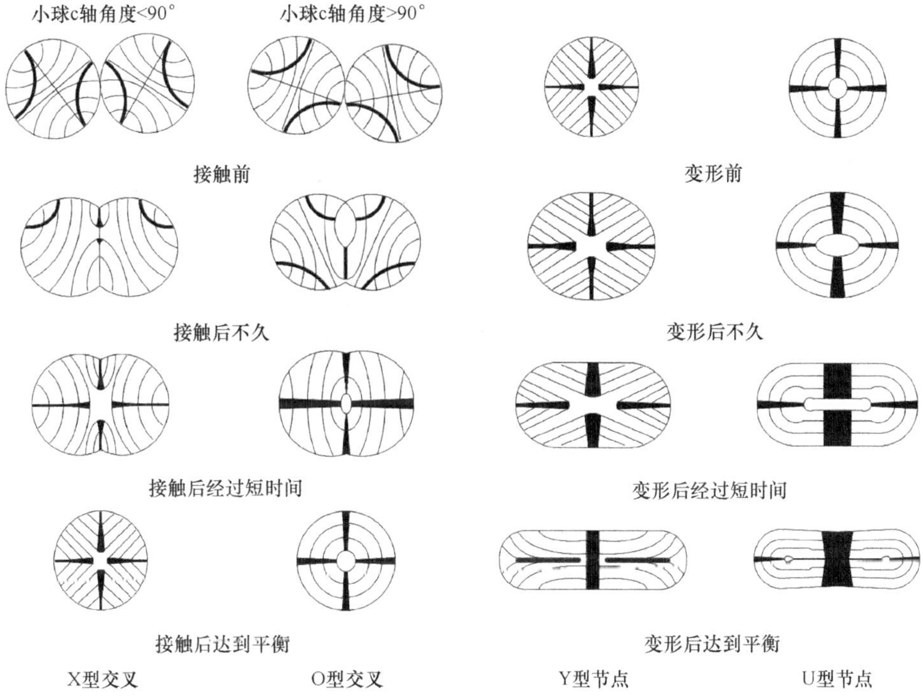

(a) 球体融并产生的层叠缺陷　　(b) 融并的球体变形引起的层叠缺陷变化

图 2-107　融并中间相球体在偏光显微镜下呈现的消光纹花样[159]

一芳族缩合环平面分子的叠层方向；一表示消光纹花样

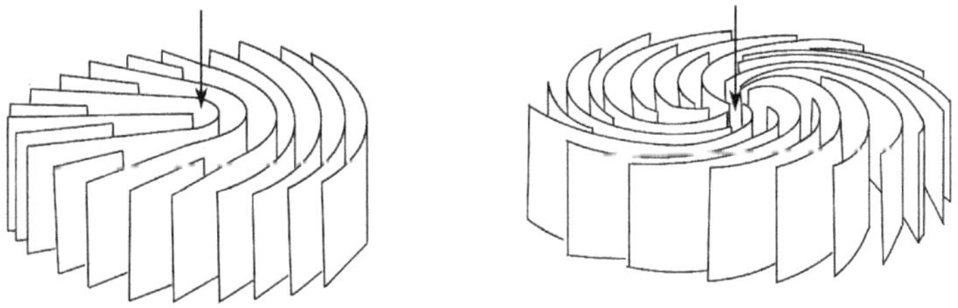

(a) U型　　(b) O型

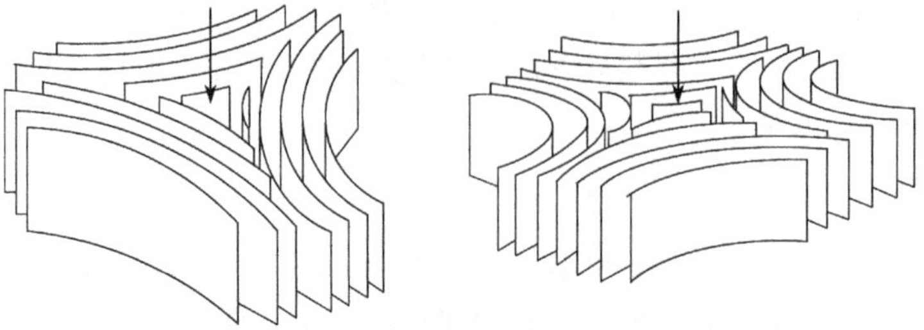

(c) Y型　　(d) X型

图 2-108　中间相炭微球中可能存在的四种类型的层叠缺陷[159]

因此，实验中出现的中间相炭微球的微观结构往往会更为复杂[92,178]，有时会出现牵牛花状、类洋葱状等复杂结构，如图 2-109 所示。

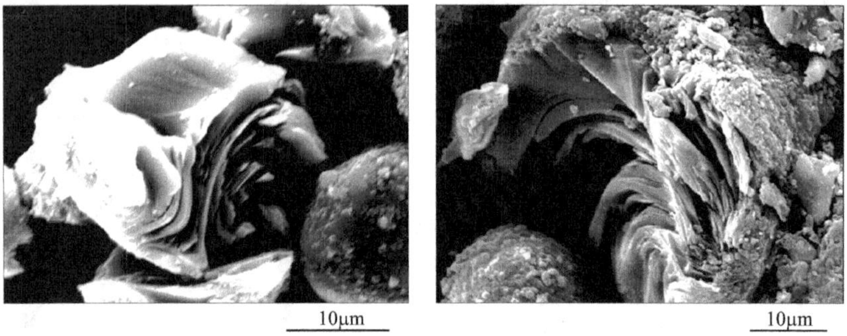

(a) 牵牛花状　　(b) 类洋葱状

图 2-109　具有层叠缺陷的中间相炭微球[92]

2.3.3　碳质中间相的形成机理

1. 碳质中间相形成过程的传统解释

在碳质中间相研究的早期以至中期，研究者认为碳质中间相的大致形成过程为：稠环芳烃在中温液相热解（炭化）过程中经历热分解、芳构化、缩聚等反应，形成了具有圆盘形状的多环缩合芳烃平面分子，这些平面稠环芳香分子在热运动和外界搅拌的作用下取向，并在分子间范德华力的作用下层积形成层积体，为达到体系的最低能量状态，层积体在表面张力的作用下形成球体，即中间相小球体（晶核）。这些中间相小球体吸收母液中的分子长大，当两个球体相遇碰撞后，球体之间的平面分子层面彼此插入，融并成为一个大的球体。如果大球体之间再碰撞、融并后将会形成更大的球体，直到球体的尺寸大到一定程度时，由于表面张力不能维持球体形状而发生球体的解体变形，进而形成体形中间相。碳质中间相的形成和发展过程通常用图 2-110 表示。

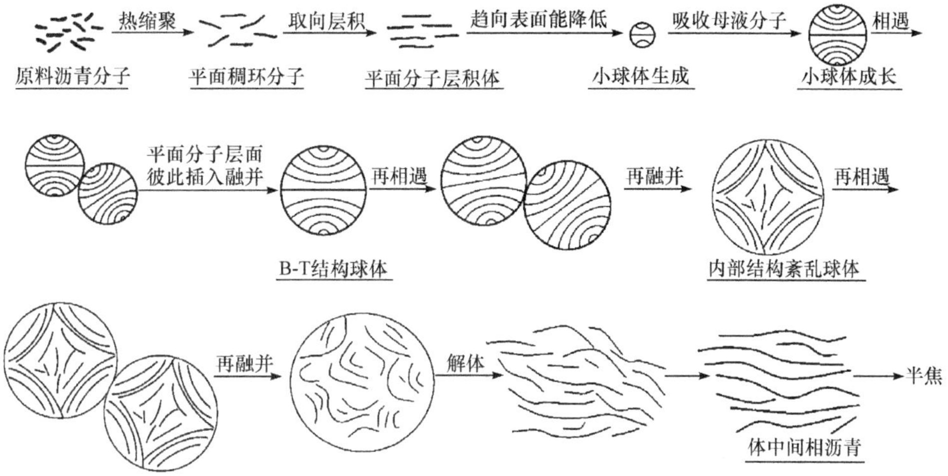

图 2-110　碳质中间相形成和发展的传统解释示意图[9,20]

由图 2-110 可以看出，原料沥青分子经热缩聚形成大平面芳香分子，这些大片层分子取向层积后在表面张力的作用下变成小球体，即形成中间相进一步发展的核。这些球形核物质吸收沥青中的分子后长大，形成具有“地球仪”型结构(Brooks-Taylor 结构)的中间相球体。当中间相球体长大到一定尺寸后，球体间相遇融并形成大的球体。大球体之间继续相遇融并，直至大球体内部结构紊乱，最后球体解体形成体形中间相(图 2-111)和半焦物质。

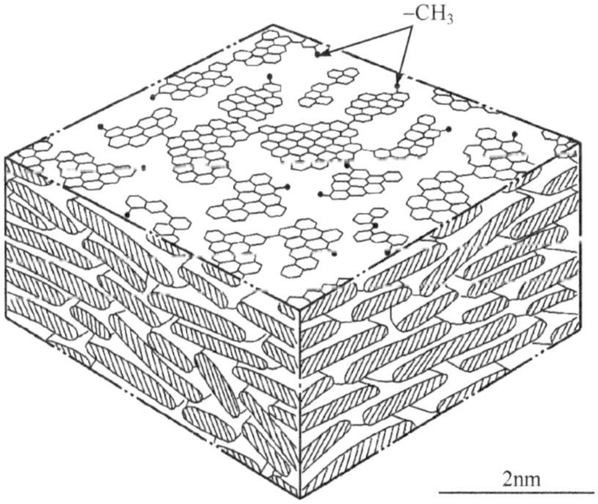

图 2-111　体形间相沥青中芳香分子的堆砌形式[17]

Singer[179]描述了中间相球体之间的碰撞、融并成大中间相球体的过程，如图 2-112 所示。

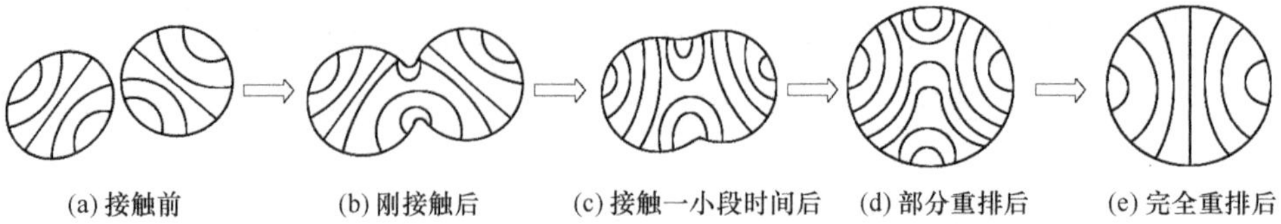

图 2-112　中间相小球的碰撞、融并过程[179]

王茂章[20]对沥青分子的热缩聚过程进行了讨论，认为存在如图 2-113 所示的液相炭化反应过程。

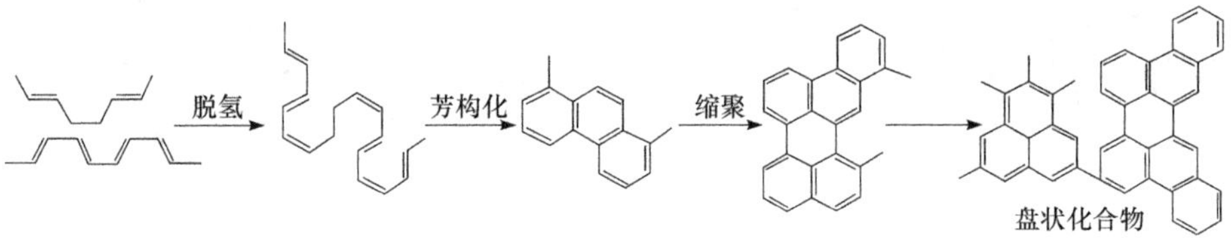

图 2-113　液相炭化过程中碳质中间相分子的形成、发展过程[20]

图 2-110 所示的碳质中间相形成和发展虽然大致描述了碳质中间相的形成过程，但仔细分析发现存在如下问题：

(1) 对球体长大的过程解释为小球体吸收母液分子，解释含混。

(2) 认为球体的长大是靠小球体之间片层的相互插入。实际上，中间相球体在形成过程中有相当多的小分子物质被夹杂到球体中，这些小分子物质填充在大片层分子之间。不同球体片层间的相互插入所需的能量一定特别高，以至于不可能实现。

(3) 认为大球体的相互融并对球体的长大起了重要的作用。如果球体的长大是靠大球体之间的相互融并，那么大球体的数量就应该越来越少，而实验中(尤其是非均相成核中间相形成过程中)往往观察不到这种现象。

(4) 研究发现[16,17]，匀相成核体系形成碳质中间相的过程类似于图 2-110 所示的过程，在球体长大过程中存在较多球体的融并现象(图 2-114)；但在非均相成核中间相球体长大过程中没有发现有明显的球体融并现象，只是在形成体中间相时才发生融并(图 2-115)。

显然，碳质中间相形成过程的传统解释不能很好地描述碳质中间相的形成和发展过程。

2. 碳质中间相形成的"微域构筑"理论

鉴于碳质中间相形成过程的传统解释中存在许多不合理的地方，Mochida 等[13,180]在分析了中间相沥青基炭纤维的褶皱结构后提出了碳质中间相形成的另

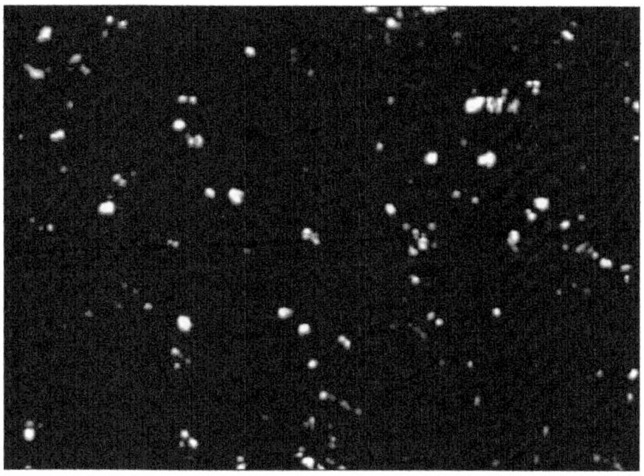

(a) 成核过程

(b) 球体长大

(c) 球体融并后形成体形中间相

图 2-114　均相成核碳质中间相形成和发展[16]

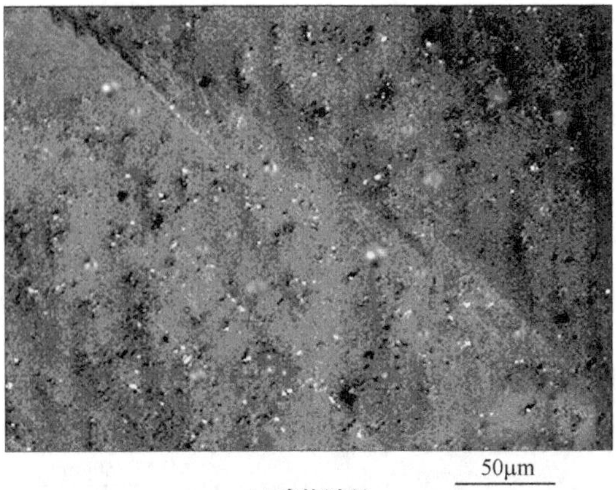

(a) 成核过程

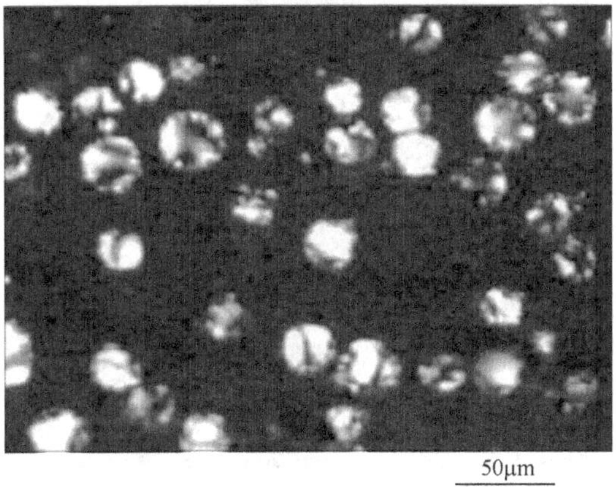

(b) 球体长大

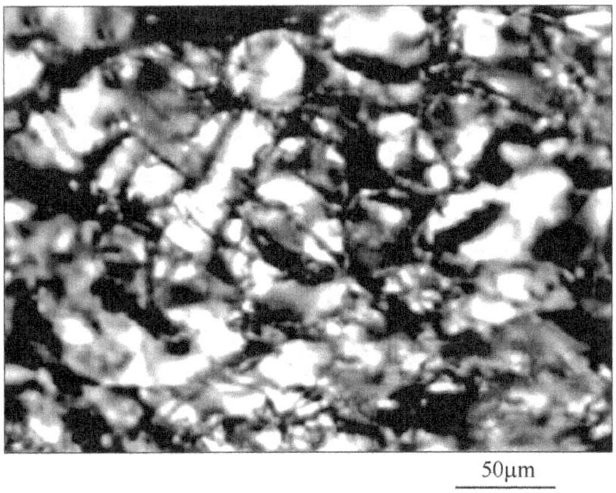

(c) 球体融并后形成体形中间相

图 2-115　非均相成核碳质中间相形成和发展[16]

一种解释，即“微域构筑”理论。他们认为碳质中间相的形成过程是先形成具有规则形状的片状分子堆积单元，然后由片状分子堆积单元构成球形的微域，再由微域堆积成中间相球体的过程，如图 2-116 所示。

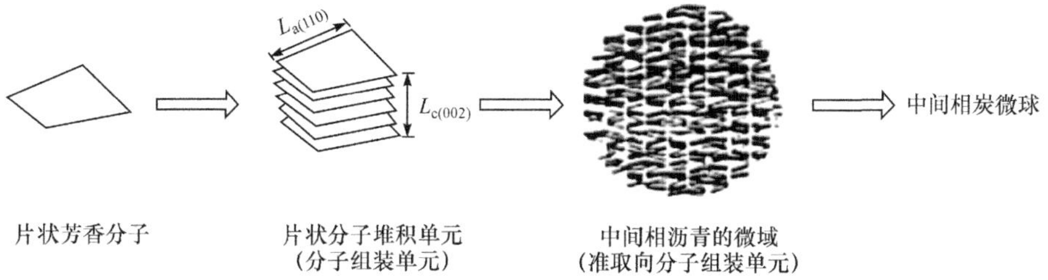

图 2-116　“微域构筑”中间相形成机理[13]

“微域构筑”理论将中间相炭微球的形成过程分为四级结构，即片状芳香分子、层积体、微域和中间相炭微球，避开了传统解释中有关“球体片层之间相互插入而长大”的不合理性，可以同时有效地解释了两种不同成核方式中间相炭微球的形成过程。另外，这种机理还可以合理地解释中间相球体连续长大的现象，对成功解释碳质中间相的形成过程具有很大作用。

Mochida 等应用“微域构筑”机理对炭黑存在下中间相炭微球的形成给予了解释，如图 2-117 所示[181]。

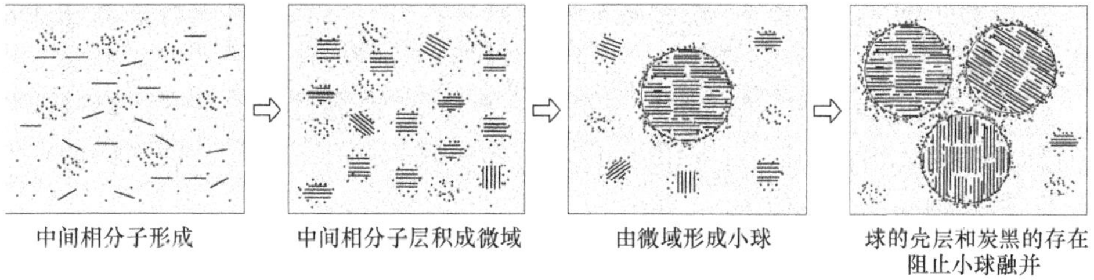

图 2-117　炭黑存在下中间相炭微球的形成过程[181]

□沥青分子；· 炭黑颗粒；　片状中间相分子；═微域单元；○ 球壳

但是，由于“微域构筑”理论将炭材料在 XRD 下的平均微晶作为真实的微晶(此处的层积体)，从而引入了实际上并不存在的片状芳香分子层积形成的规整片状分子堆积单元(分子组装单元)，这一点可以由图 2-88、图 2-103 和图 2-104 所示的 TEM 照片得到证明。因此，该理论也存有一定的不足，还需进一步完善。

3. 碳质中间相形成的“颗粒基本单元构筑”理论

著者通过研究非均相成核中间相炭微球的形成过程，在“微域构筑”理论的基础上，提出了碳质中间相形成的“球形基本单元构筑”新解释[14-16]。新解释把碳质中间相形成过程看作三级结构的连续构筑，即先由小芳香分子缩聚形成大平面片层分子（一级结构），再由大平面片层分子层积形成球形的中间相构筑单元（二级结构），然后由这些构筑单元直接堆积形成中间相球体（三级结构），如图 2-118 所示。

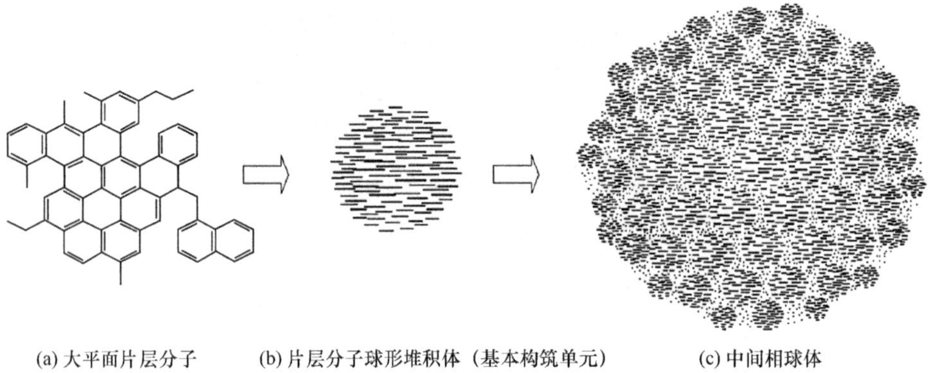

图 2-118 “球形基本单元构筑”理论描述碳质中间相的形成过程[16]

随着研究的进一步展开，考虑到萘系中间相沥青和石油系中间相沥青分子的形状偏离圆盘形[28,182,183]，因此它们的构筑单元不再是球形颗粒。为使该理论能够更广泛地应用于各种碳质中间相的形成过程，著者将碳质中间相形成的“球形基本单元构筑”的解释修正为“颗粒基本单元构筑”[16,17]，这样就可以将形成中间相球体的构筑单元扩展到多种形状的颗粒，如球形、棒状等。

图 2-119 是碳质中间相的“颗粒基本单元构筑”形成过程示意图。该过程与“球状基本单元构筑”形成过程相同，仍将碳质中间相的形成看作三级结构的连续构筑，但其内涵却大大加深。

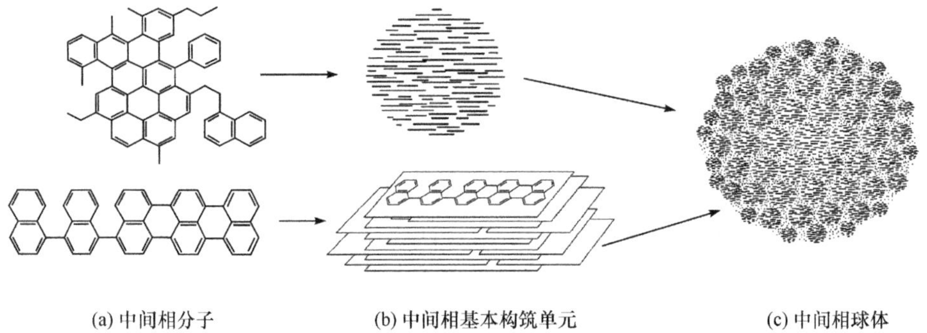

图 2-119 碳质中间相的“颗粒基本单元构筑”形成过程[17]

“颗粒基本单元构筑”将碳质中间相的形成过程描述为：在热缩聚作用下体系

的芳香分子缩合长大形成具有一定尺寸和形状的大芳香分子(一级结构),然后这些芳香分子堆积起来形成球形、棒状或其他形状的中间相基本构筑单元(二级结构)。在碳质中间相形成初期,基本构筑单元的形成过程就是碳质中间相的成核过程。当中间相球核的数量达到一定程度,基本构筑单元间就相互堆积形成中间相小球体(三级结构),在后续的过程中构筑单元不断地堆积到形成的中间相小球体上,使其不断长大。

利用“颗粒基本单元构筑”理论对碳质中间相形成过程作出的较详细解释如下:

原料沥青的芳香分子在加热过程中发生脱氢、断链、缩合、聚合等反应,总体效果使得芳香分子不断长大,芳香分子片层平面度逐渐增加。当片层芳香分子尺寸大到一定程度时,芳香分子就会在其片层间离域非共价大 π-π 键的作用下堆积起来,形成中间相构筑单元。在中间相形成初期,这些构筑单元充当了中间相进一步生长的核。随着体系反应的持续进行,中间相构筑单元不断形成,这些后续生成的构筑单元就会堆积到中间相的核上形成中间相球体。亦即,中间相球体的长大过程是不断形成的构筑单元连续堆积的过程,这与实验中观察到的现象一致[14,15]。同时也说明了中间相球体融并长大传统解释的不合理,因为“如果球体是靠融并长大,那么在球体长大的过程中球体的尺寸就会出现不连续性”,而实验中往往观察不到这种情况。

当相邻的中间相球体之间靠近,且接触时间较长时,后续堆积到球体上的构筑单元就会把这些球体连接起来,同时球体接触的部分也会发生分子间的化学键合,使得球体表现为融并。对于具有较好流动性的中间相球体,还会发生球体内部的分子重排,形成融并体,进而形成体中间相。

体系的黏度往往是控制中间相构筑单元形成和球体构筑过程的一个重要因素,同时体系黏度的高低也控制了球体之间能否接触和接触时间的长短[14,15]。因此可以说,黏度也是影响中间相形成和发展的一个非常重要的因素。

解析碳质中间相的形成过程,化学反应和物理作用在中间相形成和发展的不同阶段分别起着不同的作用。在中间相形成初期(即成核阶段),由于芳香分子很小,分子间的大 π-π 键很弱,使得物理的分子堆积作用同样很弱;体系在热作用下,主要发生芳香分子的脱氢缩聚反应,使芳香分子不断长大。显然,该阶段的化学作用占主要地位。而在中间相发展初期和中期(主要指球形中间相生成和长大阶段),芳香分子已长大成为具有一定尺寸的平面片层分子,分子间的大 π-π 键作用力明显增大,使得片层分子产生层积,形成中间相构筑单元,进而产生构筑单元的堆积形成中间相球体。与此同时,体系内的小分子继续缩聚长大形成中间相分子。另外,中间相球体内部的片层分子也不断缩聚长大[184]。

纵观碳质中间相发展初期和中期的形貌与结构,可以认为:体系在化学反应和物理调整的协同作用下，形成了具有内部大分子有序层积的碳质中间相球体。在碳质中间相发展后期（主要指中间相球体解体、体中间相形成和半焦的形成阶段），体系中高反应活性分子的缩聚反应基本停止，化学作用虽然在一定程度上存在，但已不明显；此时，由于体系的黏度增大，分子之间的层积和调整作用都变得较弱，整个过程表现为化学反应和物理调整的弱协同作用。

研究表明[14,15]，中间相球体在长大的过程中，具有较大尺寸的构筑单元会优先堆积到球体上。如果体系中球体的生长速度较快，构筑单元来不及长大就堆积到球体上，则会造成体系中游离构筑单元（尚未堆积到球体上的构筑单元）的尺寸减小，导致所获中间相球体表面的颗粒尺寸也略有减小。值得一提的是，堆积到一起的构筑单元由于内部分子的活性会发生构筑单元间的“融合”现象，即由于相邻构筑单元内部分子的相互键合，使得构筑单元间的界线变得模糊，甚至消失；同时构筑单元内部的芳香分子也会不断缩合长大。在中间相球体长大过程中，球体内部的结构也在不断调整变化，使得球体中的碳层排列趋于有序、碳层间距不断减小。

随着体系反应深度的增加，体系中的轻组分（小分子物质）越来越少（气化逸出体系或缩合成大分子），中间相球体的数量和体积均在不断增加，无疑会造成球体间相互接触的概率增大、接触的时间变长，进而使得相互接触的球体内部分子间发生相互键合，宏观上呈现为球体的粘连。反应继续进行，后续堆积的构筑单元就会把它们共同堆积到一起。如果这时体系和球体内部的小分子物质足够多，且大芳香分子具有足够的自调整能力，大分子就能够驱使球体内部的芳香分子发生适宜的重排，直至原来的球体形状消失形成新的球体，这就是球体的融并现象。融并的连续发生就会使生成的球状中间相最终解体形成体中间相，这个过程与碳质中间相的表面张力和体系的黏度都有一定的关系。

由于非均相成核碳质中间相生成体系的黏度较大，导致大芳香分子堆积形成构筑单元时排列不是十分有序[图 2-88(b)]，进而造成由构筑单元堆积形成中间相球体内部的结构复杂（图 2-30）以及中间相球体融并形成体中间相沥青时内部分子不能有效地调整方向而只能形成粗马赛克型织构（图 2-90）。与非均相成核的碳质中间相相比，均相成核体系的黏度较低，芳香分子的排列易于形成有序的堆积[图 2-88(a)]，其构筑单元堆积形成的中间相球体内部分子也易于重新调整取向而形成 Brooks-Taylor 型结构（图 2-24），并且球体融并后内部分子进一步调整取向可以形成广域流线型体中间相（图 2-89）。

研究发现[15,36-38,171]，碳质中间相形成初期体系中存在的固体异相物质（在反应条件下不溶和不熔的颗粒物质，如原料中含有的喹啉不溶物或在原料中添加的鳞片石墨和氧化铝粉等)，可以充当“核”物质，使得大芳香分子直接堆积到上面形成中间相球体的核，以致形成结构多样的碳质中间相球体(图 2-30、图 2-36、图 2-46、图 2-81)。

尽管碳质中间相形成初期体系中的喹啉不溶物等固体异相物质能够改变其“颗粒基本单元构筑”成核的方式，但中间相球体的长大过程没有改变，仍旧是由芳香分子形成基本构筑单元，然后构筑单元在小球体上堆积形成大的中间相球体。

而如果在碳质中间相形成初期体系中引入化学添加剂，则碳质中间相的形成过程也有可能改变，使其不再遵循“颗粒基本单元构筑”过程，如体系中较多硫添加剂的存在可以使芳香分子在短时间内长大，这些形成的大片层芳香分子来不及层积形成中间相球核或构筑单元就继续长大，以致碳质中间相不经过成核、生成球体和球体长大过程就直接发展成为体中间相[图 2-51(d)][79]。

2.4 “颗粒基本单元构筑”理论的应用

2.4.1 碳质中间相形成和发展的预测

按照“颗粒基本单元构筑”理论所描述的碳质中间相形成过程，多种结构碳质中间相微球的形成取决于芳香分子的形状与大小、构筑单元内部芳香分子的排列形式和后续堆积形成中间相球体的形式，当然这些与体系的黏度、反应性和它们的变化密切相关。因此，为得到不同结构的碳质中间相球体可以首先对其结构的形成进行模拟预测，然后通过控制芳香分子的形状和大小、进而控制它们层积形成基本构筑单元的形式及其基本构筑单元堆积的方式，实现目标结构的碳质中间相球体可控制备。

1. 碳质中间相分子的形状特征

为了讨论的方便，研究者通常将碳质中间相分子看作平面分子，而实际上碳质中间相分子并不是平面分子，也不是标准的圆盘、棒状或其他形状的分子，而是由许多不同形状、大小、内部缺陷、平面度、侧链等都存在差异的芳香分子组成的芳香分子群。

著者以典型的煤焦油沥青中间相分子和萘系沥青中间相分子为例，研究了中间相分子的平面度。研究采用 ChemOffice 2005 软件，首先对中间相分子模型进行 3D 处理，然后通过分子最小空间自由能优化处理获得中间相分子的空间填充模型，如图 2-120 和图 2-121 所示。

由图 2-120 和图 2-121 可以看出，不论是具有类圆盘状的煤系中间相分子，还

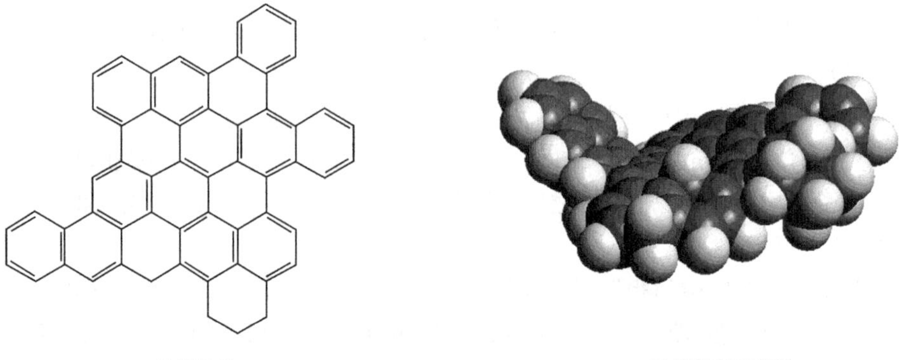

(a) 结构模型　　(b) 空间原子排列

图 2-120　煤系中间相沥青分子的结构模型及其空间原子排列[17]

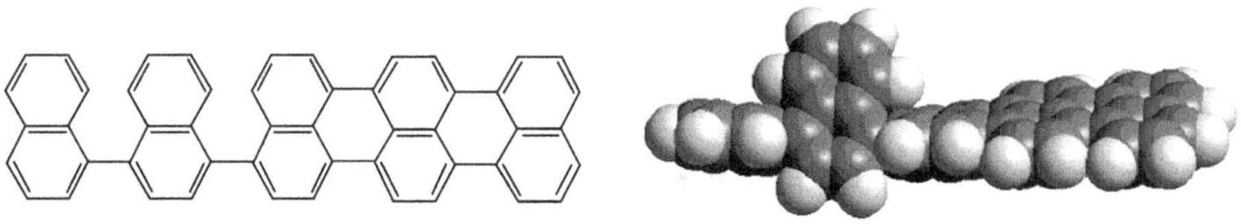

(a) 结构模型　　(b) 空间原子排列

图 2-121　萘系中间相沥青分子的结构模型及其空间原子排列[17]

是分子形状为棒状的萘系中间相分子，从其分子模型来看，似乎均具有较好的平面度，但由各自的空间填充模型就可看出，二者的实际分子平面度都很差，在分子内部存有较大的弯曲或扭转。而这些分子的弯曲或扭转势必会影响分子之间的层积，使形成的中间相基本构筑单元内部分子排列的有序性变差。另外，由空间填充模型也可以看出，分子内变形的存在也造成了中间相分子的形状严重偏离圆盘状或棒状。无疑，具有不同侧链的中间相分子，其偏离程度也不同。

2. 中间相分子的堆积排列形式

中间相分子的 3D 特征势必会影响它们在形成中间相基本构筑单元时的有效排列，造成构筑单元内部芳香分子取向的杂乱。例如，具有较好平面度的芳香分子群在一个弯曲形状的大芳香分子上堆积时就有可能形成如图 2-122(a)所示的基本构筑单元。由图 2-122(a)可以看出，仅是一个弯曲的芳香分子就可以造成构筑单元内部所有分子取向的变化，而实际中大多数芳香分子内部都会或多或少地存在弯曲或扭曲，因此构筑单元内部分子的排列更加无序。又如，非均相成核体系就可能会形成如图 2-122(b)所示的超细碳质颗粒基本构筑单元。事实上，在均相成核的超细碳质颗粒也可以观察到这种由分子形状变形造成的分子排列无序现象，如图 2-123 所示。

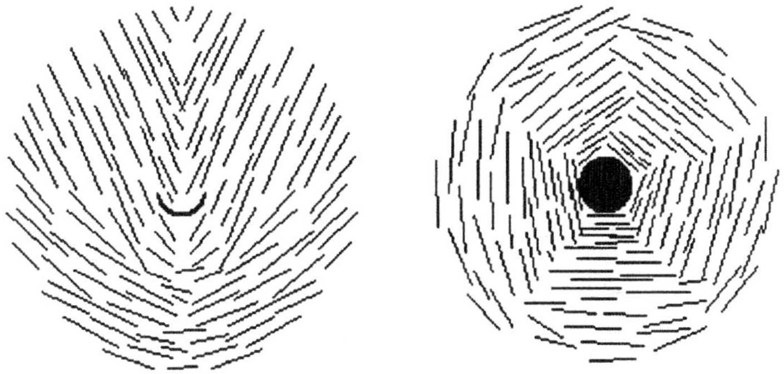

(a) 形成初期分子弯曲　　(b) 形成初期存在固体核物质

图 2-122　两种可能的中间相构筑单元[17]

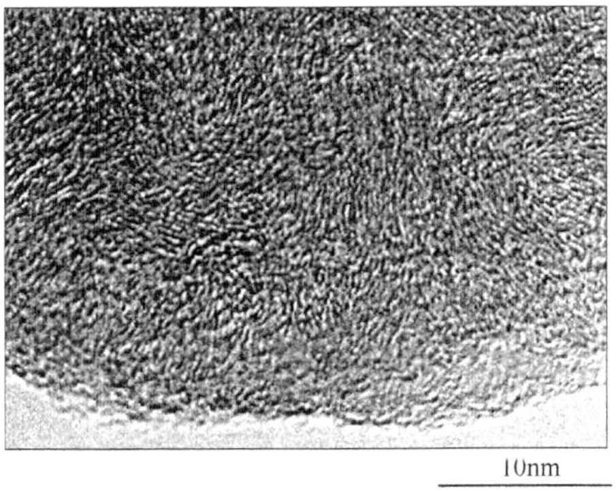

图 2-123　均相成核构筑单元中存在的无序碳层排列结构（1000℃炭化）[17]

当碳质中间相生成体系中存在与中间相分子相容性较好的微小固体粒子时，形成的中间相构筑单元内部碳层的取向也会受到一定程度的影响，如图 2-122(b) 所示，在固体粒子的周围形成了同心圆状排列的碳层分子。研究表明[77,86]，含有 Na、Si、Fe、Al、Ca 等元素的杂质易于进入碳质中间相球体中，因此体系中含有这些元素的固体杂质往往会影响中间相构筑单元内部分子的取向。例如，由于煤焦油沥青中的固体杂质经常以无机喹啉不溶物的形式存在，在非均相成核的超细碳质颗粒中就可以找到如图 2-122(b)所示结构的构筑单元(图 2-124)。

显然，不论是从中间相分子本身的平面度、形状角度考虑，还是从原料中混入的固体杂质角度考虑，形成的中间相构筑单元内部分子都有可能产生复杂的排列形式。因此，由这些构筑单元构建的中间相球体内部形成多种复杂的结构就不足为奇了。

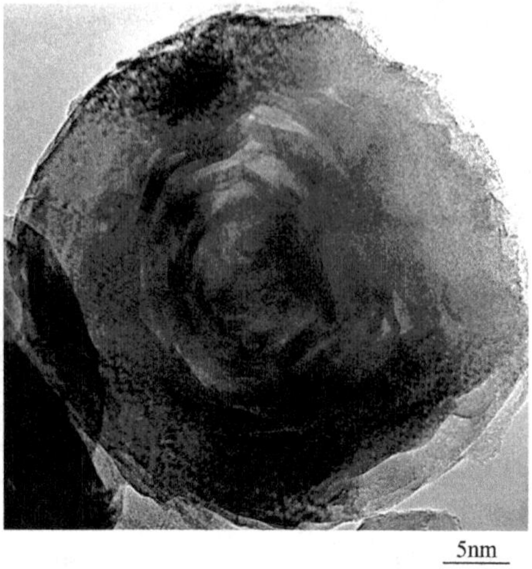

图 2-124　非均相成核碳质颗粒中的同心圆状分子排列(石墨化处理)[17]

3. 典型结构中间相球体的存在

若基本构筑单元内部具有平行的碳层排列,通过控制其排列形式就可获得典型结构的中间相球体。图 2-125 为模拟控制基本构筑单元的排列形式形成的 Brooks-Taylor 型和洋葱型中间相球体的结构模型。

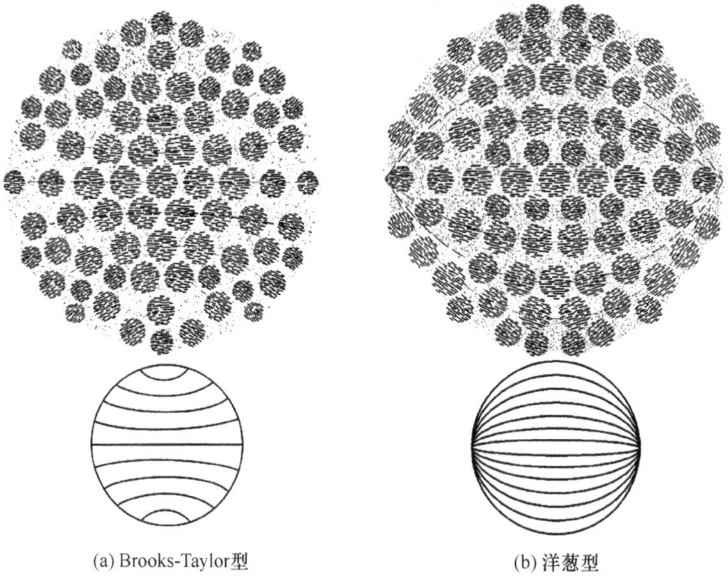

(a) Brooks-Taylor型　　(b) 洋葱型

图 2-125　由球形构筑单元形成的 Brooks-Taylor 型和洋葱型中间相球体模型[17]

基本筑构单元; 轻组分(小分子)

4. 碳层位错与弯曲等缺陷结构的产生

图 2-125 是具有平行碳层排列基本构筑单元的两种理想排列形式，而实际中构筑单元的排列并不是十分合理，易于形成位错、碳层弯曲等缺陷结构。如图 2-126 所示的三个构筑单元，当内部芳香分子发生键合后，在它们的接点处存在较多的位错和碳层弯曲，易于形成 Y 形的碳层链接结构。这与 2.3.2 节中根据融并球体在偏光显微镜下呈现的消光纹花样得出的叠层缺陷 Y 型节点结论一致，进一步佐证了“颗粒基本单元构筑”的适用性。

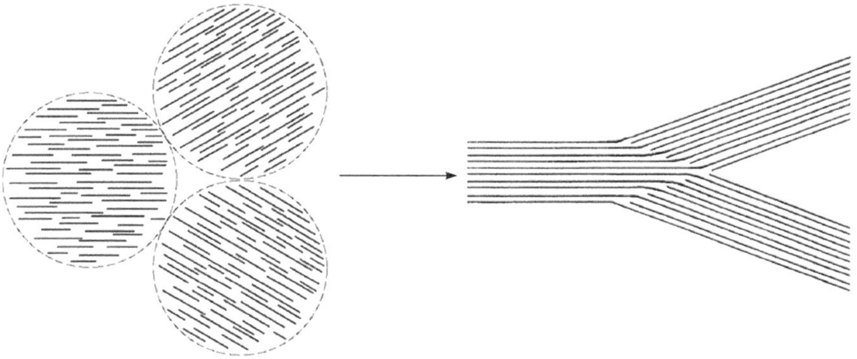

图 2-126 构筑单元的不合理堆积造成了弯曲碳层和位错的产生[17]

在碳质中间相形成和发展过程中，由于体系黏度的不断增加，也会造成构筑单元不合理堆积的增加，导致形成的中间相球体内部结构的不均匀。

5. 亚微米颗粒存在下碳质中间相炭微球的结构特征

依据“颗粒基本单元构筑”理论，体系中的固体杂质可以影响中间相构筑单元中碳层的取向，当固体粒子的尺寸和基本构筑单元的尺寸接近时，这些颗粒可能会充当中间相球体形成的核或构筑单元。为验证该推测，在含有较少喹啉不溶物的低温煤焦油沥青中加入质量分数 1%的亚微米 SiO_2 粉剂，440℃下在管式耐热玻璃反应器中反应 1h，然后通过溶剂分离法获得碳质中间相球体。

图 2-127 为添加剂亚微米 SiO_2 粉的 SEM 照片，可以看出，SiO_2 颗粒的尺寸为 0.2～0.3μm。

图 2-128 为亚微米 SiO_2 存在下均相体系形成碳质中间相炭微球形貌的 SEM 照片，图 2-129 为该碳质中间相炭微球的 EDS 谱图。由图 2-129 可知，在亚微米 SiO_2 存在下均相体系形成的碳质中间相炭微球中含有大量的 Si 元素，由于低温煤焦油沥青本身不含有 Si 元素(表 2-2)，说明添加剂 SiO_2 颗粒已进入中间相炭微球中。与体系未添加亚微米 SiO_2 形成的中间相炭微球相比(图 2-23)，亚微米 SiO_2 颗粒的

存在导致形成的中间相炭微球形态彻底改变，球体不再是如图 2-23 所示较光滑的球体，而变成了由许多尺寸在 2～5μm 范围内的小球体构成的复球体，如图 2-128(a)所示。同时，球体表面上存在许多 SiO_2 颗粒，如图 2-128(b)所示。这表明亚微米 SiO_2 颗粒充当了中间相球体生长的构筑单元，也可能充当了球体的核物质。

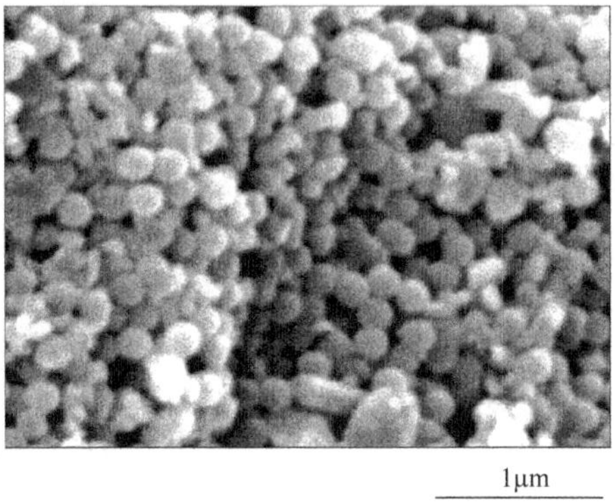

图 2-127　亚微米 SiO_2 粉的 SEM 照片[17]

(a)　(b)

图 2-128　亚微米 SiO_2 存在下均相体系中生成的中间相炭微球形貌[17]

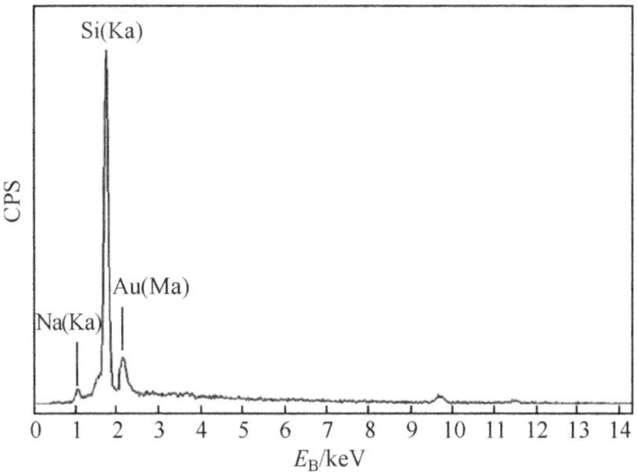

图 2-129　含有亚微米 SiO_2 中间相炭微球的 EDS 谱图[17]

图 2-130 为含有 SiO_2 颗粒的中间相炭微球断面结构的 SEM 照片。由图 2-130 可以看出，以亚微米 SiO_2 为添加剂形成的中间相炭微球内部没有类似于未添加亚微米 SiO_2 获得中间相炭微球的连续大碳层织构(图 2-24)，其结构是局部弯曲碳层构成的多点同心圆结构。这些局部同心圆结构的形成是由亚微米 SiO_2 颗粒发挥球体的核物质造成的。可以推测，在 SiO_2 颗粒基础上形成的中间相小球体长大到 2～5μm 时，又发生了类似于中间相基本单元构筑形成中间相球体的现象，即含有 SiO_2 颗粒的小球体堆积起来形成了大的中间相球体。显然，SiO_2 亚微米颗粒在中间相球体的成核长大过程中发挥了核和构筑单元的双重作用，这也从另外一个角度佐证了"颗粒基本单元构筑"理论对亚微米颗粒存在下形成碳质中间相炭微球特征预测的准确性。

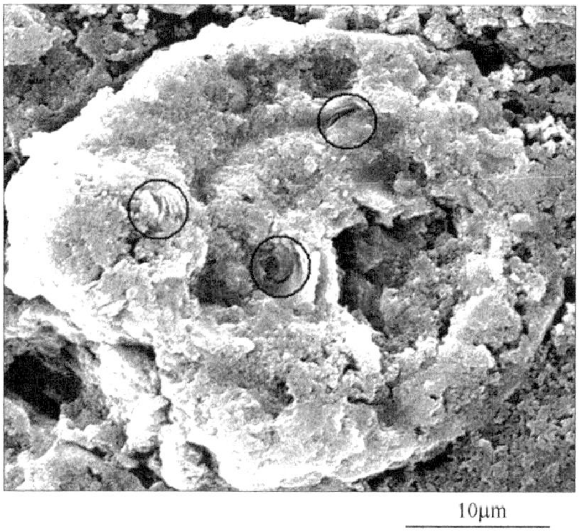

图 2-130　含有亚微米 SiO_2 中间相炭微球断面的 SEM 照片[17]

6. 不同尺寸物理添加剂对中间相形成和发展的影响

由"颗粒基本单元构筑"理论可以预测，在能够形成碳质中间相的反应体系中加入固体颗粒物质势必会干扰中间相球体的形成和长大。若加入的固体颗粒物质和构筑单元相似(包括尺寸、性质等)，则可能会充当中间相的构筑单元而被包覆到中间相球体中，并因其相似于构筑单元的特征，而不会改变中间相球体的内部织构。但如果固体颗粒的尺寸较大，形成的中间相球体可能会改变其球体的外形，同时其内部结构也会发生改变。有关鳞片石墨添加剂和氧化铝添加剂(详见 2.1.6 节)的研究[15,37,171,184,185]已证明了上述推断(图 2-34，图 2-36，图 2-45～图 2-47)。

2.4.2　原料沥青中喹啉不溶物对中间相形成和发展作用的解释

研究表明，碳质中间相前驱体原料沥青中喹啉不溶物的多少对中间相的形成和发展起着重要的作用，它的存在会造成中间相球体形成的滞后[186]，形成球体的大小比较均匀，且球体往往也为喹啉不溶物[15,37]，很难进一步融并形成良好的广域体中间相。尽管研究者对这些研究结果已在一定程度上达成了共识，但关于喹啉不溶物对中间相的成核是否具有促进作用仍存在争议[187,188]。

按照"颗粒基本单元构筑"理论，在碳质中间相形成初期，首先形成亚微米的球核(与后续生成的构筑单元相似)。由于喹啉不溶物(至少一部分喹啉不溶物)的尺寸和性质类似于这些核物质[15,37]，所以成核过程中会把这些喹啉不溶物充当中间相形成的核。加之喹啉不溶物充当核物质符合中间相形成时体系能量降低的要求[33]，这样无疑就增加了中间相在形成初期的球体数量[186]。由于在单位时间内生成中间相构筑单元的数量决定于原料和体系的反应条件，而与中间相球核的数量无关，所以当含有喹啉不溶物的原料在一定的反应条件下制备中间相球体时，势必会因球体数量的增加而使得球体的生长比较缓慢。

2.4.3　中间相炭微球表面颗粒或粒状突起的解释

中间相炭微球的表面往往被一些颗粒或粒状突起所覆盖[15,37,121]，如图 2-83 所示。自碳质中间相研究的开创性工作[4]开展以来，研究者一直认为碳质中间相微球表面的颗粒或粒状突起是原料中的喹啉不溶物在中间相球体形成过程中聚集在球体表面的结果[189,190]。仔细分析，这种解释存有多种疑问：其一，如果原料中的喹啉不溶物在中间相球体形成过程中聚集在球体的表面上，那么这些颗粒必然没有充当中间相形成的核物质，即它们对中间相的成核没有贡献，或者说它们对中间相球体的形成是"惰性的"。其二，既然这些颗粒在球体长大过程中一直保持在球体表面，那么它们对球体的生长也没有贡献。但如果这些颗粒对球体的成核和生长都没有贡献，那么是什么作用力使得这些颗粒聚集到球核上？形成的中间相球体又是如何绕过这些密集的"惰性"颗粒而获得母液中的构筑单元的呢？另外，由不含喹啉不溶物的沥青制备的中间相球体表面也被许多颗粒所覆盖，如萘沥青系碳质中间相微球(图 2-131)，显然这些颗粒不是原料中的喹啉不溶物。

利用"颗粒基本单元构筑"理论就可以很容易地把这些颗粒解释为中间相球体形成的构筑单元。由于中间相球体的形成是颗粒基本单元构筑的结果，采用溶剂法从热处理沥青中分离中间相炭微球的过程中，难溶的大分子构筑单元也一定会显露出来。亦即，在分离中间相炭微球的同时也会分离出一定量的构筑单元，著者实验室已经成功地分离得到了这些物质(图 2-84)。

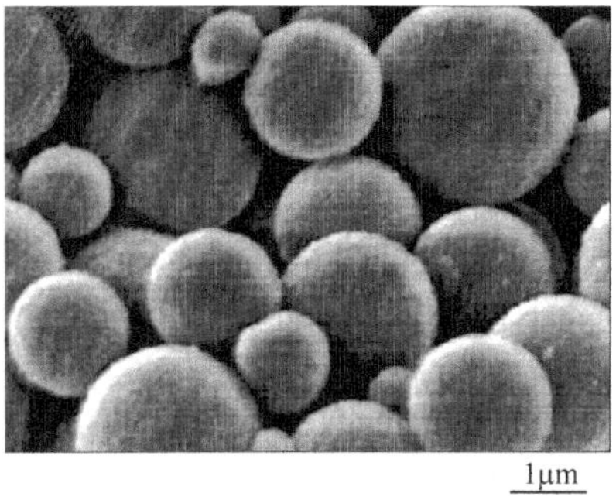

(a) 微球形貌

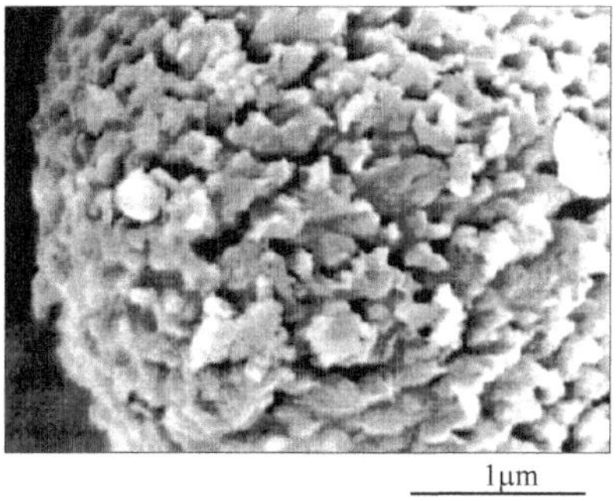

(b) 球体表面特征

图 2-131　萘沥青系碳质中间相微球的形貌与表面特征[16,121]

2.4.4　碳质中间相基超高比表面积活性炭的可控制备

炭材料制备活性炭通常采用的活化方法有物理活化法和化学活化法[191-194]。不论哪种活化方法，活化剂（CO、水蒸气、$ZnCl_2$、KOH、NaOH 等）刻蚀炭材料产生孔洞都是从炭材料的活性点开始。炭材料的活性点一般位于缩合碳层的边缘、碳层内部的缺陷和含有杂原子的点。无疑，炭材料内部的活性点越多，越易于制成具有较多孔洞的活性炭，尽管其比表面积可能并不是一直增加[195,196]。

由“颗粒基本单元构筑”理论可知，碳质中间相微球生球（未经任何处理，如氧化或炭化）是由基本构筑单元构成的复合体（图 2-119，图 2-125），球体内部构筑单元之间存在许多间隙，这些间隙为活化剂进入球体内部提供了通道。同时，构筑单元中的边缘碳也较多地暴露于这些间隙中，易于被活化剂活化。另外，中间相分子本身也存在一些孔洞缺陷，这也为活化剂在构筑单元内部活化造孔提供了条件。尽管中间相球体在长大过程中相邻构筑单元间内部分子的缩合可以使构筑单元间的间隙减小，但由于温度较低，分子的活性较小而不能彻底地消除这些孔隙。因此，碳质中间相微球生球活化后有望获得比较高的比表面积。研究表明[191]，以碳质中间相微球生球为原料、KOH 为活化剂，活化后可以制成比表面积高达 $3182m^2/g$、孔容为 $2.45cm^3/g$ 的碳质中间相基活性炭球。

然而，若在活化前，先将碳质中间相微球在较高的温度下进一步热处理，则球体内部构筑单元间的孔隙就会减小甚至消失，同时构筑单元内分子不断缩合长大，缺陷减少，这固然会提高中间相炭微球的抗氧化性能，但必定会造成活化后比表面积的减小。

因此，在制备碳质中间相基超高比表面积活性炭时可以根据目标产品的要求，调控前驱体碳质中间相生料（中间相炭微球生球或体中间相）的结构，进而实现目的产品的制备。

2.4.5 中间相炭材料多元化储锂模型的构建

通常认为炭材料的储锂方式包括:碳层层间储锂、结构中的孔洞和缺陷储锂、芳香分子片层表面储锂等[197]。

依据"颗粒基本单元构筑"理论,在低温热处理碳质中间相的结构中至少存在三种储锂方式:①中间相构筑单元内部有序碳层间的插层储锂,称为Ⅰ型储锂;②构筑单元间的孔隙和构筑单元内部分子的缺陷或孔洞处的微孔储锂,称为Ⅱ型储锂;③构筑单元外面碳层或游离大芳香分子的基面上的吸附储锂,称为Ⅲ型储锂。该预测和 Mochida 等[146]有关萘系中间相沥青炭材料的中低温炭化样品的电化学储锂特征的研究结果相吻合。

以具有规整碳层排列构筑单元构成的中间相炭材料为例,构建出的中间相炭材料多元化储锂模型,如图 2-132 所示。

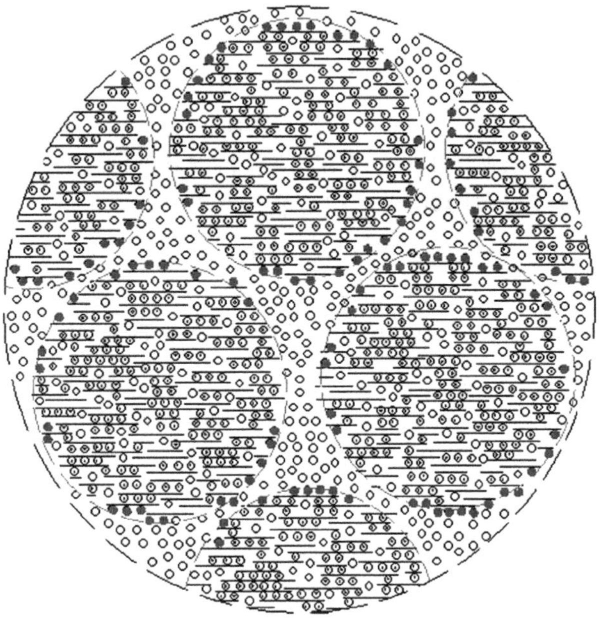

图 2-132 中间相炭材料的多元化储锂模型[17]

⊙Ⅰ型储锂;○Ⅱ型储锂;●Ⅲ型储锂

从图 2-132 描述的三种储锂方式可以推测,随着热处理温度的提高,中间相炭材料内部结构发生变化,即会影响各种储锂方式储锂量的变化。例如,热处理温度提高到 2300℃以上时,中间相炭材料内部结构趋于石墨的有序碳层结构,其中的缺陷和孔洞基本上消失,储锂方式以Ⅰ型为主,这种储锂方式的理论储锂量为 372mA · h/g[198]。就Ⅱ型储锂方式而言,虽然其储锂量较大,但由于在缺陷和孔洞处往往存在较多的官能团，嵌入的锂很容易同这些官能团发生化学反应形成不可逆锂，造成中间相炭材料不可逆储锂量的增加。因此，对炭材料中的孔洞和缺陷合理修饰，使其最大限度地储存可逆的锂离子是提高锂离子二次电池性能的一个研究方向。

参考文献

[1] 大谷杉郎，真田雄三. 炭素化工学の基础[M]. 东京：株式会社オ-ム社，1980.

[2] 钱树安. 烃类液相炭化过程的物理化学[R]. 太原：中国科学院山西煤炭化学研究所，1982.

[3] Taylor G H. Development of optical properties of coke during carbonization[J]. Fuel, 1961, 40: 465-472.

[4] Brooks J D, Taylor G H. The formation of graphitizing carbons from the liquid phase[J]. Carbon, 1965, 3(2): 185-193.

[5] Honda H, Yamada Y. Ceramic Data Book[M]. Tokyo: Kogyoseihin Gijutsu Kyokai, 1973.

[6] Chwastiak S, Lewis I C. Solubility of mesophase pitch [J]. Carbon, 1978, 16(2): 156-157.

[7] Chwastiak S, Lewis R T, Ruggiero J D. Quantitative determination of mesophase content in pitch [J]. Carbon, 1981, 19(5): 357-363.

[8] Busch R, Fitzer E, Trendelenburg T. Solubility investigation on mesophase of some pyrolysed aromatic compounds [C]//Extended Abstracts for 15th Biennial Conference on Carbon, 1981: 164.

[9] 张家埭. 碳材料工程基础[M]. 北京：冶金工业出版社，1992.

[10] Yamada Y, Sakawaki K, Ida S. Accumulation of mesophase spheres by sedimentation[J]. Carbon, 1985, 23(5): 597-600.

[11] Kim C J, Ryu S K, Rhee B S. Properties of coal tar pitch-based mesophase separated by high-temperature centrifugation[J]. Carbon, 1993, 31(5): 833-838.

[12] Blanco C, Santamaría R, Bermejo J, et al. A novel method for mesophase separation[J]. Carbon, 1997, 35(8): 1191-1193.

[13] Yoon S H, Korai Y, Mochida I. Axial nano-scale micro-structures in graphitized fibers inherited from liquid crystal mesophase pitch[J]. Carbon, 1996, 34(1): 83-88.

[14] 李同起. 非均相成核中间相炭微球的形成机理研究[D]. 天津：天津大学硕士学位论文，2003.

[15] 李同起，王成扬，郑嘉明，等. 非均相成核中间相炭微球的形成过程及其结构演变[J]. 新型炭材料，2004, 19(4): 281-288.

[16] 李同起，王成扬. 碳质中间相形成机理研究[J]. 新型炭材料，2005, 20(3): 278-285.

[17] 李同起. 碳质中间相结构的形成及其相关材料的应用研究[D]. 天津：天津大学博士学位论文，2005.

[18] Mochida I, Shimizu K, Korai Y, et al. Preparation of mesophase pitch from aromatic hydrocarbons by the aid of HF/BF_3[J]. Carbon, 1990, 28(2-3): 311-319.

[19] Korai Y, Ishida S, Yoon S H, et al. Efficient preparation of meso-carbon microbeads from

synthetic isotropic pitch derived from naphthalene[J]. Carbon,1996,34(12):1569-1576.

[20] 王茂章. 有机化合物的液相炭化化学[J]. 化学通报,1990,12:22-28,44.

[21] Kodama M,Fujirua T,Esumi K,et al. Preparation of meso-carbon microbeads with a narrow size distribution[J]. Carbon,1988,26(4):595-598.

[22] Kodama M,Fujiura T,Ikawa E,et al. Characterization of m eso-carbon microbeads prepared by emulsion method[J]. Carbon,1991,29(1):43-49.

[23] Korai Y,Ishida S,Yoon S H,et al. Preparation of mesocarbon microbeads by dispersing mesophase pitch in isotropic pitches[J]. Carbon,1997,35(11-12):1503-1515.

[24] Yoon S H,Park Y D,Mochida I. Preparation of carbonaceous spheres from suspensions of pitch materials[J]. Carbon,1992,30(5):781-786.

[25] Park Y D. 真空下碳化制备各向异性沥青[J]. 陈玉琴,译. 新型碳材料,1986,1(1):32-34.

[26] 肖瑞华. 煤焦油化工学[M]. 北京:冶金工业出版社,2009.

[27] 张德勤. 石油沥青的生产与应用[M]. 北京:中国石化出版社,2001.

[28] 郑嘉明,王成扬,阮湘泉,等. 催化缩聚法制备萘沥青和中间相沥青[J]. 天津大学学报,1995,28(2):215-220.

[29] Korai Y,Yoon S H,Oka H,et al. The properties of co-oligomerized mesophase pitch from methylnaphthalene and naphthalene catalyzed by HF/BF_3 [J]. Carbon, 1998, 36 (4): 369-375.

[30] 王成扬,刘埃林,孙曙光,等. 中间相炭微球的共缩聚制备方法[P]:中国,CN1116386C. 2003.

[31] Mochida I,You Q F,Korai Y,et al. Co-carbonization of ethylene tar pitch and coal tar pitch to form needle coke[J]. Fuel,1990,69(6):672-677.

[32] Mora E,Santamaría R,Blanco C,et al. Mesophase development in petroleum and coal tar pitches and their blends[J]. Journal of Analytical and Applied Pyrolysis,2003,(68-69): 409-424.

[33] Shui H,Feng Y,Shen B,et al. Kinetics of mesophase transformation of coal tar pitch[J]. Fuel Processing Technology,1998,55(2):153-160.

[34] Taylor G H,Pennock G M,Fitz Gerald J D,et al. Influence of QI on mesophase structure [J]. Carbon,1993,31(2):341-354.

[35] 刘秀军,王成扬,李同起,等. 酚醛树脂对均相成核的中间相炭微球生成的作用[J]. 炭素技术,2003,(1):1-4.

[36] 李生华,梁文杰,朱亚杰. 碳质中间相研究的进展 Ⅱ. 向列相液晶与碳质中间相[J]. 碳素,1993,(3):7-12.

[37] Li T Q,Wang C Y,Liu X J,et al. Influence of flake-like graphite on the microtexture of mesocarbon microbeads[J]. New Carbon Materials,2002,17(4):1-6.

[38] Li T Q,Wang C Y,Liu X J,et al. SEM analysis of the changes of carbon layer structure of mesocarbon microbeads heat-treated at different temperatures[J]. Chinese Science Bulletin, 2004,49(11):1105-1110.

[39] Taylor G H,Pennock G M,Fitz Gerald J D. Mesophase under the microscope[C]//Extended

Abstracts for 20th Biennial Conference on Carbon, 1991: 152-153.

[40] Figueiras A, Granda M, Casal E, et al. Influence of primary QI on pitch pyrolysis with reference to unidirectional C/C composites[J]. Carbon, 1998, 36(7-8): 883-891.

[41] Gong Q M, Huang Q Z, Huang B Y, et al. Mesophase formation of coal-tar pitches used for impregnant of C/C composites[J]. Transactions of Nonferrous Metals Society of China, 2001, 11(4): 483-487.

[42] Weishauptová Z, Medek J. Effect of processing technology on mesophase structure[J]. Fuel, 1991, 70: 235-242.

[43] Imamura T, Nakamizo M, Honda H. Formation of carbonaceous mesophase at lower temperature[J]. Carbon, 1978, 16(6): 487-490.

[44] Santamaría-Ramírez R, Romero-Palazón E, Gómez-de-Salazar C, et al. Influence of pressure variations on the formation and development of mesophase in a petroleum residue[J]. Carbon, 1999, 37(3): 445-455.

[45] White J J, Price R J. The formation of mesophase microstructure during the pyrolysis of selected coker feedstocks[J]. Carbon, 1974, 12(3): 321-333.

[46] Moriyama R, Kumagai H, Hayashi J, et al. Formation of mesophase spheres from a coal tar pitch upon heating and subsequent cooling observed by an in situ ^{1}H-NMR[J]. Carbon, 2000, 38(5): 749-758.

[47] Rahimi P, Gentzis T, Kubo J, et al. Coking propensity of Athabasca bitumen vacuum bottoms in the presence of H-donors-formation and dissolution of mesophase from a hydrotreated petroleum stream (H-donor)[J]. Fuel Processing Technology, 1999, 60(2): 157-170.

[48] Ehrburger P, Raymond C, Saint-Romain J L. Physico-chemical change in a petroleum pitch during mesophase formation[C]//Extended Abstracts for 20th Biennial Conference on Carbon, 1991: 144-145.

[49] Mochida I, Korai Y. Chemical characterization and preparation of the carbonaceous mesophase [C]//Petroleum-Derived Carbons, The 187th National ACS Meeting, New York, 1986: 29-44.

[50] Nishizawa T, Sakata M. Fused state ^{13}C-NMR study on molecular orientation in a carbonaceous mesophase[J]. Carbon, 1992, 30(2): 147-152.

[51] Jian K, Shim H S, Tuhus-Dubrow D, et al. Liquid crystal surface anchoring of mesophase pitch[J]. Carbon, 2003, 41(11): 2073-2083.

[52] Makabe M, Itoh H, Ouchi K. Mesophase formation of pitch under reduced pressure[J]. Carbon, 1976, 14(6): 365-366.

[53] Rahimi P, Gentzis T, Fairbridge C. Interaction of clay additives with mesophase formed during thermal treatment of solid-free Athabasca bitumen fraction[J]. Energy & Fuels, 1999, 13(4): 817-825.

[54] García R, Crespo J L, Martin S C, et al. Development of mesophase from a low-temperature coal tar pitch[J]. Energy & Fuels, 2003, 17(2): 291-301.

[55] Collett G W, Rand B. Thixotropic changes occurring on reheating a coal tar pitch containing mesophase[J]. Carbon, 1978, 16(6): 477-479.

[56] 李小平, 李如生. 扩散和非均匀性对化学反应速率和多重态行为的影响: 搅拌的效应[J]. 化学物理学报, 1990, 3(2): 139-148.

[57] Zimmer J E, Witz R L. Magnetic field alignment of the matrix in a carbon-carbon composite [J]. Carbon, 1988, 26(4): 579-588.

[58] Kovac C A, Lewis I C. Magnetic orientation studies of synthetic mesophase pitches[J]. Carbon, 1978, 16(6): 433-437.

[59] Imamura T, Yamada Y, Oi S, et al. Orientation behavior of carbonaceous mesophase spherules having a new molecular arrangement in a magnetic field[J]. Carbon, 1978, 16(6): 481-486.

[60] Matsumoto S, Oi S, Imamura T, et al. Influence of a magnetic field on the molecular arrangement of mesophase spherules[C]//Extended Abstracts for 13th Biennial Conference on Carbon, 1977: 201-202.

[61] Miyake M, Satoh J, Izumi T, et al. Application of electric field to pitch containing mesophase spherules[C]//International Symposium of Carbon, Tokyo, 1998: 248-249.

[62] Kanno K, Yoon K E, Fernandez J J, et al. Effects of carbon black addition on the carbonization of mesophase pitch[J]. Carbon, 1994, 32(5): 801-807.

[63] 李同起, 王成扬, 刘秀军, 等. 亚微米鳞片石墨存在下炭质中间相的形成机理研究[C]//第六届全国新型炭材料学术研讨会论文集, 昆明, 2003: 30-36.

[64] Méndez A, Santamaría R, Granda M, et al. Influence of granular carbons on the thermal reactivity of pitches[J]. Energy & Fuels, 2004, 18(1): 22-29.

[65] Hurt R, Krammer G, Crawford G, et al. Polyaromatic assembly mechanisms and structure selection in carbon materials[J]. Chemistry Materials, 2002, 14(11): 4558-4565.

[66] Jian K, Xianyu H, Eakin J, et al. Orientationally ordered and patterned discotic films and carbon films from liquid crystal precursors[J]. Carbon, 2005, 43(2): 407-415.

[67] Mochida I, An K H, Sakanishi K, et al. Preparation of nitrogen-rich pitches from diazanaphthalenes using $AlCl_3$[J]. Carbon, 1996, 34(5): 601-608.

[68] 田兴彩, 冯伊利. 硼的缺电子特性与硼化合物[J]. 青岛大学学报(自然科学版), 1998, 16(1): 50-54.

[69] Hu R, Chung T C. Co-carbonization of 9-chloroborafluorene and pitch, synthesis of B/C materials[J]. Carbon, 1997, 35(8): 1101-1109.

[70] Eichner T, Braun M, Huttinger K J. Element-substituted polyaromatic mesophases: I. Boron-substitution with the pyridine-borane complex[J]. Carbon, 1996, 34(11): 1367-1381.

[71] 张丽芳, 宋进仁, 要立中, 等. 硼取代聚芳烃中间相的制备[J]. 新型炭材料, 1999, 14(4): 45-48.

[72] Kim J, Lim Y S. Effects of borane-pyridine complex on the mesophase pitch formation from decant oil[J]. Carbon, 2003, 41: 2369-2376.

[73] Carreira P, Martinez-Escandell M, Jimenez-Mateos J M, et al. Chemistry of the co-pyrolysis

of an aromatic petroleum residue with a pyridine-borane complex[J]. Carbon, 2003, 41(3): 549-561.

[74] Alain E, Bégin D, Pajak J, et al. Pyrolysis of coal tar pitch mixed in the presence of a graphite intercalation com pound: A kinetic study[J]. Fuel, 1998, 77(6): 533-541.

[75] Boudou J P, Bégin D, Alain E, et al. Effects of $FeCl_3$ (intercalated or not in graphite) on the pyrolysis of coal or coal tar pitch[J]. Fuel, 1998, 77(6): 601-606.

[76] Bernhauer M, Braun M, Hüttinger K J. Kinetics of mesophase formation in a stirred tank reactor and properties of the products—V. Catalysis by ferrocene[J]. Carbon, 1994, 32(6): 1073-1085.

[77] 尚尔超，马军旗，张殿浩，等. 一种中间相炭微球的制备方法[P]：中国，CN1272453A. 2000.

[78] Crespo J L, Arenillas A, Viña J A, et al. A study of mesophase formation from a low temperature coal tar pitch using formaldehyde as a promoter for polymerization[J]. Carbon, 2004, 42(12-13): 2762-2765.

[79] 刘秀军，王成扬，李同起. 硫存在下的中间相炭微球制备及形貌[J]. 天津大学学报，2003，36(3)：267-270.

[80] Honda H, Kimura H, Sanada Y. Changes of pleochroism and extinction contours in carbonaceous mesophase[J]. Carbon, 1971, 9(6): 695-697.

[81] Li T Q, Wang C Y, Zheng J M. The non-validity of optical microscopy for analyzing the size of mesophase spheres dispersed in heat-treated pitch[J]. Carbon, 2002, 40(11): 2021-2040.

[82] 日本炭素材料学会. 新・炭材料入门[M]. 中国金属学会炭素材料专业委员会，编译. 1999.

[83] Oikawa T, Kimura C, Hojou K, et al. Improving a conventional transmission electron microscope for high resolution[J]. Ultramicroscopy, 1979, 4(4): 473-477.

[84] Shim H S, Hurt R H, Yang N Y C. A methodology for analysis of 002 lattice fringe images and its application to combustion-derived carbons[J]. Carbon, 2000, 38(1): 29-45.

[85] Auguie D, Oberlin M, Oberlin A, et al. Microtextures of mesophase spheres as studied by high resolution conventional transmission electron microscopy (CTEM)[J]. Carbon, 1980, 18(5): 337-345.

[86] 刘秀军. 化学添加剂在中间相炭微球形成过程中的作用机理研究[D]. 天津：天津大学博士学位论文，2002.

[87] 稻垣道夫. 炭素材料工学[M]. 东京：日刊工业新闻社，1985.

[88] 吴人洁. 现代分析技术——在高聚物中的应用[M]. 上海：上海科学技术出版社，1987.

[89] Mochida I, Ku C H, Korai Y. Anodic performance and insertion mechanism of hard carbons prepared from synthetic isotropic pitches[J]. Carbon, 2001, 39(3): 399-410.

[90] Cottinet D, Couderc P, Saint Romain J L, et al. Raman microprobe study of heat treated pitches[J]. Carbon, 1988, 26(3): 339-344.

[91] Montes-Morán M A, Crespo J L, Young R J, et al. Mesophase from a coal tar pitch: A Raman spectroscopy study[J]. Fuel Processing Technology, 2002, 77-78(20): 207-212.

[92] 姜卉. 沥青基中间相炭微球的制备及其结构研究[D]. 天津：天津大学硕士学位论文，2001.

[93] Murakami K, Okumura M, Yamamoto M, et al. Structural analysis of mesophase pitch with high-resolution, high-temperature ^{13}C-NMR[J]. Carbon, 1996, 34(2): 187-192.

[94] Harvey T G, West G W. Determination of mesophase content in blends of mesophase and isotropic pitches by ^{1}H-NMR[J]. Carbon, 1996, 34(2): 275-276.

[95] Yoon K E, Lee E S, Korai Y, et al. Comparison of mesophase pitches derived from C8 and C9 aromatic hydrocarbons[J]. Carbon, 1994, 32(3): 453-459.

[96] Ito O. UV-visible and near-IR spectra of heat-treated pitches during mesophase formation [J]. Carbon, 1993, 31(3): 401-406.

[97] Kershaw J R, Smart P J. Extraction of coal-tar pitch and the effect on carbonization[J]. Carbon, 1994, 32(1): 85-92.

[98] Gallego N C, Edie D D. Structure-property relationships for high thermal conductivity carbon fibers[J]. Composites Part A: Applied Science and Manufacturing, 2001, 32A(8): 1031-1038.

[99] 钱树安. 略论炭素科学的形成和进展. 总论[J]. 炭素, 1995, (2): 1-3.

[100] 荆煦瑛, 陈式埭, 么恩云. 红外光谱实用指南[M]. 天津: 天津科学出版社, 1992.

[101] 古賀靖信, 片山喜代志, 西美绪. 電気自動車用リチウムイオン二次電池[J]. 電気化学及物理化学, 1997, 65(2): 101-105.

[102] 郭炳焜, 徐徽, 王先友, 等. 锂离子电池[M]. 长沙: 中南大学出版社, 2002.

[103] 古野璋, 大塚健司, 中岛孝之. リチウムイオン二次電池の開発と最近の技術動向[J]. 日本化學會志, 2000, (8): 523-534.

[104] 李宝华, 吕永根, 凌立成, 等. 中间相炭微球作用锂离子电池阳极的充放电性能研究[J]. 新型炭材料, 1999, 14(4): 28-33.

[105] Nakamizo M, Tamai K. IR study of the carbonization of aromatic hydrocarbons in KBr disks[J]. Carbon, 1984, 22(2): 193-197.

[106] 许斌, 李铁虎. 低 QI 含量煤沥青氢化产物的结构性质研究[J]. 炭素技术, 2002, (3): 1-4.

[107] Marsh H, Heintz E A, Francisco R R. Introduction Carbon Technologies[M]. Alicante: University of Alicante Secretariado de Publicasiones, 1997.

[108] Yen T F, Erdman J G, Pollack S S. Investigation of the structure of petroleum asphaltenes by X-ray diffraction[J]. Analytical Chemistry, 1961, 3(11): 1587-1594.

[109] 宋怀河, 刘朗, 王茂章. 共炭化中间相沥青的晶体结构及可溶性研究[J]. 炭素技术, 1992, (3): 6-11.

[110] Xing W B, Xue J S, Dahn J R, et al. Correlation between lithium intercalation capacity and microstructrue in hard carbons[J]. Journal of the Electrochemical Society, 1996, 143: 3482-3491.

[111] 章颂云, 宋怀河, 陈晓红. 低温处理中间相沥青炭微球的充放电性能研究[J]. 炭素技术, 2002, (2): 1-5.

[112] 李宝华, 李开喜, 孟庆函, 等. 酚醛树脂裂解炭用作锂离子电池负极材料的研究[J]. 新型炭

材料,2000,15(5):58-61.

[113] 杨瑞枝,张东煜,张红波,等. 树脂炭包覆石墨作为锂离子电池负电极的研究[J]. 无机材料学报,2000,15(4):711-716.

[114] Trick K A, Saliba T E. Mechanism of the pyrolysis of phenolic resin in a carbon/phenolic composite[J]. Carbon, 1995, 33(11):1509-1515.

[115] 王继刚,郭全贵,刘朗,等. 白炭黑、B_4C 改性酚醛树脂热解过程的红外分析[J]. 材料科学与过程,2000,18(3):73-76.

[116] Li T Q, Liu X J, Wang C Y, et al. Structural characteristics of mesophase spheres prepared from coal tar pitch modified by phenolic resin[J]. Chinese Journal of Chemical Engineering, 2006, 14(5):660-664.

[117] 林惠珊,夏远安,强敏. 热塑性酚醛树脂的化学改性研究[J]. 耐火材料,1994,28(1):9-11.

[118] 杜淑风. 煤制酚醛树脂的结构特征[J]. 洁净煤技术,2000,6(1):25-27.

[119] Lewis I C. Chemistry of pitch carbonization[J]. Fuel, 1987, 66(11):1527-1531.

[120] Greinke R A. Quantitative influence of dealkylation and polymerization reactions on mesophase formation[J]. Carbon, 1990, 28(5):701-706.

[121] Mochida I, Korai Y, Ku C H, et al. Chemistry of synthesis, structure, preparation and application aromatic-derived mesophase pitch[J]. Carbon, 2000, 38(2):305-328.

[122] Mochida I, Shimizu K, Korai Y, et al. Mesophase pitch catalytically prepared from anthracene with HF/BF_3[J]. Carbon, 1992, 30(1):55-61.

[123] Korai Y, Nakamura M, Mochida I, et al. Mesophase pitches prepared from methylnaphthalene by the aid of HF/BF_3[J]. Carbon, 1991, 29(4-5):561-567.

[124] Edie D D, Fox N K, Barnett B C, et al. Melt-spun non-circular carbon fibers[J]. Carbon, 1986, 24(4):477-482.

[125] 王成扬,郭崇涛. 纺丝用中间相沥青的有效制备途径[J]. 新型炭材料,1991,6(3-4):71-77.

[126] 李明伟,王成扬. 中间相沥青基中空炭纤维的制备[J]. 炭素,1996,(4):14-18.

[127] 王成扬,李明伟. Y 形沥青基炭纤维的制备及不熔化处理对其性能的影响[J]. 炭素技术,1997,(6):1-4.

[128] 李明伟,王成扬. 中间相沥青基异形炭纤维的研究与应用[J]. 炭素技术,1998,(2):31-35.

[129] 李明伟,王成扬. 中间相沥青基条形炭纤维的制备与性能[J]. 材料研究学报,1998,12(5):535-538.

[130] Wang C Y, Li M W, Wu Y L, et al. Preparation and microstructure of hollow mesophase pitch-based carbon fibers[J]. Carbon, 1998, 36(12):1749-1754.

[131] Wang C Y, Li M W, Zheng J M, et al. Melt-spinning of non-circular fibers from mesophase pitches[J]. New Carbon Materials, 2003, 18(1):10-14.

[132] Bonzom A. Process for preparing pitch foam and products so producer[P]: US, 4276246. 1981.

[133] Klett J W. Process for making carbon foam[P]: US, 6033506. 2000.

[134] 李凯，栾志强. 中间相沥青基炭泡沫[J]. 新型炭材料，2004，19(1)：77-78.

[135] 安秉学，李同起，王成扬. 发泡条件对中间相沥青基泡沫炭形成的影响[J]. 炭素技术，2005，24(6)：1-4.

[136] 李同起，王成扬. 中间相沥青基泡沫炭的制备与结构表征[J]. 无机材料学报，2005，20(6)：1438-1444.

[137] Wang M X, Wang C Y, Zhang X L, et al. Effects of the stabilization conditions on the structural properties of mesophase-pitch-based carbon foams[J]. Carbon, 2006, 44(15): 3371-3372.

[138] 张伟，王成扬，王姝先，等. 石油系中间相沥青基泡沫炭的制备与结构研究[J]. 炭素技术，2006，25(5)：22-27.

[139] Wang M X, Wang C Y, Chen M M, et al. Bubble growth in the preparation of mesophase-pitch-based carbon foams[J]. New Carbon Materials, 2009, 24(1): 61-66.

[140] 李太平，王成扬. 针状焦技术的研究进展[J]. 炭素，2004，(3)：11-16.

[141] 李太平. 炭质中间相生长和成焦过程中的形貌与结构研究[D]. 天津：天津大学硕士学位论文，2004.

[142] Fujiura R, Kojima T, Komatsu M. Mechanical properties of binderless carbon mould prepared from heat-treated mesophase pitch of controlled grain size[J]. Carbon, 1995, 33(8): 1061-1068.

[143] Mochida I, Fujiura R, Kojima T, et al. Carbon disc of high density and strength prepared from heat-treated mesophase pitch grains[J]. Carbon, 1995, 33(3): 265-274.

[144] Kanno K, Koike N, Korai Y, et al. Densification of carbons prepared from mesophase pitch and phenolic resin blend[J]. Carbon, 1998, 36(7-8): 869-874.

[145] 宋永忠，翟更太，史景利，等. 中间相沥青制备高密度高强度炭/石墨材料[J]. 无机材料学报，2008，23(3)：519-524.

[146] Mochida I, Ku C H, Yoon S H, et al. Anodic performance and mechanism of mesophase-pitch-derived carbons in lithium ion batteries[J]. Journal of Power Sources, 1998, 75(2): 214-222.

[147] 张晓林，王成扬，郭雪飞，等. 中间相沥青基炭负极材料的制备及性能[J]. 电源技术，2007，31(4)：277-280.

[148] Yang Y S, Wang C Y, Chen M M, et al. Facile synthesis of mesophase pitch/exfoliated graphite nanoplatelets nanocomposite and its application as anode materials for lithium-ion batteries[J]. Journal of Solid State Chemistry, 2010, 183(9): 2116-2120.

[149] Lin J H, Ko T H, Kuo W S, et al. Mesophase pitch carbon coated with phenolic resin for the anode of lithium-ion batteries[J]. Energy & Fuels, 2010, 24(7): 4090-4094.

[150] Kim Y J, Horie Y, Matsuzawa Y, et al. Structural features necessary to obtain a high specific capacitance in electric double layer capacitors[J]. Carbon, 2003, 42(12-13): 2423-2432.

[151] Endo M, Kim Y J, Maeda T, et al. Morphological effect on the electrochemical behavior of electric double-layer capacitors[J]. Journal of Materials Research, 2001, 16(12): 3402-3410.

[152] Liedtke V, Hüttinger K J. Mesophase pitches as matrix precursor of carbon fiber reinforced carbon: Ⅰ. Mesophase pitch preparation and characterization[J]. Carbon, 1996, 34(9):1057-1066.

[153] Liedtke V, Hüttinger K J. Mesophase pitches as matrix precursor of carbon fiber reinforced carbon: Ⅱ. Stabilization of mesophase pitch matrix by oxygen treatment[J]. Carbon, 1996, 34(9):1067-1079.

[154] Liedtke V, Hüttinger K J. Mesophase pitches as matrix precursor of carbon fiber reinforced carbon: Ⅲ. Mechanical properties of composites after carbonization and graphitization treatment[J]. Carbon, 1996, 34(9):1081-1086.

[155] 周少荣,白世鸿,乔生儒,等. 碳/碳复合材料基体用中间相沥青[J]. 材料工程,1997,(2):10-12.

[156] 真田雄三. 重質油を利用した炭素材料と炭化反応应[J]. 燃料協会誌,1978,57:117-131.

[157] Patrick J W, Reynolds M J, Shaw F H. Development of optical anisotropy in vitrains during carbonization[J]. Fuel, 1973, 52(3):198-204.

[158] Grint A, Swietlick U, Marsh H. Carbonization and liquid-crystal (mesophase) development. Part 9. The co-carbonization of vitrains with Ashland A-200 petroleum pitch[J]. Fuel, 1979, 58(9):642-650.

[159] 大谷杉郎,真田雄三. 炭化工学基础[M]. 张名大,杨俊英,译. 沈阳:中国科学院金属研究所;兰州:兰州炭素厂研究所,1985.

[160] 芦时林,Rand B. 高导热大直径中间相沥青炭纤维的研制及结构表征[J]. 新型炭材料,2000,15(1):1-5.

[161] Klett J W, McMillan A D, Gallego N C, et al. Effects of heat treatment conditions on the thermal properties of mesophase pitch-derived graphitic foams[J]. Carbon, 2004, 42(8-9):1849-1852.

[162] Griffith G. Carbon foam: A next-generation structural material[J]. Industrial Heating, 2002, 69(11):47-50.

[163] Mehta R, Anderson D P, Hager J W. Graphitic open-celled carbon foams: Processing and characterization[J]. Carbon, 2003, 41(11):2174-2176.

[164] Gallego N C, Klett J W. Carbon foams for thermal management[J]. Carbon, 2003, 41(7):1461-1466.

[165] Klett J W, Hardy R, Romine E, et al. High-thermal conductivity, mesophase-pitch-derived carbon foams: Effect of precursor on structure and properties[J]. Carbon, 2000, 38(7):953-973.

[166] Umemoto K, Saito S, Berber S, et al. Carbon foam: Spanning the phase space between graphite and diamond[J]. Physical Review B, 2001, 64:193409-1-3.

[167] Robinson K E, Edie D D. Microstructure and texture of pitch-based ribbon fibers for thermal management[J]. Carbon, 1996, 34(1):13-36.

[168] Mochida I, Yoon S H, Takano N, et al. Microstructure of mesophase pitch-based carbon

fiber and its control[J]. Carbon,1996,34(8):941-956.
[169] Lv Y G,Wu D,Zha Q F,et al. Skin-core structure in mesophase pitch-based carbon fibers: Causes and prevention[J]. Carbon,1998,36(12):1719-1724.
[170] 王成扬,李明伟,郭崇涛,等. 不同形状中间相沥青炭纤维的横断面结构[J]. 材料研究学报,2000,14(4):431-437.
[171] 王成扬,姜卉,李鹏,等. 原生 QI 成核中间相炭微球的结构[J]. 新型炭材料,2000,15(4):9-12.
[172] Zimmer J E,White J L. Disclination structure in carbonaceous mesophase and graphite [R]. Aerospace Report,1976.
[173] Mochida I,Maeda K,Takeshita K. Comparative study of the chemical structure of the disk-like components in the quinoline insolubles[J]. Carbon,1978,16(6):459-467.
[174] Fitzer E. Carbon Fibers and Their Composites[M]. New York:Springer-Verlag,1985.
[175] Imamura T,Nakamizo M. Mesophase formation from decacyclene[J]. Carbon,1979,17(6):507-508.
[176] White J L,Zimmer J E. Twist disclination in the carbonaceous mesophase[J]. Carbon,1978,16(6):469-475.
[177] Dubois J,Agache C,White J L. The carbonaceous mesophase formed in the pyrolysis of graphitizable organic materials[J]. Metallography,1970,3(2):337-369.
[178] 丁翰洋,王成扬,陈明鸣,等. 中间相炭微球的二次生长[J]. 新型炭材料,2012,27(3):211-218.
[179] Singer L S. Carbon fibres from mesophase pitch[J]. Fuel,1981,60:839-847.
[180] Yoon S H,Korai Y,Mochida I. Pleat structure of the mesophase pitch-based carbon fiber [J]. Carbon,1994,32(6):1182-1186.
[181] Wang Y G,Egashira M,Ishida S,et al. Microstructure of mesocarbon microbeads prepared from synthetic isotropic naphthalene pitch in the presence of carbon black[J]. Carbon,1999,37(2):307-314.
[182] 钱树安. 从液相碳化理论看 A-240 石油沥青和 LS 中温煤沥青组成结构的差别——兼论高性能沥青碳纤维的原料路线[J]. 碳素,1984(3):1-11.
[183] Mochida I,Yoon S H,Korai Y. Mesoscopic structure and properties of liquid crystalline mesophase pitch and its transformation into carbon fiber[J]. The Chemical Record,2002(2):81-101.
[184] 李同起,王成扬,刘秀军,等. 中间相炭微球之碳层结构随温度演变的扫描电子显微镜分析[J]. 科学通报,2004,49(7):633-638.
[185] Li T Q,Wang C Y,Liu X J. Application of SEM to detect the structure of mesocarbon microbeads[J]. Journal of Materials Science,2005,40:2055-2057.
[186] Moriyama R,Hayashi J,Chiba T. Effects of quinoline-insoluble particles on the elemental processes of mesophase sphere formation[J]. Carbon,2004,42(12-13):2443-2449.
[187] Tillmanns H,Pietzka G,Pauls H. Influence of the quinolinein-solublematter in pitch on

carbonization behavior and structure of pitch coke[J]. Fuel,1978,57(3):171-173.

[188] Stadelhofer J W. Examination of the influence of natural quinoline-insoluble material on the kinetics of mesophase formation[J]. Fuel,1980,59(5):360-361.

[189] Marsh H,Latham C S,Gray E M. The structure and behaviour of QI material in pitch[J]. Carbon,1985,23(5):555-570.

[190] 水恒福,冯映桐,哀晓敏. 不同喹啉不溶物的特性及对中间相转化过程的影响[J]. 燃料化学学报,1995,23(1):62-67.

[191] Ahmadpour A,Do D D. The preparation of active carbons from coal by chemical and physical activation[J]. Carbon,1996,34(4):471-479.

[192] Maciá-Agulló J A,Moore B C,Cazorla-Amorós D,et al. Activation of coal tar pitch carbon fibres:Physical activation vs. chemical activation[J]. Carbon,2004,42(7):1367-1370.

[193] 王新征,李梦青,居荫轩,等,制备方法对活性炭孔结构的影响[J]. 炭素技术,2002,(6):25-30.

[194] 魏娜,赵乃勤,贾威,等. 活性炭的制备及应用研究进展[J]. 炭素技术,2003,(3):29-33.

[195] 薛锐生,沈曾民. 不同KOH配比对中间相活性炭微球结构形态的影响[J]. 材料科学与工艺,2002,10(4):346-351.

[196] 刘洪波,张红波,伍恢和,等. 竹节制备高比表面积活性炭的研究[J]. 林产化学与工业,2001,21(4):11-15.

[197] 吴宇平,万春荣,姜长印,等. 锂离子二次电池[M]. 北京:化学工业出版社,2002.

[198] Tokumitsu K,Fujimoto H,Mabuchi A,et al. High capacity carbon anode for Li-ion battery:A theoretical explanation[J]. Carbon,1999,37(10):1599-1605.

第3章 中间相沥青炭纤维

中间相沥青具有较高的纯度以及高芳香度所导致的高取向性，是制备高性能炭纤维的一种优良前驱体。由于中间相沥青在熔融纺丝经过喷丝板过程中，中间相沥青分子发生择优取向，使其排列方向平行于纤维轴，纺制的中间相沥青纤维再经过进一步的氧化、炭化或石墨化后就可制成具有高模量（>900GPa）和高强度（>4GPa）的纤维炭材料[1-6]。

中间相沥青炭纤维的比模量和比强度在高性能纤维中居于首位，它的密度仅为钢纤维的1/4，而抗拉强度是后者的2～3倍，弹性模量是后者的4～5倍[7,8]。

中间相沥青炭纤维具有高强度、高模量、耐高温和低密度等一系列优异性能，既可作为结构材料承载负荷，又可作为功能材料发挥作用，因而在多种复合材料中已得到广泛的应用。目前，中间相沥青炭纤维与树脂、金属、陶瓷等基质复合制成复合材料已成为军事、航空航天等领域不可缺少的增强材料。

中间相沥青炭纤维是碳质中间相理论应用的重要领域之一。本章以著者研究团队有关中间相沥青炭纤维的研发为例，对中间相沥青炭纤维的可控制备进行阐述。

3.1 炭纤维发展概况

炭纤维的诞生可以追溯至1879年10月美国爱迪生小组研制的寿命为14h的炭丝白炽灯，该炭丝是由棉线炭化烧成的。炭丝白炽灯于1880年获得美国专利。最初商业化的炭丝始于1879年12月，仍用棉线炭化烧成，1880年改用竹纤维作为前驱体；最初商业化的炭丝用作灯丝，并首先在Columbia号蒸汽船中实现了商业应用。从1880年到1893年，白炽灯灯丝为竹基炭丝[9]。但随着炭丝灯丝被钨丝的取代，炭纤维的发展开始停滞不前。

直到20世纪50年代，随着航空航天、原子能等尖端技术和军事工业的发展，炭纤维又重新作为新型工业材料受到重视[6]。1950年美国空军首先研制了人造丝基炭（石墨）纤维，1959年由美国联合碳化物公司（UCC）实现了工业化。1961年日本进藤昭男发明了聚丙烯腈基炭（石墨）纤维；1964年英国瓦特（Watt）通过对聚丙烯腈纤维预氧化过程中施加张力，开发了高性能炭纤维的生产技术；1969年英国考陶尔（Courtaulds）、日本碳和东丽等公司实现了工业化。沥青基炭（石墨）纤维1963年诞生于日本群马大学大谷杉郎实验室，1970年日本吴羽化学工业公司实现了通用级沥青炭纤维的工业化；同期美国联合碳化物公司的辛格尔(Singer)开发了高性能中间相沥青基石墨纤维，并于1975年实现了工业化。20世纪60年代日本小山恒夫利用催化裂化法成功研制气相生长炭纤维，为20世纪90年代开发晶须状炭纳米材料开辟了前景。炭(石墨)纤维自20世纪50年代问世至今60余年的发展历程中，已获得重大进展，现已进入实用化阶段[6,10-12]。

纵观炭纤维发展历程，炭纤维按原料的不同可分为三种：黏胶基炭纤维、聚丙烯腈基炭纤维和沥青基炭纤维。黏胶基炭纤维最早实现工业化生产，是利用人造丝进行生产的，它的生产工艺复杂，力学性能差，正逐步被淘汰。聚丙烯腈基炭纤维力学性能好，但要求聚丙烯腈原丝必须性能优良，其炭化收率只有40%左右，生产中产生污染性气体，因而成本较高，限制了它的大规模生产和在民用工业中的应用。沥青基炭纤维以煤焦油沥青、石油沥青等为原料，原料来源丰富，价格低廉，炭化收率一般在80%以上，因此沥青基炭纤维在成本上占有优势，有着良好的发展前景。沥青基炭纤维可分为两种，一种是以各向同性沥青为原料制取的通用级炭纤维；另一种是用中间相沥青生产出的高性能中间相沥青基炭纤维。

近年来，研究者根据中间相沥青的性质，改变制备单一圆形截面炭纤维的传统制备法，制造出各种异形截面的炭纤维，如Y形、八叶形、条形、C形和中空形，试图通过改变纤维的形状和结构改善炭纤维的性能，寻找出改善中间相沥青基炭纤维力学性能的途径。

Stoner等[13]发现，相同截面大小的Y形炭纤维比圆形炭纤维强度提高27%。Rhee等[14]制得的中空炭纤维，抗拉强度提高25.4%，抗拉模量提高39.4%。

异形炭纤维具有较大的比表面积，用作复合增强材料时，可以增大纤维与基质材料的黏合力，使复合材料性能优良。Choi等[15]利用C形和圆形炭纤维制成炭/炭复合材料，C形炭纤维的比表面积比圆形炭纤维大2.72倍，复合材料的抗弯强度提高1.90倍，抗弯模量提高1.70倍，剪切强度提高1.52倍。Shim等[16]制得中空炭纤维和环氧树脂的复合材料，抗弯强度和抗弯模量比圆形炭纤维的复合材料提高68.5%和78.0%，密度降低79%。中空炭纤维增强的复合材料具有较高的冲击韧性，尤其适用于飞机制造业[17]。另外，中空炭纤维还可以经过活化处理，制成多孔材料，用于高温过滤等领域。

著者研究团队以中间相生成理论为指导，在研究纺丝中间相沥青的同时，基于所制纺丝中间相沥青的性质自行设计并制造了各种单孔异形喷丝板，利用小型纺丝装置进行了中间相沥青的熔融纺丝，经过不熔化与炭化处理，制备出圆形、中空、条形和Y形中间相沥青炭纤维；并探讨了异形中间相沥青炭纤维的制备特点，研究了其力学性能及微观结构关联[18-24]。

3.2 可纺中间相沥青

高质量的中间相沥青是高性能沥青炭纤维的优质前驱体，在高性能沥青炭纤维的制备过程中，可纺中间相沥青的调制是最关键的一个环节。

可纺中间相沥青要求具有理想的分子组成和结构，以使其在随后的纺丝过程中表现出良好的流动性和成纤性，在氧化稳定化过程中表现出很好的反应性，在炭化和石墨化过程中表现出良好的易石墨化性。只要满足了这些条件，就不难得到具有优异力学性能的中间相沥青炭纤维。

中间相沥青是一种保持着向列结构排列的某些稠环芳烃的混合物，其宏观表现完全取决于其分子的大小及其分布以及结构特性。通常认为，要想得到好的中间相沥青，主要应注意以下几个方面：

(1) 原料沥青的分子大小和几何构形。尺寸和构形适宜的分子容易产生液晶中间相。

(2) 中间相形成的化学历程。分子的某些结构特征决定了它们的反应历程、反应速度以及最终得到的沥青中间相的性质。

(3) 中间相形成时的流变性。在中间相形成时，流动性能(特别是黏度)对各向异性形成是一个重要因素；此外，外加剪切力可直接影响中间相的生长和结构。

3.2.1 中间相沥青的几种典型制备方法

1. UCC 法(热缩聚法)

UCC 法是指 20 世纪 70 年代由 Singer[25] 首先开发并被美国 UCC 公司所采用的中间相沥青制备方法。该方法一般选用美国 Ashland 公司生产的商品石油沥青(如 A-240)作为原料。最早的 UCC 专利方法是一步热缩聚法。典型的缩聚条件为 400℃下用惰性气体保护并采用机械搅拌，恒温 17～20h；中间相沥青的软化点在 330℃以上。

为提高中间相沥青的热稳定性和可纺性，UCC 法经历了多次改进。初期采用的方法是通过剧烈搅拌使沥青中互不相溶的两相组分均一化，并通过加大惰性气体鼓泡的气量来有效地脱除轻组分。例如，为了将轻组分吹出，反应过程中通过沥青的惰性气体量不小于 62L/(kg · h)。

随着人们对沥青中间相认识的加深，喹啉不溶物(QI)即为中间相的概念被打破，UCC 萌发了研制可溶性中间相的想法。此后的 UCC 法更加注意降低中间相沥青的平均相对分子质量，以改善其流动特性。例如，采用温度 380～430℃、恒温 5～44h 的热缩聚条件，可得到平均相对分子质量小于 1000、吡啶不溶物(PI)小于

60%(质量分数)、中间相含量几乎为100%的中间相沥青[26]。研究表明,采用较低温度和较长时间可以在不降低中间相含量的情况下适当改善中间相沥青温度的流动性。

图3-1为UCC法的基本工艺过程[27]。该方法的第一步反应是在防止过度缩聚的情况下缩短反应时间;第二步则强调轻组分的脱除,使沥青在较低的温度下完成向中间相的转化。

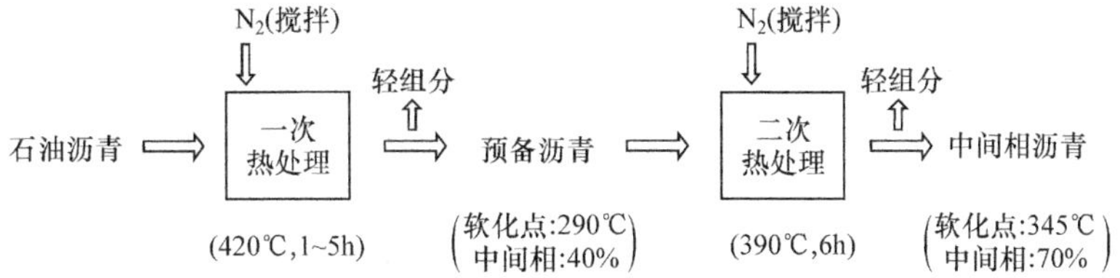

图3-1 UCC法的基本工艺过程[27]

UCC法的特点是原料性能好而且质量稳定,所使用的A-240商品沥青是经过复杂工艺过程得到的一种精制易石墨化石油沥青,它的杂原子和灰分含量很低,软化点为119℃。其大小适中的组成分子不仅构型规则,芳香度较高,而且缩合度很低,还带有一定数量的环烷基和烷基,因而在通常的热处理条件下较容易生成品质优良的沥青中间相[28],这也是该方法能够一步直接缩聚成纺丝中间相沥青的根本原因。此外,传统的观点认为UCC法所得中间相沥青的软化点较高,因而纺丝温度较高,纺丝难度较大。但随着UCC法的不断完善,这一情况也在逐渐改变。20世纪90年代初,美国Amoco公司(UCC公司的炭纤维生产已转给该公司)生产的P100和P120高性能沥青炭纤维产品,其性能保持着世界最好的水平[29]。

2. Exxon法(新中间相法)

Exxon法[30]是20世纪70年代末美国Exxon公司开发的一种制备可变形沥青中间相的方法。该方法选用芳香度较高的石油沥青、煤焦油沥青及其他石油重质油为原料。更确切地说,Exxon法所用原料是数均相对分子质量3000～4000、杂原子质量分数<4%、喹啉不溶物(QI)质量分数<0.1%的易石墨化碳质沥青。Exxon法是用溶剂抽提法从原料沥青中分离出一个重要的馏分(即新中间相前驱体),它可以在230～440℃范围内,一般不超过10min的条件下,转变为含有75%以上液晶结构的可变形中间相沥青,这种高度取向的各向异性沥青在喹啉和吡啶中有很高的溶解度。

为了与常规方法制备的难溶于喹啉的沥青中间相区别,通常将Exxon法沥青称之为"新中间相"(neomesophase)沥青。新中间相沥青具有较好的化学和热稳定性,其中喹啉不溶物质量分数一般小于25%。

Exxon法的基本工艺过程如图3-2所示。

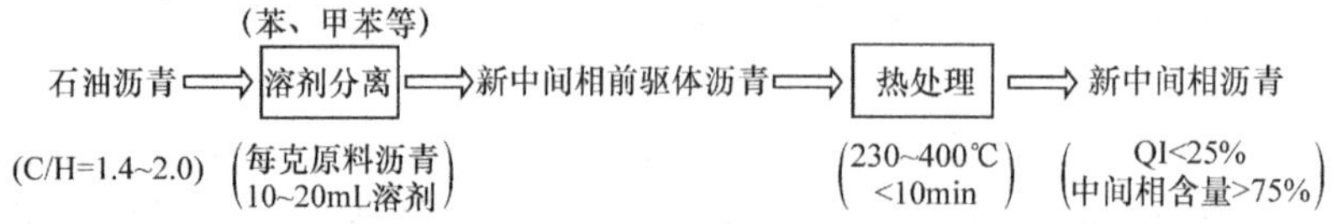

图3-2　Exxon法的基本工艺过程[29]

由于在Exxon法中，原料沥青由溶剂分离出的新中间相前驱体沥青很少，即使A-240原料沥青也只能分离出质量分数10%～20%的前驱体沥青。所以，该方法在后来的改进中又增加了原料预处理工艺，如进行适当的热缩聚和催化缩聚，可提高先驱体沥青的含量。

Exxon法的特点是，用溶剂分离方法从原料沥青中分离出中间相前驱体沥青，因而缩聚时间很短，获得中间相沥青的中间相含量高，喹啉不溶物含量较低。但溶剂分离过程并非十分简单；此外，对原料沥青的组成和结构也有一定要求。

3. *群大法(潜在中间相法)*

群大法是由日本群马大学大谷杉郎等[31,32]开创的纺丝中间相沥青制备方法，其基本工艺过程如图3-3所示。

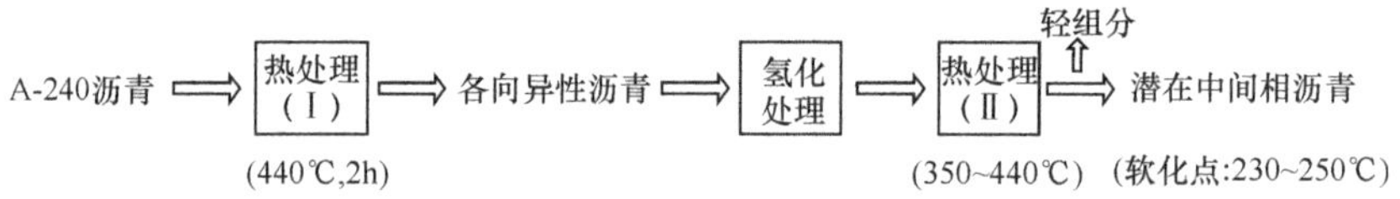

图3-3　群大法的基本工艺过程[29]

群大法的基本思想是通过加氢途径，研制一种既能保持中间相沥青的基本分子尺寸，又能在较低温度下具有较好可纺性的特殊中间相沥青。该方法首先将A-240或其他各向同性石油沥青用通常的热缩聚方法制成中间相沥青，然后在避免沥青分子发生分解的条件下进行氢化处理，使其转变为各向同性沥青，再进行减压热处理，除去沥青中的少量轻组分并适当提高其软化点。群大法沥青虽然含有微小的各向异性晶核，整体上呈现为各向同性相，但其组成分子具有潜在的取向性。亦即，这种沥青在熔融纺丝过程中，在剪切应力的作用下，可使分子沿纤维轴取向，恢复光学各向异性，因此群大法沥青又称为“潜在中间相”(dormant mesophase)沥青。

大谷杉郎等认为，脂环分子结构和分子间氢转移的程度是控制纺丝前驱体沥青性质的重要因素。为此，他们对所制潜在中间相沥青的氢化效果进行了考察，结果表明，潜在中间相沥青在热处理过程中将要出现中间相时显示出大量的转移氢和较低的自由基浓度。正是基于这些原因,使潜在中间相沥青在较高的 QI 含量下能够表现出较低的软化点。

4. 九工法(预中间相法)

九工法由日本九州工业技术实验所开发[31,32],其典型工艺过程如图 3-4 所示。先将一定比例的煤焦油沥青与四氢喹啉或四氢萘在高压釜中进行氢化处理,而后经过滤及减压蒸馏分离出加氢沥青,再将加氢沥青快速加热到 450～500℃在短时间内使其转变为中间相沥青。为了便于区别,将九工法沥青称为“预中间相”沥青。

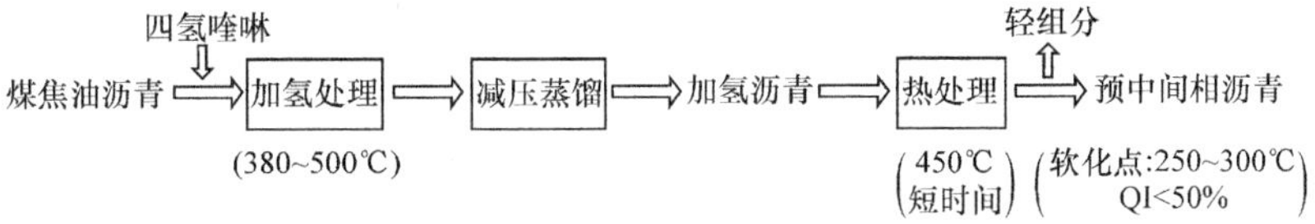

图 3-4　九工法的典型工艺过程[29]

预中间相沥青在分子结构上,一方面保持了较高的芳香族特性,同时由于芳核的部分氢化,分子的平面度有了一定程度的倾斜,从而使沥青的流动性增加,提高了可纺性。另一方面,这种结构特性还可防止过大的片层组织生成,以致在纺丝后纤维中的沥青分子仍可保持潜在的定向性,经进一步炭化、脱氢,随着分子平面度的恢复,得到取向性良好的炭纤维。预中间相方法适合以具有一定平均分子尺寸和较高芳香度的沥青作为原料,而煤焦油沥青正好能满足这样的要求。

预中间相法和潜在中间相法均采用加氢工艺,其中预中间相法的氢化过程比较容易进行,整个制备工艺过程也较潜在中间相法简单。由预中间相沥青得到的沥青炭纤维,抗拉强度最高可达到 3.5GPa,杨氏模量可达 550GPa,断裂伸长为 0.5%～1.8%[32]。这一结果优于潜在中间相法得到的炭纤维。

另外,潜在中间相沥青的喹啉不溶物(QI)含量一般高于预中间相沥青,而低于普通中间相沥青,但其软化点低于后两者[32]。

5. 催化缩聚法

催化缩聚法基于非脱氢催化缩聚的反应机理,使石油重质油或萘、蒽等芳香族碳氢化合物在 $AlCl_3$ 或 HF/BF_3 等催化剂存在及较低温度下进行催化缩聚改质,在此基础上进行热缩聚反应。显然,催化缩聚法不仅可以大大提高重质油的炭化收率,而且还由于催化缩聚在沥青分子内引入了环烷结构,使得所制中间相沥青在显示较高各向异性含量的同时又具有较低的软化点和较好的溶解性。所以,这种沥青又称为高可溶性中间相沥青。日本学者 Mochida 等[33,34]对这方面进行了大量的探索性工作,天津大学王成扬等[35]和中国科学院山西煤炭化学研究所刘朗等[36]也分别以乙烯焦油和轻柴油重组分为原料，采用 $AlCl_3$ 作为催化剂进行了催化缩聚及中间相转化行为的研究。

1) $AlCl_3$ 催化缩聚法

$AlCl_3$ 催化缩聚法是在催化焦化研究的基础上发展起来的。1975 年，Mochida 等[33]曾就不同催化剂（$AlCl_3$ 等）可使芳烃化合物经炭化分别转化为针状焦和各向同性焦的现象，对催化反应过程进行了研究，并由此提出了以萘为模型化合物的催化聚合反应机理。研究表明，在催化缩聚过程中，虽然分子间发生了聚合反应，但分子中的 H/C 原子比并未减少，这也正是催化非脱氢聚合反应的特点。

在以乙烯焦油沥青（苯不溶物 BS 为 100%）为原料，经催化缩聚制备高可溶性纺丝中间相沥青的过程中，Mochida 等[34]采用了如图 3-5 所示的工艺方法。研究表明，在 $AlCl_3$ 催化聚合反应过程中，环烷基的引入和过量脂肪族侧链的脱除，缓和了炭化作用，并且增加了沥青纤维在氧化稳定过程中的反应活性。不难看出，在热缩聚过程中环烷氢所具有的良好转移特性，在中间相的发展中充当了重要的角色。

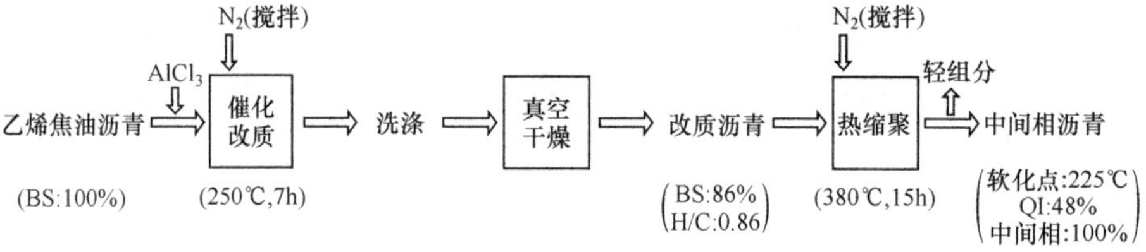

图 3-5　$AlCl_3$ 催化缩聚法的典型工艺过程[29]

但因 $AlCl_3$ 催化缩聚法制备的中间相沥青存在着催化剂难于彻底分离和回收的问题，影响了炭纤维产品的性能。后来开发的 HF/BF_3 催化聚合法在某种程度上避免了这一问题。

2) HF/BF_3 催化缩聚法

HF/BF_3 催化缩聚法[37]分为两种工艺：①以萘、甲基萘等为原料，在 89～90℃温度下进行催化改质处理，去除催化剂后得到萘沥青，再将萘沥青进行减压热处理，最后得到中间相沥青；②将原料和催化剂在 260～300℃温度下直接进行加压热处理，而后在 340℃下除去催化剂和挥发分即得到中间相沥青。后一种工艺如图 3-6 所示，尽管其反应条件略为苛刻，但过程简单、产率较高，而且获得中间相沥青的可纺性较好，纺制出的纤维稳定化时间较短。

HF/BF_3 和 $AlCl_3$ 一样，在一定压力下也能加速阳离子的反应，所得改质沥青中含有较多的环烷氢，而且催化剂很容易用蒸馏的方法分离出来。该方法的缺点是 HF 腐蚀性较强，对反应器材料有一定要求；同时还存在着操作防护等问题。

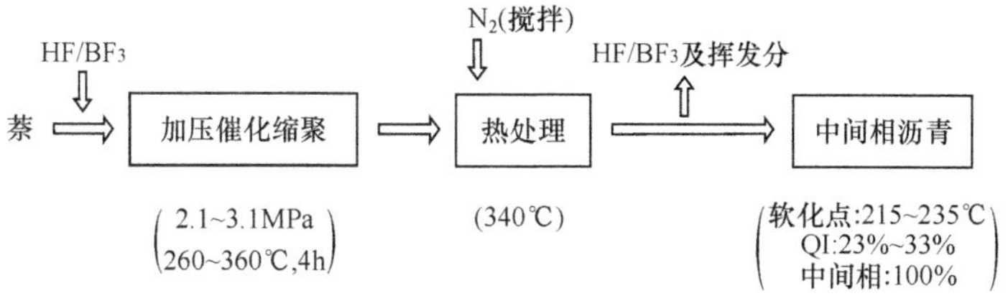

图 3-6　HF/BF_3 催化缩聚法的工艺过程[29]

6. 两步热缩聚方法

通常所能得到的原料沥青，很难保证同时具有理想的分子结构和适宜的相对分子质量，因而常常需要对原料进行预处理。首先对原料沥青进行初步缩聚或分子结构调整，使其具备形成可纺中间相沥青的基本条件；然后在适宜的、不致过度缩聚的热处理条件下，通过对轻组分的有效脱除而使其顺利地转变为流动性能较好的中间相沥青。

一般采用的两步热缩聚方法有加压—真空两步法和回流—气体吹扫两步法。

1）加压—真空两步法

1989 年，Park 等[38]在一步真空缩聚法研究的基础上，开发了加压—真空两步缩聚法[39]。该方法的基本工艺过程如图 3-7 所示。

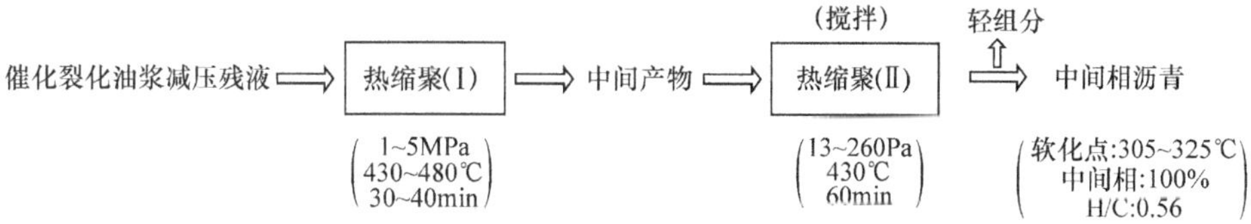

图 3-7　加压—真空两步缩聚法的基本工艺过程[29]

加压—真空两步法与其他方法相比，具有反应时间短、收率高和沥青可纺性好的特点。在第一步反应中，原料中具有一定芳香度和环烷烃的轻组分，作为一种有效的溶剂和供氢体存在，同时可将大分子的过度缩聚限制在最小的程度；加压下的热处理还会引起原料中链状烷烃大量分解，使较小的分子也有机会参加缩聚反应。由于加压处理后的沥青，轻组分的相对分子质量较小，所以很容易在第二步的真空热处理时将轻组分脱除干净，从而顺利地转变为中间相沥青。

2）回流—气体吹扫两步法

回流—气体吹扫两步法由 Rhee 等[40]提出。Rhee 等采用脱除喹啉不溶物(QI)的煤焦油沥青为原料，缩聚反应在同一反应器中分两步进行。第一步是在回流条件下，450℃反应 2.5h；第二步是在氮气吹扫下[N_2 流量：6L/(s · kg)$_{初始原料}$]，

430℃反应 2.5h。

回流—气体吹扫两步缩聚法基本工艺过程如图 3-8 所示。

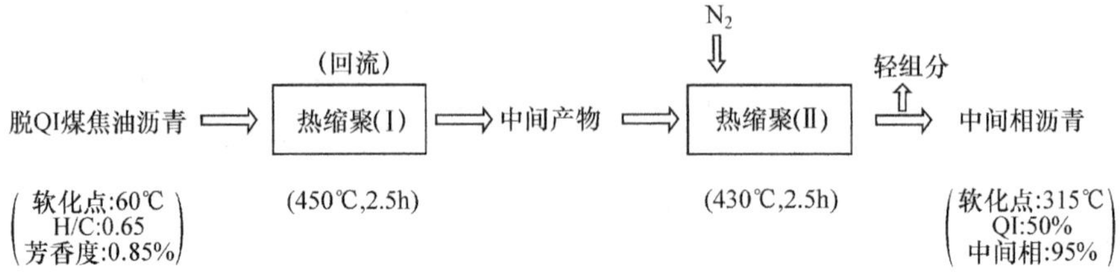

图 3-8　回流—气体吹扫两步缩聚法的基本工艺过程[29]

研究表明[40],采用回流—气体吹扫两步缩聚法制备的中间相沥青具有好的取向性。

7. 其他方法

还有许多制备中间相沥青的方法,如利用重力沉降分离中间相的东燃法,能有效脱除轻组分的真空缩聚法[38],能弥补原料缺陷的各种共炭化方法[41],以及用蔗糖制备中间相沥青的方法[42]等。

另外,在中间相沥青中混入其他含碳物质也能改善其性能。例如,在煤沥青加氢后制得的中间相沥青中混入处理过的 PVC 沥青,可使其可纺性和氧化反应性得到改善。

3.2.2　可纺中间相沥青制备的基本过程

在诸多中间相沥青的制备方法中,不难看出一些有共性的过程,同时也是重要的基本环节。具体如下:原料的选择和预分离、原料的改性处理和热缩聚反应中轻组分的脱除。不同制备方法所采取的途径是不同的。

1. 原料的选择和预分离

选择适宜的原料对于制备理想的可纺中间相沥青是至关重要的,但可供选择的原料往往不能令人满意。人们总是希望得到固体杂质和杂原子含量较低、芳香度较高、H/C 原子比适宜、分子具有一定尺寸范围,分子结构中带有适量的环烷基和烷基以及质量稳定的原料。因此,在综合评选的基础上常常需要对所选原料进行预分离以提取其中最适宜的组分,或进行必要的改性处理以调整其分子结构,使其更适合于优质中间相的形成。常见的原料预分离方法有:真空蒸馏法、真空闪蒸法、溶剂分离法、旋转刮膜蒸发法和超临界抽提法,其中后两种方法较为新颖,且具有较高的分离效果。

旋转刮膜蒸发法[43]是在一定温度及高真空(绝对压力为13～66Pa)下，通过转轴的高速旋转使被处理的沥青在刮刀与筒壁之间(约1.5mm间隙)形成一层薄膜，从而使较轻组分迅速蒸发以达到分离的目的。该方法具有高效、省时的特点，沥青在蒸发器中的停留时间仅为5～25s，因而可以有效地避免二次QI的生成。美国Ashland公司使用该方法对A-240沥青进行分离，可脱除45%～55%的较轻组分，得到软化点为250℃左右的Aro-carbon沥青，该沥青可在较短时间内转变为中间相。

超临界抽提法[44]则是利用超临界流体可变化的溶解性质，将原料沥青分离为相对分子质量分布很窄的所需组分。在该过程中，首先将沥青完全溶解于某一超临界流体(如甲苯)中，然后根据需要逐步调整温度和压力，可得到由重到轻的不同组分。这一方法能够比较彻底地除去原料中的固体杂质及不希望有的轻、重组分，为下一步缩聚反应提供质量稳定(无批次变化)的原料沥青。

2. 原料的改性处理

如果所选用的原料沥青具有较高的芳香度和均匀的分子组成，但氢含量过低或缺少理想的环烷结构，这时可通过加氢、共炭化以及催化改质的方法对沥青的组成和结构进行调整，以使其满足中间相转化工艺的需要。例如，采用预中间相法对煤沥青进行加氢处理，既可弥补煤沥青中氢含量低的缺陷，同时又可引入环烷结构，使其很容易转变为可溶性好的中间相沥青。又如，两步法中的第一步缩聚反应，在大量轻组分存在的情况下进行，其用意就是利于氢的转移并抑制脱氢反应发生，对原料沥青进行改性。有些中间相沥青制备方法索性选用经过改性和预处理的各向同性沥青作为原料。例如，UCC等方法所选用的A-240沥青，就是一种由二次石油渣油经多次热处理和分离而得到的易石墨化各向同性沥青。

3. 热缩聚反应中轻组分的脱除

可纺中间相沥青中易挥发组分的存在，不仅会对炭纤维的质量产生影响，更不利的是它们将在纺丝过程中产生气泡，从而造成断丝。因此，在热缩聚反应的后期，必须采取有效的措施，以保证易挥发组分的完全脱除。

在中间相沥青形成的最后阶段，脱除轻组分的常用方法有：惰性气体吹扫方法、减压(真空)处理方法及熔融重力沉降方法等。但相比之下，真空处理方法更为经济、省时和合理。

此外，也可以通过原料预处理和选用合适原料的方法，使中间相的转化过程在较短时间内完成，因而在反应过程中只分解出少许相对分子质量很小的易挥发组分，从而减小脱除轻组分的难度。

3.2.3 可纺中间相沥青的有效制备途径

自中间相沥青炭纤维问世以来，各国科学工作者曾先后开发出多种纺丝中间相沥青的制备方法，至今新的方法还在不断涌现。在已见报道的诸多方法中，有些已经逐步发展成熟并实现工业生产，如UCC法和九工法等；有些作为有益的尝试而暂告中断；还有一些则正在不断改进和完善。

由于资源情况的不同和工业技术水平上的差异，各国科学工作者都在致力于研究开发适合于本国情况的纺丝中间相沥青有效制备途径，但其纺丝中间相沥青有效制备途径的开辟点均为[29]：

(1) 合理利用现有资源；

(2) 采用简单、经济、有效及适合于连续化工业生产的原料分离、改性和中间相沥青制备方法；

(3) 所得中间相沥青具有高收率、低软化点、高可纺性、高取向性和较强的氧化反应性；

(4) 保证最终炭纤维产品具有优良的力学性能；

(5) 整个工艺过程应做到环境清洁、操作方便等。

3.2.4 可纺中间相沥青的制备及其性能表征

1. 可纺中间相沥青原料的选择

根据中间相生成理论，纺丝中间相沥青应为流线型织构，并具有窄相对分子质量分布和高热变性能，当其通过熔融纺丝时易使沥青分子产生取向，进而通过不熔化、炭化形成高取向碳层结构的中间相沥青炭纤维。基于纺丝中间相沥青有效制备途径的开辟点，分别选用催化裂化渣油和精萘作为制备纺丝中间相沥青的原料。

2. 可纺中间相沥青的调制

根据原料沥青的性质，分别通过热缩聚法和催化缩聚法制备催化裂化渣油系中间相沥青和萘系中间相沥青。

热缩聚法制备催化裂化渣油系中间相沥青：首先对催化裂化渣油进行过滤，除去催化剂颗粒和游离碳等固体杂质；而后经过减压蒸馏除去部分轻组分；再将预处理(过滤，减压蒸馏)后的催化裂化渣油置入反应釜中，在搅拌状态下进行加热，同时通入N_2带走轻组分并防止氧化。热缩聚温度控制在390～410℃，反应时间为6～10h，经过常压和减压液相炭化，制得系列催化裂化渣油系中间相沥青。

催化缩聚法制备萘系中间相沥青：以精萘(质量分数>99%)为原料，HF/BF_3为催化剂，首先在Monel合金摇摆式高压反应釜中，110～140℃进行催化缩聚，制备出萘沥青；然后将萘沥青置入不锈钢搅拌反应器中，加热到 380～400℃，同时通入 N_2 鼓泡，制备出系列萘系中间相沥青[45]。

3. 可纺中间相沥青性能的表征方法

显微结构和中间相(各向异性)含量：采用 XP-3A 型偏光显微镜观察和测定。

软化点：软化点是中间相沥青的一个很重要的流变学参数，也是许多复杂因素的宏观反映。一般使用简易的针入法测定(详见 2.1.5 节)。

表观黏度：表观黏度是表征中间相沥青流动性好坏的重要参数。表观黏度的测定采用 XLY-Ⅱ型毛细管流变仪。为了对不同样品进行比较，表观黏度的测定均在高于软化点相同温度即等效温度(RET)下进行。通常拟定等效温度为 35℃。

非牛顿指数：中间相沥青的流变行为呈现非牛顿特征，其流动行为特征指数 $n<1$，属假塑性体。因此，中间相沥青非牛顿指数的大小可表征其流体偏离牛顿型流体的程度，也是表征中间相沥青可纺性的一个重要参数。中间相沥青的流变学性能越好，非牛顿指数越接近 1，可纺性越好。

非牛顿指数的定义：

$$n=\frac{d(\lg\tau)}{d(\lg\gamma)}$$

式中，n 为非牛顿指数；τ 为剪切应力；γ 为剪切速率。

将中间相沥青样品剪切应力和剪切速率取对数后作 $\lg\tau$-$\lg\gamma$ 曲线，在 $\lg\gamma$ 为 2.2～3.5 范围内呈直线，在该范围内以幂律流体模型表示，求得非牛顿指数[46]。

模口膨胀比[47]：根据对巴拉斯(Barus)效应引起的膨胀现象的观察，通过测定毛细管流变仪中毛细管挤出物直径的大小，用膨胀比即挤出物出口直径与毛细管直径之比判断中间相沥青弹性的大小。

平均相对分子质量：采用 Reggle 法[48]将中间相沥青中的喹啉不溶物(QI)组分进行加氢还原，用 VPO 分子量测定仪测定中间相沥青的平均相对分子质量。

族组成：中间相沥青是一种复杂的聚合物体系，平均相对分子质量只能粗略地反映其结构情况。由于相对分子质量分布与可纺性之间有密切的关系，一般通过对中间相沥青族组成的测定，近似地对相对分子质量分布的情况作出判断。中间相沥青族组成的分析流程如图 3-9 所示。

可纺性简易测评[49]：中间相沥青可纺性简易测评装置见图 2-18。在测定中间相沥青软化点的过程中，当沥青软化后提起探(钢)针，察看针尖端黏拉的沥青状况，以拉丝及丝的粗细和根数多少定性确定其可纺性，如图 3-10 所示。

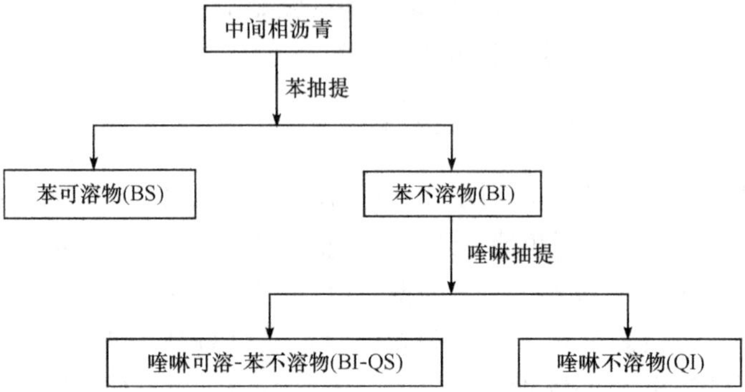

图 3-9　中间相沥青族组成的分析流程

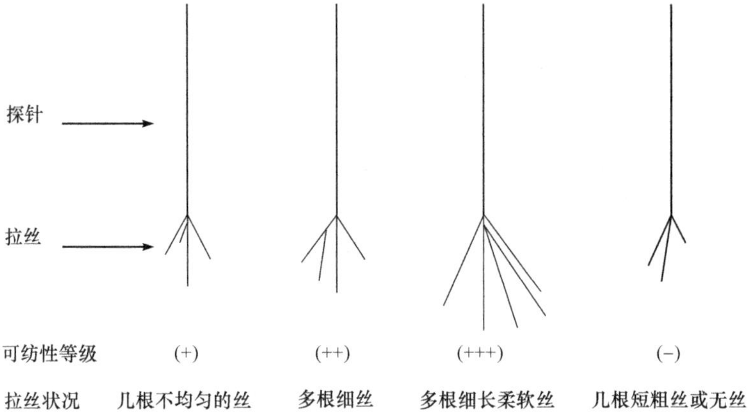

图 3-10　简易测评中间相沥青的可纺性示意图[49]

(－)不可纺;(＋)可纺性差;(＋＋)可纺性较好;(＋＋＋)可纺性好

4. 可纺中间相沥青质量的综合评判[50]

在中间相沥青基炭纤维的制备中,中间相沥青的质量起着至关重要的作用[29,51]。然而,中间相沥青质量的评价却是一道异常复杂的难题。由于在评价中间相沥青质量的过程中要考虑多种相互作用因素的影响,所以在一定程度上造成了评价标准的模糊性和不唯一性。

模糊数学已被证明是对模糊现象和模糊信息进行科学、定量解释的有效工具[52,53]。其中的综合评判方法就是针对多属性、多层次复杂事物的评价而提出的,并在诸多自然科学和社会科学领域中得到应用[54,55]。

著者以探求中间相沥青质量客观评价方法为出发点,选取自制的五种热缩聚法催化裂化渣油系中间相沥青为评价样品,根据不同中间相沥青所具有的基本性质，应用模糊数学中的综合评判方法对中间相沥青的质量进行综合评判。

1）评判原理

模糊综合评判的一般表达式为

$$\underset{\sim}{B}=\underset{\sim}{A}\cdot\underset{\sim}{R}$$

式中，$\underset{\sim}{A}$ 为反映因素重要程度的模糊向量；$\underset{\sim}{B}$ 为反映综合评判结果的模糊向量；$\underset{\sim}{R}$ 为反映因素与评语间模糊关系的评价矩阵；· 为模糊矩阵乘法符号。

当反映因素重要程度的模糊向量 $\underset{\sim}{A}$ 和模糊关系矩阵 $\underset{\sim}{R}$ 为已知时，即可做模糊变换来进行综合评判。评判过程如图 3-11 所示。

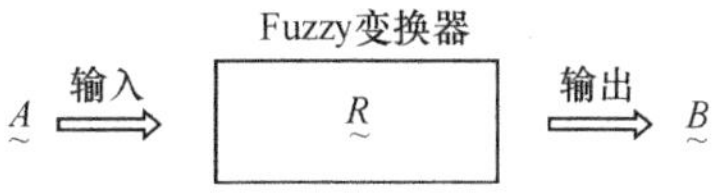

图 3-11　模糊综合评判过程[50]

在按照图 3-11 进行模糊变换（运算）的过程中，常用的数学模型大致可分为“主因素突出型”和“加权平均型”两类。第一类模型在运算中过多地强调了起主要影响作用的主因素，而不同程度地忽略了其他因素的影响，具有片面性；第二类模型依据权重的大小，对所有因素均衡兼顾，比较适用于要求综合优势最大的情况。

基于探求中间相沥青质量客观评价方法的考虑，选择了 M(·,+)“加权平均型”数学模型。

2）着眼（测评）因素的确定及权重分配

影响纺丝中间相沥青质量的基本因素主要有：分子结构特征、中间相含量及结构、平均相对分子质量及其分布、流变特性（可纺性）等。与上述因素相关的表观特征为：软化点、喹啉不溶物含量、族组成分布、热稳定性和氧化反应性等。

由于进行测评的五种中间相沥青均为同一种原料和工艺制备，为了方便测评和简化计算，确定着眼（测评）因素为：软化点、中间相含量、喹啉不溶物含量、流变学参数和数均相对分子质量。

表 3-1 列出了参评中间相沥青五因素（基本性质）的测试数据。

表 3-1　参评中间相沥青的基本性质[50]

中间相沥青	软化点 t/℃	中间相含量 φ/%	喹啉不溶物 w/%	非牛顿指数 n	数均相对分子质量 M_n
1#	265	60	48.1	0.83	495
2#	275	70	54.2	0.66	772
3#	285	85	66.5	0.60	804
4#	315	100	80.2	0.79	955
5#	325	100	86.5	0.48	1430

根据中间相生成理论及中间相沥青的可纺性与其结构关联的重要程度对五种着眼因素进行权重分配（表 3-2），获得 $\underset{\sim}{A}$ 模糊向量；同时制定了各着眼因素的评分

标准(表 3-3)。

表 3-2　各着眼因素的权重分配[50]

软化点	中间相含量	喹啉不溶物	非牛顿指数	数均相对分子质量
10%	25%	15%	30%	20%

表 3-3　各着眼因素的评分标准[50]

评分标准	软化点 t/℃	中间相含量 φ/%	喹啉不溶物 w/%	非牛顿指数 n	数均相对分子质量 M_n
5	290	100	≤40	≥0.9	900
4	290±10	90	50	0.8	900±100
3	290±20	80	60	0.7	900±200
2	290±30	70	70	0.6	900±300
1	290±40	60	80	0.5	900±400
0	290±50	≤50	≥90	≤0.4	900±500

由表 3-2 可得,$\underset{\sim}{A}=(0.10,0.25,0.15,0.30,0.20)$。

3) 隶属函数关系的建立

隶属函数是对模糊现象和模糊概念所具有客观性的一种定量描述。本着方便测评和简化计算的原则,采用了较简单、直观的线性函数关系。

首先,按照确定的 m 种着眼因素和 n 种测评样品,构建出关系矩阵 $\underset{\sim}{R}$,即

$$\underset{\sim}{R}=\begin{vmatrix} r_{11} & r_{12} & \cdots & r_{1n} \\ r_{21} & r_{22} & \cdots & r_{2n} \\ \vdots & \vdots & & \vdots \\ r_{m1} & r_{m2} & \cdots & r_{mn} \end{vmatrix}$$

而后依据表 3-3 中制定的各种因素的评分标准,构成隶属函数。将表 3-1 中的每一个数据代入相应的隶属函数图像中,取得对应的函数值,填入关系矩阵 $\underset{\sim}{R}$ 中。

4) 求解过程

根据公式:

$$\underset{\sim}{B}=\underset{\sim}{A}\cdot\underset{\sim}{R}$$

将已知的 $\underset{\sim}{A}$ 和 $\underset{\sim}{R}$ 代入式中,按照 M(·,+)"加权平均型"数学模型,作普通的矩阵乘法运算,即可得到五种中间相沥青综合评判结果的模糊向量 $\underset{\sim}{B}$:

$$\underset{\sim}{B}=(0.10,0.25,0.15,0.30,0.20)\times\begin{bmatrix}0.500 & 0.700 & 0.900 & 0.500 & 0.300\\0.200 & 0.400 & 0.700 & 1.000 & 1.000\\0.838 & 0.716 & 0.470 & 0.196 & 0.070\\0.860 & 0.520 & 0.400 & 0.780 & 0.080\\0.190 & 0.744 & 0.808 & 0.890 & 0.000\end{bmatrix}$$

$$=(0.522,0.582,0.617,0.741,0.315)$$

5) 评判结果

将五种中间相沥青的 $\underset{\sim}{B}$ 值用百分制表示，并列入表 3-4。

表 3-4　热缩聚中间相沥青质量的综合评判分值[50]

中间相沥青	1＃	2＃	3＃	4＃	5＃
综合测评分数	52.2	58.2	61.7	74.1	31.5

从表 3-4 可以看出，4＃中间相沥青的综合评判分数明显高于其他几种中间相沥青，即在评判的五种中间相沥青中，4＃中间相沥青的质量最好。

至于其他测评中间相沥青，如 1＃中间相沥青，尽管可纺性最好(非牛顿指数最高)[47]、喹啉不溶物也很低，但是由于中间相含量和数均相对分子质量两项因素分值均较低，所以综合分数比较低。因此，一般情况下用 1＃中间相沥青制成的炭纤维力学性能不会很高。而对于 5＃中间相沥青，则因平均相对分子质量过高、非牛顿指数又很低，几乎不可纺丝，虽然它的中间相含量因素分值很高，但综合评分仍然是最低的。

基于五种中间相沥青的评判结果，确定 4＃中间相沥青的制备工艺条件为催化裂化渣油系可纺中间相沥青的制备工艺条件。用相同的方法对所制系列萘系中间相沥青进行评判，并确定其可纺萘系中间相沥青的制备工艺条件。

实验表明，应用模糊数学中的综合评判方法对中间相沥青的评判结果与实验结果[47]基本相符，说明在评判过程中着眼因素的选择和权重分配，以及隶属函数的建立是基本合理的。可以说，这种方法在纺丝前中间相沥青的质量评价中具有一定实用价值。同时由于在评判过程中对各种因素的影响进行了定量分析，所以该评判方法还可对中间相沥青制备工艺条件的确定方面起到一定的指导作用。

需要说明的是，由于评判所用的五种中间相沥青为同一种原料，而且均由热缩聚方法制备，所以在制定软化点和平均相对分子质量两项评分标准时有一定的针对性，并且忽略了分子结构和显微结构等影响。如果对不同原料和不同制备工艺得到的中间相沥青进行质量评判和比较，则需要重新考虑着眼因素和评分标准，并制定相应的权重分配和隶属函数关系。对于更加深入的评判分析，还可以采用较复杂的隶属函数关系和多层次的综合评判模型。

5. 可纺中间相沥青的基本性质

以催化裂化渣油和萘为原料，分别采用两种系列纺丝中间相沥青综合评判最佳结果沥青的制备条件，调制出两种系列的可纺中间相沥青。表 3-5 列出了两种系列可纺中间相沥青的性质。

表 3-5　可纺中间相沥青的性质[56]

沥青*	调制方法	软化点 t/℃	族组成 w/%			各向异性 φ/%	显微结构	模口膨胀比	表观黏度 η/(Pa·s)
			BS	BI-QS	QI				
A	热缩聚	295	5.46	10.91	83.63	100	纤维状	1.3	84.1
B	催化缩聚	262	15.76	42.35	41.89	100	纤维状	1.6	32.9

* A 为催化裂化渣油系中间相沥青；B 为萘系中间相沥青。

从表 3-5 中可以看出，与催化裂化渣油系中间相沥青相比，萘系中间相沥青的软化点较低，族组成中 QI 组分较低。需要说明的是，由于仪器条件的限制，测得的表观黏度和膨胀比不能完全对应于纺丝条件下沥青的黏弹性，只是定性说明在纺丝条件下，萘系中间相沥青的表观黏度较催化裂化渣油系中间相沥青低，而模口膨胀比却比催化裂化渣油系中间相沥青大。

由于催化裂化渣油系中间相沥青是利用热缩聚法制备的，芳香度较高，整个分子如同一个大 π 体系，分子平面性强，分子间力大，所以软化点高、黏度大[57]。而萘系中间相沥青是用催化缩聚法调制的萘基中间相沥青[45]，平均相对分子质量低，结构中含有大量的环烷结构和脂肪侧链，整个分子不再是一个大 π 体系，分子间力小，因此软化点和黏度较低，有利于纺丝。

沥青的 Barus 效应直接影响异形纤维的形状，对中空纤维中空腔的形成至关重要。Barus 效应是流体黏弹性的表现，其本质是分子在挤过毛细孔时来不及松弛引起的[46,58,59]。用分子结构观点看，沥青在流动过程中受到毛细孔壁面的剪切和挤压，使分子舒展和取向，同时分子发生弹性形变，若在较短的毛细孔中来不及松弛，当沥青从孔口挤出时，分子的弹性形变恢复，就会使纤维直径增大，即沥青熔体产生膨胀。萘系中间相沥青的膨胀比较大，可能是其分子存在脂肪侧链和环烷结构，分子不再呈平面状，发生扭曲，在受到挤压时弹性形变较大，因而模口膨胀比较大。另外，催化裂化渣油系中间相沥青的软化点较高，沥青冷却凝固快，也会阻碍其弹性形变的充分恢复。

Mochida 等[60,61]利用 Y 形和条形喷丝板对中间相沥青进行熔融纺丝时，在纺丝温度较高的条件下，纺出的沥青纤维变成了圆形纤维，表明由于纺丝温度的提高改变了熔体的黏弹性，进而影响到纤维的形状。

另外，在用圆弧狭缝式◠形喷丝板纺制中空纤维时，如果沥青熔体的膨胀幅度不够大，就不能形成闭合的中空腔，就必须考虑改变喷丝孔的尺寸（或调整纺丝条件）。

因此，中间相沥青的表观黏度和膨胀比可以作为喷丝板孔形设计的主要依据。

3.3　中间相沥青的熔融纺丝

熔融纺丝是实现沥青成纤的过程，纺丝成型的好坏直接影响沥青纤维的均匀性、细度和纤维断面结构。沥青纤维的纺丝方式有离心法、喷吹法、涡流法和挤压法。通常前三种方法适应于各向同性沥青的纺丝，而挤压法既适合于各向同性沥青的纺丝，又适宜于各向异性中间相沥青纤维的纺制。对于高性能沥青炭纤维，一般要求以长丝形式应用，所以中间相沥青的纺丝多采用挤出式的熔融纺丝法。

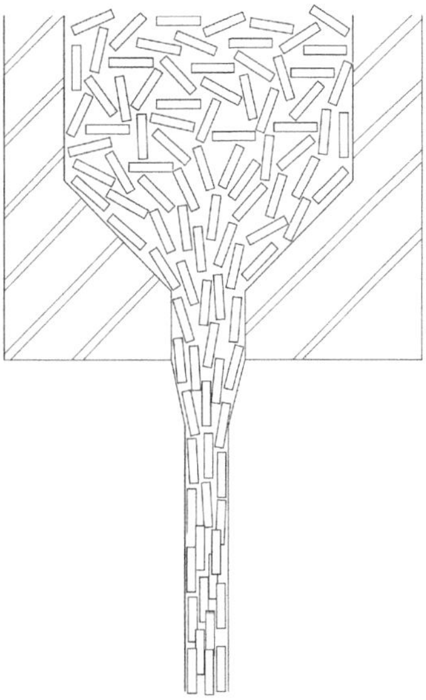

图 3-12　喷丝孔对中间相沥青分子的取向作用[65]

中间相沥青在挤压法熔融纺丝过程中首先经过喷丝板，然后在牵引力的作用下连续出丝。中间相沥青在压力作用下经过喷丝板时受到了喷丝孔壁的摩擦剪切作用，在这个作用力下中间相沥青分子会发生择优取向，如图 3-12 所示，进而获得不同取向和不同形状断面结构（取决于喷丝板构型）[23,62-64]的中间相沥青纤维。

和一般可纺高分子聚合物性质不同，由于中间相沥青的软化点较高，纺丝温度高，容易被氧化，加之纺丝液（熔融后的中间相沥青）的黏度大，可纺温度区间狭窄，纤维不能冷延伸等，所以其纺丝条件的要求较苛刻，尤其是异形沥青纤维的纺制。

因此，在可纺中间相沥青确定后，根据目标中间相沥青炭纤维的要求选择适宜的纺丝工艺和设计恰当的喷丝板结构十分关键。

3.3.1　熔融纺丝工艺

1. 纺丝工艺流程

图 3-13 是中间相沥青熔融纺丝工艺流程示意图。

流程如下：首先粉碎中间相沥青，过 120 目标准筛，备用；称取一定量的过筛沥青粉装入纺丝料筒中，并将料筒固定于加热炉中；通入高纯 N_2 置换缓冲罐和料筒

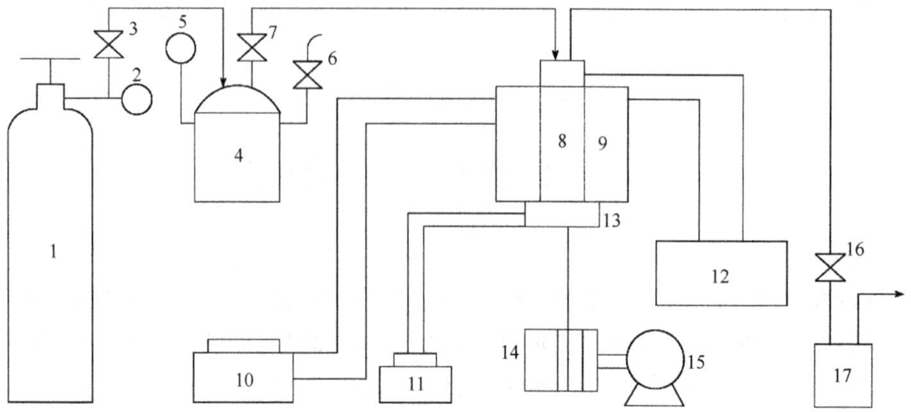

图 3-13　熔融纺丝工艺流程示意图[56]

1-高纯氮气瓶；2，5-压力表；3，7，16-阀门；4-缓冲罐；6-安全阀；8-料筒；9-加热炉；
10，11-调压器；12-控温仪；13-保温套；14-卷丝筒；15-电动机；17-液封瓶

中的空气；在一定流量的高 N_2 气氛中，程序控制升温至纺丝温度，恒温 30min；而后加大 N_2 压力至纺丝压力，熔融的沥青在 N_2 压力下，通过料筒内的不锈钢滤网，被挤压出喷丝孔。挤出的沥青细流在转动的卷丝筒牵伸下细化并缠绕其上，获得中间相沥青纤维。

2. 沥青成纤过程

中间相沥青的成纤过程实质上是一个中间相沥青熔融剪切、拉伸流动的过程。由于中间相沥青的流变性质对温度的敏感性比其他纺丝物质强烈得多，当温度过高时，中间相沥青中的轻组分会发生分解反应放出气体，使纤维断裂；而当纤维内部的拉伸应力在某一点超过丝条在该点的抗拉强度时，纤维也会发生内聚断裂。因此，中间相沥青的熔融连续纺丝条件非常苛刻。

典型的中间相沥青熔融纺丝过程如图 3-14 所示。

图 3-14 中的 1 区是指中间相沥青熔体挤出喷丝孔后膨胀并在很小的距离内膨胀至一极大值的阶段，在这一阶段流体发生了从以剪切为主体的流动到以拉伸为主体的流动的转变，同时也开始了分子的取向。2 区包括丝条的拉伸和冷却阶段，在这一区域内丝条的拉伸形变基本完成，温度降到玻璃转化温度区，丝条的断裂也大多发生在这一阶段。因此，2 区一直是中间相沥青熔融纺丝研究的重点。

下面以 C 形喷丝板纺制中空纤维过程为例，说明中间相沥青的成纤过程。

熔融的中间相沥青在 N_2 的压力下进入喷丝孔入口处时，由于孔道直径减小，沿流动方向产生速度梯度，导致熔体发生弹性形变而储藏弹性能。在孔流区，由于存在剪应力和法向应力差，也产生相应的弹性形变而储藏弹性能。随熔体在喷丝

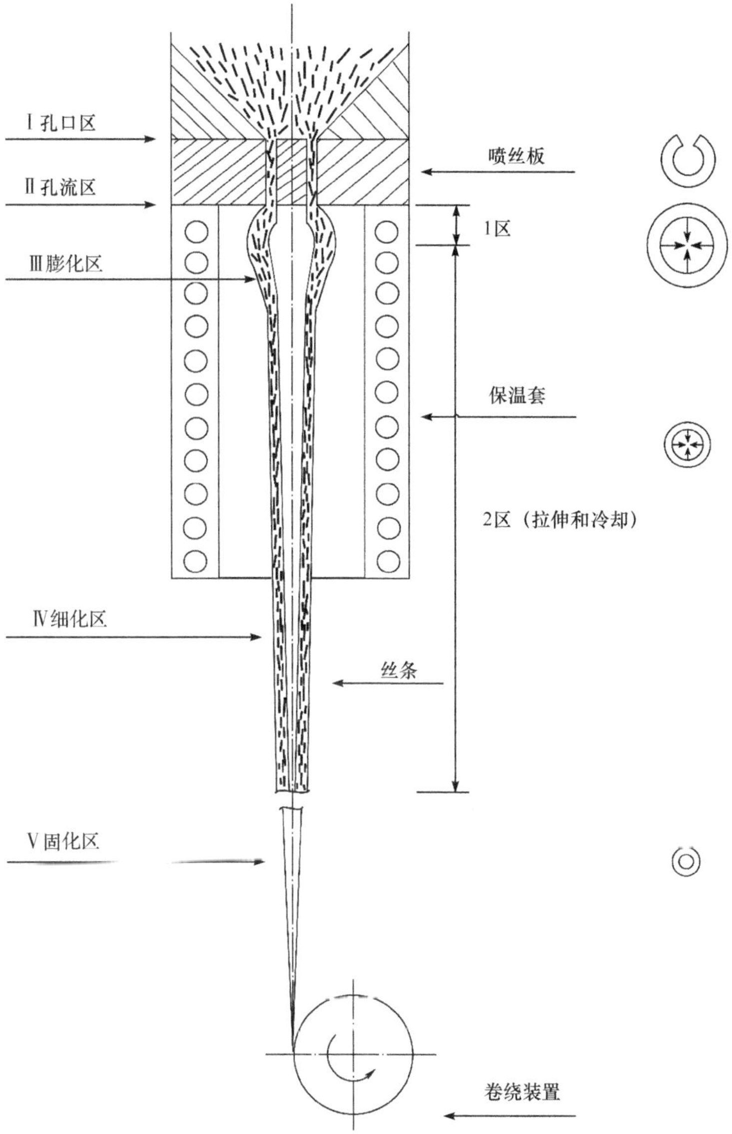

图 3-14　C 形喷丝板纺制中空纤维[56,66]

孔中流动长度的增加，熔体中弹性能消耗和松弛增多。当熔融沥青流出孔口后，残存的弹性能使其发生径向膨化，C 形熔体细流的两端闭合形成中空腔，在卷丝筒的牵伸下，熔体细化。熔体冷却固化后，几乎不再受拉伸而变形。中间相沥青分子在经过喷丝板和受牵伸细化时发生取向。由于中间相沥青的软化点高，在室温下，挤出喷丝孔的熔体很快就发生凝固，不能拉细，利用保温套可延长膨化区和细化区，以防止熔体过快固化。

3. 纺丝数学模型

数学模型是基于数学的思考方法，运用数学的语言和方法，通过抽象、简化建立能近似刻画并“解决”实际问题的一种强有力的手段[67]。为了对中间相沥青熔融纺丝进行程序化控制，基于中间相沥青成纤过程是一种黏弹性熔体的拉伸流动过程，著者研究团队选用三常数 Oldroyd 模型对中间相沥青的纺丝过程进行了数学模拟，并通过龙格-库塔法（R-K 法）对所建纺丝数学模型进行了求解，预示出了丝条在纺程上的温度、速度、应力和拉伸速率的分布[66,68]。

1）基础模型的选择

理论上，中间相沥青的熔融纺丝可认为是单轴拉伸流动[66]，如图 3-15 所示，可表示为

$$v_z = f(z), \quad v_x = v_y \neq 0$$

对于这一流场，应变张力 d 为

$$d = \begin{vmatrix} \gamma_E & 0 & 0 \\ 0 & -\dfrac{\gamma_E}{2} & 0 \\ 0 & 0 & -\dfrac{\gamma_E}{2} \end{vmatrix}$$

式中，γ_E 为拉伸形变速率；v_z 为丝条速度；z 为丝条上某点距喷丝口的距离。

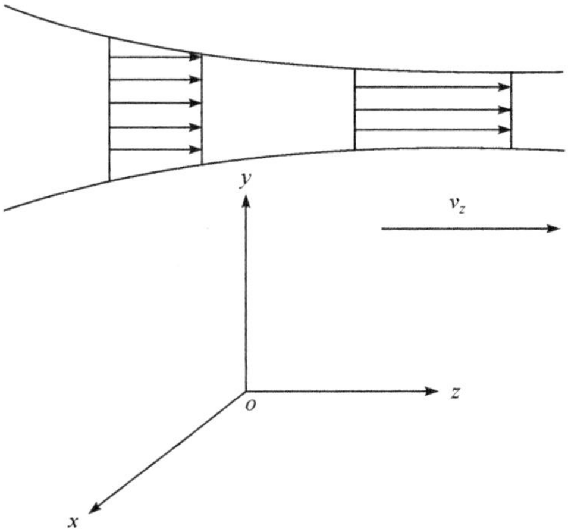

图 3-15　稳态拉伸流动及坐标规定[66]

若将各向同性的压力 p 表示为

$$-p=\frac{1}{3}(S_{11}+S_{22}+S_{33})$$

其中 S_{ij} 为总应力的第 ij 分量，则可得到拉伸黏度 η_E 表达式：

$$\eta_E=(\tau_{11}+\tau_{22})/\gamma_E$$

式中，τ_{ij} 为应力张量偏量的第 ij 分量。

对于稳态拉伸流动，应用三常数 Oldroyd 模型，τ_{11} 和 τ_{22} 可以分别表达为[69]

$$\tau_{11}=2\eta_0\left(\frac{1-\lambda_2\gamma_E}{1-\lambda_1\gamma_E}\right)\gamma_E$$

$$\tau_{22}=-\eta_0\left(\frac{1-\lambda_2\gamma_E}{1-\lambda_1\gamma_E}\right)\gamma_E$$

式中，λ_1、λ_2 为模型常数；η_0 为零剪切黏度。

由此可见，在稳态拉伸流动过程中，在大拉伸速率下，三常数 Oldroyd 模型预示了一个恒定的拉伸黏度，显然这完全不适应于对大拉伸速率情况下的拉伸流进行描述[70]。但基于中间相沥青是一种拉伸黏度对温度异常敏感的特殊熔体，因温度下降而引起拉伸黏度的变化远远大于因形变而引起的黏度变化，使用三常数 Oldroyd 模型描述中间相沥青时，这种由大拉伸形变下描述拉伸黏度引起的误差几乎可以忽略。而且，在中间相沥青的实际纺丝过程中，只有在丝条快被拉断时，才有较明显的大拉伸形变出现。因此，用三常数 Oldroyd 模型对中间相沥青的熔融纺丝进行数学模拟，不仅具有简单、直观和易于求解的优点，而且不会引起太大的误差。

2）纺丝模型的建立

中间相沥青熔融纺丝过程的数学模拟，首先需要进行假设，以便能抓住问题的主要方面，忽略次要的不起决定作用的因素，从数学上解决问题，又不致引起太大的误差。

假设：

（1）纺丝过程是稳态单轴拉伸流动。

（2）沥青熔体为不可压缩流体。

（3）丝条截面呈圆形，且为均匀的，即纤维在成纤过程中，无论各向同性组分还是各向异性组分都充分熔融，并完全互熔。

（4）丝条拉伸方向的热传导可以忽略；黏滞生热也可以忽略，丝条截面温度为等温场，即丝条上热损失仅由丝条与空气热传递所致。

（5）纤维流动时的表面张力可以忽略。

以上述假设为基础，采用圆柱坐标，可得质量、动量和热量三大平衡的简化式：

$$\frac{1}{r}\frac{\partial}{\partial r}(\rho r v_r)+\frac{\partial}{\partial z}(\rho v_z)=0 \tag{3-1}$$

$$\rho v_z \frac{\mathrm{d}v_z}{\mathrm{d}z}=\rho g+\frac{1}{r}\frac{\partial}{\partial r}(rS_{rz})+\frac{\partial S_{zz}}{\partial z} \tag{3-2}$$

$$\rho C_P v_z \frac{\mathrm{d}T}{\mathrm{d}z}=-\frac{1}{r}\frac{\partial}{\partial r}(rq_r) \tag{3-3}$$

式中，r 为丝条半径的自变量；ρ 为熔体密度（熔体密度用 XLY-2 型毛细管流变仪测定，实验表明，ρ 随温度变化不大，因此在计算中 ρ 作为恒值）；v_r 为丝条径向参考系的分速度；v_z 为丝条速度；z 为丝条上某点距喷丝口的距离；g 为重力加速度（$9.8\mathrm{m/s^2}$）；S_{rz} 为丝条径向参考系的拉伸分应力；S_{zz} 为丝条轴向拉伸应力；C_P 为熔体比热；T 为温度；q_r 为丝条径向参考系单位质量流体的热量。

中间相熔体的本构方程用三常数 Oldroyd 方程表示。在拉伸流动情况下，三常数 Oldroyd 模型预示的拉伸黏度表达式[69]为

$$S_{zz}=-\eta_E\gamma_E \tag{3-4}$$

$$S_{zz}=-3\eta_0\left(\frac{1-\lambda_2\gamma_E}{1-\lambda_1\gamma_E}\right)\gamma_E \tag{3-5}$$

进一步假设，下列边界条件可以合理描述所讨论的物理情况：

(1) $z=0, v_z(0)=v_0, T(0)=T_0$；

(2) $z=L, v_z(L)=v_L$；

(3) $r=R(z), q_r[R(z)]=U(T-T_a)+\lambda\varepsilon(T^4-T_a^4)$。

其中，v_0 为出料速度；T_0 为喷丝口温度；T_a 为环境温度；L 为喷丝口与丝条形变终止点间的距离，丝条固化后形变自然终止，因此取玻璃化转化区域的上限温度为形变终止点；v_L 为卷绕速度；R 为丝条半径；U 为导热系数；λ 和 ε 为模型常数。

将上述边界条件用于式(3-1)、式(3-2)和式(3-3)，可得到

$$W=\rho\pi R^2 v_z \tag{3-6}$$

$$\frac{v_z}{2}\frac{\mathrm{d}v_z}{\mathrm{d}z}=\frac{g}{2}+v_z\frac{\mathrm{d}}{\mathrm{d}z}\left(S_{zz}\frac{R^2}{2}\right)+R\left(\frac{-F_D}{\pi R^2(z)}\right) \tag{3-7}$$

$$\frac{\mathrm{d}T}{\mathrm{d}z}=-\frac{2}{C_P R\rho v_z}[U(T-T_a)+\lambda\varepsilon(T^4-T_a^4)] \tag{3-8}$$

式中，W 为熔体质量流速；F_D 为摩擦阻力，表达式为[71]

$$F_D=\left(0.843\frac{\rho_a}{\rho}\right)Wv_z\left[\frac{\rho\pi\eta_a(L-z)}{W}\right]^{0.915}$$

其中，ρ_a 为空气密度；η_a 为空气黏度；U 为导热系数，表达式为[72]

$$U=0.21(1+K)U_a\left(\frac{\rho\pi v_z}{W}\right)^{0.5}\left(\frac{2}{\eta_a}\right)^{0.334}\left(\frac{\rho W v_z}{\pi}\right)^{0.117}$$

式中，K 为可调参数；U_a 为空气导热系数。

代入空气的物性数据后得

$$F_{\mathrm{D}}=1.014\times10^{-4}v_z^2\left(\frac{L-z}{W}\right)^{0.915} \tag{3-9}$$

$$U=4.743\left(\frac{v_z^2}{W}\right)^{0.334} \tag{3-10}$$

将式(3-5)、式(3-9)和式(3-10)代入式(3-7)和式(3-8)就可用 R-K 法求解这两个微分方程。由于 $z=0$ 处的 $\mathrm{d}v_z/\mathrm{d}z$ 不能用作边界条件，所以必须采取数值算法，用一维搜索中的进退算法[73]确定。另外，L 的确定也要用一维搜索的方法。

3）纺丝模型的求解

图 3-16 是纺丝数学模型式的求解程序。

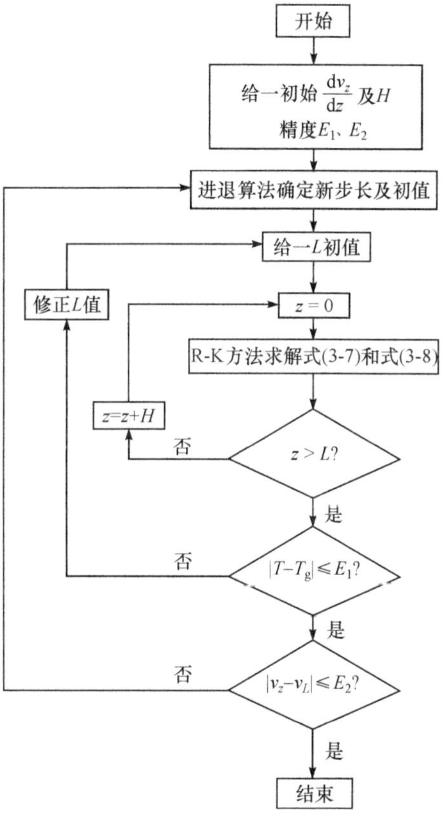

图 3-16　纺丝数学模型求解程序框图[66]

T_{g} 表示玻璃化温度

对可纺性较好的催化裂化渣油系中间相沥青进行熔融纺丝实验，并按照纺丝数学模型式的求解程序进行求解。

可纺催化裂化渣油系中间相沥青的基本性质及其纺丝的工艺条件分别列入表 3-6和表 3-7。

表 3-6　可纺中间相沥青的基本性质[66]

中间相沥青	玻璃化温度 t/℃	软化点 t/℃	中间相含量 φ/%	显微结构	熔体密度 ρ/(kg · m³)	可纺性
催化裂化渣油系	172	282	90	纤维状	1373.2	较好

表 3-7　中间相沥青的熔融纺丝条件[66]

纺丝条件	纺丝温度 t/℃	保温套温度 t/℃	保温段长度 L/cm	纺丝压力 p/Pa	出料流量 W/(kg · s)	纺丝板参数			最大拉伸比
						导孔直径 D/mm	微孔直径 D/mm	底厚 δ/mm	
A	340	280	10	7.25×10^5	2.51×10^{-6}	30	0.25	0.55	291
B	335	280	10	7.50×10^5	3.06×10^{-6}	30	0.25	0.80	190

催化裂化渣油系中间相沥青在两种纺丝条件下，由纺丝数学模型求解所得不同拉伸比条件下丝条纺程上拉伸速率的分布，如图 3-17 所示。

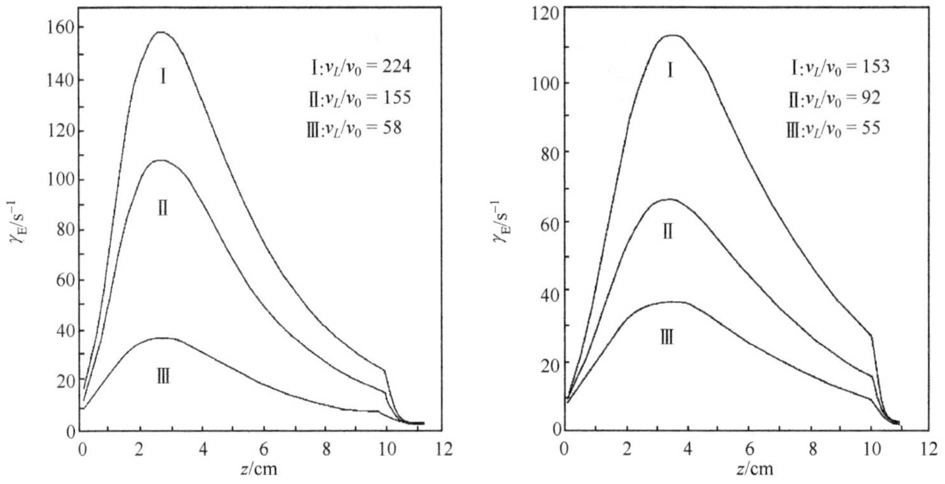

(a) 纺丝条件A　(b) 纺丝条件B

图 3-17　纺丝数学模型预示的丝条纺程上拉伸速率的分布[66]

从图 3-17 中可以看出，催化裂化渣油系中间相沥青在两种纺丝条件下，纺丝数学模型预示的丝条纺程上最大拉伸速率均出现在丝条喷出后大约 3cm 处，其值的大小随拉伸比增加而增大。

求解纺丝数学模型还可以得到丝条纺程上的速度(丝径)分布(图 3-18)、温度分布和拉伸应力分布(图 3-19)。

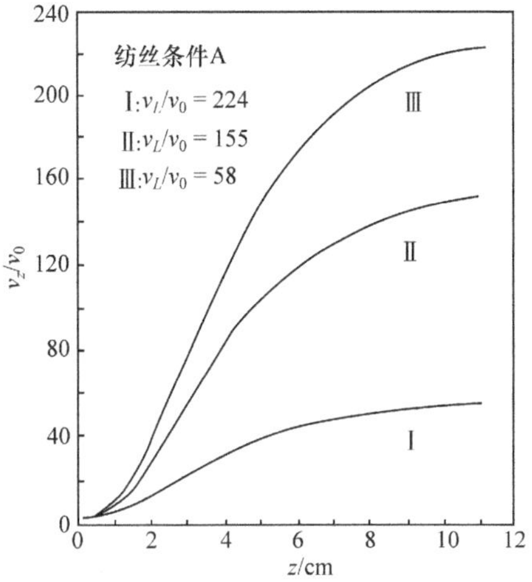

图 3-18　纺丝数学模型预示的丝条纺程上速度的分布[66]

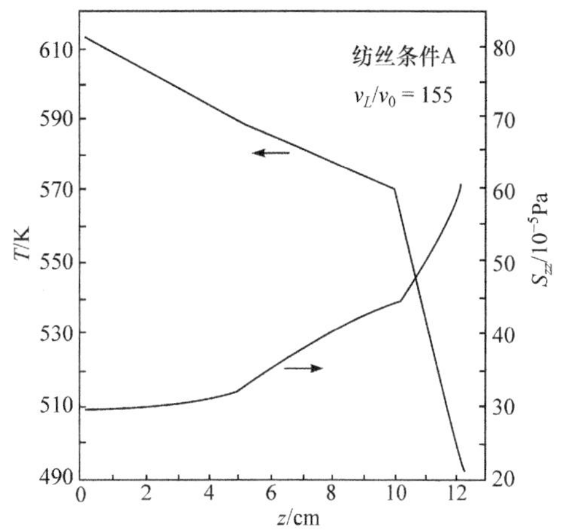

图 3-19　纺丝数学模型预示的丝条纺程上的温度、应力分布[66]

由图 3-18 可知，丝条在保温套内的速度沿纺程的增加而加快，出保温套后丝条速度减缓并逐渐趋于恒定；拉伸比越大，相应的速度越快。换言之，丝条直径在保温套内沿纺程的增加越来越细，出保温套后丝条直径变细的速度减缓并逐渐趋于恒定；拉伸比越大，相应的丝径越细。

由图 3-19 可知，丝条出保温套后外温度很快就下降到固化点，同时丝条内应力快速上升，这意味着丝条出保温套后已基本定型(结构与细度)。

关联图 3-17、图 3-18 和图 3-19 求解纺丝数学模型预示的丝条纺程上拉伸速率、速度、温度和应力分布，解析中间相沥青的熔融纺丝过程：中间相沥青从由喷丝板喷出到固化为止，中间经过一个细化过程，在这个过程中，熔体内部的片状分子通过剪切力和拉伸力的作用，能够在较短的距离内沿拉伸力方向取向[74]。同时还发生着熔体细流(丝条)直径沿纺程的变化、丝条温度沿纺程的变化、丝条拉伸速率沿纺程的变化和丝条拉伸黏度沿纺程的变化。这些变化不仅影响分子的取向，而且对纺丝过程的连续和稳定起着决定作用。由于中间相沥青熔体纺丝温度高，温度对拉伸速率的影响显著，通过纺丝喷嘴时很小的温度梯度变化都将对纤维尺寸和拉伸应力产生很大的影响。显然，在中间相沥青的熔融纺丝过程中精确地控制沥青熔体通过纺丝喷嘴的温度梯度非常重要。这里保温套既可对减小沥青熔体的温度梯度起一个补偿作用，同时又可起降低中间相沥青丝条的冷却速度，改善丝条拉伸性能的作用。因此，在进行中间相沥青的熔融纺丝时，工艺参数的选取非常重要，不仅要选择适宜的纺丝温度，保温套的温度也要择优选取、精心控制。

3.3.2　纺丝工艺参数的选取

基于中间相沥青的成纤过程是中间相沥青的流动变形过程，因此中间相沥青的流变行为与其纺丝成形有着必然的联系。从结构决定性质的观点来看，中间相沥青的流变学性质是其成纤后内部结构的宏观反映。因此，通过对中间相沥青流变行为的研究不仅可以进一步加深对中间相沥青纤维内部结构的了解，也可帮助确定适宜的中间相沥青纺丝条件，为合理地设计纺丝装置提供科学的依据。

1. 中间相沥青纺丝中的流变特性

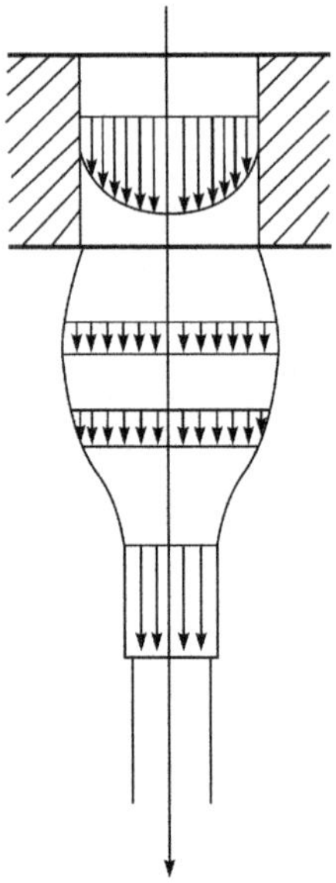

图 3-20　纺丝时沥青熔体的速度分布[75]
图中箭头长短表示速度的大小

中间相沥青的可纺性是指其承受稳定剪切和拉伸操作所要求的形变能力，也就是熔体形成连续丝条的能力[75]；亦即，中间相沥青的可纺性取决于沥青熔体的流变性质。沥青纺丝时，熔体在喷丝孔道和喷丝孔附近流动的状况（以圆形喷丝孔为例）如图 3-20 所示。沥青熔体在喷丝孔内受剪切作用，在流出孔口的瞬间，熔体内残存的弹性能使其发生径向膨化，而后在拉伸作用下直至固化。

在高聚物的熔融纺丝过程中，理想状态的熔体连续纺丝是一个定常态过程，纺丝线上任何一点在纺丝时均应具有稳定的状态参数值。但在实际中总是稍有偏差，如果偏差过大，出现不稳定状态，就会产生不均匀丝甚至断丝。造成偏差的原因是熔体破裂和拉伸断裂。熔体破裂是聚合物从纺丝孔中高速挤出时出现的一种挤出畸变现象，通常发生于熔体流速大于临界挤出速率之时，此时纺出的纤维粗细不均或者断丝，并限制了拉伸比。从流体力学的角度分析，熔体的破裂取决于喷丝孔内熔体的流动情况。对于固定的纺丝设备，切变速率和纺丝温度是控制熔体破裂的两个参数。拉伸断裂是熔体喷出孔后，在固化前出现的不稳定状态，这种破坏现象作为拉伸作用的响应，依赖于拉伸黏度和拉伸状况。

研究表明[76]，用拉伸纤维的长度对拉伸速率和黏度的乘积作图，可得到一条有极大值的曲线，如图 3-21 所示。虽然熔体破裂和拉伸断裂发生在纺丝线上的不同位置，但二者相互联系，熔体破裂可以在拉伸作用下减轻，但它又限制了拉伸比的大小。

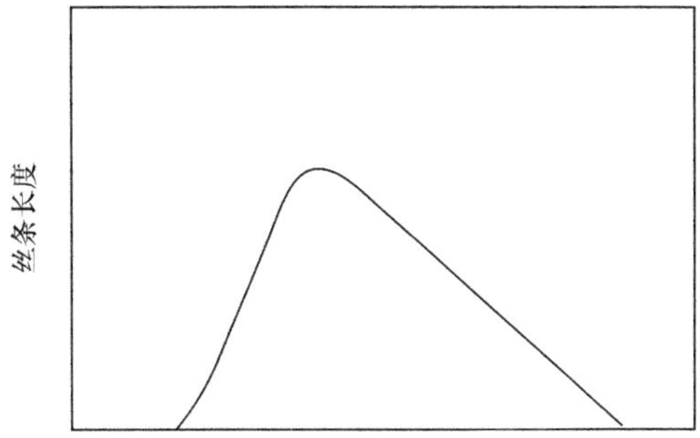

图 3-21　决定纺丝的因素图[75]

中间相沥青在熔融纺丝过程中同样也受到熔体破裂和拉伸断裂的影响，但它又不同于一般高聚物。若中间相沥青分子在纺丝温度下发生裂解反应，产生轻组分气体，则轻组分气体从熔体中逸出也会产生拉伸断裂和熔体破坏。

因此，要使中间相沥青稳定连续地纺丝，必须选取适宜的纺丝温度，同时控制适当的切变速率和拉伸速率。

2. 中间相沥青的表观黏度

由于中间相沥青的纺丝过程是一种黏弹性熔体的拉伸流动过程，所以中间相沥青的表观黏度是一个重要的流变学参数，在工艺上实现对表观黏度的控制，对确定中间相沥青的制备条件和优化其纺丝工艺非常重要。

中间相沥青的表观黏度通常采用流变仪（黏度计）测定，不仅需要精密的仪器，还须花费一定的测定时间，难以及时指导纺丝工艺。为此，著者通过考察中间相沥青的主要流变学特性，对影响中间相沥青表观黏度的各种因素（温度、中间相含量和相对分子质量等）进行了分析，基于中间相沥青是由各向同性的母体和各向异性的中间相组成的一个两相体系，认为中间相沥青的行为是一个两相乳浊液的行为，即一相悬浮或分散在另一相中。而后根据高聚物的溶液理论[46]和 Arrhenius 关系式[77]提出了中间相沥青表观黏度的参数模型[47]：

$$\lg\eta_0 = A_0 + \frac{A_1}{T} + A_2\lg(M_n) + A_3\lg(W_{QI}) \tag{3-11}$$

式中，A_0、A_1、A_2、A_3 为模型参数；T 为温度，M_n 为中间相沥青的数均相对分子质量；W_{QI}为中间相沥青中喹啉不溶物的质量分数。

将测得的若干组原始数据代入方程，并在计算机上进行线性回归，求出模型参数值：

$$A_0 = -23.053,\quad A_1 = 9528.025,\quad A_2 = 2.667,\quad A_3 = 1.752$$

经过数理统计规律分析，表明该模型的线性关系是明显的。因此，中间相沥青的表观黏度模型的线性关系是成立的。

统计分析还表明，在影响表观黏度的各种因素如温度、相对分子质量、喹啉不溶物含量中，温度的影响最为显著。

将 A_0、A_1、A_2、A_3 代入式(3-11)，即得中间相沥青表观黏度的经验关联式：

$$\lg\eta_0=-23.053+\frac{9525.025}{T}+2.667\lg(M_n)+1.752\lg(W_{QI})$$

需要说明的是，该中间相沥青表观黏度的参数模型是探索性的，其适用性和适用范围尚有待进一步验证和研究。

3. 中间相沥青的流变性与可纺性的关系

1）纺丝温度

图 3-22 是中间相沥青的黏度-温度曲线。从图中可以看到，在中间相沥青的黏度-温度曲线上有一较为平稳的流动区域，理论上讲，如果纺丝温度位于这一区域，纺丝工艺参数的控制就有相对较大的弹性。但应注意的是，由于平稳流动区域的温度较高，中间相沥青会进一步缩合和发生热裂解反应，不利于丝的连续；同时由于该区域流体的黏度过低也会影响丝的连续，所以实际上纺丝温度通常选择在黏度-温度曲线转折点附近。

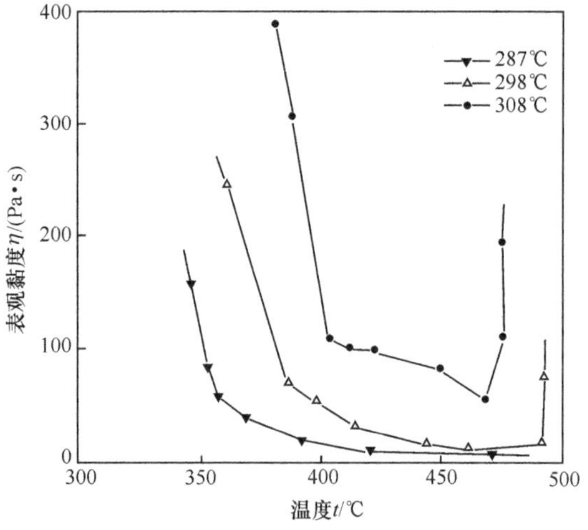

图 3-22 不同软化点中间相沥青的黏度-温度曲线[75]

2）纺丝黏度

实验表明[75]，中间相沥青的剪切黏度与纺丝速度的关系如图 3-23 所示。这里，中间相沥青的剪切黏度用旋转黏度计在一定转速下测得。由图 3-23 可知，连续中间相沥青长丝的纺制应在中间相沥青熔体的黏度为 120～250Pa·s 范围内进行。

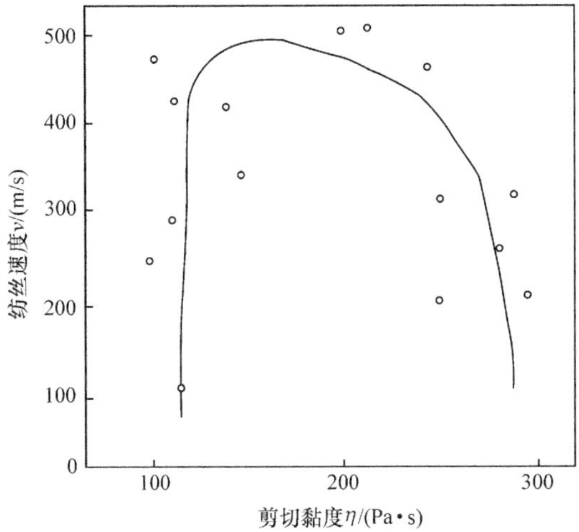

图 3-23　中间相沥青的剪切黏度与可纺性的关系[75]

3）拉伸比

在中间相沥青的熔融纺丝过程中，拉伸比是获得细长连续中间相沥青纤维的一个重要参数。

由图 3-21 得知，拉伸纤维的长度与拉伸速率和黏度的乘积之间存有一个极大值点。若拉伸状况处于这一极点附近就会获得高拉伸比的优质中间相沥青纤维。又从图 3-22 中间相沥青的黏度-温度曲线获悉，拉伸状况下熔体的黏度有一定范围，黏度太高、太低都会限制拉伸丝的长度。

几种不同软化点中间相沥青的拉伸性能曲线如图 3-24 所示。

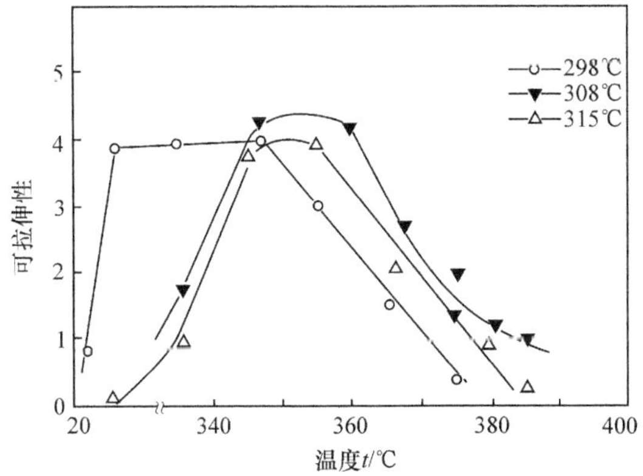

图 3-24　中间相沥青的拉伸性能曲线（纵坐标可拉伸性数字表示丝的相对长度）[75]

从图 3-24 可以看出，中间相沥青在纺丝过程中，沥青的拉伸温度也有适宜的区间，拉伸温度太高、太低都会限制拉伸丝的长度，只有控制拉伸温度于沥青的高可拉伸区域，才能得到细长的连续沥青丝。

由于沥青挤出喷丝孔后，在固化前，纤维因辐射和对流的作用而温度降低，从而造成中间相沥青拉伸状态下的温度比剪切状态下（纺丝孔挤出过程）的温度低，即中间相沥青的剪切（纺丝孔挤出过程）与拉伸在不同的温度下进行。

为了保证中间相沥青稳定连续地纺丝，在适宜纺丝温度下，必须同时具有适当的剪切（纺丝）速率和拉伸速率；亦即，精确控制拉伸和剪切（纺丝）同时处于适当的温度与黏度，以使拉伸在高拉伸比的温度（黏度）区域中进行，剪切（纺丝）处于不发生熔体破裂温度。

图 3-25 是中间相沥青的纺丝温度与拉伸温度的对应关系图。

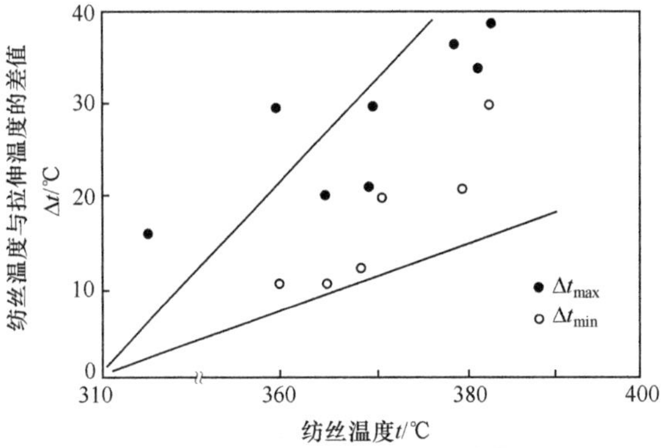

图 3-25　纺丝温度与拉伸温度的对应关系[75]

从图 3-25 可以看到，纺丝温度与高拉伸比温度的差值有一定的范围。对于一种中间相沥青，如果纺丝温度和高拉伸比温度的差值在这一范围内（图 3-25 中的两条直线之间），就可以纺制出连续稳定的长丝。需要指出的是，纺丝温度和高拉伸比温度的差值受纺丝气氛和设备的影响。

3.3.3　喷丝板的设计

流变学理论与熔融纺丝有着密切的关系[77,78]。在中间相沥青的熔融纺丝过程中，沥青熔体在喷丝孔中的流变学行为直接影响熔体形成连续丝条的能力。由于沥青熔体自喷丝孔喷出后，出现 Barus 膨化效应，严重时甚至会产生熔体破碎现象，这些都会直接影响纺丝过程的正常进行。严格控制工艺条件固然可以在一定程度上改善沥青熔体的流变性能，避免出现不稳定的流动。但是，在确定可纺中间相沥青和纺丝工艺条件后，根据目标纤维形状的要求正确地设计与制造喷丝板，选择最佳几何结构尺寸的喷丝孔进行纺丝，对于保证中间相沥青连续稳定地纺丝，同时提高沥青原纤的性能非常重要。

著者以中间相沥青熔体的表观黏度、膨胀比等流变性质为指导，设计了圆形、中空、条形和 Y 形异形单孔喷丝板，并成功纺制出丝径均匀的圆形、中空、条形和 Y 形异形中间相沥青连续长丝。

1. 喷丝板的设计要素

1）喷丝孔的特征尺寸

中间相沥青分子呈平面状，在挤压法熔融纺丝过程中通过喷丝孔时，在喷丝孔壁的摩擦剪切作用下可使沥青分子发生择优取向，其取向度的大小直接影响到中间相沥青炭纤维的性能。

解析中间相沥青熔体在喷丝孔中的流动状况即可发现，靠近孔壁面处分子受的剪切力大，远离壁面处分子受的剪切力小。无疑，对于相同孔长和截面积的喷丝孔而言，异形比圆形有更大的孔壁面积能使熔体分子受到更充分的剪切，进而使其能够更好地取向，这也正是异形炭纤维的力学性能高于圆形炭纤维的原因。利用当量直径可以体现异形喷丝孔的这一特征。

当量直径的定义：

$$D_e = 4\frac{A}{S} \tag{3-12}$$

式中，D_e 为当量直径；A 为异形孔截面面积；S 为熔体浸润周边，即异型孔几何形状周边总长。

根据流变学原理，可以推导出中间相沥青熔体在任意截面喷丝孔中的流量（Q）及其剪切速率（γ）[79]：

$$Q = \frac{AD_c}{2^{2n+1}(n+3)\eta}\left(\frac{D_e}{L}\Delta p\right)^n \tag{3-13}$$

式中，η 为中间相沥青熔体的表观黏度；Δp 为压力降；L 为喷丝孔孔长；n 为中间相沥青的流变指数。

$$\gamma = \frac{1}{4^n}\left(\frac{D_e}{L}\Delta p\right)^n \tag{3-14}$$

关联式(3-12)～式(3-14)即可看出，当纺丝温度确定后，当量直径、截面积、长径比决定了熔体在喷丝孔中的流变行为。因此，通常将当量直径、截面积、长径比称为喷丝孔的特征尺寸。

大量的实验证明，在当量直径 D_e＝0.25～0.40mm 时，能满足异型纤维成型的要求[78]。

2）喷丝孔的当量异形度

异形度是指异形喷丝孔（纤维）截面形态相对于偏离圆形喷丝孔（纤维）截面形态的差异程度[80]。在纺织部标准中，Y形、条形和中空纤维均有不同的异形度计算指标，但这些指标中通常仅含有孔截面内接圆半径和外接圆半径两个独立的参数，不能很好地反映异形纤维的特点[81]。基于异形喷丝孔的当量直径、截面积、孔长等特征尺寸决定了熔体在喷丝孔中的流变行为，显然采用当量异形度作为纤维（喷丝孔）的异形度指标较为合理。为了更好地比较各种异形喷丝孔（纤维）偏离圆形的程度，定义当量异形度为

$$B_e=\left(1-\frac{D_e}{D}\right)\times 100\% \tag{3-15}$$

式中，B_e 为当量异形度；D_e 为喷丝孔的当量直径；D 为喷丝孔的外接圆直径。

由式(3-15)可知，若圆形喷丝孔的当量异形度为零，即圆形喷丝孔的当量直径就是其本身的直径；但当中心对称的喷丝孔截面积很小而外接圆直径很大时，其当量异形度将趋近于100%。

关联式(3-12)和式(3-15)可知，当量异形度由喷丝孔的截面积、异型孔几何形状周边总长和外接圆直径三个独立的参数决定，能较好地反映异形喷丝孔的特点。

3）中空纤维成形指标——中空度

中间相沥青中空纤维的纺制采用C形和⌒形孔喷丝板，其纤维的成形指标通常用中空度表示。

中空度定义为

$$h=\frac{\frac{1}{4}\pi d_h^2}{\frac{1}{4}\pi D_h^2}\times 100\% \tag{3-16}$$

式中，h 为中空度；d_h 为中空纤维内径；D_h 为中空纤维外径。

中空纤维当量异形度和中空度之间的关系为

$$D_e=\frac{4A}{S}=\frac{\pi(D_h^2-d_h^2)}{\pi(D_h+d_h)}=D_h-d_h$$

$$B_e=1-\frac{D_e}{D_h}=\frac{D_h-(D_h-d_h)}{D_h}=\frac{d_h}{D_h}$$

$$h=\frac{\frac{1}{4}\pi d_h^2}{\frac{1}{4}\pi D_h^2}=\frac{d_h^2}{D_h^2}=B_e^2 \tag{3-17}$$

2. 异形单孔喷丝板的设计

根据所制纺丝中间相沥青(催化裂化渣油系中间相沥青和萘系中间相沥青)的性质,参考有关文献[79,82-85],设计出五种单孔喷丝板。

表 3-8 列出了五种喷丝板孔形的特征尺寸,喷丝板的结构与孔形如图 3-26 所示。图 3-26 中所设计的喷丝板委托常州纺兴精密机械有限公司加工制造,技术标准为精密级。

表 3-8　喷丝板孔形的特征尺寸[56]

喷丝板孔形	喷丝孔截面积 A/mm^2	当量直径 D_e/mm	长径比 L/D_e
圆形	0.071	0.300	3.00
C 形	0.208	0.191	2.62
⌒形	0.238	0.234	2.56
条形	0.105	0.217	2.76
Y 形	0.150	0.270	2.78

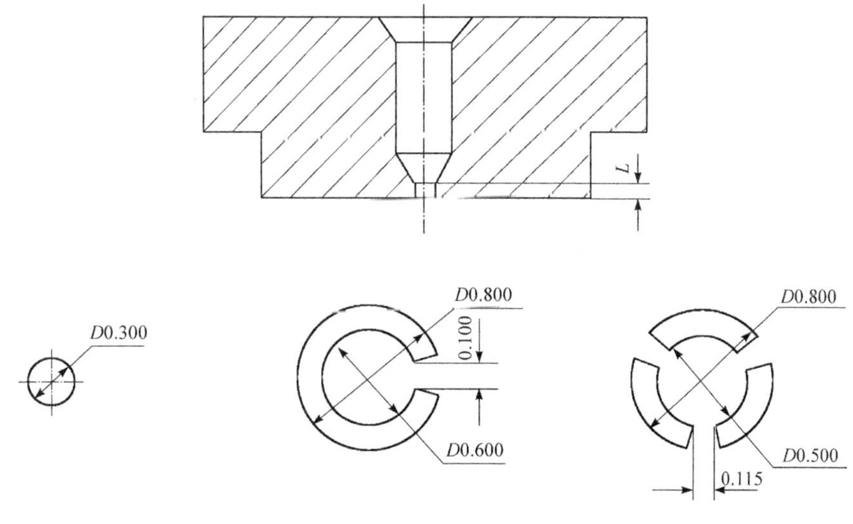

$L=0.900$　(a) 圆形喷丝孔　$L=0.600$　(b) C形喷丝孔　$L=0.500$　(c) ⌒形喷丝孔

$L = 0.600$　　　　$L = 0.750$

(d) Y形喷丝孔　　　　(e) 条形喷丝孔

图 3-26　单孔喷丝板的结构与孔形(单位:mm)[56]

表 3-8 中数据显示,所有异形喷丝孔的截面积 A 均大于圆形喷丝孔,而其当量直径却全部较小于圆形喷丝孔。显然,用异形喷丝板纺丝能使片状中间相沥青分子受到更好的剪切作用,进而获得更好的取向度。喷丝孔的当量直径 D_e 越小,纺丝时中间相沥青熔体在喷丝孔中受到的剪切越强,所纺制纤维的取向度越高。

喷丝孔长径比 L/D_e 的大小影响沥青熔体在出口处的膨胀比[86],长径比大时,有助于分子弹性形变的松弛,从而减轻出口处的膨胀。但因长径比的选择受到喷丝板加工技术的制约[82],所以所选各喷丝板孔形的长径比接近,在 2.56～3.00。

五种单孔喷丝板孔形的当量异形度列入表 3-9。

表 3-9　异形喷丝孔的当量异形度[56]

喷丝板孔形	圆形	C 形	⌒形	条形	Y 形
当量异形度 B_e/%	0	76.1	70.8	75.9	63.5

从表 3-9 得知,五种异形喷丝板的当量异形度大小排序为:C 形＞条形＞⌒形＞Y 形＞圆形。

利用 C 形和⌒形喷丝孔的当量异形度,分别通过式(3-16)计算可得到各自的中空度,即

C 形喷丝孔中空度:$h=57\%$;

⌒形喷丝孔中空度:$h=50.1\%$。

3.3.4　中间相沥青纤维的纺制及其表征

1. 异形中间相沥青纤维的纺制特点

根据制备的催化裂化渣油系和萘系两种可纺中间相沥青(表 3-5)的流变特性[59,75,87,88]分别制定了各自的纺丝条件(表 3-10)。

表 3-10　中间相沥青纤维的纺丝条件[56]

中间相沥青	纺丝条件	保温套电压	喷丝孔形状	纺丝速度 v/(m/s)	最大拉伸比
催化裂化渣油系	337℃ 0.6MPa	160V	圆形	6.80	187
			Y 形	9.07	292
			条形	10.20	352
			C 形	5.67	473
萘系	291℃ 0.7MPa	120V	圆形	3.40	124
			条形	5.10	234
			◠形	4.53	346

采用自行设计的单孔喷丝板，利用氮压式纺丝装置进行熔融纺丝，纺出了连续、均匀的沥青细丝(图 3-27)。

需要说明的是：①用 Y 形喷丝板对萘系中间相沥青进行熔融纺丝时，由于纺出的 Y 形纤维太粗，不能缠绕在卷丝筒上，所以未能得到连续的长丝；②用 C 形和◠形喷丝板纺丝时，纺丝速度的快慢和最大拉伸比高低的排序与其他几种喷丝板规律的不一致，在一定程度上反映出了中空纤维纺制工艺的难度。

关联表 3-10 和图 3-27 可以得出：

(1) 纺丝条件与喷丝孔长径比的关系。

在纺制催化裂化渣油系(或萘系)中间相沥青异形纤维和圆形纤维的过程中采用了同一的纺丝条件(纺丝温度、纺丝压力和保温套电压)，这是由于所用各种喷丝孔具有相近的长径比(表 3-8)，对于同一沥青熔体，在相同的纺丝条件下，无疑具有相近的流变性能，即拥有相似的纺丝稳定性。

(2) 纺丝速度和最大拉伸比与喷丝孔的形状的关系。

虽然同种中间相沥青纺制异形纤维和圆形纤维采用的是同一纺丝条件，但对于不同孔形的喷丝板，纺丝速度和最大拉伸比有很大的差异，其中催化裂化渣油系中间相沥青纺丝速度大小的排序：条形>Y 形>圆形>C 形；最大拉伸比高低的排序：C 形>条形>Y 形>圆形。萘系中间相沥青的纺丝速度大小的排序：条形>◠形>圆形；最大拉伸比高低的排序：◠形>条形>圆形。

(3) 纺丝速度和最大拉伸比与喷丝孔的当量直径和当量异形度的关系。

比较两种系列中间相沥青采用各种喷丝板时的纺丝速度和最大拉伸比，除 C 形和◠形喷丝板外，其余三种喷丝板的纺丝速度快慢和最大拉伸比的高低排序一致，均与其喷丝孔本身的当量直径和当量异形度相关，即随着喷丝孔当量直径的增加($D_{e(条形)}<D_{e(Y形)}<D_{e(圆形)}$)或当量异形度的减小($B_{e(条形)}>B_{e(Y形)}>B_{e(圆形)}$)(表 3-9)，纺丝速度和最大拉伸比逐渐降低(条形>Y 形>圆形)。

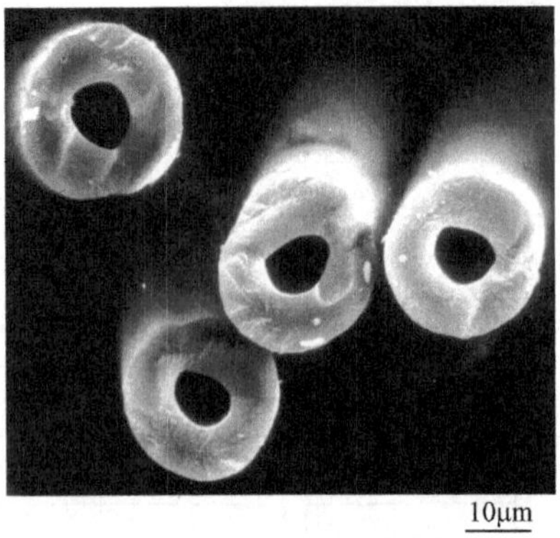

(a) 中空

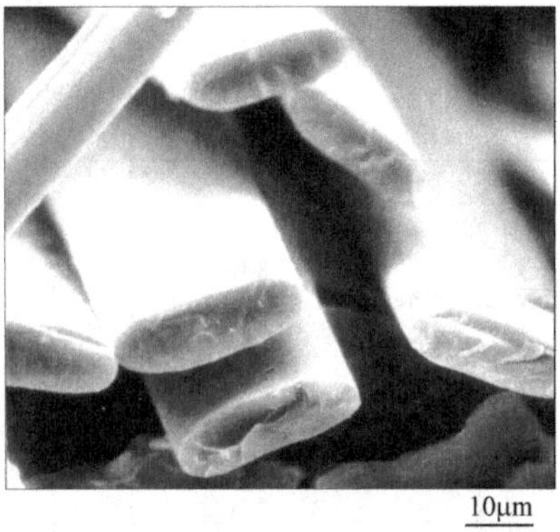

(b) 条形

(c)Y形

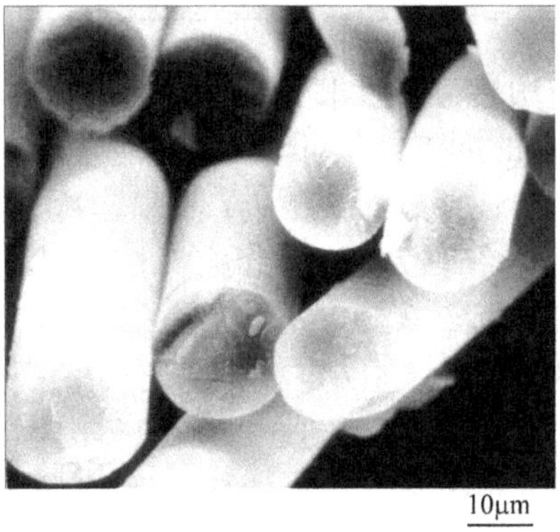

(d) 圆形

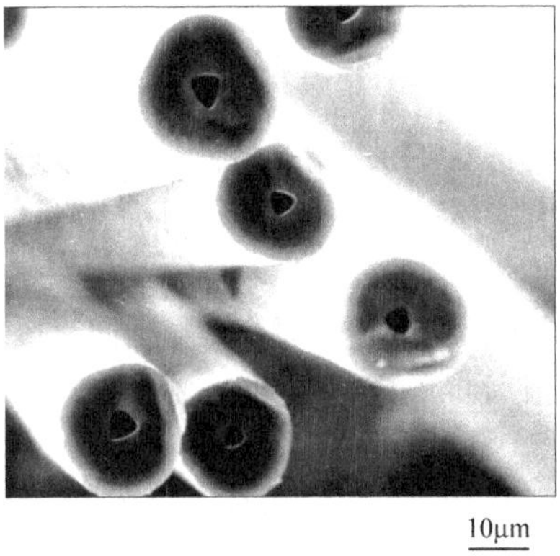

(e) 中空

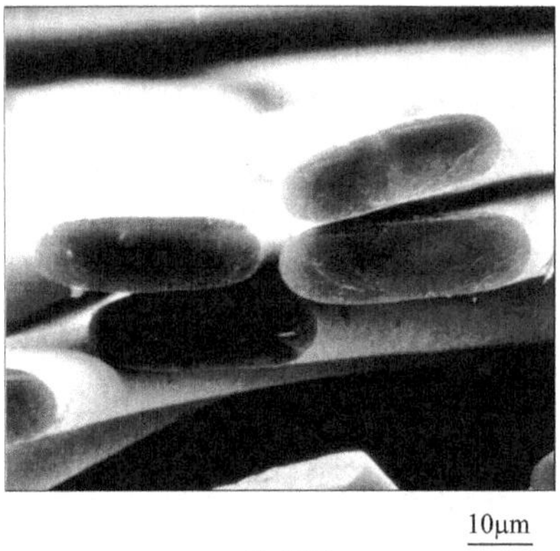

(f) 条形

图 3-27　中间相沥青圆形和异形纤维的形貌[56]

催化裂化渣油系中间相沥青纤维：(a)～(d)；萘系中间相沥青纤维：(e)、(f)

还可以发现，催化裂化渣油系中间相沥青纺制中空纤维采用C形喷丝板，而萘系中间相沥青却采用◠形喷丝板。这表明，在中间相沥青中空纤维的纺制中，喷丝孔的构形还与中间相沥青的性能相关，再次说明了中空纤维纺制工艺的难度与复杂。

2. 中间相沥青中空纤维的纺制

由表3-10可知，对于中间相沥青中空纤维纺制，不仅需要选择适宜的纺丝条件，而且要选择合适的孔形的喷丝板，显然在异形中间相沥青纤维纺制中，中空纤维的纺制难度最大。因此，中间相沥青中空纤维纺制是异形中间相沥青纤维纺制的研究重点。

基于喷丝孔的结构和沥青熔体的Barus效应，解析C形和◠形喷丝板在纺制中间相沥青中空纤维过程中纤维截面的成形过程，就可得出：喷丝孔的结构对纤维的形状起着重要的作用，当具有黏弹性的沥青熔体被挤拉通过狭缝形喷丝板时，体积膨胀，只要熔体能够黏合封闭，就能获得中空纤维。

实验发现，催化裂化渣油系中间相沥青在337℃-0.6MPa的纺丝条件下，利用C形喷丝板，可纺制出中空腔闭合良好、中空度(10.2%)大小合适(表3-11)、丝径均匀、外径较小、形状比较理想的中空纤维[图3-27(a)]；为了获得更大的中空度，把纺丝温度降低5℃至332℃，压力仍为0.6MPa，结果纺制出的纤维中空腔闭合程度很差[图3-28(a)]。这是由于催化裂化渣油系中间相沥青的表观黏度较大(84.1Pa·s)，而模口膨胀比较小(1.3，见表3-5)，在纺丝条件下，利用C形喷丝板纺丝，沥青熔体细流(丝条)固化前可以完全黏合(闭合)，形成良好的中空腔。如降低纺丝温度，则由于熔体的黏度增加，模口膨胀比变得更小，导致熔体不能够完全黏合封闭。

表3-11　中间相沥青纤维的基本性能[89]

中间相沥青纤维	纤维形状	截面积 $A/\mu m^2$	当量直径 $D_e/\mu m$	当量异形度 $B_e/\%$	中空度 $h/\%$
催化裂化渣油系	圆形	380	22.0	0.0	
	Y形	513	22.3	30.9	
	条形	298	15.8	50.5	
	中空	440	17.0	32.0	10.2
萘系	圆形	572	27.0	0.0	
	条形	449	19.2	48.0	
	中空	687	25.0	16.7	2.8

催化裂化渣油系中间相沥青在 337℃-0.6MPa 的纺丝条件下，改用◠形喷丝板，只能纺出三股弧状纤维。为了使熔体中空腔能够黏合封闭，将纺丝温度提高 5℃至 342℃，压力不变，但纤维的中空腔闭合仍不理想，获得了 C 形纤维[图 3-28(b)]。其原因在于◠形喷丝板的间隙较大，熔体在固化前不能黏合形成中空腔，即使纺丝温度提高 5℃，熔体的表观黏度仍较大，模口膨胀还是比较小，仍不足以使熔体完全黏合封闭。若继续提高纺丝温度就会可能影响到纺丝的连续性与稳定性，亦即，中间相沥青分子在纺丝温度下发生裂解反应产生轻组分气体，当轻组分气体从熔体中逸出时就会产生拉伸断裂和熔体破坏。

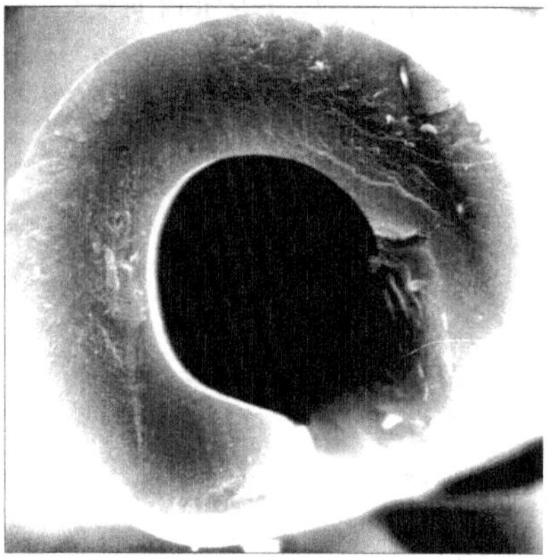

(a) 332℃-0.6MPa,C形喷丝板

(b) 342℃-0.6MPa,◠形喷丝板

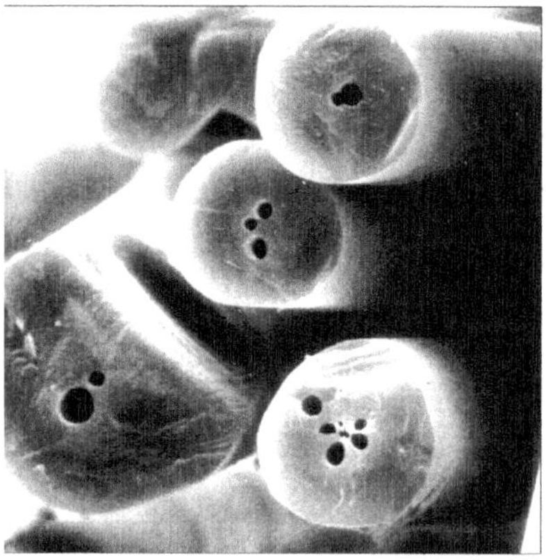

(c) 296℃-0.7MPa,◠形喷丝板

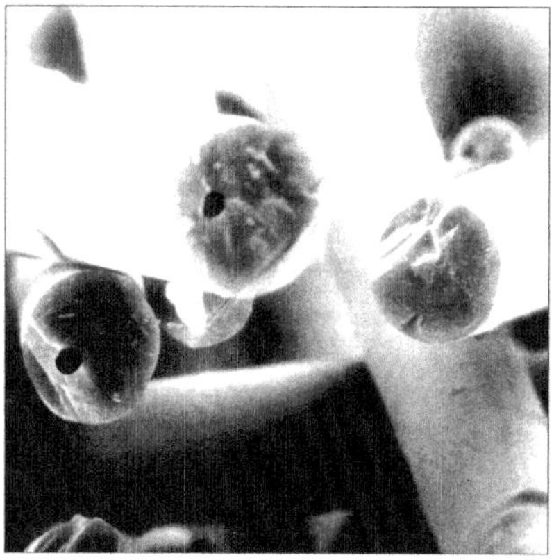

(d) 291℃-0.7MPa,C形喷丝板

图 3-28 非正常纺丝所获中间相沥青纤维的形貌[56]

催化裂化渣油系中间相沥青纤维：(a)、(b)；萘系中间相沥青纤维：(c)、(d)

与催化裂化渣油系中间相沥青相比，萘系中间相沥青的表观黏度低(32.9Pa · s)，而模口膨胀比较大(1.6，见表 3-5)，在 291℃-0.7MPa 的纺丝条件下，利用⌒形喷丝板，可纺制出丝径均匀、连续性很好的长丝，但丝的中空度(2.8%)较小(表 3-11)，且孔形呈现出三角形状，如图 3-27(e)所示。如将纺丝温度提高 5℃至 296℃，纺丝压力仍为 0.7MPa，则会因熔体黏度的降低，导致流速增加(纺丝速度加快)，结果所获纤维未能形成稳定的中空结构，只是形成了几个破碎的小孔[图 3-28(c)]。

萘系中间相沥青在 291℃-0.7MPa 的纺丝条件下，采用 C 形喷丝板，只能获得实心纤维或偏心中空纤维，这是因其较大的膨胀比和较小的黏度，使丝条固化前无法形成中空腔或使形成的中空腔发生偏移[图 3-28(d)]。将纺丝温度降低 5℃至 286℃，压力不变，可得到 C 形纤维，但因纤维粗而脆，无法在卷丝筒上缠绕，说明纺丝温度降低后，熔体黏度增加幅度过大，模口膨胀比又太低。

研究表明[18]，决定中间相沥青纤维中空度的主要因素是沥青熔体的表面张力(模口膨胀比)和黏度，即表面张力引起表面曲率的均化，使中空纤维内圆趋于闭合，黏度的作用则反抗表面张力。催化裂化渣油系中间相沥青的黏度较大，利用阻力小的 C 形喷丝板纺出的纤维中空度较大；而利用阻力较大的⌒形喷丝板就会发生开叉现象，可理解为中空度过大所致。对于萘系中间相沥青恰恰相反，黏度小，利用阻力较大的⌒形喷丝板纺出的纤维中空度已经很小，用阻力小的 C 形喷丝板自然纺不出中空纤维。因此，对于不同性能的中间相沥青纺制中空纤维时，必须选用合适的喷丝板孔形。

3. 异形中间相沥青纤维的当量异形度

催化裂化渣油系和萘系两种中间相沥青在各自的纺丝条件下(表 3-10)，采用不同孔形的喷丝板经熔融纺丝获得中间相沥青纤维的基本性能见表 3-11。

表 3-11 中，纤维的截面尺寸利用 XP-3A 型显微镜放大 500 倍进行读数，描绘出纤维的图形，并参考其 SEM 照片(图 3-27)，计算出纤维的截面积和异形度，取 20 根纤维的平均值作为其标准值。

1) 纤维的当量异形度的变化特点

纺制异形沥青纤维，希望得到截面积小、当量异形度大的纤维。这样的纤维所含缺陷少、分子取向度高，不熔化和炭化处理比较容易，所制炭纤维的力学性能高。

从表 3-11 可以看出，催化裂化渣油系中间相沥青纤维的当量异形度从大到小的排序为：$B_{\text{e(条形)}}$(50.5)>$B_{\text{e(中空)}}$(32.0)>$B_{\text{e(Y形)}}$(30.9)>$B_{\text{e(圆形)}}$(0.0)；萘系中间相沥青纤维的当量异形度从大到小的排序为：$B_{\text{e(条形)}}$(48.0)>$B_{\text{e(中空)}}$(16.7)>$B_{\text{e(圆形)}}$(0.0)。

由表 3-9 可知，各种喷丝板的当量异形度从大到小的排序为：$B_{\text{e(C形)}}$(76.1)>

$B_{e(\text{条形})}(75.9)>B_{e(\text{⌒形})}(70.8)>B_{e(\text{Y形})}(63.5)>B_{e(\text{圆形})}(0.0)$。

关联催化裂化渣油系和萘系中间相沥青纤维的当量异形度和相应喷丝孔(表 3-10)的当量异形度,即可发现:

(1) 两种系列中间相沥青异形纤维的当量异形度均小于相应喷丝孔的当量异形度;对同一形状的异形纤维,催化裂化渣油系中间相沥青纤维的异形度大于萘系中间相沥青纤维的异形度。这是沥青熔体的表面张力和 Barus 效应协同作用的结果。

(2) 中间相沥青异形纤维的当量直径越小,其当量异形度越大。例如,催化裂化渣油系中间相沥青纤维的当量直径从大到小的排序为 $D_{e(\text{Y形})}(22.3)>D_{e(\text{中空})}(17.0)>D_{e(\text{条形})}(15.8)$,当量异形度从小到大的排序却为 $B_{e(\text{Y形})}(30.9)<B_{e(\text{中空})}(32.0)<B_{e(\text{条形})}(50.5)$。萘系中间相沥青纤维也呈现相同的规律。纤维的当量直径小,单位体积纤维具有较大的表面积,因而沥青熔体的冷却固化快,形成纤维的当量异形度就大。

(3) 中间相沥青纤维的当量异形度和可纺中间相沥青的性质有关。当催化裂化渣油系和萘系中间相沥青用同一款形喷丝板纺丝时,前者纺制纤维的当量直径小于后者,而当量异形度却大于后者。例如,采用条形喷丝板时,$D_{e(\text{渣油系})}(15.8)<D_{e(\text{萘系})}(19.2)$,$B_{e(\text{渣油系})}(50.5)>B_{e(\text{萘系})}(48.0)$。这是由于催化裂化渣油系中间相沥青纺丝液的黏度较萘系大,而 Barus 效应却比萘系较小。

(4) 中间相沥青纤维的当量异形度与纤维形态有关。分别比较催化裂化渣油系和萘系中间相沥青纺出条形和中空纤维的当量异形度,催化裂化渣油系:$B_{e(\text{中空})}(32.0)<B_{e(\text{条形})}(50.5)$,萘系:$B_{e(\text{中空})}(16.7)<B_{e(\text{条形})}(48.0)$,两种系列中间相沥青中空纤维的异形度均小于条形纤维。这是由于中空熔体表面曲率大,芯部向外传热慢,熔体固化慢,因而表面张力作用效果大,所以形成的纤维异形度较小。

2) 影响纤维当量异形度的因素

纤维的当量异形度与纺丝中间相沥青的性质、纺丝温度、冷却条件、纺丝速度及喷丝板结构等因素有关。

实验表明,熔融沥青从喷丝孔挤出到固化的过程,纤维的异形度不断减小。例如,C 形喷孔板的异形度为 76.1%,用其纺制的催化裂化渣油系中间相沥青纤维的异形度只有 32.0%。

基于纤维异形度的关键因素是沥青熔体的表面张力和黏度角度,可以认为,中间相沥青熔体从喷丝孔挤出后,表面张力驱使熔体细流表面曲率平均化,以致纤维异形度逐渐降低,趋向于比表面积最小的圆形稳定状态发展;而熔体的黏度却阻碍表面张力的这种作用,若在表面曲率还未完全平均化情况下,熔体固化,就能形成异形纤维。中间相沥青中空纤维的成形过程(图 3-14)就是由于沥青熔体表面张力的作用使中空腔趋于闭合，以致异形度减小。

在中间相沥青异形纤维的纺制过程中，沥青熔体的冷却速度对纤维的异形度有直接的影响。沥青熔体的冷却固化速度快，表面张力作用时间短，黏度增大迅速，形成的中间相沥青纤维异形度就大。但冷却过快，会造成中间相沥青中空纤维的闭合不良；或导致中间相沥青熔体的细化不充分，使之形成的纤维较粗，不能缠绕在卷丝筒上。因此，熔融沥青从喷丝孔挤出到固化阶段冷却速度的控制，对纺制高质量的沥青纤维也非常重要。

从式(3-13)和式(3-14)可知，当喷丝板和纺丝温度确定后，喷丝孔中的压力降 Δp 与熔体的体积流量 Q 和剪切速率 γ 成正比。加大纺丝压力，Δp 增大，熔体的剪切速率 γ 上升，表观黏度 η 却因剪切变稀行为而下降，熔体的体积流量 Q 随之增大。熔体流量增大后，可以提高纺丝速度，使熔体细流快速通过保温套冷却固化，有利于纤维保持较大的异形度。但因熔体的剪切速率有极限值[90]，若超过临界剪切速率，将会发生熔体破裂[91]。实验发现，利用 Y 形喷丝板纺制纤维，在纺丝压力过高时，沥青熔体从孔口挤出后扭曲变形，不能形成纤维。显然，在中间相沥青异形纤维的纺制过程中，纺丝压力的调控也是影响纤维异形度的重要因素之一。

喷丝孔的结构同样影响纤维的异形度。一般来说，喷丝孔的异形度大、当量直径小、长径比大时，纺制出的纤维异形度大、当量直径小。另外，熔体细流结构也将影响纤维的异形度。

4. 异形中间相沥青纤维的分子取向度

1）纤维分子取向度测定法

圆形和异形沥青纤维的分子取向度，在日本理学 D/max-rA 型 X 射线衍射仪 FS-3 型纤维附件上测定，光源为 CuKα 射线，点狭缝，满标为 800CPS，管电压为 40kV，管电流为 150mA。

纤维分子取向度 α 用下列公式计算[92]：

$$\alpha=\frac{180^\circ-\Delta\varphi}{180^\circ}\times 100\% \tag{3-18}$$

式中，$\Delta\varphi$ 为衍射强度分布线的半高宽。

2）中间相沥青纤维的分子取向度

具有较高取向度的中间相沥青纤维，在炭化处理时，容易形成类石墨微晶结构，获得较高的模量和强度[93,94]。

四种催化裂化渣油系异形中间相沥青纤维的分子取向度列于表 3-12。

表 3-12　催化裂化渣油系中间相沥青纤维的分子取向度[56]

纤维形状	圆形	Y 形	条形	中空
纤维的分子取向度 α/%	79.8	81.3	81.8	82.4

从表 3-12 看出，各种中间相沥青异形纤维的取向度均大于圆形纤维，其大小排序为 $\alpha_{(中空)} > \alpha_{(条形)} > \alpha_{(Y形)} > \alpha_{(圆形)}$。

3）纤维分子的取向度及其影响因素

当原料中间相沥青的性质一定时，纤维的取向度与喷丝孔结构[1]及卷丝筒的牵伸[95]有关。其原因在于：①在一定的压力下，熔融状中间相沥青在经过喷丝孔的过程中会受到挤压剪切力的作用，以使中间相沥青分子沿平行于喷丝孔轴的方向发生一定的择优取向；亦即，纤维的基本微观结构是在喷丝孔中形成的，纤维的取向度主要由喷丝孔结构所决定。②在熔融状中间相沥青被挤出喷丝孔同时，在收丝（卷丝）筒的引力作用下进行牵（拉）伸细化，进一步使得纤维状的中间相沥青（中间相沥青纤维）分子取向排列方向平行于纤维轴，这里纤维的拉伸比越大越有利于其分子取向。

从表 3-8 可知，纺丝所用各种异形喷丝板的长径比相差不大，因而可以认为，纤维的取向度与喷丝孔的当量直径和拉伸比相关。

以催化裂化渣油系异形中间相沥青纤维为例，纤维的分子取向度、喷丝孔当量直径和最大拉伸比的对应值列于表 3-13。

表 3-13　中间相沥青纤维的分子取向度、喷丝孔当量直径和最大拉伸比[56]

纤维形状	圆形	Y 形	条形	中空
纤维的分子取向度 α/%	79.8	81.3	81.8	82.4
喷丝孔的当量直径 D_e/mm	0.300	0.270	0.217	0.191*
最大拉伸比	187	292	352	473

* C 形喷丝孔。

从表 3-13 中数据可以看出：①喷丝孔的当量直径越小，纤维取向度越高。由于喷丝孔当量直径小时，单位体积的纺丝熔体受到的剪切面积大，所以具有较高的取向度。②纤维的分子取向角随拉伸比的增加而增加；在纺制异形纤维时，精确控制纺丝温度和拉伸温度的差值，使拉伸在高拉伸比的温度（黏度）区域中进行（图 3-25），有利于纤维取向度的提高。

5. 中间相沥青纤维截面的微观结构

Edie 等[96]认为炭纤维截面的微观结构是由熔纺过程中沥青熔（流）体的流型决定的。松本光昭[12]把纺丝中的喷丝板冷却下来，发现纤维的断面结构已在喷丝板上部形成，通过搅拌喷丝板上端附近的沥青，可制造出非辐射结构的沥青纤维。Yamada 等[97]认为随纺丝温度的降低，纤维的内部结构由洋葱皮结构转变为乱层结构再转变为辐射结构，最后到带有劈裂的径向辐射型。Lafdi 等[98,99]发现随纺丝温度的降低，纤维由洋葱皮结构转变为辐射结构。White 等[100]则认为高黏度不利于辐射结构的形成。吕永根等[101]研究表明，高温和低温纺丝均可出现带劈裂的径向辐射型结构；认为纺丝温度不是纤维截面结构的决定因素，中间相沥青纤维的截面结构是原料性能、纺丝温度、剪切速率和沥青流动状况综合作用的结果。

1）圆形中间相沥青纤维

Edie[102]将圆形截面结构中间相沥青纤维归纳为五种类型：辐射结构、洋葱皮结构、乱层结构、叠层结构和放射型折叠结构，各自相应的结构模型如图 3-29 所示。

辐射结构　洋葱皮结构　乱层结构　叠层结构　放射型折叠结构

图 3-29　圆形中间相沥青纤维截面结构模型[56]

在圆形中间相沥青纤维的截面结构中，最易形成的是辐射结构，这种结构的中间相沥青纤维在不熔化与高温炭化时，容易形成沿轴向的劈裂（图 3-30），使炭纤维的力学性能下降。Endo[103]认为，放射型折叠结构的炭纤维不易开裂，具有较高的强度和较大的断裂伸长率。

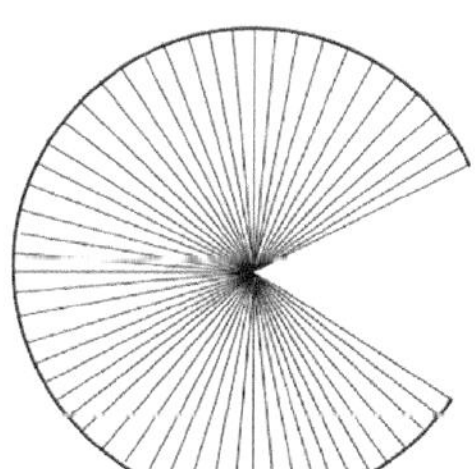

图 3-30　沿轴向劈裂的辐射状圆形中间相沥青炭纤维截面结构模型[23]

2）异形中间相沥青纤维

几种典型异形中间相沥青纤维（Y 形、条形和中空）的结构模型如图 3-31 所示。

由图 3-31 可以看出，Y 形和中空中间相沥青纤维的结构特征为，壁表面处为垂直于表面的排列规整的微晶，而在纤维芯部为无序结构。这是由于 Y 形和中空纤维在熔纺过程中靠近喷丝孔壁面处，中间相沥青流体所受的剪切力大，以使中间相沥青分子易在垂直于孔壁截面处形成规整排列；而在喷丝孔芯部，则因沥青熔（流）体所受的剪切力小，中间相沥青分子排布不及壁面处规整，以致形成无序的乱层结构。这里中空纤维内外壁处的缺陷，是指利用 C 形喷丝板纺丝时，丝条（沥青熔体细流）狭缝的黏合（闭合）部位。由于丝条狭缝的黏合依赖于沥青熔体的 Barus 效应，而丝条本身又在表面自由

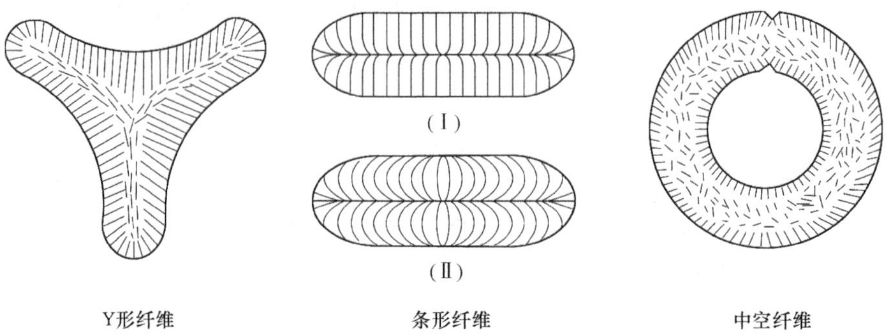

图 3-31 Y 形、条形和中空中间相沥青纤维截面结构模型[20,23]

能的作用下呈弧状,二者协同作用的结果形成了中空纤维内外壁狭缝的黏合缺陷。

条形中间相沥青纤维是一种容易成形的异形纤维。研究表明[22],沥青纤维的长宽比小于喷丝孔的长宽比。例如,催化裂化渣油系条形中间相沥青纤维的长宽比为 3.9,小于喷丝孔的长宽比 7.5。这是因为沥青流体挤出喷丝孔后,表面张力的作用使之趋向圆形细流。根据流变学原理,条形喷丝孔当量直径小,边壁面积较大,能够充分剪切沥青,使纺制的沥青纤维具有较高的分子取向度,形成以平行于长边的中心线为起点向两边辐射的条纹截面结构。研究发现[23],中间相沥青前驱体不同,纺制的条形中间相沥青纤维截面略有差异,如催化裂化渣油系中间相沥青纺制的条形中间相沥青纤维截面呈现模型(Ⅰ)结构,而萘系中间相沥青纺制的条形中间相沥青纤维截面呈现模型(Ⅱ)结构。这可能是由于催化裂化渣油系中间相沥青分子呈现盘状结构,而萘系中间相沥青分子为棒状结构,这两种沥青分子结构的差异导致二者在熔融纺丝过程中具有不同的流变性质,从而造成两种纤维结构的差异。这两种条纹截面结构的沥青纤维在不熔化与高温炭化时容易形成类石墨层状结构,且一般不会出现劈裂,因而力学性能较高。

实验发现[19,21],利用 Y 形喷丝板纺制中间相沥青纤维,随着纺丝温度升高,Y 形中间相沥青纤维的异形度下降。当纺丝压力过高时,中间相沥青熔体从喷丝孔挤出后扭曲变形,不能形成纤维。

Fortin 等[61]以甲基萘系中间相沥青为原料,利用 Y 形和条形喷丝板纺丝,在较低温度下纺制出了 Y 形和条形纤维,但当纺丝温度提高 20℃左右时,纺制出的却是圆形纤维,其外层呈洋葱皮形结构、芯部呈乱层结构,表明纺丝温度对异形纤维的形状和结构影响很大。

6. 中间相沥青纤维截面结构成因分析

依据液相炭化理论,中间相沥青是一种由盘状分子构成的向列相液晶,刚性大,不易变形,类似大堆硬币堆垛而成,如图 3-32 所示[8]。

假设中间相沥青分子严格符合向列相的对称性，就可以利用液晶流体动力学[104-106]的研究成果，结合盘状液晶分子受力的特点，根据不同构型的喷丝孔以及纺丝温度，预测其纤维断面结构的排布取向规律。

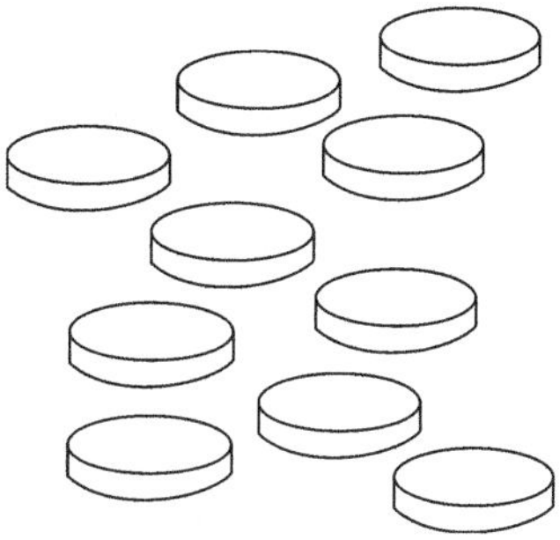

图 3-32　盘状向列相液晶[56]

1）喷丝孔构型对纤维截面结构的影响

（1）圆形喷丝孔。

中间相沥青熔体进入喷丝孔后，流经入口区、全展区（又称充分发展的流动区）及出口区。对于牛顿流体有经验公式[104]：

$$L_e = 0.05DR_e \tag{3-19}$$

式中，L_e 为入口区长度；D 为喷丝孔孔径；R_e 为雷诺准数。

由式(3-19)可知，当 R_e 很小时，L_e 也很小。

中间相沥青熔体属非牛顿流体，纺丝时 R_e 很小，当喷丝孔长径比 $L/D>1$ 时，可以认为流体进入全展区[104]，出口区一般很短，这里忽略其影响。实验中，取圆形毛细孔的长径比 $L/D=3$，重点研究沥青熔体进入全展区后的流动和受力特点。

为了简化处理，作出如下假设：

① 中间相沥青熔体流动服从非牛顿流动的幂律，即

$$\tau = K\gamma^n \tag{3-20}$$

式中，τ 为剪切应力；K 为稠度指数；γ 为剪切速率。

② 流动是稳态层流，即速度分布只随空间而变，不随时间变化。由于熔体的黏度大，R_e 小，可以认为是层流。

③ 流动为全展流，即轴向压力梯度为常数，轴向速度梯度为零。

④ 中间相沥青熔体为不可压缩流体，密度不变；流动为等温过程。

可以推导出中间相沥青熔体在圆形喷丝孔中的径向速度分布和剪切应力分布服从以下关系式[46]：

$$\frac{v}{v_{\max}} = 1 - \left(\frac{r}{R_c}\right)^{\frac{n+1}{n}} \tag{3-21}$$

$$\frac{\tau}{\tau_{\max}} = \frac{r}{R_c} \tag{3-22}$$

式中，$v_{\max}$ 为沥青熔体最大流速，位于喷丝孔道中心；$\tau_{\max}$ 为最大剪切应力，位于孔壁面处；R_c 为喷丝孔半径；r 为质点距喷丝孔中心的距离；n 值取自经验参数，基于中间相沥青呈剪切变稀的非牛顿流变行为，n 值小于 1，而对于可纺性较好的中间相沥青介于 0.66～0.83[107,108]。

取 $n=0.75$，计算出的中间相沥青的熔体速度分布和剪切应力分布如图 3-33 所示。

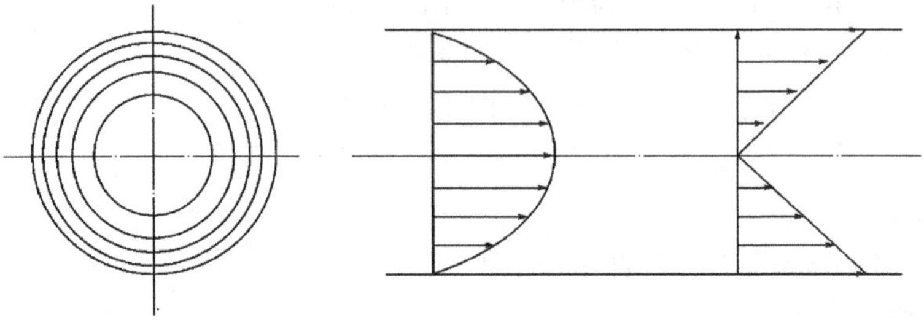

图 3-33　中间相沥青熔体在圆形喷丝孔中的流动速度和剪切应力的分布曲线

从图 3-33 可以看到,中间相沥青熔体在圆形喷丝孔中的流动速度分布呈抛物线形,在喷丝孔(管)中心处流速最快,孔壁处流速为零;与之相反,沥青熔体在孔壁处的速度梯度和受到的剪切应力最大,越靠近喷丝孔(管)中心,速度梯度和剪切应力越小。中间相沥青熔体的等速度线在靠近管壁处较密,而在喷丝孔(管)中心附近显得稀疏。

可以推测,中间相沥青盘状液晶分子在圆形喷丝孔中流动时,在剪切力的作用下,平行于流动方向排列。当中间相沥青盘状分子圆形平面平行于喷丝孔壁面流动时,由于盘状分子的两个圆形平面受到的轴向剪切力大小不同,存在力矩,从而促使分子翻转[图 3-34(a)]。当中间相沥青盘状分子的圆形表面垂直于喷丝孔壁面排列时,又因受到轴向剪切力的作用,产生力矩驱使盘状分子旋转[图 3-34(b)]。显然,中间相沥青盘状液晶分子在压力的作用下流动时,翻转运动受到的阻力较旋转运动较大,因此可以认为,中间相沥青分子在圆形喷丝孔中流动状况倾向于图 3-34(b)所示排列情况流动。

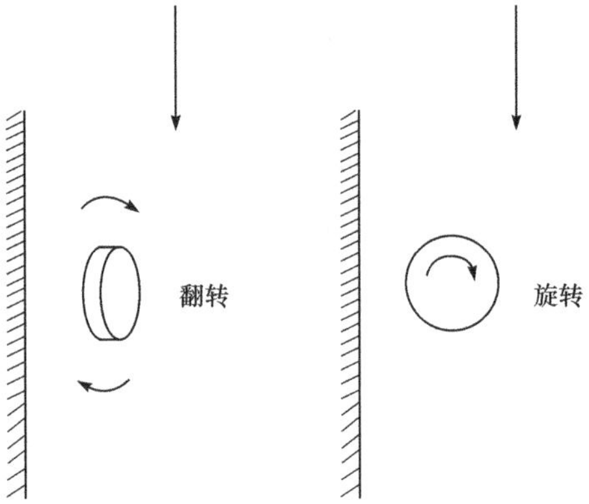

图 3-34　盘状液晶分子在喷丝孔中的受力情况[63]

解析中间相沥青熔体在圆形喷丝孔中的流变性能及其盘状分子的受力情况得知：当 $L/D>1$ 时，中间相沥青熔体流动可以进入全展区，分子垂直于等流速线排布的趋势得到加强，容易形成辐射状结构的中间相沥青纤维。可以推测，当 $L/D<1$ 时，由于中间相沥青熔体流动受入口区的影响，没有经过全展区，熔体容易形成乱层结构的纤维。显然，喷丝孔的长径比在一定程度上可以控制纤维的截面结构，Matsumoto 等[109]的研究结果也佐证了这一点。

(2) 异形喷丝孔。

由于中间相沥青熔体为非牛顿流体，在异形喷丝孔中的流动行为不易计算，所以其流变性能往往参照中间相沥青熔体在圆形喷丝孔中的流变性能原理进行推断。通常认为：靠近喷丝孔壁面处，中间相沥青熔体的流速慢，但是速度梯度大，中间相沥青流体所受的剪切力大，使得中间相沥青分子易在垂直于孔壁截面形成规整排列；在异形喷丝孔芯部，由于流速较快，剪切力小，中间相沥青分子排布不及壁面处规整，容易形成无序的乱层结构。依据该推断，Y 形纤维的截面结构应为，在壁表面处为垂直于表面的排列规整的微晶，而在纤维芯部为无序结构。

对于条形喷丝孔，因其当量直径小，边壁面积较大，能够充分剪切沥青，以使纺出的条形纤维形成以平行于长边的中心线为起点向两边辐射的条纹截面结构。

当采用 C 形孔喷丝板时，中间相沥青熔体在 C 形喷丝孔中的流动，可以近似看作在环形管中的流动。根据液晶流变方程[104]，当中间相沥青熔体在全展区流动时，可推导出流速最大位置的直径 D_{max} 为

$$D_{max}=\sqrt{\frac{D_h^2-d_h^2}{2\ln\left(\frac{D_h}{d_h}\right)}} \tag{3-23}$$

式中，D_h 为环形管（中空喷丝孔）外径；d_h 为环形管（中空喷丝孔）内径。

因 $D_h/d_h>1$，所以有

$$\ln\left(\frac{D_h}{d_h}\right)>\frac{D_h}{d_h}-1>\frac{D_h-d_h}{\frac{1}{2}(D_h+d_h)}$$

即

$$\frac{2}{\ln\left(\frac{D_h}{d_h}\right)}<\frac{D_h+d_h}{D_h-d_h}$$

两边同乘以 $(D_h+d_h)/4$，整理后为

$$\sqrt{\frac{D_h^2-d_h^2}{2\ln\left(\frac{D_h}{d_h}\right)}}<\frac{D_h+d_h}{2} \tag{3-24}$$

式(3-24)表明,喷丝孔中沥青熔体的流速最大处在环形管中心线内侧,而不在环形管的中心线处,其偏离中心线的程度随着 D_h/d_h 比值的增加而增大。在著者的研究中[56,63],流速最大处位于环形管(中空喷丝孔)内壁 48.8%处。

因此,在 C 形喷丝孔内壁面处的剪切应力大于外壁面处,即中间相沥青中空纤维靠近内孔处分子排布更规整,辐射状条纹明显。对于中间相沥青纤维外壁面处微晶排布呈弯曲的现象,是由于中间相沥青熔体细流挤出 C 形喷丝孔后,沥青熔体产生的 Barus 效应以致熔体细流狭缝黏合(闭合)引起的。在纤维 D_{max}处,微晶排列为乱层结构,可以归因于中间相沥青熔体流经此处时,中间相沥青分子受到的剪应力弱,得不到很好的取向所致。

2) 纺丝温度对纤维截面结构的影响

根据 Hagen-Poiseuille 方程[109]可推导出圆形喷丝孔道中熔体的平均剪应力 τ:

$$\tau=\frac{32\eta Q}{\pi D^3} \tag{3-25}$$

式中,η 为中间相沥青熔体的表观黏度;Q 为中间相沥青熔体在喷丝孔中的流量;D 为圆形喷丝孔的孔径。

从式(3-25)可以看出,中间相沥青的剪切应力 τ 和其熔体的黏度 η 成正比。当纺丝温度降低时,中间相沥青熔体表现为黏度 η 值增大,剪切应力 τ 值随之增加。

由雷诺准数 R_e 的定义[式(3-26)]得知,沥青熔体的黏度 η 与雷诺准数 R_e 成反比,即沥青熔体的黏度增大,雷诺准数 R_e 值减小:

$$R_e=\frac{\rho v D}{\eta} \tag{3-26}$$

式中,ρ 为流体的密度;v 为流体的速度;D 为圆形管道(喷丝孔)直径;η 为流体黏度。

根据式(3-19),当熔体的 R_e 值较小时,入口区长度 L_e 较短,熔体有较长的全展区。关联式(3-25)、式(3-26)、式(3-19)即可得出,降低纺丝温度,可导致中间相沥青熔体的黏度 η 增加、剪切应力 τ 提高、全展区加长。由于较大的剪切应力和较长的全展区可使沥青分子排列规整,所以适度降低纺丝温度,可使纺制的纤维截面易于形成辐射的结构。

反之,提高纺丝温度,中间相沥青熔体的黏度 η 就会降低,熔体流速加快,容易造成喷丝孔芯部温度升高,引起分子热运动增强,以致纺出的纤维截面容易形成芯部呈现乱层结构、表皮呈现辐射状的结构。

3.4　中间相沥青纤维的后处理

中间相沥青纤维的后处理是制取中间相沥青炭纤维（或石墨纤维）的必经之路，中间相沥青纤维的后处理过程包括不熔化（氧化）、炭化和石墨化。其中，石墨化过程为炭纤维在 2000～3000℃高温下的进一步热处理，以获得石墨纤维。这里主要介绍不熔化、炭化过程。

3.4.1　不熔化处理

沥青纤维属于热塑性材料，受热后会软化、熔融，无法在高温下保持纤维状。为了防止中间相沥青纤维在炭化过程中发生熔融或粘连，保持纺制的圆形和异形纤维在高温炭化时不变形，并将纺丝形成的分子定向排布固定下来，以使其在炭化过程中转变为类石墨结构，在炭化前需要进行不熔化处理（氧化处理）将沥青纤维从热塑性变为热固性。

1. 不熔化工艺流程

图 3-35 是实验室通常采用的间歇式不熔化工艺流程示意图。

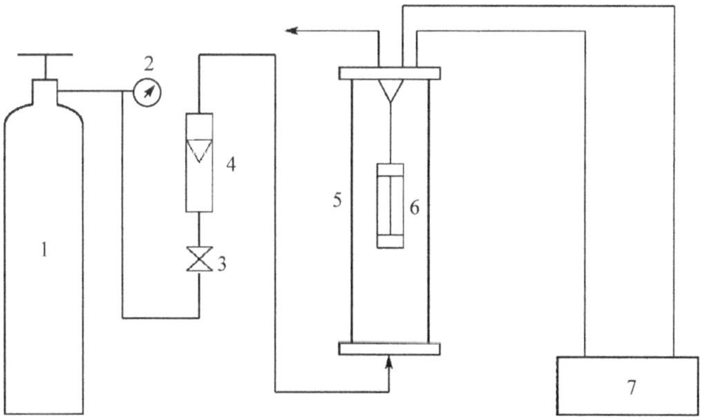

图 3-35　中间相沥青纤维的不熔化工艺流程示意图

1-氧化钢瓶；2-压力表；3-阀门；4-转子流量计；5-氧化炉；6-石墨架；7-控温仪

将纺制获得的中间相沥青纤维固定在石墨架上，置于不熔化（氧化）炉中，通入一定流量的氧化性气体，以一定的升温速度升温，达到预定的不熔化温度后，恒温一定时间，切断电源和关闭氧气，自然冷却至室温，取出待用。

不熔化（氧化）处理可以在气相中进行，也可以在液相中进行。气体可以是空气、氧气、臭氧、氧/氮（40/60）混合气[10]、NO_2、SO_2、SO_3 及其他氧化气氛。液相可以是硝酸、硫酸、高锰酸钾、过氧化氢等氧化性液体。最普遍使用的是空气氧化法，因其可以降低成本和减少污染。

不熔化处理的主要工艺参数包括温度、时间、氧化剂含量及对纤维所加的张力。不熔化工艺条件的制定，通常以目标炭纤维的力学性能为指标，分别以不熔化终温、升温速度、恒温时间为因素，进行单因素多水平的实验，探讨各种沥青纤维适宜的不熔化处理工艺条件。

2. 不熔化机理

通常采用热重分析、元素分析、红外光谱和气相色谱等手段研究中间相沥青纤维在不熔化过程中纤维质量的变化，反应过程的吸热和放热情况，C、H、O 等元素含量的变化，以及不熔化反应前后纤维内部官能团的改变，进而了解整个不熔化过程发生的反应。

研究表明[10,110-117]，中间相沥青纤维的不熔化为氧和沥青分子的增重放热反应；在不熔化过程中，H/C 原子比下降，而 O/C 原子比上升；随不熔化程度的加深，纤维分子的—CH_3 和—CH_2Ar—H 官能团减少。

图 3-36 是软化点为 299℃的中间相沥青熔融纺制纤维的差热失重曲线。

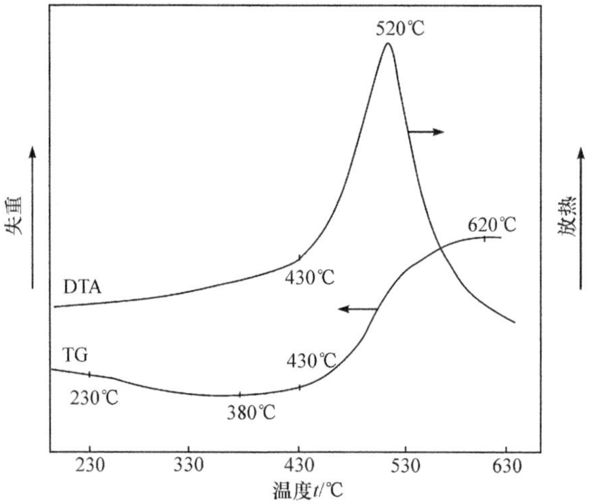

图 3-36 中间相沥青纤维在空气中的差热失重曲线[112]

从图 3-36 中可看出，中间相沥青纤维在空气中加热时，在 230～380℃温度范围内呈现增重，并伴有轻微的放热；随后呈现失重，并随温度的进一步升高，失重量急剧增加，同时出现激烈的放热峰。可以认为，中间相沥青纤维的不熔化过程为氧化增重放热反应，其反应的始点为 230℃左右，氧化(不熔化)最高温度应控制在 380℃以下，否则会引起沥青纤维的氧化裂解。

不同软化点的中间相沥青纺制纤维的氧化增重与温度的函数关系都相似，如图 3-37 所示。在纤维氧化热解温度前，随氧化(不熔化)温度的升高，增重几乎呈抛物线状增加。这与纤维的热差、热失重分析结果相符。

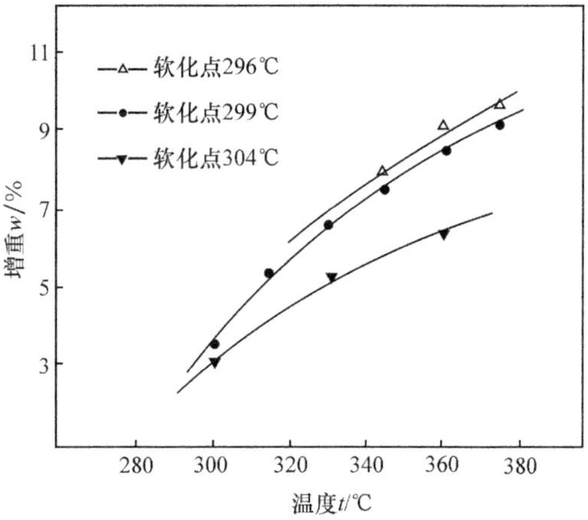

图 3-37 中间相沥青纤维的氧化增重与氧化温度的关系[112]

表 3-14 列出了软化点为 268℃的中间相沥青熔融纺制纤维在不熔化过程中各元素含量的变化。

表 3-14 中间相沥青纤维在不熔化过程中各元素含量的变化及其炭纤维的强度[115]

不熔化温度 t/℃	元素组成 w/%				H/C 原子比	O/C 原子比	炭纤维强度 σ/GPa
	C	H	O	N			
沥青纤维	93.85	4.50	0.36	<0.2	0.58	0.03	
290	89.52	3.69	5.98	<0.2	0.50	0.05	1.85
300	87.81	3.47	8.03	<0.2	0.47	0.07	2.36
310	85.64	3.18	9.95	<0.2	0.45	0.09	2.00
330	82.92	3.04	12.30	<0.2	0.44	0.11	1.88
350	80.67	2.71	14.30	<0.2	0.40	0.13	1.57

从表 3-14 中数据可以看出，随着不熔化处理温度的升高，沥青纤维中的 C 和 H 原子质量分数逐渐下降，而 O 原子质量分数则不断上升；H/C 原子比随着不熔化处理温度的升高呈现下降趋势，而 O/C 原子比却随着不熔化处理温度的升高逐步上升。纤维中 O 原子质量分数的增加、O/C 原子比的升高说明在不熔化反应过程中 O 原子进入沥青分子内部，与沥青分子中的 C、H 原子相结合形成热稳定结构。而纤维中 C、H 原子质量分数以及 H/C 原子比随着反应温度的升高而下降，则可能是由于在较高的温度下沥青分子产生热解以低分子碳氢化合物的形式被脱

除;或沥青分子中的 C、H 原子分别与 O 原子结合以 CO_2、CO、H_2O 的形式放出。同时还可以看出,当中间相沥青纤维中氧的质量分数为 8.03%时,所获炭纤维的抗拉强度(2.36GPa)最高。

图 3-38 是不熔化前后中间相沥青纤维的红外谱图,这里纺丝中间相沥青的软化点为 268℃,不熔化温度为 300℃。

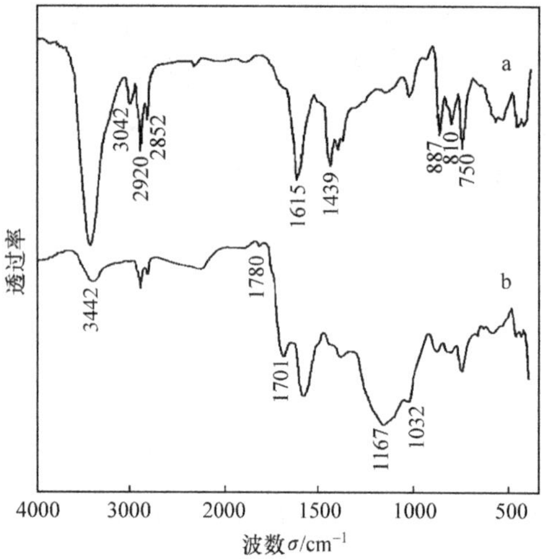

图 3-38　不熔化前后中间相沥青纤维的红外谱图[115]
a-不熔化前;b-不熔化后

比较图 3-38 中不熔化前后中间相沥青纤维的红外谱图可以看出:不熔化处理后,原丝中位于 3442cm^{-1}处缔合羟基特征峰大幅度减小,2920cm^{-1}处饱和亚甲基振动吸收特征峰和 2852cm^{-1}处甲基、次甲基的 C—H 伸缩振动叠加特征峰明显减弱,3042cm^{-1}处芳环上的 C—H 振动吸收(Ar—H)特征吸收峰基本消失,1615cm^{-1}处芳环上的 C═C 反对称偶合振动吸收峰、1439cm^{-1}处 C—CH_3 或 C—CH_2 反对称振动吸收峰和 650～900cm^{-1}处稠环芳烃 C—H 面外振动吸收峰均显著降低。而在 1701cm^{-1}处却出现了羰基—C═O 伸缩振动吸收峰,1780cm^{-1}处出现了环状酸酐的 C═O 反对称偶合振动吸收峰,1032～1167cm^{-1}处出现了较宽的酚羟基的 C═O 伸展振动或芳醚的 C—O—C 伸展振动吸收峰。

沥青纤维不熔化过程中逸出气体的气相组分如图 3-39 所示。从图中可以看出,沥青纤维在空气中进行不熔化处理时,150℃左右逸出 H_2O,随着温度的升高,逸出量逐渐增加。260℃左右开始逸出 CO_2,温度继续升高,逸出量迅速增加;同时逸出 H_2O 的速度也大大加快。320℃以后,反应除逸出 H_2O 和 CO_2 外,又有 CO 气体逸出,温度进一步升高,H_2O 的逸出量渐趋恒定,H_2O 和 CO 的逸出量却陡直上升。

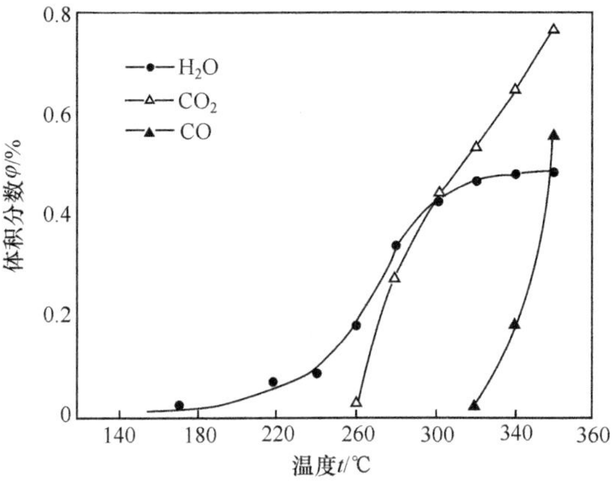

图 3-39　沥青纤维不熔化过程中逸出气体的气相组分[113]

由于中间相沥青是由多种大小不一的稠环芳烃组成的混合物，其在不熔化过程中发生的氧化反应非常复杂。根据稠环芳烃分子的结构及其热反应性能[118]，不熔化过程中构成沥青分子稠环芳烃的最高自由价位置或饱和侧链很容易与氧发生如下的各种反应[114,115,118]：

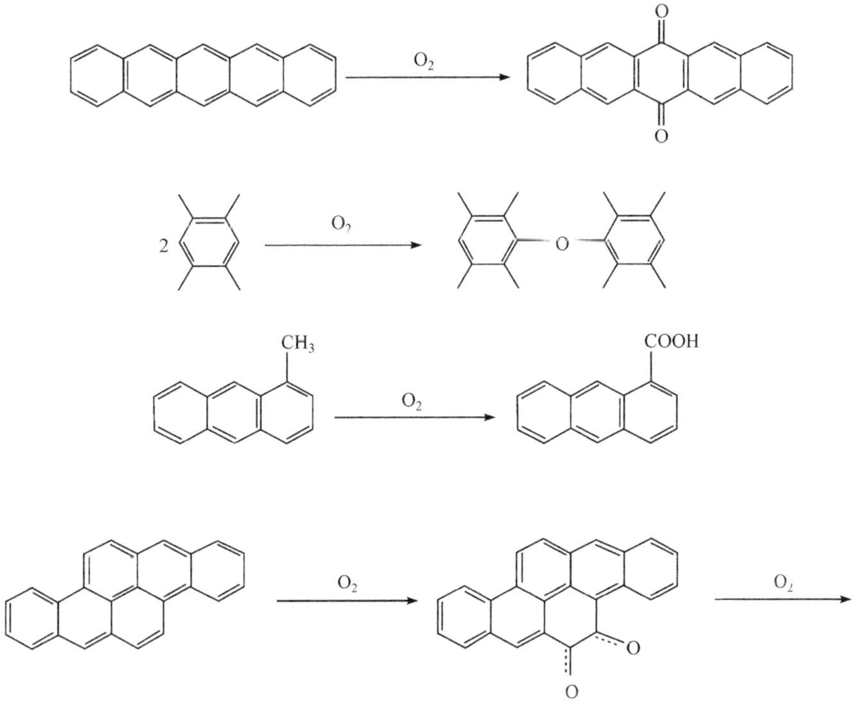

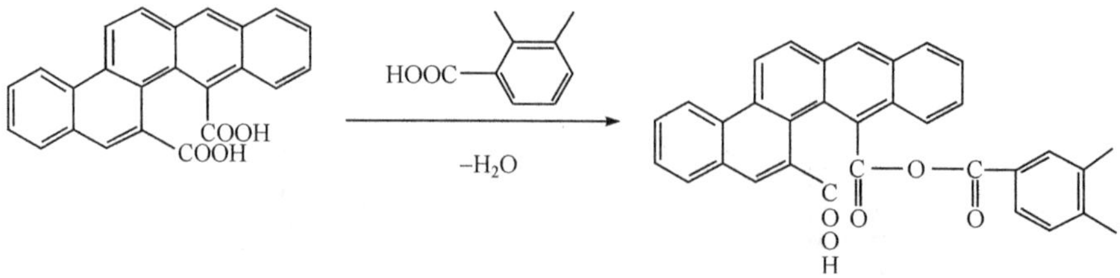

关联中间相沥青纤维的差热失重曲线，不熔化前后沥青纤维的红外谱图，不熔化过程中元素C、H、O含量的变化和逸出气体的气相组分以及沥青分子的热反应特性，可以认为：中间相沥青纤维在不熔化过程中，氧与构成沥青分子侧链的—CH_3或—CH_2—以及稠环芳烃的高活性反应位[118]发生了氧化、交联、裂解、脱水等化学反应，放出了H_2O、CO_2、CO及小分子烃类化合物，形成了耐热型的酸酐或羰基氧桥结构，其结构模型如图3-40所示。经不熔化处理后的中间相沥青纤维由热塑性变为热固性，在炭化过程中能够保持纤维结构。

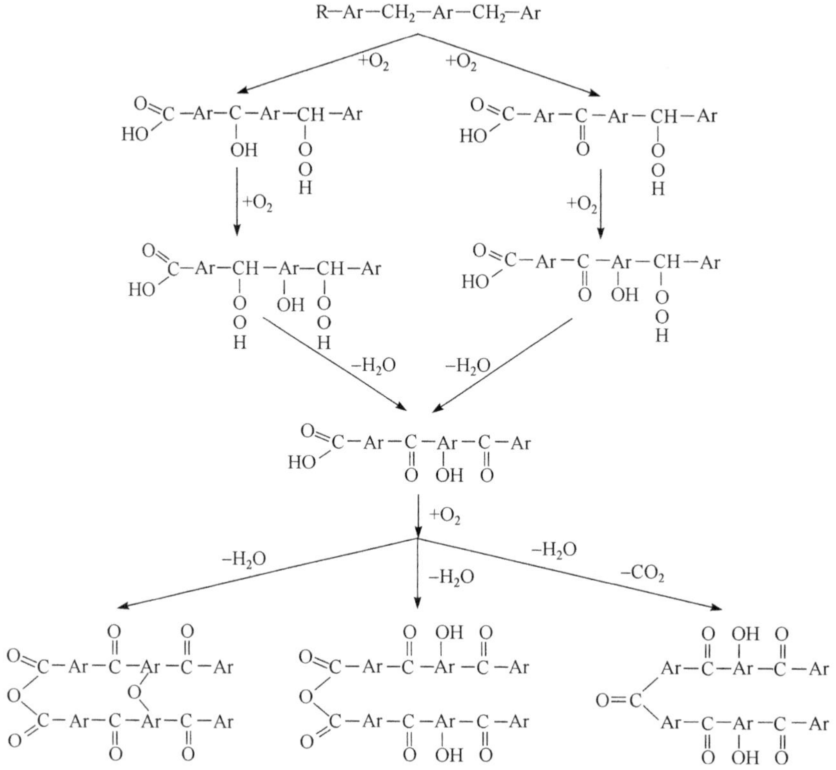

图3-40 中间相沥青纤维不熔化过程中的氧化反应模型[10,115]

模型中Ar代表芳环

需要指出的是，中间相沥青纤维不熔化处理的恰当与否对炭纤维力学性能有重要影响(表3-14)。不熔化处理不充分，纤维分子中的氧含量太低，炭化时纤维易变形和融并；而不熔化处理过度，纤维分子中的氧含量过高，炭化时又会逸出过多的分解产物，以使纤维中出现裂纹等缺陷，使其力学性能下降。因此，在制备炭纤维的过程中，不熔化处理也是一个非常关键的步骤。另外，不熔化处理费用也直接影响着中间相沥青炭纤维的成本。

3.4.2　炭化处理

炭化是将不熔化处理后的中间相沥青氧化纤维在氮气等惰性气体保护下，进行1000～1500℃的高温处理，脱除纤维分子中的H、O等非碳原子，使沿纤维分子轴向取向的片状分子转变为类石墨层状结构，获得中间相沥青炭纤维。

1. 炭化工艺流程

图3-41为间歇式炭化工艺流程示意图。

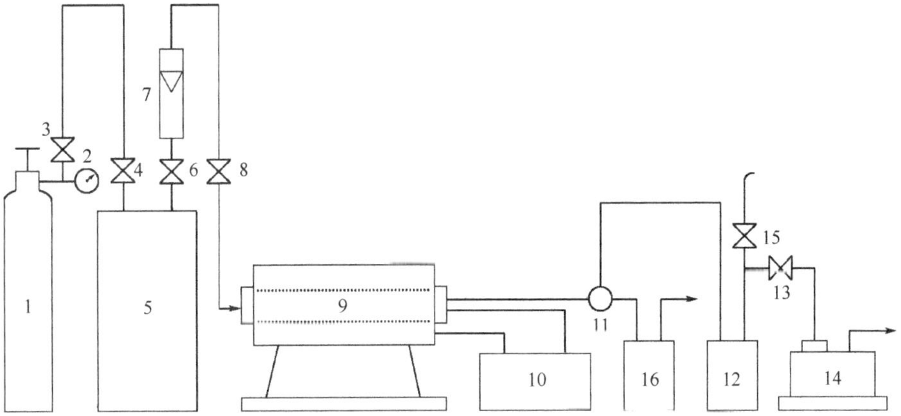

图3-41　间歇式炭化工艺流程示意图

1-氮气钢瓶；2-压力表；3、4、6、8、13、15-阀门；5-氮气净化装置；7-转子流量计；9-炭化炉；10-控温仪；11-三通阀门；12-缓冲瓶；14-真空泵；16-液封瓶

工艺流程如下：将不熔化处理后的中间相沥青氧化纤维置入炭化炉中密闭，利用真空泵抽真空，检查系统密闭性(是否漏气)；而后向炭化炉中通入经过净化的高纯氮气置换炉内的空气。装炉准备工作完成后，在氮气保护下，以一定的升温速度加热至预定的炭化温度，恒温一定的时间，关闭电源，继续通N_2冷却至室温，开炉取出获得中间相沥青炭纤维。通常选取以10℃/min升温速度加热至1000℃，恒温10min。

2. 炭化历程

中间相沥青纤维经不熔化处理后获得的氧化纤维(也称为不熔化纤维)是由沥青制备炭纤维的中间产品，它必须在氮气保护下继续加热，使纤维分子内部进一步发生交联、环化，缩聚以及芳构化等反应，脱除氢、氧等非碳原子，致使纤维分子中的缩合芳环平面不断成长，形成主要由碳元素组成的芳环二维平面网状乱层类石墨结构。亦即，炭化的目的在于除去沥青纤维分子中的杂原子，形成碳原子质量分数大于96%的乱层类石墨结构，使之具有优异的力学、电学、热学性能。

沥青不熔化纤维在炭化过程中呈现出许多物理和化学转化，如随气体反应产物逸出的重量损失、不同温度下逸出的气相组分及其含量的高低、由纤维分子中含氧基团分解引起的芳构化反应，以及因纤维分子组成结构变化导致的物理性质的改变等。而这些物理和化学转化均取决于炭化过程中温度的变化，作为温度的函数，对这些参数进行测定有助于了解沥青不熔化纤维转变为炭纤维的反应历程。

图3-42是沥青不熔化纤维在炭化过程中的失重与温度的关系曲线。从图中可以看出，沥青不熔化纤维经1000℃炭化后，其总重量的约1/4作为挥发物逸出。这些失重包括沥青组分热解所产生的低分子物质和少量的较重组分焦油。700℃以前，炭化温度升高，失重速度较快；700℃以后，失重速度渐趋平缓。

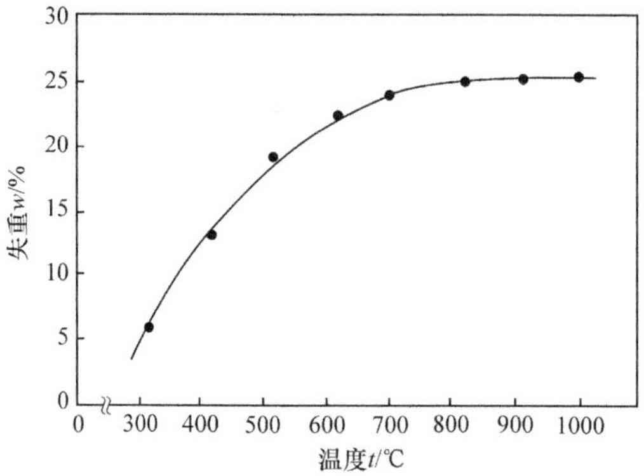

图3-42　沥青不熔化纤维在炭化过程中的失重与温度的关系[119]

沥青不熔化纤维在炭化过程中气体的逸出速度与温度的关系如图3-43所示。

从图3-43可知，300℃以前，气体产物逸出的速度很低；而在300～700℃的炭化温度区间内，气体产物的逸出速度迅速增加，700℃左右达到最大值；高于700℃以后，即在700～1000℃的炭化温度区间内，气体产物的逸出速度又呈直线下降。

在升温速度为10℃/min、炭化温度为1000℃的条件下，沥青不熔化纤维在炭化过程中逸出气体的组成气与温度的关系见图3-44。

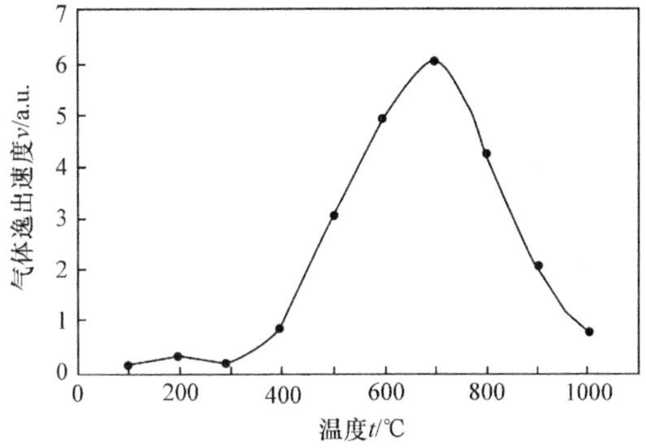

图 3-43　沥青不熔化纤维在炭化过程中气体产物的逸出速度与温度的关系[119]

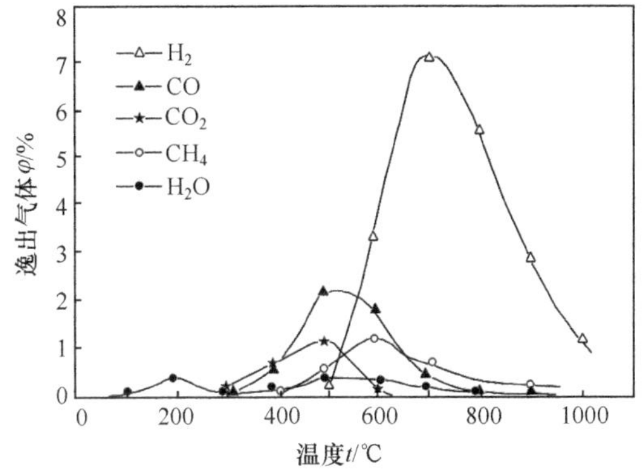

图 3-44　沥青不熔化纤维在炭化过程中气相逸出组分与温度的关系[119]

从图 3-44 可以看出，当沥青不熔化纤维试样炭化至 300℃左右时，开始有 CO、CO_2 逸出，500℃左右逸出量达到最大值，而后随着温度升高，逸出量逐渐减少，直至消失；CH_4 的逸出温度约为 400℃，逸出量在 600℃左右达到最大值；H_2O 的逸出从 100℃左右开始，分别在 200℃和 500℃出现两个最大值，前者可认为是纤维试样的物理吸附脱水峰，后者才是沥青纤维分子间的交联缩合脱水峰；H_2 的逸出从 500℃左右开始，并随炭化温度的升高逸出量急剧增加，700℃左右呈现极大值，此后，热处理温度进一步升高，气体逸出量则快速下降。

解析图 3-42～图 3-44，可以将沥青不熔化纤维的炭化历程描述为：炭化早期（300℃左右），纤维分子中的羰基首先分解，在逸出 CO、CO_2、H_2O 气相产物的同时形成自由基[120]，进而引发了纤维分子的缩聚；随炭化温度的升高，纤维中的各种含氧基团相继分解，CO、CO_2、H_2O 气体的逸出量不断增加，纤维分子的缩聚反应逐渐加速。当温度升高至 400℃时，纤维分子中的环状含氧基团也分解，于是又产生了新的分解气相产物 CH_4。炭化温度继续升高，在 500℃左右，芳族氢开始断裂[120]，同时纤维分子的脱氧缩聚反应也变得激烈起来。当炭化温度上升至约600℃时，由于纤维分子中大部分氧原子的脱除，已初步形成碳的结构雏形[120]。600℃以上，芳族氢断裂的速度随炭化温度的升高越来越快，在700℃左右达到高峰。在该阶段，纤维分子内部主要发生芳环分子间的脱氢缩合反应，以形成更大的多核芳环平面；同时，断键能较大的各种含氧基团也继续分解，其分解速度随氧原子的充分脱除而逐渐减弱。而后，进一步升高温度，纤维分子中的非碳原子含量逐渐减少，气体逸出速度也随之下降，纤维失重渐趋平缓，而六角网平面的碳结构则继续增大。在1000℃左右，纤维分子已形成了由 sp^2 杂化轨道状态的碳原子组成的乱层类石墨结构[120]。

由此可知，控制炭纤维结构的关键是小于1000℃的温度，尤其是300～600℃温度范围内的加热速度。

3.4.3　纤维微观结构与力学性能的表征

利用光学显微镜观察纤维的形貌并测定其直径，一般取20根纤维的平均值。

纤维的微观结构观察采用扫描电子显微镜。沥青纤维和氧化纤维在观察前，预先在离子溅射台中进行真空镀金，镀层厚度约15nm。炭纤维为了获得较好的衬度，也进行镀金处理。

炭纤维的力学性能采用纤维电子强力仪测定，取20根纤维的平均值，利用下面的公式计算纤维的力学性能。

1. 纤维的抗拉强度

$$\sigma=\frac{F}{A} \tag{3-27}$$

式中，σ 为纤维的抗拉强度；F 为纤维断裂时的最大拉力；A 为纤维的截面积。

2. 纤维断裂伸长率

$$\varepsilon=\frac{\Delta l}{0.020}\times 100\% \tag{3-28}$$

式中，ε 为纤维断裂伸长率；Δl 为纤维的断裂伸长。

3. 纤维抗拉模量

$$E=\frac{\sigma}{\varepsilon} \tag{3-29}$$

式中，E 为纤维抗拉模量；σ 为纤维的抗拉强度；ε 为纤维断裂伸长率。

3.4.4 不熔化条件对中间相沥青炭纤维力学性能的影响

不熔化条件的制定依据可纺中间相沥青(纤维)的热性能[88,110-117]初选中间相沥青纤维的不熔化终温范围、不熔化升温速度以及在不熔化终温的恒温时间。而后以炭纤维的力学性能为指标,分别以不熔化终温、升温速度、恒温时间为因素,进行单因素多水平的实验,考察不熔化工艺条件对各种形状的中间相沥青炭纤维力学性能的影响。同时,得出中间相沥青纤维的最佳不熔化条件,进而获得性能优异的中间相沥青炭纤维。

著者研究团队以软化点为 295℃的催化裂化渣油系中间相沥青(表 3-5),在纺丝温度 337℃、纺丝压力 0.6MPa 的条件下,分别采用 C 形、条形、Y 形和圆形喷丝板纺制了中间相沥青纤维,并考察了不熔化条件对各种异形中间相沥青炭纤维力学性能的影响。

1. 不熔化温度

各种催化裂化渣油系异形中间相沥青炭纤维的力学性能与不熔化温度的关系如图 3-45 所示。这里,不熔化条件:氧气流中,以 2℃/min 的速度升温,升至拟定的不熔化温度,恒温 30min;炭化条件:氮气保护,以 10℃/min 升温速度升至 1000℃,恒温 10min。

从图 3-45 可以看出,各种异形催化裂化渣油系中间相沥青炭纤维的抗拉强度、抗拉模量和断裂伸长率均随不熔化温度的变化有一极大值。在同一不熔化条件下,中空炭纤维的抗拉强度、抗拉模量和断裂伸长率力学明显高于其他三种炭纤维。

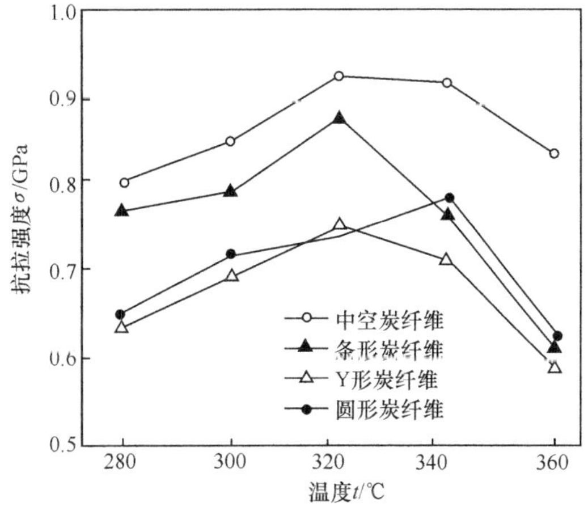

(a)

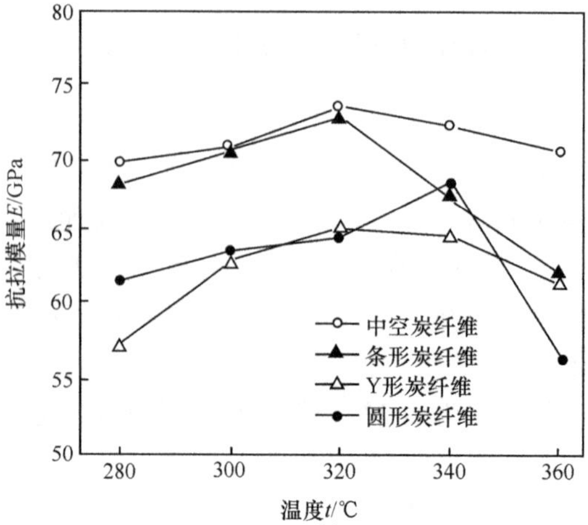

(b)

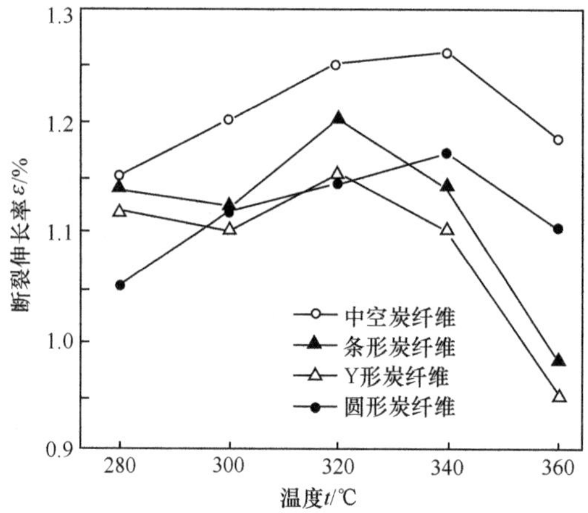

(c)

图 3-45　中间相沥青炭纤维的力学性能与不熔化温度的关系[56]

权衡不熔化终温对各种异形中间相沥青炭纤维抗拉强度、抗拉模量和断裂伸长率的影响，同时考虑不熔化的成本，认为中空、条形和 Y 形催化裂化渣油系中间相沥青纤维的不熔化温度选择 320℃，圆形催化裂化渣油系中间相沥青纤维的不熔化温度选择 340℃为宜。

2. 升温速度

图 3-46 为各种异形催化裂化渣油系中间相沥青炭纤维力学性能与不熔化过程升温速度的关系。这里，不熔化条件：氧气流中，不熔化温度 320℃，不熔化时间 30min；炭化条件：氮气保护，升温速度 10℃/min，炭化温度 1000℃，炭化时间 10min。

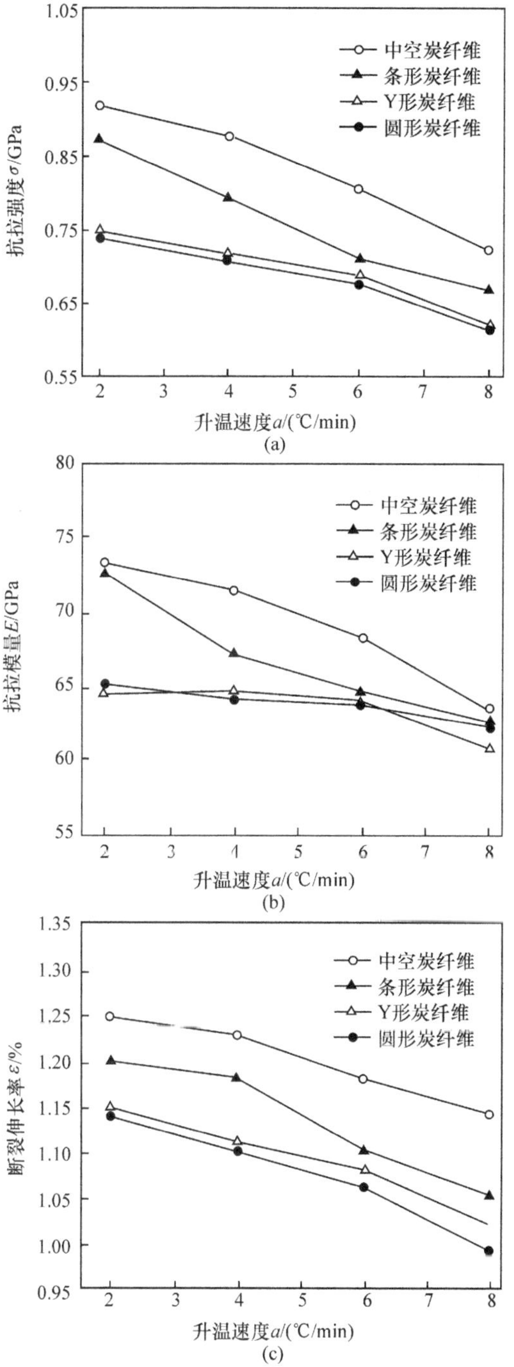

图 3-46　中间相沥青炭纤维的力学性能与不熔化升温速度的关系[56]

从图 3-46 可以看出，不熔化升温速度对各种异形催化裂化渣油系中间相沥青炭纤维的抗拉强度、抗拉模量和断裂伸长率均有影响。其中，对于中空炭纤维和条形炭纤维，随着升温速度的加快，炭纤维的抗拉强度、抗拉模量和断裂伸长率急剧下降。对于 Y 形炭纤维和圆形炭纤维，随升温速度的加快，炭纤维的抗拉强度和断裂伸长率下降幅度较大；而抗拉模量波动很小，尤其是圆形炭纤维，这可能与两种炭纤维截面具有辐射状或类辐射状结构有关。在相同的升温速度下，中空和条形炭纤维的各项力学性能指标均高于 Y 形和圆形炭纤维。

由图 3-46 得出，各种形状催化裂化渣油系中间相沥青纤维的不熔化升温速度均应小于或等于 2℃/min，考虑到不熔化的成本，选择不熔化升温速度 2℃/min 为宜。

3. 不熔化时间

各种异形催化裂化渣油系中间相沥青炭纤维的力学性能与不熔化时间的关系如图 3-47 所示。这里，不熔化条件：氧气流中，不熔化终温为 320℃，不熔化升温速度 2℃/min；炭化条件：氮气保护，升温速度 10℃/min，炭化温度 1000℃，炭化时间 10min。

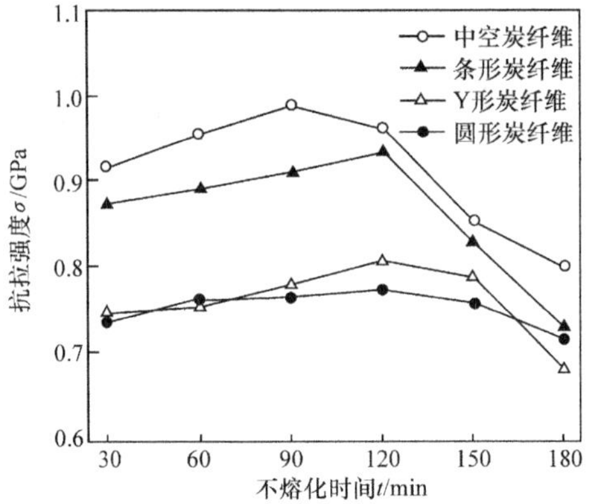

(a)

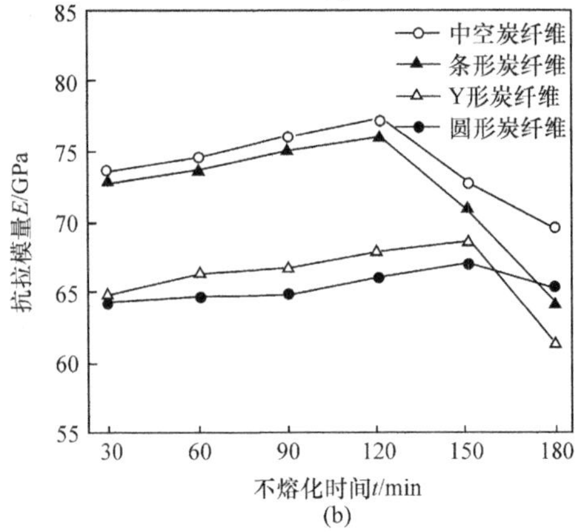

(b)

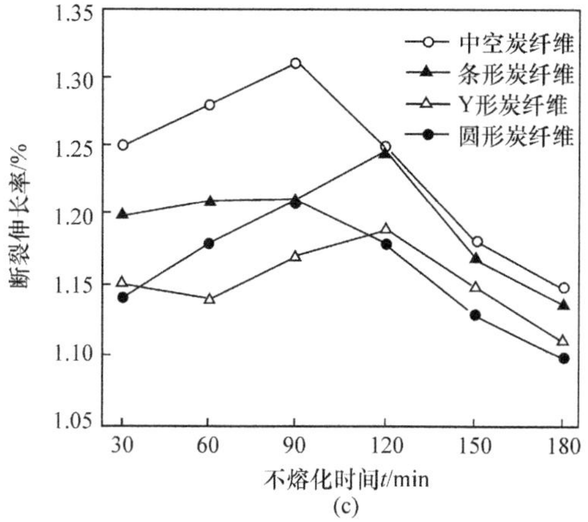

(c)

图 3-47　中间相沥青炭纤维的力学性能与不熔化时间的关系[56]

从图 3-47 可以看出，中空和条形炭纤维各项力学性能达到极值所需不熔化恒温时间小于圆形和 Y 形炭纤维。关联图 3-45 和不熔化成本，认为中空和条形催化裂化渣油系中间相沥青纤维的不熔化恒温时间选择 90min 为宜，而圆形和 Y 形催化裂化渣油系中间相沥青纤维的不熔化恒温时间则选择 120min 较为合适。

纵观图 3-45～图 3-47 可知，中间相沥青纤维的不熔化条件对最终获得炭纤维的力学性能以及价格具有决定性影响。因此，针对各种中间相沥青纤维的构型，须制定各自适宜的不熔化条件，方可获得理想力学性能的中间相沥青炭纤维。再次说明，在制备炭纤维的过程中，不熔化工艺是一个非常关键的步骤。

3.5　异形中间相沥青纤维的后处理和所获炭纤维的力学性能

3.5.1　异形中间相沥青纤维的不熔化和炭化

依据 3.4.4 节研究结果，拟定催化裂化渣油系各种异形中间相沥青纤维的不熔化条件为中空和条形中间相沥青纤维：氧化温度 320℃，氧化时间 90min；圆形和 Y 形中间相沥青纤维：氧化温度 340℃，氧化时间 120min；升温速度均为 2℃/min。并将各种异形中间相沥青纤维分别在各自的不熔化条件下进行不熔化处理，而后在 1000℃下炭化，获得系列异形中间相沥青炭纤维。

3.5.2　异形中间相沥青纤维的力学性能

采用 YG001A 型纤维电子强力仪测定所获催化裂化渣油系异形中间相沥青纤维的力学性能，结果列入表 3-15。

表 3-15　催化裂化渣油系异形中间相沥青炭纤维的力学性能[56]

纤维形状	纤维截面积 $A/\mu m^2$	当量直径 $D_e/\mu m$	抗拉强度 σ/GPa	抗拉模量 E/GPa	断裂伸长率 $\varepsilon/\%$
中空	318	15.0	0.991	77.0	1.31
条形	216	13.9	0.937	76.7	1.25
Y形	376	19.2	0.810	68.7	1.17
圆形	283	19.0	0.779	67.3	1.18

从表 3-15 可以看出，催化裂化渣油系中空和条形中间相沥青炭纤维的各项力学性能指标——抗拉强度、抗拉模量、断裂伸长率均优于圆形炭纤维，尤其抗拉强度的提高幅度最大。其中，中空炭纤维的抗拉强度可比圆形炭纤维的高 27.2%，抗拉模量提高 14.4%，断裂伸长率提高 11.0%。条形炭纤维比圆形炭纤维的高 20.3%，抗拉模量提高 13.2%，断裂伸长率提高 5.93%。对于 Y 形炭纤维，尽管其抗拉强度、抗拉模量、断裂伸长率均低于中空和条形炭纤维，但与圆形炭纤维相比，除断裂伸长率略低外，抗拉强度、抗拉模量也高于圆形炭纤维。

3.6　影响异形中间相沥青炭纤维力学性能的因素

3.6.1　异形中间相沥青纤维的特征尺寸

1. 异形中间相沥青纤维及其炭纤维的特征尺寸

催化裂化渣油系异形中间相沥青纤维及其炭纤维的特征尺寸列入表 3-16。

表 3-16　异形中间相沥青纤维及其炭材料的特征尺寸[56]

纤维形状	沥青纤维				炭纤维		
	$A/\mu m^2$	$D_e/\mu m$	$B_e/\%$	$h/\%$	$A/\mu m^2$	$D_e/\mu m$	$B_e/\%$
中空	440	17.0	32.0	10.2	318	15.0	28.6
条形	298	15.8	50.5		216	13.9	46.5
Y形	513	22.3	30.9		376	19.2	30.8
圆形	380	22.0			283	19.0	

从表 3-16 看出，异形中间相沥青炭纤维与异形中间相沥青纤维相比，截面积(A)、当量直径(D_e)、异形度(B_e)均减小，这是因为不熔化处理后的中间相沥青纤维在炭化过程中，非碳元素从纤维分子中逸出时，碳层面间发生收缩。由于纤维的形貌不同，异形纤维沿各方向的收缩率不同，因而异形度减小的程度各不相同。正是这种异形纤维的特征尺寸差异，使各种异形中间相沥青炭纤维形成了不同的微结构，进而导致了不同的力学性能。

2. 异形中间相沥青纤维的特征尺寸与不熔化条件的关系

表 3-17 列出了异形中间相沥青纤维的特征尺寸和不熔化条件。

表 3-17　异形中间相沥青纤维的特征尺寸和不熔化条件[56]

<table>
<tr><th rowspan="2">纤维形状</th><th colspan="4">特征尺寸</th><th colspan="3">不熔化条件</th></tr>
<tr><th>$A/\mu m^2$</th><th>$D_e/\mu m$</th><th>$B_e/\%$</th><th>$h/\%$</th><th>$t/℃$</th><th>$a/(℃/min)$</th><th>t/min</th></tr>
<tr><td>中空</td><td>440</td><td>17.0</td><td>32.0</td><td>10.2</td><td rowspan="2">320</td><td rowspan="4">2</td><td rowspan="2">90</td></tr>
<tr><td>条形</td><td>298</td><td>15.8</td><td>50.5</td><td></td></tr>
<tr><td>Y 形</td><td>513</td><td>22.3</td><td>30.9</td><td></td><td rowspan="2">340</td><td rowspan="2">120</td></tr>
<tr><td>圆形</td><td>380</td><td>22.0</td><td></td><td></td></tr>
</table>

由表 3-17 可以看出，中空和条形中间相沥青纤维的当量直径(D_e)比圆形中间相沥青纤维小，异形度(B_e)比圆形中间相沥青纤维大；与圆形中间相沥青纤维相比，中空和条形中间相沥青纤维对应的不熔化温度较低、不熔化时间较短。这是因为在不熔化过程中，氧原子容易扩散到中空和条形中间相沥青纤维内部使分子氧化交联完全。对于中空中间相沥青纤维，合适的中空度也会增大不熔化过程中氧原子和纤维分子的接触面(反应面与扩散面)，以致在较低的不熔化温度下和较短的不熔化时间内使沥青纤维分子得到充分的氧化交联。因此，尽管中空中间相沥青纤维的截面积大于圆形纤维，但所获炭纤维的各项力学性能指标均高于圆形炭纤维(表 3-15)。另外，不熔化温度的降低与不熔化时间的缩短，还有助于降低炭纤维的制造成本。

从表 3-17 还可看到，虽然 Y 形和圆形中间相沥青纤维的当量直径(D_e)相近，但 Y 形纤维的截面积(A)远大于圆形，经相同条件不熔化、炭化后，所获炭纤维的力学性能 Y 形竟高于圆形(表 3-15)。分析其原因可以认为，Y 形纤维的特种形貌赋予了其较大表面积，不仅可为不熔化过程中氧原子和纤维表面分子的反应提供大的反应面，同时也能为氧原子扩散到纤维内部提供大的扩散面。与圆形纤维相比，在相同的不熔化温度和不熔化时间内，Y 形纤维和氧原子的氧化交联反应，会进行得更充分、更完全，因而 Y 形中间相沥青炭纤维的抗拉强度和抗拉模量高于圆形中间相沥青炭纤维。

在实验中发现，中空中间相沥青纤维的中空度大小对纤维的不熔化过程也有影响。例如，萘系中间相沥青中空纤维，由于中空度($h=2.8\%$)过小(表 3-11)，不熔化条件和炭纤维力学性能与圆形纤维相比，已无优势可言[56]。而对于大直径、大中空度的中空沥青纤维，Zha 等[64]的研究表明，不熔化时容易氧化过度，也会导致力学性能下降，甚至低于圆形纤维。

3.6.2 异形中间相沥青纤维的分子取向度

催化裂化渣油系异形中间相沥青纤维的分子取向度与所获炭纤维的力学性能列于表 3-18。

表 3-18 异形中间相沥青纤维的分子取向度与所获炭纤维的力学性能[56]

纤维形状	分子取向度 α/%	中间相沥青纤维的力学性能		
		σ/GPa	E/GPa	ε/%
中空	82.4	0.991	77.0	1.31
条形	81.8	0.937	76.7	1.25
Y形	81.3	0.810	68.7	1.17
圆形	79.8	0.779	67.3	1.18

由表 3-18 看出，各种异形中间相沥青纤维在各自适宜的不熔化条件下处理后，经 1000℃炭化获得炭纤维的各项力学性能指标均随沥青纤维的分子取向度（Y 形炭纤维的断裂伸长率略有偏差，可能为测试误差所致）的提高而增加。再次佐证了具有较高取向度的中间相沥青纤维，在炭化过程中，容易形成类石墨微晶结构，获得较高的力学性能[93,94]。亦即，中空、条形与 Y 形中间相沥青纤维的分子取向度均高于圆形沥青纤维，这种结构的差异在炭化后可得到保留，因此异性中间相沥青炭纤维的力学性能优于传统的中间相沥青圆形炭纤维。

3.6.3 异形中间相沥青炭纤维的微观结构

炭纤维的性能与其微观结构密切相关，下面主要以催化裂化渣油系中间相沥青炭纤维为例，考察各种异形炭纤维的微观结构的形成以及对所获炭纤维力学性能的影响。

1. 圆形炭纤维

图 3-48 是一组催化裂化渣油系粗径圆形中间相沥青纤维、不熔化沥青纤维及炭纤维截面的 SEM 照片。

从图 3-48 看出，催化裂化渣油系中间相沥青熔融纺制的圆形纤维为辐射状的截面结构[图 3-48(a)]，直径较粗（D=22.0μm）。不熔化处理后沥青纤维的截面存在皮芯结构，皮层颗粒较大，靠近芯部颗粒小，并呈现有不熔化过程中产生的孔隙[图 3-48(b)]；图 3-48(d)是图 3-48(b)局部放大图，从图 3-48(d)可以发现，不熔化（氧化）纤维内部存在较多的缺陷，甚至出现裂纹。这是因为在不熔化过程中，扩散到沥青纤维内部的氧原子与构成沥青分子侧链的—CH_3 或—CH_2—以及稠环芳烃的高活性反应位[118]发生氧化、交联、裂解、脱水等化学反应，放出气态 H_2O、

CO_2、CO 及小分子烃类化合物，但因沥青纤维的直径较粗，在不熔化过程中的皮芯效应比较严重，纤维芯部氧化反应产生的轻组分气体难以逸出，进而造成应力集中，导致裂纹产生。这种具有皮芯结构的不熔化沥青纤维炭化后所得炭纤维的外层显得比较致密，内部则较松散；同时由于纤维本身辐射状结构的碳层面收缩，往往还会产生沿纤维轴向的劈裂[图 3-48(c)]。

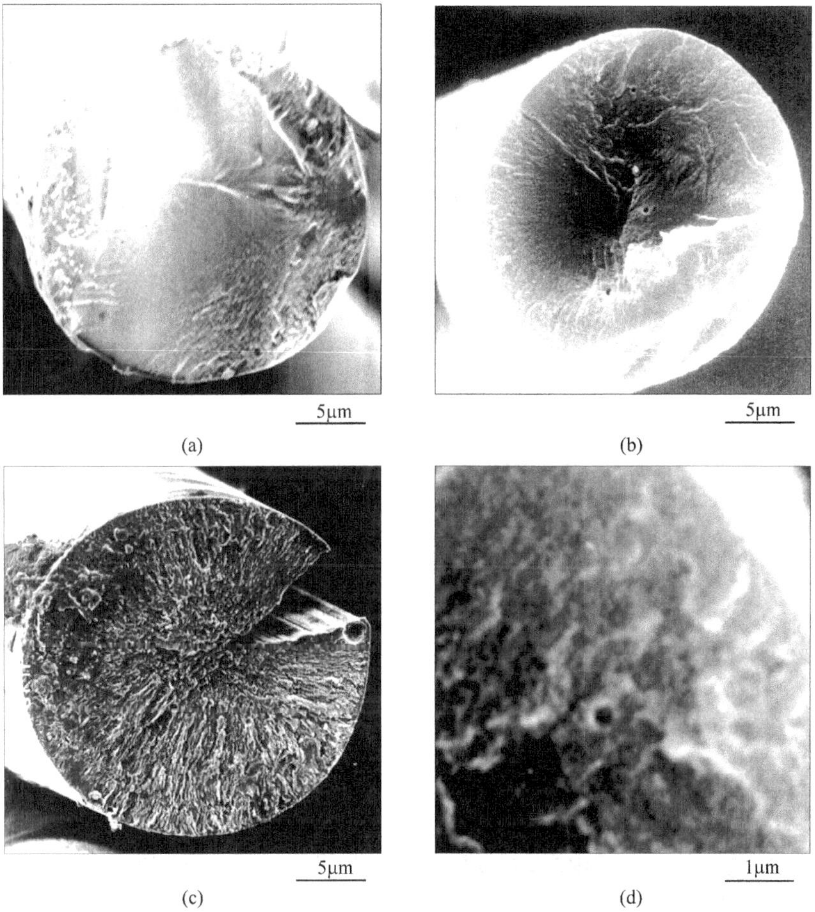

图 3-48　圆形中间相沥青纤维(a)、不熔化沥青纤维(b,d)及炭纤维(c)的 SEM 照片[23,56]

炭纤维属于脆性材料，在断裂的过程中几乎没有塑性变形。因此，在受到外力作用时，易在纤维裂纹尖端形成应力集中，这些集中的应力释放往往以裂纹的增殖和扩展形成新表面的方式进行，结果就会导致纤维在较低的应力下发生断裂。

依据 Griffith 公式：

$$\sigma=\sqrt{\frac{2E\gamma_s}{\pi C}} \tag{3-30}$$

式中，σ 为纤维的抗拉强度；E 为纤维的抗拉模量；γ_s 为纤维的表面能；C 为纤维中裂纹的半长。

由 Griffith 公式可知，炭纤维的抗拉强度与炭纤维中存有裂纹大小的平方根成反比。由于圆形炭纤维中存在较大的裂纹、气孔等缺陷，所以其抗拉强度较低。

2. Y 形炭纤维

图 3-49 是不同不熔化条件下所获催化裂化渣油系 Y 形中间相沥青炭纤维形貌与截面的 SEM 照片。

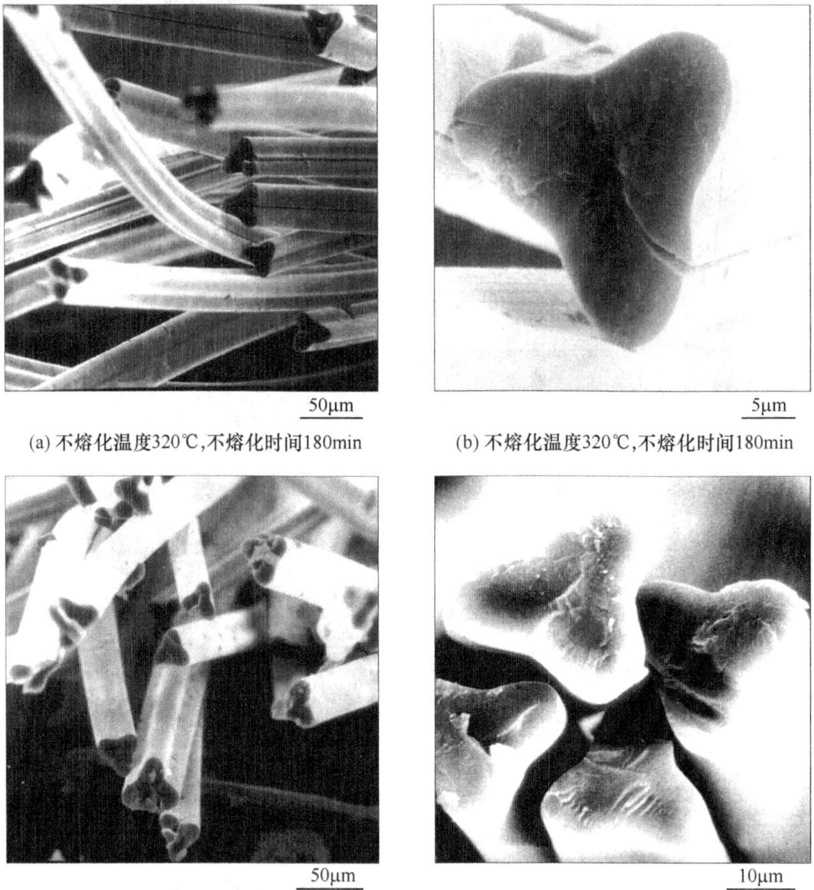

(a) 不熔化温度320℃，不熔化时间180min　(b) 不熔化温度320℃，不熔化时间180min

(c) 不熔化温度320℃，不熔化时间90min　(d) 不熔化温度320℃，不熔化时间90min

图 3-49　不同不熔化条件下所获 Y 形中间相沥青炭纤维的 SEM 照片[23,56]

从图 3-49(b)看到，催化裂化渣油系 Y 形中间相沥青纤维在不熔化温度 320℃、不熔化时间 180min 条件下进行不熔化处理，所获 Y 形炭纤维截面存有裂纹。而在不熔化温度 320℃、不熔化时间 90min 条件下进行不熔化处理，所获 Y 形炭纤维截面则未发现裂纹[图 3-49(d)]。这是因为炭化过程中 Y 形沥青纤维的凹部表面和纤维中心处的温度梯度大，产生的热应力较大，若 Y 形中间相沥青纤维的不熔化条件不当，如不熔化时间为 180min 时，由于时间氧化太长，以致沥青纤维的不熔化程度较深，纤维中过度氧化的沥青分子在炭化过程中就会释放出较多的分解气体，如 CO、CO_2 等，在 Y 形纤维凹部产生应力集中，导致纤维产生裂纹。

实验发现[19]，这种裂纹多出现在 Y 形纤维凹部，偶尔也出现在其他部位。将不熔化时间由 180min 调整为 90min 后，所获 Y 形炭纤维基本没有观察到大的裂纹。这是由于 Y 形喷丝孔的内切圆半径较小，纺出纤维不再呈现从芯部向外的辐射结构，并且纤维内切圆半径较小，不熔化时产生的气体容易逸出，不易产生应力集中，因而 Y 形炭纤维中的空隙与裂纹较少。亦即，通过调整不熔化工艺参数，可以减小乃至消除这些裂纹的产生，这就是为何催化裂化渣油系中间相沥青圆形炭纤维的截面积(283μm^2)小于 Y 形炭纤维的截面积(376μm^2)，而 Y 形炭纤维抗拉强度(0.810GPa)却大于圆形炭纤维(0.779GPa)。加之 Y 形炭纤维独特的凹凸表面，可增大纤维与基质材料的黏合力，因此在制造炭基复合材料方面具有很大的优势。

3. 条形炭纤维

催化裂化渣油系与萘系条形中间相沥青炭纤维形貌与截面的 SEM 照片见图 3-50。

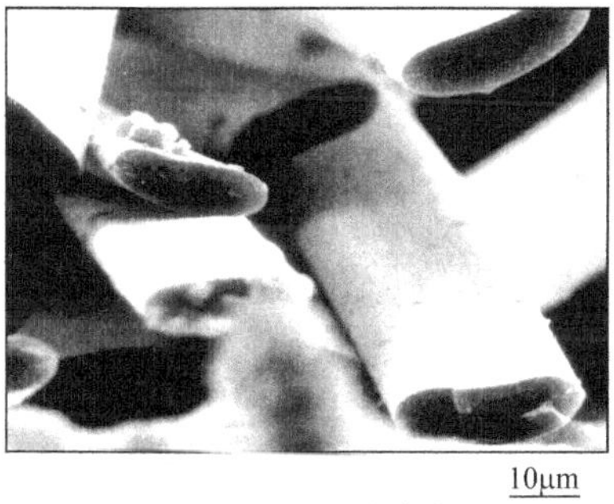

(a) 催化裂化渣油系

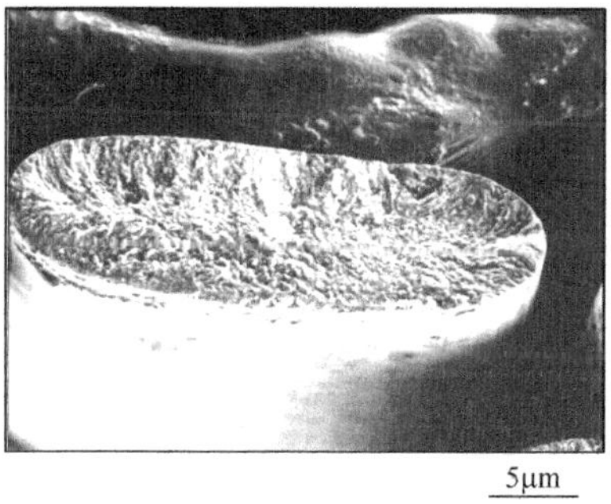

(b) 催化裂化渣油系

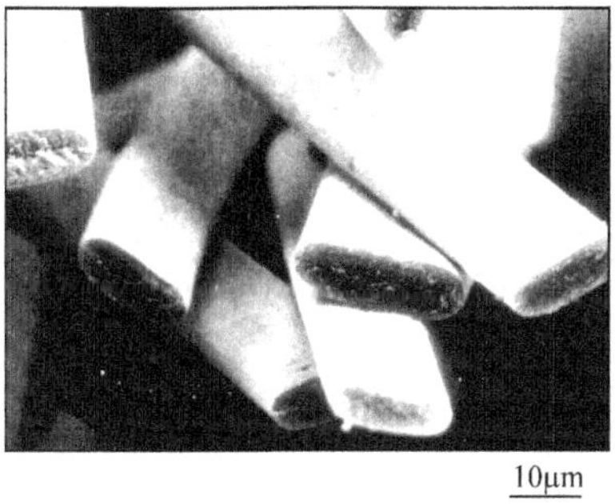

(c) 萘系

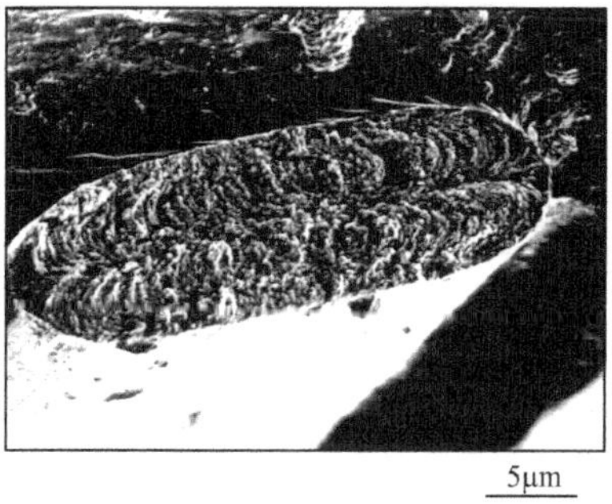

(d) 萘系

图 3-50　条形中间相沥青炭纤维的 SEM 照片[23,56]

从图 3-50 看到，在催化裂化渣油系和萘系中间相沥青条形炭纤维截面的 SEM 照片[图 3-50(b)和(d)]中均未发现有较大的裂缝产生。细致观察可以发现，两种系列炭纤维的截面略有区别，其中催化裂化渣油系中间相沥青炭纤维的截面呈现以平行于长边的中心线为起点向两边辐射的条纹截面结构，如图 3-31 中条形纤维模型(Ⅰ)结构；而萘系中间相沥青条形炭纤维截面呈现特殊弧形对称结构，如图 3-31 中条形纤维模型(Ⅱ)结构。这是由于催化裂化渣油系和萘系两种中间相沥青在纺丝过程中具有不同的流变性能所致。

比较图 3-50(a)和(c)，发现催化裂化渣油系中间相沥青条形炭纤维中的纤维有弯曲现象[图 3-50(a)]。其原因在于催化裂化渣油系中间相沥青的黏度较高，纺丝过程中喷丝板上微小的温差，就会引起体系的黏度不均匀，导致熔体形成细流弯曲[121]。由于萘系中间相沥青的黏度较低，这种现象不明显。

与中空、Y 形炭纤维相比，条形炭纤维是一种较易控制成形的异形炭纤维。首先，在条形沥青纤维的熔融纺丝过程中，因条形喷丝孔的当量直径小，沥青分子可以受到充分剪切，以使纺出的条形纤维具有高分子取向度(表 3-12)。其次，由于条形中间相沥青纤维宽度较窄，比表面积较大，不熔化过程中氧的扩散容易，能在较低的不熔化温度和较短的不熔化时间条件下，使纤维得到充分的氧化。因此，经不熔化处理的条形中间相沥青纤维在炭化过程中不易开裂，形成的缺陷少，全面改善了所获条形炭纤维的抗拉强度、抗拉模量和断裂伸长率等性能。这也是中间相沥青条形炭纤维的力学性能优于圆形和 Y 形炭纤维(表 3-18)的根本原因。

4. 中空炭纤维

图 3-51 为催化裂化渣油系中间相沥青中空不熔化纤维截面与表面的 SEM 照片。

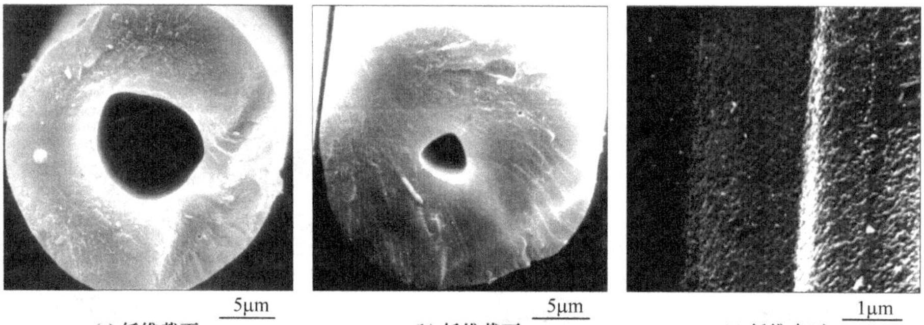

(a) 纤维截面　(b) 纤维截面　(c) 纤维表面

图 3-51　中间相沥青中空不熔化纤维的 SEM 照片[56]

由图 3-51 可以看出，中间相沥青中空纤维的中空度大小对其不熔化效果影响较大。中空度较大的沥青纤维不熔化后，纤维截面比较均匀[图 3-51(a)]；纤维的表面 C 形熔体细流两端熔合良好，没有明显的缺陷[图 3-51(c)]。而中空度较小的沥青纤维不熔化后，纤维截面呈现皮芯结构，且存有明显的孔隙[图 3-51(b)]。这是由于在沥青中空纤维外径(纤维环外径)相近的情况下，对于中空度较大的沥青纤维而言，其内环比表面积也较大，且纤维环宽度窄，在不熔化过程中，氧原子容易扩散到中空沥青纤维内部使分子氧化交联完全。而对于中空度较小的沥青纤维，不仅纤维内环的比表面积较小，而且纤维环宽度较大，不熔化过程与圆形纤维类似，纤维的皮芯效应明显，且易形成孔隙。

图 3-52 为中间相沥青中空炭纤维拉断截面的 SEM 照片。

(a) 催化裂化渣油系　(b) 催化裂化渣油系　(c) 萘系

图 3-52 中间相沥青中空炭纤维的 SEM 照片[56]

从图 3-52(a)看到，催化裂化渣油系中间相沥青中空炭纤维的拉断面凹凸不平、面积大、没有较大的缺陷，说明催化裂化渣油系中间相沥青中空炭纤维具有高的力学性能(表 3-18)，在发生断裂时要消耗较多的能量。从图 3-52(b)和(c)看到，催化裂化渣油系和萘系中间相沥青中空炭纤维截面的环外层和内层处的织构均呈辐射状，且垂直于表面排列，中间的部分呈乱层结构，其结构模型见图 3-31。其结构取决于纤维纺丝过程中沥青熔体的流变性和喷丝孔的结构。至于在萘系中间相沥青中空炭纤维截面存有较多的缺陷[图 3-52(c)]，则是由于萘系中间相沥青中空纤维采用⌒形喷丝板纺制，喷丝板的三处间隙和小的纤维中空度，造成所获中空炭纤维中存在较多的缺陷，降低了纤维的力学性能。

3.6.4 中间相沥青中空炭纤维的力学性能分析

由表 3-15 可知，虽然催化裂化渣油系中间相沥青圆形炭纤维的截面积($283\mu m^2$)小于中空炭纤维($318\mu m^2$)，但是中空炭纤维的力学性能高于圆形炭纤维。究其原因，可以从中空结构对纤维微观织构形成的影响以及中空结构对纤维力学性能的作用两方面进行分析。

1. 中空结构对纤维微观织构形成的影响

（1）沥青中空纤维纺制。由于沥青中空纤维纺制所采用的C形孔喷丝板截面积大、当量直径小，在熔融纺丝过程中可使中间相沥青分子受到强的剪切作用，同时可以有较高的拉伸比，因而纺制的中空沥青纤维中空度适宜、纤维环较窄、内外环表层呈现辐射状结构，纤维环中心附近呈无序结构，如图3-31所示。沥青中空纤维的这种特殊形貌与结构为中空炭纤维具有优异的力学性能奠定了基础。

（2）沥青中空纤维的不熔化。由于沥青中空纤维具有较窄的环宽度、较大的比表面积（内环与外环），在不熔化过程中不仅氧的扩散容易，能在较低的不熔化温度和较短的不熔化时间条件下，使纤维分子得到充分氧化交联，而且产生的气体也容易逸出，不会产生应力集中，可避免或减少纤维中孔隙、裂纹等缺陷形成。

（3）沥青中空不熔化纤维的炭化。基于沥青中空纤维在不熔化过程中纤维分子的氧化交联充分，在炭化过程中容易形成有序化程度较高的结构，有利于炭纤维力学性能尤其是模量的改善；加之中空纤维高的比表面积，能够及时逸出炭化过程中产生的小分子气体，也不会因应力集中，导致纤维中孔隙、裂纹等缺陷产生。因此，中空炭纤维具有高的抗拉强度。

2. 中空结构对炭纤维力学性能的作用

从材料力学[122]的角度分析，中空炭纤维和圆形炭纤维受到扭曲作用时，两种炭纤维产生的最大剪切应力和惯性矩说明中空炭纤维的中空结构对其力学性能所起的作用。

式(3-31)～式(3-34)为中空与圆形炭纤维最大剪切应力和惯性矩的计算公式。

中空炭纤维：

$$\tau_{\mathrm{h}}=\frac{M\cdot\dfrac{D_{\mathrm{h}}}{2}}{J_{\mathrm{h}}}\tag{3-31}$$

$$J_{\mathrm{h}}=\frac{1}{32}\pi D_{\mathrm{h}}^{4}(1-h^{2})\tag{3-32}$$

圆形炭纤维：

$$\tau_{\mathrm{c}}=\frac{M\cdot\dfrac{D_{\mathrm{c}}}{2}}{J_{\mathrm{c}}}\tag{3-33}$$

$$J_{\mathrm{c}}=\frac{1}{32}\pi D_{\mathrm{c}}^{4}\tag{3-34}$$

式中，$\tau_h(\tau_c)$为中空(圆形)炭纤维的最大剪切应力；M 为扭矩；$J_h(J_e)$为中空(圆形)炭纤维的惯性矩；$D_h(D_c)$为中空(圆形)炭纤维的外(直)径；h 为中空炭纤维中空度。

当中空和圆形炭纤维受到同样大小的扭矩作用时，满足 $J_h=J_c$、$\tau_h=\tau_c$ 的条件，即

$$\frac{D_h}{D_c}=\sqrt[3]{\frac{1}{1-h^2}} \tag{3-35}$$

$$\frac{A_h}{A_c}=\frac{\frac{1}{4}\pi(D_h^2-d_h^2)}{\frac{1}{4}\pi D_c^2}=\sqrt[3]{\frac{1-h}{(1+h)^2}} \tag{3-36}$$

式中，$A_h(A_c)$为中空(圆形)炭纤维的截面积；d_h 为中空炭纤维的内径。

中空度 h 的值介于 0 与 1 之间，当 $h\to 0$ 时，$D_h=D_c$，$A_h=A_c$，中空纤维变为圆形纤维；当 $h\to 1$ 时，$D_h\gg D_c$，$A_h\ll A_c$，中空炭纤维和圆形炭纤维要达到同样抗扭能力，显然中空炭纤维所需截面积较小，可以节省材料，但是其外径较大。截面积较小时，对于各向同性材料，其抗拉能力将被削弱。而对于中间相沥青基炭纤维，中空结构不仅能使其具备较好的抗扭能力，同时也改善了其抗拉强度。

材料力学的研究还表明[122]，中空结构可以提高材料的抗弯能力和刚度，但当中空结构存在轴向开口而成为 C 形时，材料的抗扭、抗弯能力则会大幅度降低。

参考文献

[1] Singer L S. The mesophase and high modulus carbon fibers from pitch[J]. Carbon,1978,16(6):409-415.

[2] Hamaguchi M,Suzuki T,Nishizawa T,et al. Mesophase pitch for high-performance carbon fiber[J]. Kobelco Technology Review,1990,7:39-42.

[3] Townsend H N. High-modulus,high-performance carbon fiber from pitch precursor[J]. Economic Computation and Economic Cybernetics Studies and Research,1980,1:453-460.

[4] Barr J B,Chwastiak S,Didchenko R,et al. High modulus carbon fibers from pitch precursor[J]. Applied Polymer Symposia,1975,25:161-173.

[5] Paiva M C,Bernardo C A,Nardin M. Mechanical surface and interfacial characterization of pitch and PAN-based carbon fibres[J]. Carbon,2000,38(9):1323-1337.

[6] 贺福. 碳纤维及其应用技术[M]. 北京:化学工业出版社,2004.

[7] 王曾辉,高晋生. 碳素材料[M]. 上海:华东化工学院出版社,1991.

[8] 周其凤,王新久. 液晶高分子[M]. 北京:科学出版社,1994.

[9] 江源. 光源发展史(一)[J]. 灯与照明,2010,34(1):54-62.

[10] 沈曾民. 新型碳材料[M]. 北京:化学工业出版社,2003.

[11] 高瑞林,李安邦. 炭纤维工业三十年——回顾与展望[J]. 新型碳材料,1990,5(4):8-11,7.
[12] 松本光昭. 沥青炭纤维[J]. 李安邦,译. 新型碳材料,1987,2(4):28-34.
[13] Stoner E G,Edie D D. Effect of shape on tensile strength of pitch-based carbon fibers[C]//Proceedings of the International Carbon Conference,1990:180-181.
[14] Rhee B S,Ryu S K,In S,et al. The Mechanical properties and structures of pitch based hollow carbon fibers[C]//International Symposium on Carbon,Tsukuba,1990:598-601.
[15] Choi Y J,Lee J I,Shim H B,et al. On C/C composite reinforced with round and C-shaped carbon fibers[C]//Extended Abstracts for 21th Biennial Conference on Carbon, 1993: 74-75.
[16] Shim H B,Kim C J,Park B B,et al. Thermal characteristics of CF/EP system[C]//Proceedings of the International Carbon Conference,1994:716-717.
[17] Lin S S. 日本炭纤维工业的最新进展[J]. 李润民,译. 新型碳材料,1993,8(1):10-18,36.
[18] 李明伟,王成扬. 中间相沥青基中空炭纤维的制备及其性能的研究[J]. 炭素,1996,(4):14-18.
[19] 王成扬,李明伟. Y形沥青基炭纤维的制备及不熔化处理对其性能的影响[J]. 炭素技术,1997,(6):1-4.
[20] Wang C Y,Li M W,Wu Y L,et al. Preparation and microstructure of hollow mesophase pitch-based carbon fibers[J]. Carbon,1998,36(12):1749-1754.
[21] 李明伟,王成扬. 中间相沥青基异形炭纤维的研究与应用[J]. 炭素技术,1998,(2):31-35.
[22] 李明伟,王成扬. 中间相沥青基条形炭纤维的制备与性能[J]. 材料研究学报,1998,12(5):535-538.
[23] 王成扬,李明伟,郭崇涛,等. 不同形状中间相沥青炭纤维的横断面结构[J]. 材料研究学报,2000,14(4):431-437.
[24] Wang C Y,Li M W,Zheng J M,et al. Melt-spinning of non-circular fibers from mesophase pitches[J]. New Carbon Materials,2003,18(1):10-14.
[25] Singer L S. High modulus high strength fibers produced from mesophase pitch[P]: US,4005183. 1977.
[26] Chwastiak S. Low molecular weight mesophase pitch[P]:GB,2005298A. 1979.
[27] 角田三尚,北嶋荣二. 沥青基炭纤维的最近动向[J]. 早立,译. 新型碳材料,1988,3(2):23-29.
[28] 钱树安. 从液相碳化理论看 A-240 石油沥青和 LS 中温煤沥青组成结构的差别——兼论高性能沥青碳纤维的原料路线[J]. 碳素,1984,(3):1-11.
[29] 王成扬,郭崇涛. 纺丝用中间相沥青的有效制备途径[J]. 新型碳材料,1991,6(3-4):71-77.
[30] Diefendorf R J,Riggs D M. Forming optically anisotropic pitches[P]:US,4208267. 1980.
[31] 高瑞林. 拟似中间相沥青和拟似中间相[J]. 碳素,1987,(1):10-17.
[32] Otani S,Oya A. Petroleum-derived carbons[C]//Bacha J D,Newmany J W,White J L. ACS

Symposium Series, 1986: 323-334.

[33] Mochida I, Nakamura E I, Maeda K, et al. Carbonization of aromatic hydrocarbons—Ⅳ: Reaction path of carbonization catalyzed by alkali metals[J]. Carbon, 1976, 14(2): 123-129.

[34] Mochida I, Sone Y, Korai Y. Preparation and properties of carbonaceous mesophase—Ⅱ: Highly soluble mesophase from ethylene tar modified using aluminum chloride as a catalyst [J]. Carbon, 1985, 23 (2): 175-178.

[35] 王成扬，阮湘泉，郑嘉明，等. 乙烯焦油经 $AlCl_3$ 催化改质制备高可熔性中间相沥青[J]. 碳素，1992，(1)：24-29.

[36] 魏锋，刘朗，王茂章，等. 轻柴油重组分 $AlCl_3$ 催化改性产物的中间相转化行为[J]. 石油学报(石油加工)，1989，5(4)：1-7.

[37] Stadelhofer J W, Alsmein F A, Diefendorf R J. 由高缩合度芳烃制备中间相[J]. 刘朗，译. 新型碳材料，1987，(1)：21-28.

[38] Park Y D, Korai Y, Mochida I. Preparation of anisotropic mesophase pitch by carbonization under vacuum[J]. Journal of Materials Science, 1986, 21(2): 424-428.

[39] Park Y D, Mochida I. A two-stage preparation of mesophase pitch from the vacuum residue of FCC decant oil[J]. Carbon, 1989, 27(6): 925-929.

[40] Rhee B S, Ryu S K, Jung D H, et al. Preparation of spinnable mesophase pitch by two stage heat treatment from coal tar pitch[C]//Extended Abstracts of the 19th Biennial Conference on Carbon, 1989: 212-213.

[41] 宋怀河，刘朗，王茂章. 沥青-重油共炭化制取中间相沥青基炭纤维初探[J]. 炭素技术，1994，(5)：5-9.

[42] Vassallo A M, Codd R. Pyrolysis and mesophase formation from sucrose[J]. Carbon, 1988, 26(4): 553-558.

[43] Sumner M B. Thermal properties of heavy isotropic petroleum pitches[C]//Proceedings of the International Carbon Conference, 1988: 52-54.

[44] Hutchenson K W, Roebers J R, Thies M C. Fractionation of petroleum pitch by supercritical fluid extraction[C]//Extended Abstracts of the 19th Biennial Conference on Carbon, 1989: 218-219.

[45] 郑嘉明，王成扬，阮湘泉，等. 催化缩聚法制备萘沥青和中间相沥青[J]. 天津大学学报，1995，28(2)：215-220.

[46] 金日光. 高聚物流变学及其在加工中的应用[M]. 北京：化学工业出版社，1986.

[47] 张心稳，王成扬，阮湘泉，等. 中间相沥青流变参数的测定[J]. 高校化学工程学报，1992，6(1)：41-48.

[48] Reggle L, Friedel R A, Wender I. Lithium in ethylenediamine: A new reducing system for organic compounds[J]. Journal of Organic Chemistry, 1957, 22(8): 891-894.

[49] 刘银全，王秀娥，李安邦，等. 针入法沥青软化点和可纺性的简易测定[J]. 新型碳材料，

1994,9(3):30-31.
[50] 王成扬,郑嘉明,阮湘泉,等. 中间相沥青质量的综合评判分析[J]. 炭素,1997,(1):14-16.
[51] 王茂章,贺福. 碳纤维的制造其应用[M]. 北京:科学出版社,1984.
[52] 汪培庄. 模糊集合论及其应用[M]. 上海:上海科学技术出版社,1983.
[53] 张跃,邹寿平,宿芬. 模糊数学方法及其应用[M]. 北京:煤炭工业出版社,1992.
[54] 王光远. 论综合评判几种数学模型的实质及应用[J]. 模糊数学,1984,4(4):81-87.
[55] 林喜德,张家芸. 综合评判法在炼钢工艺研究中的应用[J]. 应用数学,1990,(4):90-92.
[56] 李明伟. 中间相沥青基异性炭纤维的制备及其性能的研究[D]. 天津:天津大学硕士学位论文,1997.
[57] 张家埭. 碳材料工程基础[M]. 北京:冶金工业出版社,1992.
[58] Han C D. 聚合物加工流变学[M]. 徐僖,吴大诚,等译. 北京:科学出版社,1985.
[59] 阮湘泉,王成扬,郑嘉明,等. 碳纤维原料沥青流变性能的研究[J]. 碳素,1991(2):18-23,34.
[60] Mochida I, Yoon S, Korai Y. Control of transversal texture in circular mesophase pitch-based carbon fiber using non-circular spinning nozzles[C]//Proceedings of the International Carbon Conference,1992:848-850.
[61] Fortin F, Yoon S H, Korai Y, et al. Microtexture of transversal sections of carbon fibers controlled by spinning[C]//Extended Abstracts for 21th Biennial Conference on Carbon, 1993:248-249.
[62] Robinson K E, Edie D D. Microstructure and texture of pitch-based ribbon fibers for thermal management[J]. Carbon,1996,34(1):13-36.
[63] Wang C Y, Li W, Wu L, et al. Preparation and microstructure of hollow mesophase pitch-based carbon fibers[J]. Carbon,1998,36(12):1749-1754.
[64] Lv Y G, Wu D, Zha Q F, et al. Skin-core structure in mesophase pitch-based carbon fibers: Causes and prevention[J]. Carbon,1998,36(12):1719-1724.
[65] 李同起. 碳质中间相结构的形成及其相关材料的应用研究[D]. 天津:天津大学博士学位论文,2005.
[66] 吴贤贤. 中间相沥青的流变学模型及其熔融纺丝的研究[D]. 天津:天津大学硕士学位论文,1992.
[67] 姜启源. 数学模型[M]. 北京:高等教育出版社,1987.
[68] Wu X X, Wang C Y, Guo C T. Experimental scrutiny for the constitutive equation of mesophase pitch[J]. Carbon,1998,36(9):1291-1298.
[69] Bird R B, Spriggs T W. Elongational viscosity of viscoelastic fluids[J]. Physics of Fluids, 1965,7(8):1390-1392.
[70] Jackson K P, Walters K, Williams R W. A rheometrical study of Boger fluids[J]. Journal of Non-Newtonian Fluid Mechanics,1984,14:173-188.

[71] Lamonte R R, Han C D. Studies on melt spinning. Ⅱ. Analysis of the deformation and heat transfer processes[J]. Journal of Applied Polymer Science, 1972, 16(12): 3285-3306.

[72] Kase S, Matsuo T. Studies on melt spinning. Ⅰ. Fundamental equations on the dynamics of melt spinning [J]. Journal of Polymer Science Part A: Polymer Chemistry, 1965, 3(7): 2541-2554.

[73] 薛履中. 工程最优化技术[M]. 天津：天津大学出版社，1988.

[74] Singer L S. Carbon fibres from mesophase pitch[J]. Fuel, 1981, 60(9): 839-847.

[75] 史景利，查庆芳，冀勇，等. 中间相沥青可纺性的评价[J]. 炭素技术，1990，(3)：1-4.

[76] 吴大成. 合成纤维熔体纺丝[M]. 北京：纺织工业出版社，1980.

[77] Nazem F F. Rheology of carbonaceous mesophase pitch[J]. Fuel, 1980, 59(12): 851-859.

[78] 刘让同，李锐. 喷丝板的设计生产[J]. 轻纺工业与技术，2011，40(1)：17-20.

[79] 赵琪. 异形喷丝板的孔形设计方法[J]. 合成纤维工业，1988，11(4)：22-27.

[80] 中华人民共和国纺织工业部. FZ/T 50002—1991. 化学纤维异形度试验方法[S]. 北京：中国标准出版社，1991.

[81] 吴兆平，佘序芬. 微机图像处理技术及其在化纤异形度测试中的应用[J]. 合成纤维，1995，(6)：20-24.

[82] 许漪. 熔纺喷丝板的设计[J]. 合成纤维，1991，21(6)：47-54.

[83] 北京化工学院化纤机械教研室. 应用流变原理设计喷丝板微孔[J]. 合成纤维，1979，9(2)：22-28.

[84] 马清苑. 日本化纤喷丝板发展近况[J]. 合成纤维工业，1981，4(6)：15-22.

[85] 郭英，赵小康，高辉，等. 纺丝熔体在异形喷丝孔中的流动阻力计算[J]. 合成纤维工业，15(5)：8-10.

[86] 古大治，吴大诚. 熔体纺丝工艺的物理基础[J]. 合成纤维工业，1978，1(4)：52-58.

[87] Wang C Y, Li Q Z, Zheng J M, et al. Die-swell measurement for the evaluation of elasticity of mesophase pitches[J]. Carbon, 1998, 36(12): 1861-1863.

[88] Edie D D, Dunham M G. Melt spinning pitch-based carbon fibers[J]. Carbon, 1989, 27(5): 647-655.

[89] 李明伟，王成扬. 中间相沥青熔纺异形纤维的工艺研究Ⅰ. 中间相沥青的性质与异形喷丝板的设计[J]. 合成纤维工业，1997，20(5)：13-15.

[90] 黄汉雄. 几种消除熔体破裂的方法[J]. 高分子材料科学与工程，1990，(1)：11-18.

[91] 董纪震，罗鸿烈，王庆瑞，等. 合成纤维生产工艺学[M]. 2 版. 北京：纺织工业出版社，1993.

[92] 吴人洁. 现代分析技术——在高聚物中的应用[M]. 上海：上海科学技术出版社，1987.

[93] 贺福. 碳纤维的强度理论[J]. 碳素，1985，(4)：1-9.

[94] 贺福. 碳纤维的模量理论[J]. 碳素，1986，(2)：1-9.

[95] 松村雄次. 沥青系炭材料的开发与应用[J]. 李安邦，译. 新型碳材料，1988，3(4)：19-22.

[96] Edie D D, Fox N K, Barnett B C. Melt-spun non-circular carbon fibers[J]. Carbon, 1986, 24

(4):477-482.

[97] Yamada Y,Imamura T,Honda H,et al. Pitch-based carbon fibers and pitch compositions and precursor fibers therefor[P]:US,4590055. 1986.

[98] Lafdi K,Bonnamy S,Oberlin A. Mechanism of formation of the texture and microtexture in as-spun then oxidized anisotropic pitch-based carbon fibers[J]. Carbon,1992,30(4):569-575.

[99] Lafdi K,Bonnamy S,Oberlin A. Textures and structures in heterogeneous pitch-based carbon fibers[J]. Carbon,1993,31(1):29-34.

[100] White J L,Buechler M. Mesophase mechanism in the formation of graphitic microstructures[C]//Preprint for American Chemical Society Symposium on Petroleum Derived Carbon,1984:388-397.

[101] 吕永根,查庆芳,吴东,等. 熔融纺丝温度对大直径中间相沥青炭纤维结构性能的影响[J]. 碳素,1994,(4):1-5.

[102] Edie D D. Pitch and mesophase fibers[M]//Figueiredo J L,Bernardo C A,Baker R T K,et al. Carbon Fibers Filaments and Composites. Dordrecht:Kluwer Academic Publishers,1990:43-72.

[103] Endo M. Structures of mesophase pitch-based carbon fibers[J]. Journal of Materials Science,1988,23(2):598-605.

[104] McHugh J J,Edie D D. Orientation of mesophase pitch in capillary and channel flows[J]. Liquid Crystals,1995,18:327-335.

[105] 谢毓章. 液晶物理学[M]. 北京:科学出版社,1988.

[106] McHugh J J,Edie D D. The orientation of mesophase pitch during fully developed channel flow[J]. Carbon,1996,34(11):1315-1322.

[107] 张心稳. 中间相沥青流变学及其可纺性的研究[D]. 天津:天津大学硕士学位论文,1988.

[108] 王绍亭,陈涛. 动量、热量与质量传递[M]. 天津:天津科学技术出版社,1986.

[109] Matsumoto T. Mesophase pitch and its carbon fibers[J]. Pure and Applied Chemistry,1985,57(11):1553-1562.

[110] 嘉数隆敬,Marsh H. 中间相沥青纤维的氧化[J]. 茅秀彬,贺福,译. 新型碳材料,1986,1(2):50-52.

[111] 角田三尚. 石油沥青基纤维的不熔化反应[J]. 早立,译. 新型碳材料,1987,2(2):8-9.

[112] 陈玉琴,查庆芳,冀勇,等. 中间相沥青纤维的氧化[J]. 碳素,1990,(1):31-33,11.

[113] 陈玉琴,刘朗,孙玉俊,等. 沥青纤维不熔化过程的研究——空气中沥青纤维的氧化[J]. 碳素,1991,(4):1-5.

[114] 刘心慰,何迎春,黄海珍,等. 煤沥青纤维的不熔化处理[J]. 碳素,1992,(2):8-14.

[115] 迟伟东,沈曾民. 石油沥青纤维不熔化处理的研究[J]. 新型碳材料,1995,10(3):41-51.

[116] 凌立成,吴东,陈玉琴,等. 中间相沥青纤维在不同氧气浓度下氧化稳定化过程的研究中

间相沥青纤维的氧化[J]. 炭素技术，1996，(2)：12-15.
[117] 沈曾民，迟伟东，张学军，等. 石油沥青基炭纤维的制备[J]. 新型炭材料，2005，20(1)：1-7.
[118] 钱树安. 烃类液相炭化过程的物理化学[R]. 太原：中国科学院山西煤炭化学研究所，1982.
[119] 陈玉琴，凌立成，刘朗，等. 气相色谱法研究沥青不熔化纤维的碳化[J]. 新型碳材料，1994，9(3)：32-34.
[120] 大谷杉郎，真田雄三. 炭素化工学の基础[M]. 东京：株式会社オ-ム社，1980.
[121] 孙丕俊，刘朗. 沥青熔融纺丝[J]. 新型碳材料，1991，6(1)：17-26.
[122] 北京钢铁学院，东北工学院. 工程力学(中)[M]. 北京：高等教育出版社，1979.

第 4 章　中间相炭微球

中间相炭微球是一种新型炭材料，是在研究中间相的过程中发展起来的，其理论基础源于碳质中间相理论。亦即，中间相炭微球生成-长大机理符合“颗粒基本单元构筑”理论。中间相炭微球的生成以稠环芳烃的液相炭化理论为指导，中间相炭微球制备过程分三个工艺段：中间相炭微球的生长、分离和炭化（石墨化）。目前，中间相石墨化微球已在锂离子二次电池负极材料领域获得了成功的工业化应用。

4.1　中间相炭微球的生长

4.1.1　原料选择

按照稠环芳烃的液相炭化理论，各类烃液相炭化的难易程度按从难到易的顺序依次为烷烃、烯烃、芳烃和多环芳烃[1-6]。因此，制备中间相炭微球的原料多为含有多环芳烃重质成分的烃类[3,4]。液相炭化的工业原料有煤系沥青和重质油、石油系重质油等[3,4,7,8]。作为制备中间相炭微球的原料，通常为中温煤沥青[9,10]、煤焦油[11]、催化裂化渣油[12]或它们的组合[13]。

另外，原料中的吡啶不溶物（PI）或喹啉不溶物（QI）；外加物质即添加剂，如炭黑、石墨粉、中间相炭微球、有机金属化合物、沉降硫以及酚醛树脂等；反应温度下的物系黏度均对中间相炭微球的生成、长大、融并及其结构有不同程度的影响。

1. QI 或 PI 的影响

以含有原生 QI 的煤沥青为原料制备中间相炭微球时，由于煤沥青中层状结构游离炭的存在，以使在较为缓和的条件下，原生 QI 成核煤沥青基中间相炭微球的结构更倾向于“地球仪”型结构，而不是“洋葱”型结构[14,15]。研究表明[16,17]，原生 PI 对中间相炭微球的形成具有某种催化作用，同时在热缩聚过程中还起着阻止中间相小球体的相互融并的作用，以使形成中间相炭微球的球径均匀。显然，可以通过调节原料中 PI 的含量控制中间相炭微球的球径以及球径分布。

2. 添加剂的影响

原料中加入炭黑可以促进中间相炭微球球核的形成，并阻止微球间的融并[18]。宋怀河等[12]对催化裂化渣油中添加炭黑制备中间相炭微球进行了研究，验证了上述结果。Koral 等的研究表明[19-21]，炭黑的加入量提高，可使形成的中间相炭微球直径减小、数量增多、球径分布趋于均匀，并提高中间相炭微球的收率。

以鳞片石墨作添加剂时，发现鳞片石墨的尺寸对中间相炭微球形成的影响机理不同[22,23]。加入大鳞片石墨（约 10μm）的体系，生成中间相炭微球的织构为具有石墨鳞片“核”的“三明治”型夹心结构。而加入小鳞片石墨（<0.5μm）的体系，生成中间相炭微球的织构随体系中小鳞片石墨的含量不同而出现变化，在较少小鳞片石墨存在下生成中间相炭微球的织构为杂乱的无序结构；但随着小鳞片石墨添加量的增加，生成的中间相炭微球织构逐步变为类似添加大鳞片石墨体系的“三明治”型结构；同时，过量的小鳞片石墨易于包覆在中间相炭微球外部，形成包覆型中间相炭微球。

在以两种不同尺寸的氧化铝粉为添加剂制备中间相炭微球的过程中发现[23]，小于 1μm 的氧化铝对中间相小球的生长起阻碍作用，而 2～6μm 的氧化铝却起着促进作用。同时发现，能进入中间相炭微球中的固体物质，不论是片状物质还是小块状，均阻碍中间相炭微球的生长；而较难进入中间相炭微球中的较大固体物质，却可以起到促进中间相炭微球生长的作用。

原料中加入二茂铁、羰基铁等有机金属化合物也可以有效促进小球体的均匀生成并阻止其融并[24,25]。

以沉降硫为添加剂，可改变中间相炭微球的形成、长大机制[25,26]。例如，在硫的质量分数为 1%～10%的体系中，不仅推迟了中间相炭微球的形成时间，而且随硫添加量的增多，形成的中间相炭微球尺寸增大，异形率增加；当硫的质量分数超过 10%后，则难以形成中间相小球，只能形成体中间相。

在 QI 含量很低的煤焦油沥青原料中加入酚醛树脂，虽能提高中间相炭微球的收率，使平均球径增加，但由于酚醛树脂对中间相炭微球的桥接与融并作用，往往使得中间相炭微球的织构变得复杂[25]。

炭黑和有机金属化合物均属于难石墨化物质，它们的加入等同于对原料引进杂质，势必会影响中间相炭微球制品的性能。而在原料中加入易石墨化物质，如焦粉、石墨粉，甚至加入直径较小的中间相炭微球，由此制备的中间相炭微球除具有均匀的粒径外，还可避免因加入难石墨化物质带来的负面影响[27]。对于沉降硫与酚醛树脂的加入，由于它们在稠环芳烃的热缩聚、中间相炭微球的生成、长大与融并过程中，具有催化、交联与桥接的作用，所以会改变中间相炭微球的形成、长大机制，导致形成的中间相炭微球异形度高、织构复杂。

4.1.2　生长工艺

中间相炭微球的生长工艺有热缩聚法[28,29]和乳化法[30-32]，目前中间相炭微球的制备主要采用热缩聚法。

图 4-1 是热缩聚法生长中间相炭微球的工艺流程示图。

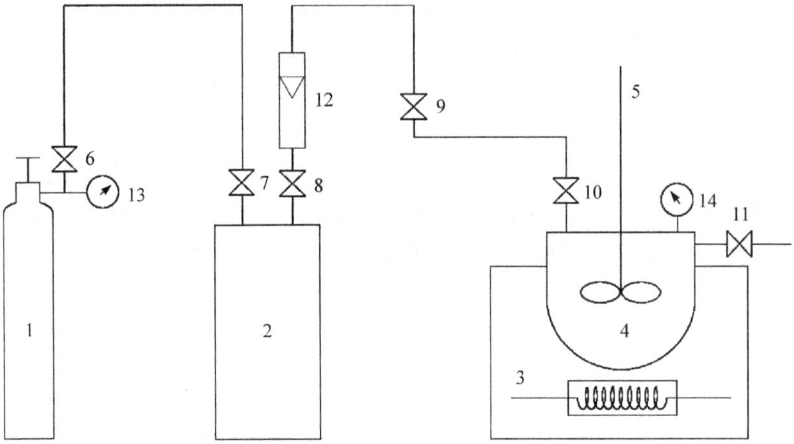

图 4-1　热缩聚法生长中间相炭微球的工艺流程图[10]

1-氮气钢瓶；2-氮气净化器；3-加热炉；4-反应釜；5-搅拌器；6～11-阀门；12-流量计；13，14-压力表

热缩聚法生长中间相炭微球工艺如下：将反应物料（粉碎后块状的中温煤沥青原料，或煤沥青与一定比例的添加剂粉碎后的混合物原料等）置于一定容量的反应釜中，然后在纯 N_2 保护、搅拌状态下，以一定的升温速率升到某一温度（一般在 350～450℃范围内），并在该温度下恒定一段时间，然后自然冷却至室温。或先在纯 N_2 保护下低温（如 100～300℃）停留一段时间，然后在密闭状态下进行自升压聚合[28]，反应过程中持续搅拌，反应结束后，冷却产物（富含中间相小球体）至室温。

在热缩聚法生长中间相炭微球的过程中，影响中间相炭微球质量和产量的条件主要有反应温度、反应时间、升温速率、搅拌速度以及力场、磁场等，其中反应温度和反应时间是最主要的影响因素[29]。反应温度对制备中间相炭微球的影响最大，随反应温度的升高，中间相炭微球的收率明显增加。随反应时间的延长，微球体变大。提高搅拌速度，可加剧反应体系中物料的流动，起到阻止微球长大，降低微球收率的作用，但这种影响效果往往不明显。

著者研究团队选用两种族组成差别较大的煤焦油沥青（低温煤焦油沥青、中温煤焦油沥青）为原料，采用热缩聚法分别在均相成核和非均相成核体系中生长中间相炭微球，系统考察了中间相炭微球的生长过程，详见 2.1.5 节中间相炭微球的形成过程，2.1.6 节添加剂对中间相炭微球形成过程的影响和 2.1.7 节中间相炭微球形成过程中的超细碳质颗粒。

4.2　中间相炭微球的分离

从热缩聚法或乳化法生长(制备)的中间相炭微球,通常存在于富含于缩聚产物的母液或乳液中,必须通过合适的方法将中间相炭微球分离出来。从母液或乳液分离中间相炭微球的方法有溶剂分离法、离心分离法和热过滤分离法等[33,34]。

4.2.1　溶剂分离法

溶剂分离法又称溶剂萃取法,其原理基于中间相炭微球的溶剂不溶特性。亦即,将含有中间相炭微球的沥青置于某种溶剂,如甲苯、四氢呋喃、吡啶或喹啉,在索氏抽提器中进行抽提。待抽提至无色后,取出溶剂不溶物,然后用丙酮萃取不溶物中的溶剂,最后将不溶物进行干燥,获得中间相炭微球。

中间相沥青母液组分非常复杂,在不同溶剂中的溶解性能有较大差异。一般情况下,母液的溶解性越强,中间相炭微球的收率越低,残余在中间相炭微球上的小芳烃分子也越少;尽管采用溶解性差的溶剂可以得到较高的中间相炭微球产率,但往往球形度不好,微球上残余的小芳烃分子也较多。另外,采用不同溶剂分离获得中间相炭微球的形态与表面特征也存在一定的差异。薛锐生等[29]采用吡啶和四氢呋喃对中间相炭微球进行分离,发现以四氢呋喃作为分离溶剂可以得到收率高、球形度好、中间相含量高的中间相炭微球。著者研究团队[9,10]用甲苯、四氢呋喃、吡啶和喹啉四种溶剂分别抽提中间相炭微球,发现用喹啉做分离剂获得的小球较好,且所需抽提的时间较短。

需要指出的是,碳质中间相并不完全等同于溶剂不溶物,而是其中含有的溶剂可溶物较少[35]。由于溶剂的抽提作用,用溶剂分离法获得的中间相炭微球中轻组分的含量比其他分离法少。

4.2.2　离心分离法

离心分离法基于沉降分离法的原理,即根据分散体系中不同相的密度差异进行分离的方法。由于中间相炭微球的密度一般比光学各向同性的母液大,所以可以利用这种方法进行分离[36]。

根据沉降公式:

$$v=\frac{\Delta\rho g r^2}{4\pi\eta} \tag{4-1}$$

式中,v 为沉降速度;$\Delta\rho$ 为中间相炭微球与母液的密度差;r 为中间相炭微球的半径;g 为重力加速度;η 为母相黏度。

由式(4-1)可知,沉降速度与中间相炭微球和母液的密度差、中间相炭微球半径的平方以及重力加速度成正比，与母相黏度成反比。显然，离心作用可以提高中间相炭微球的重力加速度，加热可以降低母液的黏度。因此，将富含中间相炭微球的中间相沥青粉碎后置入高温离心机中，在加热情况下可以把中间相炭微球从母液中分离出来，获得中间相炭微球[37,38]。

Kodama 等[39]将煤沥青于 400℃左右热处理，而后通过离心分离获得中间相炭微球。由于煤沥青原料中存在喹啉不溶物，所以获得的中间相炭微球表面覆盖有喹啉不溶物。日本大阪煤气公司和川崎制铁公司分别开发了离心分离法制备中间相炭微球工艺。其中，大阪煤气公司采用工业装置连续生产中间相炭微球的工艺为：首先采用脱水塔分离去除原料煤焦油中的轻油组分；接着利用高温离心分离机脱除原生喹啉不溶物；然后在反应器中加压热处理，生成富含中间相炭微球的中间相沥青；再将富含中间相炭微球的中间相沥青置入高温离心机中分离去除次生喹啉不溶物，精制后获得中间相炭微球[10]。

需要说明的是，只有在中间相炭微球的密度与母相沥青的密度相差较大时，才能利用离心分离的方法有效地把中间相小球体从母相中分离出来；而当形成的中间相炭微球中含有较多的可溶中间相时，微球和母液的密度差较小，这时用离心分离法很难将它们有效地分开。

4.2.3　热过滤分离法

鉴于中间相炭微球的软化点和熔融点远高于母液的软化点和熔融点，当加热含有中间相炭微球的中间相沥青时，母液先软化、熔融；当母液具有了一定的流动性能时，中间相炭微球仍旧保持固相状态，利用这种特性可以用过滤分离法把中间相炭微球从母液中分离出来。

亦即，热过滤分离法就是把含有中间相炭微球的中间相沥青置于过滤设备中，然后加热搅拌，待母液熔化后，在压力差（加压或抽真空）的推动下滤出母液，留中间相炭微球在容器内[40,41]。有时为了增加过滤速度，也会在体系中加入一定量的溶剂。

4.2.4　超临界热萃取法

超临界热萃取法是将固态的中间相沥青和液态的脂肪烃置入在一个充有氮气的封闭体系中加热达到超临界状态，再将体系打开，使其他组分脱离体系的方法[42,43]。

Yokono 等[42]将固态的煤焦油沥青、正构脂肪烃（熔点 341～343℃）粉碎至 20～50μm，将其置入充有氮气的容器中密闭、加热。在加热伊始煤焦油沥青以固相沉于底部；当体系加热到 450℃时，沥青熔化并且开始有液相扩散到正构脂肪烃中；在 450～500℃时，大量的煤焦油沥青形成中间相炭微球并分散到正构脂肪烃中，同时有小分子烃类逸出，在体系上方形成 N_2、CH_4、C_2H_6、C_3H_8气体混合物；当体系温度大于 500℃时，体系中的 N_2、CH_4、C_2H_6、C_3H_8达到超临界状态，中间相炭微球分散在这个体系中，最后将体系中气体放出，中间相炭微球则留在体系中。

4.2.5　溶剂-离心联合分离法

热缩聚法中间相炭微球的分离多使用溶剂-离心联合分离法。著者研究团队采用溶剂-离心联合分离法分离热缩聚法中间相炭微球的流程为：首先将富含中间相炭微球的固体中间相沥青粉碎至一定粒度，置于洗油中溶解一定的时间（中间相沥青与洗油的质量比约为 1∶3）；然后在 100℃左右热过滤，获得不溶物；再将不溶物置于索氏抽提器用甲苯、四氢呋喃、吡啶或喹啉抽提至无色，取出溶剂不溶物，用丙酮洗涤 2～3 次后，进行离心分离，分离出的中间相炭微球在干燥箱中干燥 30h 以上，获得纯净的中间相炭微球。

4.3　中间相炭微球的炭化和石墨化

为获得具有各种目标性能的中间相炭微球制品，还需对所制中间相炭微球进行炭化以获得炭化制品，或进一步进行石墨化，获得石墨化制品。其中炭化和石墨化流程与中间相沥青炭纤维的相同，见图 3-41。

中间相炭微球的炭化通常采用管式炭化炉，以氮气为保护气体，炭化温度为 1000℃。中间相炭微球的石墨化，使用中频感应石墨化炉，以氩气作为保护气体，石墨化温度为 2300～3000℃。

为了制定适宜的炭化升温程序，须首先对中间相炭微球进行热失重实验。图 4-2是中温煤焦油沥青系中间相炭微球的热失重曲线[25]，该中间相炭微球的热

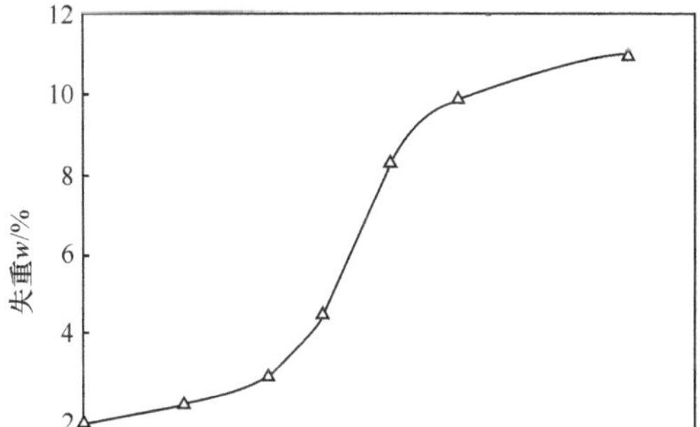

图 4-2　中温煤焦油沥青系中间相炭微球的热失重曲线[25]

缩聚条件为 420℃-7h。

从图 4-2 可以看到,中温煤焦油沥青系中间相炭微球的热失重曲线与沥青不熔化纤维在炭化过程中失重与温度的关系曲线(图 3-42)类似。亦即,350℃之前,中间相炭微球的失重值随温度的增加缓慢,可以认为,350℃之前升温速度对中间相炭微球的炭化反应的影响不大;在 350～700℃温度区间,中间相炭微球的失重值随温度的上升快速增加,说明该温度区间中间相微球的炭化反应剧烈,释放出了较多的小分子物质,这就要求此阶段的升温速度不能过快,以防中间相炭微球的炭化反应过于激烈而导致其微晶结构的破坏;在 700～1000℃温度区间,中间相炭微球失重值渐趋平缓,固相炭化反应又趋于缓和,该阶段可以加快升温速度。

依据图 4-2 中温煤焦油沥青系中间相炭微球的热失重曲线,通常设定中温煤焦油沥青系中间相炭微球炭化升温程序为:常温至 350℃,5℃/min;350～700℃,1℃/min;700～1000℃,5℃/min;1000℃恒温 1h 以上。降温速率可以根据样品的状态(粉体或压片)而定。冷却后获得炭化中间相炭微球。

将炭化后的中间相炭微球置入石墨化炉中,在氩气保护下快速升温至 2300～3000℃,冷却后即得中间相石墨化微球。

4.4 工业中间相炭微球的结构特征

材料的宏观性能是其微观结构的体现。就用作锂离子二次电池负极材料的中间相炭微球而言,微球内部的结构对最终的电化学性能有直接的影响[44,45]。因此,探讨中间相炭微球内部的结构和控制其在炭化过程中结构的发展具有重要的理论和应用价值。

炭材料的结构由低温炭化(<600℃)过程所决定[46],虽然高温炭化可以进一步促进炭材料内部碳层的调整和取向,但所调整的程度与低温炭化过程密切相关。本节将基于著者研究团队的相关研究成果,从中低温炭化中间相炭微球的结构着手,讨论工业中间相炭微球在不同温度下内部结构的演变特征,同时验证"颗粒基本单元构筑"理论所预测的中间相炭微球的内部结构。

4.4.1 中低温炭化中间相炭微球的结构特征

1. 中间相炭微球的中低温炭化

实验中所用中间相炭微球来自天津市贝特瑞新能源材料有限责任公司(原天津市铁诚电池材料有限公司),其形貌如图 4-3 所示。

贝特瑞中间相炭微球以工业煤焦油沥青为原料,采用热缩聚法制备,通过溶剂分离法获取。由图 4-3 可以看出,贝特瑞中间相炭微球的球径较均匀,但表面十分

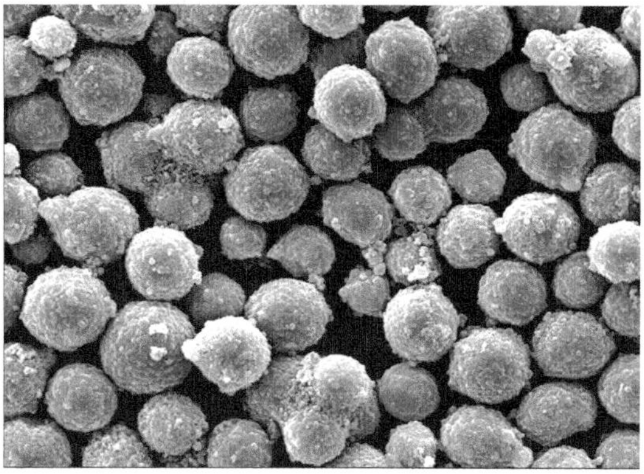

图 4-3　中间相炭微球的形貌[47]

粗糙,符合非均相成核中间相炭微球的形貌特征(图 2-29)。因此,对贝特瑞中间相炭微球内部结构的讨论适于非均相成核的中间相炭微球。

值得一提的是,贝特瑞中间相炭微球制备技术为著者研究团队科研成果的产业化。

将贝特瑞中间相炭微球置于管式炭化炉中,在 0.02m^3/h 超纯氮气保护下,分别进行 500℃、700℃、900℃和 1100℃炭化(炭化时间均为 1h),获得系列中低温炭化中间相炭微球。

2. 中间相炭微球的失重率和密度随炭化温度的变化

中间相炭微球的失重率和密度随炭化温度的变化曲线如图 4-4 所示。

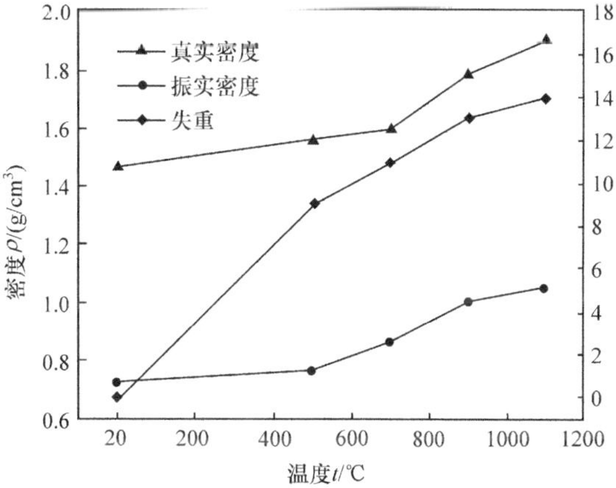

图 4-4　中间相炭微球的失重率和密度随炭化温度的变化[47]

从图 4-4 可以看出，500℃炭化后中间相炭微球的失重率为 9.05%；随着炭化温度的升高，失重率增大，但增加的幅度逐渐变小，1100℃炭化后中间相炭微球的热失重率仅比 900℃炭化增加 0.85%。中间相炭微球振实密度的增加率从 500℃开始变大，在 900℃以后减缓；而真实密度的增加率从 700℃才开始，而后随炭化温度的提高，持续上升。

图 4-5 为不同温度炭化中间相炭微球的粒径分布曲线，其数据源于相应温度炭化后中间相炭微球 SEM 照片的计数统计[25]。

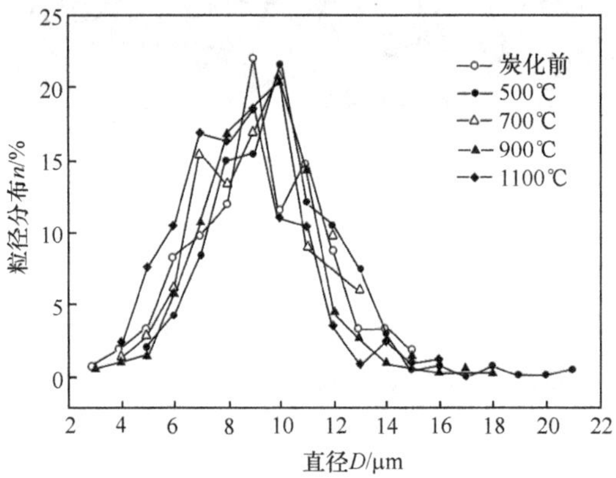

图 4-5　不同温度炭化中间相炭微球的粒径分布曲线[47]

由图 4-5 看出，与炭化前中间相微球的粒径相比，500℃炭化后中间相微球的粒径不但没有变小，反而有增大的趋势；700℃炭化后，微球的粒径比 500℃炭化后略有减小，但仍稍大于炭化前；900℃炭化后，微球的粒径又比 700℃炭化的减小少许，还是略大于炭化前的粒度；1100℃炭化后所获中间相炭微球的粒径小于炭化前的粒径。

关联图 4-4 与图 4-5，分析中间相炭微球粒度与其失重率和密度的变化。与炭化前相比，500℃炭化后中间相炭微球的失重率较大，粒径增大。这可能是由于中间相炭微球在该阶段炭化过程中微球内小分子物质的气化逸出和积累(因微球内部分分子排列的错位和缺陷形成闭孔使气化的小分子无法逸出)造成了球体内部碳层间距的增大，进而引起中间相炭微球球体产生膨胀，以致粒径增加。如果只考虑微球膨胀，此时中间相炭微球的振实密度应该比炭化前减小，但实际上振实密度不仅没有减小，而且稍有增加。这是因为黏附于中间相炭微球表面的碳质小颗粒含有较多的轻组分，这些小颗粒在炭化过程中的烧失缩小与减少，势必会造成中间相炭微球之间的空隙减小，使其振实密度增加；还有中间相炭微球的真实密度在炭化过程中的增大，也会引起振实密度的增加。几种效应协同作用的结果使得 500℃炭化后中间相炭微球的振实密度仅比炭化前增大了 0.040g/cm^3。对于中间相炭微球的真实密度而言，微球内轻组分的逸出和微球表面小颗粒的烧失均会使其增加，而实际上也只增加了 0.085g/cm³。这说明虽然大量轻组分从微球中逸出时形成了大量的开孔，但微球内部仍存在有较多的闭孔，以致在测定微球的真实密度时乙醇无法进入这些孔内，因而导致微球真实密度的增加幅度较小。

700℃炭化后，中间相炭微球的粒径虽然仍大于炭化前，但和 500℃炭化后中间相炭微球的粒径相比还是有所缩小；同时，微球的失重率减缓，真实密度略有增加，振实密度明显提高。依据炭化工学理论，碳的结构雏形在 600℃左右已形成[3]，随着炭化温度的升高，主要发生微球中芳环分子间的脱氢缩合反应，以形成更大的多核芳环平面，气体逸出量越来越少[48]；尽管微球内仍有少量较高沸点的轻组分继续逸出，但微球内较多开孔的存在不会再造成气体在中间相炭微球内部积累而使其体积继续增大。同时，随炭化温度的升高，形成碳结构雏形的中间相炭微球碳层芳环分子呈现出越来越强的自调整效应，这种效应可使微球内部的孔洞减小，球体收缩，粒径变小。但由于 700℃仍处于低温炭化的范畴，碳结构雏形中片层分子的自调整能力较弱，孔洞减小甚微，球体收缩不明显，粒径变化不大；虽然此时微球表面的小颗粒已大部分烧失，但微球真实密度增加的幅度仍较小。这也表明微球真实密度的增加主要决定于其内部孔洞的减小。至于此时微球振实密度明显提高的原因，则是"微球粒径缩小、真实密度增加，尤其是微球表面小颗粒的大部分烧失引起微球之间空隙率的大幅降低"三重作用的综合效果。

炭化温度升高至 900℃，碳层分子的缩合反应仍在进行，自调整和自排列能力显著提高，中间相炭微球体积继续收缩，粒径进一步减小，加之微球表面黏附的小颗粒继续烧失减小乃至消失，导致真实密度与振实密度均明显提高。

经 1100℃炭化后，中间相炭微球的粒径小于炭化前，失重率显著降低，真实密度继续增加，振实密度的增加甚微。这是由于在 1000℃左右中间相炭微球分子已形成了由 sp^2 杂化轨道状态的碳原子组成的乱层类石墨结构[3]。继续提高炭化温度，中间相炭微球分子主要进行乱层类石墨结构中片层的自调整[3,49]。亦即，在热动力的作用下，中间相炭微球内部分子片层产生自调整择优取向，微晶的有序度迅速增加；在微晶长大的过程中，片层结构的各向异性扩展形成强的内应力，以致错位以及缺陷消失、微晶进行重排、碳层间距缩小、微球体积收缩明显，几种因素协同作用的结果造成了 1100℃炭化后的中间相微球粒径小于炭化前，且微球的真实密度显著提高。对于此时振实密度的增加幅度变得微小，其原因在于微球表面黏附的小颗粒在 900℃左右已几乎全部烧失，这里的增加幅度仅依赖于真实密度的提高。

总而言之，中间相炭微球在炭化过程中，粒度与其失重率和密度的变化规律为：①粒径变化：$D_{炭化前} < D_{500℃} > D_{700℃} > D_{900℃} > D_{1100℃} < D_{炭化前}$；②失重率：随炭化温度的升高逐渐变慢，其中 500℃和 900℃为失重率明显减缓的拐点；③振实密度：在 500～900℃温度区间增加幅度较大，主要控制因素为微球表面黏附的小颗粒的

大小;④真实密度:700～1100℃温度区间增加幅度较大,主要控制因素为微球内部的孔洞大小。

材料的微观结构决定其宏观性能。为了获得结构均匀的炭化中间相炭微球,应减小中间相炭微球在炭化过程中的体积膨胀、减少微球中孔洞的形成。基于中间相炭微球的最大失重率位于 500℃左右的特征,在中间相炭微球的炭化过程中,应严格控制 500℃左右的升温速度。通常炭化升温速度控制温度区间为 300～700℃。

3. 中间相炭微球的微结构在炭化过程中的变化特征

不同温度炭化后中间相炭微球的 XRD 谱线如图 4-6 所示。由图 4-6 中谱线计算得到中低温炭化中间相炭微球的微结构参数,结果汇总于表 4-1。

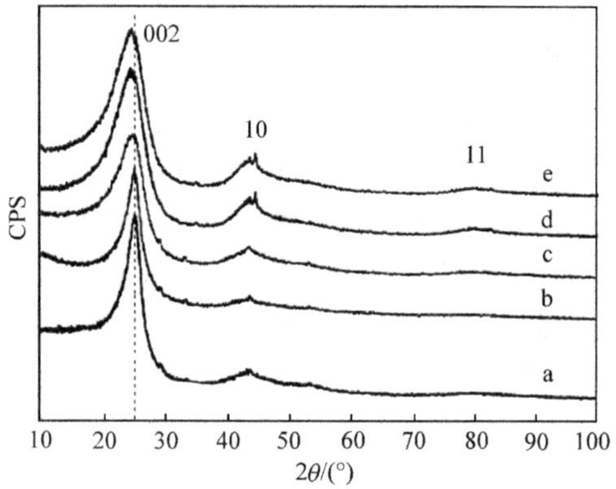

图 4-6 不同温度炭化后碳质中间相微球的 XRD 谱线[47]

a-未炭化处理;b-500℃;c-700℃;d-900℃;e-1100℃

表 4-1 不同温度炭化后的中间相炭微球的微结构参数[47]

中间相炭微球		$2\theta_{002}/(^\circ)$	$\beta_{002}/(^\circ)$	d_{002}/nm	L_c/nm	$2\theta_{10}/(^\circ)$	$\beta_{10}/(^\circ)$	$L_{a(10)}$/nm	N	$L_{a(10)}/L_c$
炭化前		25.53	2.83	0.3486	5.69	44.03	6.00	2.63	17.3	0.497
炭化温度 t/℃	500	25.46	2.85	0.3496	5.65	44.78	8.81	1.93	17.2	0.342
	700	24.91	5.01	0.3570	3.21	44.52	8.38	2.03	10.0	0.632
	900	24.71	5.74	0.3599	2.80	44.33	6.43	2.64	8.8	0.943
	1100	24.74	5.49	0.3596	2.93	44.17	6.26	2.71	9.1	0.925

注:$2\theta_{002}$为(002)峰峰值位置;β_{002}为(002)峰半高峰宽;d_{002}为微晶的碳层间距;L_c为微晶的平均高度;$2\theta_{10}$为(10)峰峰值位置;β_{10}为(10)峰半高峰宽;$L_{a(10)}$为微晶的平均宽度;N为微晶的碳层数。

从图 4-6 和表 4-1 可以看出,随着炭化温度的升高,中间相炭微球(002)峰的位置先向低衍射角方向移动(500～900℃),然后又向高衍射角方向移动(1100℃);(002)峰的半高宽 β_{002} 先增大(500～900℃)后减小(1100℃)。这表明微球中碳层的间距(微晶层间距)d_{002} 随炭化温度的提高呈现先增后减的特征,即碳层分子的排列先变差后变好；与此相反，微球中的微晶高度 L_c 和微晶的碳层数 N 则是先减小后增大。与此同时，中间相炭微球(10)峰的位置和半高宽随着炭化温度的提高，呈现先增大后减小，然后又增大的特征，分界线分别是 500℃和 900℃。峰位置和峰形状随温度的变化反映到微晶尺寸上的变化特征为：500℃炭化后中间相炭微球的微晶尺寸减小，当再提高炭化温度时，中间相炭微球的微晶尺寸则会持续增大。另外，位于 80°左右的(11)峰和一些杂质峰随着温度的提高也逐渐显现出来，且其强度不断增大，这与中间相炭微球中乱层类石墨结构的形成和一些杂质随温度的升高而逐渐向晶体的转变有关。

关联中间相炭微球的微结构随炭化温度的变化特征(图 4-6 和表 4-1)与其宏观性能(粒径、密度)随炭化温度的变化(图 4-4 和图 4-5)即可发现：中间相炭微球的微结构随炭化温度的变化特征同样基于中间相炭微球在炭化过程中内部轻组分的逸出和碳层芳香分子的自调整。

由图 4-6 和表 4-1 可知，未经炭化处理的中间相炭微球内部片层分子已具有相当程度的平行取向。这是因为，中间相微球的生成与长大源于稠环芳烃的液相炭化，而液相炭化的主要特征之一就是生成中间相微球构筑单元的"基本元素"——平面状芳香稠环大分子[4]，这是中间相炭微球内部片层分子具有较高平行取向的根本原因；正是这些平面状芳香稠环大分子的生成，决定了随后"中间相构筑单元"——片状分子层积体的形成，中间相炭微球的出现、长大等一系列转化过程。加之在液相炭化过程中，中间相炭微球内部分子和周围的小分子均已以液态存在，这对微球中片层大芳香分子的自调整也有积极的作用[50,51]。

当中间相炭微球经历 500℃炭化时，微球中的小分子物质气化，位于开孔通道处的气体可以从球体中逸出，而对于封闭处的气体则被封闭到球体内部，形成封闭孔洞。随着气体逸出量的增多体积增大，气体膨胀造成的内应力随之变大，这势必会拉大碳层间的距离，同时对一些大芳香分子的取向产生扰动，甚至破坏分子内部和分子间的桥键，以致新的气体逸出通道产生，使其内应力得到释放。但由于此时的温度较低，分子的自调整择优取向和分子间的键合能力微弱，无法使受到扰动的大芳香分子恢复到原来的位置，结果导致经 500℃炭化处理后中间相炭微球的微晶高度 L_c、微晶宽度 $L_{a(10)}$ 和微晶的碳层数 N 均变小，而微晶的层间距 d_{002} 变大(表 4-1)。

在 700～900℃的炭化温度区间，虽然随炭化温度的升高中间相炭微球中片层大芳香分子的热活性增大、分子间的键合作用增强，但因在该温度区间微球中片层分子的自调整能力仍小于轻组分气化逸出造成的扰动作用，所以经 700℃和 900℃炭化处理后中间相炭微球的微晶高度 L_c 和微晶的碳层数 N(即 c 轴或 y 轴方向)仍呈现为继续减小的趋势，微晶的层间距 d_{002} 也持续增加。只有微晶的平均宽度 $L_{a(10)}$(碳层大芳香分子尺寸)因分子键合力的增强逐渐长大，使得 900℃炭化处理后中间相炭微球的微晶宽度 $L_{a(10)}$ 已恢复并略优于炭化前。

在 1100℃的炭化过程中，中间相炭微球中片层芳香分子的热运动、化学活性都明显增大，分子的自调整择优取向和分子间的键合能力也显著加强；同时，由于微球中的轻组分在 900℃前已基本全部逸出，因轻组分气化引起微球中的积累膨胀对大芳香分子的扰动作用已变得非常微弱；加之 1000℃左右，中间相炭微球分子乱层类石墨结构的形成[3]，使得此时碳层分子的自调整作用明显强于轻组分气化逸出造成的扰动作用。因此，经 1100℃炭化处理后中间相炭微球中的分子排列优于 900℃炭化的中间相炭微球；但鉴于中间相炭微球在炭化过程中已形成有效的气体逸出通道，因而使得其在 1100℃炭化后，除微球的微晶宽度 $L_{a(10)}$ 大于炭化前外，整体分子的排列状况（L_c，N，d_{002}）仍没有恢复到炭化前的水平（表 4-1）。

4. 中间相炭微球的氧化烧失特征

炭材料的氧化烧失最易发生在碳层的边缘和缺陷处[52]。因此，可以通过监测炭材料氧化烧失速率、抗氧化能力或烧失后形态变化的方法研究炭材料内部碳层的结构特征。著者利用空气氧化烧失法，考察了不同炭化温度处理后中间相炭微球的内部结构特征，并进一步研究了不同炭化温度处理对中间相炭微球的内部结构的影响。

1）中间相炭微球的热氧化失重特征

中间相炭微球的热氧化失重实验在 600℃的空气气氛中进行，实验中，室温至 600℃的升温速率为 50℃/min。

图 4-7 和图 4-8 分别给出了未炭化处理和不同温度炭化处理后中间相炭微球的热氧化失重（TG）曲线和微分热氧化失重（DTG）曲线。

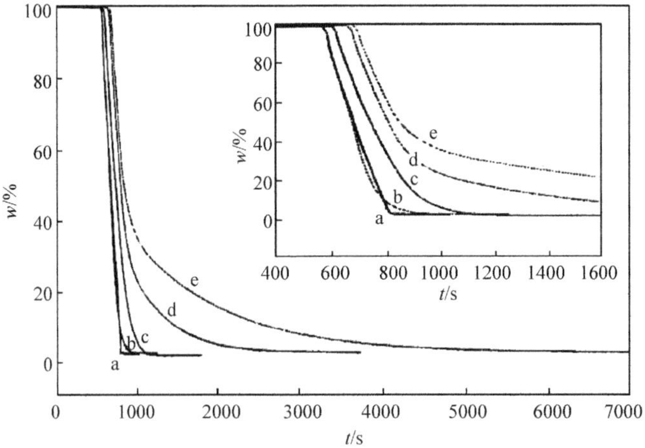

图 4-7　中间相炭微球的热氧化 TG 曲线[47]

a-未炭化处理；b-500℃；c-700℃；d-900℃；e-1100℃

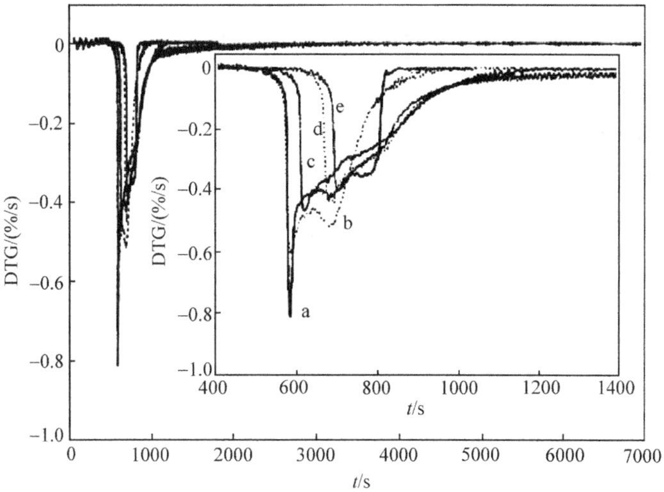

图 4-8　中间相炭微球的热氧化 DTG 曲线[47]

a-未炭化处理；b-500℃；c-700℃；d-900℃；e-1100℃

依据图 4-7 和图 4-8 中的 TG 与 DTG 曲线，获得中间相炭微球在热氧化过程中的失重特征参数，结果列入表 4-2。并定义表 4-2 中开始失重的温度和时间为样品失重 5%时的温度和时间，失重结束的温度和时间为样品失重 95%时的温度和时间，最大失重率对应的温度和时间为 DTG 曲线上极小值对应的温度和时间。

表 4-2　中间相炭微球热氧化 TG 和 DTG 曲线的特征参数[47]

中间相炭微球		θ_i/t_i/(℃/s)	θ_f/t_f/(℃/s)	θ_{max}/t_{max}/(℃/s)		
				1	2	3
未炭化处理		499/551	600/772	502/554	586/657	600/742
炭化温度 t/℃	500	512/567	600/833	517/572	596/669	
	700	543/609	600/1013	548/614		
	900	600/665	600/1983	600/682		
	1100	600/698	600/3795	600/706		

注：θ_i为开始失重的温度；t_i为开始失重的时间；θ_f为失重结束的温度；t_f为失重结束的时间；θ_{max}为最大失重率的温度；t_{max}为最大失重率的时间。

关联图 4-7、图 4-8 和表 4-2 可知，未炭化处理的中间相炭微球、经 500℃和700℃炭化处理的中间相炭微球开始失重的温度与时间均位于升温阶段，分别为499℃、512℃和 543℃，它们对应的时间分别为 551s、567s 和 609s。而经 900℃和1100℃炭化处理的中间相炭微球开始失重的温度和所有样品失重结束的温度皆位于恒温段(600℃)，显然开始失重的温度和失重结束的温度在这种情况下已没有意义。因此，这两种中间相炭微球均以它们开始失重的时间或失重结束的时间计量其抗氧化能力。从中间相炭微球开始失重的温度与时间来看，随中间相炭微球炭化处理温度的提高，微球开始失重的温度或时间增加，其相应的失重结束时间也延长。这说明炭化处理促进了中间相炭微球内部分子的缩合生长，提高了其的整体抗氧化烧失能力；炭化处理温度越高，中间相炭微球的抗氧化烧失能力越强。

从图 4-7 可以发现，在所有中间相炭微球的 TG 曲线中，500℃炭化处理后中间相炭微球的 TG 曲线具有特殊性。比较 500℃炭化处理后中间相炭微球的 TG 曲线与未炭化处理中间相炭微球的 TG 曲线，即可看出：前者在热失重开始阶段的失重率稍低于后者（前者的 TG 曲线位置略高于后者），而在 626～786s 期间前者的失重率却高于后者（前者的 TG 曲线位置低于后者），786s 以后前者的失重率又低于后者（前者的 TG 曲线位置高于后者）。究其原因，可以认为经 500℃炭化处理的中间相炭微球具有特殊的结构。

由图 4-8 可知，500℃炭化中间相炭微球的第一个最大失重速率峰值（0.607）小于未炭化中间相炭微球（0.815），第二个最大失重速率峰值（0.519）却大于未炭化的中间相炭微球（0.426）。关联图 4-7 和表 4-2，第一个最大失重速率峰对应于热氧化温度 520℃以下、热氧化时间 626s 前中间相炭微球的热氧化伊始，第二个最大热失重速率峰位于中间相炭微球热氧化过程 590℃左右、626～786s 阶段。可以认为，对于第一个最大失重速率峰值，由于 500℃炭化处理的中间相炭微球中轻组分的含量比未炭化处理中间相炭微球的少，所以在热氧化初期前者的第一个最大失重速率峰值小于后者。至于第二个最大失重速率峰，虽然 500℃炭化处理的中间相炭微球和未炭化处理的中间相炭微球都没有经过 600℃的炭化，二者内部均含有能够在 600℃以前气化逸出的轻组分，但因前者内部拥有在炭化处理过程中轻组分气化逸出时形成的大量开孔，使得氧气易于进入微球内部引起碳层的氧化烧失。因此，经 500℃炭化处理后中间相炭微球的第二个最大热失重速率峰值大于未炭化处理的中间相炭微球。

关联图 4-8 和图 4-7，获得未炭化处理和不同温度炭化处理后中间相炭微球 DTG 曲线上不同峰值范围内对应的失重率数据，结果列入表 4-3。

从表 4-3 看出，经 500℃炭化处理的中间相炭微球在第一个 DTG 峰值范围内的失重率（36.17%）大于未经炭化处理中间相炭微球的失重率（32.78%），与二者的第一个最大失重速率峰值[前者（0.607）、后者（0.815）]不相互对应，这可能是由于 500℃炭化处理的中间相炭微球内部具有大量开孔，在 518～640s 区间的热氧化过程中微球的表面与内部同时发生氧化烧失反应所致。同理，图 4-7 中 500℃炭化中间相炭微球的 TG 曲线在 626～786s 范围内位于未炭化中间相炭微球 TG 曲线下方，也源于 500℃炭化的中间相炭微球内部拥有较多的通道，随着热氧化温度的升高，氧气分子更易进入微球内部，与易于氧化的碳层结构（分子间桥键、碳层内部缺陷、侧链等)以更快的速度刻蚀的结果。这对应于图 4-8 中 DTG 曲线上的第二个失重速率峰,表现为 500℃炭化的中间相炭微球在第二个 DTG 峰值范围内的失重率(60.14%)远高于未炭化中间相炭微球的失重率(40.76%)。

表 4-3　中间相炭微球热氧化 DTG 曲线上不同峰值范围内中间相炭微球的热氧化失重率[47]

DTG 曲线	中间相炭微球									
	未炭化		500℃		700℃		900℃		1100℃	
	t/s	w/%	t/s	w/%	t/s	w/%	t/s	w/%	t/s	w/%
峰 1	509～637	32.78	518～640	36.17	558～729	46.27	612～740	29.58	623～754	25.18
峰 2	637～740	40.76	640～910	60.14	729～1021	48.26	740～1021	47.92	754～1021	40.35
峰 3	740～854	23.90								
小计		97.44		96.31		94.53		77.50		65.53
峰拖尾	854～	2.34	910～	3.00	1021～	4.91	1021～	22.15	1021～	34.23
总计		99.78		99.31		99.44		99.65		99.76

从表 4-2 可知,500℃炭化中间相炭微球的第二个最大失重速率峰值位于 596℃/669s(低于设定烧失温度 600℃),表明该中间相炭微球中碳层的氧化烧失主要发生于 600℃左右。当热氧化时间 $t>786$s 后,500℃炭化中间相炭微球的 TG 曲线位置又高于未炭化的中间相炭微球(图 4-7),在 DTG 曲线上呈现为第二个最大失重速率峰具有一个长的峰拖尾,且没有出现第三个 DTG 峰(图 4-8)。亦即,500℃炭化的中间相炭微球在 596℃/669s 之后的烧失过程中烧失速率逐渐减缓并小于未炭化的中间相炭微球。这说明在 640～910s 烧失过程中,500℃炭化的中间相炭微球内部易于被刻蚀的碳结构已经基本烧失完全。

未经炭化处理的中间相炭微球 DTG 曲线上呈现有第三个失重速率峰,说明其中存在 500℃炭化中间相炭微球中没有的碳层结构,这种结构具有较高的抗氧化烧失能力(最后才被烧失),但可在 500℃的炭化过程中消失。依据炭化工学理论[3],这种结构可能是易于被轻组分气化膨胀产生的内应力所破坏的、具有较多缺陷的大分子片层结构。按照中间相炭微球"颗粒基本单元构筑"理论[47,50,51]推测,这种结构可能是中间相炭微球构筑单元之间"融合"产生的弱连接大芳香分子片层。亦即,这种结构具有一定的分子缩合度,但其中存在的较多缺陷(弱连接)使得这种碳层结构的强度较差,易于在轻组分气化积累阶段被逐渐增加的内应力所破坏,形成抗氧化能力较小的碳层结构(对应于第二个极大失重速率峰)。从表 4-3 中数据可以看出,未经炭化处理中间相炭微球的第二个和第三个失重速率峰对应时间段的失重率之和,与经 500℃炭化处理后中间相炭微球的第二个失重速率峰对应的时间段的失重率相近,因此可以证明上述推测的成立。

由于碳的雏形在 600℃左右就已形成[3],所以经 700℃、900℃和 1100℃炭化处理的中间相炭微球在 600℃的热氧化过程中基本没有轻组分的继续气化逸出；亦即，可将它们在空气气氛中的热失重完全看作碳结构的烧失。这三种中间相炭微球热失重特征在 TG 曲线上表现为，相同烧失率所对应的烧失时间随中间相炭微球炭化温度的提高而延长；在 DTG 曲线上呈现出热失重速率峰具有相同的形状，并均有一个很长的拖尾，不同之处只是峰的位置随着中间相炭微球炭化温度的提高向长烧失时间方向移动。DTG 曲线上的峰拖尾对应于 TG 曲线上的缓慢失重区，这些峰拖尾的存在说明中间相炭微球中含有抗氧化性能较好的碳结构，即碳层片状分子的尺寸较大、分子内部缺陷较少、分子的排列规整且层间距较小。从表 4-3中可以发现，随中间相炭微球炭化处理温度的提高，相应 DTG 曲线上峰拖尾部分的热失重率明显增多，从未炭化处理中间相炭微球的 2.34%增加到 1100℃炭化处理中间相炭微球的 34.23%；而较差碳层结构(峰 1～峰 3)对应的失重率从未炭化处理的中间相炭微球的 97.44%降低到 1100℃炭化处理中间相炭微球的 65.53%。这说明中间相炭微球中的规整碳层结构随其炭化处理温度的提高逐渐增多，同时其缺陷结构相应减少。

综合解析不同温度炭化处理后中间相炭微球的热氧化失重特征，不难看出中间相炭微球中存在四种结构：第一种结构是在炭化过程中可以气化逸出的轻组分；第二种结构是抗氧化能力较差的碳层结构，其碳层的尺寸较小、排列较差，且存在许多的缺陷结构；第三种结构是未炭化处理中间相炭微球中呈现的具有较高抗氧化能力的碳层结构；第四种结构对应于微球 TG 和 DTG 曲线上最后峰拖尾阶段的碳层结构，这种结构具有分子缩合度高、内部缺陷少、排列规整等特点。

需要指出的是，这里的第三种碳层结构虽然具有较高的芳香分子缩合度，但因其中存在较多的缺陷使其易于被破坏而形成第二种结构；亦即，在炭化过程中，中间相炭微球的第三种结构首先向第二种结构转变(由于轻组分气化膨胀的破坏作用)，然后向第四种结构转变，随炭化温度的提高，第四种结构的含量逐渐增多。

从不同温度炭化处理后中间相炭微球的热氧化失重特征可以发现，构成中间相炭微球的几种不同层次的结构分别富集于中间相炭微球不同深度的结构中。其总趋势为：随中间相炭微球炭化处理温度的提高，其内部的碳层逐渐长大，缺陷随之减少，碳层分子排列向有序的方向发展。

2) 氧化烧失后中间相炭微球的形貌特征

中间相炭微球的氧化烧失在 550℃或 600℃的马弗炉中进行，烧失率在60%～85%。其中未经炭化处理中间相炭微球的烧失率为 73.8%，经 500℃、700℃、900℃和 1100℃炭化处理后中间相炭微球的烧失率分别为 71.8%、83.7%、72.1%和 63.6%。

氧化烧失前中间相炭微球表面形貌的 SEM 照片如图 4-9 所示。

从图 4-9 可以看出，未经炭化处理和经 1100℃炭化处理的中间相炭微球表面均被一层近球形所覆盖，与未经炭化处理的中间相炭微球相比，经 1100℃炭化处理后的中间相炭微球表面变得突出。其他经 500℃、700℃和 900℃炭化处理的中间相炭微球表面形貌介于未炭化和 1100℃炭化的中间相炭微球之间，所有中间相炭微球的球形度都较好，类似于未经炭化处理的中间相炭微球(图 4-3)。

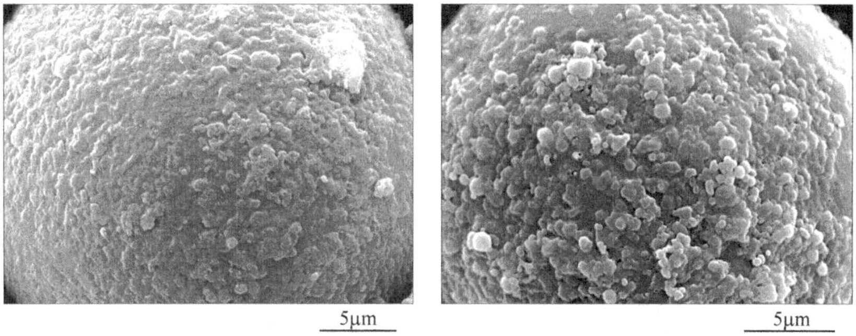

(a) 未经炭化处理　(b) 1100℃炭化处理

图 4-9　氧化烧失前中间相炭微球的表面形貌[47]

图 4-10 给出了未经炭化处理和经不同温度炭化处理的中间相炭微球氧化烧失后表面形貌的 SEM 照片。从图 4-10(a)～(c)中看到，氧化烧失后，未经炭化处理、经 500℃和 700℃炭化处理的中间相炭微球表面仍被球状物质所覆盖，只是的形状和大小稍有变化，球形的变为扁平状，且尺寸略有增大。

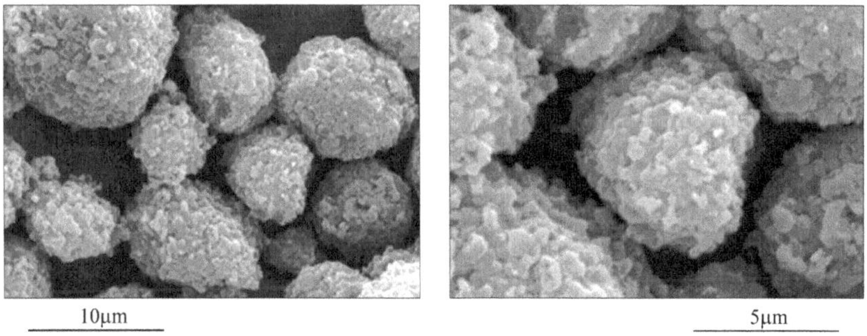

(a) 未炭化处理

(b) 500℃

图 4-10　氧化烧失后中间相炭微球的表面形貌[47]

由于中间相炭微球的氧化烧失从球体表面开始，最先被氧化烧失掉的无疑是那些黏附于球体表面的小颗粒。而那些黏附在球体表面的小颗粒，在球体的烧失过程中，不仅本身易氧化烧失，同时也会因黏附处的烧失而使其从球体脱落，加之在氧化烧失后进行 SEM 观察前还要经过超声分散处理进一步去除球体表面残留的黏附物，所以氧化烧失后中间相炭微球表面的粒状物不是烧失前球体表面黏附的小颗粒，而是球体内部结构单元的呈现。这一结果再次佐证了碳质中间相形成过程“颗粒基本单元构筑”理论的正确性。

至于氧化烧失后中间相炭微球表面构筑单元尺寸变大和形状变得扁平，则是由于中间相炭微球内部相邻构筑单元片层芳香分子在热动力作用下发生了化学键合使得构筑单元间相互连接。而氧化烧失后中间相炭微球的球形度变差，却意味着中间相炭微球在氧化烧失过程中球体不同部位的构筑单元具有不同的抗氧化烧失能力，即中间相炭微球内部结构存在着不均匀性。

经 900℃和 1100℃炭化处理的中间相炭微球经过氧化烧失后球体表面光滑，观察不到物质，只是球体上出现了不同深度的坑洞，有的坑洞甚至贯穿球体的内部[图 4-10(d)和(e)]。这是因为中间相炭微球在较高温度的炭化过程中，其构筑单元内的芳香片层分子间发生了明显缩合而不断长大，这种缩合作用使得相邻构筑单元相互“融合”，导致构筑单元之间的界线变得模糊，最终消失。因此，经 900℃和 1100℃炭化处理的中间相炭微球在氧化烧失后观察不到球体内部构筑单元的痕迹。至于氧化烧失后球体上呈现出不同深度的坑洞，则表明球体内部不同部位结构的抗氧化烧失能力差异较大，即球体结构不均匀性十分明显。基于球体坑洞出现的位置没有规律性，可以认为这种结构的不均匀性主要源于织构层内部不同部位结构的不均匀性，而不是由炭化后出现的织构层间隙[53-55]所致。

纵观图 4-10(a)～(e)中氧化烧失后所有中间相炭微球的表面特征，可以发现微球构筑单元间发生明显“融合”的温度为 900℃左右，这与前面讨论的在这个温度附近球体的振实密度和真实密度快速增加、内部微晶尺寸(L_a)迅速变大、抗氧化烧失能力有较大的提高相一致。

图 4-11～图 4-15 给出了未炭化处理和不同温度炭化处理的中间相炭微球分别经不同程度氧化烧失后球体表面形貌的 SEM 照片。

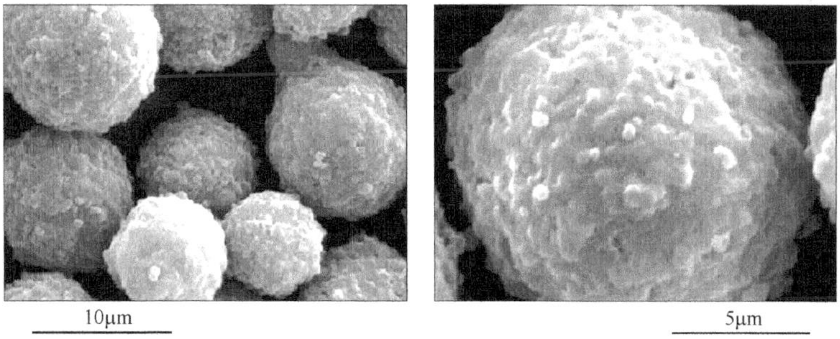

(a) 烧失率为19.6%

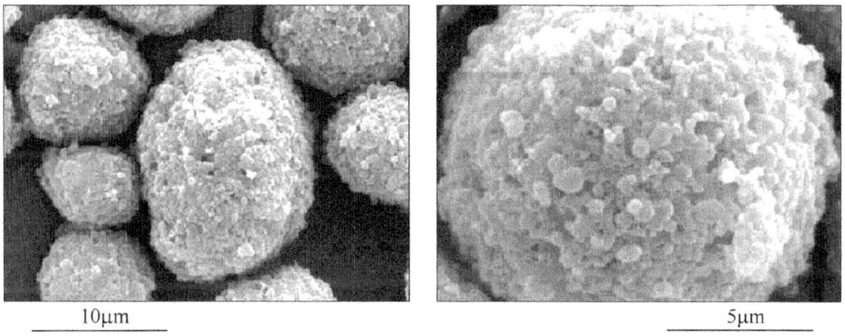

(b) 烧失率为49.2%

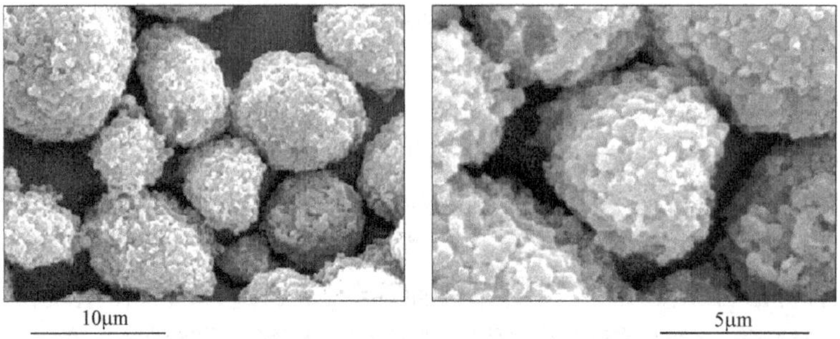

(c) 烧失率为73.8%

图 4-11　未经炭化处理的中间相炭微球经不同程度氧化烧失后的表面形貌[47]

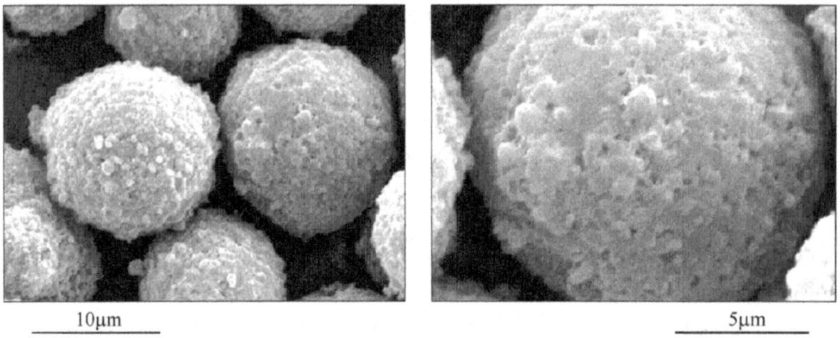

(a) 烧失率为19.3%

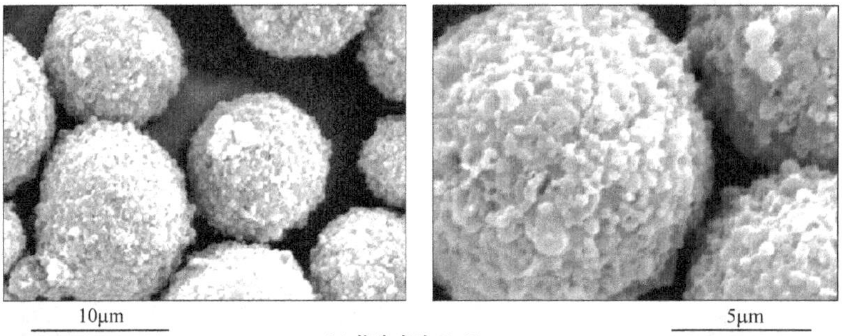

(b) 烧失率为43.8%

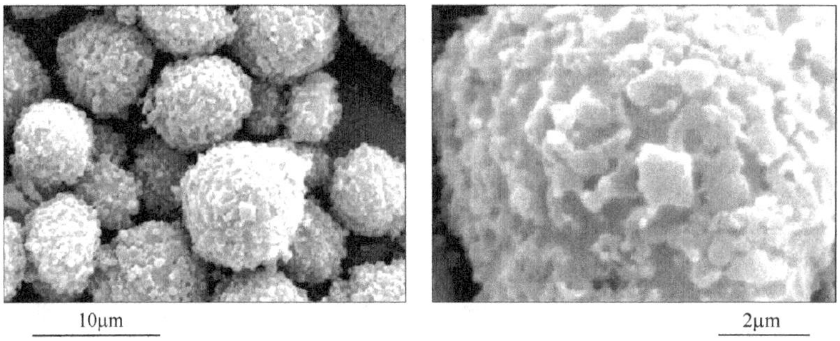

(c) 烧失率为71.8%

图 4-12　500℃炭化处理的中间相炭微球经不同程度氧化烧失后的表面形貌[47]

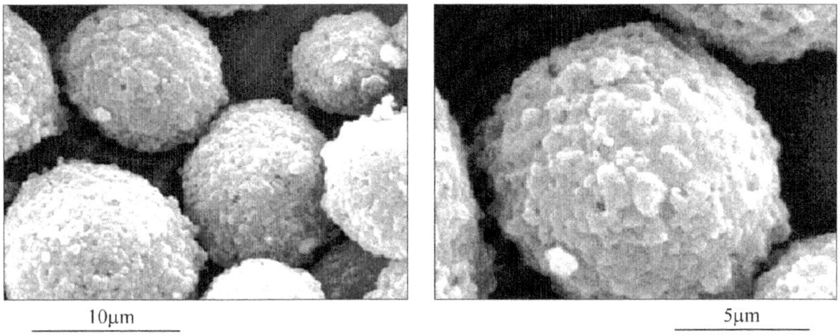

(a) 烧失率为15.9%

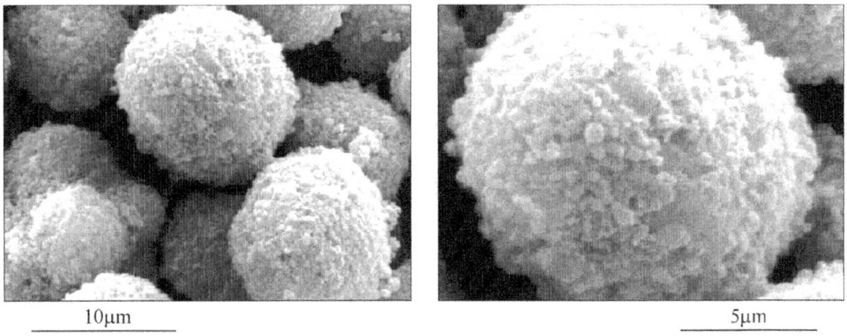

(b) 烧失率为41.7%

(c) 烧失率为83.7%

图 4-13　700℃炭化处理的中间相炭微球经不同程度氧化烧失后的表面形貌[47]

(a) 烧失率为16.2%

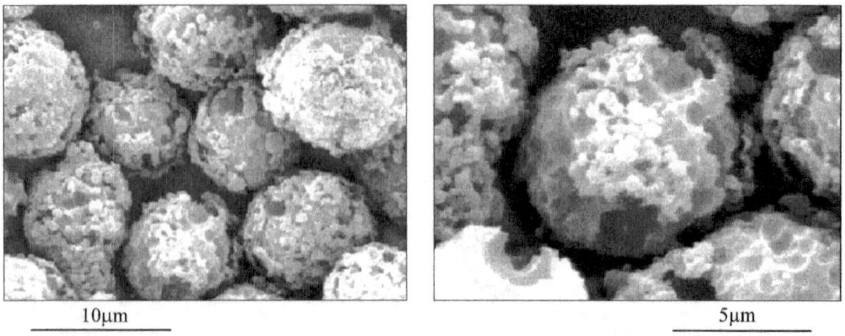

(b) 烧失率为38.0%

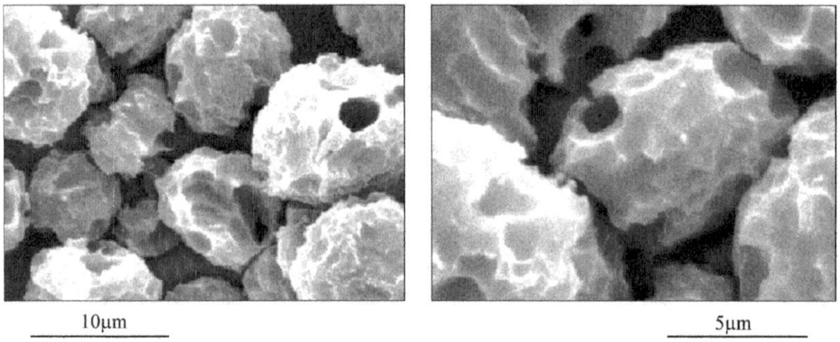

(c) 烧失率为72.1%

图 4-14　900℃炭化处理的中间相炭微球经不同程度氧化烧失后的表面形貌[47]

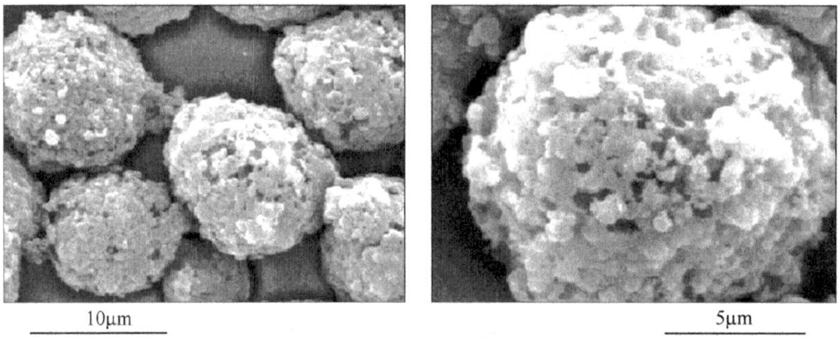

(a) 烧失率为16.4%

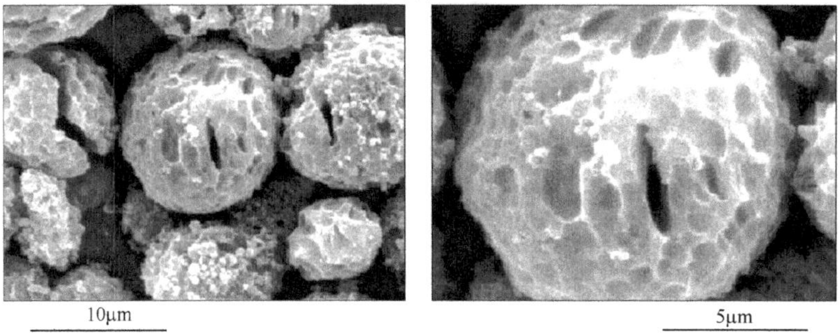

(b) 烧失率为43.1%

(c) 烧失率为63.1%

图 4-15 1100℃炭化处理的中间相炭微球经不同程度氧化烧失后的表面形貌[47]

解析图 4-11～图 4-15，可以进一步了解中间相炭微球内部的结构特征。

从图 4-11～图 4-13 可以看到，未炭化处理、500℃和 700℃炭化处理的中间相炭微球，经不同程度氧化烧失后微球表面均表现为被一层粒状物所覆盖，说明未炭化处理和低温炭化处理的中间相炭微球内部结构均匀性较好，均由构筑单元构成，而未形成连续的织构碳层。

对于 900℃和 1100℃炭化处理的中间相炭微球，轻度烧失(烧失率＜40%)后微球的表面也呈现为被一层粒状物所覆盖[图 4-14(a)和(b)，图 4-15(a)]。这里将烧失率很低(烧失率为 16.0%左右)时球体表面的粒状物看作未烧失时球体表面黏附的小颗粒，而将烧失率为 40%左右时球体表面的粒状物[图 4-15(b)]作为暴露出来的球体内部构筑单元。可以看出，经 900℃和 1100℃炭化处理的中间相炭微球内部结构非常不均匀，即球体外层由“融合”不完全的构筑单元构成，而内部则是由完全“融合”的碳层构成。图 4-15(b)中呈现的“部分被覆盖、部分光滑”的球体表面可能是这两种不同结构的交界处。

关联图 4-11～图 4-15，结合“颗粒基本单元构筑”理论，可以认为：由构筑单元构成的中间相炭微球在炭化处理过程中，随炭化温度的提高，球体内部的构筑单元由内到外逐步发生分子间的“融合”长大，形成织构层[图 4-14(c)和图 4-15(c)]，使得构筑单元间的界线消失；越靠近外侧的构筑单元分子发生“融合”的时间越晚，对于球体最外层的构筑单元而言，即使经过 1100℃的炭化、甚至高达 2800℃的石墨化后都没有发生“融合”形成大的织构层[图 4-20(a)和(b)]，这可能是因为位于球体表面的构筑单元外侧不能与可反应的碳层接触而无法大范围地调整碳层。

3）氧化烧失中间相炭微球的微结构特征

未炭化处理和不同温度炭化处理的中间相炭微球经不同程度氧化烧失后球体的微结构特征用 XRD 进行表征，根据 XRD 谱图计算得到的各相应的微结构参数，结果列入表 4-4。

表 4-4　经过不同程度氧化烧失后中间相炭微球的微结构参数[47]

中间相炭微球		烧失率 w/%	d_{002}/nm	L_c/nm	N	L_a/nm
未炭化处理		0.00	0.3486	5.69	17.3	2.63
		19.64	0.3537	3.45	10.8	2.82
		49.23	0.3501	3.02	9.6	2.93
		73.79	0.3504	2.74	8.8	3.16
炭化温度 t/℃	500	0.00	0.3496	5.65	17.2	1.93
		19.26	0.3551	3.38	10.5	2.60
		42.79	0.3516	2.99	9.5	2.69
		71.79	0.3502	2.76	8.9	2.83
	700	0.00	0.3570	3.21	10.0	2.03
		15.94	0.3517	3.13	9.9	2.75
		41.74	0.3503	2.91	9.3	2.85
		83.73	0.3489	2.83	9.1	3.03
	900	0.00	0.3599	2.80	8.8	2.64
		16.23	0.3571	2.98	9.3	3.01
		38.00	0.3548	3.12	9.8	2.71
		72.08	0.3553	2.97	9.4	3.10
	1100	0.00	0.3596	2.93	9.1	2.71
		16.37	0.3561	3.36	10.4	3.66
		43.10	0.3541	3.62	11.2	3.61
		63.11	0.3536	3.52	11.0	3.20

从表 4-4 可以看出，未炭化处理、500℃和 700℃炭化处理的中间相炭微球，随着烧失率的增大，碳层平均堆积高度 L_c、微晶内的平均碳层数 N 和微晶尺寸 L_a 呈现出一致的变化趋势，即 L_c 和 N 逐步减小，L_a 渐渐增大。而碳层间距 d_{002} 的变化却是：未炭化处理、500℃炭化处理的中间相炭微球，呈现出先变大、后缩小的波式变化；而 700℃炭化处理的中间相炭微球，则表现为持续减小；对于 900℃和 1100℃炭化处理的中间相炭微球，随着烧失率的增大，L_c、N 和 L_a 均呈现出波式变化，即先增大、后减小，二者 d_{002} 的变化与 700℃炭化处理的中间相炭微球类似，基本为逐渐减小。

从表 4-4 还可发现，未炭化处理和不同温度炭化处理后中间相炭微球表层的碳结构均具有最小的(相对于内部碳结构而言)L_a。这是由于微球表层的碳结构主要对应于球体表面的物质,而这些表面的构筑单元不能与其他构筑单元“融合”形成连续的织构碳层,所以具有较小的碳层尺寸。至于经低于 700℃ 的炭化处理后,微球表面的碳层堆积有序度优于微球内部,也是因微球表面的构筑单元在该段温度区间没有发生“融合”现象,基本保持了微球在生成长大时的微结构所致,尤其是经 500℃ 炭化处理的中间相炭微球。当炭化处理温度高于 700℃ 后,微球表面的碳层堆积有序度比微球内部构筑单元差,则是由于微球表面构筑单元内部的轻组分在该阶段率先逸出,破坏了其碳层排列的有序度和取向度;同时,微球内部轻组分的逸出也会对表面的片层芳香分子产生扰动,而使其碳层排列变差。也正是由于这种微球内部轻组分的不断逸出,使得越靠近微球表面的片层芳香分子受到的扰动越大,由此造成碳层间的距离也越大,即经 700℃、900℃ 和 1100℃ 炭化处理的中间相炭微球,由球芯到表层的 d_{002} 越来越大;换言之,从表层到球芯 d_{002} 逐渐减小。

依据中间相炭微球“颗粒基本单元构筑”原理,用“炭化工学”观点解析未炭化处理和不同温度炭化处理后中间相炭微球内部的微结构特征。

由未炭化处理和低温(500℃ 与 700℃)炭化处理后中间相炭微球内部微结构参数的变化规律可知:未炭化处理和低温炭化处理的中间相炭微球,从球体的表层到芯部,碳层沿 c 轴方向的堆积有序度变差,而在 a-b 方向的缩合度提高。再次表明中间相炭微球不论在液相炭化生成长大的过程中,还是在其后续的低温炭化处理过程中,球体内部较早堆积到一起的构筑单元均可发生相邻单元间的“融合”长大现象;而且越靠近球体芯部,这种现象越明显。

对于 900℃ 和 1100℃ 炭化处理的中间相炭微球,从表层到芯部 L_c、N 和 L_a 呈现波式变化(先增大、后减小)的走向,可以推测:中间相炭微球在 900℃ 和 1100℃ 的高温炭化处理过程中,球体内部构筑单元分子的活性增强,相邻构筑单元内部分子的相互键合,使得构筑单元间的界线消失,形成碳的织构层;但因在微球低温炭化过程中轻组分气化逸出通道与孔洞的形成,使形成的织构层大小不一、排列杂乱,导致中间相炭微球中原有(炭化前或低温炭化后)的微结构特征发生变化,由“从表层到球芯,碳层的平均堆积高度逐渐降低,微晶尺寸不断增大的规律”改变为“从表层到球芯,碳层的平均堆积高度和微晶尺寸大小的变化呈现波动性”。

5. 活化中间相炭微球的结构特征

为了探讨不同温度炭化处理后中间相炭微球结构的稳定性(结构强度),对未经炭化处理以及经 500℃、700℃、900℃ 和 1100℃ 炭化处理的中间相炭微球进行了活化,其中活化剂采用 KOH。

活化工艺：按照 KOH：中间相炭微球＝3：1 的质量比混合，液相浸渍 24h，干燥箱中除去水分，在 900℃活化 1h，获得活化中间相炭微球。

1) 活化中间相炭微球的形貌特征

图 4-16 给出了活化前后中间相炭微球形貌的 SEM 照片。从图 4-16 看到，KOH 活化前未炭化处理的中间相炭微球球体形貌完好[图 4-16(a)]，没有破裂的迹象；经 KOH 活化后球体产生破裂形成裂缝[图 4-16(b)]。与其他不同温度炭化

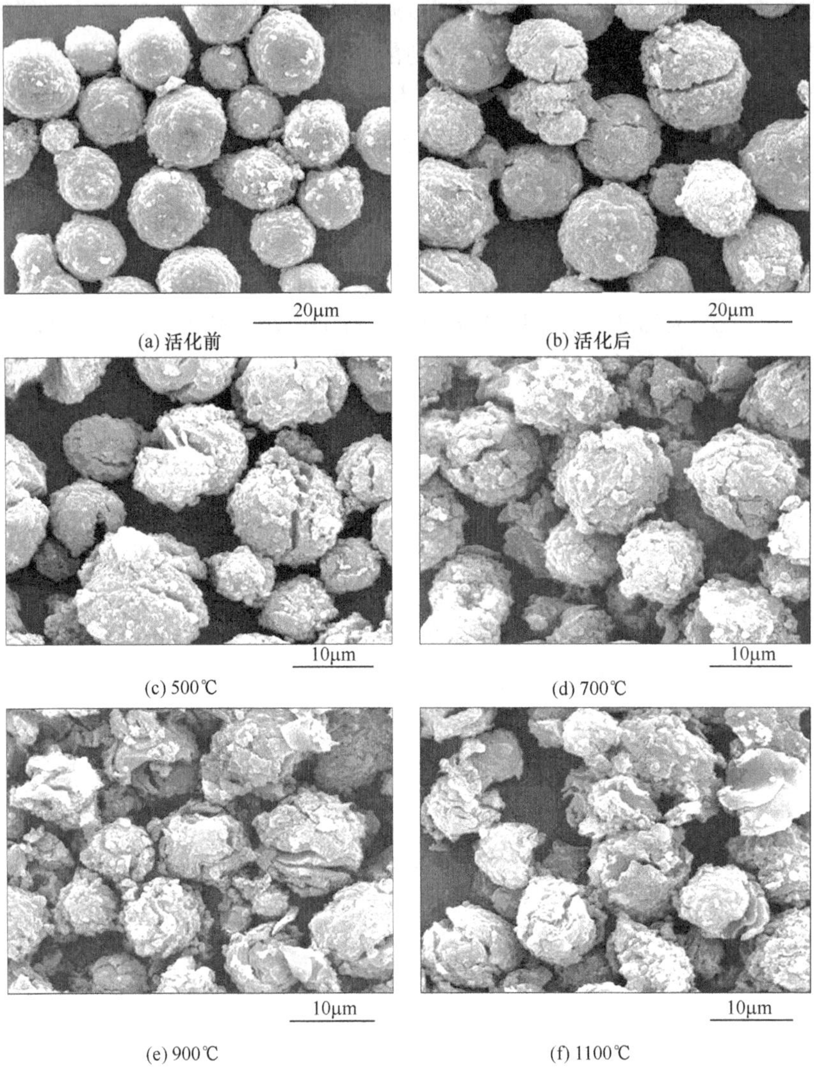

图 4-16　KOH 活化前后中间相炭微球形貌[47]

未炭化处理的中间相炭微球：(a)、(b)；不同温度炭化处理的中间相炭微球活化后：(c)～(f)

处理的中间相炭微球经过 KOH 活化后球体的形貌相比[图 4-16(c)～(f)],未经炭化处理的中间相炭微球 KOH 活化后球体的破裂数量少且裂缝小。

经不同温度炭化处理后中间相炭微球在活化前的形貌与未经炭化处理的中间相炭微球类似,只是球体表面的突起随着炭化温度的提高变得更加明显(图 4-9)。比较不同温度炭化处理的中间相炭微球经过 KOH 活化后球体形貌的 SEM 照片[图 4-16(c)～(f)],可以看出,500℃炭化处理的中间相炭微球经 KOH 活化后球体的破裂程度较大,几乎所有的球体都存在裂缝,且破裂缝较深且宽[图 4-16(c)];700℃炭化处理的中间相炭微球经 KOH 活化后球体虽然也发生了破裂,但破裂的程度小于 500℃炭化处理的中间相炭微球[图 4-16(d)];而 900℃和 1100℃炭化处理的中间相炭微球经 KOH 活化后,中间相炭微球球体的破裂程度均明显增大,有些球体甚至发生了解体,只能看到这些球体的碳层碎屑,如图 4-16(e)和(f)所示。仔细对比图 4-16(e)和(f)可以发现,1100℃炭化处理的中间相炭微球活化后球体的破裂程度稍小于 900℃炭化处理的中间相炭微球。

活化后中间相炭微球破裂的发生与其内部结构密切相关。由于未经炭化处理、500℃和 700℃炭化处理的中间相炭微球均为构筑单元堆砌的复合体,且内部没有形成连续织构的碳层,因此在活化过程中 KOH 易于进入球体并以多角度方向(没有方向性)对碳层进行刻蚀,加之球体内部存有较多的活性点(缺陷和碳层边缘),使得 KOH 对球体内部的刻蚀比较均匀而且充分,以致微球在刻蚀(活化)后不易产生球体的破裂[图 4-16(b)～(d)],但会造成球体的体积(振实)密度急剧降低(表 4-5)。虽然这三种中间相炭微球在活化前具有类似的内部结构和球体形貌,在活化后也呈现出相近的形貌特征和相同的体积密度变化趋向,但相比之下,还是有较大的差异,如由于 500℃炭化处理的中间相炭微球中存在比未炭化处理的中间相炭微球较多的通道(详见 4.4.1 节),同时碳层分子间的连接也比未炭化处理和 700℃炭化处理的中间相炭微球弱(如表 4 1 所示,在这三种中间相炭微球中,500℃炭化处理的中间相炭微球 L_a最小),因而 500℃炭化处理的中间相炭微球最易被 KOH 刻蚀,且在活化后出现较大的破裂[图 4-16(c)]。至于 900℃和 1100℃炭化处理的中间相炭微球,则因为它们内部含有连续的织构碳层(图 4-14 和图 4-15),使得 KOH 易于从织构碳层间的间隙侵入球体,同时破坏织构层中的连接键,造成球体沿织构层破裂甚至解体。与 900℃炭化处理的中间相炭微球相比,1100℃炭化处理的中间相炭微球具有小的碳层间距 d_{002}、大的微晶尺寸 L_a(表 4-1),说明后者碳层间的结合力强于前者,即后者具有更高的抗 KOH 刻蚀的能力,因此 1100℃炭化处理的中间相炭微球活化后的破裂程度小于 900℃炭化处理的中间相炭微球。

表 4-5 列出了 KOH 活化前后中间相炭微球的真实密度和振实密度。

表 4-5　活化前后中间相炭微球的密度[47]

中间相炭微球		真实密度 ρ_{true}/(g/cm³)		振实密度 ρ_{tap}/(g/cm³)	
		活化前	活化后	活化前	活化后
未炭化处理		1.468	2.18	0.726	0.265
炭化温度 t/℃	500	1.553	2.05	0.766	0.349
	700	1.584	1.99	0.860	0.396
	900	1.785	1.99	1.004	0.521
	1100	1.901	1.98	1.046	0.601

从表 4-5 可以看出，活化后中间相炭微球的真实密度明显增大；但随微球炭化处理温度的升高，活化后球体的真实密度逐渐降低。与此相反，活化后中间相炭微球的振实密度急剧减小；而随微球炭化处理温度的提高，振实密度呈现出增加的趋势。

从不同温度炭化处理的中间相炭微球经 KOH 活化后密度的变化，可以说明在较低温度下炭化处理的中间相炭微球易于被 KOH 刻蚀形成体积密度极低的球体；随着炭化处理温度的上升，中间相炭微球的抗氧化能力提高，KOH 刻蚀的程度降低，微球的体积(振实)密度增加。活化后中间相炭微球中的碳层结构由高密度(真实密度增加)的碳构成，其中低温炭化处理的中间相炭微球活化后碳层结构的密度更高。

2) 活化中间相炭微球的碳层微结构特征

图 4-17 给出了 KOH 活化后未炭化处理和不同温度炭化处理中间相炭微球的 XRD 谱图，图中虚线为活化前未炭化处理中间相炭微球的(002)峰的位置。

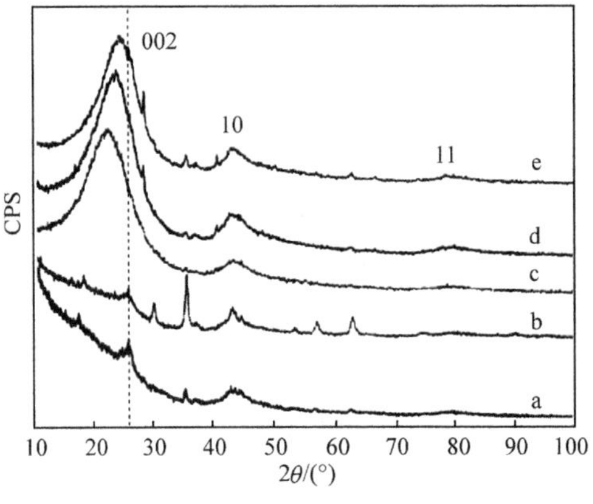

图 4-17　KOH 活化后中间相炭微球的 XRD 谱图[47]

a-未炭化处理；b-500℃；c-700℃；d-900℃；e-1100℃

由图 4-17 可以看出，未经炭化处理和 500℃炭化处理的中间相炭微球活化后(002)峰基本上消失，只剩下一些杂质峰。这说明未经炭化处理和 500℃炭化处理的中间相炭微球中虽然具有较大的微晶尺寸，但因芳香分子片层间化学作用较弱，易于被插入碳层间的 KOH 刻蚀，造成了微晶的减小和消失。亦即，尽管未炭化处理和 500℃炭化处理的中间相炭微球内部分子排列较好(表 4-1)，但因层积分子间的键合作用较弱，以致中间相炭微球内部的结构强度较差，易于被 KOH 破坏。虽然它们活化后的真实密度(残炭结构的密度)较高，但其基本上由无序碳构成。此外，二者 XRD 谱图中(10)峰的存在也表明 KOH 对微晶的破坏作用主要表现为对碳层分子的择优取向和堆积破坏，而不是减小分子的大小。

另外，从图 4-17 中 700℃、900℃和 1100℃炭化处理的中间相炭微球活化后(002)峰位置与活化前相比均向低衍射角移动，而(10)峰的变化较小的现象，也表明中间相炭微球在 KOH 活化过程中的进一步炭化可以增加碳层分子的缩合程度。

依据图 4-17 中谱线计算获得 KOH 活化后中间相炭微球的微结构参数，结果列入表 4-6。

表 4-6　KOH 活化后中间相炭微球的微结构参数[47]

中间相炭微球		$2\theta_{002}$/(°)	β_{002}/(°)	d_{002}/nm	L_c/nm	$2\theta_{10}$/(°)	β_{10}/(°)	$L_{a(10)}$/nm	N	$L_{a(10)}/L_c$
炭化处理 t/℃	700	22.42	8.19	0.3963	1.96	44.07	5.54	3.06	5.9	1.561
	900	23.29	7.52	0.3815	2.13	43.86	5.54	3.06	6.6	1.437
	1100	24.20	6.54	0.3675	2.46	44.01	4.40	3.85	7.7	1.565

图 4-18 给出了 700℃、900℃和 1100℃炭化处理的中间相炭微球活化前后的 XRD 谱图。

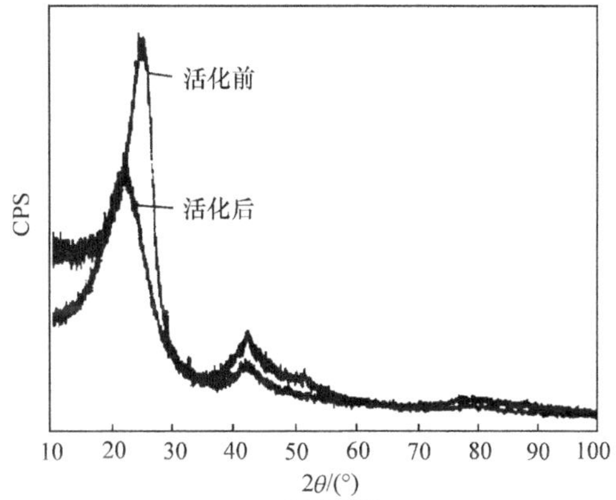

(a) 700℃

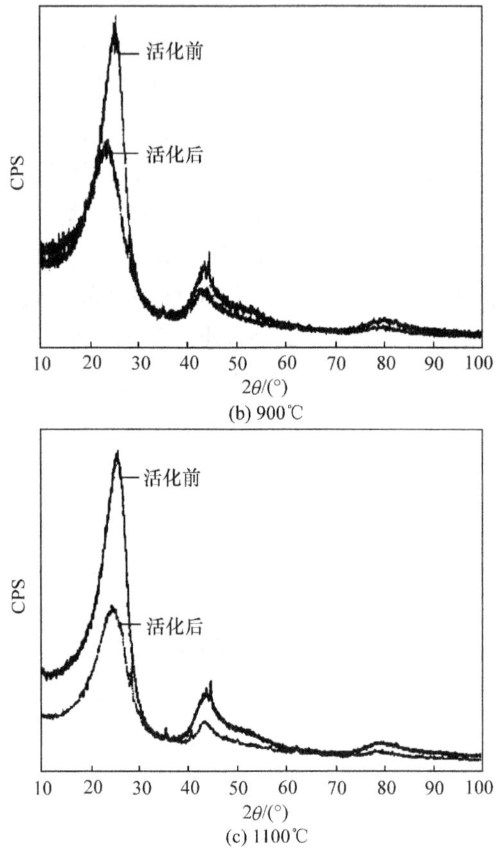

图 4-18　不同温度炭化处理的中间相炭微球活化前后的 XRD 谱图[47]

关联图 4-18、表 4-1 和表 4-6 可知，经 700℃、900℃和 1100℃炭化处理的中间相炭微球活化后(002)峰的位置均向低衍射角偏移，其偏移量随着中间相炭微球炭化处理温度的提高而减小。亦即，700℃处理的中间相炭微球活化前后(002)峰偏移量为 2.49°，900℃处理的中间相炭微球活化前后(002)峰偏移量为 1.42°，而 1100℃处理的中间相炭微球只有 0.54°。同时，活化后中间相炭微球(002)峰的半高宽 β_{002} 和碳层间距 d_{002} 明显增大、微晶高度 L_c 显著降低。其中，β_{002} 和 d_{002} 增大的幅度与 L_c 降低的幅度均随中间相炭微球炭化处理温度的提高而减小，表明中间相炭微球经较高温度炭化处理后，球体内部形成了能有效抵抗 KOH 侵蚀的碳层结构。与 β_{002} 的变化相反，活化后(10)峰的半高宽 β_{10} 呈现减小，同时微晶尺寸 $L_{a(10)}$ 显示增大，但其减小与增大的幅度随中间相炭微球炭化处理温度的升高出现波动，这与中间相炭微球在活化过程中又经历了一次 900℃的炭化过程有关。

从 700℃、900℃及 1100℃处理的中间相炭微球活化前后微晶尺寸的变化可以说明：中低温处理的中间相炭微球在活化过程中 KOH 的刻蚀作用主要为插入分子片层之间破坏层间的连接，进而增大层间距，而不是刻蚀微晶的边缘造成微晶尺寸的减小。通过对比活化前后中间相炭微球微晶的形状特征 $L_{a(10)}/L_c$ 的变化，也可以得出上述结论。

4.4.2　石墨化中间相炭微球的结构特征

中间相炭微球是易石墨化炭材料，经过 2300℃以上的石墨化处理后其内部碳层趋于石墨的规整片层结构，即碳层内的缺陷逐渐减少、片层排列有序、层间距减小、片层的尺寸变大。正是石墨化中间相炭微球内部有序的碳层结构使其成为优秀的二次锂离子电池负极材料[56,57]。

对于石墨化中间相炭微球结构的研究通常采用 XRD 分析，所反映的结构信息只是对所有球体结构信息统计的平均结果，而对球体内部不同深度的结构信息没有体现。因此，著者采用氧化烧失方法研究微球在不同深度的结构特征。研究所用石墨化中间相炭微球，来自天津市贝特瑞新能源材料有限责任公司。

1. 氧化气氛中石墨化中间相炭微球的热失重行为

采用日本岛津 TA-50 型热分析仪测试氧化气氛中石墨化中间相炭微球的热失重行为。

测试条件：样品量为 6～8mg，在 O_2(30mL/min)＋N_2(30mL/min)的混合气体气氛中，以 50℃/min 的升温速率升至 800℃，然后在 800℃下恒温至样品的重量不再减小为止。样品在进行热失重测试前均经过 120℃的真空干燥处理 10h。

石墨化中间相炭微球在 800℃氧化气氛中的热失重行为测试结果如图 4-19 所

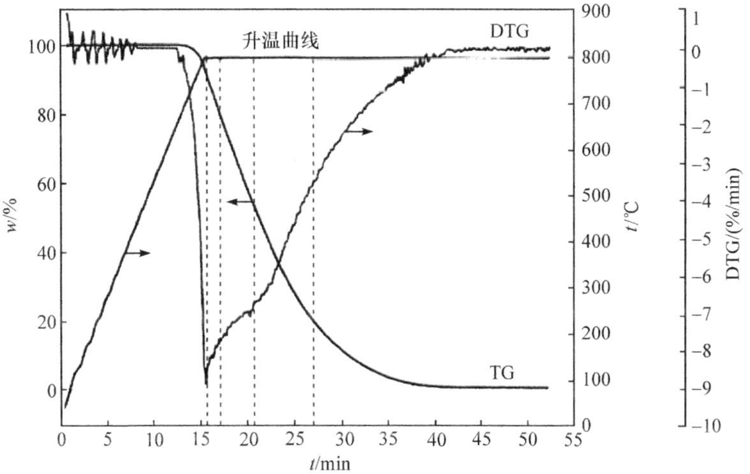

(a) TG、DTG曲线

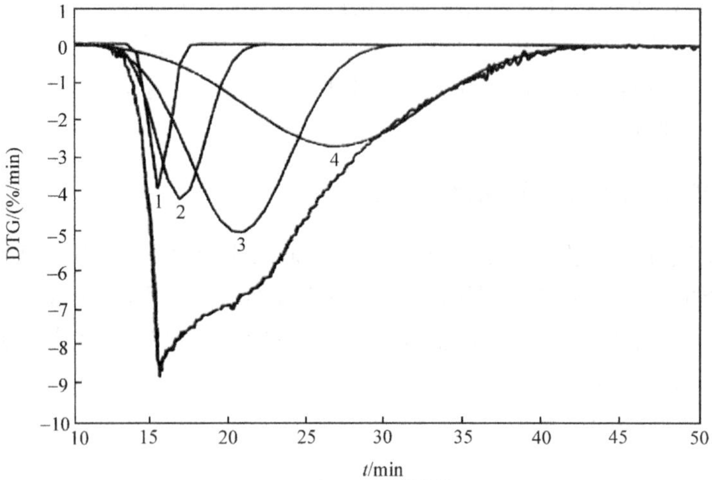

(b) DTG分峰曲线

图 4-19　石墨化中间相炭微球的热氧化行为[47]

示。其中，图 4-19(a)为石墨化中间相炭微球热氧化升温曲线和热失重曲线(TG)，图中虚线为石墨化中间相炭微球热氧化微分热失重 DTG 曲线分峰后峰的位置；图 4-19(b)为石墨化中间相炭微球热氧化 DTG 曲线的分峰结果曲线，图中各谱峰对应的参数列入表 4-7。

表 4-7　石墨化中间相炭微球的热氧化 DTG 曲线分峰后峰的位置和对应的失重率[47]

DTG 曲线	峰中心线 t/min	峰面积比例 x/%	失重率 w/%
峰 1	15.52	6.17	8.4
峰 2	16.91	16.11	19.9
峰 3	20.61	39.33	46.5
峰 4	26.78	38.39	79.0

从图 4-19(a)可以看出，石墨化中间相炭微球的热氧化 TG 曲线、DTG 曲线形状与炭化中间相炭微球的 TG 曲线[图 4-7(e)]及 DTG 曲线[图 4-8(e)]相似，相比之下，石墨化中间相炭微球 TG 曲线中开始氧化失重的温度比炭化中间相炭微球更倾向于向高温方向移动；二者的 DTG 曲线形状都具有一个很长的拖尾。

图 4-19(b)中石墨化中间相炭微球热氧化 DTG 曲线分峰结果显示，石墨化中间相炭微球中存在四种不同的结构。依据各种结构相应峰面积的百分含量(表 4-7)得出，第三种和第四种结构占其主体。

由于研究所用石墨化中间相炭微球在石墨化前未经过炭化处理，石墨化前球体内部含有大量的轻组分。而这些轻组分在石墨化过程中无疑会气化逸出球体，这些逸出的气体在高的环境温度(2800℃)中,势必会发生热解,形成热解炭而沉积到球体表面。由此可以认为,DTG 曲线上第一个失重峰是这些热解炭的失重峰,第二个失重峰是球体表面的失重峰,而第三和第四个失重峰对应于球体内部具有大织构层碳结构的失重峰。

2. 氧化烧失石墨化中间相炭微球的形貌特征

图 4-20 给出了不同程度氧化烧失后石墨化中间相炭微球形貌的 SEM 照片。

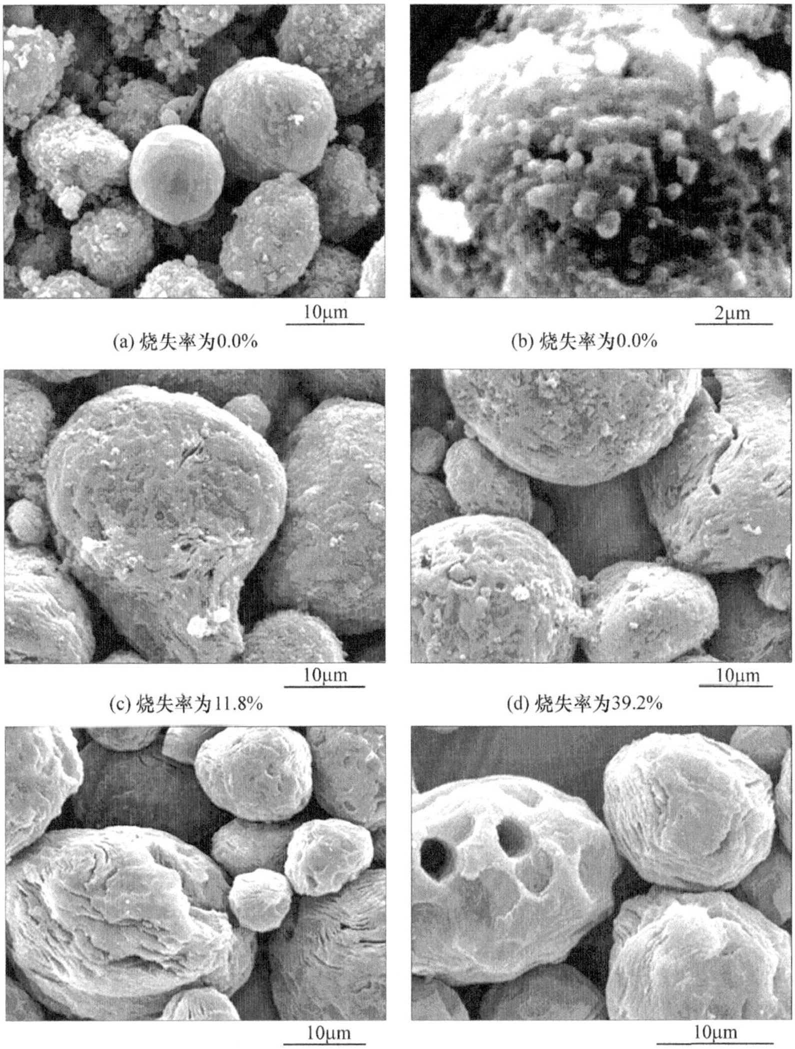

(a) 烧失率为0.0%　(b) 烧失率为0.0%

(c) 烧失率为11.8%　(d) 烧失率为39.2%

(e) 烧失率为50.4%　(f) 烧失率为63.0%

(g) 烧失率为78.5%

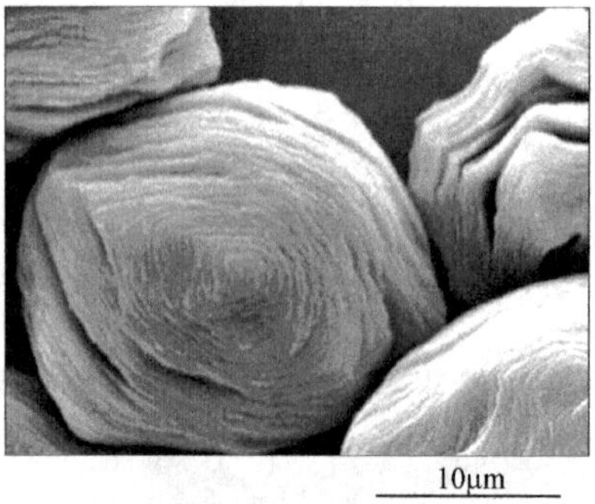

(h) 烧失率为94.5%

图 4-20　不同程度氧化烧失后石墨化中间相炭微球的表面形貌[47]

从图 4-20(a)和(b)可以看出,未经烧失的石墨化中间相炭微球表面被一层粒状物所覆盖(热解炭和球体表面的构筑单元),说明中间相炭微球石墨化后,球体表面的构筑单元仍不能与球体"融合"形成大织构碳层。关联不同温度炭化后中间相炭微球的氧化烧失特征(图 4-11～图 4-15)即可发现,随着中间相炭微球热处理(炭化)温度的提高,从球芯到表面的构筑单元间逐渐发生"融合"形成大织构碳层。由此可以预测,经过石墨化处理后的中间相炭微球,球体内部的构筑单元之间发生了最大程度的"融合";亦即,除了表面未"融合"的构筑单元外,球体内部的构筑单元均发生了"融合"。在制备 SEM 试样(观察的样品)的过程中也发现,当微球用超声波分散时,一些球体表面的物质脱落,形成了表面十分光滑的球体,如图 4-20(a)中间的球体所示,在表面脱落后仍无法观察到内部的织构碳层。实验佐证了石墨化中间相炭微球除了表面未"融合"的构筑单元外,球体内部的构筑单元均发生了"融合"这一预测的成立。

从图 4-20(c)看到,当烧失率为 11.8%时,球体表面仍存在较多的粒状物,同时呈现出一些粒状物烧失后露出的内部碳层和因粒状物脱落而形成的坑洞;进一步烧失(烧失率为 39.2%),球体表面的粒状物继续减少,有些小球体表面已没有粒状物[图 4-20(d)];当烧失率为 50.4%时,球体表面观察不到粒状物质,但可清晰地看到球体内部织构层的边缘[图 4-20(e)];继续烧失(烧失率为 63.0%和 78.5%),球体内部出现了较深的孔洞[图 4-20(f)和(g)],同时织构层也被不同程度地刻蚀,在烧失率为 78.5%的球体中还发现存有较多的碎片[图 4-20(g)],这是氧化烧失后形成含有孔洞的球体发生解体所致;当烧失率为 94.5%时,球体表面展现出受到严重刻蚀的织构碳层,同时仍可看到一些碎片,但较烧失率为 78.5%时少,已经观察不到由烧失造成的孔[图 4-20(h)]。这表明石墨化中间相炭微球在其烧失率由 78.5%烧失至 94.5%的过程中,含有烧失孔洞的球体进一步发生解体,且解体后的碎片被逐渐烧失掉;同时,球体的有序碳层也受到了一定程度的烧失。

纵观图 4-20 中不同程度氧化烧失后石墨化中间相炭微球的形貌可以看出，氧化烧失反应最先从球体的外部开始，把表面的物质烧失完后开始烧失微球内部具有大织构碳层的有序碳结构。这里的有序碳结构可以分为两类：一类为存在于球体内部的一些结晶度稍差的碳结构，对应于图 4-20(f)和(g)中被烧失的孔洞中的结构；另一类则是具有很高结晶度的碳结构，对应于图 4-20(h)中最后才被烧失的有序碳结构。正是由于这两种结构的存在造成了石墨化中间相炭微球 DTG 曲线上位于失重中后期的两个失重峰[图 4-19(b)]。

图 4-21 为石墨化中间相炭微球经过不同程度氧化烧失后球体的粒度分布曲线。

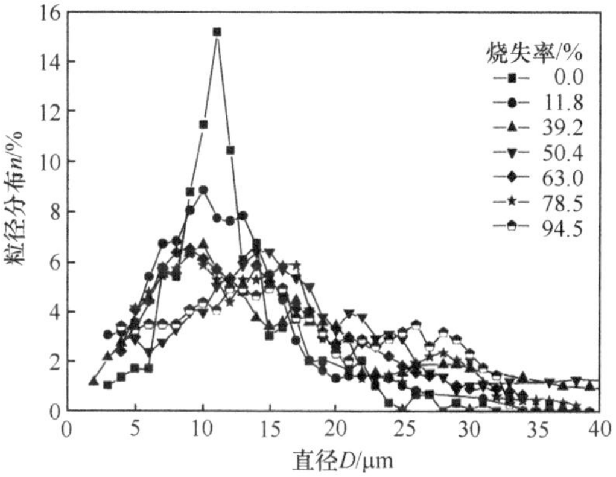

图 4-21　经过不同程度热氧化烧失后石墨化中间相炭微球粒度的分布[47]

由图 4-21 可以看出，石墨化中间相炭微球烧失前的粒径主要集中在 6～22μm 范围内。随着烧失率的增加(从 11.8%增加到 39.2%)，球径在 8～13μm 范围内的球体数量急剧减少，而小于和大于这个范围球径的球体的数量增加。可以认为，石墨化中间相炭微球在氧化烧失初期，小球径的球体被烧掉，中间粒度球体的球径因烧失而减小，但对大尺寸球体的球径变化产生的影响较小。当烧失率为 50.4%时，球体的粒度向大球径方向移动；继续烧失至烧失率为 63.0%时，球体的粒度又向小球径方向移动；进一步提高烧失率(从 78.5%增加到 94.5%)，球体的粒度又向大球径方向移动，并在特大球径区出现了峰。这种在烧失中后期球径分布波动的出现，则可认为是烧失变小的球体再被烧掉，产生孔洞的球体烧失破裂，而烧失对大球径球体尺寸变化的影响仍然较小所致。

石墨化中间相炭微球的粒度随烧失率的变化特征表明，烧失过程中不同尺寸的球体不是同时连续变小，而是具有较小尺寸的球体先发生烧失使球体变小，而具有较大尺寸的球体后发生烧失，这意味着较小尺寸中间相炭微球内部碳结构的结晶度比较大尺寸中间相炭微球的结晶度差，与文献[54]的报道一致。其中，粒度较大球体的百分含量增大是由于较小尺寸的球体烧失殆尽、而大球径球体的尺寸变化较小造成的。至于在烧失中后期球径分布波动的出现，则因烧失过程中含有结晶度较差碳结构的球体产生孔洞后易于破裂，造成了球体尺寸变化的不连续。

石墨化中间相炭微球的粒度随烧失率的变化特征也说明，石墨化中间相炭微球存在“另一种结构”的不均匀性，即“不同尺寸球体之间结构”的不均匀性，这种不均匀性造成了大球一般具有更完善的内部碳层而表现出较高的抗氧化烧失能力。

3. 氧化烧失石墨化中间相炭微球的微结构特征

表 4-8 列出了不同程度氧化烧失后石墨化中间相炭微球的微结构参数。

表 4-8　不同程度氧化烧失后石墨化中间相炭微球的微结构参数[47]

烧失率 w/%	d_{002}/nm	L_c/nm	G/%	N	$L_{a(100)}$/nm	$L_{a(101)}$/nm
0.0	0.3378	41.81	71.80	124.8	40.21	19.57
11.8	0.3373	47.89	77.65	143.0	45.05	21.16
39.2	0.3370	44.71	81.87	133.7	49.27	22.31
50.4	0.3371	43.50	80.13	130.0	52.17	24.82
63.0	0.3363	51.90	89.14	155.3	58.31	27.12
78.5	0.3371	50.44	80.27	151.6	50.75	28.48
94.5	0.3360	59.57	93.20	178.3	61.06	37.98

由表 4-8 中可以看出，石墨化中间相炭微球在氧化烧失过程中，随着烧失率的增加，碳层间距 d_{002} 先呈现逐渐减小(烧失率≤39.2%)，后出现波动变化，但总体趋势为不断减小；微晶在 c 轴方向的堆积高度 L_c、石墨化度 G 和微晶内平均碳层数 N 从烧失开始就呈现出波动变化，其变化整体趋势为逐渐增大；对于微晶尺寸 $L_{a(100)}$ 和 $L_{a(101)}$，除 $L_{a(100)}$ 在烧失率为 78.5%时略有减小外，二者均随烧失率的增加而不断增大。这表明石墨化中间相炭微球的碳结构是从外到内逐渐向完善石墨结构过渡，其表面的碳结构(主要由未和球体主体“融合”的构筑单元构成)具有最大的碳层间距，最小的微晶堆积高度、石墨化度、微晶内平均碳层数和微晶尺寸。至于在氧化烧失过程中石墨化中间相炭微球微结构 d_{002}、L_c、G 和 N 呈现的波动变化，即 d_{002} 增大，L_c、G 和 N 减小的现象，则应归因于烧失过程中球体内应力释放引起部分碳层进行局部调整和部分产生孔洞的球体发生解体。而在烧失过程中石墨化中间相炭微球从外到内微晶尺寸 $L_{a(100)}$ 和 $L_{a(101)}$ 的不断增加趋势，也可说明，越靠近球体芯部，碳层分子越大，抗氧化烧失能力越强。这与炭化中间相炭微球的微结构表征结果一致，再次佐证了中间相炭微球内部的碳层分子易于发展成更大的碳层，而处于表面中碳层的发展却受到了一定程度的限制。同时，也说明石墨化中间相炭微球内部结构也存在不均匀性。

关联石墨化中间相炭微球的热失重行为、经过不同程度氧化烧失后的形貌特征、粒度变化特征以及球体微结构参数的变化规律，可以推断：①石墨化中间相炭微球的碳结构是从外到内逐渐向完善石墨结构过渡。②石墨化后的中间相炭微球内部结构仍存在不均匀性，而造成这种不均匀性的主要因素源于中间相炭微球本身的结构特征，其一是表面构筑单元与球体主体的不融合性造成的表面的石墨化度明显低于球体主体的石墨化度(表 4-8)；其二是球体内部有序碳层排列的碳结构中含有两种不同结晶度的碳结构，较少量的低结晶度碳结构存在于大量高结晶度的碳结构内部(烧失过程中球体孔洞形成的主要因素)。另外，中间相炭微球在石墨化过程中轻组分的热解炭沉积也会对其石墨化后的不均匀性产生一定的影响。③石墨化中间相炭微球存在“另一种结构”的不均匀性，即“不同粒度的石墨化中间相炭微球具有不同的碳结构”，这种不均匀性造成了较大的球体一般具有更完善的内部碳层，而表现出较高的抗氧化烧失能力。

4.5　中间相炭微球结构特征的调控

中间相炭微球作为一类特殊的炭材料，除具有炭材料所有的一般性能外，还拥有因其球体形状、片层结构等一些特殊的形态和结构导致的多种独特的性质，利用这些性质可以把它应用于不同的领域，如高密度高强度炭材料、高性能液相色谱柱填料、高比表面积活性炭、催化剂载体、阳离子交换剂等领域。近年来，随着对二次锂离子电池应用研究的广泛展开，中间相炭微球作为一种重要的负极材料越来越受到众多学者的关注。因此，根据不同应用领域的要求，对中间相炭微球的结构进行调控，有着十分重要的理论和使用价值。

4.5.1　影响中间相炭微球结构特征的因素

依据未经热处理、中低温(≤1100℃)以及高温(2800℃)处理后工业中间相炭微球的热失重、密度、粒度分布、表面形貌及其微结构的变化，不同温度处理后中间相炭微球的热氧化失重特征、氧化烧失后球体的形貌和微结构特征，以及活化后中间相炭微球的形貌和微结构特征，从炭化工学的角度解析影响中间相炭微球结构特征的主要因素。

1. 中间相炭微球的本征结构

从未经热处理的工业中间相炭微球氧化烧失后所暴露的内部结构信息：①经不同程度氧化烧失后微球表面均表现为被一层粒状物所覆盖(图 4-11)；②从球体的表层到芯部，L_c、N 逐渐减小，而 L_a 却逐步提高(表 4-4)。可以说明：①中间相炭微球内部结构的均匀性较好，均由构筑单元构成，而未形成连续的织构碳层。验证了第 2 章提出的“颗粒基本单元构筑”理论成立的正确性。②中间相炭微球内部较早堆积到一起的构筑单元均可发生相邻单元间的“融合”长大现象，而且越靠近球体芯部，这种现象越明显。也佐证了“颗粒基本单元构筑”理论中有关“堆积到一起的构筑单元由于内部分子的活性会发生相邻构筑单元间分子的相互键合，使得片层芳香分子不断缩合长大”阐述的成立。

因此，可以描述热缩聚法中间相炭微球的本征结构为：单元构筑堆积体，表面黏附有碳质小颗粒；从球体表面到球芯，构筑单元碳层堆积的有序度变差，但碳层分子尺寸增大。

2. 炭化和石墨化处理对中间相炭微球的结构的影响

在较低的温度（≤700℃）下对中间相炭微球进行炭化处理，轻组分的逸出会造成球体内部结构的紊乱（表 4-1）和孔洞的产生，而使其体积略有膨胀（图 4-3）、密度略有增加（图 4-2）；当进一步提高处理温度时，由于球体内部芳香分子的缩合反应性、自调整和自排列能力不断提高，可使球体的体积略有收缩（图 4-3）、密度有较大增加（图 4-2），同时微晶尺寸 L_a 逐渐增大（表 4-1），缺陷随之减少，碳层分子排列向有序的方向发展。

不同温度炭化或石墨化处理后中间相炭微球内部结构均存有不均匀性（表 4-4、表 4-8），这种不均匀性主要来源于中间相炭微球本体的构成形式（构筑单元堆积体）和炭化或石墨化处理过程中微球内部结构发展的方向性（球芯构筑单元最易形成连续的织构碳层，而其球体表面的碳结构即使经过石墨化处理仍不能与微球主体形成连续的织构碳层）。另外，石墨化中间相炭微球结构的不均匀性还与表面少量的热解炭和不同粒径球体本身的结晶度差异相关。

3. 活化处理对中间相炭微球的结构的影响

以 KOH 为活化剂对未经炭化处理和较低温度（≤700℃）炭化处理的中间相炭微球进行活化处理，可以制备出高比表面积活性炭微球[58,59]，且球体结构强度较好不易破裂（图 4-16）；与活化前相比，体积密度急剧降低（表 4-5）。其原因在于未经炭化处理和较低温度（≤700℃）炭化处理的中间相炭微球是构筑单元堆砌的复合体（图 4-10），在活化过程中，KOH 易于以多角度方向进入球体，对碳层进行刻蚀活化，加之球体内部存有较多的活性点（缺陷和碳层边缘），使得 KOH 对球体内部的刻蚀比较均匀而且充分。而较高温度炭化处理后，中间相炭微球内部形成了能有效抵抗 KOH 侵蚀的连续织构碳层，使活化变得困难。因此，经较高温度炭化处理的中间相炭微球活化后的比表面积比较小，且随着炭化处理温度的升高，比表面积不断减小，微孔的含量逐渐减少。例如，未经炭化处理的中间相炭微球直接活化后的比表面积接近 $3000m^2/g$；而经 900℃炭化处理的中间相炭微球活化后的

比表面积小于 $200m^2/g$[58,59]。显然,中间相炭微球的炭化处理对其活化造孔也有明显的影响。

4. 氧化处理对中间相炭微球结构的影响

氧化处理是中间相炭微球最常用的表面化学处理方法。例如,采用氧化处理可以得到自烧结性良好的中间相炭微球,通过热压成型、炭化等工艺可以获得高性能的各向同性炭块[60,61]。研究表明,在 300℃下氧化处理 45min 的中间相炭微球,通过热压成型、1000℃炭化 1h 可以制得密度为 $1.64g/cm^3$、弯曲强度达 99.5MPa 的炭块[61]。这是因为氧化处理可以调控中间相炭微球表面组成(类似于中间相沥青纤维的不熔化处理),提高微球的交联度,降低微球的塑性流动。亦即,通过氧化处理,保证微球在热压成型后的炭化过程中,既不熔融又保持良好的黏结性。又如,对石墨化中间相炭微球进行适宜的氧化处理,可以改善中间相炭微球的充放电性能[62,63]。亦即,氧化处理是提高炭负极材料性能的有效方法。

4.5.2 中间相炭微球结构特征的调控手段

根据目标中间相炭微球的结构特征要求,选择适宜的调控手段:炭化处理、活化处理或氧化处理等。例如,用作二次锂离子电池负极材料中间相炭微球的制备[45]。基于中低温炭材料内部同时存在三种储锂方式,即有序碳层储锂(Ⅰ型)、微孔储锂(Ⅱ型)和碳层表面或游离碳层储锂(Ⅲ型)[57]。随着热处理温度的提高,炭材料内部的微孔和游离碳层逐渐减小,有序碳层逐渐增加,其电化学储锂特征也呈现出相应的变化,即首次充放电容量降低,但循环过程中的库仑效率提高。由于在中低温炭化的中间相炭微球中有序碳层的含量较少,其循环伏安曲线表现不出锂的成阶嵌入。而经过高温石墨化处理的中间相炭微球由于内部主要含有Ⅰ型结构,在充放电过程中可表现出明显的成阶嵌锂。同时,由于石墨化中间相炭微球表面低结晶度小颗粒的存在会造成球体储锂容量较低,而经过氧化(氧气氛围)烧失去除这些小颗粒后,即可提高石墨化中间相炭微球的可逆储锂容量和高库仑效率。这一切不仅与氧化后石墨化中间相炭微球表面形成的官能团参与了形成 SEI 膜的反应而使形成的 SEI 质量较好有关,还与石墨化中间相炭微球内部有序碳层层间存在较多的强连接结构有关。因此,可以通过去除石墨化中间相炭微球表面物质的方法获得具有高充放电容量和高库仑效率的二次锂离子电池负极材料。

参考文献

[1] Kinney C R. The Chemistry of Petroleum Hydrocarbons[M]. New York: Reinhold Publishing Corp., 1955.

[2] Lewis I C, Edstrom T. Thermal reactivity of polynuclear aromatic hydrocarbons[J]. Journal

of Organic Chemistry,1963,28:2050-2057.
[3] 大谷杉郎,真田雄三. 炭素化工学の基础[M]. 东京:株式会社オ-ム社,1980.
[4] 钱树安. 烃类液相炭化过程的物理化学[R]. 太原:中国科学院山西煤炭化学研究所,1982.
[5] Lewis I C. Chemistry of pitch carbonization[J]. Fuel,1987,66(11):1527-1531.
[6] 王茂章. 有机化合物的液相炭化化学[J]. 化学通报,1990,12:22-28,44.
[7] 梁文杰. 重质油化学[M]. 2 版. 东营:石油大学出版社,2003.
[8] 肖瑞华. 煤焦油化工学[M]. 北京:冶金工业出版社,2009.
[9] 姜卉,王成扬,郑嘉明. 煤焦油系中间相炭微球的制备[C]//中国电工技术学会,炭-石墨材料专业委员会. 第 18 届炭-石墨材料学术会议集,2000:384-389.
[10] 姜卉. 沥青基中间相炭微球的制备及其结构研究[D]. 天津:天津大学硕士学位论文,2001.
[11] 吕永根,凌立成,吴东,等. 煤焦油热解制备中间相炭微球[J]. 燃料化学学报,1998,25(5):463-467.
[12] 宋怀河,沈曾民. 添加炭黑对催化裂化渣油中间相沥青炭微球制备的影响[J]. 石油学报(石油加工),1999,15(6):63-67.
[13] 王成扬,刘埃林,孙曙光,等. 中间相炭微球的共缩聚制备方法[P]:中国,CN1116386C. 2003.
[14] Taylor G H,Pennock G M,Fitz Gerald J D,et al. Influence of QI on mesophase structure [J]. Carbon,1993,31(2):341-354.
[15] 王成扬,姜卉,李鹏,等. 原生 QI 成核中间相炭微球的结构[J]. 新型炭材料,2000,15(4):9-12.
[16] 吕永根,凌立成,刘朗,等. 原生吡啶不溶物在煤焦油聚合制备中间相炭微球过程中的作用[J]. 新型炭材料,1998,13(1):38-41.
[17] 吕永根,凌立成,刘朗,等. 煤焦油中吡啶不溶物及聚合条件对中间相炭微球收率、球径及其分布的影响[J]. 炭素技术,1998,(5):15-19.
[18] Koral Y,Wang Y G,Yoon S H,et al. Effects of carbon black addition on preparation of meso-carbon microbeads[J]. Carbon,1997,35(7):875-884.
[19] Koral Y,Wang Y G,Yoon S H,et al. Preparation of meso-carbon microbeads with uniform diameter from AR-isotropic pitch in the presence of carbon black[J]. Carbon,1996,34(9):1156-1159.
[20] Wang Y G,Chang Y C,Ishida S,et al. Preparation of mesocarbon microbeads from a synthetic isotropic naphthalene pitch through two stage heat treatment in the presence of carbon black[J]. Carbon,1998,36(7-8):1231-1245.
[21] Wang Y G,Egashira M,Ishida S,et al. Microstructure of mesocarbon microbeads prepared from synthetic isotropic naphthalene pitch in the presence of carbon black[J]. Carbon,1999,37(2):307-314.
[22] 李同起,王成扬,刘秀军,等. 亚微米鳞片石墨存在下炭质中间相的形成机理研究[C]//第六届全国新型炭材料学术研讨会论文集,2003:30-36.
[23] 李同起. 非均相成核中间相炭微球的形成机理研究[D]. 天津:天津大学硕士学位论文,2003.

[24] Braun M, Hüttinger K J. Sintering of powders of polyaromatic mesophase to high-strength isotropic carbons: Ⅲ. Powders based on an iron-catalyzed mesophase synthesis[J]. Carbon, 1996, 34(12): 1491-1473.

[25] 刘秀军. 化学添加剂在中间相炭微球形成过程中的作用机理研究[D]. 天津:天津大学博士学位论文,2002.

[26] 刘秀军,王成扬,李同起. 硫存在下的中间相炭微球制备及形貌[J]. 天津大学学报,2003,36(3):267-270.

[27] 宋怀河,沈曾民,陈晓红. 中间相沥青炭微球的制备方法[P]:中国,199100008. 0. 2000.

[28] 刘朗,凌立成,吕永根,等. 一种中间相炭微球的制备方法[P]:中国,1197833. 1997.

[29] 薛锐生,沈曾民,宋怀河. 热缩聚工艺条件对中间相炭微球形成的影响[J]. 炭素,1999,(3):8-13.

[30] Kodama M, Fujiura T, Esumi K, et al. Preparation of meso-carbon microbeads with a narrow size distribution[J]. Carbon, 1988, (26): 595-598.

[31] Korai Y, Ishida S, Yoon S H, et al. Preparation of mesocarbon microbeads by dispersing mesophase pitch in isotropic pitches[J]. Carbon, 1997, 35(10-11): 1503-1515.

[32] Kodama M, Fujiura T, Lkawa E, et al. Characterization of meso-carbon microbeads prepared by emulsion method[J]. Carbon, 1991, 29(1): 43-49.

[33] Machni J,刘振宇. 由不同分离方法所得的煤焦油沥青离析出的中间相炭微球的微结构[J]. 新型碳材料,1994,9(4):44-45.

[34] 白春礼,谭忠印,汪振霞,等. 中介相碳球及其热处理产物的研究[J]. 电子显微学报,1997,16(6):747-750.

[35] Zimmer J E, Witz R L. Magnetic field alignment of the matrix in a carbon-carbon composite [J]. Carbon, 1988, 26(4): 579-588.

[36] Yamada Y, Sakawaki K, Ida S. Accumulation of mesophase spheres by sedimentation[J]. Carbon, 1985, 23(5): 597-600.

[37] Kim C J, Ryu S K, Rhee B S. Properties of coal tar pitch-based mesophase separated by high-temperature centrifugation[J]. Carbon, 1993, 31(5): 833-838.

[38] 许斌,陈鹏. 中间相炭微珠(MCMB)的开发、性质和应用[J]. 新型碳材料,1996,11(3):4-8.

[39] Kodama M, Shimizu N, Fujiura T, et al. Preparation and characterization of cation-exchanger using meso-carbon microbeads prepared by emulsion method[J]. Carbon, 1990, 28(1): 199-205.

[40] Blanco C, Santanmaria R, Bermerjo J, et al. A novel method for mesophase separation[J]. Carbon, 1997, 35(8): 1191-1193.

[41] 吕永根,凌立成,刘朗,等,热过滤在中间炭微球的制备过程中的作用[J]. 炭素,1997,(4):14-16,22.

[42] Yokono T, Murakami K, Sanada Y, et al. Mechanism of carbon microbead formation from paraffin-pitch mixtures[J]. Journal of Materials Science, 1987, 22: 638-642.

[43] Liu C L, Lu Y G, Lu C X, et al. Mesophase transformation of supercritical isobutene extraction fractions of Saudi Arabian FCC-DO[J]. New Carbon Materials, 1998, 13(4): 29-34.

[44] Chang Y C, Sohn H J, Ku C H, et al. Anodic performances of mesocarbon microbeads (MCMB) prepared from synthetic naphthalene isotropic pitch[J]. Carbon, 1999, 37(8): 1285-1297.

[45] 李鹏,王成扬,姜卉,等. 热处理温度对锂离子电池用中间相炭微球结构及性能的影响[J]. 炭素技术,2001,(6):5-8.

[46] 钱树安. 略论炭素科学的形成与发展 I. 总论[J]. 炭素,1995,(2):1-3.

[47] 李同起. 碳质中间相结构的形成及其相关材料的应用研究[D]. 天津:天津大学博士学位论文,2005.

[48] 陈玉琴,凌立成,刘朗,等. 气相色谱法研究沥青不熔化纤维的碳化[J]. 新型碳材料,1994,9(3):32-34.

[49] 沈曾民. 新型碳材料[M]. 北京:化学工业出版社,2003.

[50] 李同起,王成扬,郑嘉明,等. 非均相成核中间相炭微球的形成过程及其结构演变[J]. 新型炭材料,2004,19(4):281-288.

[51] 李同起,王成扬. 碳质中间相形成机理研究[J]. 新型炭材料,2005,20(3):278-285.

[52] 岑可法,姚强,骆仲泱,等. 高等燃烧学[M]. 杭州:浙江大学出版社,2002.

[53] 李同起,王成扬,刘秀军,等. 鳞片石墨对中间相炭微球织构的影响[J]. 新型炭材料,2002,17(4):1-6.

[54] Li T Q, Wang C Y, Liu X J, et al. SEM analysis of the changes of carbon layer structure of mesocarbon microbeads heat-treated at different temperatures[J]. Chinese Science Bulletin, 2004, 49(11): 1105-1110.

[55] Li T Q, Wang C Y, Liu X J. Application of SEM to detect the structure of mesocarbon microbeads[J]. Journal of Materials Science, 2005, 40: 2055-2057.

[56] Yao J, Wang G X, Ahn J H, et al. Electrochemical studies of graphitized mesocarbon microbeads as an anode in lithium-ion cells[J]. Journal of Power Sources, 2003, 114(2): 292-297.

[57] Umeda M, Dokko K, Fujita Y, et al. Electrochemical impedance study of Li-ion insertion into mesocarbon microbead single particle electrode: Part I. Graphitized carbon[J]. Electrochimica Acta, 2002, 47(6): 885-890.

[58] 刘利. 化学活化中间相炭微球制备电化学电容器电极材料[D]. 天津:天津大学硕士学位论文,2009.

[59] 郭春雨,王成扬,时志强. 活性中间相炭微球在超级电容器中的应用[J]. 电源技术,2007,31(3):179-182,190.

[60] 高燕,宋怀河,陈晓红. 氧化处理对煤沥青基中间相炭微球自烧结炭块性能的影响[J]. 新型炭材料,2002,17(4):13-17.

[61] 卢秀荣,王成扬,范启明. MCMB 超细粉末特性及其成型工艺对烧结体性能的影响[J]. 新型炭材料,2004,19(2):109-113.

[62] Michikazu H, Asako S, Norio T, et al. Surface structures and charge-discharge characteristics of mesocarbon microbeads as the anodes for secondary lithium-ion batteries[J]. Tanso, 1994, (165): 261-267.

[63] 马军旗,胡成秋.提高锂离子电池炭负极材料性能的表面处理方法[J].炭素技术,2000,(5):22-27.

第 5 章　中间相沥青基泡沫炭

中间相沥青基泡沫炭是由中间相沥青发泡得到的一种新型多孔炭材料，除具有炭材料的众多优异性能外，还因其独特的韧带式交联网状孔泡构造，经石墨化处理后可以同时具备低密度、高机械强度、高导热、高导电、耐热、耐腐蚀、抗冲击、吸波降噪、低热膨胀系数等众多优异的物理和化学性能，并可以与金属或其他非金属材料制成具备特殊功能的复合材料，所以不论在高附加值的航空航天方面，还是在其他高新科技领域都具有广阔的应用前景。中间相沥青基泡沫炭一经问世就受到人们的广泛关注。

5.1　中间相沥青基泡沫炭的研究进展

20 世纪 60 年代中叶，Ford[1] 首先发现由热固性聚合物泡沫高温分解可形成网状玻璃体泡沫炭。这种泡沫炭具有非常高的开孔率，孔壁呈非石墨化状态，导热率低，表现出优异的绝热性能，可用作高温绝热材料[2-5]。图 5-1 是典型聚合物基网状玻璃体泡沫炭的 SEM 照片[6]。

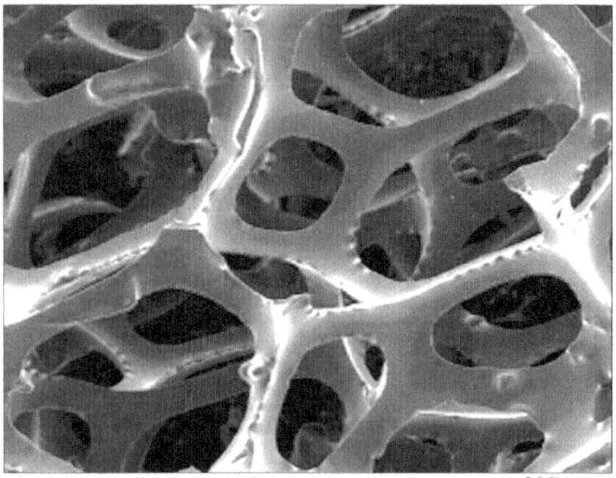

图 5-1　典型聚合物基网状玻璃体泡沫炭的 SEM 照片[6]

早期泡沫炭的制备主要以有机聚合物为原料，受原料性质的限制，制备的泡沫炭虽然有一定强度，但脆性较大。为克服这一缺陷，人们通过不同的手段调变泡沫炭的结构，包括在制备原料中添加各种增强剂、优化工艺参数以及尝试使用不同原料等，以达到改善其性能的目的[7,8]。

中间相沥青基泡沫炭是 20 世纪 90 年代出现的新一代泡沫炭。1993 年，在第 21 届国际双年度炭会议上，Hager 等[9]结合自己的一些前期研究工作通过模型分析预测了不同于以往泡沫炭材料的韧带式网状结构石墨化泡沫炭的存在。1998 年，美国橡树岭国家实验室(ORNL)的 Klett[10]在从沥青制备炭材料时偶然发现了一种石墨化多孔炭材料，并为此获得了 *R&D Magazine* 所评选的 1999 年度 100 个杰出贡献奖之一[11]。

中间相沥青基泡沫炭是一种具有三维网状结构(图 5-2)的多孔功能炭材料[11-16]，可以被应用于诸如航空航天器和卫星的热转移系统、火箭的抗冲击和减噪发射平台、化工厂的大型热交换器和计算机器件的小型排热器件、快速运行机动工具的端部防护层以及飞机、轮船等的耐火门窗等领域[17]。

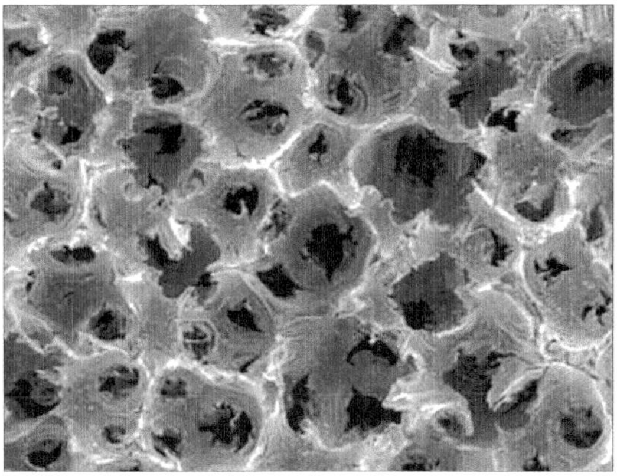

图 5-2　中间相沥青基泡沫炭的典型 SEM 照片[6]

中间相沥青基泡沫炭一经问世就受到各国政府、科研机构和潜在用户的广泛关注，其潜在的多用途使其迅速成为炭材料研究领域的又一热点。美国橡树岭国家实验室 Klett 等[18-23]对中间相沥青基泡沫炭的制备原料、工艺以及泡沫炭的结构与性能等进行了深入系统的研究。日本渡邉史宜等[24-30]报道了 AR 沥青基泡沫炭的结构与导热性能，使 AR 沥青迅速成为研究泡沫炭的首选前驱体。我国天津大学王成扬等[31,32]通过改变发泡过程所用模具自由空间的大小调控生成中间相沥青基泡沫炭的孔径；中国矿业大学王永刚等[33]研究比较了不同沥青所制备泡沫炭的结构与性能；大连理工大学邱介山等[34]研究了在中间相沥青中添加 $Fe(NO_3)_3$ 后制得泡沫炭的孔泡结构，结果表明 Fe 物种的存在有利于提高泡沫炭的石墨化程度；北京化工大学沈曾民等[35]考察了中间相沥青基泡沫炭作为夹芯复合材料的微波吸收性能；中国科学院山西煤炭化学研究所郭全贵等[36]将中间相炭微球与中间相沥青混合后制备得到具有高抗压强度的泡沫炭等[37-40]。

中间相沥青基泡沫炭作为一种新型炭材料，以其独特的结构和性能在能源、化工、航空航天等众多领域已显示出巨大的应用潜力。针对不同应用领域的特定要求，有效地调控与优化中间相沥青基泡沫炭的结构与性能是科研工作者的研究目标，也是今后研究的主要课题。

5.2　中间相沥青基泡沫炭的制备

中间相沥青基泡沫炭的制备一般包括中间相沥青的发泡和后处理两个过程，其中发泡过程是控制其孔径大小和形状的重要步骤，也是最终决定泡沫炭体积密度、强度、导电/导热等性能的关键步骤。由于中间相沥青基炭材料的结构由碳质中间相前驱体的结构和后处理条件共同决定[41-45]，所以发泡中间相沥青的可控调制对制备高性能中间相沥青基泡沫炭非常重要。

获得结构完美、性质良好的泡沫炭是其应用研究的基础，而合适的制备技术则是其研究与应用的前提。本章主要以著者研究团队在碳质中间相理论的应用中有关中间相沥青基泡沫炭的研究为例，系统阐述发泡用中间相沥青及其泡沫炭的可控调制。

5.2.1　发泡用中间相沥青

1. 发泡用中间相沥青的特征

依据中间相生成理论（详见 2.2.5 节），用于制备泡沫炭的中间相沥青应为广域型织构（图 5-3），并具有窄相对分子质量分布和高热变形性能。

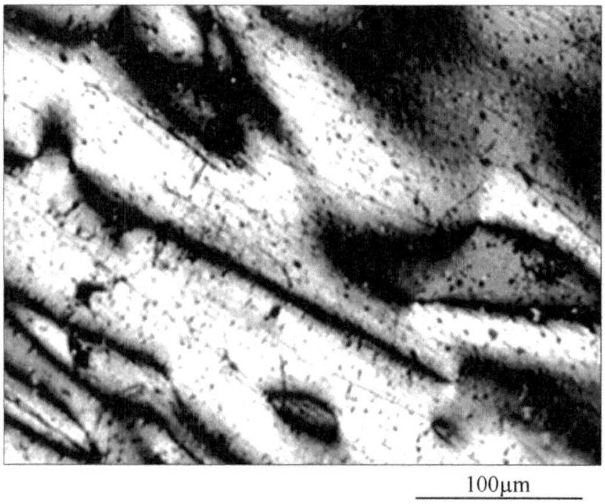

图 5-3　催化裂化油浆系中间相沥青的偏光显微照片[46]

研究表明，催化裂化油浆系中间相沥青[46]和萘系中间相沥青[35,40]通常被认为是制备优质中间相泡沫炭的首选原料。表 5-1 列出了典型催化裂化油浆系和萘系中间相沥青的族组成和软化点。典型催化裂化油浆系和萘系中间相沥青热重曲线如图 5-4 所示。

表 5-1　催化裂化油浆系和萘系中间相沥青的族组成和软化点[40,46]

中间相沥青	TI w/%	QI w/%	TI-QS w/%	软化点 t/℃
催化裂化油浆系	98.3	85.7	12.6	305
萘系	68.2	42.5	25.7	220

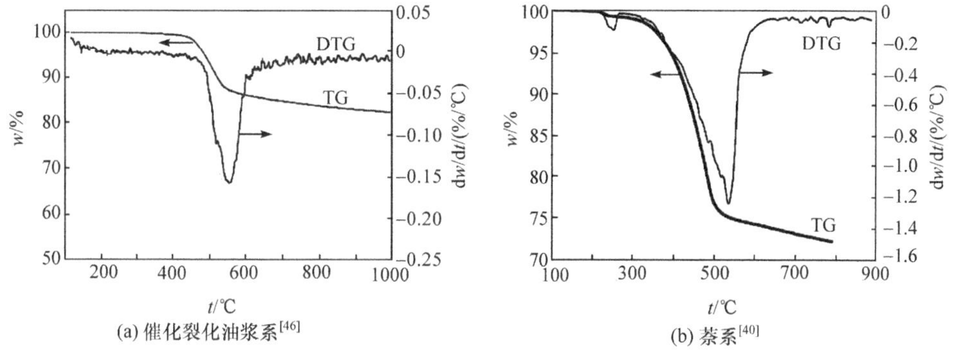

图 5-4　中间相沥青的 TG-DTG 曲线

从图 5-4 可以看出，催化裂化油浆系和萘系中间相沥青的 TG-DTG 曲线相似，其中二者的 DTG 曲线均在 550℃左右存在一个最大失重速率峰，且峰形较窄，并对应于各自 TG 曲线上的明显失重段，说明二者中的轻组分相对分子质量分布窄。

2. 发泡用中间相沥青的调制

选用大港油田的催化裂化油浆作为制备发泡用中间相沥青的前驱体，通过传统热缩聚方法制备发泡中间相沥青。

大港催化裂化油浆的基本性质列入表 5-2。

表 5-2　大港催化裂化油浆的基本性质[38]

ρ/(g/cm³)	w_{CCR}/%	M	元素组成 w/%				w_{Ni+V}/(μg/g)	n_H/n_C	组分 w/%			
			C	H	S	N			Sa	Ar	Re	As
1.0436	14.02	386	86.8	9.2	0.5	0.3	6.5	1.2744	33.3	60.0	4.0	1.7

注：ρ，密度；w_{CCR}，残炭率；M，平均相对分子质量；w_{Ni+V}，元素 Ni＋V 的含量；Sa，烷烃含量；Ar，芳烃含量；Re，胶质含量；As，沥青质含量。

催化裂化油浆含有大量的 2～4 环芳烃，沸点主要集中在 300～500℃的馏分[47]。根据中间相现象的本性（详见 1.4.3 节），催化裂化油浆体系的芳香性较大，中间相保持塑性的温度区间较宽，易于获得各向异性的易石墨化显微结构。但因催化裂化油浆中含有一定量的催化剂等杂质颗粒，在热缩聚前需要对其进行过滤等预处理除去杂质颗粒，而后采用热缩聚方法制备发泡中间相沥青。

图 5-5 给出了热缩聚法发泡用中间相沥青制备装置示意图，其中反应釜为不锈钢高压釜，耐压 4MPa、耐温 600℃、容积 2L。

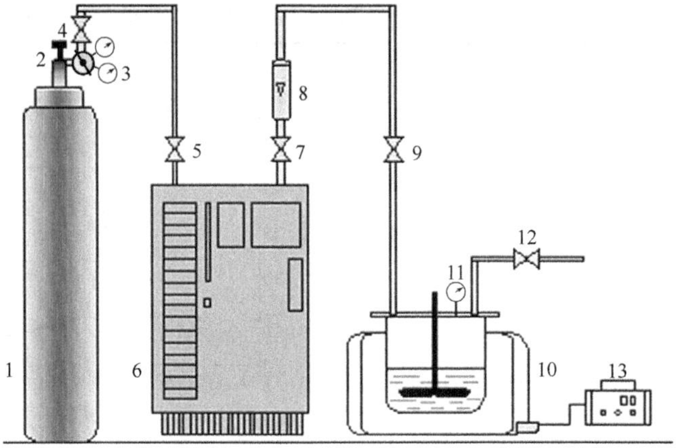

图 5-5 热缩聚法发泡用中间相沥青制备装置示意图[38]

1-氮气钢瓶；2-减压阀；3，11-压力表；4，5，7，9，12-阀门；6-氮气净化器；8-转子流量计；10-反应釜；13-温控仪

工艺流程如下：将预处理后的催化裂化油浆置入反应釜。通入经氮气净化器净化后的氮气置换釜内空气，之后在一定流量的氮气保护下，使用温控装置按一定的升温速率加热，待釜内物系呈液态（一般石油沥青加热至 70℃以上）后开启搅拌装置，升温至 420℃，恒温一定时间（5～9h）后停止加热，自然冷却至室温，关闭氮气，取出待用。

5.2.2 中间相沥青基泡沫炭生料的制备

1. 中间相沥青的发泡方法

早期中间相沥青基泡沫炭的制备方法与有机聚合物炭化制备泡沫炭的方法相近，多用高压充气发泡法和压力释放发泡法[48]。为了使发泡所得中间相沥青泡沫体（俗称泡沫炭生料）在随后的炭化和石墨化阶段保持其孔泡结构，类似于中间相沥青炭纤维的制备，必须对其进行氧化固化处理，使泡沫体由热塑性变为热固性。这一过程使得制备泡沫炭的工艺变得复杂、耗时且昂贵。后来 Klett[10] 采用简单的自挥发发泡（简称自发泡）工艺制备泡沫炭生料，省去了传统制备方法中的充气工序和氧化固化工序，简化了制备工艺，降低了制备成本。由于其潜在的巨大商业价值，其生产工艺专利[18]一问世就立即被美国国防部收购。

近年来，围绕泡沫炭的制备及应用研究科学家展开了大量的工作，根据所用原材料以及成品的应用领域，开发出了许多各具特色的发泡工艺，常用于中间相沥青的发泡方法主要有：

(1) 压力释放发泡法[38]：这种方法也被称作"吹气法"，如图 5-6 所示。将中间相沥青置于发泡炉内，抽真空，加热至高于沥青软化点，通入惰性气体如氮气，继续升温引起气体膨胀，从而使沥青膨胀发泡形成泡沫体。

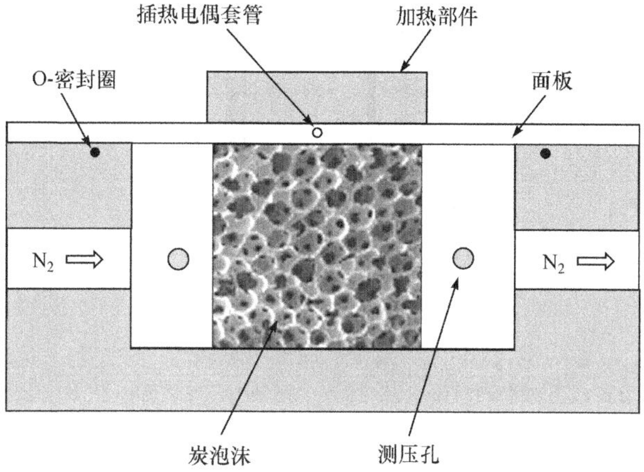

图 5-6　压力释放发泡法示意图[38]

(2) 高压充气发泡法[49]：将中间相沥青置于发泡炉内进行高压充气膨化，形成泡沫体。

(3) 添加发泡剂发泡法[50]：将中间相沥青研磨成粉末，干燥后与化学发泡剂混合放入发泡炉内，在氮气保护下将混合物加热至发泡剂分解温度以上，在熔融状态下发泡。这种方法要求中间相沥青和发泡剂尽可能混合均匀。

(4) 自挥发发泡法(自发泡法)[10,18]：将中间相沥青置于发泡炉内，无须添加任何发泡剂类物质，首先通入惰性气体并控制其初始压力，然后开始加热，随着温度的不断升高，沥青逐渐软化，达到软化点温度后中间相沥青开始变成熔融流体(简称熔体)；随着温度进一步升高，沥青熔体发生热分解逸出轻组分气体，同时沥青黏度由开始的降低转为逐步升高，当沥青熔体的黏度(黏弹性)达到足够高时，逸出的轻组分气体使得沥青熔体自行发泡膨化，形成泡沫体。

(5) 限定尺寸法[31]：为了调控生成中间相沥青基泡沫炭的孔径，著者于 2004 年提出了"限定尺寸法制备中间相沥青基泡沫炭的方法"，并申请了专利(详见 5.5 节)。

2. 中间相沥青基泡沫炭生料的制备工艺

本着简易、绿色制备思路，著者研究团队选用自发泡法制备中间相沥青基泡沫炭生料。所用发泡器采用不锈钢高压釜，如图 5-7 所示。高压釜性能：耐压 5MPa、耐温 600℃、容积 2L。

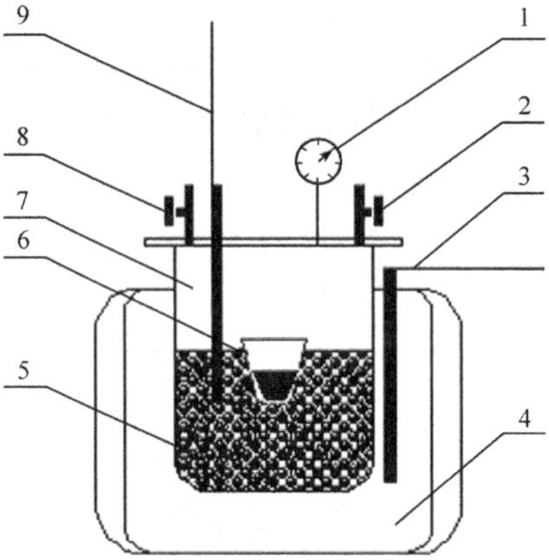

图 5-7　发泡反应釜示意图[38]

1-压力表；2，8-控制阀门；3，9-热电偶；4-加热炉；5-导热剂；6-坩埚；7-发泡釜

1）发泡条件的拟定

中间相沥青基泡沫炭的形成和发泡条件密切相关，发泡的主要条件主要有：温度、压力、升温速度和发泡时间[13,16,51-54]。

发泡温度：发泡温度是中间相沥青孔泡形成的首要因素。中间相沥青在自发泡过程中，温度接近软化点时开始变成熔融流体状态，随着温度的继续升高沥青熔体发生热解产生挥发分，同时体系的黏度升高，进而导致沥青熔体产生自发泡形成泡沫体[28,55]。显然，中间相沥青的挥发分是构成孔泡结构的必要条件，但要维持孔泡的结构，还要求熔融沥青流体黏度处于一个合适的范围[55-61]。研究表明[20,32]，沥青熔体的最大膨胀率对应于其最大流动性，并位于最佳发泡温度区间，如图 5-8 所示。因此，中间相沥青的发泡温度通常选择在其 DTG 曲线最大失重速率峰值对应的温度附近。

发泡压力：中间相沥青熔体的膨胀率取决于其逸出轻组分的量，在发泡温度决定以后，发泡压力就是决定孔泡结构的关键因素[6,51,57-63]。由于发泡压力对中间相沥青中轻组分气体的挥发有一定的抑制和压缩作用，可使轻组分的体积缩小且不能大量逸出，在发泡温度一定的条件下，随着发泡压力的增大，可引起孔泡的尺寸减小、空隙率下降、密度增加，同时又能使孔泡变得均匀。但应注意的是，当发泡压力增大至一定程度后，会出现闭孔，如图 5-9 所示。

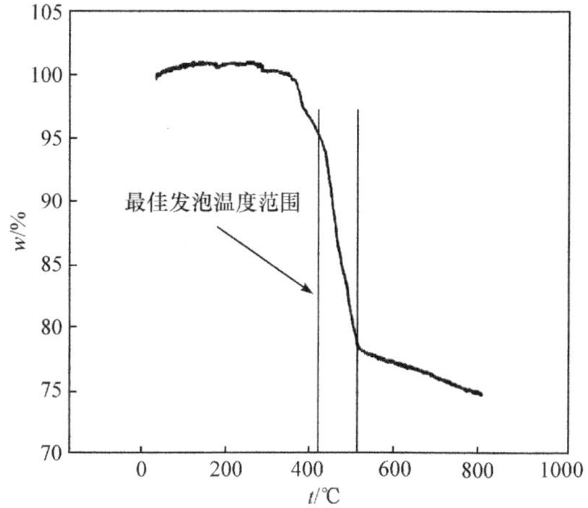

图 5-8　ARA24 中间相沥青的 TG 曲线[20]

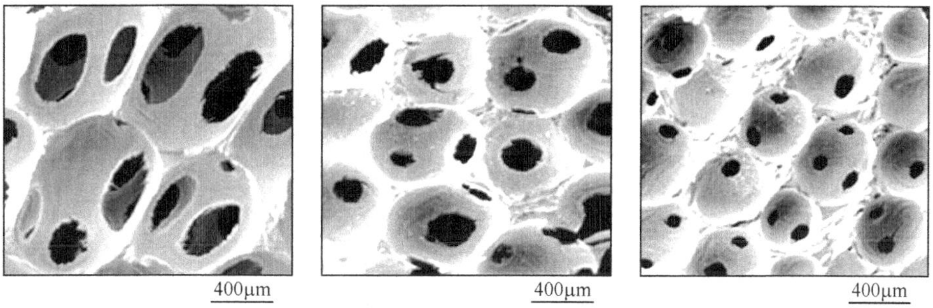

(a) 1MPa　(b) 5MPa　(c) 10MPa

图 5-9　不同发泡压力下形成的中间相沥青孔泡[35]

因此,通过调节发泡压力,可以控制中间相沥青中轻组分的逸出速度和逸出量,制备出不同孔泡结构的中间相沥青泡沫体。

基于安全制备和减少设备成本要求的考虑,著者以发泡压力 0.5～2.0MPa 为例,研究了发泡压力对泡沫炭的体积密度、孔泡孔径、空隙率等性能的影响。

升温速度:升温速度是影响中间相沥青孔泡结构的又一重要因素。亦即,在发泡温度和发泡压力确定以后,升温速度太慢,会使沥青熔体的热解速度增长缓慢,造成单位时间内逸出的轻组分气体数量减少,不易克服黏稠沥青所造成的阻力,以致分解气体聚集,形成大的孔泡;另外,沥青处于黏流状态的时间较长,还会引起形成的孔泡融并,造成泡沫炭的孔隙率降低,密度增大。而升温速度过快,又会引起中间相沥青的黏度增长速度迅速,以致轻组分或反应生成的小分子一经逸出,就被固定在基体中,由于形成的孔泡没有经过很好的发育,导致所获泡沫体孔泡的大小不同、结构不均匀。

为了制备孔泡结构均匀的泡沫炭，在发泡过程中，当中间相沥青的温度超过软化点之后须采用适宜的升温速度。研究表明[18,35-40,64,65]，中间相沥青发泡过程中适宜的升温速度为0.5～5℃/min。在升温速度为0.5～5℃/min的条件下形成中间相沥青泡沫体的表面形貌如图5-10所示。

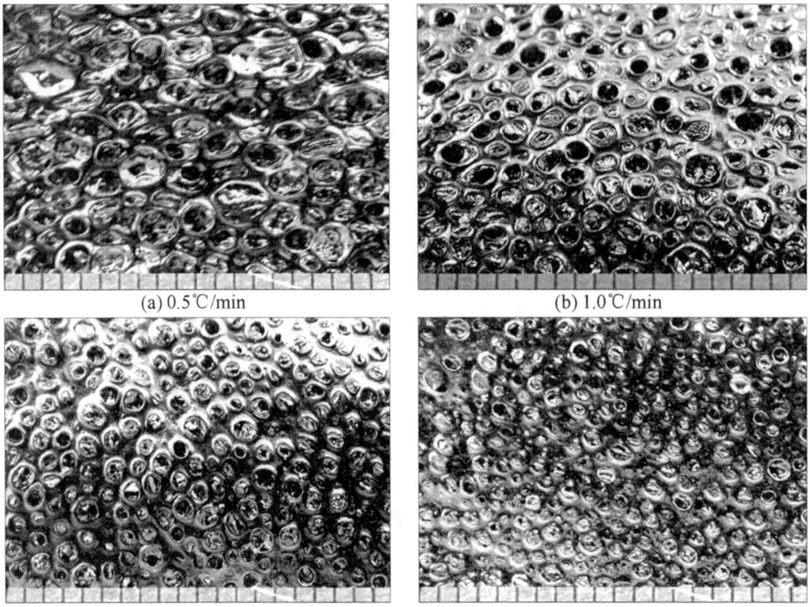

(a) 0.5℃/min　(b) 1.0℃/min　(c) 3.0℃/min　(d) 5.0℃/min

图5-10　不同升温速度形成中间相沥青泡沫体的表面(表层)形貌[40]

发泡时间：中间相沥青在发泡过程中分布均匀的温度场是制备孔泡均匀、外形规整泡沫体的关键因素[35]。为了获得均匀的孔泡，在发泡温度下需要恒定一定的时间。研究发现[37]，中间相沥青在发泡温度下恒温0.5h，开始发泡；恒温1.0h形成的孔泡大小不均匀；延长恒温时间至1.5h时，形成的孔泡比较均匀；在恒温时间大于2h后，就可获得孔泡结构比较均匀的中间相沥青泡沫体(泡沫炭生料)。表5-3列出了不同发泡时间获得泡沫炭生料的基本性能。

表5-3　不同发泡时间获得泡沫炭生料的基本性能[37]

发泡时间 t/h	体积密度 ρ_v/(g/cm^3)	真实密度 ρ_s/(g/cm^3)	孔隙率 q/%	孔泡形貌
2.0	0.251	1.399	82.06	均匀
2.5	0.249	1.391	82.10	均匀
3.0	0.255	1.403	81.82	均匀
4.0	0.252	1.424	82.30	均匀

2）泡沫结构的固化

发泡所得中间相沥青泡沫体，类似于中间相沥青纤维属热塑性材料，如果将其直接进行炭化处理，会进一步融化并发生二次发泡，膨大成疏松网状结构，导致其孔泡结构的破坏。因此，在炭化前须对形成的中间相沥青泡沫体进行固化处理，使其从热塑性转变为热固性。

固化方式对中间相沥青基炭制品（炭纤维、炭微球和泡沫炭等）的结构与性能具有重要的影响[66-69]，对泡沫炭而言，保持其均匀孔泡结构是其应用的前提。

传统炭材料，如中间相沥青基炭纤维的制备工艺，经熔融纺丝获得的中间相沥青纤维通常采用氧化法进行固化[70-74]，早期的泡沫炭制备也采用该方法[9,48]。后来，Klett 等[18]发现通过高温焦化同样可以固化沥青泡沫体的孔泡结构，并且预言如固化后的沥青泡沫体中没有氧化交联的沥青分子结构，所得泡沫炭产品将具有更高的分子取向结构和更好的性能。

为了探索制备高性能中间相沥青基泡沫炭适宜的固化方式，著者团队研究了焦化固化和氧化固化两种方式对中间相沥青基泡沫炭性能的影响。

3）工艺流程

发泡：将发泡用中间相沥青粉碎至一定的粒度（180 目或 30 目，颗粒直径为 100～200μm），然后称取一定质量粉碎后的中间相沥青粉放入坩埚，再将坩埚置于高压釜（填有导热剂）中，通入氮气置换釜内空气后充至一定压力（0.5～2.0MPa）将釜密封，打开温控装置，以速率 0.5～4.0℃/min 升温至发泡温度 450～500℃，恒温恒压 2h，形成中间相沥青泡沫体。

固化：焦化固化——中间相沥青在发泡温度下恒温恒压（发泡）2h 后，继续保持发泡条件不变，停留 8～10h，而后冷却至室温，获得焦化固化中间相沥青基泡沫炭生料。氧化固化——中间相沥青在发泡温度下恒温恒压（发泡）2h 后，冷却至室温，而后在 $1m^3/h$ 的空气中 250℃下氧化 20h，获得氧化固化中间相沥青基泡沫炭生料。

5.2.3　中间相沥青基泡沫炭生料的炭化与石墨化

1. 中间相沥青泡沫炭孔泡结构随热处理温度的变化

中间相沥青基泡沫炭生料脆而易碎，基本没有应用价值，必须经过炭化和石墨化处理才能得到最终产品。

中间相沥青基泡沫炭生料的炭化通常在氮气气氛中 1000℃左右进行。在炭化过程中，中间相沥青基泡沫炭生料脱除了其中的非碳原子，形成主要由碳元素组成（质量分数＞96%）的二维平面网状乱层石墨结构的中间相沥青基泡沫炭。

中间相沥青基泡沫炭属于易石墨化炭（即软炭），容易经过石墨化处理转化成规整的石墨片层结构。若将所获中间相沥青基泡沫炭进一步进行石墨化处理（一般为 2500℃以上)，继续排出杂原子，使其孔泡结构单元由乱层无序趋向三维有序，即可获得高性能中间相沥青基石墨化泡沫炭。

图 5-11 为 Griffith-Marsh 模型，直观描述了易石墨化炭材料在炭化、石墨化过程中碳层的变化趋势[75]。

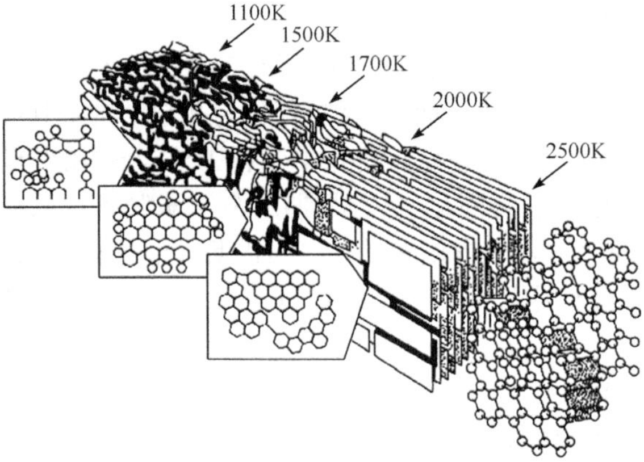

图 5-11　热处理过程中易石墨化炭材料的碳层变化趋势[75]

中间相沥青基泡沫炭孔泡微晶结构的转化也是如此，图 5-12 给出了中间相沥青基泡沫炭生料在炭化(石墨化)过程中孔结构的变化(侧重表示开孔度和取向片层结构变化)。

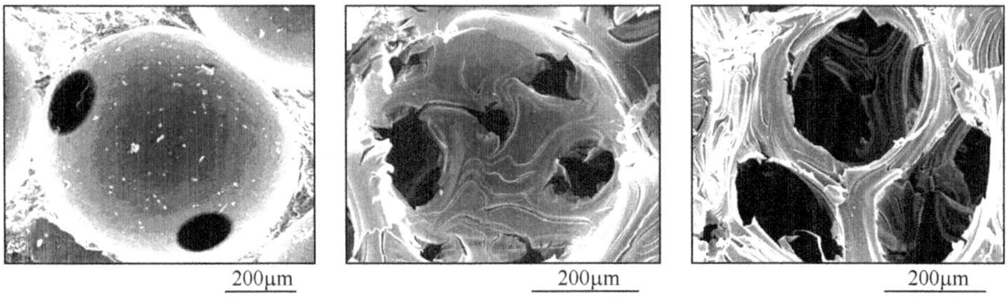

(a) 500℃　(b) 1000℃　(c) 2800℃

图 5-12　中间相沥青基泡沫炭生料在炭化(石墨化)过程中孔结构的变化[38]

2. 中间相沥青基泡沫炭生料的炭化与石墨化工艺

炭化工艺：将盛有一定量固化后的中间相沥青泡沫炭生料置于管式炭化炉中，在氮气保护下以一定的升温速率(一般 1℃/min)升至 1000℃，停留 1h，而后在氮气气氛中冷却至室温，获得中间相沥青基泡沫炭。

石墨化：将中间相沥青基泡沫炭样品置于石墨化炉中，在氩气气氛中以一定升温速率升温至 2800℃，停留 1h，而后在氩气气氛中冷却至室温，获得中间相沥青基石墨化泡沫炭。

5.3　中间相沥青基泡沫炭的表征

5.3.1　孔泡形貌与结构

利用 Philip XL30 型扫描电子显微镜对泡沫炭样品的孔泡形貌与结构特征进行表征，获得孔泡形貌、结构均匀程度、孔壁分子取向、开孔情况及材料断面结构等信息。试样的制备：将泡沫炭切成厚 3mm 左右的小长方体，而后在真空下镀金。

采用 Eclipse E600 POL 型偏光显微镜对中间相沥青以及泡沫炭的形态和结构信息进行观察分析。具有典型形态和结构特征的光学照片用 Nikon DXM1200 数码相机采集。试样的制备：将具有典型特征的块状样品用环氧树脂包覆（以乙二胺作引发剂，包覆、固化），制成炭/树脂复合体；然后用不同粒度的（600～2000 目）砂纸将复合体试样磨平；最后在 P-1 型金相试样抛光机上进行抛光处理，直至复合体试样表面所有的划痕消失。

使用 Rigaku D/MAX 2500V/PC 型衍射仪对样品泡沫炭的微结构进行表征。试样的制备：取适量样品，用玛瑙研钵研磨粉碎至 100μm 左右，而后与标准硅按比例混合。制样时要防止样品污染，并注意不要粉碎过度导致构造破坏。测试条件：管电压为 40kV，管电流为 200mA。扫描范围 2θ 区间为 3°～90°，步长为 0.04°。

5.3.2　密度和孔隙率

泡沫炭的体积密度测试：将泡沫炭样品切成一定规则形状（长方体、立方体、三角柱均可），之后测量它的体积与质量，按照式（5-1）计算出泡沫炭样品的体积密度 ρ_v：

$$\rho_v = \frac{m}{V} \tag{5-1}$$

泡沫炭的真实密度测试：根据国标 GB/T 3071—1982《沥青焦真比重的测定方法》进行。液体介质选用无水乙醇，测试步骤如下：

（1）将泡沫炭试样粉碎至一定粒度（80 目以上，粒径＜200μm），在 100～105℃下干燥。

（2）称取约 1g 试样置于洁净、干燥的比重瓶（m_1）内称重（m_2），注入 1/3 容积的乙醇，晃荡摇匀。静置 24h 以上，使样品更好地被乙醇浸湿。

（3）用乙醇注满比重瓶，盖上比重瓶盖，过剩的乙醇由塞上的毛细管溢出。用滤纸吸掉瓶塞毛细管口顶端和瓶外残留的乙醇，称重（m_3）。

（4）倒出比重瓶中试样和乙醇，用乙醇洗净比重瓶，注满乙醇，盖上瓶盖[同步骤（3）操作]，称重（m_4）。

(5) 按照式(5-2)计算出泡沫炭样品的真实密度 ρ_s：

$$\rho_s=\frac{m_2-m_1}{(m_4-m_1)-(m_3-m_1)}\times\rho_{乙醇} \tag{5-2}$$

泡沫炭的孔隙率测试：根据体积密度(ρ_v)和真实密度(ρ_s)数据，按照式(5-3)计算出泡沫炭材料的孔隙率(q)：

$$q=\left(1-\frac{\rho_v}{\rho_s}\right)\times100\% \tag{5-3}$$

以上公式中，ρ_v为泡沫炭体积密度；ρ_s为泡沫炭真实密度；q 为泡沫炭孔隙率；m 为泡沫炭块体质量；V 为泡沫炭块体体积；m_1为比重瓶质量；m_2为比重瓶＋试样质量；m_3为比重瓶＋试样＋无水乙醇质量；m_4为比重瓶＋乙醇质量；$\rho_{乙醇}$为测量温度下无水乙醇密度。

注意事项：整个测试过程保持严格恒温。

5.4 中间相沥青基泡沫炭的性质

以中间相沥青为原料，经发泡、固化、炭化、石墨化等制备过程获得的中间相沥青基泡沫炭是一种孔泡型炭材料，它所特有的孔泡结构及其原料的结构性质决定了其作为高尖端工程材料的优越性。因此，优质的中间相沥青前驱体的制备和适宜的发泡工艺条件选取是制备高性能泡沫炭的关键。

本节主要阐述发泡用中间相沥青的性能、发泡压力以及发泡温度对泡沫炭性能的影响。

5.4.1 中间相沥青性能对泡沫炭性能的影响

中间相沥青基泡沫炭孔泡结构的形成取决于中间相沥青在发泡过程中的挥发分与其熔体的黏弹性、黏度和表面张力[55-61]，因此可控制备适宜于发泡用中间相沥青对获取高性能的泡沫炭非常重要。

1. 中间相沥青的性能

以大港催化裂化油浆为原料，在热缩聚温度为 420℃，热缩聚时间分别为 5h、7h、9h 的条件下，制备了三种发泡用中间相沥青。

图 5-13 是所制三种中间相沥青的偏光显微照片，表 5-4 列出了三种中间相沥青的基本性质。

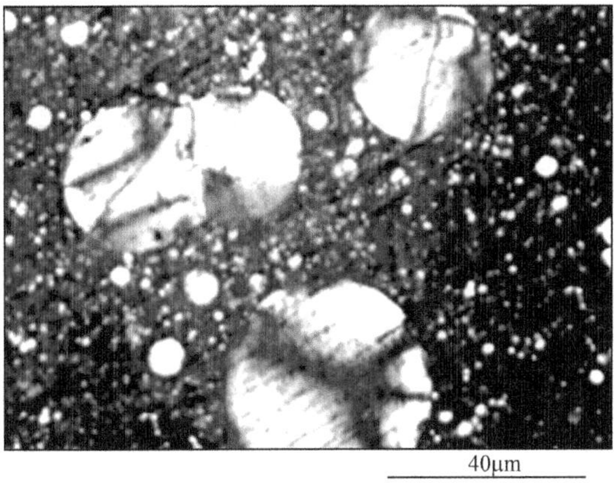

(a) 中间相沥青Ⅰ(420℃-5h)

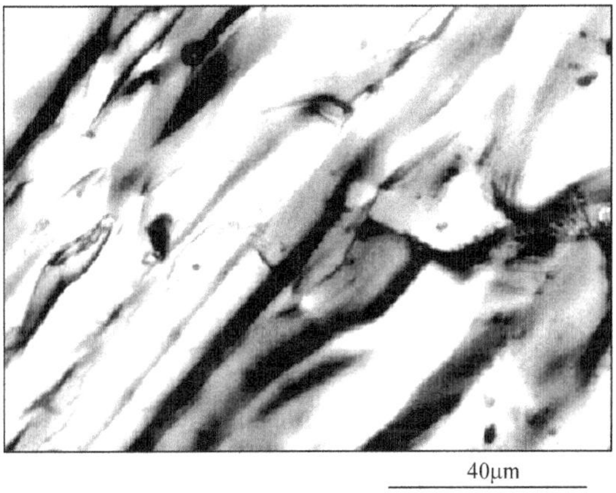

(b) 中间相沥青Ⅱ(420℃-7h)

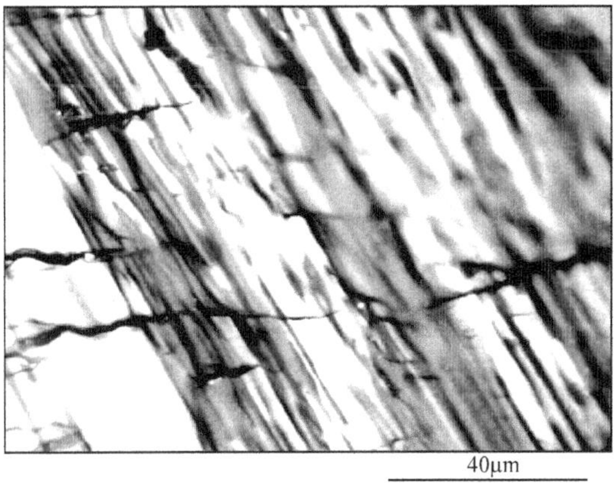

(c) 中间相沥青Ⅲ(420℃-9h)

图 5-13　不同热缩聚时间所制中间相沥青的偏光显微照片[38,39]

表 5-4　不同热缩聚时间所制中间相沥青的基本性质[38,39]

中间相沥青	调制工艺		软化点* t/℃	族组成** w/%			中间相含量 φ/%	中间相织构
				TS	TI-PS	PI		
Ⅰ	420℃	5h	275	8.7	18.8	72.5	30	球状
Ⅱ		7h	295	3.4	10.7	85.9	100	广域状
Ⅲ		9h	330	2.7	6.2	91.1	100	纤维状

* 软化点测定法见 2.1.5 节。

** 族组成：TS，甲苯可溶物；TI-PS，甲苯不溶-吡啶可溶物；PI，吡啶不溶物。

关联表 5-4 中数据和图 5-13 可知：在 420℃-5h 热缩聚条件下，所制中间相沥青Ⅰ的显微织构尚为球形，球体大小不匀，个别较大的球体已有融并趋向，中间相含量约为 30%；在 420℃-7h 的热缩聚条件下，所制中间相沥青Ⅱ的显微织构呈现广域状，中间相含量为 100%；在 420℃-9h 热缩聚条件下，所制中间相沥青Ⅲ的中间相含量也为 100%，但显微织构呈现纤维状。中间相沥青Ⅰ的软化点最低(275℃)，中间相沥青Ⅱ居中(295℃)，中间相沥青Ⅲ最高(330℃)。

比较三种中间相沥青的族组成，甲苯可溶物的质量分数：沥青Ⅰ(8.7%)>沥青Ⅱ(3.4%)>沥青Ⅲ(2.7%)；甲苯不溶-吡啶可溶物的质量分数：沥青Ⅰ(18.8%)>沥青Ⅱ(10.7%)>沥青Ⅲ(6.2%)；吡啶不溶物的质量分数：沥青Ⅰ(72.5%)<沥青Ⅱ(85.9%)<沥青Ⅲ(91.1%)。

依据稠环芳烃的中温液相炭化理论[76]，中间相沥青在形成过程中，各向同性的母液沥青(催化裂化油浆)经历热分解、芳构化、缩聚等反应，反应体系内逐渐形成各向异性的中间相小球体，并随着反应时间的延长，中间相小球体逐步成长、融并、长大解体最终形成体中间相沥青[46]。显然，中间相沥青Ⅰ仍处于中间相小球生长期，体系中既含有大小不同的中间相小球体，又含有各向同性的母液沥青，与中间相沥青Ⅱ和Ⅲ相比，无疑其甲苯可溶物的质量分数(8.7%)和甲苯不溶-吡啶可溶物的质量分数(18.8%)最高，而吡啶不溶物的质量分数(72.5%)最低，且具有最低的软化点。

对于中间相沥青Ⅱ和Ⅲ的显微结构形貌和族组成的变化，则可以认为，由于催化裂化油浆的组分以稠环芳烃为主，平均相对分子质量相对较大[47]，所以在热缩聚过程中，中间相保持塑性的温度区间较宽，易于形成各向异性的易石墨化显微结构——稠环芳烃大平面分子，且随着反应时间的延长，形成的稠环芳烃分子平面越来越大，同时片层分子间的大 π-π 键作用力也逐渐增强，在体系化学反应和物理调整的协同作用下，片层分子的排列趋于有序、碳层间距不断减小，以致形成 100%中间相沥青的中间相区域形状由广域状结构(中间相沥青Ⅱ)转变成纤维状结构(中间相沥青Ⅲ)；在宏观性能上表现为中间相沥青Ⅲ的软化点高于中间相沥青Ⅱ，反映在族组成上则为甲苯可溶物和甲苯不溶-吡啶可溶物的质量分数降低、吡啶不溶物的质量分数增加，即中间相沥青Ⅲ的 TS 和 TI-PS 的质量分数低于中间相沥青Ⅱ，而 PI 的质量分数却高于中间相沥青Ⅱ。

图 5-14 是所制三种中间相沥青的热重曲线。解析图 5-14 中三种中间相沥青的热重曲线，可以认为：随着温度的升高，三种中间相沥青均逐渐软化，达到软化点温度后中间相沥青开始变成熔融流体状态；进一步升高温度，沥青熔体的流动性增强，并有轻组分逸出，沥青开始失重；继续升高温度，沥青熔体的流动性进一步增强，同时沥青分子发生热解反应生成小分子气体（CO_2、CO、H_2O 等）[77]，沥青的失

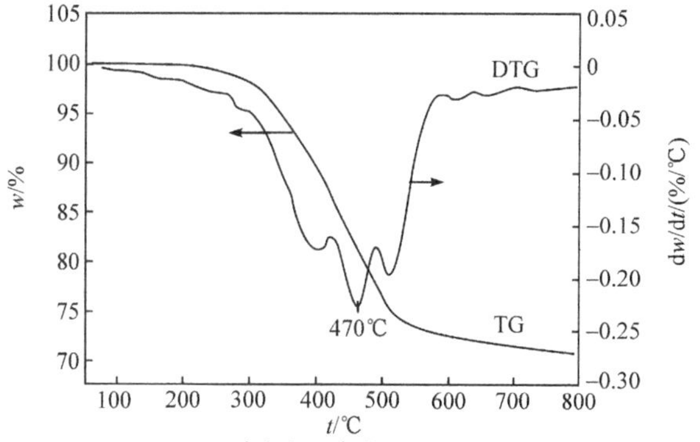

(a) 中间相沥青Ⅰ(420℃-5h)

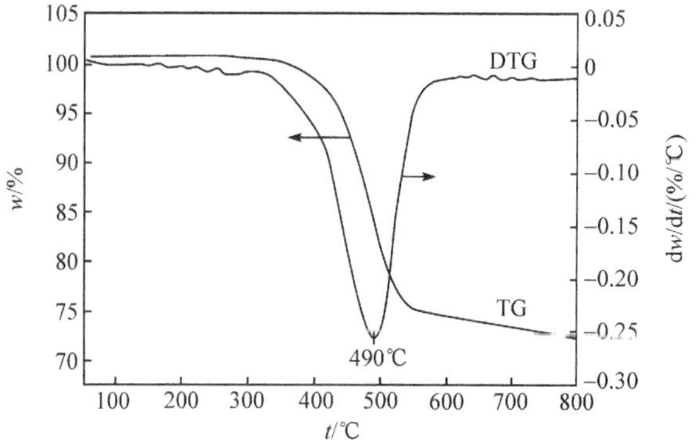

(b) 中间相沥青Ⅱ(420℃-7h)

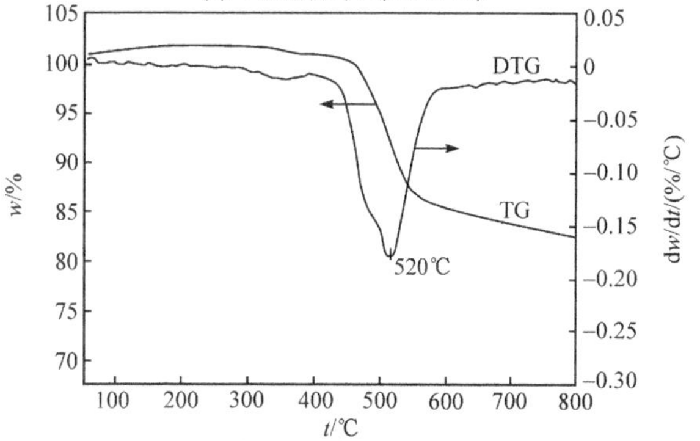

(c) 中间相沥青Ⅲ(420℃-9h)

图 5-14　不同热缩聚时间所制中间相沥青的热重曲线[38,39]

重速率加快；在失重率达到最大值后，温度进一步升高，沥青的失重速率逐步减缓，流动性随之减弱，最后固化。这里，中间相沥青Ⅰ的 DTG 曲线形状明显不同于沥青Ⅱ和沥青Ⅲ，是因中间相沥青Ⅰ由各向同性的母液沥青（催化裂化油浆）和大小不同的中间相小球组成，分子大小的差异较大所致。

比较图 5-14 中三种中间相沥青的 TG 和 DTG 曲线即可看出，在相同的炭化温度下，中间相沥青Ⅲ的炭化收率最高，沥青Ⅱ次之，沥青Ⅰ最低；开始失重温度也是沥青Ⅲ高于沥青Ⅱ，沥青Ⅰ最小。中间相沥青Ⅰ、中间相沥青Ⅱ和中间相沥青Ⅲ各自的最大热失重率对应的温度分别为 470℃、490℃和 520℃。

2. 中间相含量对泡沫炭性能的影响

以中间相含量 30％和 100％的沥青Ⅰ和Ⅱ为发泡沥青，采用自发泡法，依据图 5-14(a)和(b)所示中间相沥青Ⅰ和Ⅱ的热重特性拟定发泡条件：升温速度 1.5℃/min，在 470℃-1MPa 条件下停留 12h［前 2h 为发泡（泡沫化）时间，后 10h 为焦化固化时间］，获得中间相沥青Ⅰ和Ⅱ泡沫炭生料。而后将两种泡沫炭生料通过 1000℃炭化，制得中间相沥青Ⅰ和Ⅱ泡沫炭。再对两种泡沫炭进行 2500℃石墨化，得到中间相沥青Ⅰ和Ⅱ石墨化泡沫炭。

1）泡沫炭生料性能

中间相沥青Ⅰ和Ⅱ泡沫炭生料的孔泡形貌如图 5-15 所示，表 5-5 列出了两种泡沫炭生料的基本性质。

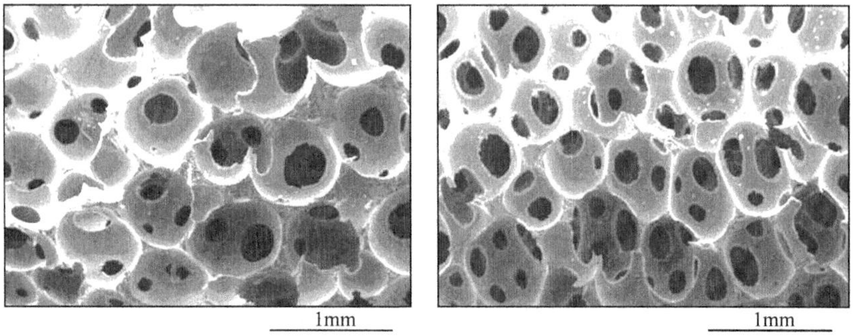

(a) 中间相沥青Ⅰ(中间相含量30%)　　(b) 中间相沥青Ⅱ(中间相含量100%)

图 5-15　不同中间相含量沥青基泡沫炭生料的 SEM 照片[38]

表 5-5　不同中间相含量沥青基泡沫炭生料的基本性质[38]

中间相沥青Ⅰ（中间相含量 30％）					中间相沥青Ⅱ（中间相含量 100％）				
体积密度 ρ_v/(g/cm^3)	真实密度 ρ_s/(g/cm^3)	孔隙率 q/％	孔径 D/μm	孔泡形态	体积密度 ρ_v/(g/cm^3)	真实密度 ρ_s/(g/cm^3)	孔隙率 q/％	孔径 D/μm	孔泡形态
0.267	1.320	79.8	600～750	较均匀	0.173	1.358	87.3	650～750	均匀

比较中间相沥青Ⅰ泡沫炭生料[图 5-15(a)]和中间相沥青Ⅱ泡沫炭生料[图 5-15(b)]孔泡的均匀度及其形状的规整度,可以看出:前者均比后者差,且孔壁上的开孔数量前者也远小于后者。同时,从表 5-5 可知,前者的孔泡直径分布、体积密度均大于后者,而真实密度和孔隙率却小于后者。这是因为中间相沥青Ⅰ体系中的中间相含量只有 30%,尚处中间相微球生长期,还未形成体中间相,即发泡体系不同区域的中间相转化程度不同;加之沥青母液的分子与中间相微球分子差异较大,发生热解的反应情况也不尽相同,使得发泡体系中不同区域的黏度变化不一致,以致形成的孔泡形貌、大小、规整度以及均匀度欠佳;尽管在发泡过程中体系释放出的挥发分较多,但由于体系黏度整体偏低使产生的大量气泡难以维持。而对于中间相含量 100%的中间相沥青Ⅱ发泡体系,则因沥青分子较大且结构均匀,同时体系的黏度和表面张力均较大、黏弹性好,能够使体系中形成的气泡得到很好的维持。

2）泡沫炭性能

图 5-16 为中间相沥青Ⅰ和Ⅱ泡沫炭织构的 SEM 照片。两种中间相沥青基泡沫炭的基本性质列入表 5-6。

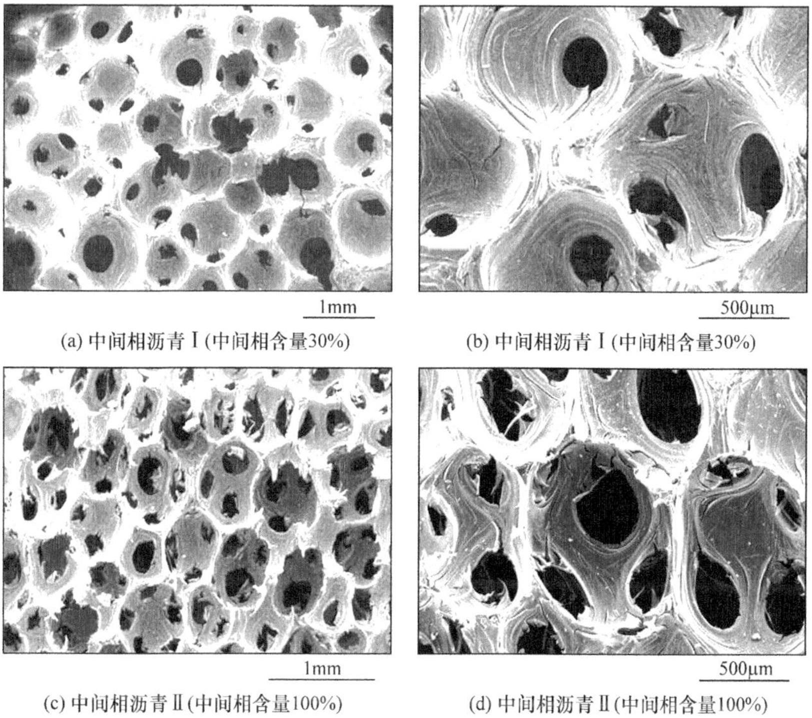

(a) 中间相沥青Ⅰ(中间相含量30%)　(b) 中间相沥青Ⅰ(中间相含量30%)

(c) 中间相沥青Ⅱ(中间相含量100%)　(d) 中间相沥青Ⅱ(中间相含量100%)

图 5-16　不同中间相含量沥青基泡沫炭织构的 SEM 照片[38]

表 5-6　不同中间相含量沥青基泡沫炭的基本性质[38]

中间相沥青Ⅰ(中间相含量 30%)					中间相沥青Ⅱ(中间相含量 100%)				
体积密度 ρ_v/(g/cm³)	真实密度 ρ_s/(g/cm³)	孔隙率 q/%	孔径 D/μm	孔泡形态	体积密度 ρ_v/(g/cm³)	真实密度 ρ_s/(g/cm³)	孔隙率 q/%	孔径 D/μm	孔泡形态
0.281	1.850	84.8	500～700	较均匀	0.201	1.851	89.1	550～650	均匀

比较图 5-16 中间相沥青Ⅰ和Ⅱ泡沫炭和图 5-15 中相应泡沫炭生料的形貌织构，可以看出：炭化后两种泡沫炭生料的孔泡结构均得以维持，孔径变小且多为光滑椭圆孔，孔壁呈现出明显结晶取向条纹。仔细观察还可发现，中间相沥青Ⅰ泡沫炭孔壁及其上孔洞呈现出较多的微裂纹[图 5-16(b)]。这是由于中间相沥青Ⅰ系各向异性的小球体和各向同性的沥青母体混合物，在炭化过程中二者具有不同的热收缩系数。至于中间相沥青Ⅱ泡沫炭微裂纹较少，则是因为其 100%是中间相，不仅具有较高的芳香度，而且分子大小均匀，即分子具有相近的热收缩系数。

关联表 5-6 和表 5-5 可知，中间相沥青Ⅰ和Ⅱ泡沫炭孔径均比各自生料的孔径有一定程度的收缩，体积密度、真实密度和孔隙率也有不同程度的增加。与二者泡沫炭生料类似，仍然是中间相沥青Ⅰ泡沫炭的体积密度大于中间相沥青Ⅱ泡沫炭，且其真实密度和孔隙率均低于中间相沥青Ⅱ泡沫炭。这也是由于中间相沥青Ⅰ泡沫炭的孔隙率比中间相沥青Ⅱ泡沫炭低，所以其体积密度大于中间相沥青Ⅱ泡沫炭。同时可以推测，中间相沥青Ⅰ泡沫炭的真实密度之所以低于中间相沥青Ⅱ泡沫炭，在一定的程度上是由于中间相沥青Ⅰ的中间相含量低，炭化后中间相沥青Ⅰ泡沫炭的微晶排列有序度和致密度低于中间相沥青Ⅱ泡沫炭。

中间相沥青Ⅰ和Ⅱ泡沫炭孔泡节点与韧带处的偏光显微照片如图 5-17 所示。

比较图中中间相沥青Ⅰ和Ⅱ泡沫炭孔泡节点与韧带的偏光显微结构，可以发现：前者的孔泡节点处[图 5-17(c)和(e)]显示出较多的随机织构，后者孔泡节点处[图 5-17(d)和(f)]呈现出沿孔泡壁边缘较好的取向织构；前者孔泡韧带处[图 5-17(a)]为粗纤维状织构，后者孔泡韧带泡处[图 5-17(b)]则为细纤维状织构；二者孔

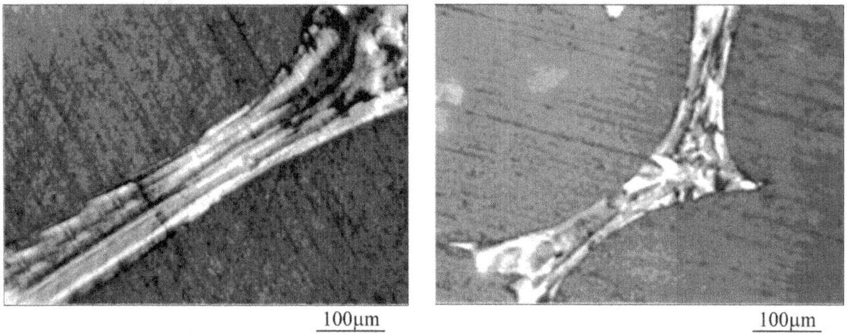

(a) 中间相沥青Ⅰ(中间相含量30%)　　(b) 中间相沥青Ⅱ(中间相含量100%)

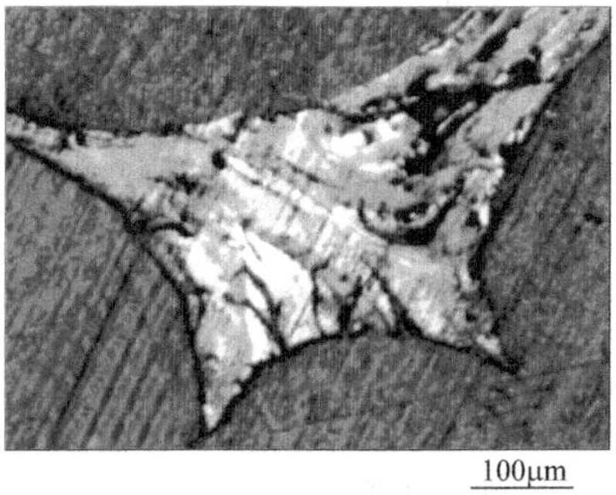

(c) 中间相沥青Ⅰ(中间相含量30%)

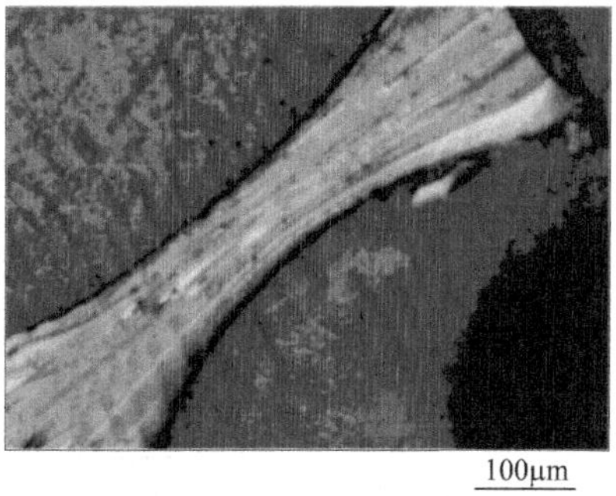

(d) 中间相沥青Ⅱ(中间相含量100%)

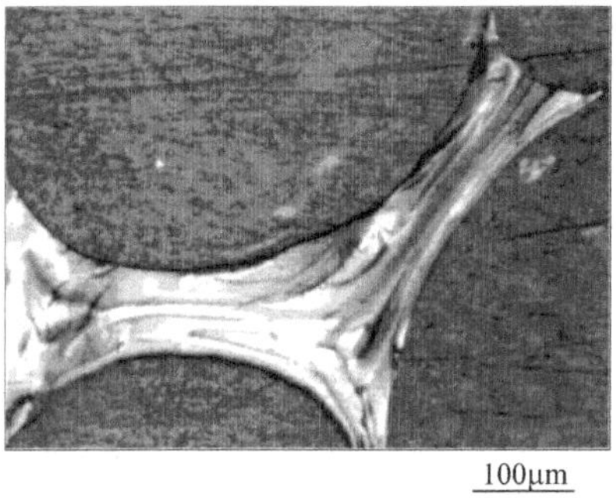

(e) 中间相沥青Ⅰ(中间相含量30%)

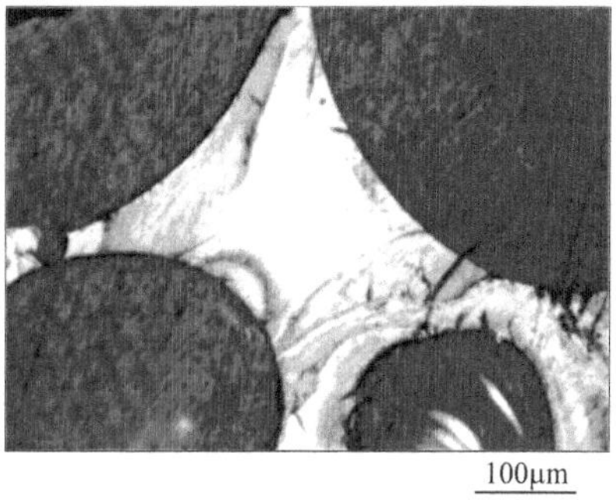

(f) 中间相沥青Ⅱ(中间相含量100%)

图 5-17　不同中间相含量沥青基泡沫炭节点与韧带的偏光显微照片[38]

泡的韧带取向织构均优于节点织构。

分析中间相沥青Ⅰ和Ⅱ泡沫炭孔泡节点与韧带织构的差异，可以认为：中间相沥青Ⅰ泡沫炭孔泡节点处呈现随机织构的主要原因是中间相沥青Ⅰ中的稠环芳烃片层分子大小不一；而其泡沫炭孔泡韧带织构呈现粗纤维状，可能源于中间相沥青Ⅰ中小的稠环芳烃片层分子在炭化过程中逐步缩合形成大的片层芳香分子，在体系化学反应和物理调整的协同作用下，大的片层芳香分子排列趋于有序，以使碳层间距不断减小，形成粗纤维状织构。而对于中间相沥青Ⅱ孔泡韧带织构呈现细纤维状，是因为中间相沥青Ⅱ本身就具有广域状织构，在炭化过程中经稠环芳烃片层分子间的自我调整择优取向和大 π-π 键的作用，以致其碳层间距进一步减小，呈现出细纤维状织构。至于两种泡沫炭孔泡节点处的层状结构取向明显比韧带处差，则是由于泡沫炭孔泡层状结构的取向主要依赖于发泡过程中气泡的牵引力，而这种牵引力在气泡节点处明显小于韧带处。这说明发泡用沥青中间相沥青含量的不同，不仅影响孔泡的形成，还会造成所制泡沫炭孔泡织构的不同，进而导致其性能的差异。

3）石墨化泡沫炭性能

图 5-18 是中间相沥青Ⅰ和Ⅱ石墨化泡沫炭的 SEM 照片。

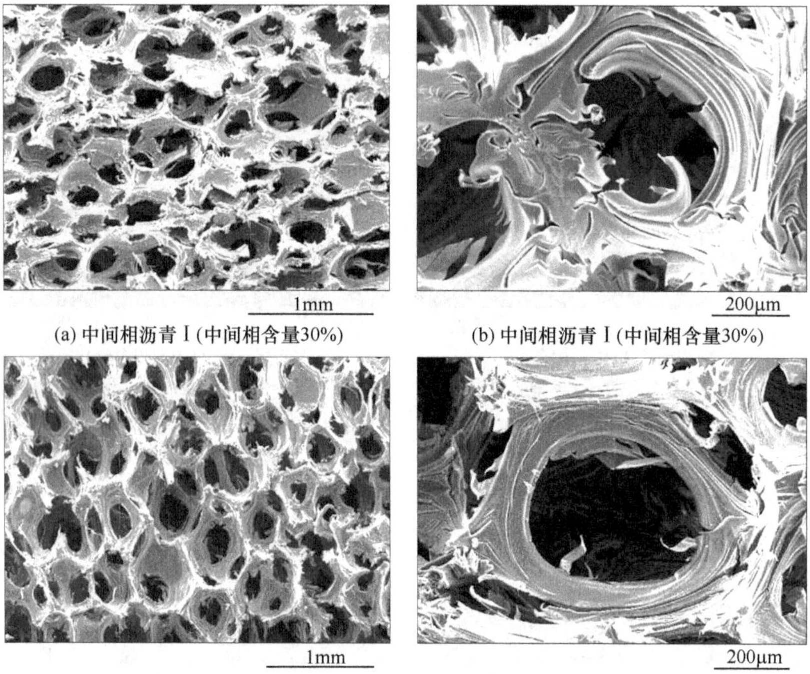

(a) 中间相沥青 Ⅰ(中间相含量30%)　(b) 中间相沥青 Ⅰ(中间相含量30%)

(c) 中间相沥青 Ⅱ(中间相含量100%)　(d) 中间相沥青 Ⅱ(中间相含量100%)

图 5-18　不同中间相含量沥青基石墨化泡沫炭的 SEM 照片[38]

分别比较中间相沥青Ⅰ和Ⅱ石墨化泡沫炭(图 5-18)和相应泡沫炭的形貌织构(图 5-16),即可看出:经过石墨化处理后,两种泡沫炭孔泡的孔径均进一步收缩,孔壁上取向条纹更明显,开孔率增大。与中间相沥青Ⅱ石墨化泡沫炭相比,中间相沥青Ⅰ石墨化泡沫炭的开孔情况仍较少,孔泡边缘的层状织构仍较差,同时微裂纹较多。

图 5-19 是中间相沥青Ⅰ和Ⅱ石墨化泡沫炭的 XRD 谱图。根据图 5-19 中谱

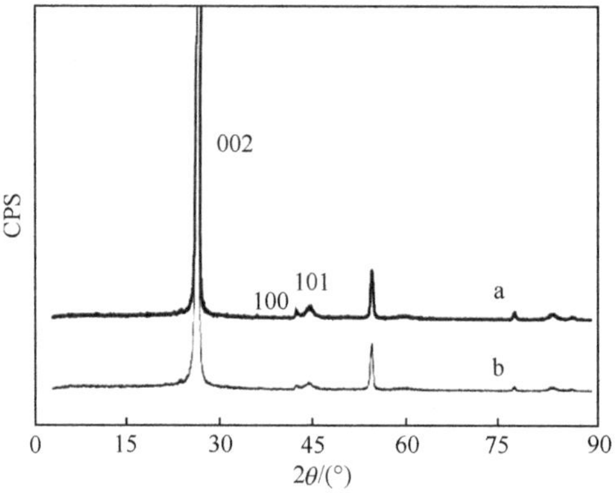

图 5-19　不同中间相含量沥青基石墨化泡沫炭的 XRD 谱图[38]

a-中间相沥青Ⅰ(中间相含量 30%);b-中间相沥青Ⅱ(中间相含量 100%)

线计算两种中间相沥青基石墨化泡沫炭的微晶参数，计算结果列入表 5-7。

表 5-7　不同中间相含量沥青基石墨化泡沫炭的微晶参数[38]

石墨化泡沫炭	d_{002}/nm	G/%	L_c/nm	$L_{a(100)}$/nm	N
中间相沥青Ⅰ(中间相含量 30%)	0.3376	74.4	33.0	51.4	100
中间相沥青Ⅱ(中间相含量 100%)	0.3366	86.0	38.4	72.4	115

从表 5-7 可知，中间相沥青Ⅱ石墨化泡沫炭不仅碳层间距(d_{002})小于中间相沥青Ⅰ石墨化泡沫炭，而且石墨化度(G)、微晶尺寸(L_c、L_a)和微晶碳层数(N)均大于中间相沥青Ⅰ石墨化泡沫炭。这说明采用 100%中间相含量的沥青，通过自发泡制备的泡沫炭在石墨化过程中，微晶分子更易取向长大，微晶排列也更规整紧密，可获得碳层间距小、石墨化度高的石墨化泡沫炭。

3. 中间相织构对泡沫炭性能的影响

以中间相含量 100%、中间相织构分别为广域状和纤维状的中间相沥青Ⅱ和Ⅲ为发泡沥青，基于中间相沥青Ⅱ和Ⅲ的热重特性[图 5-14(b)和(c)]拟定发泡条件：自发泡法，在 500℃-0.5MPa 条件下停留 12h(前 2h 为发泡时间，后 10h 为焦化固化时间)，获得中间相沥青Ⅱ和Ⅲ泡沫炭生料。再经 1000℃炭化，2500℃石墨化，依次获得中间相沥青Ⅱ和Ⅲ泡沫炭以及石墨化泡沫炭。

1) 泡沫炭生料性能

中间相沥青Ⅱ和Ⅲ泡沫炭生料的孔泡形貌如图 5-20 所示。

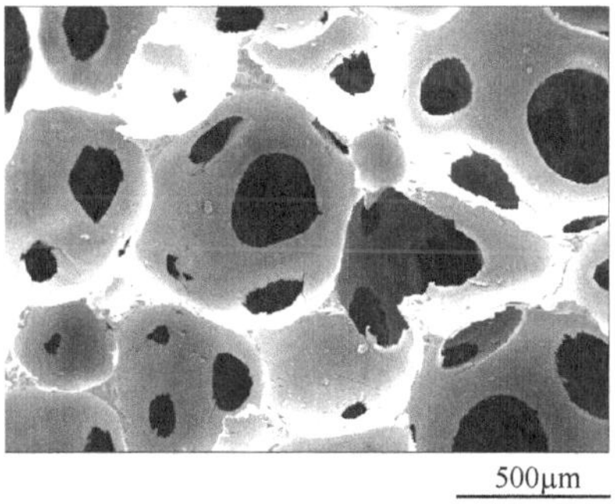

(a) 中间相沥青Ⅱ(广域状)

(b) 中间相沥青Ⅲ(纤维状)

图 5-20　不同织构中间相沥青基泡沫炭生料孔泡织构的 SEM 照片[39]

从图 5-20 可以看出，中间相沥青Ⅱ泡沫炭生料孔泡的均匀度及其形状的规整度均较中间相沥青Ⅲ泡沫炭生料差，同时前者的孔泡直径大于后者。这是因为中间相沥青的发泡过程受中间相沥青的黏弹性、黏度和表面张力的影响[55-61]。虽然中间相沥青Ⅱ和Ⅲ的中间相含量均为 100%，但因前者的热缩聚时间比后者短，以使形成的稠环芳烃片层分子小于后者，在族组成上体现为前者的甲苯可溶物和甲苯不溶-吡啶可溶物比后者高、吡啶不溶物比后者低，在宏观性能上表现为前者的软化点较后者低(表 5-4)，在 500℃-0.5MPa 发泡条件下，前者的黏弹性、黏度和表面张力均低于后者。换言之，这是因在相同的发泡条件下，中间相沥青Ⅱ比沥青Ⅲ具有较大的流动性和膨胀率所致。

2) 泡沫炭性能

表 5-8 列出了两种中间相沥青基泡沫炭的基本性质，其相应的偏光显微照片如图 5-21 所示。

表 5-8　不同中间相织构沥青基泡沫炭的基本性质[39]

发泡条件	中间相沥青Ⅱ(广域状)			中间相沥青Ⅲ(纤维状)		
	体积密度 $\rho_v/(g/cm^3)$	孔隙率 $q/\%$	孔径 $D/\mu m$	体积密度 $\rho_v/(g/cm^3)$	孔隙率 $q/\%$	孔径 $D/\mu m$
500℃-0.5MPa	0.321	82.9	300～500	0.514	72.7	200～400

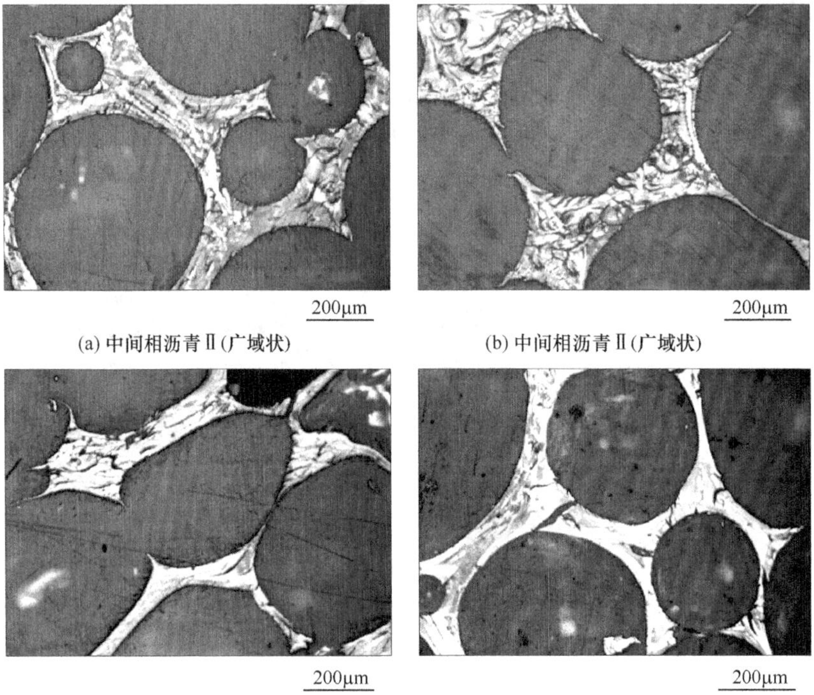

(a) 中间相沥青Ⅱ(广域状)　(b) 中间相沥青Ⅱ(广域状)

(c) 中间相沥青Ⅲ(纤维状)　(d) 中间相沥青Ⅲ(纤维状)

图 5-21　不同织构中间相沥青基泡沫炭孔泡织构的偏光显微照片[39]

比较表 5-8 所示中间相沥青Ⅱ和Ⅲ泡沫炭的基本性质，可以看出：前者的体积密度小于后者,而孔隙率和孔泡直径均大于后者。

由图 5-21 可知,中间相沥青Ⅱ和Ⅲ泡沫炭孔泡韧带处的中间相分子取向均明显好于节点处;二者孔泡韧带处中间相分子的取向均呈现流线型织构,而孔泡节点处却为镶嵌型或随机织构;中间相沥青Ⅲ泡沫炭孔泡韧带和节点处中间相分子的取向性及其致密度明显优于中间相沥青Ⅱ泡沫炭。这说明中间相含量均为 100% 的沥青在相同的发泡条件下,高软化点中间相沥青具有更高黏度,对孔泡的发育长大有一定的抑制作用,因此中间相沥青Ⅲ泡沫炭比沥青Ⅱ泡沫炭具有更高的体积密度、较小的孔径与较低的孔隙率。至于中间相沥青Ⅲ泡沫炭孔泡韧带和节点处中间相分子的取向性及其致密度优于中间相沥青Ⅱ泡沫炭,则是由于中间相沥青Ⅲ的织构为纤维状,中间相沥青Ⅱ的织构为广域状。

3) 石墨化泡沫炭性能

经 2500℃石墨化制备得中间相沥青Ⅱ和Ⅲ石墨化泡沫炭的孔泡织构如图 5-22所示。

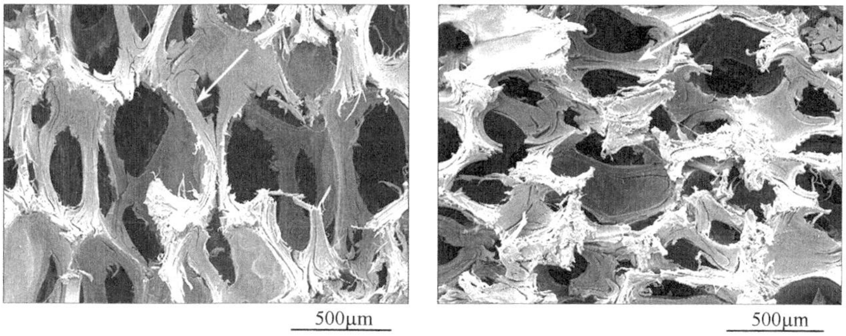

(a) 中间相沥青Ⅱ(广域状)　(b) 中间相沥青Ⅲ(纤维状)

图 5-22　不同织构中间相沥青石墨化泡沫炭的孔泡织构[39]

从图 5-22 看到,两种石墨化泡沫炭均由圆形气泡组成,气泡之间有相互连通的小孔,但中间相沥青Ⅱ石墨化泡沫炭孔泡的均匀度及其形状的规整度较中间相沥青Ⅲ石墨化泡沫炭差;并可发现,两种石墨化泡沫炭的层状结构均平行于气泡平面,且在气泡的韧带处高度取向(图中箭头所示),而在气泡节点处石墨化层状结构的取向明显比韧带处差,这是由于发泡过程中产生的气泡牵引力平行于气泡平面,并在气泡节点处小于韧带处,这种织构在泡沫炭中也可以观察到。

仔细观察图 5-22 还可发现,中间相沥青Ⅲ石墨化泡沫炭[图 5-22(b)]不仅在节点和韧带处的取向度和致密度优于中间相沥青Ⅱ石墨化泡沫炭[图 5-22(a)],而且还具有较少的微裂纹。这是由于中间相沥青Ⅲ中的片层芳环结构大于中间相沥青Ⅱ。

5.4.2 发泡压力对中间相沥青基泡沫炭性能的影响

基于发泡压力对中间相沥青在发泡过程中轻组分气体的逸出有一定的抑制和压缩作用[6,38,39,78]，因此在发泡温度确定以后，通过调节发泡压力控制中间相沥青中轻组分的逸出速度和逸出量，可以获取不同孔泡结构的中间相沥青泡沫体，进而制备出不同孔泡结构的中间相沥青基泡沫炭。

1. 发泡压力对泡沫炭生料性能的影响

1）不同中间相含量沥青基泡沫炭生料

以中间相含量 30%的沥青Ⅰ和中间相含量 100%的沥青Ⅱ为发泡用沥青，利用自发泡法，在发泡温度为 470℃，发泡压力分别为 0.5MPa、1.0MPa 的条件下泡沫化 2h，然后焦化固化 10h，获得两种系列不同中间相含量沥青的泡沫炭生料。

不同发泡压力所获中间相沥青Ⅰ和Ⅱ泡沫炭生料的孔泡形貌如图 5-23 所示，各自相应的基本性能列入表 5-9。

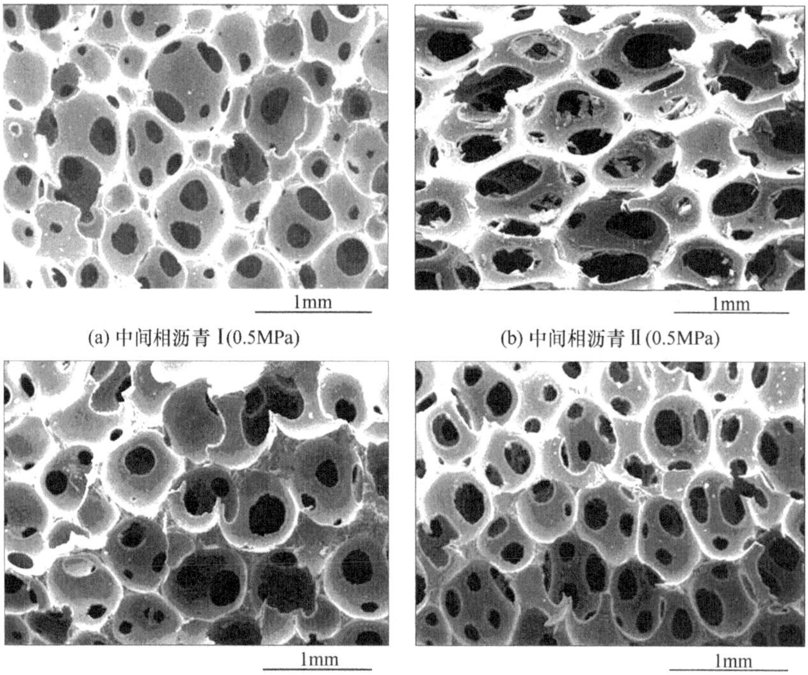

(a) 中间相沥青Ⅰ(0.5MPa)　(b) 中间相沥青Ⅱ(0.5MPa)

(c) 中间相沥青Ⅰ(1.0MPa)　(d) 中间相沥青Ⅱ(1.0MPa)

图 5-23　不同发泡压力获得中间相沥青Ⅰ和Ⅱ泡沫炭生料的 SEM 照片[39]

表 5-9　不同发泡压力获得中间相沥青Ⅰ和Ⅱ泡沫炭生料的基本性能[38,39]

泡沫炭生料	发泡压力 p/MPa	体积密度 ρ_v/(g/cm³)	真实密度 ρ_s/(g/cm³)	孔隙率 q/%	孔径 D/μm	孔泡形态
中间相沥青Ⅰ（中间相含量 30%）	0.5	0.210	1.380	84.8	800～1000	较均匀
	1.0	0.267	1.320	79.8	600～750	
中间相沥青Ⅱ（中间相含量 100%）	0.5	0.135	1.384	90.2	800～900	均匀
	1.0	0.173	1.358	87.3	650～750	

从图 5-23 和表 5-9 看出，在发泡压力为 1.0MPa 下，中间相沥青Ⅰ和Ⅱ形成孔泡的孔径均小于发泡压力为 0.5MPa 时形成孔泡的孔径；同时泡沫体的孔隙率和真实密度下降，体积密度增加。这表明发泡压力增加，可使形成的孔泡尺寸变小，导致泡沫体的孔隙率下降。

另外，从图 5-23 和表 5-9 还可知，对于中间相沥青Ⅰ，不论发泡压力是 0.5MPa 还是 1.0MPa，所制泡沫炭生料孔泡的均匀度和规整度均欠佳，孔隙率也偏低，其原因仍是中间相沥青Ⅰ的中间相含量低，沥青分子差异较大。因此，制备高质量的泡沫炭，通常选择 100%中间相含量的沥青为前驱体。

2）不同中间相织构沥青基泡沫炭生料

以中间相含量 100%、中间相织构分别为广域状和纤维状的中间相沥青Ⅱ和Ⅲ为发泡沥青，采用自发泡法，在发泡温度为 500℃，发泡压力分别为 0.5MPa、1.0MPa、1.5MPa 和 2.0MPa 的条件下泡沫化 2h，焦化固化 10h，制备出两种系列的中间相沥青泡沫炭生料，各自相应的孔泡形貌如图 5-24 所示。

从图 5-24 可以看出，中间相沥青Ⅱ和Ⅲ在发泡温度为 500℃，发泡压力为 0.5～2.0MPa 范围内均可制得孔泡结构相对均匀的泡沫炭生料。随着发泡压力的增加，两种中间相沥青形成的孔泡尺寸与孔壁开孔的数量都呈现出逐渐减小的趋势，同时孔泡的节点和韧带明显增厚，说明发泡压力的调整对泡沫体的孔尺寸以及孔壁上的开孔数均具有明显的影响。这是因为泡沫炭孔泡结构的形成源于中间相沥青在发泡过程中熔融状态下热解逸出的轻组分。当发泡压力增加时，沥青中轻组分的逸出会受到一定程度的抑制，以使其轻组分的逸出量减小，导致形成的孔泡尺寸减小，同时造成泡沫炭生料的体积密度增加。

比较图 5-24 中两种系列中间相沥青泡沫炭生料的孔泡形貌，也可发现：在发泡温度为 500℃，发泡压力为 0.5～2MPa 范围内的任一发泡压力下，形成中间相沥青Ⅱ泡沫炭生料的孔泡尺寸均较中间相沥青Ⅲ泡沫炭生料大，孔壁上的开孔数量也较中间相沥青Ⅲ泡沫炭生料多。这说明在同一温度下，中间相沥青Ⅱ的黏弹性、黏度和表面张力低于沥青Ⅲ，而流动性和膨胀率高于沥青Ⅲ。对于 100%中间相含量沥青的流动性和膨胀率的大小通常依据其软化点的高低进行评判。

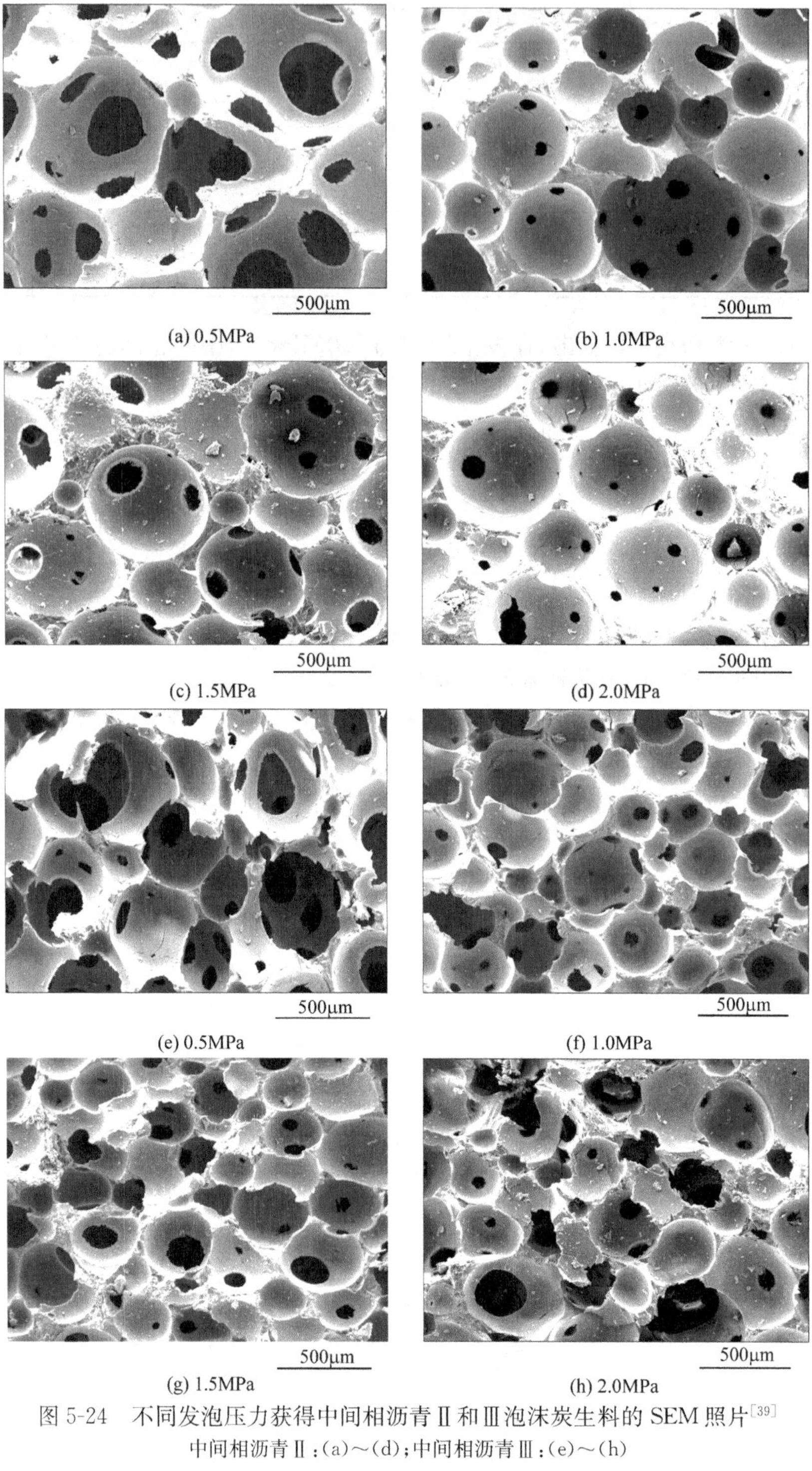

图 5-24　不同发泡压力获得中间相沥青Ⅱ和Ⅲ泡沫炭生料的 SEM 照片[39]

中间相沥青Ⅱ:(a)～(d);中间相沥青Ⅲ:(e)～(h)

2. 不同发泡压力所制泡沫炭的基本性能

将不同发泡压力下制备的中间相沥青基泡沫炭生料置于管式炭化炉中，以1℃/min 的升温速率加热到 1000℃进行炭化处理，获得中间相沥青基泡沫炭。

1）不同中间相含量的沥青基泡沫炭

不同发泡压力所制中间相沥青Ⅰ和Ⅱ泡沫炭的织构和基本性能分别如图 5-25 和表 5-10 所示。

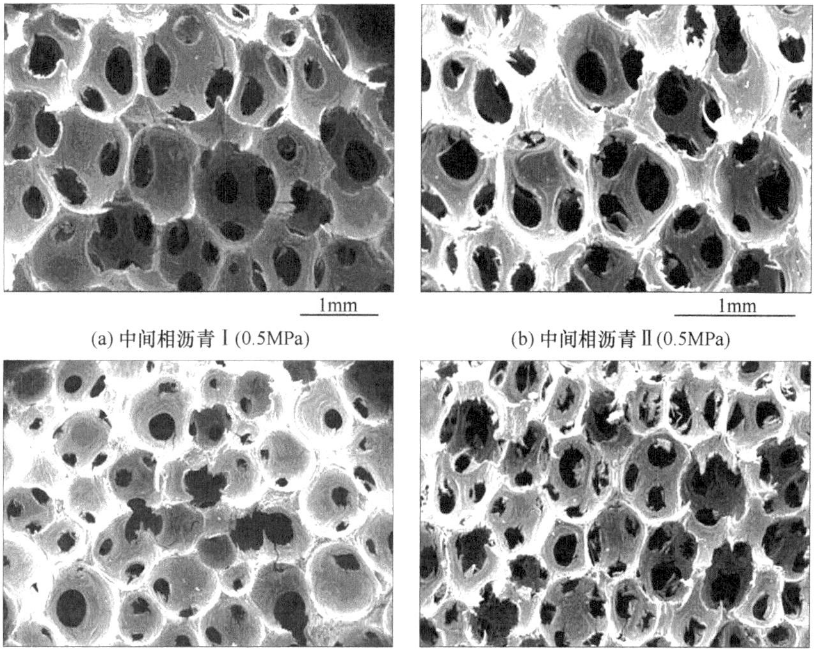

(a) 中间相沥青Ⅰ(0.5MPa)　(b) 中间相沥青Ⅱ(0.5MPa)

(c) 中间相沥青Ⅰ(1.0MPa)　(d) 中间相沥青Ⅱ(1.0MPa)

图 5-25　不同发泡压力所制中间相沥青Ⅰ和Ⅱ泡沫炭的 SEM 照片[39]

表 5-10　不同发泡压力所制中间相沥青Ⅰ和Ⅱ泡沫炭的基本性质[38,39]

泡沫炭生料	发泡压力 p/MPa	体积密度 ρ_v/(g/cm³)	真实密度 ρ_s/(g/cm³)	孔隙率 q/%	孔径 D/μm
中间相沥青Ⅰ（中间相含量 30%）	0.5	0.235	1.862	87.4	750～900
	1.0	0.281	1.850	84.8	500～700
中间相沥青Ⅱ（中间相含量 100%）	0.5	0.167	2.013	91.7	750～850
	1.0	0.201	1.851	89.1	550～650

关联图 5-25 和图 5-23、表 5-10 和表 5-9，即可发现：不同发泡压力获得中间相沥青Ⅰ和Ⅱ泡沫炭生料的孔泡结构在炭化后均得到维持；与发泡压力对中间相沥青Ⅰ和Ⅱ泡沫炭生料孔泡结构的影响类似，在发泡压力为 1.0MPa 下所制两种中间相沥青基泡沫炭的孔泡尺寸仍小于发泡压力为 0.5MPa 下所制泡沫炭。并可看出，在发泡压力为 1.0MPa 下制得两种中间相沥青基泡沫炭孔泡壁、韧带与节点处中间相沥青分子的取向度均优于发泡压力为 0.5MPa 时制备的泡沫炭。随发泡压力的增加，两种中间相沥青泡沫炭的体积密度均升高，真实密度和孔隙率均降低，同时孔径收缩。这说明发泡压力的改变，直接影响着中间相沥青基泡沫炭的结构与性能。

比较图 5-25 中不同发泡压力所制两种系列泡沫炭的孔泡结构，还可发现：在发泡压力为 0.5MPa 和 1.0MPa 所制中间相沥青Ⅰ泡沫炭孔泡的均匀度和规整度与其相应的生料孔泡(图 5-23)类似，均较沥青Ⅱ泡沫炭差；泡沫炭孔壁、韧带与节点处中间相沥青分子的取向度也比沥青Ⅱ泡沫炭低。再次表明，发泡用中间相沥青分子的大小及其均匀性是制备高质量中间相沥青基泡沫炭的关键。换言之，100％中间相含量的沥青是制备高质量中间相沥青基泡沫炭的首选。

2) 不同中间相织构沥青基泡沫炭

表 5-11 列出了不同发泡压力所制中间相沥青Ⅱ和Ⅲ泡沫炭的基本性质。

表 5-11　不同发泡压力所制中间相沥青Ⅱ和Ⅲ泡沫炭的基本性能[39]

发泡条件		中间相沥青Ⅱ(广域状)			中间相沥青Ⅲ(纤维状)		
		体积密度 $\rho_v/(g/cm^3)$	孔隙率 $q/\%$	孔径 $D/\mu m$	体积密度 $\rho_v/(g/cm^3)$	孔隙率 $q/\%$	孔径 $D/\mu m$
500℃	0.5MPa	0.321	82.9	300～500	0.514	72.7	200～400
	1.0MPa	0.355	81.1		0.523	72.1	
	1.5MPa	0.372	80.4		0.578	69.3	
	2.0MPa	0.415	77.9	200～400	0.624	66.9	100～300

从表 5-11 看到，中间相沥青Ⅱ和Ⅲ泡沫炭的体积密度均随发泡压力的增加而升高，孔隙率与孔径却随发泡压力的升高而降低。在同一发泡压力下，中间相沥青Ⅱ泡沫炭的体积密度小于中间相沥青Ⅲ泡沫炭，而孔隙率与孔径均大于中间相沥青Ⅲ泡沫炭。

不同发泡压力所制中间相沥青Ⅱ和Ⅲ泡沫炭的偏光显微照片如图 5-26 所示。

从图 5-26 可看出，在发泡压力为 1.5MPa 下所制中间相沥青Ⅱ和Ⅲ泡沫炭孔泡边缘、韧带以及节点处中间相沥青分子排列的取向度和致密度明显优于 0.5MPa 下所制中间相沥青Ⅱ和Ⅲ泡沫炭。亦即，发泡压力的增加有利于泡沫炭分子取向度和真实密度的提高。

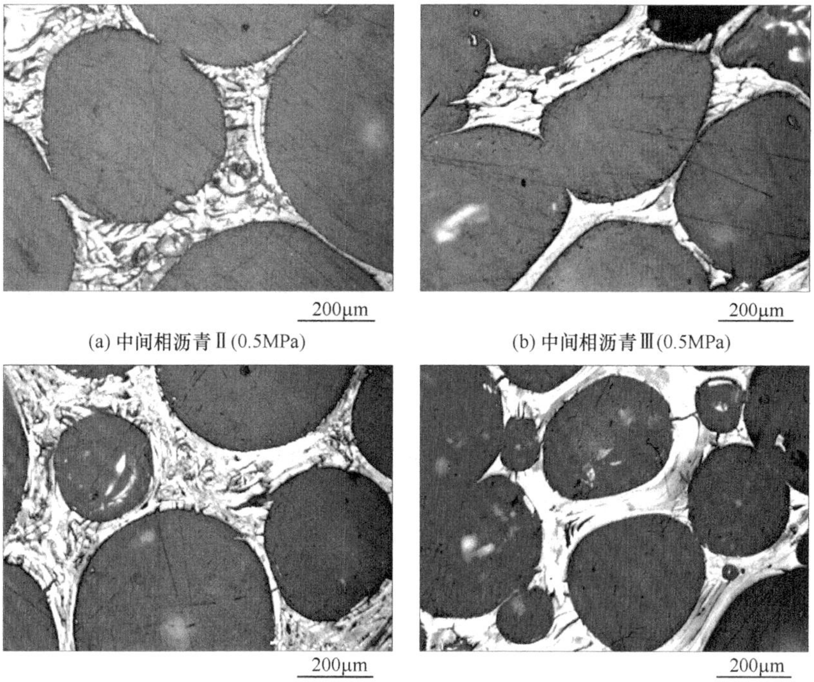

(a) 中间相沥青Ⅱ(0.5MPa)　(b) 中间相沥青Ⅲ(0.5MPa)

(c) 中间相沥青Ⅱ(1.5MPa)　(d) 中间相沥青Ⅲ(1.5MPa)

图 5-26　不同发泡压力所制中间相沥青Ⅱ和Ⅲ泡沫炭的偏光显微照片[39]

同时从图 5-26 可以看到，在同一发泡压力下，中间相沥青Ⅲ泡沫炭孔泡织构的分子取向度和致密度[图 5-26(b)和(d)]均高于中间相沥青Ⅱ泡沫炭[图 5-26(a)和(c)]。再次佐证，100%中间相含量沥青基泡沫炭的结构与性能依赖于中间相沥青片层芳环分子的大小。

5.4.3　发泡温度对中间相沥青基泡沫炭性能的影响

1. 不同发泡温度形成孔泡的形貌

中间相沥青Ⅱ在发泡压力为 1.0MPa、发泡温度分别为 470℃和 500℃下，利用自发泡法，所制泡沫炭生料孔泡形貌的 SEM 照片如图 5-27 所示。这里，发泡时间均为 2h，固化条件分别为 470℃-10h、500℃-10h。

从图 5-27 看出，中间相沥青Ⅱ在发泡温度为 470℃时形成的孔泡均匀度好、孔壁上的开孔数量多；而在发泡温度为 500℃时，形成的孔泡不仅均匀性较差，而且孔壁上的开孔数量较少。这可能是由于中间相沥青Ⅱ在不同的温度下呈现不同的黏度与流动性。亦即，由于发泡温度 500℃高于中间相沥青Ⅱ最大流动性的温度 490℃[图 5-14(b)]，随着温度的升高，中间相沥青Ⅱ分子间的键合作用迅速增大，

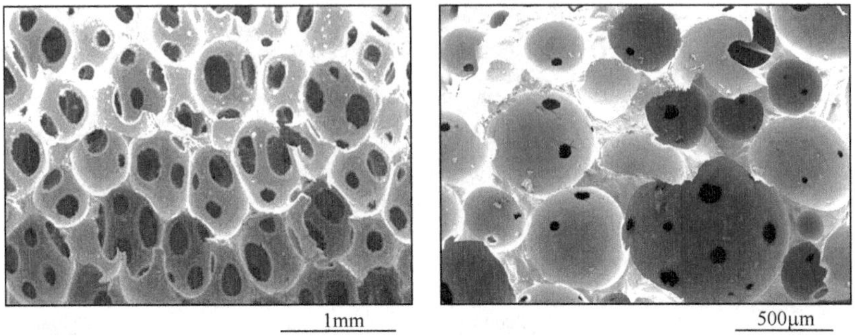

(a) 470℃　　(b) 500℃

图 5-27　不同发泡温度获得中间相沥青Ⅱ泡沫炭生料的 SEM 照片[39]

形成更大的芳环片层分子，从而导致：①沥青熔体的黏度上升，膨胀率下降，形成孔泡的孔径减小；同时，形成孔泡的时间缩短，加之沥青熔体热解产生的轻组分种类不同、大小各异，因而形成孔泡的大小不一。②沥青熔体中的轻组分减少，气体的逸出量减小，进而造成孔壁的开孔率降低。

2. 不同发泡温度所制泡沫炭的基本性能

表 5-12 列出了不同发泡温度下所制两种中间相沥青Ⅱ泡沫炭生料经 1000℃炭化获得泡沫炭的基本性能。

表 5-12　不同发泡温度所制中间相沥青Ⅱ泡沫炭的基本性能[39]

发泡条件		体积密度 $\rho_v/(g/cm^3)$	孔隙率 $q/\%$	孔径 $D/\mu m$
1.0MPa	470℃	0.201	89.1	550～650
	500℃	0.355	81.1	<(300～500)

由表 5-12 可知，中间相沥青Ⅱ在发泡温度为 470～500℃，发泡压力为 1.0MPa 的条件下，均可制备出孔径较为均匀、孔隙率大于 80%的中间相沥青基泡沫炭。可以认为，对于 100%中间相含量的沥青Ⅱ，由于其分子结构与大小均匀，发泡温度的范围相对较宽，在 470～500℃的发泡温度范围内均可制备出孔径相对均匀、孔隙率较大的中间相沥青基泡沫炭。

比较发泡温度 470℃和 500℃所制两种中间相沥青Ⅱ泡沫炭的基本性质，前者的体积密度小于后者，而孔隙率和孔径均大于后者；同时前者孔泡均匀度优于后者。

综合解析 100%中间相含量的沥青Ⅱ和沥青Ⅲ的热重曲线[图 5-14(b)和(c)]以及在不同发泡条件下所制泡沫炭的性能(详见 5.4.2 节)，即可发现：中间相沥青Ⅱ和Ⅲ分别以高于各自熔体开始明显失重的温度、低于各自失重速率最大值对应温度 20℃左右的温度点作为发泡温度，通过调节发泡压力，均可以制备出孔泡均匀、不同孔结构的高性能中间相沥青基泡沫炭。亦即，100%中间相含量沥青的适宜发泡温度区间为:高于其热重曲线中沥青熔体开始明显失重的温度，低于其失重速率最大值对应的温度。因为以该区间范围的温度作为发泡温度，既可以保证中间相沥青的熔融发泡，又可以防止发泡过程中轻组分的过分挥发造成的发泡过度，能够获得较高的泡沫炭收率和良好的泡沫孔结构。

5.5　限定尺寸法制备中间相沥青基泡沫炭

为了有效控制形成泡沫炭的孔径，制备具有高度碳层取向的中间相基泡沫炭。著者提出了一种“限定尺寸法制备中间相沥青基泡沫炭的方法”[31]。

5.5.1　限定尺寸发泡法

限定尺寸发泡法就是利用发泡模具的器壁限制中间相沥青在发泡过程中的过度发泡，进而实现不同孔径泡沫炭的可控制备。图 5-28 是限定尺寸发泡模具的示意图。

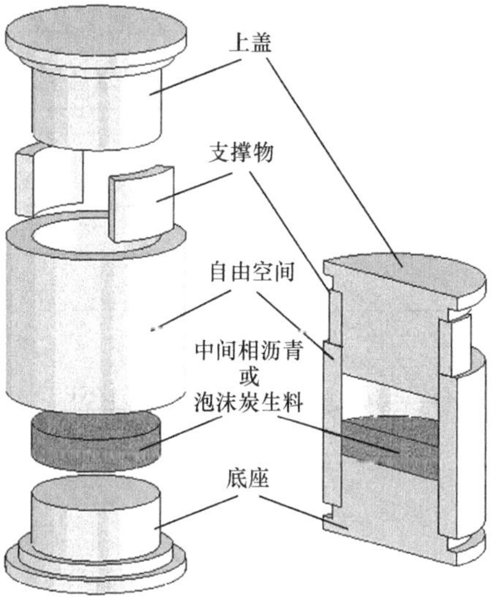

图 5-28　发泡模具示意图[32]

如图 5-28 所示，固定发泡模具的空间，通过调节模具内中间相沥青的加入量，在器壁的限制作用下使中间相沥青在发泡过程中形成不同孔径的中间相沥青泡沫体；换言之，在发泡模具空间一定的条件下，泡沫炭的孔径可以通过发泡模具内中间相沥青的加入量进行调控。当然，若发泡模具内中间相沥青的加入量一定，通过调整发泡模具的空间也可以达到上述目的。

另外，在限定尺寸发泡法制备中间相沥青泡沫体的过程中，形成气泡表面的微区剪切作用也可以促进孔壁表层中间相沥青片层分子的取向，使之形成较好的类石墨结构。

依据限定尺寸发泡法制备泡沫炭的原理，可以预测采用该方法制备的泡沫炭具有以下特点：

(1) 以 100%中间相含量的沥青为原料，可以制得立体开孔的泡沫体炭材料。

(2) 基于中间相沥青在发泡过程中气泡表面的微区剪切作用，可以获得具有高度碳层取向的泡沫炭。

(3) 通过调节发泡模具内中间相沥青的加入量或自由空间的大小，可以有效控制泡沫炭的孔径。

5.5.2 限定尺寸法制备中间相沥青基泡沫炭的工艺

1. 限定尺寸法发泡

选用 100%中间相含量的催化裂化油浆系中间相沥青作为发泡用沥青，依据其基本性质（表 5-13）与热重曲线（图 5-29）制定发泡工艺。

表 5-13　发泡用中间相沥青的基本性质[46]

软化点 t/℃	族组成 w/%			中间相织构
	TI	TI-QS	QI	
305	98.3	12.6	85.7	广域状

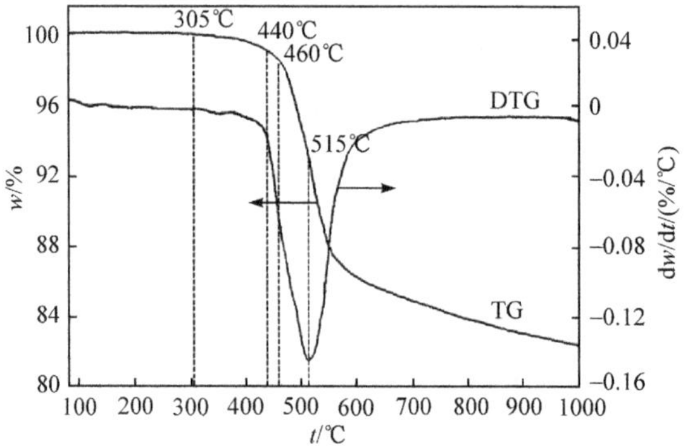

图 5-29　发泡用中间相沥青的热重曲线[46]

由表 5-13 可知，中间相沥青的软化点为 305℃，中间相织构为广域状，是一种适宜的发泡用沥青原料[46]。由图 5-29 看出，发泡用中间相沥青达到软化点 305℃熔融后，随着温度的升高，在 440℃开始明显的失重，其失重速率在 515℃达到最大值。因此，该中间相沥青的最佳发泡温度区间为 440～515℃。本着“既能保证中间相沥青的熔融发泡，又可防止发泡过程中轻组分过分挥发造成发泡过度”的发泡温度选取原则，拟定发泡温度为 460℃。

分别称取 4g 和 5g 过 180 目筛的发泡用中间相沥青细粉置于如图 5-28 所示的发泡器——圆形不锈钢模具(*D*30mm×25mm)中，振实后盖上模具上盖，同时用支撑物支起上盖，以在模具内产生一定高度(12.5mm 和 15mm)的自由空间，如图 5-28(b)所示。然后将装有中间相沥青的模具置于马弗炉中，以约为 200℃/min 的升温速率快速升温至 460℃，恒温 30min 后停止加热，马弗炉自然降至室温，获得两种中间相沥青基泡沫炭生料Ⅰ(装料量 4g)与Ⅱ(装料量 5g)。

2. 限定尺寸法泡沫炭生料的氧化、炭化和石墨化

将限定尺寸法制备的中间相沥青基泡沫炭生料Ⅰ和Ⅱ分别进行氧化(空气介质，350℃、1h)、炭化(1000℃)和石墨化(2800℃)处理，获得两种系列的氧化、炭化和石墨化中间相沥青基泡沫体。

5.5.3 不同处理阶段限定尺寸法中间相沥青基泡沫体的形貌

1. 泡沫炭生料

图 5-30 给出了限定尺寸法制备的中间相沥青基泡沫炭生料Ⅰ和Ⅱ的 SEM 照片。

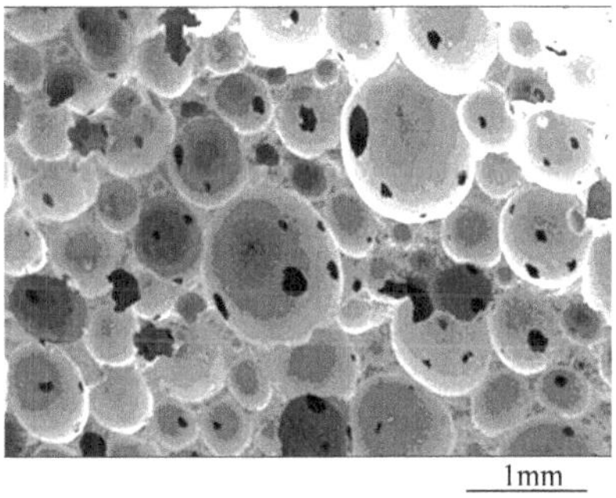

(a) 泡沫炭生料Ⅰ(装料量4g)

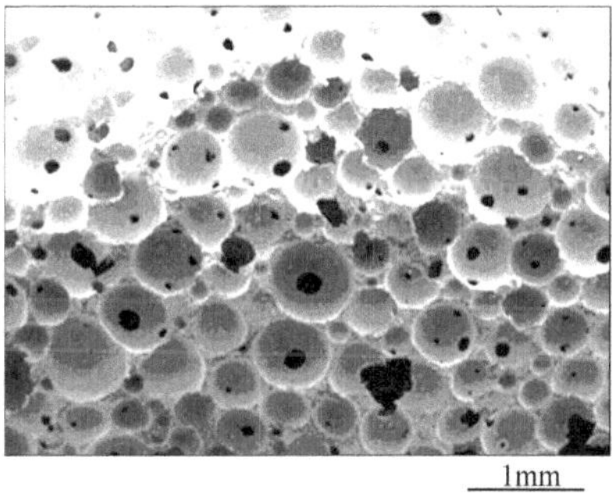

(b) 泡沫炭生料Ⅱ(装料量5g)

图 5-30　限定尺寸法所制中间相沥青基泡沫炭生料的 SEM 照片[32]

从图 5-30 看出，两种泡沫炭生料孔壁上均存有许多孔洞，说明形成的中间相沥青泡沫体中的孔与孔之间基本上是连通的，即为立体开孔结构。

由图 5-30 还可发现，不同质量的中间相沥青在同一发泡模具内、相同的发泡条件(温度和时间)下形成的孔泡具有不同的孔径。其中，泡沫炭生料Ⅰ孔泡的平均孔径为 700μm 左右；泡沫炭生料Ⅱ孔泡的平均孔径为 600μm 左右。显然，对于

固定的模具空间，中间相沥青的装料量多，剩余的模具空间（即发泡自由空间）就小，发泡过程中泡沫的形成就会受到较大的限制，因而形成的孔径就较小；反之，与其不同。

因此，在保持模具内总空间一定的情况下，可以通过调整模具内中间相沥青的加入量控制泡沫炭的孔径大小。

2. 氧化泡沫炭生料

限定尺寸法中间相沥青基泡沫炭生料Ⅰ和Ⅱ经空气介质中350℃氧化固化1h后的SEM照片，如图5-31所示。

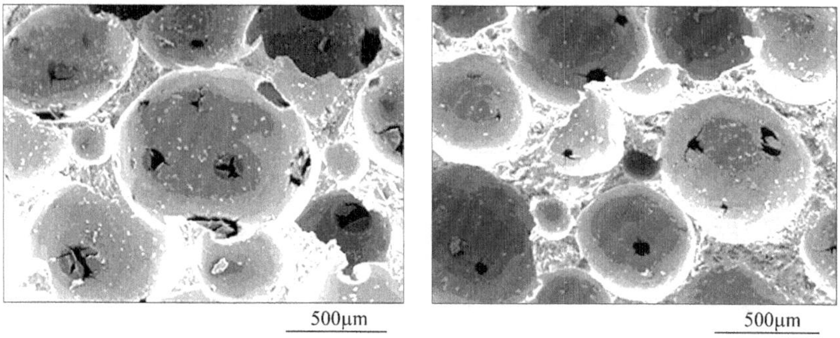

(a) 氧化泡沫炭生料Ⅰ(装料量4g)　　(b) 氧化泡沫炭生料Ⅱ(装料量5g)

图 5-31　限定尺寸法中间相沥青基泡沫炭生料氧化固化后的SEM照片[32]

比较图5-31和图5-30可以看出，泡沫炭生料Ⅰ和Ⅱ经过氧化处理后，二者的孔径大小和形貌均没有明显的变化，说明氧化处理在宏观上没有改变泡沫炭生料原有的立体开孔结构。但从两种泡沫炭生料的氧化收率分别为103.35%（泡沫炭生料Ⅰ）和102.90%（泡沫炭生料Ⅱ），可以推测氧化处理过程中泡沫炭生料分子与氧发生了交联反应，在泡沫炭生料分子中引入一些氧原子。其中泡沫炭生料Ⅰ的氧化增重略高于泡沫炭生料Ⅱ，可能是因为前者的孔泡大于后者，具有较多的氧化活性点。

3. 泡沫炭

图5-32是氧化处理的限定尺寸法中间相沥青基泡沫炭生料Ⅰ和Ⅱ经1000℃炭化处理所获泡沫炭Ⅰ和Ⅱ孔泡的形貌。

从图5-32看出，氧化处理后限定尺寸法泡沫炭生料Ⅰ和Ⅱ的孔泡形貌（图5-30）在炭化过程中均没有发生形变，说明氧化处理有效地“固化”和保持了限定尺寸法泡沫炭生料的孔泡结构。亦即，泡沫炭生料的氧化处理等效于泡沫炭生料的焦化固化。

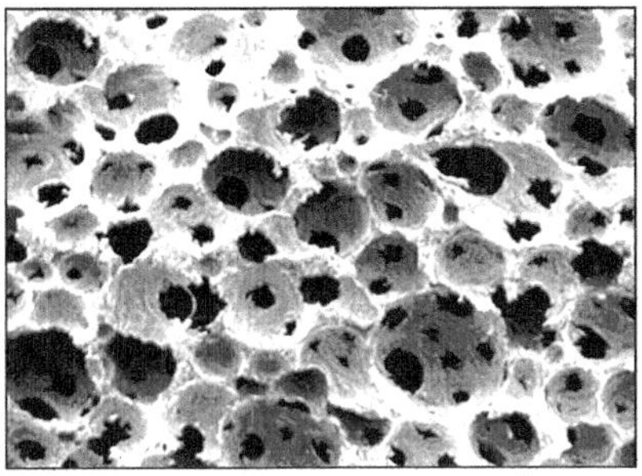

(a) 泡沫炭Ⅰ(装料量4g)

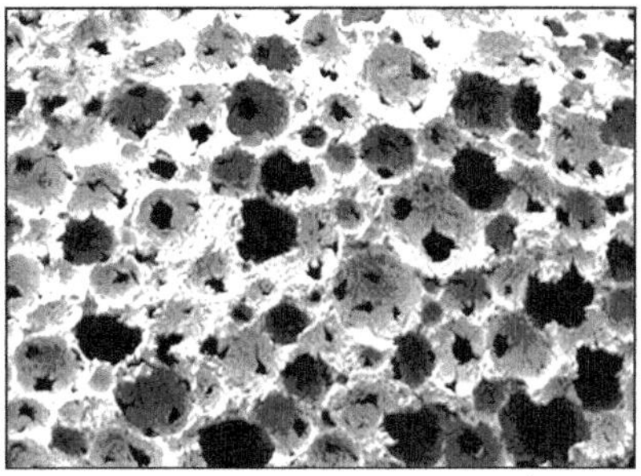

(b) 泡沫炭Ⅱ(装料量5g)

图 5-32　限定尺寸法中间相沥青基泡沫炭的孔泡形貌[79]

与限定尺寸法泡沫炭生料Ⅰ和Ⅱ的孔泡形貌相比(图 5-30),经 1000℃炭化后所获限定尺寸法泡沫炭Ⅰ和Ⅱ的孔径均减小,同时孔壁的开孔变大(图 5-32)。这是由于氧化固化的泡沫炭生料分子和焦化固化的泡沫炭生料分子一样,均在炭化过程中进一步发生热解缩合反应,在逸出轻组分的同时泡沫炭中的稠环片层分子沿着孔泡壁不断长大,随之片层分子间的大 π-π 键作用力也逐渐增强,在体系化学反应和物理调整的协同作用下,孔泡壁的片层分子排列趋于有序、碳层间距不断减小,引起孔壁收缩,同时产生一定的内应力;在宏观上表现为泡沫炭的孔径收缩、孔壁上孔洞的变大。

4. 石墨化泡沫炭

对限定尺寸法中间相沥青基泡沫炭Ⅰ和Ⅱ进行 2800℃石墨化处理,获得限定尺寸法中间相沥青基石墨化泡沫炭Ⅰ和Ⅱ,二者相应的形貌如图 5-33 所示。

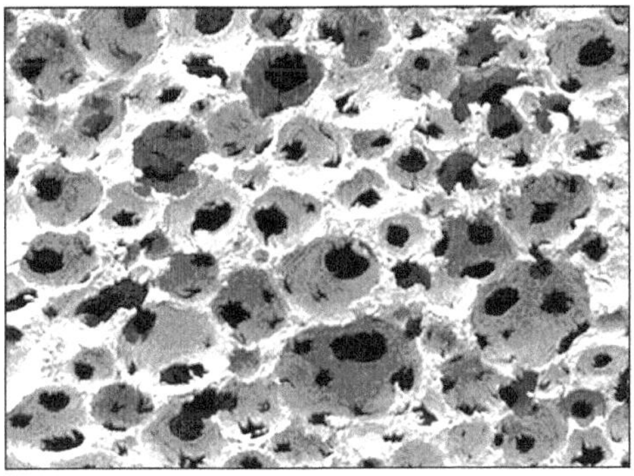

(a) 石墨化泡沫炭Ⅰ(装料量4g)

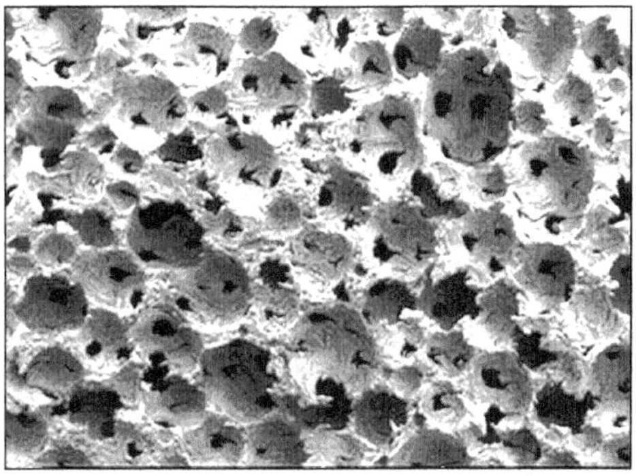

(b) 石墨化泡沫炭Ⅱ(装料量5g)

图 5-33　限定尺寸法中间相沥青基石墨化泡沫炭的孔泡形貌[79]

比较图 5-33 和图 5-32 可以看出，限定尺寸法石墨化泡沫炭Ⅰ和Ⅱ的孔泡形貌与其相应的泡沫炭基本相同，仅是孔壁上的孔洞比泡沫炭略有扩大。

限定尺寸法石墨化泡沫炭Ⅰ和Ⅱ的孔隙率分别为 82.0%和 80.0%，开孔率均大于 90.0%，体积密度分别为 0.323g/cm^{3}和 0.380g/cm^3。这里，石墨化泡沫炭Ⅰ的孔隙率大于石墨化泡沫炭Ⅱ，而体积密度小于石墨化泡沫炭Ⅱ的原因是前者发泡用中间相沥青的(质)量小于后者，在发泡过程中孔泡生长的自由空间(剩余的模具空间)大于后者。

5.5.4　限定尺寸法中间相沥青基泡沫炭的孔泡结构特征

1. 微观结构形貌

图 5-34 和图 5-35 分别展示了限定尺寸法中间相沥青基泡沫炭Ⅰ和Ⅱ以及相应石墨化泡沫炭Ⅰ和Ⅱ的局部放大 SEM 照片。

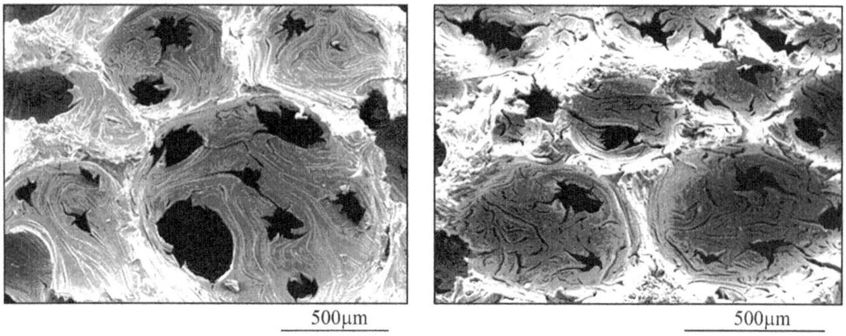

(a) 泡沫炭Ⅰ(装料量4g)　　(b) 泡沫炭Ⅱ(装料量5g)

图 5-34　限定尺寸法中间相沥青基泡沫炭孔泡的 SEM 照片[32]

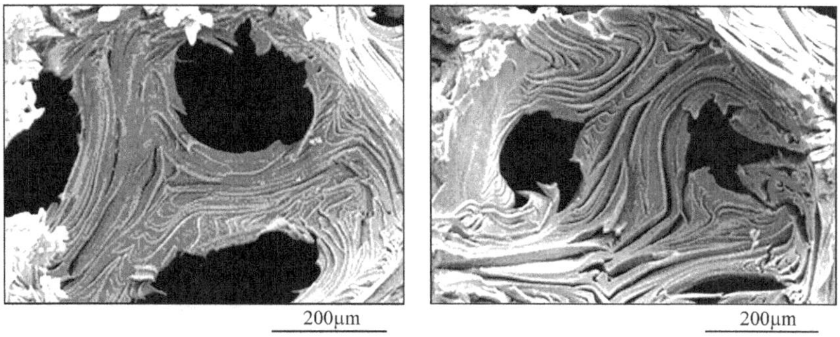

(a) 石墨化泡沫炭Ⅰ(装料量4g)　　(b) 石墨化泡沫炭Ⅱ(装料量5g)

图 5-35　限定尺寸法中间相沥青基石墨化泡沫炭孔泡的 SEM 照片[32]

从图 5-34 可以看出，限定尺寸法中间相沥青基泡沫炭Ⅰ和Ⅱ的平直孔壁均连接在一起，把三个相邻的孔隔开形成“Y”形孔壁结，越靠近孔壁结，其内部片层取向越差，且平直孔壁内分子的取向度大于孔壁结内分子的取向度。比较泡沫炭Ⅰ和Ⅱ的孔泡结构，前者孔壁碳层取向明显优于后者，前者孔壁上的孔洞也大于后者。但就泡沫炭Ⅰ和Ⅱ整体而言，可以认为是一种具有宏观各向同性结构的炭泡沫体。

比较图 5-35 和图 5-34 可以发现，限定尺寸法中间相沥青基石墨化泡沫炭Ⅰ和Ⅱ孔壁碳层的取向度均比泡沫炭Ⅰ和Ⅱ有明显的提高，说明泡沫炭(石墨)孔壁织构碳层的排列随热处理温度的升高逐渐向规整的石墨片层结构靠近。和限定尺寸法中间相沥青基泡沫炭Ⅰ和Ⅱ类似，石墨化泡沫炭Ⅰ孔壁碳层的取向仍优于石墨化泡沫炭Ⅱ，孔壁上的孔洞也仍大于石墨化泡沫炭Ⅱ。同样，限定尺寸法中间相沥青基石墨化泡沫炭Ⅰ和Ⅱ也可以认为是一种具有宏观各向同性结构的石墨泡沫体。也正是由于限定尺寸法中间相沥青基泡沫炭(石墨)这种宏观的各向同性结构，避免了石墨的各向异性特征，从而使得限定尺寸法中间相沥青基泡沫炭(石墨)在三维方向都将具有良好的导电和导热性。

对于限定尺寸法中间相沥青基泡沫炭Ⅰ(石墨化泡沫炭Ⅰ)孔壁碳层取向优于泡沫炭Ⅱ(石墨化泡沫炭Ⅱ)、孔壁上的孔洞大于泡沫炭Ⅱ(石墨化泡沫炭Ⅱ)的原因，仍为前者发泡用中间相沥青的(质)量少于后者，模具中较大剩余的空间使得中间相沥青在发泡过程中形成的孔泡能够得到很好的发育，孔泡壁的碳层分子能够更好地进行自调整择优取向，以使制备的泡沫炭生料经炭化(石墨化)处理后获得具有孔泡壁碳层分子取向度高和孔泡壁孔洞较大的泡沫炭(石墨化泡沫炭)。再次佐证，采用限定尺寸法制备泡沫炭，可以通过调节中间相沥青在发泡模具中的加入量，进行孔泡大小与结构的控制。

2. 微观结构特征

图 5-36 给出了限定尺寸法中间相沥青基石墨化泡沫炭Ⅰ和Ⅱ的 XRD 谱图，

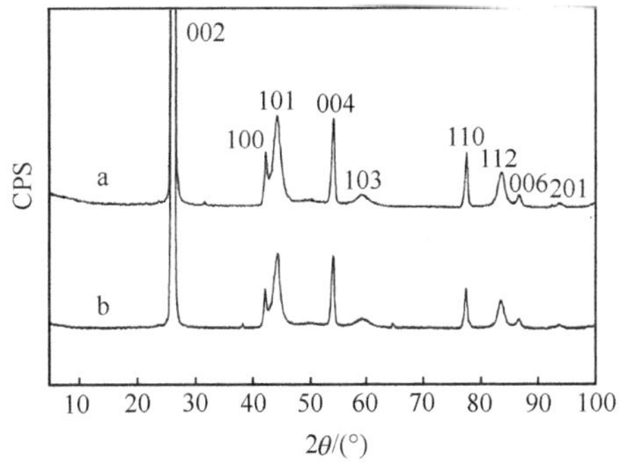

图 5-36　限定尺寸法中间相沥青基石墨化泡沫炭的 XRD 谱图[46]

a-石墨化泡沫炭Ⅰ(装料量 4g)；b-石墨化泡沫炭Ⅱ(装料量 5g)

依据图 5-36 中各特征峰的位置和半高宽计算获得石墨化泡沫炭的微结构参数列入表 5-14。

表 5-14 限定尺寸法中间相沥青基石墨化泡沫炭的微结构参数[46]

石墨化泡沫炭	G/%	L_c/nm	$L_{a(101)}$/nm	$L_{a(100)}$/nm	N
Ⅰ	79.4	34.0	26.7	18.9	100
Ⅱ	71.4	35.9	29.3	21.7	103

从图 5-36 可以看出，限定尺寸法中间相沥青基石墨化泡沫炭Ⅰ和Ⅱ均为类石墨泡沫体炭材料。由表 5-14 可知，限定尺寸法中间相沥青基石墨化泡沫炭Ⅰ比石墨化泡沫炭Ⅱ的石墨化度(G)高，表明石墨化泡沫炭Ⅰ中孔壁碳层间的间距(d_{002})比石墨化泡沫炭Ⅱ小，即石墨化泡沫炭Ⅰ的孔壁结构比石墨化泡沫炭Ⅱ更紧密；而石墨化泡沫炭Ⅰ的 N、L_c、$L_{a(101)}$ 和 $L_{a(100)}$ 均小于石墨化泡沫炭Ⅱ，说明虽然石墨化泡沫炭Ⅰ孔壁的石墨化度较高，但其内部微晶尺寸较小。这一切仍源于限定尺寸法石墨化泡沫炭Ⅰ发泡用中间相沥青的(质)量较少，发泡模具中较大的剩余空间，使得中间相沥青的发泡程度较高(由其孔径较大可得到证明)，进而造成孔壁较薄而不利于微晶的长大。

5.6 中间相沥青基泡沫炭微裂纹的控制

中间相沥青泡沫体(泡沫炭生料)只有经过高温炭化和石墨化才能获得优良的性能，但高温处理尤其是石墨化处理也会给其带来潜在的缺陷——微裂纹。而泡沫炭中微裂纹存在，不仅影响石墨化泡沫炭的力学性能，也将影响石墨化泡沫炭的导热、导电性能。

5.6.1 泡沫炭微裂纹的结构及其形成机制

1. 泡沫炭微裂纹的结构

图 5-37 展示出石墨化泡沫炭的各种典型微裂纹结构。从图 5-37 可看出，石墨化泡沫炭微裂纹的结构主要有三大类：裂缝(如图 5-37 中 a 所示)、各种形状的微裂纹(如图 5-37 中 b～g 所示)、断裂界面(如图 5-37 中 c 所示)。其中裂缝多位于泡沫炭孔泡的底部，微裂纹在泡沫炭孔泡的孔壁表面及其韧带处均存在，断裂界面易出现于孔泡的韧带处。

从各种微裂纹彼此间的关系来看，微裂纹的形貌有：鱼骨状、平行状、涟漪状、锯齿状、弧形状和无规则结构。

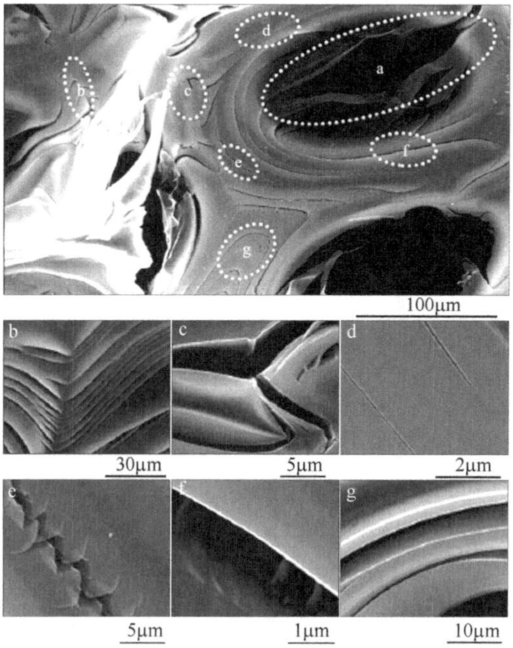

图5-37 石墨化泡沫炭各种典型的微裂纹结构[80]

2. 泡沫炭微裂纹的形成机制

基于炭化工学[77]的角度,分析石墨化泡沫炭中各种典型的微裂纹结构及其产生的位置,可以认为泡沫炭微裂纹产生的主要因素有:①泡沫炭在石墨化过程中所产生的热应力;②泡沫炭的本体结构;③热应力的释放速度。至于泡沫炭微裂纹产生位置及其形成状态,则主要取决于其孔泡的结构。

由于泡沫炭孔泡底部的壁厚最薄,在石墨化过程中,少许的热应力即可使孔泡开裂,由闭孔变为开孔结构,出现裂缝(如图5-37中a所示);鉴于泡沫炭孔壁的厚度由底部向上逐渐增加,使得泡沫炭在石墨化过程中产生的热应力呈梯度分布,因而产生的微裂纹多为平行状、涟漪状和弧形结构(如图5-37中d、f、g所示);此外,因为泡沫炭孔泡的韧带两端或节点的厚度较大,在石墨化过程中产生的热应力较为集中,释放速度较快,会直接导致泡沫炭在鱼骨状、无规则状或锯齿状微裂纹处开裂或断裂(如图5-37中b、c、e所示)。另外,从图5-37中f处还可看到,微裂纹的内壁存在一定的片层碳,而不是光滑的界面。由此推断,泡沫炭微裂纹的形成机制可能为:中间相沥青基泡沫炭在石墨化过程中,由于其孔壁、韧带及其节点处存在热应力梯度分布,导致热应力的释放速度不同,进而产生微裂纹。其中,微裂纹的产生部位及其形状与石墨化过程中产生的热应力、热应力的释放速度和泡沫炭的本体结构有关。

5.6.2 泡沫炭微裂纹的控制

中间相沥青基泡沫炭微裂纹的控制，通常采用：①发泡用中间相沥青性能的调控：中间相的织构与含量、中间相沥青的掺杂（添加剂）；②固化工艺的选择：氧化固化、焦化固化。

1. 中间相含量对泡沫炭微裂纹的影响

影响泡沫炭微裂纹产生的主要因素之一是泡沫炭的本体结构——泡沫炭的孔壁及韧带结构，而泡沫炭的孔壁及韧带结构又取决于发泡用中间相沥青的结构与性质。由 5.4.1 节可知，发泡用中间相沥青的织构及其中间相的含量不仅直接影响所制泡沫炭孔泡的形貌与结构，还是造成泡沫炭微裂纹产生的根源。例如，采用中间相含量低于 100%的球状织构中间相沥青进行发泡时，由于中间相分子与沥青母液分子结构与大小的差异，使得发泡体系不同区域的黏弹性不一致，不仅会造成沥青泡沫体的孔泡形貌、大小、规整度及其均匀度欠佳，而且会导致在后续炭化尤其是石墨化过程中因二者的热收缩系数不同引起微裂纹的产生[图 5-18(a)和(b)]。因此，制备优质中间相泡沫炭须采用具有广域状或粗纤维状织构 100%中间相含量的沥青。换言之，发泡用中间相沥青分子的大小及其均匀性是制备高质量中间相沥青基泡沫炭的关键，采用 100%中间相含量的沥青，才能制备出孔泡大小与结构均匀、石墨化度高、微裂纹小而少的优质中间相沥青基石墨化泡沫炭[图 5-18(c)和(d)]。

2. 石墨掺杂对泡沫炭微裂纹的影响

依据 Griffith 微裂纹理论和泡沫炭微裂纹的形成机制，可以设想：假若在发泡用中间相沥青中掺杂具有层状结构的天然石墨，可以通过其层状结构吸收泡沫炭在石墨化过程中所产生的热应力，进而抑制和减少其微裂纹的产生与扩展，增加泡沫炭的机械强度；同时，天然石墨较高的导热系数还可以提高泡沫炭的导热性能。为此著者研究团队进行了石墨掺杂中间相沥青基泡沫炭的研究。

1）发泡用前驱体

以日本三菱 AR 中间相沥青和天然石墨混合物为发泡用前驱体。其中，日本三菱 AR 中间相沥青的基本性质列入表 5-15，热重分析曲线如图 5-38 所示；图 5-39 是天然石墨的形貌。

表 5-15　日本三菱 AR 中间相沥青的基本性质[39]

软化点 t/℃	中间相含量 φ/%	H/C 原子比	苯可溶物 w/%	吡啶不溶物 w/%
275	100	0.59	40	45

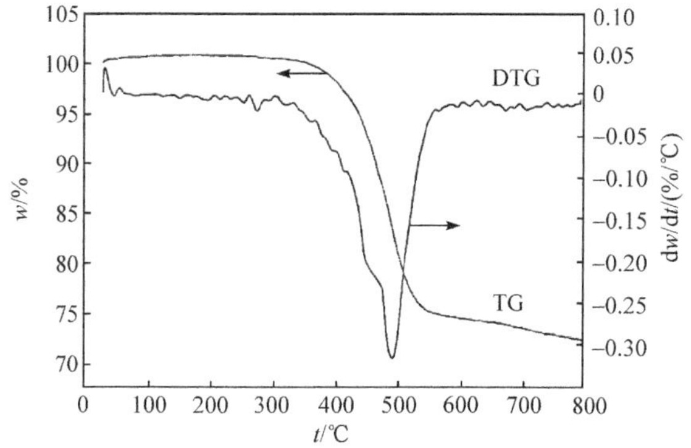

图 5-38　日本三菱 AR 中间相沥青的 TG 和 DTG 曲线[39]

图 5-39　天然石墨的 SEM 照片[39]

2）石墨掺杂中间相沥青基泡沫炭的制备

依据图 5-38 所示日本三菱 AR 中间相沥青的热重曲线，拟定发泡温度为 500℃。

将 AR 中间相沥青粉和天然石墨粉按照一定的质量比混合并置于发泡器中，在氮气气氛中一定的压力下以 4℃/min 的加热速率升温至 500℃，停留 2h 后自然冷却至室温，获得石墨掺杂中间相沥青泡沫体。而后将石墨掺杂中间相沥青泡沫体依次在空气中 250℃ 氧化 20h、氮气中 1000℃ 炭化 15min、氩气中 2800℃ 石墨化，制得石墨掺杂中间相沥青基石墨化泡沫炭。

3）石墨掺杂中间相沥青基泡沫炭的形貌与织构

图 5-40 是不同天然石墨掺杂量中间相沥青基石墨化泡沫炭形貌的 SEM 照

片。从图 5-40可以看出，石墨的掺杂对泡沫炭的结构有显著影响，其中未掺杂石墨制备的石墨化泡沫炭显示出较多的微裂纹，且在孔泡壁处出现了许多较大的裂纹[图 5-40(a)]；随着石墨掺杂量的增加，石墨化泡沫炭微裂纹的数量明显减少；在石墨掺杂量≤10%（质量分数）时，石墨化泡沫炭的孔泡大小比较均匀[图 5-40(b)和(c)]；当石墨的掺杂量达到质量分数 30%时，石墨化泡沫炭的微裂纹几乎全部消失，但此时石墨化泡沫炭的孔径也变得非常不均匀[图 5-40(d)]。

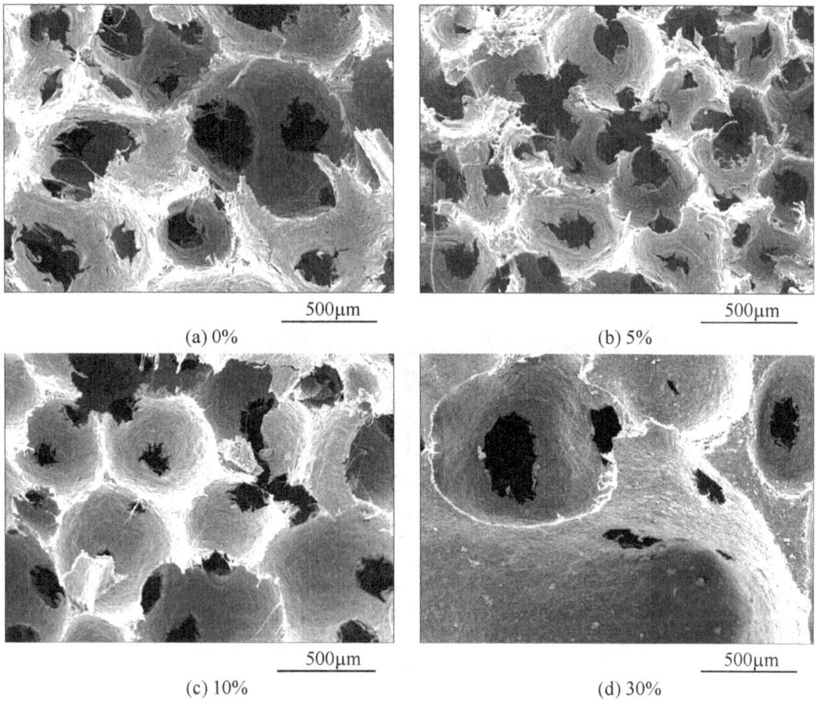

图 5-40　不同天然石墨掺杂量中间相沥青基石墨化泡沫炭的形貌[81]

这里泡沫炭孔径的变化可能是由于未掺杂石墨的中间相沥青发泡体系为液相，孔泡的初生点（泡核）位于熔体沥青的表面，形成的孔泡大小比较均匀[61]；而掺杂不溶不熔的石墨后，发泡体系变为液-固相，泡核可在石墨粒子处优先形成（表面成核），随着石墨掺杂量的增加，体系中表面成泡作用增强，两种孔泡生长模式协同作用的结果导致石墨掺杂量达到 30%时所制泡沫炭孔泡的大小不等，差异较大。

不同天然石墨掺杂量中间相沥青基石墨化泡沫炭的偏光显微照片如图 5-41 所示。比较图中掺杂石墨前后泡沫炭孔泡韧带与节点处的偏光显微结构可以发现，未掺杂石墨时具有较大的中间相区域[图 5-41(a)]；掺杂石墨后中间相区域缩小，随着石墨掺杂量的增加中间相区域越来越小，并趋向于各向同性；当石墨的掺杂量达到质量分数 30%时，泡沫炭[图 5-41(d)]中间相区域的尺寸显著变小，且分布非常均匀，基本呈现各向同性。

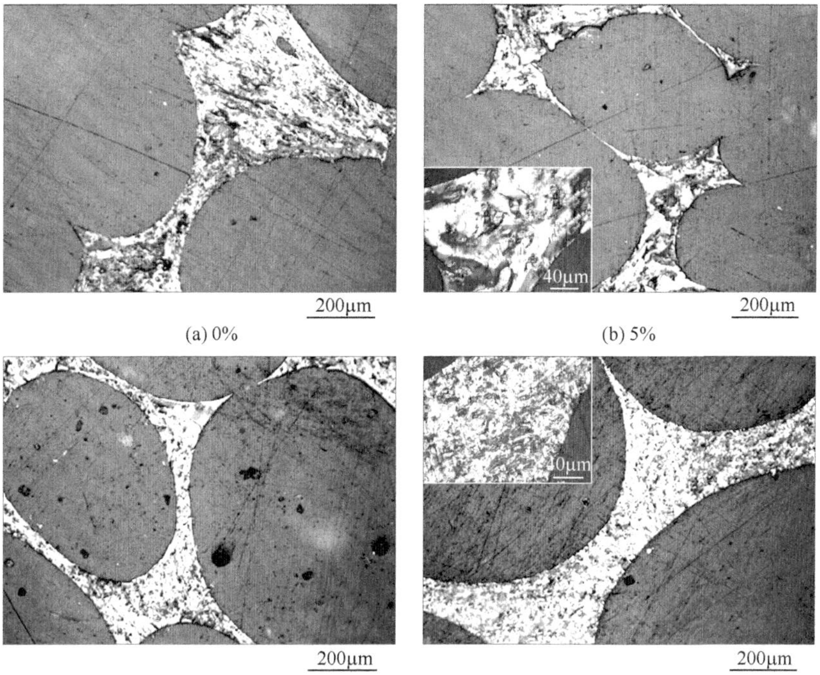

(a) 0%　(b) 5%　(c) 10%　(d) 30%

图 5-41 不同天然石墨掺杂量中间相沥青基石墨化泡沫炭的偏光显微照片[39]

关联图 5-40 和图 5-41 可以认为，中间相沥青基泡沫炭微裂纹的产生，源于泡沫炭中较大的中间相区域在炭化和石墨化过程中不同方向具有不同的热膨胀系数。而掺杂天然石墨后中间相沥青基泡沫炭微裂纹的减小，应归因于中间相沥青中均匀掺杂的天然石墨颗粒在发泡、固化及炭化过程中的不溶不熔特性，阻止了中间相沥青泡沫体中间相区域的融并。正是由于这种随天然石墨掺杂量增加，泡沫炭的各向同性趋向越来越强的作用制约了其微裂纹的生成与长大。

4) 石墨掺杂对中间相沥青基泡沫炭微裂纹的“钉扎”作用

图 5-42 是天然石墨掺杂中间相沥青基石墨化泡沫炭的微结构 SEM 照片。可以看到，天然石墨掺杂的中间相沥青基泡沫炭石墨化后仍然具有层状结构，同时天然石墨粒子在泡沫炭中的分散性较好。由此可以推测，天然石墨粒子在泡沫炭中良好的分散性可使其特有的层状结构对沥青泡沫体在石墨化过程中产生的热应力进行均衡吸收，进而起到“钉扎”裂纹的作用，有效抑制泡沫炭孔泡壁层状结构与孔泡韧带及其节点微晶区域边缘处的开裂。

不同天然石墨掺杂量中间相沥青基石墨化泡沫炭表面形貌的 SEM 照片如图 5-43所示。

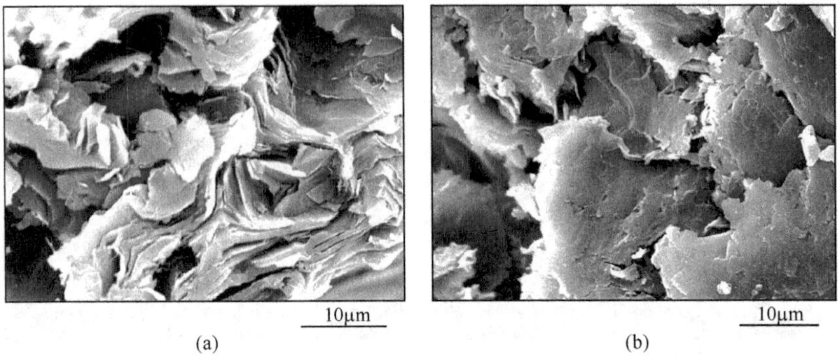

图 5-42　石墨掺杂中间相沥青基石墨化泡沫炭微结构的 SEM 照片[39]

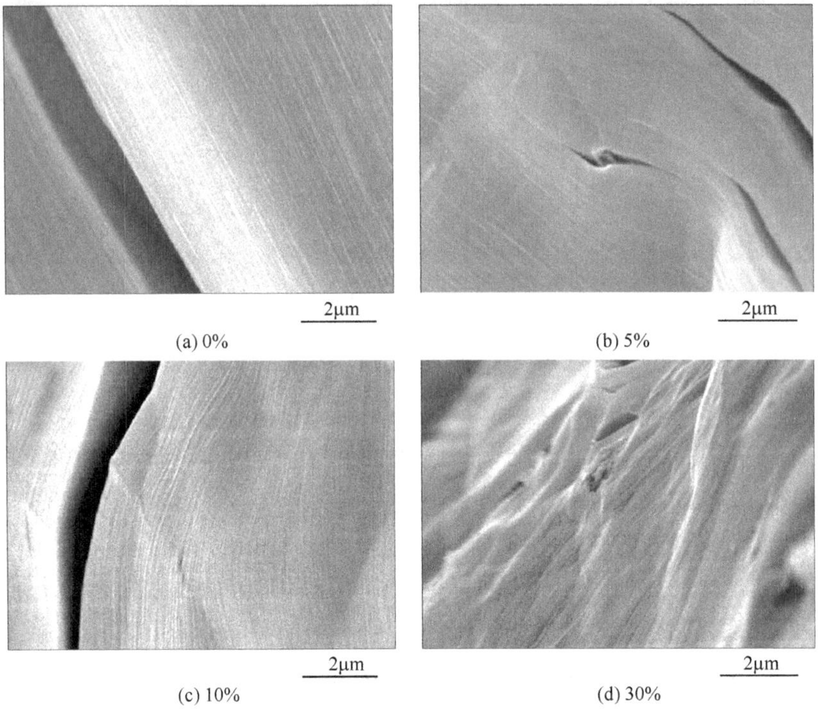

图 5-43　不同天然石墨掺杂量中间相沥青基石墨化泡沫炭表面形貌的 SEM 照片[39]

从图 5-43 可以看到，中间相沥青基石墨化泡沫炭的微裂纹主要发生在碳层分子的折叠处及边缘处。未掺杂天然石墨制备的中间相沥青基石墨化泡沫炭表面比较平滑[图 5-43(a)]，随着石墨掺杂量的增加，中间相沥青基石墨化泡沫炭表面逐渐变得粗糙，同时微裂纹减少并变小[图 5-43(b)和(c)]；当天然石墨的掺杂量为 30%(质量分数)时，基本看不到微裂纹，同时泡沫炭表面变得很粗糙[图 5-43(d)]。

再次佐证，不溶不熔天然石墨粒子的掺杂可以有效“钉扎”泡沫炭的微裂纹，天然石墨的掺杂量越大，“钉子”越多，微裂纹越少；在宏观上表现为泡沫炭的表面越粗糙。

5）石墨掺杂中间相沥青基泡沫炭的比压缩强度

中间相沥青基石墨化泡沫炭的比压缩强度与天然石墨掺杂量的关系如图5-44所示。

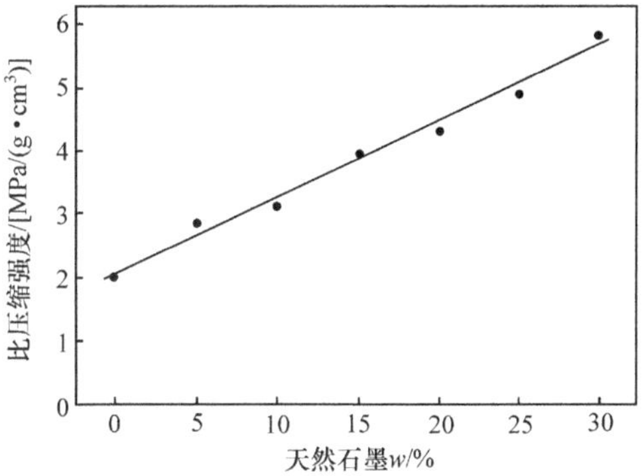

图5-44 天然石墨掺杂量与泡沫炭比压缩强度的关系

由图5-44可知，随着天然石墨掺杂量的增加，中间相沥青基石墨化泡沫炭的比压缩强度稳步上升。

关联天然石墨掺杂量对中间相沥青基泡沫炭比压缩强度（图5-44）以及微裂纹的影响（图5-40和图5-43）即可看出，泡沫炭的机械性能与其微裂纹密切相关，即控制泡沫炭微裂纹的产生是提高其机械性能的重要措施。

3. 固化方式对泡沫炭微裂纹的影响

固化是保证中间相沥青泡沫体顺利通过炭化的必经工序，常用的固化方式为氧化固化和焦化固化。

1）两种固化方式泡沫炭的制备

发泡原料：日本三菱AR中间相沥青，其基本性质与热重曲线分别见表5-15和图5-38。

发泡与固化：将AR中间相沥青磨碎至粒径约100μm，称取一定量的沥青粉末置于发泡器中，在0.5MPa的压力下以4℃/min的升温速率加热到460℃，分别恒温2h和10h，冷却至室温，其中恒温10h所得中间相沥青泡沫体作为焦化固化中间相沥青泡沫体。

将恒温2h所得中间相沥青泡沫体在1m³/h空气气氛中250℃氧化20h，获得氧化固化中间相沥青泡沫体。

炭化、石墨化：将焦化固化与氧化固化的中间相沥青泡沫体依次进行 1000℃炭化和 2500℃石墨化，获得两种系列的泡沫炭和石墨化泡沫炭。

2）两种固化方式泡沫炭的形貌与织构

两种固化方式中间相沥青基泡沫炭生料及其泡沫炭形貌的 SEM 照片，如图 5-45 所示。

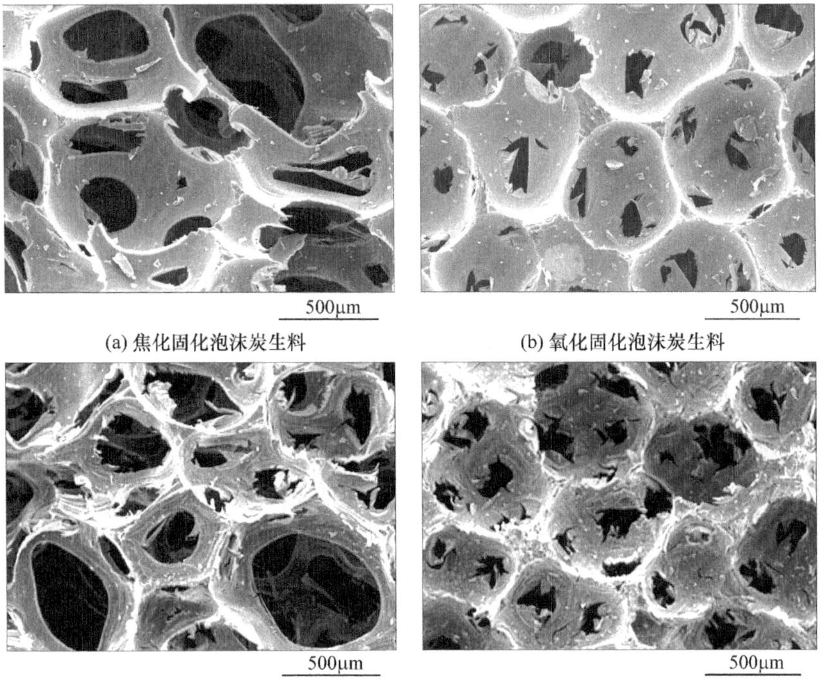

(a) 焦化固化泡沫炭生料　(b) 氧化固化泡沫炭生料

(c) 焦化固化泡沫炭　(d) 氧化固化泡沫炭

图 5-45　两种固化方式泡沫炭生料及其泡沫炭的形貌[39]

比较图 5-45 中两种固化方式所得泡沫炭生料与泡沫炭的形貌，可以看出：

（1）焦化固化中间相沥青基泡沫炭生料及其泡沫炭[图 5-45(a)和(c)]的孔泡圆形度以及孔泡的均匀度均较氧化固化中间相沥青基泡沫炭生料及其泡沫炭[图 5-45(b)和(d)]差；而孔泡壁开孔形状的规整度和其平滑度却好于氧化固化法中间相沥青基泡沫炭生料及其泡沫炭。

（2）焦化固化法中间相沥青基泡沫炭[图 5-45(c)]的微裂纹较氧化固化法中间相沥青基泡沫炭[图 5-45(d)]少，同时沿孔泡边缘碳层取向度优于氧化固化法中间相沥青基泡沫炭。

（3）焦化固化法中间相沥青基泡沫炭的平均孔径（300μm）与孔隙率(87.91%)大于氧化固化法中间相沥青基泡沫炭的平均孔径(150μm)与孔隙率(82.1%)。

图 5-46 是两种固化方式中间相沥青基泡沫炭生料与泡沫炭孔泡节点织构的 SEM 照片。

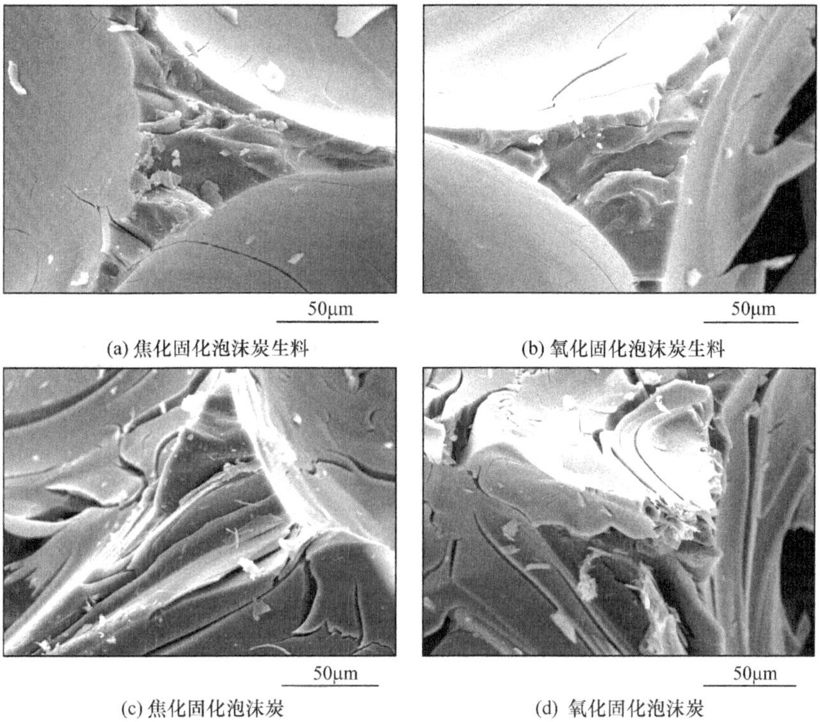

图 5-46　两种固化方式泡沫炭生料及其泡沫炭的节点织构[39]

从图 5-46 看到，两种固化方式所得中间相沥青基泡沫炭生料节点处的织构相近，炭化后(泡沫炭)也均呈现出较多的微裂纹；但仔细观察可以发现，焦化固化法中间相沥青基泡沫炭的碳层取向好于[图 5-46(c)]氧化固化法中间相沥青基泡沫炭[图 5-46(d)]。

两种固化方式中间相沥青基泡沫炭的偏光显微照片如图 5-47 所示。

从图 5-47 可以看出，焦化固化法中间相沥青基泡沫炭[图 5-47(a)和(c)]无论在孔泡节点还是韧带处的中间相区域，均大于氧化固化法中间相沥青基泡沫炭[图 5-47(b)和(d)]，同时焦化固化法中间相沥青基泡沫炭的节点和韧带处均具有较好的碳层取向度。

图 5-48 是两种固化方式中间相沥青基石墨化泡沫炭的 XRD 谱图。依据图中各特征峰的位置和半高宽计算获得两种固化方式制得中间相沥青基石墨化泡沫炭的微结构参数列入表 5-16。

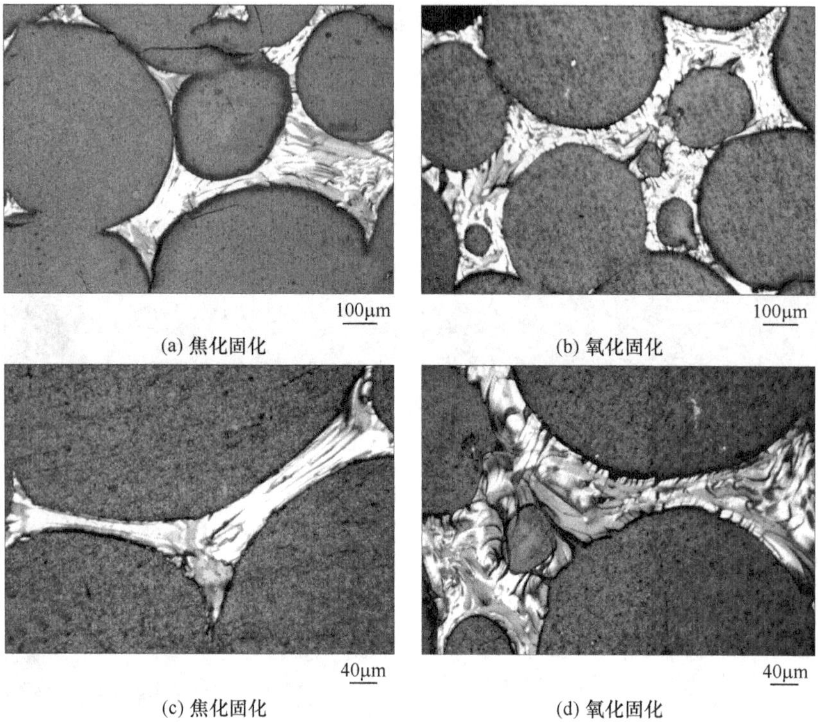

图 5-47 两种固化方式泡沫炭的偏光显微照片[39]

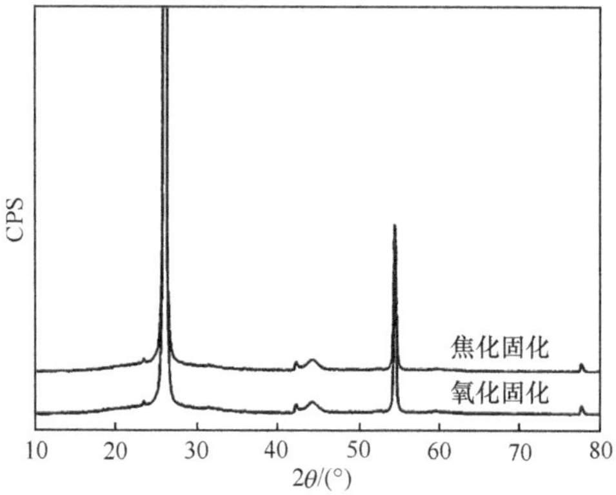

图5-48 两种固化方式石墨化泡沫炭的 XRD 谱图[39]

表 5-16 两种固化方式中间相沥青基石墨化泡沫炭的微结构参数[39]

石墨化泡沫炭	d_{002}/nm	L_c/nm	$L_{a(100)}$/nm
焦化固化	0.3376	75.20	152.82
氧化固化	0.3381	58.90	116.12

由图5-48和表5-16可知，焦化固化法中间相沥青基石墨化泡沫炭的碳层间距(d_{002})小于氧化固化法中间相沥青基石墨化泡沫炭，同时微晶尺寸(L_c、L_a)大于氧化固化法中间相沥青基石墨化泡沫炭。这说明采用焦化固化方式所制泡沫炭在石墨化过程中，微晶分子更易取向长大，微晶排列也更规整紧密，可获得碳层间距小、石墨化度高的石墨化泡沫炭。

3) 两种固化方式泡沫炭中微裂纹的成因

基于两种固化方式的原理和炭化工学[77]的视角，解析两种固化方式中间相沥青基泡沫炭的形貌织构、偏光显微结构以及微结构参数，探索两种固化方式对泡沫炭微裂纹形成的影响。

对于中间相沥青泡沫的焦化固化，可以认为只是继续在发泡体系化学反应和物理调整的协同作用下，使得中间相沥青泡沫中的片层芳香分子继续长大，耐热性能增强，进而能够顺利进行炭化；同时逸出小分子，利于孔泡结构的进一步发育。宏观上表现为经焦化固化的泡沫炭生料孔壁开孔形状的规整度与平滑度提高，同时孔泡与孔壁开孔增大、孔隙率提高[图5-45(a)]。显然，经焦化固化的中间相沥青基泡沫炭生料在炭化过程中的挥发分较少，由挥发分逸出产生的缺陷与裂纹也较小；另外，随着炭化温度的上升，泡沫炭生料中片层芳香分子的热运动、化学活性增加，可使片层芳香分子的自调整择优取向和分子间的键合能力加强，以致泡沫炭中沿孔泡壁以及韧带和节点处的碳层分子排列逐渐有序[图5-45(c)，图5-47(a)和(c)]，同时片层芳香分子键合长大。当焦化固化法中间相沥青基泡沫炭在2500℃下进行石墨化时，泡沫炭中沿孔泡壁以及韧带和节点处的碳层分子取向度迅速增加，以使在石墨微晶生长的过程中，片层结构各向异性的扩展形成强的内应力，致使位错及缺陷消失，层间距缩小，微晶重排，形成三维有序的类石墨结构[82]，进而抑制了石墨化泡沫炭微裂纹的生成与长大。

而中间相沥青泡沫的氧化固化，则是通过在中间相沥青泡沫分子中引入氧原子使之形成耐热性的氧化交联结构，使中间相沥青泡沫由热塑性变为热固性，进而在炭化过程中保持孔泡结构。因此，中间相沥青泡沫在氧化固化乃至炭化后孔泡的圆形度与其均匀度都较好，但孔壁开孔小且孔形粗糙[图5-45(b)和(d)]。由于氧化固化后的中间相沥青基泡沫炭生料中形成了诸如耐热性酸酐或羰基氧桥等[82]沥青的氧化交联结构，使得其在炭化过程中逸出的挥发分较多，所以在泡沫炭中产生的缺陷与微裂纹也较多。另外，中间相沥青泡沫分子在氧化固化过程中氧化交联结构形成的同时也固定或限制了其片层芳香分子的进一步长大。因此，尽管两种固化方式中间相沥青泡沫炭生料的炭化和石墨化条件相同，氧化固化法所制泡沫炭中沿孔泡壁以及韧带与节点处碳层分子的有序度和碳层分子的大小[图5-45(d)，图5-46(d)，图5-47(b)和(d)]均低于或小于焦化固化法泡沫炭[图5-45(c)，图5-46(c)，图5-47(a)和(c)]，石墨微晶的尺寸(L_c、L_a)也小于焦化固化法石墨化泡沫炭(表5-16)，加之其较大的层间距(d_{002})，因而会导致在氧化固化法石墨化泡沫炭中会出现较多的微裂纹[图5-45(d)，图5-46(d)]。

比较两种固化方式中间相沥青泡沫形貌与结构的变化，推测固化后的泡沫炭生料在炭化和石墨化中微裂纹的产生途径，可以认为：氧化固化法泡沫炭之所以比焦化固化法泡沫炭具有较多的微裂纹，就是因为中间相沥青泡沫分子在氧化固化过程中引入了氧原子，形成了氧化交联的沥青分子结构。可以预测，如若固化后的中间相沥青泡沫体中没有氧化交联的沥青分子结构，所得泡沫炭必将具有较少的微裂纹和更好的性能。亦即，采用低温长时间焦化固化方式可以有效控制中间相沥青基泡沫炭中微裂纹的产生和长大。

4. 焦化固化时间对泡沫炭微裂纹的影响

将一定量的日本三菱 AR 中间相沥青置入发泡器中，在氮气气氛中 1MPa 的压力下以 4℃/min 的升温速率加热到 460℃，分别停留 7h、9h 和 11h，冷却至室温，获得三种不同焦化固化时间的中间相沥青基泡沫；然后将这三种中间相沥青基泡沫在 1000℃炭化 15min，制得三种不同焦化固化时间的中间相沥青基泡沫炭。由于发泡条件与焦化条件相同，为了便于表述，这里将在发泡条件下的停留时间（发泡时间＋焦化时间）统称为焦化时间。

图 5-49 是三种不同焦化固化时间所制中间相沥青基泡沫炭的偏光显微照片。

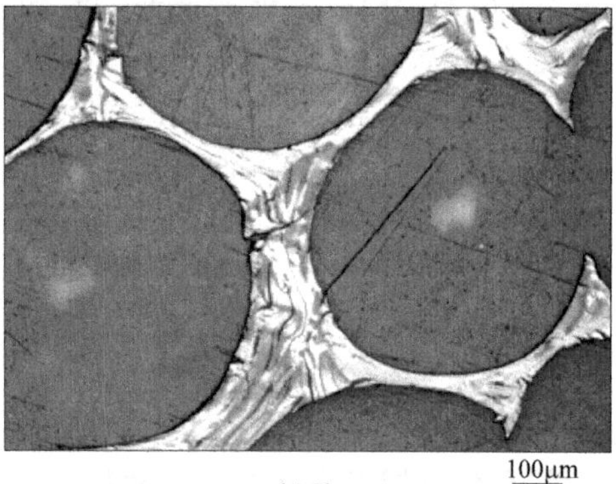

(a) 7h

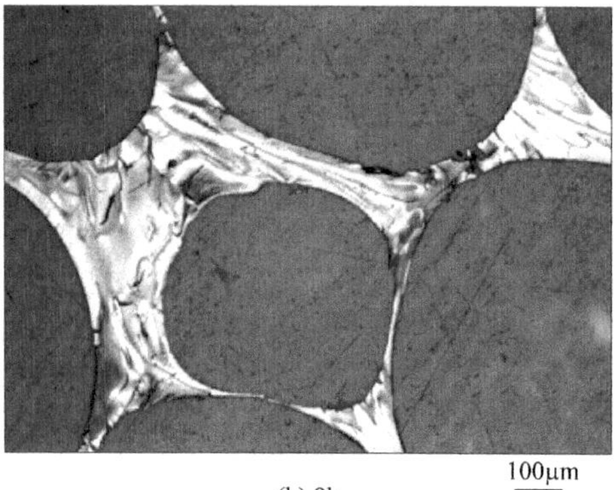

(b) 9h

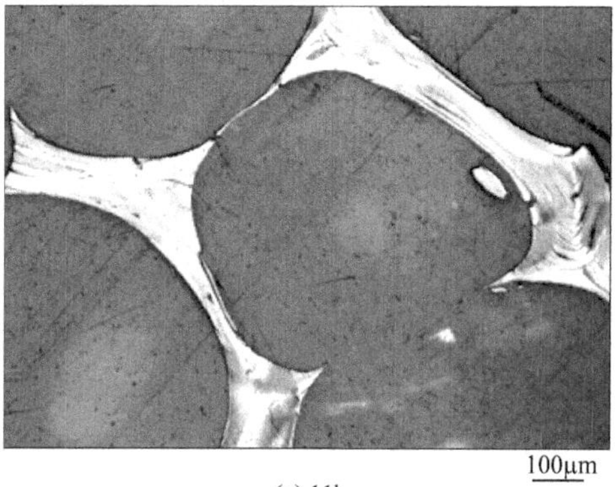

(c) 11h

图 5-49　不同焦化固化时间所制中间相沥青基泡沫炭的偏光显微照片[82]

从图 5-49 中可以看到，随着焦化固化时间的延长，泡沫炭孔泡韧带与节点处的中间相区域（单色区域）越来越大，同时中间相区域的形貌逐渐由广域状转变为粗纤维状；焦化固化时间进一步延长，粗纤维状的中间相又逐步转化为细纤维状。这是由于中间相沥青泡沫的焦化固化处于中温炭化阶段，泡沫中的片层稠环芳烃分子可动度很低，分子间键合的概率几乎只发生于相邻的分子之间[76]，这种“单一方向”键合的反应，使得泡沫中的片层芳香分子随着固化时间的延长逐步长大，逐渐由热塑性变为热固性。焦化时间越长，固化后中间相沥青基泡沫炭生料中的片层分子越大，孔泡的发育也越完善，以致在炭化和石墨化过程中泡沫炭孔泡壁及其韧带和节点处的碳层分子有序度也越高，越易形成三维有序的类石墨结构，进而达到有效控制石墨化泡沫炭微裂纹的目的。但由于焦化固化时间越长，泡沫炭的制备成本也越高，所以焦化时间的确定应在保证中间相沥青泡沫炭生料顺利通过炭化处理的前提下，根据目标泡沫炭性能指标的要求拟定。研究发现[39]，中间相沥青基泡沫体在发泡条件下的焦化固化时间一般应为 7h 以上。

5.7　中间相沥青基泡沫炭孔泡的生长过程

中间相沥青基泡沫炭的制备一般包括发泡、炭化和石墨化过程。与聚合物基泡沫炭制备的不同之处是中间相沥青基泡沫炭的制备不需要发泡剂。亦即，中间相沥青在发泡过程中不需要添加发泡剂，而是利用自身在一定的温度下发生热解产生的气体进行发泡。泡沫炭孔泡结构的形成取决于发泡过程中的发泡温度、发泡时间、发泡压力以及发泡用中间相沥青的性质；同时，泡沫炭的孔泡结构，如孔形、孔径、韧带结构、开孔率等又是影响其物理性能的主要因素。为了实现中间相沥青基泡沫炭的可控制备，研究者将泡沫炭的机械和热学性质与泡沫炭热处理过程的参数以及泡沫炭的开孔率、气孔形状等进行关联，构建了许多数学模型[84,85]，但因大多模型的推导均基于理想的孔泡结构，而使得模型结果和实际有一定的差距。

有关中间相沥青发泡机理的系统研究较少。Rosebrock 等[85]认为孔泡在生长过程中始终保持圆形，但实际上并非完全如此。Beechem 等[86]虽然阐述了发泡过程中气泡形状的变化，并且指出压力和沥青黏度的提高有助于提高气泡的球形度，但是没有说明气泡分布不均的现象和原因，也没有给出具体的气泡生长过程。

因此，依据中间相沥青在发泡过程中孔泡的生长现象，剖析中间相沥青孔泡的生长过程及其生长机理，不仅对可控制备高性能中间相沥青基泡沫炭具有重要的指导意义，而且可在一定的程度上提高其数学模型的可行性、适用性、有效性、合理性和准确性。

著者研究团队采用扫描电镜和偏光显微镜，通过对中间相沥青在发泡过程中孔泡的初生点、孔泡的生长方向以及孔泡的大小和形貌随温度与压力的变化进行考察，进而从中间相沥青本征特性的角度，提出中间相沥青孔泡的生长过程及其生长机理[61]。

5.7.1 中间相沥青孔泡的初生点及其发育生长

以日本三菱 AR 中间相沥青为发泡用沥青，依据其热重性能(图 5-38)，在适宜发泡温度 400～600℃区域[20]分别选择 450℃、480℃、510℃和 540℃为发泡温度，在升温速率 4℃/min、发泡压力 1MPa 的条件下进行发泡，而后焦化固化 10h，再经 1000℃炭化 15min，获得四种不同发泡温度的泡沫炭。

图 5-50 是不同发泡温度所制中间相沥青基泡沫炭生料的 SEM 照片，其基本性能汇总于表 5-17。

从图 5-50(a)可以看出，中间相沥青孔泡(泡沫)不是在熔融的中间相沥青中均匀形成，而是在熔体沥青的表面首先形成。亦即，中间相沥青孔泡的初生点位于中间相熔体的表面，且生成孔泡的大小比较均匀。

比较不同发泡温度获得中间相沥青基泡沫炭生料孔泡的形貌[图 5-50(a)～(d)]与其基本性质(表 5-17)，即可发现：随着发泡温度从 450℃升高到 540℃，孔泡尺寸逐步变大，孔径由 400μm 增大至 800μm；孔壁上的开孔随之增多并变大，孔隙率由 78.0%上升为 86.2%；与此同时，中间相沥青基泡沫炭生料的体积密度却逐渐下降，在发泡温度为 540℃时所制中间相沥青基泡沫炭生料的体积密度只有 0.139g/cm^2。这是因为在较高的温度下中间相沥青中逸出轻组分的量较多，可使形成孔泡的体积变大，同时孔泡壁的沥青分子也发生热解逸出小分子以致孔壁开孔，造成孔泡相互的连通。无疑孔泡的体积变大和孔壁开孔的增多和变大，均会引起泡沫炭生料的体积密度降低。

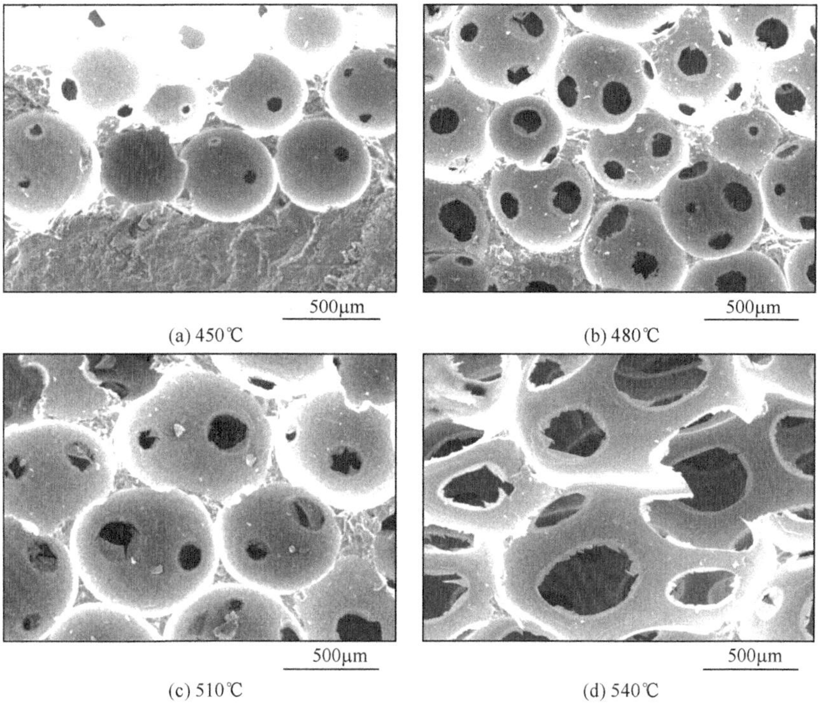

图 5-50　不同发泡温度所制中间相沥青基泡沫炭生料的 SEM 照片[61]

表 5-17　不同发泡温度所制中间相沥青基泡沫炭生料的基本性能[61]

发泡温度 t/℃	孔径 D/μm	孔隙率 q/%	体积密度 ρ_v/(g/cm^3)
450	400		
480	500	78.0	0.221
510	600	82.5	0.182
540	800	86.2	0.139

仔细观察图 5-50 中不同发泡温度下形成孔泡及其孔泡壁开孔的形貌，还可发现：随着发泡温度的升高，形成孔泡的形状与其孔壁开孔的形状均逐渐由圆形变为椭圆形，在发泡为 540℃时，这种椭圆状的孔泡与开孔已变得非常明显。

5.7.2　中间相沥青孔泡的生长方向与孔泡的形貌

定义泡沫炭孔(气)泡的生长方向为 z 方向，与重力方向相反、但平行，如图 5-51 所示。

采用偏光显微镜分别从 z 方向和垂直 z 方向观察在发泡条件 1MPa-480℃和 1MPa-540℃下所制中间相沥青基泡沫炭孔泡的断面织构，其相应的偏光显微照片如图 5-52 所示。

图 5-51 中间相沥青基泡沫炭孔泡沿生长方向的形貌[61]

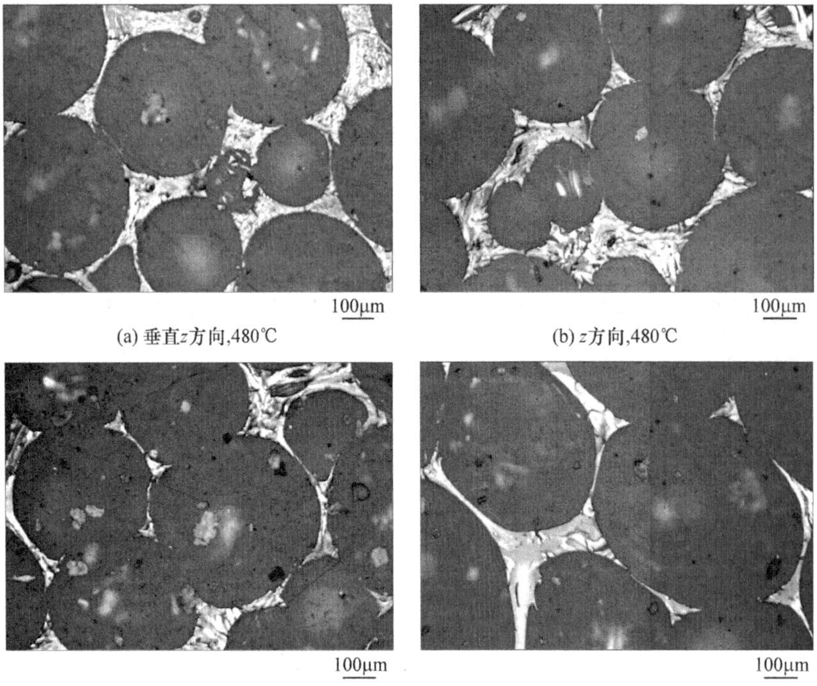

(a) 垂直z方向,480℃　(b) z方向,480℃

(c) 垂直z方向,540℃　(d) z方向,540℃

图 5-52 不同发泡温度所制中间相沥青基泡沫炭的偏光显微照片[61]

从图 5-52(a)和(c)看出,在垂直 z 方向,两种发泡温度下形成的孔泡形状均呈现圆形;而在 z 方向孔泡形状却变为椭圆形,发泡温度越高,孔泡的形变度越大[图 5-52(b)和(d)]。分析其原因,可能是在较高的发泡温度下中间相沥青中逸出轻组分的量较多,生成孔(气)泡的内部压力较大,与中间相沥青熔体之间形成了较大的压力梯度，从而使得孔泡生长变大，同时产生牵引力使中间相沥青层状分子沿孔泡表面和韧带处取向并将韧带拉长变薄、节点变小。由于发泡器壁的限制，孔泡只能沿着 z 方向长大，进而引起孔泡发生形变。因此，在重力方向看孔泡断面形状是圆形，而在垂直重力方向是椭圆形。

图 5-53 是在 2.5MPa-480℃发泡条件下所制中间相沥青基泡沫炭的偏光显微照片。

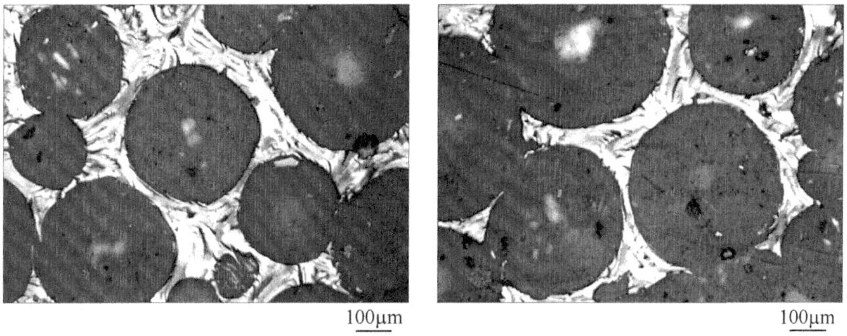

(a) 垂直z方向　　(b) z方向

图 5-53　在 2.5MPa-480℃发泡条件下所制中间相沥青泡沫炭的偏光显微照片[61]

与 1MPa-480℃发泡条件下所制泡沫炭的偏光显微照片[图 5-52(a)和(b)]相比，在发泡压力 2.5MPa 下所制泡沫炭的孔泡尺寸减小，孔泡韧带和节点明显加宽与增大，孔泡基本为圆形[图 5-53(a)和(b)]。这说明加大发泡压力会加宽孔泡韧带和增大孔泡节点，进而提高孔泡的刚性，在一定的程度上抑制孔泡在 z 方向的形变。但由于加大发泡压力会减少中间相沥青中轻组分的逸出，在孔泡尺寸减小的同时，会造成泡沫炭孔隙率的降低(详见 5.4.2 节)，所以发泡压力的选择须权衡泡沫炭的综合性能。

另外，从图 5-52 和图 5-53 中均可发现，泡沫炭孔泡的均匀性不是很好，这是由于中间相沥青本体结构的复杂性，如其中轻组分的存在与其分布的不均匀性会直接影响初始泡核的分布，也将影响沥青熔体的黏度及后续孔泡的受力行为，最终导致所形成的孔泡在球径、球形结构上存在一定的差异。

5.7.3　中间相沥青的自发泡历程及其生长机理

关联图 5-50～图 5-53，依据中间相沥青在自发泡过程中孔泡的初生点、孔泡的生长方向以及孔泡形貌随发泡温度与压力的变化，可以提出如图 5-54 所示的中间相沥青孔泡的生长过程。

根据图 5-54 可以将中间相沥青的自发泡过程描述如下：

(1) 加热中间相沥青至软化点使其变为熔融流体(简称熔体)，此时并没有泡

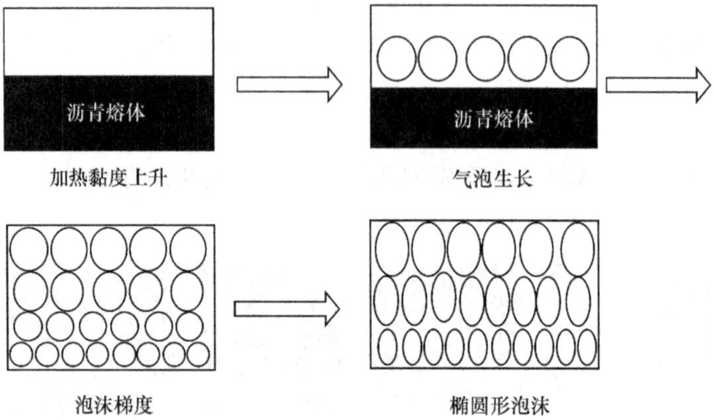

图 5-54　中间相沥青的自发泡及其生长历程示意图[61]

沫产生。

(2) 继续加热至中间相沥青熔体的黏度由降低转为升高，并且有轻组分逸出时才会产生气(孔)泡；最初生成的沥青孔泡不是存在于沥青的内部，而是浮现在沥青熔体上面。

(3) 当温度升高至发泡温度时，中间相沥青熔体很快就会全部变成泡沫状。

(4) 在中间相沥青泡沫的焦化固化(延长恒温时间)的过程中，孔泡继续长大，同时孔泡壁的开孔也会随之增多扩大，进而获得孔泡尺寸与孔泡形状均呈现梯度变化的中间相沥青泡沫炭生料，即孔泡尺寸自下而上由小变大、孔泡形状从下到上逐渐由圆形变为椭圆形。

基于中间相沥青的本征特性，解析中间相沥青的自发泡历程，推测其自发泡以及生长的机理可能为：当具有足够高黏度和良好黏弹性的中间相沥青熔体发生热解时，逸出的轻组分在沥青熔体的表面张力作用下，率先在沥青熔体上面形成球状气泡。随着中间相沥青熔体温度的升高，热解反应加速，轻组分的逸出量增加，使得孔泡内外压差加大，引起孔泡生长变大，同时产生牵引力促使孔泡表面和韧带处的层状稠环芳烃分子取向并将韧带拉长变薄、节点变小；介于发泡器壁的限制，孔泡只能沿着 z 方向长大，进而造成了孔泡发生形变。当加热中间相沥青至发泡温度时，沥青熔体很快就会整体泡沫化。这是由于中间相沥青的软化点一般比较高，在发泡条件下均具有较高的黏度以及黏弹性。同时说明中间相沥青的挥发分与其熔体的黏度是产生自发泡与生长变大的必要条件。依据沥青熔体的最大膨胀率对应于其最大流动性的特征，通常选择中间相沥青 DTG 曲线上最大失重速率峰值对应的温度或其附近区域的温度作为中间相沥青的发泡温度[20,32]。由于中间相沥青泡沫体在形成伊始，泡沫并没有完全固化，为了使其顺利通过炭化，通常采用焦化固化。焦化固化处于中温炭化(400～600℃)阶段[76]，中间相沥青泡沫体中的片状稠环芳烃分子通过进一步键合变大，逐步由热塑性变为热固性；同时逸出小分子气体，促进孔泡进一步长大；随着焦化固化时间的延长，逸出小分子气体的量增加，孔泡沿 z 方向的形变度加大，进而造成孔泡在不同的方向呈现不同的形状——z 方向为椭圆形、垂直 z 方向是圆形，同时孔泡表面和韧带处的取向度也进一步提高。

值得一提的是，所制体状中间相沥青泡沫（泡沫炭生料）的孔泡大小往往呈现从下到上（z 方向）由小到大的梯度变化（图 5-51）。这可能是由于在自发泡过程中，软化熔融的中间相沥青熔体随着温度的升高发生热解，逸出轻组分气体，在沥青熔体表面首先形成孔（气）泡；继续升高温度沥青熔体的热解加速，更多的轻组分气体逸出，这些逸出的气体在促进表面孔泡长大的同时生成新的孔泡；由于孔泡的浮力作用，使沥青熔体上面与底部产生压差，即沥青熔体上面所受的重力作用小于底部，即沥青熔体所受的压力沿着 z 方向逐步减小，进而导致中间相沥青熔体整体泡沫化后孔泡的尺寸自下而上逐渐由小变大、孔泡的形状随之逐渐由圆形变为椭圆形，而其体积密度则从上到下逐步提高。

参考文献

[1] Ford W. Method of making cellular refractory thermal insulating material[P]: US, 3121050. 1964.

[2] Bonzom A, Crepaux A P, Montard E J. Process for preparing pitch foams and products so produced[P]: US, 4276246. 1981.

[3] 李静. 制造型芯的新材料——泡沫炭[J]. 新技术新工艺，1981，(5)：5-6.

[4] 史可顺. 泡沫炭的制备和性质[J]. 炭素技术，1988，(2)：25-29.

[5] 吉林炭素厂情报组. 苏联 BK-900 和 BK-20-900 型泡沫炭[J]. 炭素技术，1988，(2)：29.

[6] Klett J W, Hardy R, Romine E, et al. High thermal conductivity, mesophase pitch derived carbon foams: Effect of precursor on structure and properties[J]. Carbon, 2000, 38(7): 953-973.

[7] 成会明，刘敏，苏革，等. 泡沫炭概述[J]. 炭素技术，2000，(3)：30-32.

[8] 赵根祥. 泡沫炭（石墨）梗概[J]. 炭素工艺与设备，2006，11：189-192.

[9] Hager J W, et al. Idealized ligament formation and geometry in open-celled foams[C]//Extended Abstracts for 21st Biennial Conference on Carbon, 1993: 102.

[10] Klett J W. High thermal conductivity, mesophase pitch-derived carbon foam[C]//Proceedings of the 43rd International SAMPE Symposium and Exhibition, Anaheim, 1998, 43(1): 745-755.

[11] 李凯，栾志强. 中间相沥青基炭泡沫[J]. 新型炭材料，2004，19(1)：77-78.

[12] Umemoto K, Saito S, Berber S, et al. Carbon foam: Spanning the phase space between graphite and diamond[J]. Physical Review B, 2001, 64(19): 193409-1-3.

[13] 鲍英. 中间相沥青基泡沫炭的可控制备及若干应用探索[D]. 上海：华东理工大学博士学位

论文,2012.
[14] Sanchez-Coronado J,Chung D D L. Thermo mechanical behavior of a graphite foam[J]. Carbon,2003,41:1175-1180.
[15] Gallego N C, Klett J W. Carbon foams for thermal management[J]. Carbon, 2003, 41: 1461-1466.
[16] Klett J W, McMillan A D, Gallego N C, et al. Effects of heat treatment conditions on the thermal properties of mesophase pitch-derived graphitic foams[J]. Carbon, 2004, 42: 1849-1852.
[17] 李莎莎,李铁虎,赵廷凯,等. 中间相沥青基泡沫炭的研究及应用[J]. 炭素技术,2012,31(1):A32-A36.
[18] Klett J W. Process for making carbon foam[P]:US,6033506. 2000.
[19] Klett J W. Pitch-based carbon foam and composites[P]:US,6261485. 2001.
[20] Klett J W. Method for extruding pitch based foam[P]:US,6344159. 2002.
[21] Klett J W. Pitch Based Carbon Foam and Composites[P]:US,6387343. 2002.
[22] Klett J W, Burchell T. Pitch based carbon foam heat sink with phase change material[P]: US,6399149. 2002.
[23] Klett J W, Mcmillan A D, Gallego N C, et al. The role of structure on the thermal properties of graphitic foams[J]. Journal of Materials Science,2004,39:3659-3676.
[24] マデック,イヴ. 炭素を含む非多孔性または多孔性材料のハロゲン化雰囲気[P]:日本, 501900. 2001.
[25] 管野公一,鶴谷浩隆,藤浦隆次. 炭素フォームおよび該炭素フォームから得られる黒鉛フォーム[P]:日本,220217. 2002.
[26] 渡邉史宜,管野工一. 炭素フォームおよび黒鉛フォーム[P]:日本,286019. 2003.
[27] 渡邉史宜,管野工一. 炭素フォームおよび黒鉛フォームおよびその製造法[P]:日本, 206119. 2003.
[28] 渡邉史宜,管野工一,藤浦隆次. 低熱伝導性炭素フォーム[P]:日本,217446. 2004.
[29] 渡邉史宜,持田勲. AR由来の高黒鉛化性炭素フォームの構造的特徴と熱特性[J]. 炭素(日),2004,212:99-105.
[30] ダグラス,ジェイミラー. 高強度モノリス炭素フォーム[P]:日本,117507. 2006.
[31] 李同起,王成扬. 限定尺寸法制备中间相沥青基泡沫炭的方法[P]:中国, 200410093854.5. 2004.
[32] 李同起,王成扬. 中间相沥青基泡沫炭的制备与结构表征[J]. 无机材料学报,2005,20(6): 1438-1444.
[33] Cao M, Zhang S, Wang Y G. Influence of preparation conditions on the pore structure of carbon foam[J]. New Carbon Materials,2005,20(2):134-138.
[34] 邱介山,李平,刘贵山,等. 由中间相沥青制备泡沫炭:$Fe(NO_3)_3$ 的影响[J]. 新型炭材料, 2005,20(3):193-197.
[35] 沈曾民,戈敏,迟伟东,等. 中间相沥青基炭泡沫体的制备、结构及性能[J]. 新型炭材料,

2006,21(3):193-201.

[36] 李四中,宋燕,史景利,等. 高强度中间相沥青基泡沫碳的制备及性能[J]. 宇航材料工艺,2009,(6):37-41.

[37] 安秉学. 中间相沥青基泡沫炭的制备以及其性能研究[D]. 天津:天津大学硕士学位论文,2005.

[38] 张伟. 中间相沥青及泡沫炭的制备研究[D]. 天津:天津大学硕士学位论文,2006.

[39] 王妹先. 中间相沥青基泡沫炭的制备及性能研究[D]. 天津:天津大学博士学位论文,2008.

[40] 王小军,杨俊和,詹亮,等. 中间相沥青基泡沫炭的制备、结构及性能[J]. 材料科学与工程学报,2008,26(3):390-394.

[41] Shen Z M,Xue R S. Preparation of activated mesocarbon microbeads with high mesopore content[J]. Fuel Processing Technology,2003,84(1-3):95-103.

[42] Ishii C,Kaneko K. Surface and physical properties of microporous carbon spheres[J]. Progress in Organic Coatings,1997,31(1-2):147-152.

[43] 杨小军,查庆芳,郭燕生,等. FCC 油浆研制中间相沥青泡沫炭[J]. 石油冶炼与化工,2012,43(6):16-19.

[44] 张新铭. 石墨泡沫制备及导热性能研究[D]. 重庆:重庆大学博士学位论文,2010.

[45] Inagaki M. Textures in carbon materials[J]. New Carbon Materials,1999,14(2):1-13.

[46] 李同起. 碳质中间相结构的形成及其相关材料的应用研究[D]. 天津:天津大学博士学位论文,2005.

[47] 李锋林,韩忠祥,孙昱东. 催化裂化油浆的综合利用[J]. 山东化工,2007,36(9):6-9,23.

[48] 肖正浩,周颖,肖南,等. 泡沫炭的研究进展[J]. 化工进展,2008,27(4):473-477,507.

[49] Hager J W. Idealized strut geometrics for open-celled foams[C]//Materials Research Society Symposium Proceedings,California,1992,270:41-46.

[50] Mehta R,Anderson D P,Hager J W. Graphitic open-celled carbon foams:Processing and characterization[J]. Carbon,2003,41(11):2159-2179.

[51] 安秉学,李同起,王成扬. 发泡条件对中间相沥青基泡沫炭形成的影响[J]. 炭素技术,2005,24(6):1-4.

[52] Caluu M,Carcia R,Arenillas A,et al. Carbon foams from coals[J]. Fuel,2005,84:2184-2189.

[53] Reznek S R,Massey R. Carbon foams and methods of making the same[P]:US,6500401. 2002.

[54] Inagaki M,Morishita T,Kuno A,et al. Carbon foams prepared from polyimide using urethane foam template[J]. Carbon,2004,42:497-502.

[55] 张伟,王成扬,王妹先,等. 石油系中间相沥青基泡沫炭的制备与结构性能研究[J]. 炭素技术,2006,25(5):22-27.

[56] Kanno K,Tsunlya H,Fujiur R,et al. Carbon foam,graphitic foam and production process of these[P]:US,0136680A1. 2002.

[57] 王新营. 高性能碳泡沫的制备与研究[D]. 上海:东华大学博士学位论文,2006.

[58] Fathollahi B,Zimmer J. Microstructure of mesophase-pitch-based carbon foams[J]. Carbon,2007,45(15):3057-3059.

[59] Mukhopadhyay S M,Mahadev N,Joshi P,et al. Structural investigation of graphitic foam [J]. Journal of Applied Physics,2002,91:3415-3420.

[60] Gallego N C,Burchell T D,Klett J W. Irradiation effects on graphite foam[J]. Carbon,2006,44:618-628.

[61] Wang M X,Wang C Y,Chen M M,et al. Bubble growth in the preparation of mesophase-pitch-based carbon foams[J]. New Carbon Materials,2009,24(1):61-66.

[62] Bruneton E,Tallaron C,Naulin N G,et al. Evolution of the structure and mechanical behaviour of carbon foam at very high temperatures[J]. Carbon,2002,40:1919-1927.

[63] Stller A H,Plucinshi J,Yocum A. Methods of making a carbon foam[P]:US,6544491. 2003.

[64] 闫曦,史景利,宋燕,等. 中间相沥青基泡沫炭的制备及性能[J]. 宇航材料工艺,2006,(2):56-67.

[65] 陈青香,李铁虎,庄强,等. 制备工艺对中间相沥青基泡沫炭结构的影响[J]. 炭素技术,2010,29(4):5-8,20.

[66] Wang M X,Wang C Y,Li B Q,et al. Preparation of mesophase-pitch-based carbon foams at low pressures[J]. Carbon,2008,46:84-91.

[67] Rottmair C,Volek A,Jung A,et al. Functional group analysis of oxidative stabilized AR mesophase pitch[J]. Carbon,2007,45:3052-3055.

[68] Chakrabarti K,Nambissan P M G,Mukherjee C D,et al. Positron annihilation spectroscopic studies of the influence of heat treatment on defect evolution in hybrid MWCNT-polyacrylonitrile-based carbon fibers[J]. Carbon,2007,45:2777-2782.

[69] Bin Z,Chen Y,Nakamura,Y,et al. Preparation and characterization of carbon films prepared from poly(vinyl alcohol) containing metal oxide and nano fibers with iodine pretreatment [J]. Carbon,2007,45:1330-1339.

[70] Wang C Y,Inagaki M. Oxidation resistance of pitch-based carbon fibers during heat-treatment in carbon dioxide[J]. Carbon,1999,37(1):158-161.

[71] Matsumoto T,Mochida I. Oxygen distribution in oxidatively stabilized mesophase pitch fiber [J]. Carbon,1993,31(1):143-147.

[72] 阮湘泉,张和,郑嘉明,等. 中间相沥青纤维氧化及炭化的研究[J]. 炭素技术,1997,(2):5-8.

[73] 王成扬,李明伟. Y型沥青基炭纤维的制备及不熔化处理对其性能的影响[J]. 炭素技术,1997,(6):1-4.

[74] 凌立成,吴东,陈玉琴,等. 中间相沥青纤维在不同氧气浓度下氧化稳定化过程的研究[J]. 炭素技术,1996,(2):12-15.

[75] Marsh H,Menendez R. Carbons from pyrolysis of pitches,coals and their blends[J]. Fuel Processing Technology,1988,20:269-296.

[76] 钱树安. 烃类液相炭化过程的物理化学[R]. 太原:中国科学院山西煤炭化学研究所,1982.

[77] 大谷杉郎，真田雄三. 炭素化工学の基础[M]. 东京：株式会社オ-ム社，1980.
[78] 肖锋，张红波，熊翔，等. 发泡压力对中间相沥青基泡沫炭结构及性能的影响[J]. 中国有色金属学报，2010，20(7)：1346-1352.
[79] Li T Q，Wang C Y，An B X，et al. Preparation of graphitic carbon foam using size-restriction method under atmospheric pressure[J]. Carbon，2005，43(9)：2013-2032.
[80] 李娟，王灿，张翠翠，等. 中间相沥青的预氧化对石墨化泡沫炭微裂纹的影响[J]. 新型炭材料，2010，20(4)：303-307.
[81] Wang M X，Wang C Y，Li T Q，et al. Preparation and characterization of mesophase-pitch-based foam/natural graphite composites[J]. Composites Science and Technology，2008，68(10-12)：2220-2223.
[82] 沈曾民. 新型碳材料[M]. 北京：化学工业出版社，2003.
[83] Wang M X，Wang C Y，Zhang W. Reducing the microcracks of mesophase-based carbon foams by long-time-coking method[J]. Journal of Materials Science，2006，41：6100-6102.
[84] Sihn S，Roy A K. Modeling and prediction of bulk properties of the open-cell carbon foam[J]. Journal of the Mechanics and Physics of Solids，2004，52(1)：167-191.
[85] Rosebrock G，Elgafy A，Beechem T，et al. Study of the growth and motion of graphitic foam bubbles[J]. Carbon，2005，43：3075-3087.
[86] Beechem T，Lafdi K，Elgafy A. Bubble growth mechanism in carbon foams[J]. Carbon，2005，43：1055-1064.

第6章　针　状　焦

针状焦是随着碳质中间相的研究而发展起来的一种新型炭材料，其理论基础为中间相成焦，是中间相生成理论的又一应用领域。

针状焦是外观呈银灰色、有金属光泽的多孔固体，呈现纤维状或针状的纹理走向，孔大而少且略呈椭圆形，如图 6-1 所示。破碎后颗粒呈细长形如针状，有较大的长宽比，触摸有润滑感。具有高结晶度、高石墨化度、高机械强度、较大的体积密度和真实密度、低热膨胀系数、小电阻率等特点，主要用于高功率和超高功率电极的制备。

图 6-1　针状焦外观示意图

6.1　针状焦的发展历程

1950 年美国大湖炭素公司首先发明了石油系针状焦[1]。1968 年以后，在碳质中间相理论迅速发展的同时，针状焦技术的应用研究也得到很快发展，油系针状焦(1968 年)、煤系针状焦(1979 年)相继研究成功并正式投入生产。目前世界上能规模生产针状焦的国家主要有美国、英国和日本等，年产能力约 1200kt，其中煤系针状焦约 200kt[2,3]。美国、英国只生产油系针状焦，日本煤系、油系针状焦都能生产，具体生产规模见表 6-1[3]。

表 6-1 国外主要企业针状焦的生产规模[2]

企业名称	年设计能力/kt	产品类别
Conoco(英国 Humber)	230	油系
Conoco(美国休斯敦厂)	140	油系
美国碳/石墨集团海波针状焦厂	140	油系
日本兴亚株式会社(KOA)	80	油系
日本水岛制油所	70	油系
三菱化学株式会社	140	煤系
日本新日铁化学株式会社	60	煤系

我国对针状焦生产技术的研究和开发始于20世纪70年代末80年代初，从事的主要单位有中国石油化工股份有限公司石油化工科学研究院(以下简称石科院)、中国石油大学(北京、山东)、天津大学、中国科学院山西煤炭化学研究所、中钢集团鞍山热能研究院有限公司等。1979～1985年，石科院完成了油(石油)系针状焦室内实验、小型和中型实验，并在抚顺公司石油二厂、大庆石化总厂延迟焦化装置上以热裂化渣油为原料进行了针状焦工业生产实验；其针状焦产品分别由吉林炭素厂和兰州炭素厂制成超高功率石墨电极，且于炼钢厂进行了炼钢实验。该技术于1985年7月通过石化总公司鉴定，已应用于百万吨规模的工业装置[1,3]。1986～1993年，石科院又进行了扩大油系针状焦原料的研究，在中型延迟焦化实验装置上，使用已有的油系针状焦生产技术，以辽河、华北管输原油减压馏分油的催化裂化澄清油，大庆原油减压二、三、四线馏分溶剂精制抽出油和蒸汽裂解制乙烯的副产焦油，大庆、辽河重质焦化馏分油以及大庆、辽河管输原油减压渣油等的适当比例混合油为原料进行针状焦的制备，并于1991年和1993年分别以催化裂化澄清油和催化裂化重循环油的抽出芳烃为原料，在中国石化安庆石油化工总厂400kt/a的延迟焦化装置上成功进行了两次工业实验。1995年11月，锦州石化公司100kt/a针状焦生产装置成功投产，生产出合格的油系针状焦，结束了我国不能连续生产针状焦的历史[4]。另外，由中钢集团鞍山热能研究院有限公司承担的煤系(煤沥青)针状焦中间实验也于1986年顺利完成；1987年，山东济宁煤化工公司与中钢集团鞍山热能研究院有限公司合作开展了以煤沥青为原料生产针状焦的探索实验和中间放大实验，1989年初该实验顺利完成并通过鉴定，2000年下半年开始运行[5]。山西宏特煤化工有限公司50kt/a煤系针状焦项目于2006年投产，目前该公司针状焦年生产能力已达到150kt/a[3]。中钢集团鞍山热能研究院有限公司40kt/a煤系针状焦项目于2009年开车以来，经过多年来的发展，目前产品质量已经达到日本进口针状焦水平[3]。近年来建成的针状焦装置还有辽宁鞍山沿海化工厂20kt/a煤系针状焦、山东兖矿科蓝煤焦化有限公司20kt/a煤系针状焦、山东

海化集团 20kt/a 油系针状焦[2,3,6]。山东枣矿集团和天津大学(著者研究团队)共同开发的 300t/a 针状焦中试项目[7]也于 2014 年 7 月顺利投产。

目前我国针状焦在建、拟建的项目有[8]:①中钢集团鞍山热能研究院有限公司 40kt/a 煤系针状焦(二期);②河南平顶山 40kt/a 煤系针状焦;③黑龙江七台河宝泰隆 50kt/a 煤系针状焦;④辽宁方大集团也正在以中国石油天然气股份有限公司抚顺石化分公司 150kt/a 催化裂化油浆为原料筹建 50kt/a 石油系针状焦。

我国作为全球最大的钢铁生产国,随着近年来石墨电极行业产品结构的持续优化,超高功率石墨电极比重不断增加,针状焦的需求量越来越大。虽然我国针状焦经过近 30 年的研发已经实现工业化生产,针状焦研发在技术上有了突破性进展,特别是煤系针状焦产品已经批量投放市场,并用其成功生产出大规格超高功率石墨电极,在国内大型电弧炉使用效果良好,但是还存在着产品质量不稳定等问题,仍不能完全满足超高功率石墨电极生产的需求。据统计[8]:2009~2012 年,我国针状焦需求量从 161kt/a 增长到 360kt/a,年复合增长率达 30.8%;但同期,国内的针状焦产能仅从 130kt/a 增长到 240kt/a,年复合增长率只有 22.7%。2010 年,我国进口针状焦 131.2kt,其中石油系针状焦为 84.2kt,煤系针状焦 47.0kt;同时进口超高功率石墨电极约 16.1kt。2011 年,进口煤系针状焦 41.37kt、石油系针状焦 75.09kt;2012 年进口煤系针状焦 41.71kt、石油系针状焦 38.09kt。预计到 2015 年,我国的针状焦需求量为 298.2kt/a;2020 年我国的针状焦需求量将高达 497kt/a。

为使我国的针状焦技术早日臻于国际先进之列,今后的研究方向应聚焦于:

(1) 原料的适用性。立足我国现有原料,了解和掌握其基本性质(包括化学结构和中间相转化过程特征);探讨各种工艺条件对中间相转化特征的影响,进而通过原料预处理,进行单一体系或混配体系(两种原料共炭化)实现中间相成焦过程的可控调节。

(2) 焦化装置的适用性。研究焦化装置对不同原料的适用性,不仅可用于油系针状焦的生产,也可用于煤系针状焦的生产和两种原料共炭化制针状焦。该研究对节约建厂投入、扩大生产原料的范围极具价值。鉴于实验室焦化条件和工业流程的大差别,应吸取美国 Conoco 公司的经验,把工艺研究的重点放在中间实验装置的条件实验上[9]。

6.2 针状焦制备的理论基础

虽然针状焦在国际上研究成功的时间要早于中间相小球体及其转化机理的建立[10]。但是,中间相理论的出现大大推进了对针状焦工艺技术的掌握,从而出现了许多新的工艺路线。利用煤焦油或含芳烃数量较多、胶质和沥青质数量较少的低硫低灰分优质渣油经过中间相沥青调制，再延迟焦化可以得到针状焦[9-12]。

针状焦的成焦历程可以描述为：液相炭化生成体中间相＋气流拉焦形成针状焦；亦即，中间相生成理论是制备针状焦的理论基础，气流拉焦是针状焦制备过程中的一个必需条件。

6.2.1 中间相成焦理论

具有多种组分的芳香性石油渣油、煤沥青等在中温（400～450℃）液相炭化过程中经历热解缩聚等反应生成的平面状片层稠环芳香分子，在分子间范德华力的作用下发生层积，形成的层积体又在其表面张力的作用下达到体系的最低能量状态——小球体，这就是初生态的中间相小球。随着体系反应的深入，中间相球体的数量增加、体积增大，球体间的碰撞接触与中间相筑构单元的堆积使得球体分子间相互键合，在体系化学反应和物理调整的协同作用下，球体内部的分子重排，形成融并体，使得原来的球体形状消失形成新的大球体；大球体之间再碰撞、融并形成更大的球体，直至球体发生解体（图 2-110），形成非球状中间相——广域-流线型、纤维状或镶嵌型的体中间相，进而固化成焦的各种组织形态[9,10,13-15]。

6.2.2 气流拉焦工艺

在中间相小球体发生解体形成体中间相沥青到其固化成焦前的阶段，利用延迟焦化过程中定向连续流动的气流对体中间相沥青施加足够的剪切力——气流拉焦，使得中间相沥青分子在向列型有序排列中固化，形成针状焦[16]。

6.2.3 针状焦组织形态

针状焦的各种显微组织分类及其纤维组织特征见表 6-2。

表 6-2 针状焦显微组织的分类[17-19]

显微组织名称	显微结构特征
超细镶嵌	各向异性＜1.0μm 的粒状结构
细镶嵌	各向异性为 1.0～5.0μm 的粒状结构
粗镶嵌	各向异性为 5.0～20.0μm 的粒状结构
流线型	各向异性为 20.0～60.0μm 的流线状结构
域型	各向异性为 50.0～100.0μm 的域状结构
流线-广域型	各向异性＞60.0μm 的流线状结构
极细纤维（平面层片）	各向异性宽度＜2μm 的流线型组织
细纤维	各向异性宽度＜10μm 的流线型组织
粗纤维	各向异性宽度＞10μm 的流线型组织
粗变形	各向异性＞30μm，没有明显定向性

一般认为，富含芳烃组分的渣油或沥青，可以制得富有纤维结构形态的针状焦。其中，最易得到各向异性很强的细纤维结构针状焦者当属油系沥青（石油系二次加工沥青）；煤系沥青由于在中间相转化后期逸出的气量较小，加上体系的黏度相对于石油二次沥青者较大，所以往往得到是较多粗纤维组分的针状焦[9,15]。

图 6-2 是典型油系与煤系针状焦的偏光显微照片。

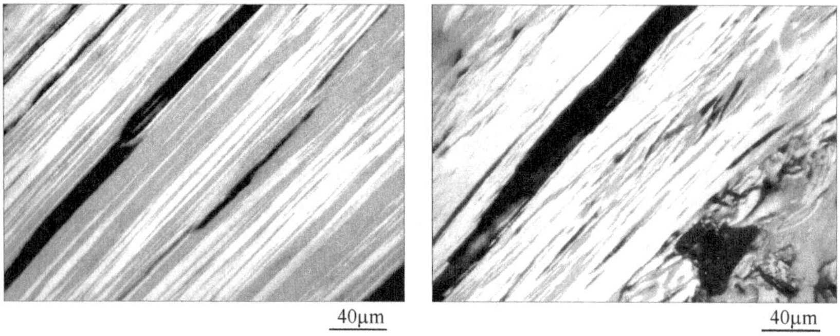

(a) 油系　　(b) 煤系

图 6-2　典型油系与煤系针状焦的偏光显微照片[20]

由图 6-2 可以看出，油系针状焦的纤维结构较细；而煤系针状焦主要为粗纤维结构，同时还含有数量不等的各种过渡型结构和镶嵌结构。

研究发现[9,15]，体中间相的形成一般在 430℃以上，在体中间相形成的初期，体系的可塑性仍然很大，显微组织也较粗大。随着温度的升高和反应的加深，体系黏度随之增加，当体系温度上升到 460℃以后，体中间相的黏度增加到足够大，以至于在体系逸出轻组分气体产生的侧压力和剪切力的作用下，开始出现强烈的结构变化。亦即，体系逸出气体产生的侧压力和剪切力可使具有高黏度的体中间相本体组织——大面积各向异性组织产生永久变形，转变成致密的、弧形的或折叠的层片平行定向的组织形态。伴随着体系中轻组分气体的逸出，体中间相的显微组织形态由大面积的各向异性组成转变成相互平行的长条形纹理，这种光学组织形态称为粗纤维组分，其宽度一般大于 10μm[9]。若在 460℃左右的温度条件下对体中间相施加一定的外力，无疑可使其组织形态产生深度的永久变形，以致固化后形成细纤维组织结构的针状焦。施加的外力越大，体中间相中碳层面的间距越小，所得针状焦的纤维组织越细。这种外力在一般的焦化装置（釜式焦化）中就是体中间相自身热解逸出轻组分气体产生的侧压力和剪切力，外力较小，体中间相结构变形也较小；而在延迟焦化装置中，可利用循环油在焦化塔内蒸发形成定向均布气流，实现“气流拉焦”，制得细纤维和极细纤维组织形态的优质针状焦。

显然，针状焦组织形态的形成取决于其原料的分子本性、反应能力以及由此形成的稳定的大平面状稠环芳烃分子——具有大面积各向异性组织结构的体中间相。而在体中间相固化时，体系施加的外力“气流拉焦”，仅是一种体中间相组织形态的借力“变形”。换言之，针状焦组织形态形成的“内因”为体中间相中的大面积各向异性组织结构，“外因”是“气流拉焦”的外力，制焦过程则是“内因”通过“外因”形成优质针状焦。再次佐证了中间相成焦理论的成立。

各种中间相显微结构形态的形成条件(温度和外力)及其消光纹尺寸之间的关系如图6-3所示，图中右下角的两个方块区域是构成针状焦微结构单元的位置。由此可见，要制备高质量的针状焦，不仅需要从富含芳烃组分的原料沥青可控获得大面积各向异性等色区组织结构的体中间相这一“先天”的条件，还须在450～490℃的温度条件下通过外力的作用进行诱导取向“后天”培育。

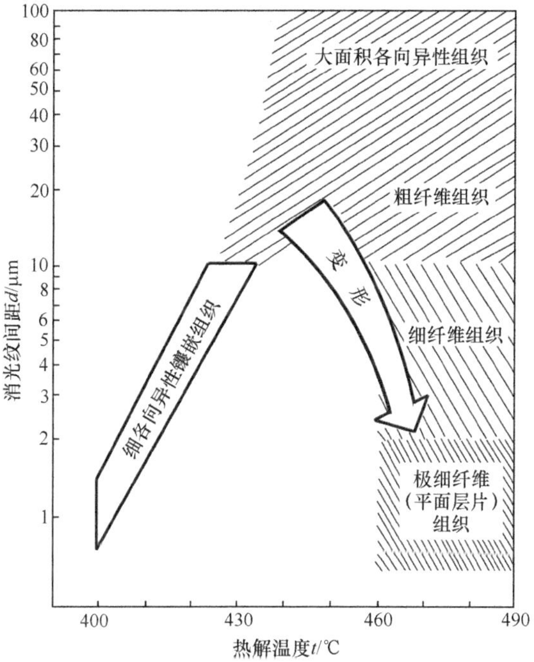

图6-3 中间相结构形态的形成条件(温度和外力)与其消光纹尺寸的关系[9]

6.3 针状焦的原料与种类

6.3.1 针状焦的原料及要求

依据中间相生成理论，制备针状焦的原料必须是富含芳香烃或含有易于生成芳香分子的重质烃类。例如，石油加工和煤焦油加工的重质馏分油，煤系和石油系沥青，热裂化渣油、催化裂化澄清油等多环芳烃重质成分的烃类混合物。其中，富含短侧链、线性连接的多环(三环或四环)芳烃是生产针状焦的优质原料[1]。

对针状焦制备原料的基本要求如下[1,8,16]：

(1) 芳烃(线性连接的三环、四环短侧链芳烃)含量高，其质量分数为30%～50%；

(2) 胶质沥青质含量低，一般控制庚烷不溶物的质量分数<2.0%；

(3) 灰分的质量分数<0.05%；

(4) 硫的质量分数<0.5%；

(5) 钒和镍的质量分数≤0.005%；

(6) 喹啉不溶物的质量分数<1%；

(7) 密度>1.0g/cm^3，相对分子质量分布范围较窄，沸程范围适当等。

6.3.2　针状焦的分类

根据制备原料的不同，针状焦分为油系针状焦和煤系针状焦两种。其中，以石油沥青等为原料生产的针状焦为油系针状焦；以煤焦油沥青及其馏分为原料生产的针状焦为煤系针状焦。两种针状焦制备技术的不同点在于原料的预处理和中间相沥青的调制，制焦技术(气流拉焦)类同，均沿用延迟焦化的流程与装置。需要提及的是，为了避免针状焦在制备过程中混入金属氧化物的杂质，将原来延迟焦化装置的碳钢材质改为不锈钢。

除油系针状焦和煤系针状焦外，近年来，人们还采用煤系原料和油系原料共炭化制取针状焦[21-24]。

6.4　针状焦的制备工艺

针状焦的制备工艺分原料预处理、焦化、煅烧三部分。

6.4.1　原料预处理

原料预处理的目的是去除原料软沥青中的杂质，并调制其相对分子质量分布适宜，制取适合于生产针状焦的精制沥青。

1. 油系原料

由于石油长期储存在地下以及加工过程中使用各种催化剂，使得作为油系针状焦原料的催化裂化油浆、热裂化渣油、润滑油精制抽出油、高温裂解制乙烯渣油等中均含有一定的诸如催化剂粉末等固体杂质[8,25]，且相对分子质量分布较宽。例如，国内的催化裂化油浆指标距针状焦原料的要求差距就较大，其中硫的质量分数大部分都在1.0%左右，有的催化裂化油浆中硫的质量分数超过1.5%；胶质沥青质的质量分数也普遍偏高，质量分数大于2.0%，有的甚至高于10.0%；所有油浆灰分的质量分数也都远远超过0.05%，有的甚至达到0.7%[8]。因此，要制备高质量的油系针状焦就必须对其原料进行预处理，如脱除原料中固体颗粒杂质，去除硫、氮等杂元素，调制合适的相对分子质量分布等。

脱除油系原料中固体颗粒杂质的方法通常采用自然沉降法、过滤分离法、离心分离法、静电分离法和沉降助剂法，其难点主要是如何达到低含量的要求，以及脱除过程中的损耗和能耗问题。

油系原料中胶质沥青质与轻组分脱除一般通过溶剂处理法。例如，中国石油大学(华东)重质油研究所对辽河减压渣油在实验室连续式溶剂脱沥青装置上进行双溶剂萃取抽提。首先以 C_5 为溶剂进行抽提，脱除油浆中胶质沥青质，再以异丁烷为溶剂对脱除胶质沥青质的油浆进行二次抽提，去除油浆中的轻组分。结果表明，双溶剂萃取抽提技术可以去除油浆中最重和最轻的组分，获得可以制备具有发达流线、广域结构的针状焦的原料。该技术作为油系原料预处理手段是有效和可行的[26]。

针状焦的“晶胀”现象归因于原料中氮、硫杂环化合物在石墨化过程中剧烈释放导致的不可逆体积膨胀，往往会引起裂纹的生成，降低针状焦的理化指标，进而影响其使用性能。这些杂原子的去除可采用氢化精制、催化脱除或溶剂法等[12,26,27]。

2. 煤系原料

煤系针状焦原料主要为煤焦油馏分油或煤焦油沥青，其主要成分是适合生产针状焦的芳香族化合物，但其中含有一定量的喹啉不溶物(QI)。喹啉不溶物主要为一些高分子树脂状物质受热聚合生成的无定形碳，以及从炼焦炉炭化室随煤气带来的煤粉和焦粉等。依据中间相生成理论，原料沥青中的喹啉不溶物含量多少在很大程度上决定着中间相发展的形态。不含喹啉不溶物或喹啉不溶物含量较低的煤系原料生成的中间相微球尺寸分布宽，球体表面光滑，进一步发展可以获得广域型的体中间相[图 2-4(b)]，是制备针状焦的优质原料。而含有较多喹啉不溶物的煤系原料生成的中间相微球表面往往被一层球状微粒所覆盖，继续发展不能形成广域型甚至不能形成流线型的体中间相，只能形成镶嵌结构的体中间相[图 2-4(d)](详见第 2 章)，以致不能产生针状焦，仅可获得镶嵌结构的普通焦[28,29]。无疑，要获得优质煤系针状焦，必须首先对其原料煤焦油和煤焦油沥青等进行预处理，去除其中的喹啉不溶物等有害杂质，并进行组分调制。

煤系针状焦原料的预处理主要方法有溶剂法、离心法、热滤法、改质法、加氢法和溶剂-加氢法等[30-34]。

1) 溶剂法

溶剂法主要采用溶剂对原料进行处理，包括：溶剂抽提法、溶剂-过滤法、溶剂-离心法、溶剂-沉降法和溶剂-絮凝法等。

日本新日铁化学株式会社、三菱化学株式会社和我国中钢集团鞍山热能研究院有限公司采用溶剂法处理煤沥青获得煤系针状焦原料，其工艺流程见图 6-4。煤系软沥青(用计量泵 2)和脂肪烃与芳香烃的混合溶剂(用混合溶剂槽 1)按比例分别送入混合器 3，充分混合溶解后，静置分离，残渣从混合器底部排出，轻相送入轻相槽 4。轻相泵 5 将轻相槽 4 中的轻相送入加热炉 6 加热至一定温度后，进入闪蒸塔 7。闪蒸塔顶溜出的气相产物经冷凝冷却器 8 呈液体流入溶剂回收槽 9 循环使用。闪蒸塔底排出精制煤沥青至精制沥青槽 10，作为制取针状焦的原料。

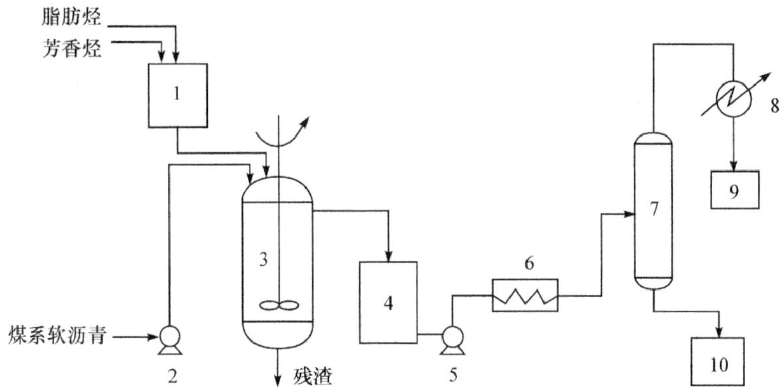

图 6-4　溶剂法处理工艺流程简图[35]

1-混合溶剂槽；2-计量泵；3-混合器；4-轻相槽；5-轻相泵；6-加热炉；7-闪蒸塔；8-冷凝冷却器；9-溶剂回收槽；10-精制沥青槽

2) 离心法

离心分离法基于煤焦油和喹啉不溶物颗粒的密度不同，借助于离心力对煤焦油中的喹啉不溶物进行分离。通常煤焦油中喹啉不溶物颗粒的粒度较小，单纯重力沉降不易除去，而离心方法对分离煤焦油中的喹啉不溶物具有较好的效果。煤焦油和喹啉不溶物颗粒的密度差越大，分离效果越好。

3) 热滤法

将煤焦油或煤焦油沥青加热后，进行过滤除去喹啉不溶物。该方法的主要影响因素有过滤温度、滤网目数、过滤压力等。

4) 改质法

改质法也称真空闪蒸-加压缩聚法[16,32]，其原理是：利用真空闪蒸技术，在真空闪蒸塔内将煤焦油软沥青分离为闪蒸油气和高温沥青两部分。再将闪蒸油进行热聚合，获得不含一次喹啉不溶物和固体杂质的煤系优质针状焦原料——精制沥青。该方法的主控因素是真空闪蒸和加压缩聚的条件，控制目标为：0.1%≤二次喹啉不溶物的质量分数≤0.8%[16]。

改质法(真空闪蒸-加压缩聚法)工艺流程如图 6-5 所示。熔融的煤系软沥青由其接受槽1经计量泵2送入管式炉3，加热至400℃±20℃后送入真空闪蒸塔4，在真空下迅速蒸发；形成的高温沥青从闪蒸塔底部流入高温沥青接受槽11，气相产物经冷凝冷却器5呈液态流入闪蒸油(澄清油)接受槽6。闪蒸油从其中间槽8经计量泵2定量送入管式炉3，加热至430℃±20℃后送入缩聚反应器9，在较低的搅拌速度下进行恒温恒压热缩聚反应，生成的缩聚(精制)沥青流入精制沥青接受器10。

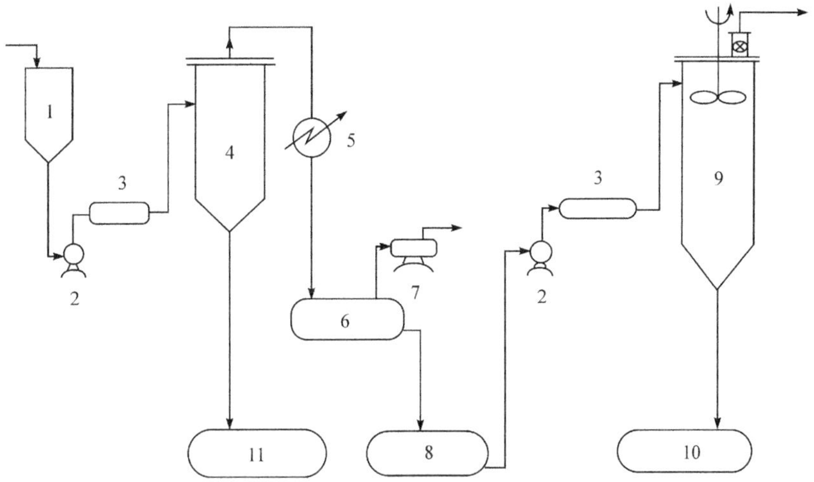

图6-5 改质法(真空闪蒸-加压缩聚法)工艺流程简图[16]

1-煤系软沥青接受槽；2-计量泵；3-管式炉；4-真空闪蒸塔；5-冷凝冷却器；6-闪蒸油接受槽；7-真空泵；8-闪蒸油中间槽；9-缩聚反应器；10-精制沥青接受器；11-高温沥青接受槽

5）加氢法

在加氢催化剂的作用下，煤焦油或煤焦油沥青与氢气发生加氢裂化反应生成热裂化油，去除热裂化油中的轻组分和非挥发组分后即可作为生产优质针状焦的原料。该方法的主要优点是可以有效去除煤焦油中的硫和氮，其关键影响因素是加氢催化剂的选择[33]。

6）溶剂-加氢法

溶剂-加氢法是将溶剂法和加氢处理法有机结合起来[34]。首先利用溶剂将煤焦油或煤焦油沥青中的喹啉不溶物含量降至质量分数0.1%以下；然后将低喹啉不溶物含量的煤焦油或煤焦油沥青在一定温度和压力下与氢气发生加氢反应，在去除煤焦油或煤焦油沥青中硫、氮元素的同时进一步降低喹啉不溶物含量。

6.4.2 焦化

焦化是制备针状焦与普通焦的主要过程，按其焦化方式可分为釜式焦化、平炉焦化、延迟焦化、接触焦化和流化(灵活)焦化等。其中，釜式焦化最简易，延迟焦化发展最快。

世界上出现最早的是釜式焦化，其后是平炉焦化，1930 年出现了第一套延迟焦化装置，1949 年移动床接触焦化问世，1953～1954 年流化(灵活)焦化实验成功，使得焦化工艺由固定床反应变为流化床反应，间歇式操作变为连续式操作[36]。

釜式及平炉焦化属于间歇操作，工业上基本被淘汰。但由于釜式焦化设备和技术比较简单，现在仍常用于考察与评价针状焦制备的可行性及相关工艺研究。接触焦化与流化(灵活)焦化由于设备结构复杂、维修费用高，工业上发展较慢。延迟焦化是目前工业上使用最广泛的焦化工艺，也是工业化生产针状焦的主要工艺过程。

1. 釜式焦化

釜式焦化制备针状焦的工艺与中间相微球的制备工艺类似，其工艺流程如图 6-6所示。

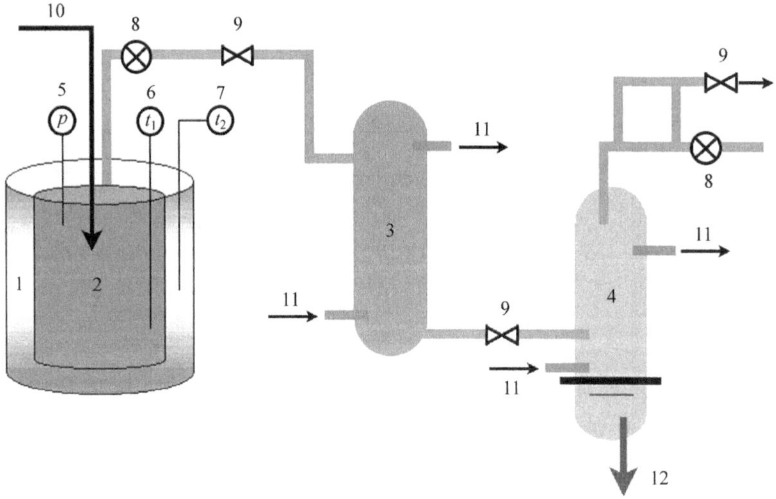

图 6-6　釜式焦化制备针状焦工艺流程简图[6]

1-焦化釜加热套；2-焦化釜；3-收油罐；4-分离罐；5-压力表；6，7-温度计；8-安全阀；9-调节阀；10-氮气；11-冷却水；12-轻质油

将一定量的精制沥青置于焦化釜内，开启程序升温；随着釜内温度的升高，釜内压力逐渐增加，高温焦化气体通过收油罐水冷后进入分离罐；当压力达到预定值后，启动气动调节阀，控制釜内压力在 50%～150%按程序设置波动，在设置的焦化工艺(温度、时间)条件下进行中间相热转化形成针状焦，焦化反应逸出的焦化气相馏分经收油罐和分离罐处理将其分离为气体产物与轻质油。反应停止后，继续保持釜内压力在低端值 5～10h，在氮气保护下，冷却到 50℃以下，进行除焦。

釜式焦化工艺制备针状焦的主要控制因素为装料量、升温速度、焦化温度与焦化时间，简单易控，非常适宜于实验室针状焦原料的评价及其可行性研究。

2. 延迟焦化

延迟焦化制备针状焦的过程是采用加热炉将精制沥青加热到焦化温度，而后在高流速、短停留时间的条件下，使精制沥青基本不发生或只发生少量热解反应就迅速离开加热炉进入绝热的焦化塔内，借助自身的热量，在“延迟”状态下进行中间相热转化成焦反应。延迟焦化制备针状焦的工艺流程如图 6-7 所示。

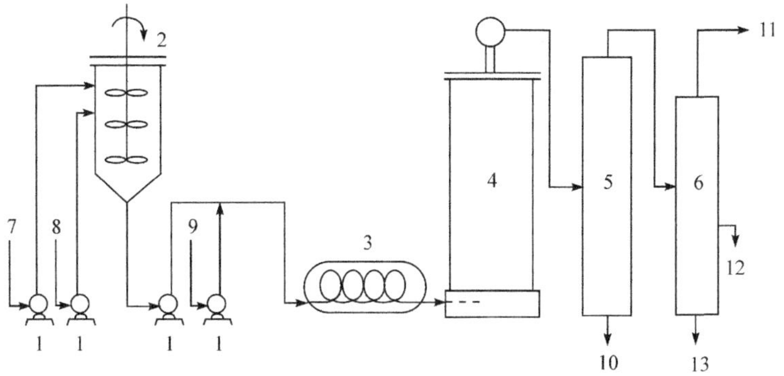

图 6-7　延迟焦化制备针状焦工艺流程简图[16]

1-计量泵；2-配料槽；3-管式炉；4-焦化塔；5-分馏塔；6-分离器；7-精制沥青；8-循环油；9-水；10-重馏分；11-气体产物；12-轻馏分；13-冷凝水

分别将精制沥青（或缩聚沥青）和循环油经计量泵送入带蒸汽加热夹套的配料槽中进行充分搅拌混匀，而后用计量泵送入管式炉中加热到预定温度后送入焦化塔，在焦化塔中进行中间相热转化形成针状焦。焦化气相馏分经分馏塔分馏排出其中重馏分，再经分离器处理将气体产物与轻馏分分离。

需要注意的是，在针状焦的制备过程中，须在管式炉前用计量泵定量注水，利用水蒸气提高管内物料的湍流程度，减缓炉管结焦。

焦化塔内形成的针状焦俗称为生焦，其出焦方式通常采用高压水击碎法（用高压水击碎生焦后出焦），因此焦化塔为间歇操作，一般每隔 24h 切换一次。一个生产流程通常设有 3 个以上焦化塔，以便清理与检修。

延迟焦化制备针状焦工艺的特点：变温、维温操作，气流拉焦。

1）变温、维温操作

将管式炉中加热至预定温度后的精制沥青送入焦化塔后，并非立即固化形成针状焦，而是经历中间相小球的生成、长大、融并，形成广域或流线型体中间相，而后在定向气流伴随下固化形成针状焦。从开始生成中间相小球（二次喹啉不溶物＞0）到中间相热转化结束形成体中间相（二次喹啉不溶物→100％）所需时间因温度不同而异。

由于从管式炉进入焦化塔的精制沥青在一段时间内以液相存在(液相炭化形成体中间相的过程),焦化塔在整个制焦周期内不能一直进料(送入精制沥青),而需留出一段时间让最后的进料完成中间相热转化过程。显然,留出的这段时间越长,焦化塔的针状焦生产能力就越低。

为了解决这一问题,通常采取两种技术措施:变温操作和循环油维温操作。

变温操作:基于精制沥青的中间相热转化速度随温度的升高而加速、热转化时间随温度的升高而缩短的规律,在制焦周期的后期,逐步提高进料温度,使进入焦化塔越晚的精制沥青所经受的焦化温度越高,如焦化温度的拟定值为 450℃,在制焦后期可逐步提高到 500℃左右。当然,对于精制沥青而言,在较低的焦化温度下,焦化时间越长,中间相转化的越完善,针状焦的质量越好;但因焦化时间长制焦的效率低,所以在延迟焦化法制备针状焦的过程中变温操作控制非常重要,要做到:既保证针状焦生焦的质量,又提高针状焦生焦的生产效率。

维温操作:在制焦周期后期,停止进料但循环油不停,有时还需要提高循环油温度,使焦化塔内物料在拟定温度或稍高于拟定温度下维温,直至焦化塔内的物料全部生成针状焦。依据针状焦的显微组织结构分析,在制焦后期利用温度较高的循环油对焦化塔维温,效果更好[16]。

2) 气流拉焦

针状焦须具有电阻率小、线膨胀系数低等优点,其显微结构类型应以细纤维型为主,而且以相互平行有序排列为佳。因此,在针状焦的制焦过程中,应创造一个特殊条件,使得在中间相小球体发生解体形成体中间相沥青直至固化前的全过程中,焦化塔内有气流连续不断地向一定方向流动。这种气流具有一定的流速,能够对中间相沥青施加足够的剪切力但又不产生扰动(反应),使中间相沥青分子在向列型有序排列中固化。针状焦制备过程中必需的这个特殊条件,就是通常所说的“气流拉焦”。

尽管焦化塔内的精制沥青在中间相热转化过程中也生成气相产物,但气量太小。为了实现“气流拉焦”,通常采用的方法为精制沥青与循环油混合进料(图 6-7),利用循环油在焦化塔内蒸发形成定向均布气流。由于制焦过程为连续进料,中间相小球的解体持续不断,所以在整个制焦周期内,循环油不能间断。

对于焦化塔内气体流速的适宜值确定可依据精制沥青的流变性能(黏度等)、焦化塔的内径、单位时间的进料量、循环油的种类及循环油比、焦化塔内的温度和压力等参数进行估算。但由于焦化塔内的物料组成复杂且随时间变化,目前多用估算与实验相结合的办法确定。

6.4.3 煅烧

煅烧是各种碳质原料在隔绝空气的条件下进行高温干馏的过程,是炭制品和石墨制品生产过程中一道十分重要的工序。其原理即为炭材料的炭化、石墨化反应，煅烧温度通常采用1450℃左右。

从延迟焦化所得针状焦(生焦)的硬度小，易粉碎，水分和挥发分的含量高，基本没有使用价值。只有通过煅烧才能使其各项理化指标及导电性能符合石墨电极原料的要求，用于制作电极以及其他特殊领域。亦即，针状焦通过煅烧可使其：①挥发分降低；②密度与机械强度提高；③电阻降低，导电性能增加；④化学稳定性提高。因此，煅烧工序是决定针状焦质量的关键。

针状焦的煅烧工艺主要有气氛炉煅烧工艺、回转窑煅烧工艺和回转床煅烧工艺，气氛炉煅烧工艺多用于小规模试生产，工业上主要采用后两种工艺。

1. 气氛炉煅烧工艺

针状焦气氛炉煅烧工艺类同于炭化、石墨化工艺，其工艺流程如图6-8所示。加热元件采用硅钼棒，工作温度1450℃。实验室制备针状焦时，煅烧过程通常采用高温炭化炉。

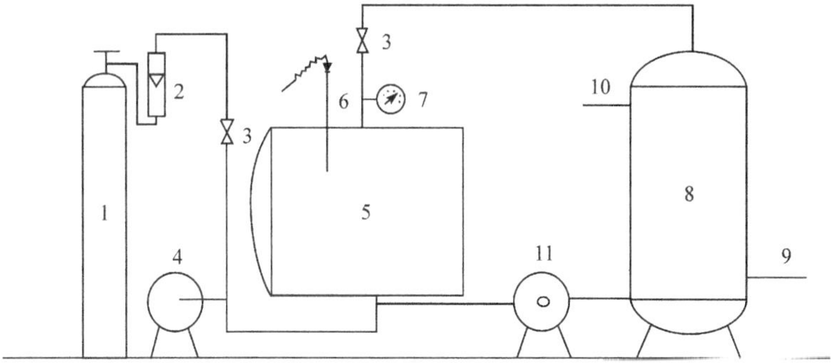

图6-8 气氛炉煅烧工艺流程简图[37]

1-氮气瓶；2-流量计；3-调节阀；4-真空泵；5-气氛炉；6-热电偶；7-压力表；8 循环冷却柜；9-冷却水进口；10-冷却水出口；11-风机

2. 回转窑煅烧工艺

传统的生焦煅烧采用类似生产水泥的回转窑，主要设备是一台内衬耐火材料的优质钢圆筒回转式煅烧窑(窑体)。较小回转窑的内径为1m左右，长20m左右；较大的回转窑内径可达2.5～3m，长60～70m。为使生焦能够在窑内移动，窑体需要按一定的角度安装，即窑头要比窑尾略低(生焦进料及排除废气的一端称“窑尾”，煅后焦出料及喷入燃气的一端为“窑头”)，窑头安装的倾斜度一般为窑体总长的2.5%～5.0%[36]。回转窑煅烧工艺流程如图6-9所示。

破碎至一定块径的生焦经进料斗加入回转窑，窑内焦炭的移动速度通过进料

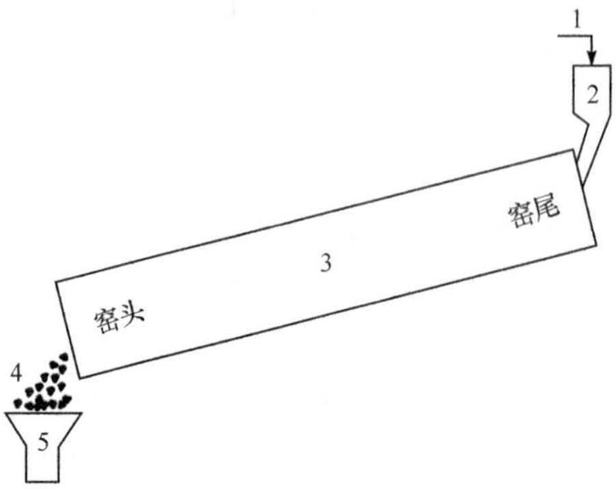

图 6-9　回转窑煅烧工艺流程简图

1-生焦；2-进料斗；3-回转式煅烧窑；4-煅后焦；5-焦冷器

系统的给料秤控制。焦炭沿着回转窑的倾斜方向从窑尾到窑头与燃烧气体逆向移动，先在窑尾（预热段）蒸发掉水分，然后经煅烧段释放出挥发分，煅后焦从窑头排出进入焦冷器（冷却窑）。为了冷却煅后焦，通常在回转窑的正下方安装一台冷却窑，结构与主窑（回转窑）相似，只是尺寸较小。

回转窑煅烧工艺关键控制参数为：稳定的进料、生焦的尺寸、空气速度/通风和温度分布。

3. 回转床煅烧工艺

回转床煅烧工艺流程如图 6-10 所示，其主要设备是一台可水平旋转的煅烧炉

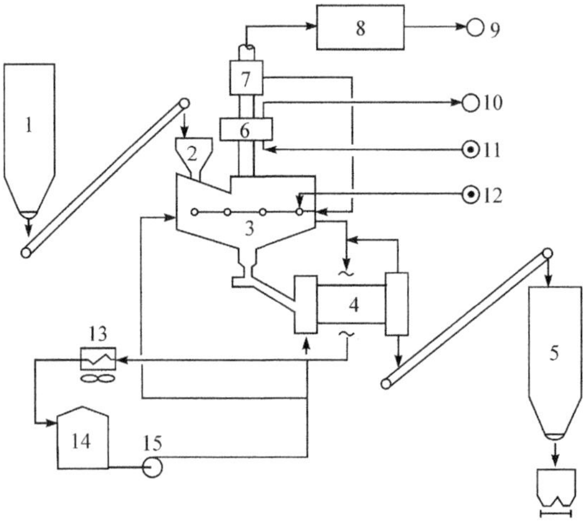

图 6-10　回转床煅烧炉工艺流程简图[36]

1-生焦储仓；2-进料斗；3-回转床煅烧炉；4-焦冷器；5-煅后焦储仓；6-余热锅炉；7-空气预热器；8-烟气脱硫器；9-排出烟气；10-蒸汽；11-锅炉给水；12-外供燃料；13-水冷却器；14-冷却水储罐；15-冷却水循环泵

(回转床煅烧炉)。

1) 回转床煅烧炉的结构

回转床煅烧炉的主要结构有三大部分:炉顶、回转床和旋转卸料台,其结构示意图见图 6-11。

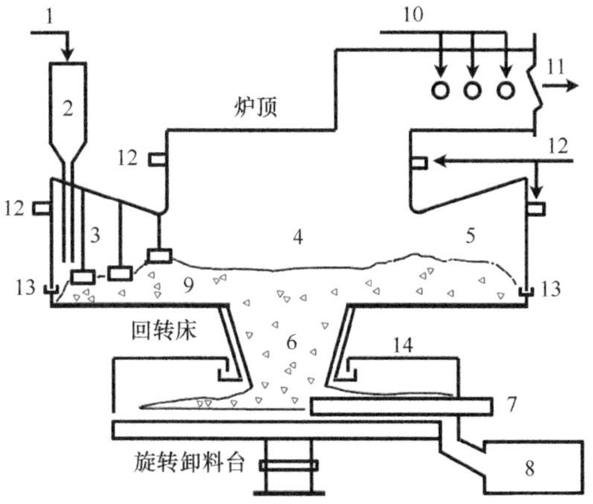

图 6-11 回转床煅烧炉结构示意图[36,38]

1-针状焦生焦;2-进料斗;3-输送推耙;4-内区;5-外区;6-均热室;7-卸料推耙;8-焦冷器;9-焦层;10-稀释空气/后燃室空气入口;11-热烟气(去锅炉);12-火嘴与边门;13-水封;14-卸料台罩

(1) 炉顶。

炉顶由支撑钢桁架固定,由烟道和上半部组成。其中上半部为一定壁厚的圆弧形碳钢结构,内衬耐火材料,以防炉室温度太高而损坏炉壁,在下侧壁墙装有火嘴、边门空气开孔和视孔。在刚开车或保温操作以及煅烧针状焦时,需要用火嘴燃烧燃料以补充热量,维持煅烧温度。在上侧壁墙和顶盖上也有火嘴空气开孔和边门开孔,这些边门和热空气的进气量依据煅烧状况进行调节。

在固定的顶盖上面为烟道部分,是一个截面积很大的矩形烟气通道,可使烟气缓慢地通过烟道,降低粉尘含量。烟道由竖直烟道和水平烟道两部分组成,在二者交汇处,开有空气注入孔(后燃气室空气/稀释空气入口),进气量也依据煅烧状况进行调节。

在上侧壁底端有一个衬有可塑性耐火材料且用水冷却的、被称为"鼻子"的部件。通常将炉床周边到"鼻子"这一区域称为"外区"(预热区);"鼻子"以内称为"内区"(煅烧区)。且在"外区"炉顶上设有生焦输送推耙,在煅烧过程中,对生焦起着输送与翻动和搅拌作用。

(2) 回转床。

回转床包括炉床和均热室。

炉床是一个一定直径与厚度的碳钢圆盘,其上覆有一定厚度的平滑耐火材料。

通过控制驱动电机的不同转速以保障炉床转速的无级调速。

均热室位于炉中心，形状似倒圆台，覆有耐火材料，生焦在此进一步均匀加热，完成煅烧过程。均热室内装有料位探测器，监控其料位高度，当料位过高或过低时，探测器将信号送至集散控制系统(DCS)，进而调节旋转卸料台的转速以维持均热室的料位高度。

为了防止空气对炉内的渗透及炉内烟气的泄漏，在炉床低侧墙的顶部设置了一个充满水的环形钢槽，对应于炉顶下侧墙底部的一环状不锈钢板，使之形成水封。

(3) 旋转卸料台。

旋转卸料台位于均热室正下方，是安装在固定钢架上的一个覆有耐火材料的碳钢圆盘。装卸台上设置覆有耐火材料的水冷挡板，以阻挡煅后焦溢出卸料台。在卸料台的一端留有开口，使煅后焦在卸料耙子的作用下经溜槽进入焦冷器。

均热室出口端与卸料台之间用卸料盒连接，由于从均热室出来的煅后焦温度高达 1300℃左右，所以卸料盒为内有循环水、外覆耐火材料的高强度碳钢夹套结构，以防循环水泄漏产生大量水汽并造成热焦的溅出。

在卸料台罩上部的环形钢槽与固定的旋转均热室上的不锈钢板可阻止空气对均热室的渗漏。炉床与卸料台衔接处的密封介质可用石油焦、沙土或水[36]。

需要指出的是，输送推耙是回转床煅烧炉非常重要但又极易损坏的部件。由于在煅烧过程中输送推耙要与灼热的焦炭接触，而一般钢材在 1000℃左右就要变形，所以输送推耙必须设计为空箱结构，内有挡板，这样可使循环水均匀连续地带走热量；并在外面覆有一定厚度的耐火材料。输送推耙插入炉床的高度，根据工艺要求和实验结果确定，一般控制输送推耙底部距炉床底面耐火材料的距离约为 50mm[36]，这样推耙在输送生焦时，不直接接触炉床耐火材料层，50mm 厚的固定焦层减轻了炉床耐火材料的磨损量，也减少了煅后焦的灰分含量。

2) 回转床煅烧炉的工作原理

回转床煅烧炉的工作原理如图 6-12 所示。

经过破碎至规定粒度的针状焦生焦送入进料斗，然后从炉顶沿着炉壁送入旋转的炉床上。而后通过输送推耙把针状焦生焦从炉床的外缘逐步推向炉中心的焖烧穴(均热室)。与此同时，从炉顶和侧壁热空气入口引入燃烧所用空气，通过调节进入煅烧炉内的空气量及其分布控制煅烧炉内的煅烧温度。若挥发分的燃烧不能够满足实际煅烧温度的要求，则需使用火嘴燃烧外加燃料以补充热量。

煅烧炉中针状焦生焦层的上部空间为挥发分和燃料的燃烧室。旋转炉的中间为烟囱(道)，挥发分与燃料燃烧后的烟气经过余热锅炉和空气预热器回收热量后排入烟囱。针状焦生焦在均热室经过一定时间的煅(焖)烧后，进入煅后焦冷却器冷却，最后用出料器送至煅后焦储仓。一般情况下，针状焦生焦在回转床煅烧炉内

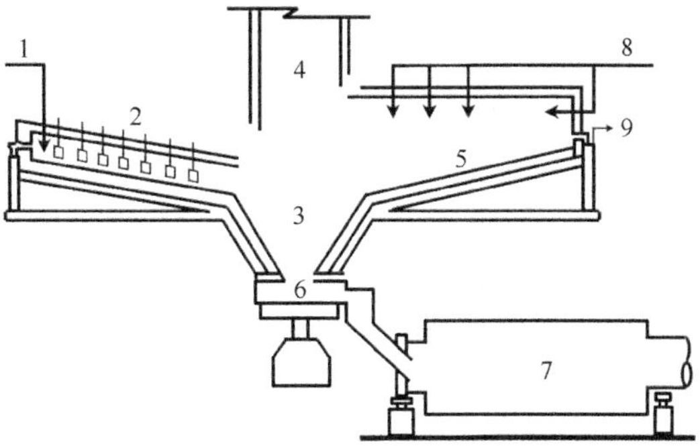

图6-12 回转床煅烧炉的工作原理简图[36]

1-生焦进料;2-输送推耙;3-焖烧穴;4-烟囱;5-转盘;6-卸料器;7-焦冷器;8-热空气;9-水封

停留的时间为1h左右[36],其中在均热室内的停留时间约20min[38]。

3)生焦在回转床煅烧炉中的移动轨迹

针状焦生焦进入回转床煅烧炉中后的移动轨迹如图6-13所示。针状焦生焦由进料斗落至回转床的周边上,然后就环绕煅烧炉床做同心圆移动,炉床每旋转一圈,生焦就被输送推耙送至下一个同心圆的路径,直至最后一个推耙将生焦输送至均热室。亦即,煅烧炉的炉床在进料斗下面旋转,使生焦进入炉床后的移动轨迹形成环绕炉床周边的同心圆,并在经过每一个推耙的位置时,均向炉床中心移动,形成一个比一个小的同心圆,直至进入均热室,而后经卸料台送入焦冷器,完成生焦的煅烧过程。

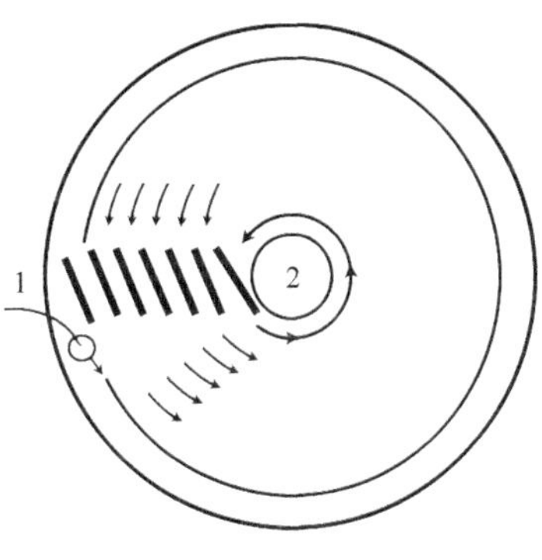

图6-13 回转床煅烧炉内针状焦生焦移动轨迹简图[36]

1-生焦进料;2-均热室

需要注意的是:①当针状焦生焦由进料斗进入回转床,同心圆的轨迹由外区缓慢移向内区均热室的同时,生焦的温度逐渐升高,煅烧反应渐趋激烈。由于煅烧过程中的升温速度直接影响煅后焦的质量,所以针状焦生焦不能走炉床的捷径而进入均热室。②与气氛炉煅烧工艺不同,回转床煅烧炉煅烧针状焦的热源主要由其生焦中所含挥发分逸出后燃烧提供。由于针状焦的挥发分较少,往往需要外加补充燃料。

4)针状焦生焦煅烧过程的控制

由于针状焦生焦中的挥发分含量较低,通常需要用辅助燃料和高温度的预热空气才能达到较高的煅烧温度。其中辅助燃料使用量取决于:①达到要求产品产率和真实密度的炉床温度;②生焦中水分和挥发分的含量;③预热过程空气的温度;④固定碳的烧损量;⑤煅烧过程中的热量损失。一般燃烧所用空气经同流换热器加热至 500℃[39]。

针状焦生焦煅烧时，加热室最好是在化学当量空气条件下操作，这样可以使燃料的需要量减少。基于针状焦生焦中的挥发分含量较低，所以炉内空气和烟气量较少，可燃挥发分在炉内燃烧比较彻底。依据炭化工学基础和实验结果，针状焦的强度和粒度取决于环境温度至约 750℃的升温速率[38-40]。如果升温速率过快，煅烧焦的冷强度差，并产生过量的焦粉。因此，针状焦生焦在煅烧过程中，回转床煅烧炉的内、外区的温度梯度控制非常关键。

研究表明[38]，在外区(预热区)设三个温度控制点，即可保持外区处于低温分布，从而使生焦缓慢升温至 750℃；当温度已达 750℃的针状焦经过“鼻子”进入内区(煅烧区)后，可快速升温至 1450℃。但因在煅烧过程中，炉床外区的温度与内区的温度相差很大，仅靠鼻梁的下探很难控制外区的温度，往往需要提起鼻梁处的输送推耙，在鼻梁的正下方建立一个焦堆，利用焦堆阻止内区的高温热量辐射到外区，进而使得内、外区的温度控制在合理的范围内，既保证了煅后焦的质量，又可减少粉粒的产生[36]。这里焦堆的高度可以通过推耙提起的高度进行控制。

6.5　针状焦的主要性能指标

针状焦主要用于制造高功率和超高功率电极。由于电极的性能在很大程度上取决于针状焦的性能，所以用作超高功率电极的针状焦必须具有电阻率小、线膨胀系数低、机械强度好与抗氧化性能高等特性，即要求用作高功率电极的针状焦应具有高石墨化度和高纯度。但因针状焦的生产原料和工艺条件不同，其性能也不尽相同。通常将真实密度、热膨胀系数、机械强度、电阻率和抗氧化性等作为针状焦的主要性能指标，衡量针状焦的质量水平，决定针状焦的用途。

6.5.1　真实密度

针状焦的真实密度反映其组成基本质点的密度程度及排列规整的优劣。真实密度越大的针状焦，说明其内部晶体结构越致密、排列越整齐、石墨化度越高。研究表明[41,42]，无论是石油系针状焦还是煤系针状焦，其真实密度一般均为 2.13g/cm^3 左右。

体积密度也是针状焦质量的量度之一。针状焦颗粒的体积密度与其真实密度、孔隙结构及焦粒之间的孔隙率有关，其中焦粒之间孔隙又受焦粒形状的影响。在针状焦真实密度不变的情况下，焦粒内部的孔隙率越大，体积密度越小。通常纤维组分越发达的针状焦(其长宽比越大)，焦粒之间的孔隙越小。油系针状焦的体积密度通常大于煤系针状焦[1,41,42]，这是因为相对于油系针状焦，煤系针状焦中的粗纤维组分含量较多，焦粒内部的孔隙率较大。由于煤系针状焦的体积密度较小，内部的空隙缺陷较多,影响了其机械性能的提高。因此,煤系针状焦一般适合于中小规格高功率石墨电极及部分接头制品的生产[1]。

6.5.2 热膨胀系数

热膨胀系数(CTE)是针状焦最重要的性能参数,与针状焦的显微结构有着密切的关系[42]。研究表明,决定热膨胀系数的主要因素是微晶的择优定向度、高结晶度和高含量的纤维形态及粗变形的形态结构[43-45]。

针状焦的热膨胀系数与其显微结构中总纤维状结构(细纤维+粗纤维+粗变形)含量的关系[17]为

$$y=4.79-3.62x$$

式中,y 为针状焦的热膨胀系数;x 为针状焦中总纤维状结构的百分含量。二者的相关系数 $r=0.91$。

显然,针状焦中纤维状结构的含量越多,其 CTE 值就越低。由于煤系针状焦的纤维状组分高于石油系针状焦,所以煤系针状焦有较低的热膨胀系数[17,41-45]。

针状焦的 CTE 值越小,表明其在承受因温度急剧变化而造成的热冲击时体积的变化越小,抗热震性能越好。尽管煤系针状焦中纤维状结构的含量较多,CTE 值较低,抗热震性能较好,但因煤系针状焦中的硫、氮含量高,在石墨化过程中易引发"晶胀",造成机械强度、真实密度和电阻率相对较小。再次说明煤系针状焦宜用于生产高功率和中等规格的超高功率电极。而用于生产大规格超高功率石墨电极的油系针状焦要获得低的热膨胀系数,则需采用大颗粒配方和高温石墨化。

6.5.3 机械强度

针状焦的机械强度取决于其绝对孔度的总数,并与顺纹理方向的热膨胀系数有关,随着热膨胀系数的降低,其抗破碎性或抗磨性也降低,即热膨胀系数低的针状焦,其机械稳定性也差。煤系针状焦制品的强度低于石油系针状焦,一是因为煤系针状焦有序排列好,本身孔隙多、裂纹多,容易破碎,抗磨强度小;二是因为煤系针状焦孔隙小,黏结剂的浸润性能不好,所制产品颗粒之间的胶结能力差,影响制品强度。

6.5.4 电阻率

针状焦粉末电阻率的检测是控制针状焦质量的一种工业快速检测方法,其测定结果除受针状焦本身的真实密度和焦炭颗粒堆积后孔隙的影响外,还受颗粒的形状影响。由于针状焦的颗粒为长形,测试其粉末电阻率时,加压后颗粒呈现横卧,从而使得针状焦的粉末电阻率值增大。同理,针状焦挤压成型时,针状焦颗粒的顺纹理方向也趋于平行挤压方向排列，使得其制品电阻率在平行挤压方向较低。与石油系针状焦相比，煤系针状焦的电阻率较低。

6.5.5 抗氧化性

炭材料的氧化速度取决于氧气分子向炭材料内的扩散速度和反应面上的化学反应速度。前者与炭材料的微观结构有关，后者与反应活化能、使用温度和所含杂质有关。在化学反应速度相同的前提下，煤系针状焦基石墨与石油系针状焦基石墨比较，由于前者的微结构有排列整齐的小椭圆形管，有更多的“表面原子”暴露在周围，内扩散速度比较慢，其抗氧化性能较高[1,41,46]。这里“表面原子”是指针状焦基石墨中的大平面状稠环芳烃分子上的碳原子，在这个平面上除最边缘的那些碳原子外，其余碳原子的化学键一般都是饱和的[46]。

6.5.6 几种典型针状焦的性能指标

几种典型针状焦的性能指标如表 6-3 所示[1,42]。从表中可以看出，国产针状焦的体积密度与机械性能较低、热膨胀系数值偏高，这就是国产焦尚不能完全取代进口焦的主要原因。

表 6-3 几种典型针状焦的性能指标[1,42]

针状焦	真实密度 ρ_s/(g/cm³)	体积密度 ρ_v/(g/cm³)	热膨胀系数 $\alpha/(10^{-6}K^{-1})$	抗弯强度 σ/MPa	弹性模量 E/GPa	电阻率 $\rho/(\mu\Omega\cdot m)$	灰分 w/%
新日化焦(煤系)	2.12	1.69	1.17	11.7	10.8	4.83	0.04
三菱焦(煤系)	2.13	1.69	1.15	10.7	11.8	5.13	0.05
鞍山焦(煤系)	2.12	1.61	2.07	5.3	9.6	10.22	0.02
锦州焦(石油系)	2.12	1.62	1.96	9.1	9.5	5.79	0.06

6.6 针状焦的可控制备

依据中间相成焦理论，针状焦结构的形成是体中间相组织形态的借力(气流拉焦)“变形”(图 6-3)。亦即，针状焦组织形态的形成依赖于其原料的中间相转化特征——具有大面积各向异性组织结构体中间相形貌。因此，要制备高质量的针状焦，必须首先从富含芳烃组分的原料可控制备出大面积各向异性等色区组织结构的体中间相。

针状焦原料的结构组成与其成焦体系的适配对制备优质针状焦非常重要。著者研究团队选择中温煤沥青(天津市铁中煤化工有限公司)、低温煤沥青(山东济宁煤化工公司)、催化裂化油浆(大港)和富芳烃重质渣油(中海油)为原料,通过单一原料体系和混配原料体系(共炭化)成焦性能的研究,进行制备针状焦的可行性评价,旨在依据中间相成焦理论有效调控与优化针状焦的结构与性能。

需要说明的是,实验室进行不同原料制备针状焦的可行性评价时,常将原料的中间相转化特征——体中间相的组织形态作为针状焦生焦的组织形态,本研究也是如此。

6.6.1 原料的基本性质

研究所用各种针状焦原料的基本性质分别列入表 6-4 和表 6-5。

表 6-4 煤系原料的基本性质

煤系原料	软化点 t/℃	灰分 w/%	元素组成 w/%				n_C/n_H	族组成 w/%			
			C	H	S	N		HS	HI-TS	TI-QS	QI
中温煤沥青	78	0.81	93.65	4.63	0.66	1.00	1.69	19.6	58.8	16.9	4.70
低温煤沥青	27	<0.01	91.78	4.91	1.14	1.02	1.56	20.6	67.0	12.1	0.30

表 6-5 油系原料的基本性质

油系原料	密度 ρ/(g/cm^3)	M	灰分 w/%	元素组成 w/%				n_C/n_H	组分 w/%			
				C	H	S	N		Sa	Ar	Re	As
富芳烃重质渣油	1.076	1769	0.32	88.19	8.83	0.52	1.69	0.83	5.7	12.6	35.6	46.1
催化裂化油浆	1.044	386	<0.01	86.80	9.20	0.50	0.30	0.79	33.3	60.0	4.0	1.7

注:M,平均相对分子质量;n_C/n_H,碳氢原子比;Sa,饱和分;Ar,芳香分;Re,胶质;As,沥青质。

纵观表 6-4 和表 6-5 中各种原料的 C/H 原子比,中温煤沥青(1.69)>低温煤沥青(1.56)>富芳烃重质渣油(0.83)>催化裂化油浆(0.79),表明:煤系原料的重质芳烃含量高于油系原料;煤系原料中,中温煤沥青的重质芳烃含量又高于无 QI 煤沥青,但中温煤沥青的灰分含量较多,QI 含量也较高。油系原料中,富芳烃重质渣油的组分以沥青质和胶质为主,而催化裂化油浆的组成则以芳香分和饱和分为主。

6.6.2 工艺与装置

1. 焦化工艺与装置

采用釜式焦化法进行各种原料的单一体系和混配体系(共炭化)焦化(中间相形成及其成焦)性能研究。图 6-14 是焦化装置示意图,其中焦化设备为管式耐热玻璃焦化(反应)器,每次装原料约 50g。该焦化装置可实现快速升温和轻组分的快速逸出,维温效果好、成焦体系的温度分布均匀。

焦化条件:N_2吹扫,焦化温度 430~480℃,焦化时间 3~10h。

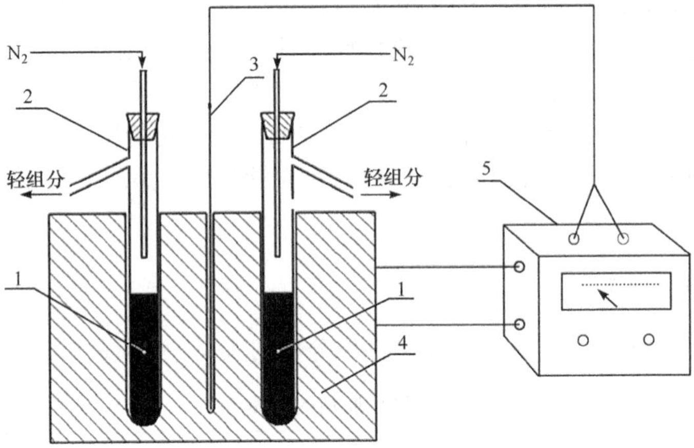

图 6-14　焦化装置示意图

1-焦化物系；2-焦化器；3-热电偶；4-加热/保温炉；5-测/控温仪

2. 煅烧工艺与装置

针状焦生焦的煅烧采用气氛炉煅烧工艺，在管式高温炭化炉中进行，其工艺流程见图 3-41。

煅烧条件：N_2 保护，升温速度 1℃/min，煅烧温度 1400℃，煅烧时间 1.0h。

3. 针状焦性能表征

1) 形貌与结构

采用尼康 Eclipse E600 POL 型偏光显微镜对所制针状焦抛光样品进行观察分析，获取中间相形态和结构信息。经过喷金处理的样品，在 JEOL JSM-6700F 型扫描电子显微镜下观察其微观取向和形貌。

利用美国 Nicolet 公司 Nicolet E. S. P560 型红外光谱仪分析针状焦原料及其焦化所得生焦的官能团和组分的变化，考察原料的成焦性能。

2) 基本性能

(1) 针状焦真实密度测试。

按照国标 GB/T 3071—1982《沥青焦真比重的测定方法》进行。

(2) 线膨胀系数测试。

采用日本岛津 TA-50 热机械分析仪测定煅后焦在小于 600℃下的线膨胀系数。

测定步骤：将煅后焦样品制成两个底面严格平行的圆柱体，在氮气保护下，以

3℃/min 的温升速度将样品的温度升到 600℃，测量样品在升温前和升温后的长度，通过式(6-1)计算煅后焦的线膨胀系数：

$$\alpha=\frac{L_2-L_1}{L_1(t_2-t_1)} \tag{6-1}$$

式中，L_2为试样在终温 t_2时的长度；L_1为试样在室温 t_1下的长度。

(3) 水分、灰分和挥发分测定。

按照国标 GB/T 2001—1991《焦炭工业分析测定方法》进行。

(4) 硫含量测定。

针状焦中的硫含量利用艾氏卡法测定。将针状焦样品与艾氏剂(质量比为 2∶1的轻质 MgO 与无水 Na_2CO_3的混合物)混合，在 825℃通风灼烧 2h，用盐酸溶解灼烧剩余物质，将其中各种形态硫均转化成硫酸盐，进入溶液；使用美国 Thermo Elemental 公司 IRIS Advantage 全谱直读型原子发射光谱仪 ICP-AES 测量溶液中的硫，并推算试样硫含量。

6.6.3 单一原料体系针状焦的制备

分别以中温煤沥青、低温煤沥青、催化裂化油浆和富芳烃重质渣油为原料，在管式耐热玻璃焦化(反应)器中进行中温液相焦化(炭化)实验，获得相应的针状焦生焦。而后在管式高温炭化炉中进行煅烧(煅烧温度 1400℃，煅烧时间 1h)，获得系列针状焦(煅后焦)。

1. 不同原料针状焦生焦的显微结构

图 6-15 是单一原料体系所制针状焦生焦的偏光显微照片。从图中可以看出，中温煤沥青系针状焦生焦的结构形态呈现粗镶嵌结构；低温煤沥青系针状焦生焦为流线型结构；催化裂化油浆系针状焦生焦为典型的广域-流线型结构；富芳烃重质渣油系针状焦生焦呈现细镶嵌结构。

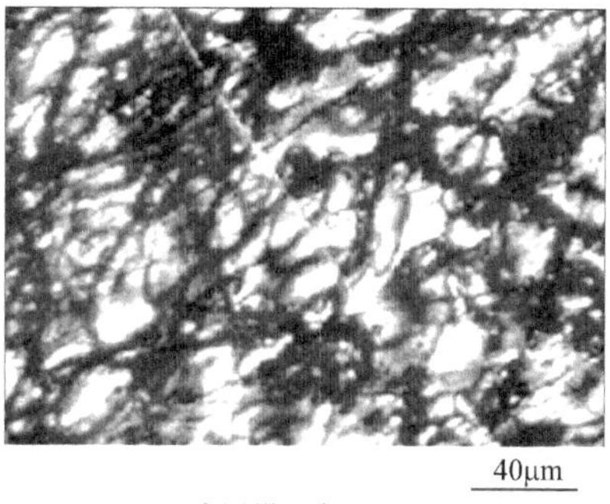

(a) 中温煤沥青，440℃-4h

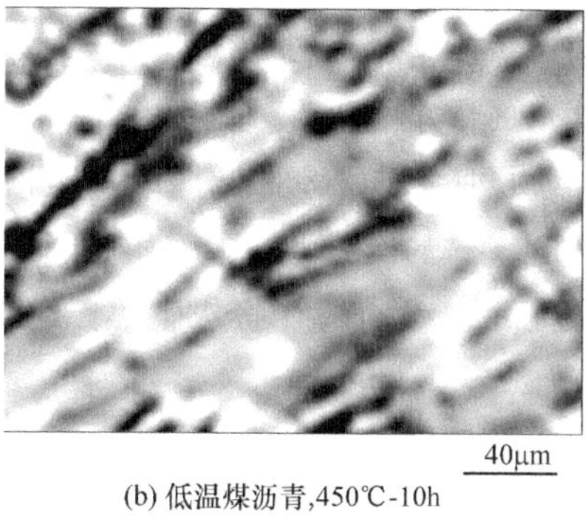

(b) 低温煤沥青，450℃-10h

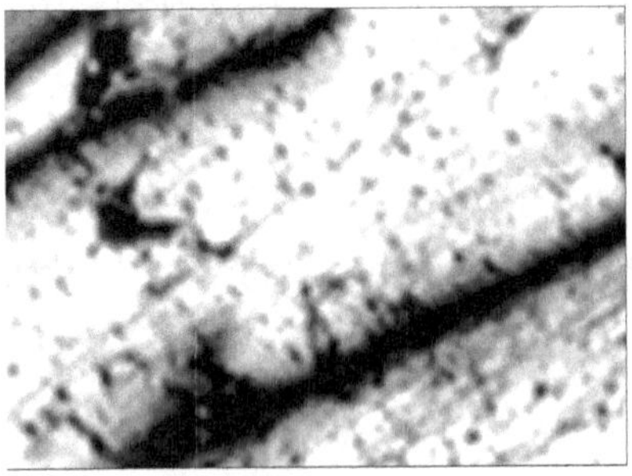

(c) 催化裂化油浆,450℃-10h

(d) 富芳烃重质渣油,450℃-6h

图 6-15　不同原料所制针状焦生焦的偏光显微照片

2. 原料组成对针状焦生焦结构形态的影响

依据中间相生成理论,关联表 6-4 和表 6-5 分析图 6-15 中各种生焦织构与原料组成与性质的关系。

1) 中温煤沥青系生焦

由于中温煤沥青中喹啉不溶物(QI)的质量分数高达 4.7%,又含有较多芳香分子平均尺寸较大的甲苯不溶-喹啉可溶物(TI-QS)(质量分数为 16.9%),无疑会造成中间相形成体系具有较高的黏度[19],进而影响中间相小球的长大和融并,导致所得中温煤沥青系体中间相宏观呈粗镶嵌型(部分中间相小球已经融并,中间相球体结构已变形,不规则轮廓间以裂隙为界),在无外力作用的条件下,固化为粗镶嵌织构生焦;如在体中间相固化前进行机械拉焦,则可形成粗纤维织构针状焦生焦[47]。当然,在焦化前对中温煤沥青进行预处理,去除或降低其中的 QI 含量,也会改善和优化其中间相的热转化过程,获得流线型结构的针状焦生焦。

2) 低温煤沥青系生焦

相对于中温煤沥青,低温煤沥青中的 QI 质量分数仅为 0.30%,中间相小球的生成可以看作均相成核[15];同时低温煤沥青中的 TI-QS 含量低于中温煤沥青,即中间相形成体系的黏度较低;加之其含有高的中间相形成组分——正己烷不溶-甲苯可溶物(HI-TS)[48],保证了中间相球体的成核、生长和融并同时进行,以致形成碳层排列一致的流线型体中间相(详见 2.1.5 节),在无外力作用的条件下,仍可固化形成流线型织构的针状焦生焦。因此,低温煤沥青是制备针状焦的优质原料之一。

3) 催化裂化油浆系生焦

催化裂化油浆以芳香分(质量分数 60.0%)为主,基本组成为沸点 300～500℃

的 2～4 环的芳烃[49]，沥青质与胶质含量较少，烷基碳主要集中在饱和分(质量分数为 33.3％)中，属多环单核型[50]，分子的平面度较高，反应能力适中，在中间相形成后保持塑性的温度区间较宽，因此易于获得广域-流线型易石墨化的显微结构，在无外力作用的条件下，也可固化形成易石墨化的广域-流线织构的针状焦生焦。以催化裂化油浆为原料，可以制备出高品质的针状焦。

4）富芳烃重质渣油系生焦

富芳烃重质渣油主要由沥青质和胶质组成，其中沥青质的质量分数高达 46.1％，胶质的质量分数也有 35.6％，而芳香分和饱和分却很少。由于沥青质带有大量的侧链[19,51]，反应活性非常高[19]，加之胶质和沥青质具有近似的结构，且其中相对分子质量较大的部分与沥青质(沥青质的相对分子质量一般大于 2000[19])无基本区别[52]，即中间相的形成体系具有非常高的黏度，以致富芳烃重质渣油只能形成细镶嵌型组织形态[18,19,43,53]，而难以形成针状焦。

3. 不同原料针状焦的结构与性能

经 1400℃煅烧 1h 获得低温煤沥青系和催化裂化油浆系针状焦(煅后焦)的微观形貌如图 6-16 所示，相应的基本性质列于表 6-6。

(a) 低温煤沥青系　　(b) 催化裂化油浆系

图 6-16　针状焦微观形貌的 SEM 照片

表 6-6　针状焦的基本性质

针状焦	真实密度 ρ/(g/cm^3)	线膨胀系数 α/(10^{-6}K^{-1})(<600℃)	收率 w/%	挥发分 w/%	硫 w/%	水分 w/%	灰分 w/%
低温煤沥青	2.11	0.973	39.9	0.25	0.45	0.14	0.42
催化裂化油浆	2.10	1.016	27.0	0.27	0.49	0.17	0.15

从图 6-16 可以看出，低温煤沥青系针状焦为粗纤维结构，催化裂化油浆系针

状焦呈细纤维结构。由表 6-6 可知，低温煤沥青系针状焦的真实密度和收率大于催化裂化油浆系针状焦，线膨胀系数却小于催化裂化油浆系针状焦。这是由于低温煤沥青中的碳氢原子比(1.56)高于催化裂化油浆(0.79)，表明前者含有重质芳烃的量高于后者，在中间相转化后期逸出的轻组分较小，同时体系的黏度也较高，往往易形成较多粗纤维组分的针状焦；而催化裂化油浆则易获得各向异性很强的细纤维结构针状焦[9,15]。正是由于低温煤沥青中重质芳烃的含量高于催化裂化油浆，使得低温煤沥青系针状焦的真实密度($2.11g/cm^3$)高于催化裂化油浆系针状焦($2.10g/cm^3$)，收率(39.9%)大于催化裂化油浆系针状焦(27%)，同时还会导致低温煤沥青系针状焦中纤维状组分含量高于催化裂化油浆系针状焦[17,41-45]，进而使得前者的线膨胀系数($0.973\times10^{-6}K^{-1}$)低于后者($1.016\times10^{-6}K^{-1}$)。

6.6.4 混配体系针状焦的制备

根据针状焦形成机理，流动性好的各向异性组织的产生、适当气体的逸出、体系保持较长时间的低黏度是决定针状焦质量的重要因素[15,47,54]。采用单一原料体系有时不能同时满足这些条件，如富芳烃重质渣油体系，由于原料的组成以沥青质和胶质为主，反应活性高，体系黏度大，以致难以形成针状焦。混配体系共炭化可以改善单一原料的结构缺陷，有利于合成优质针状焦。Mochida 等曾通过催化裂化油浆和减压渣油共炭化获得了性能优良的针状焦[55-58]。

为了改善富芳烃重质渣油的成焦性能，著者选择优质针状焦原料低温煤沥青和催化裂化油浆作为富芳烃重质渣油的共炭化剂(混配剂)，分别采用富芳烃重质渣油-低温煤沥青混配体系、富芳烃重质渣油-催化裂化油浆混配体系进行了针状焦的制备。

1. 富芳烃重质渣油混配体系针状焦生焦的显微结构

分别将质量比为 1∶1 的富芳烃重质渣油-低温煤沥青混合物和富芳烃重质渣油-催化裂化油浆混合物在管式耐热玻璃焦化(反应)器中进行焦化(共炭化)。焦化条件：焦化温度 450℃，焦化时间 10h。

图 6-17 是两种富芳烃重质渣油混配体系形成针状焦生焦的偏光显微照片。从图中可以看到，富芳烃重质渣油-低温煤沥青混配体系形成的针状焦生焦结构形态以广域-流线型为主，同时含有少量粗镶嵌和过渡形结构；而富芳烃重质渣油-催化裂化油浆混配体系形成的针状焦生焦则是域型、流线型、粗变型和镶嵌型混合的形态结构。

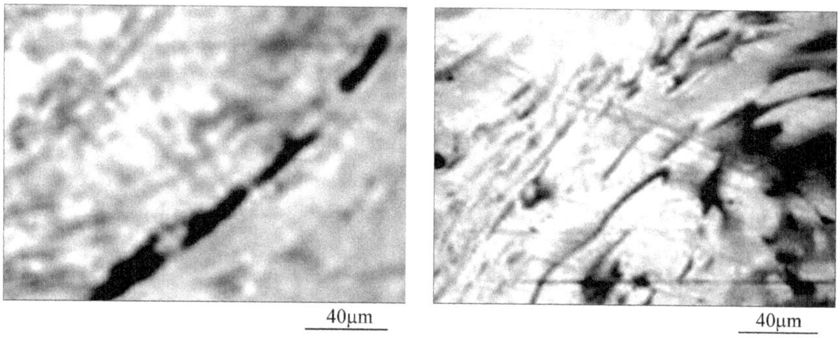

(a) 富芳烃重质渣油-低温煤沥青混配体系　　(b) 富芳烃重质渣油-催化裂化油浆混配体系

图 6-17　两种富芳烃重质渣油混配体系所制生焦的偏光显微照片

2. 富芳烃重质渣油混配体系针状焦的结构与性能

在管式高温炭化炉中，分别对两种富芳烃重质渣油混配体系制备的生焦进行煅烧，煅烧温度 1400℃，煅烧时间 1h，获得两种富芳烃重质渣油混配体系制备的针状焦(煅后焦)。

图 6-18 是两种富芳烃重质渣油混配体系所制针状焦微观形貌的 SEM 照片，表 6-7列出了两种针状焦的基本性质。

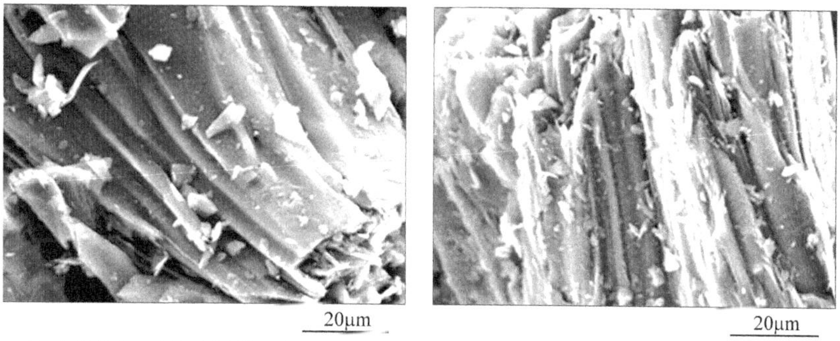

(a) 富芳烃重质渣油-低温煤沥青混配体系　　(b) 富芳烃重质渣油-催化裂化油浆混配体系

图 6-18　两种富芳烃重质渣油混配体系所制针状焦的 SEM 照片

表 6-7　富芳烃重质渣油混配体系所制针状焦的基本性质

混配剂 $w/\%$	真实密度 $\rho/(g/cm^3)$	线膨胀系数 $\alpha/(10^{-6}K^{-1})(<600℃)$	收率 $w/\%$	水分 $w/\%$	灰分 $w/\%$	挥发分 $w/\%$	硫 $w/\%$
50%低温煤沥青	2.07	1.369	39.6	0.12	0.86	0.30	0.48
50%催化裂化油浆	2.09	2.326	34.2	0.18	1.00	0.29	0.52

从图 6-18 可以看出，富芳烃重质渣油-低温煤沥青混配体系制备的针状焦以

粗纤维结构为主，含有少部分乱层结构和粗镶嵌结构；富芳烃重质渣油-催化裂化油浆混配体系制备的针状焦主体呈现粗纤维、细纤维和乱层的混合结构，同时含有少许细镶嵌结构。

由表 6-7 可知，芳烃重质渣油-低温煤沥青混配体系针状焦真实密度(2.07g/cm^3)低于富芳烃重质渣油-催化裂化油浆混配体系针状焦(2.09g/cm^3)，收率(39.6%)高于富芳烃重质渣油-催化裂化油浆混配体系针状焦(34.2%)，线膨胀系数($1.369\times10^{-6}K^{-1}$)远低于富芳烃重质渣油-催化裂化油浆混配体系针状焦($2.326\times10^{-6}K^{-1}$)。

3. 富芳烃重质渣油混配体系的成焦特性

富芳烃重质渣油两种混配体系组分(原料)和形成生焦的红外谱图如图 6-19 所示。通过分析比较混配组分(原料)与形成生焦的红外谱图的变化，关联表 6-4 和表 6-5中针状焦原料的基本性质和图 6-17 不同混配体系形成针状焦生焦的显微结构形态，解析两种混配体系的成焦特性。

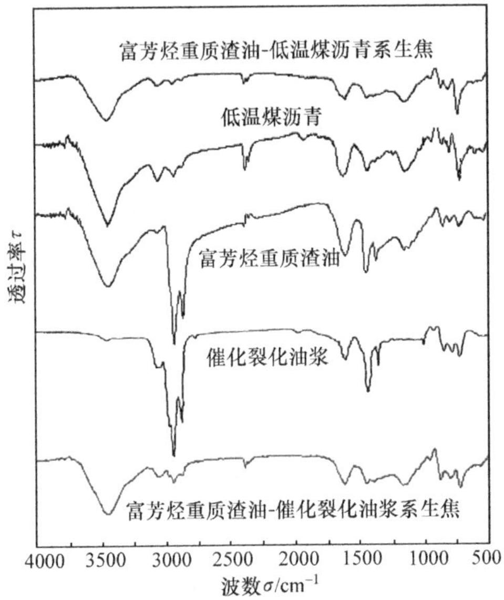

图 6-19 两种富芳烃重质渣油混配体系组分和生焦的红外谱图

1) 富芳烃重质渣油-低温煤沥青体系

从图 6-19 中可以看出，富芳烃重质渣油的红外谱图在波数 3421cm^{-1}处存在缔合态 N—H 伸缩振动特征峰，说明渣油中含有一定数量的胺类(伯胺和仲胺)取代基；2920cm^{-1}和 2855cm^{-1}处出现了强的—CH_2—伸缩振动特征峰，意味着渣油中具有大量的长脂肪族侧链；1612cm^{-1}处较强的特征峰对应芳环骨架振动 C=C，表明渣油中的芳环含量较高；1448cm^{-1}和1376cm^{-1}处的特征峰分别归属于脂肪族C—H面内振动特征峰与—CH(CH_3)$_2$变形振动，显示渣油中芳环上含有一定数量的脂肪族侧链；1158cm^{-1}处的特征峰说明渣油中还含有芳醚类物质；900～650cm^{-1}处芳香族支链的面外摇摆振动特征峰，则表明渣油中芳环上具有含量较高的单取代和双取代。关联表6-5中富芳烃重质渣油的基本性质，可以认为，富芳烃重质渣油是一种具有非常发达脂肪族长侧链和一定量含氮取代基与芳醚的芳香族烃类化合物(胶质与沥青质为主)的混合物。正是由于富芳烃重质渣油中芳核片上发达的烷基长侧链的取代使得其具有非常高的反应活性，导致焦化后只能形成大量的镶嵌型组织[19]，而不能形成针状焦。

和富芳烃重质渣油的红外谱图相比，低温煤沥青的红外谱图同样在波数3421cm^{-1}处呈现出缔合态N—H伸缩振动特征峰，说明其中也含有一定量的胺类取代基；而在波数2920cm^{-1}和2855cm^{-1}处的脂肪族C—H伸缩振动特征峰强度却比富芳烃重质渣油低了很多，说明低温煤沥青中脂肪族侧链比富芳烃重质渣油短且少；同时在1612cm^{-1}处芳环骨架振动特征收峰和1448cm^{-1}处脂肪族C—H面内振动特征峰也较富芳烃重质渣油弱，表明渣油中的芳环含量高于沥青，即富芳烃重质渣油分子的尺寸大于低温煤沥青；2356cm^{-1}和1158cm^{-1}处的特征峰分别归属于胺类(叔胺)和芳醚类物质；至于在736cm^{-1}处稍强的特征峰，则表明低温煤沥青中芳环上双取代含量较高。关联表6-4中低温煤沥青的基本性质，可以推测，低温煤沥青是一种含有一定量短脂肪侧链和氮取代基与芳醚结构的芳香族烃类化合物(以HI-TS沥青烯为主)的混合物。也正因为低温煤沥青的脂肪取代侧链短而少，加之沥青分子尺寸较小，所以在焦化过程中的反应活性适中，体系黏度适宜，十分有利于中间相球体的生成、长大和融并，变形后形成粗流线型的针状焦[19,48,59]。

富芳烃重质渣油-低温煤沥青体系生焦的红外谱图和低温煤沥青相似，只是3421cm^{-1}、1612cm^{-1}、2356cm^{-1}和1158cm^{-1}处的峰强度减小；而与富芳烃重质渣油的红外谱图相比，混配体系生焦的红外谱图却变化很大，不仅3421cm^{-1}和1612cm^{-1}的峰强度减小，2920cm^{-1}和2855cm^{-1}处的强吸收峰也变得微弱，1448cm^{-1}和1376cm^{-1}处的特征峰则几乎看不到。这说明富芳烃重质渣油和低温煤沥青分子间发生了缩合和脱除杂原子的反应。混配剂(共炭化剂)低温煤沥青的加入，可降低富芳烃重质渣油的黏度，均匀分散沥青质脂肪族长侧链热解产生的自由基，使自由基团间相互碰撞结合的概率减小，减缓反应速率，进而使得中间相小球可以在适宜的条件下生成、长大及至融并，得到较好域型或流线型结构形态的中间相[图6-17(a)]，进而获得以粗纤维结构为主，线膨胀系数较低的针状焦[图6-18(a)，表6-7]。

依据中间相成焦理论，分析质量比为1∶1的富芳烃重质渣油-低温煤沥青体系生焦与针状焦结构形貌，认为适当增加低温煤沥青的混配量，还可以进一步改善中间相形成氛围，制备出均匀粗纤维结构的、线膨胀系数更低的优质针状焦。

2）富芳烃重质渣油-催化裂化油浆体系

如图 6-19 中所示，催化裂化油浆的红外谱图除 3421cm^{-1}缔合态 N—H 伸缩振动特征峰强度微弱外，其余特征峰均与富芳烃重质渣油相似，这是由于二者同源均为石油系原料。相比之下，催化裂化油浆的 C—H 伸缩振动 2920cm^{-1}和 2873cm^{-1}处的吸收峰强度大于富芳烃重质渣油，芳环骨架振动 1612cm^{-1}处的特征峰强度小于富芳烃重质渣油。关联表 6-5 数据，即可认为催化裂化油浆中的烷基结构（饱和组分）大于富芳烃重质渣油，而胶质和沥青质小于富芳烃重质渣油。亦即，催化裂化油浆是一种富含饱和分和短侧链的芳香分化合物的混合物。

由于富芳烃重质渣油和催化裂化油浆组成有较大的差异，前者以沥青质和胶质为主，且氮含量较高，而后者以芳香分和饱和分为主，这就决定了二者共炭化在中间相形成过程中可起到"互补"作用，这种作用直接体现于混配体系焦化（共炭化）所得生焦的结构形态。富芳烃重质渣油-催化裂化油浆系生焦的红外谱图和富芳烃重质渣油-低温煤沥青系生焦相似，表明混配（添加）催化裂化油浆可以抑制富芳烃重质渣油的热反应活性，降低体系的反应速度，有利于中间相微球的生成、长大与融并。至于质量比 1∶1 的富芳烃重质渣油-催化裂化油浆混合物共炭化形成生焦的结构形态为广域型、流线型、粗变型和镶嵌型的混合结构，煅烧后针状焦呈现粗纤维、细纤维和乱层的混合结构的原因，从催化裂化油浆对富芳烃重质渣油的改性机理和共炭化反应的相容性原理[60-64]角度分析，是由于催化裂化油浆的混配量偏低，体系中的饱和分较低不足以完全分散富芳烃重质渣油中的胶团。因此，通过适当增加催化裂化油浆的混配量，提高混配体系中的饱和分含量，无疑会进一步降低富芳烃重质渣油的胶溶能力（黏度），使沥青质脂肪族长侧链热解产生的自由基得到均匀分散，进而制备出纤维状结构的针状焦。

参考文献

[1] 李太平，王成扬. 针状焦技术的研究进展[J]. 炭素，2004，(3)：11-16.

[2] 张瑞芳. 针状焦市场分析与生产技术综述[J]. 河南化工，2013，30(11)：22-24.

[3] 李玉财，魏继渊，王强. 我国针状焦生产现状及发展趋势[J]. 炭素技术，2012，31(1)：B1-B4.

[4] 丁宗禹，申海平. 石油针状焦生产技术炼油设计[J]. 1997，27(1)：10-13.

[5] 韩梅，曹雅凤. 煤沥青针状焦生产技术及发展[J]. 煤炭加工与综合利用，2000，1：10-11.

[6] 刘川. 不同催化油浆对中间相形成和针状焦质量的影响[D]. 天津：天津大学硕士学位论文，2009.

[7] 彭友林，王成扬，王勇. 煤系针状焦中试的研究[J]. 炭素技术，2014，33(4)：44-46，56.

[8] 苏栋根. 石油系针状焦的市场现状与生产技术难点[J]. 石油化工技术与经济，2013，29(6)：23-26.

[9] 钱树安. 针状焦形态结构形成过程基本原理[J]. 石油炼制，1980，(1)：14-25，41.

[10] Brooks J D, Taylor G H. The formation of graphitizing carbons from the liquid phase[J]. Carbon, 1965, 3(2): 185-193.

[11] Goval S K, Kolstad J J, Hauschildt F W, et al. Process for producing needle coke[P]: US, 5286371. 1994.

[12] Eguchi J, Miyasaka H, Kinouchi M, et al. Process for producing petroleum needle coke[P]: US, 5695631. 1997.

[13] 王茂章. 有机化合物的液相炭化化学[J]. 化学通报, 1990, 12: 22-28, 44.

[14] Mochida I, Korai Y, Ku C H, et al. Chemistry of synthesis, structure, preparation and application aromatic-derived mesophase pitch[J]. Carbon, 2000, 38(2): 305-328.

[15] 李同起, 王成扬. 碳质中间相形成机理研究[J]. 新型炭材料, 2005, 20(3): 278-285.

[16] 张家埭. 碳材料工程基础[M]. 北京: 冶金工业出版社, 1992.

[17] 芦时林, 冯安祖. 针状焦热膨胀系数与显微结构的关系[J]. 炭素技术, 1987, 5: 7-11.

[18] 查庆芳, 张玉贞, 郭燕生, 等. 减压渣油掺兑 FCC 油浆制备针状焦[J]. 炭素技术, 2002, (4): 10-14.

[19] 钱树安, 李春锋, 周国英. 炭化原料的组成结构和中间相组织形态之间的关系[J]. 燃料化学学报, 1984, 12(4): 348-359.

[20] 刘兆福, 桂竞先, 黄启震, 等. 炭相图谱[M]. 长春: 吉林科学技术出版社, 1985.

[21] 徐旭明. 辽河油田稠油生产针状焦研究[D]. 北京: 石油化工科学研究院博士学位论文, 2000.

[22] 丁宗禹. 扩大针状焦的原料[J]. 石油炼制, 1988, (9): 30-35.

[23] 张怀平. 煤焦油和石油渣油共炭化制备针状焦[J]. 石油炼制与化工, 2005, 36(2): 21-25.

[24] 马文明, 熊杰明, 方国, 等. FCC 油浆与煤沥青共炭化制备针状焦[J]. 北京石油化工学院学报, 2013, 21(4): 5-9.

[25] 罗艳托, 朱建华, 张世杰. 石油焦灰分与原料性质的关系分析[J]. 石油大学学报(自然科学版), 2005, 29(3): 116-118.

[26] 刘以红, 罗运华, 程健. 石油渣油制备针状焦研究[J]. 新型炭材料, 2003, 18(2): 128-132.

[27] Kawano Y, Fukuda T, Kawarada T, et al. Suppression of puffing during the graphitization of pitch needle coke by boric acid[J]. Carbon, 1999, 37(4): 555-560.

[28] Ogawa I, Yoshida H, Kobayashi K. Influence of quinoline soluble component on the sintering behavior of ground raw coke[J]. Carbon, 1985, 23(1): 79-83.

[29] 刘光武, 徐作锋, 曹式黎. 煤沥青针状焦的现况[J]. 燃料与化工, 2010, 41(3): 1-4.

[30] 肖瑞华, 杨建武, 马国君, 等. 制取针状焦原料的研究[J]. 鞍山钢铁学院学报, 1992, 15(4): 27-31.

[31] 景志林, 张玉. 煤系针状焦国内外生产现状及工艺技术[J]. 炭素技术, 2009, 28(1): 44-47.

[32] 戴惠筠. 改质法制取煤系针状焦[J]. 燃料与化工, 1990, 21(6): 38-41.

[33] Tadashi M, Mikio N, Yoshio N. Process for the preparation of super needle coke[P]: US, 4814063. 1989.

[34] 郭少青, 张伟, 王桂云, 等. 煤系针状焦原料预处理技术进展[J]. 炭素技术, 2011, 30(3): 40-43.

[35] 肖瑞华. 煤焦油化工学[M]. 2 版. 北京：冶金工业出版社，2009.

[36] 翟国华. 延迟焦化工艺与工程[M]. 北京：中国石化出版社，2008.

[37] 高斌. 利用气氛炉煅烧针状焦的研究[J]. 炭素技术，2010，29(5)：65.

[38] 陈礼宁. 回转床煅烧的工艺过程及控制特点[J]. 炭素技术，1999，18(3)：33-37.

[39] 韩文生，胡海波. 回转床煅烧炉煅烧针状石油焦[J]. 炭素技术，1999，18(6)：40-42.

[40] 大谷杉郎，真田雄三. 炭素化工学の基础[M]. 东京：株式会社オ-ム社，1980.

[41] 李元祥. 日本针状焦性能研究[J]. 炭素技术，1993，12(4)：7-11.

[42] 顾玉琪. 几种针状焦性能对比[J]. 炭素技术，2000，19(1)：29-30.

[43] 钱树安，宋孝真，范仁礼，等. 针状焦的微结构特征——关于针状焦品质评价的新观点[J]. 燃料化学学报，1981，9(2)：105-120.

[44] Rumsey J C V，Pitt G J. Some techniques for the characterization of cokes and graphites[J]. Fuel，1978，57(3)：155-161.

[45] 钱树安，鄂敬赫. 石油焦的热膨胀系数[J]. 碳素，1982，(4)：1-6.

[46] Heilltz E A. 焦炭结构对炭-石墨制品性质的影响[J]. 炭素技术，1986，5(4)：9-13.

[47] 李太平. 炭质中间相生长和成焦过程中的形貌与结构研究[D]. 天津：天津大学硕士学位论文，2004.

[48] 宋怀河，刘朗，王茂章，等. 沥青-重油共炭化反应机理的研究 I. 原料沥青和共炭化沥青的结构[J]. 燃料化学学报，1994，22(2)：157-163.

[49] 李锋林，韩忠祥，孙昱东. 催化裂化油浆的综合利用[J]. 山东化工，2007，36(9)：6-9，23.

[50] 查庆芳，郭燕生，吴明铂，等. 减压渣油与 FCC 油浆共炭化的化学组成变化[J]. 新型炭材料，2002，17(17)：4-8.

[51] Allen D T，Grangy D W，Jeong K M，et al. Heavier fractions of shale oils，heavy crudes，tar-sands and coal liquids：Composition of structural profiles[J]. Industrial & Engineering Chemistry Process Design and Development，1985，24：737-742.

[52] 齐邦峰，曹祖宾，陈立仁，等. 紫外吸收光谱研究胜利渣油胶质、沥青质结构特性[J]. 石油化工高等学校学报，2001，14(3)：14-17.

[53] 查庆芳，徐芙蓉，冀勇，等. 不同原料中间相转化特征及中间相沥青的热行为[J]. 碳素，1988，(4)：1-9.

[54] Rodeiguez-Reinoso F，Santana P，Palazon R E，et al. Delayed coking：Industrial and laboratory aspects[J]. Carbon，1998，36(1)：105-116.

[55] Mochida I，Korai Y，Fujitsu H，et al. Modifying ability of QI-free coal-tar pitch to develop optical anisotropy in co-carbonizations[J]. Fuel，1981，60(5)：405-412.

[56] Mochida I，Korai Y，Oyama T，et al. Carbonization in the tube bomb leading to needle coke：I. Cocarbonization of a petroleum vacuum residue and a FCC-decant oil into better needle coke[J]. Carbon，1989，27(3)：359-365.

[57] Nesumi Y，Todo Y，Oyama T，et al. Carbonization in the tube bomb leading to needle coke：II. Mechanism of cocarbonization of a petroleum vacuum residue and a FCC-decant oil[J]. Carbon，1989，27(3)：367-373.

[58] 查庆芳,冀勇,史景利,等. 石脑油渣油的共炭化改质[J]. 碳素,1993,(2):1-7.
[59] Singer L S,Lewis I C. ESR study of the kinetics of carbonization[J]. Carbon,1978,26(6):417-423.
[60] 赵红涛. 催化裂化油浆/焦化重蜡油共炭化制备针状焦材料[D]. 东营:中国石油大学硕士学位论文,2008.
[61] 宋怀河,刘朗,王茂章. 用 FI-IR NMR 法研究共碳化沥青的结构[J]. 炭素,1992,(4):1-6.
[62] Mochida I,You Q F,Korai Y,et al. Carbonization in the tube bomb leading to needle coke: III. Carbonization properties of several coal-tar pitches[J]. Carbon,1989,27(3):3375-380.
[63] 王延飞,程健,贾生盛,等. 催化裂化油浆对渣油的改性机理[J]. 化工学报,2001,52(9):838-841.
[64] 宋怀河,刘朗,钱树安,等. 共炭化在中间相沥青调制中的应用[J]. 炭素技术,1995,(5):33-37.